Strömungslehre

Joseph Spurk · Nuri Aksel

Strömungslehre

Einführung in die Theorie der Strömungen

9., vollständig überarbeitete Auflage

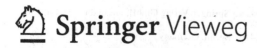 Springer Vieweg

Joseph Spurk
Bad König, Deutschland

Nuri Aksel
Universität Bayreuth
Bayreuth, Deutschland

ISBN 978-3-662-58763-8   ISBN 978-3-662-58764-5   (eBook)
https://doi.org/10.1007/978-3-662-58764-5

Die Deutsche Nationalbibliothek verzeichnet diese Publikation in der Deutschen Nationalbibliografie; detaillierte bibliografische Daten sind im Internet über http://dnb.d-nb.de abrufbar.

Springer Vieweg
© Springer-Verlag GmbH Deutschland, ein Teil von Springer Nature 1987, 1989, 1993, 1996, 2004, 2006, 2007, 2010, 2019

Springer Vieweg ist ein Imprint der eingetragenen Gesellschaft Springer-Verlag GmbH, DE und ist ein Teil von Springer Nature
Die Anschrift der Gesellschaft ist: Heidelberger Platz 3, 14197 Berlin, Germany

Vorwort

Vorwort zur 9. Auflage

Die neunte Auflage ist eine verbesserte und in Teilen erweiterte Ausgabe der 8. Auflage. Der zweite Autor bedankt sich bei Dr. Mario Schörner für die technische Hilfestellung beim Druck.

Bad König, Bayreuth, im Herbst 2018   J. H. Spurk
                                                        N. Aksel

Vorwort zur 6. Auflage

Die fünfte Auflage war rasch vergriffen, so daß der Verleger mit dem Wunsch nach einer neuen Auflage an mich heran getreten ist. So erfreulich die gute Aufnahme des Buches für mich auch ist, so bereitet eine Neuauflage doch einen erheblichen Aufwand ohne die Unterstützung, die mir vorher als Lehrstuhlinhaber in rein technischer Hinsicht gewährt wurde. Mehr Sorge hat mir die gewünschte Erweiterung bereitet: In den Rezensionen der vorhergehenden Auflagen wurde der Stoffumfang überwiegend als angemessen für ein einführendes Lehrbuch an wissenschaftlichen Hochschulen bezeichnet, und im persönlichen Gespräch mit Kollegen wurde von einer Kürzung des bisherigen Stoffes abgeraten. Auf der anderen Seite wurde mir von einigen Rezensenten auch die Aufnahme neuer Kapitel empfohlen und besonders eine Darstellung „Schleichender Strömungen". Den Ausschlag, ein Kapitel über dieses Thema einzufügen, hat aber Herr Prof. Dr. rer. nat. Nuri Aksel gegeben, der auf diesem Gebiet aktiv forscht, und der mich schon bei den früheren Auflagen unterstützt hat. Das Kapitel „Hydrodynamische Schmierung" ist auf sein Anraten ebenfalls um lokale Schichtenströmungen erweitert worden und enthält ein Beispiel, das von ihm beigesteuert wurde. Hier erscheint auch eine bisher unveröffentlichte Arbeit über Partikelfilter, die aus meiner Beratertätigkeit entstanden ist.

In einigen Rezensionen wurde Klage geführt, daß das Lehrbuch keine Übungsaufgaben enthielte. In der Tat: aus Gründen der Übersichtlichkeit und des Stoffumfangs wurde darauf verzichtet. Statt dessen hatte ich eine dem Stoff des Lehrbuches zugeordnete Aufgabensammlung verfaßt, die im selben Verlag bereits 1993 erschienen ist. Offensichtlich ist der Aufgabenband in weiten Leserkreisen unbekannt geblieben. Der Verleger hat sich nun entschieden, die zweite Auflage dieser Aufgabensammlung in Form einer CD dem vorliegenden Band beizufügen. Ich habe diesen Schritt begrüßt, weil damit unmittelbar die Möglichkeit gegeben ist, den Stoff des Lehrbuches durch Übungsbeispiele zu vertiefen. Viele Übungsaufgaben wurden durch Industriekontakte angeregt und ich hoffe, daß die Sammlung auch nach dem Studium noch nützliche Anregungen für die Praxis geben möge.

Herr Prof. Aksel hat sich bereit erklärt, eventuelle zukünftige Auflagen des Lehrbuches zu besorgen, wofür ich ihm sehr dankbar bin. Aus diesem Grund erscheint auch sein Name als Autor ab dieser Auflage. Für alle Fehler und Unterlassungen in der vorliegenden Auflage bin ich aber allein verantwortlich.

Bad König, im Frühjahr 2005   J. H. Spurk

Inhaltsverzeichnis

1

Kontinuumsbegriff und Kinematik

1.1 Eigenschaften der Flüssigkeiten, Kontinuumshypothese

Die Strömungslehre befaßt sich mit dem Verhalten von Flüssigkeiten, d. h. von Materie, die sich unter dem Einfluß von Scherkräften unbegrenzt verformt. Die zur Verformung eines flüssigen Körpers notwendigen Scherkräfte gehen gegen null, wenn die Verformungsgeschwindigkeit gegen null geht. Diese Eigenschaft dient als Definition einer Flüssigkeit und beruht auf ihrer Zähigkeit (Viskosität). Im Gegensatz dazu gehen beim festen Körper die zu einer bestimmten Verformung notwendigen Kräfte gegen null, wenn die Verformung selbst gegen null geht.

Zur Veranschaulichung kann ein zwischen zwei parallelen Platten befindliches und an diesen haftendes Material dienen, welches durch die Scherkraft F belastet ist (Abb. 1.1). Wenn die Erstreckung des Materials in Richtung senkrecht zur Zeichenebene und in x-Richtung sehr viel größer ist als in y-Richtung, so zeigt die Erfahrung, daß bei vielen festen Körpern (Hookesche Festkörper) die auf die Plattenfläche bezogene Kraft $\tau = F/A$ proportional zur Auslenkung a und umgekehrt proportional zum Plattenabstand h ist. Schon aus Dimensionsgründen muß aber wenigstens noch eine dimen-

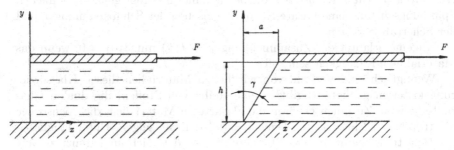

Abbildung 1.1. Scherung zwischen parallelen Platten

© Springer-Verlag GmbH Deutschland, ein Teil von Springer Nature 2019
J. Spurk und N. Aksel, *Strömungslehre*,
https://doi.org/10.1007/978-3-662-58764-5_1

sionsbehaftete materialtypische Größe auftreten, die Gleitmodul G genannt wird. Der Zusammenhang zwischen Scherwinkel $\gamma = a/h$ und τ

$$\tau = G\gamma \quad (\gamma \ll 1) \tag{1.1}$$

erfüllt die Definition des festen Körpers, d. h. die bezogene Kraft τ geht nur gegen null wenn die Verformung γ selbst gegen null geht. Im allgemeinen ist der Zusammenhang von allgemeinerer Natur z. B. $\tau = f(\gamma)$, wobei aber gilt $f(0) = 0$, wenn das Material ein fester Körper sein soll.

Ist das Material eine Flüssigkeit, so vergrößert sich die Auslenkung im Laufe der Zeit unter dem Einfluß einer konstanten Scherkraft immer mehr, d. h. es besteht keine Relation zwischen ihr und der Auslenkung. Hingegen zeigt die Erfahrung, daß bei vielen Flüssigkeiten die Kraft proportional zur zeitlichen Änderung der Auslenkung, also proportional zur Geschwindigkeit ist, mit der die Platte geschleppt wird, und wieder umgekehrt proportional zum Abstand der Platten ist. Man denkt sich dabei die Platte mit konstanter Geschwindigkeit geschleppt, damit die Eigenschaft des Materials, träge Masse zu besitzen, nicht ins Spiel kommt.

Die aus Dimensionsgründen notwendige Größe ist die *Scherzähigkeit (Scherviskosität)* η, so daß der gesuchte Zusammenhang nunmehr mit $U = \mathrm{d}a/\mathrm{d}t$ lautet:

$$\tau = \eta \frac{U}{h} = \eta \dot{\gamma} \,, \tag{1.2}$$

oder, wenn die Scherrate $\dot{\gamma}$ gleich $\mathrm{d}u/\mathrm{d}y$ gesetzt wird, auch

$$\tau(y) = \eta \frac{\mathrm{d}u}{\mathrm{d}y} \,. \tag{1.3}$$

$\tau(y)$ ist die Schubspannung an einem Flächenelement parallel zu den Platten an der Stelle y. Bei der sich einstellenden *Einfachen Scherströmung* ist nur die x-Komponente der Geschwindigkeit von null verschieden und eine lineare Funktion von y.

Obiger Zusammenhang war Newton bekannt, und er wird fälschlicherweise zuweilen zur Definition *Newtonscher Flüssigkeiten* benutzt. Es gibt aber auch *Nicht-Newtonsche Flüssigkeiten*, die bei dem hier ins Auge gefaßten einfachen Spannungszustand eine lineare Relation zwischen der Schubspannung τ und der Scherrate $\dot{\gamma}$ zeigen.

Allgemein lautet der Zusammenhang $\tau = f(\dot{\gamma})$ mit $f(0) = 0$, wenn das Material eine Flüssigkeit sein soll.

Wenngleich eine Vielzahl von wirklichen Materialien diesen Klassifizierungskriterien genügt, so gibt es eine Reihe von Stoffen, die dualen Charakter zeigen. Zu ihnen gehören die glasartigen Materialien, die ebenso wie die tropfbaren Flüssigkeiten keine Kristallstruktur zeigen. Unter langfristiger Belastung beginnen diese Stoffe zu fließen, d. h. sich unbegrenzt zu verformen. Bei kurzfristiger Belastung zeigen sie dagegen das Verhalten fester

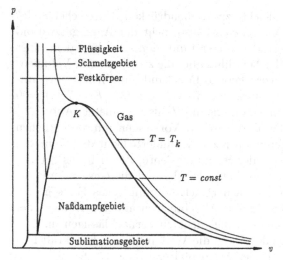

Abbildung 1.2. p-v-Diagramm

Körper. Asphalt ist hierfür ein vielzitiertes Beispiel: Man kann auf Asphalt
laufen, ohne Eindrücke zu hinterlassen (kurzfristige Belastung), bleibt man
aber auf Asphalt längere Zeit stehen, so sinkt man schließlich ein. Unter sehr
kurzfristigen Belastungen, wie z. B. durch einen Hammerschlag, zersplittert
Asphalt, was seine strukturelle Verwandtschaft zu Glas besonders deutlich
macht. Andere Materialien verhalten sich bei Belastung unterhalb einer bestimmten Schubspannung auch langfristig wie ein fester Körper, oberhalb
dieser Spannung aber wie Flüssigkeiten. Der typische Vertreter dieser Stoffe
(*Bingham-Materialien*) ist Farbe, die offensichtlich dieses Verhalten zeigen
muß, damit auf Flächen parallel zur Schwerkraft überhaupt eine Farbschicht
haften bleibt.

Definiert man eine Flüssigkeit in obigem Sinne, so umfaßt dieser Begriff
tropfbare Flüssigkeiten und Gase, da beide keinen Widerstand gegen Form-
änderungen zeigen, wenn die Formänderungsgeschwindigkeit gegen null geht.
Flüssigkeiten im engeren Sinne, also tropfbare Flüssigkeiten, bilden durch
Kondensation eine freie Oberfläche und füllen im allgemeinen den zur Verfügung stehenden Raum, z. B. in einem Gefäß, nicht aus. Gase hingegen füllen
den zur Verfügung stehenden Raum vollständig aus. In der Dynamik unterscheidet sich das Verhalten zwischen Gasen und tropfbaren Flüssigkeiten aber
nicht, solange sich das Volumen beim dynamischen Vorgang nicht ändert. In
der leichten Zusammendrückbarkeit von Gasen liegt in der Tat der wesentliche Unterschied dieser zu den tropfbaren Flüssigkeiten. Bei Erhitzung über
die kritische Temperatur hinaus verliert die tropfbare Flüssigkeit die Fähig-
keit zu kondensieren und ist dann in einem thermodynamischen Zustand,
der sich auch erreichen läßt, indem man Gas oberhalb der kritischen Temperatur komprimiert, bis es dieselbe Dichte besitzt. In diesem Zustand läßt

sich auch das Gas nicht mehr „leicht" zusammendrücken. Unterscheidendes Merkmal für das dynamische Verhalten ist also nicht der Aggregatzustand (gasförmig oder flüssig), sondern der Widerstand, den die Flüssigkeit einer Volumenänderung entgegenstellt. Aufschluß über die zu erwartende Volumen- bzw. Temperaturänderung für vorgegebene Druckänderung liefert eine graphische Darstellung der Zustandsgleichung für reine Stoffe $F(p, T, v) = 0$ in der bekannten Form des p-v-Diagramms mit T als Parameter (Abb. 1.2). Diese Darstellung zeigt, daß bei dynamischen Vorgängen mit wesentlichen Änderungen von Druck und Temperatur die Veränderlichkeit des Volumens zu berücksichtigen ist. Der Zweig der Strömungslehre, der sich aus der Berücksichtigung der Volumenänderung entwickelt hat, ist die *Gasdynamik*, die die Dynamik der Strömung mit großen Druckänderungen als Folge großer Geschwindigkeitsänderungen beschreibt. Aber auch in anderen Zweigen der Strömungslehre ist die Volumenänderung nicht zu vernachlässigen, u. a. in der *Meteorologie*; dort als Folge der durch die Wirkung der Schwerkraft hervorgerufenen Druckänderungen in der Atmosphäre.

Das bisher beschriebene Verhalten von festen Körpern, tropfbaren Flüssigkeiten und Gasen erklärt sich aus der molekularen Struktur, der thermischen Bewegung der Moleküle und der Wechselwirkung zwischen den Molekülen. Mikroskopisch besteht der Hauptunterschied zwischen Gasen einerseits, Flüssigkeiten und Festkörpern andererseits, im mittleren Abstand zwischen den Molekülen.

Bei Gasen beträgt der Abstand im Normzustand (273,2 K; 1,013 bar) etwa zehn effektive Moleküldurchmesser. Bis auf gelegentliche Zusammenstöße bewegen sich die Moleküle auf praktisch geraden Bahnen, d. h. nur während eines Zusammenstoßes von in der Regel zwei Molekülen findet eine Wechselwirkung statt. Die Moleküle ziehen sich zunächst schwach an und stoßen sich dann stark ab, wenn der Abstand merklich kleiner als der effektive Durchmesser wird. Die *freie Weglänge* ist im allgemeinen größer als der mittlere Abstand, unter Umständen sogar beträchtlich größer.

Bei Flüssigkeiten und festen Körpern beträgt der mittlere Abstand etwa einen effektiven Durchmesser. Hier besteht immer eine Wechselwirkung zwischen den Molekülen. Der große Widerstand, den Flüssigkeiten und feste Körper Volumenänderungen entgegensetzen, erklärt sich aus der Tatsache, daß sich die Moleküle stark abstoßen, wenn der Abstand merklich kleiner als der effektive Moleküldurchmesser wird. Auch Gase setzen Volumenänderungen einen Widerstand entgegen, der allerdings im Normzustand viel kleiner und proportional zur kinetischen Energie der Moleküle ist. Erst wenn das Gas so hoch komprimiert ist, daß die Abstände vergleichbar werden mit den mittleren Molekülabständen einer tropfbaren Flüssigkeit, wird der Widerstand gegen Volumenänderung so groß wie bei Flüssigkeiten, und dann aus demselben Grund.

Echte Festkörper zeigen eine Kristallstruktur; die Moleküle sind gitterförmig angeordnet und schwingen um ihre Ruhelage. Beim Überschreiten des Schmelzpunktes zerfällt dieses Gitter, und in der Flüssigkeit sind die Moleküle mehr oder weniger ungeordnet, sie führen noch oszillatorische Bewegungen aus, tauschen ihre Plätze aber oft aus. Die hohe Mobilität der Moleküle liefert die Erklärung für die leichte Verformbarkeit der Flüssigkeiten unter dem Einfluß von Scherkräften.

Es erscheint zunächst naheliegend, die Bewegung eines ins Auge gefaßten Teiles der Materie durch Integration der Bewegungsgleichung der ihn ausmachenden Moleküle zu berechnen. Wegen der im allgemeinen sehr großen Zahl von Molekülen eines technisch interessierenden Teils der Materie ist dieses Verfahren schon aus rechnerischen Gründen unmöglich. Es ist aber auch grundsätzlich nicht durchführbar, da sich Ort und Impuls eines Moleküls nicht gleichzeitig angeben lassen (Heisenbergsche Unschärferelation), und somit die Anfangsbedingungen für die Integration nicht vorliegen. Im übrigen wäre die detaillierte Information über die molekulare Bewegung technisch nicht unmittelbar anwendbar und müßte in geeigneter Weise gemittelt werden. Es ist daher zweckmäßiger, von vornherein mittlere Größen eines Molekülhaufens zu betrachten, also z. B. die mittlere Geschwindigkeit

$$\vec{u} = \frac{1}{n} \sum_1^n \vec{c}_i \ , \tag{1.4}$$

wenn $\vec{c}_i$ die Molekülgeschwindigkeiten und n die Anzahl der Moleküle im Molekülhaufen sind. Dieser Molekülhaufen ist der kleinste Teil der Materie, den wir betrachten wollen, wir nennen ihn *Flüssigkeitsteilchen*. Um diesen Namen zu rechtfertigen, muß das Volumen, das der Molekülhaufen einnimmt, klein im Vergleich zu dem Volumen sein, das der gesamte, technisch interessierende Teil der Flüssigkeit einnimmt. Auf der anderen Seite muß die Zahl der Moleküle im Molekülhaufen so groß sein, daß die Mittelung sinnvoll, d. h. unabhängig von der Anzahl der Moleküle wird. Wenn man bedenkt, daß die Zahl der Moleküle in einem Kubikzentimeter Gas im Normzustand $2,7 \cdot 10^{19}$ (*Loschmidtsche Zahl*) beträgt, so wird ersichtlich, daß diese Bedingungen bei vielen technischen Anwendungen erfüllt sind.

Auf diese Weise läßt sich die wichtigste Eigenschaft eines *Kontinuums*, die der *Massendichte* ρ einführen. Sie ist definiert als das Verhältnis der Summe der Molekülmassen im Haufen zum eingenommenen Volumen mit der Maßgabe, daß das Volumen bzw. seine lineare Abmessung groß genug sein muß, damit die Dichte des Flüssigkeitsteilchens von seinem Volumen unabhängig ist.

Die lineare Abmessung des Volumens muß aber andererseits klein gegen die makroskopisch interessierende Länge sein. Es wird sogar zweckmäßig sein, das Volumen des Flüssigkeitsteilchens als unendlich klein im Vergleich zu dem Volumen anzunehmen, das der gesamte interessierende Flüssigkeitsteil einnimmt.

Diese Annahme bildet die Basis der *Kontinuumshypothese*. Im Rahmen dieser Hypothese betrachten wir das Flüssigkeitsteilchen als einen *materiellen* Punkt und die Dichte (oder andere Größen) im betrachteten Teil der Flüssigkeit als stetige Funktion des Ortes und der Zeit. Der der Betrachtung unterzogene Teil der Flüssigkeit besteht aus unendlich vielen materiellen Punkten, und wir erwarten, daß die Beschreibung der Bewegung dieses Kontinuums im allgemeinen auf partielle Differentialgleichungen führen wird. Die Annahmen, die uns von der Materie zum idealisierten Modell des Kontinuums geführt haben, sind allerdings nicht in allen technischen Anwendungen erfüllt. Ein Beispiel ist das Umströmungsproblem bei sehr niedrigen Gasdichten, wie es beim Flug in sehr großen Höhen auftritt. Die zur sinnvollen Mittelung nötige Anzahl von Molekülen nimmt dann ein so großes Volumen ein, daß dieses vergleichbar mit dem Volumen des Flugkörpers selbst wird.

Zur Beschreibung der Vorgänge innerhalb eines Verdichtungsstoßes (siehe Kapitel 9), wie er in der Gasdynamik häufig auftritt, ist die Kontinuumstheorie u. U. ebenfalls nicht geeignet. Solche Stöße haben Dicken in der Größenordnung der freien Weglänge, so daß die linearen Abmessungen des zur Mittelung notwendigen Volumens vergleichbar mit der Dicke des Stoßes werden.

Noch ist die thermische Bewegung der Moleküle nicht in das Modell des Kontinuums eingeflossen. Diese Bewegung ist aber bei Gasen die alleinige Ursache für die Flüssigkeitseigenschaften der Zähigkeit. Selbst wenn die durch (1.4) gegebene makroskopische Geschwindigkeit null ist, sind ja die Molekülgeschwindigkeiten $\vec{c}_i$ bekanntlich nicht gleich null. Dies hat zur Folge, daß die Moleküle im Flüssigkeitsteilchen aus diesem herauswandern und durch Moleküle, die ins Flüssigkeitsteilchen hineinwandern, ersetzt werden. Dieser Austauschvorgang gibt Anlaß zu makroskopischen Flüssigkeitseigenschaften, die als *Transporteigenschaften* bezeichnet werden. Es ist unmittelbar einleuchtend, daß dieser Austausch Moleküle ins Flüssigkeitsteilchen bringt, die andere molekulare Eigenschaften (z. B. Molekülmassen) als die ursprünglich im Flüssigkeitsteilchen befindlichen Moleküle besitzen. Man stelle sich zur Veranschaulichung ein Gas vor, das aus zwei Molekülarten besteht, sagen wir O_2 und N_2. Es sei nun die Zahl der O_2-Moleküle pro Volumen im Flüssigkeitsteilchen größer als in der Umgebung. Die Zahl der herauswandernden O_2-Moleküle ist proportional zur Zahlendichte im Flüssigkeitsteilchen, während die Zahl der hineinwandernden O_2-Moleküle proportional zur Zahlendichte in der Umgebung ist. Der Nettoeffekt ist der, daß mehr O_2-Moleküle auswandern als O_2-Moleküle einwandern, d. h. die O_2-Zahlendichte paßt sich der Umgebung an. Der besprochene Vorgang stellt aus der Sicht der Kontinuumsbetrachtung die *Diffusion* dar.

Ist nun die Kontinuumsgeschwindigkeit $\vec{u}$ nach (1.4) im Flüssigkeitsteilchen größer als die der Umgebung, so tragen die herauswandernden Moleküle den Anteil der Molekülgeschwindigkeit, der Anlaß zu $\vec{u}$ gibt, mit sich. Die sie ersetzenden einwandernden Moleküle haben Molekülgeschwindigkeiten mit einem geringeren Anteil an der Kontinuumsgeschwindigkeit $\vec{u}$. Als Folge findet ein Impulsaustausch durch die Oberfläche des Flüssigkeitsteilchens statt, der sich als Kraft an der Oberfläche äußert. Bei der Einfachen Scherströmung ist diese Kraft pro Fläche an einem Flächenelement parallel zu den Platten durch (1.3) gegeben. Das Vorzeichen dieser Schubspannung ist dabei so, daß die Spannung die Geschwindigkeit zu vergleichmäßigen sucht. Hier wird die ungleichmäßige Geschwindigkeit und damit der Impulstransport aber durch die Kraft an der oberen Platte aufrechterhalten. Dieser Impulstransport verkörpert vom Standpunkt der Kontinuumstheorie die innere Reibung, d. h. die *Viskosität*. Der Impulsaustausch liefert übrigens nur die Erklärung für die Viskosität bei Gasen; bei Flüssigkeiten stehen die Moleküle ständig in Wechselwirkung. Der Platzwechsel, der zwar für die Verformbarkeit verantwortlich ist, wird aber durch die Anziehungskräfte der Nachbarmoleküle erschwert, und wie wir wissen, umso mehr, je schneller die Formänderung abläuft. Der Beitrag dieser intermolekularen Kräfte über ein Element der Oberfläche des Flüssigkeitsteilchens ist sogar größer als der Beitrag des Impulsaustausches. Daher sinkt auch die Viskosität von Flüssigkeiten bei steigender Temperatur, denn die Platzwechsel werden durch die stärkere Bewegung der Moleküle begünstigt. Bei Gasen hingegen, wo der Impulsaustausch praktisch die alleinige Ursache für die Viskosität ist, steigt diese mit der Temperatur, weil mit steigender Temperatur die thermische Geschwindigkeit der Moleküle zunimmt, und damit der Impulsaustausch begünstigt wird.

Das besprochene Austauschmodell für Diffusion und Viskosität kann auch zur Erklärung des dritten Transportprozesses, dem der *Wärmeleitung* dienen. Bei Gasen führen die aus dem Flüssigkeitsteilchen herauswandernden Moleküle ihre kinetische Energie mit und tauschen sie durch Stöße mit den Umgebungsmolekülen aus. Die einwandernden Moleküle tauschen ihrerseits durch Stöße ihre Energie mit den Molekülen im Flüssigkeitsteilchen aus, so daß die mittlere kinetische Energie (d. h. die Temperatur) in der Flüssigkeit vergleichmäßigt wird.

Neben die bereits erwähnten Differentialgleichungen für die Beschreibung der Kontinuumsbewegung müssen also noch Beziehungen treten, die den Austausch von Masse (Diffusion), von Impuls (Viskosität) und von kinetischer Energie (Wärmeleitung) beschreiben. Diese Beziehungen stellen im allgemeinsten Sinne einen Zusammenhang zwischen Konzentration und Diffusionsstrom, zwischen Kräften und Bewegung, sowie zwischen Temperatur und Wärmestrom her. Diese Zuordnungen spiegeln aber nur die hauptsächlichen Gründe für „Ursache" und „Wirkung" wider. Es ist aber aus der kinetischen Gastheorie bekannt, daß dort eine Wirkung mehrere Ursachen haben kann. So hängt beispielsweise der Diffusionsstrom (Wirkung) von den Inhomogenitäten des Konzentrations-, Temperatur- und Druckfeldes (Ursachen), sowie u. U. noch von äußeren Kräften ab. Daher müssen die angesprochenen Beziehungen die Abhängigkeit der Wirkung von mehreren Ursachen zulassen. Solche Beziehungen nennt man *Materialgleichungen*. Sie spiegeln das durch die molekularen Eigenschaften geprägte Verhalten der Materie wider. Die Kontinuumstheorie ist aber phänomenologischer Natur: Für das betrachtete makroskopische Materialverhalten werden mathematische und daher idealisierte Modelle entwickelt. Dies ist sogar nötig, da sich das reale Materialverhalten nie genau beschreiben läßt. Aber selbst wenn diese Möglichkeit unterstellt wird, wäre die Erfassung von Materialeigenschaften, die für ein vorliegendes technisches Problem nicht wesentlich sind, eine unnütze Beschäftigung. Die Kontinuumstheorie arbeitet deshalb nicht mit realen Materialien, sondern mit Modellen, die in der jeweiligen Anwendung das wirkliche Verhalten genügend genau beschreiben sollten. Das Modell des idealen Gases wird sich z. B. für viele Anwendungen als sehr nützlich erweisen, obwohl man ideales Gas nicht kaufen kann!

Grundsätzlich lassen sich Modelle allein aus Experimenten und Erfahrungen konstruieren, ohne dabei auf den molekularen Aufbau einzugehen. Die Beachtung der mikroskopischen Struktur vermittelt aber Einsichten, die für die Modellvorstellung und für die Anwendungsgrenzen eines Modells wichtig sein können.

1.2 Kinematik der Flüssigkeiten

1.2.1 Materielle und Feldbeschreibungsweise

Die Kinematik ist die Lehre von der Bewegung der Flüssigkeit oder Teilen davon ohne Berücksichtigung der Kräfte, die diese Bewegung verursachen, d. h. ohne Berücksichtigung der Bewegungsgleichungen. Es ist naheliegend, die Kinematik des Massenpunktes unmittelbar auf die Kinematik des Flüssigkeitsteilchens zu übertragen. Mit der Angabe des zeitabhängigen Ortsvektors eines Flüssigkeitsteilchens $\vec{x}(t)$ ist dessen Bewegung bezüglich des gewählten Koordinatensystems gegeben.

Im allgemeinen interessiert die Bewegung eines endlich großen Teils der Flüssigkeit (oder der gesamten Flüssigkeit), der aus unendlich vielen Flüssigkeitsteilchen besteht. Deshalb müssen die einzelnen Teilchen identifizierbar bleiben. Zur Identifikation eignet sich z. B. die Form des Teilchens nicht, da diese sich ja aufgrund der unbegrenzten Verformbarkeit im Laufe der Bewegung ständig ändert. Natürlich müssen die linearen Abmessungen trotz der Verformung während der Bewegung im bereits diskutierten Sinne klein bleiben, was wir durch die Idealisierung des Flüssigkeitsteilchens als materiellen Punkt sicherstellen.

Zur Identifizierung ordnen wir nun jedem materiellen Punkt einen Vektor $\vec{\xi}$ zu, der für ihn charakteristisch ist. Für $\vec{\xi}$ kann man z. B. den Ortsvektor $\vec{x}$ zu einer bestimmten Zeit t_0 nehmen, dann ist $\vec{x}(t_0) = \vec{\xi}$. Die Bewegung der gesamten betrachteten Flüssigkeit wird somit durch

$$\vec{x} = \vec{x}(\vec{\xi}, t) \quad \text{oder} \quad x_i = x_i(\xi_j, t) \tag{1.5}$$

beschrieben. (Wir benutzen dasselbe Symbol für die vektorwertige Funktion auf der rechten Seite, wie für ihren Wert auf der linken Seite). Für ein festes, den materiellen Punkt charakterisierendes $\vec{\xi}$ gibt (1.5) die Bahn dieses materiellen Punktes an (Abb. 1.3). Für andere $\vec{\xi}$ ist (1.5) die Gleichung der Bahnkurve der entsprechenden Flüssigkeitsteilchen.

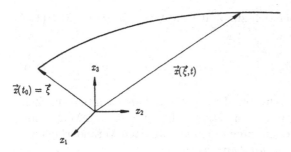

Abbildung 1.3. Materielle Beschreibungsweise

Die Geschwindigkeit

$$\vec{u} = \mathrm{d}\vec{x}/\mathrm{d}t$$

und die Beschleunigung

$$\vec{b} = \mathrm{d}^2\vec{x}/\mathrm{d}t^2$$

eines materiellen Punktes $\vec{\xi}$ werden auch in der Form

$$\vec{u}(\vec{\xi}, t) = \left[\frac{\partial \vec{x}}{\partial t}\right]_{\vec{\xi}} \quad \text{oder} \quad u_i(\xi_j, t) = \left[\frac{\partial x_i}{\partial t}\right]_{\xi_j} , \tag{1.6}$$

$$\vec{b}(\vec{\xi}, t) = \left[\frac{\partial \vec{u}}{\partial t}\right]_{\vec{\xi}} \quad \text{oder} \quad b_i(\xi_j, t) = \left[\frac{\partial u_i}{\partial t}\right]_{\xi_j} \tag{1.7}$$

geschrieben, wobei „Ableitung bei festem $\vec{\xi}$" andeutet, daß die Ableitung für den „$\vec{\xi}$-ten" materiellen Punkt genommen wird. Mißverständnisse bezüglich der Ableitung nach t können nicht enstehen, da $\vec{\xi}$ ein zeitlich unveränderlicher Vektor ist.

Mathematisch beschreibt (1.5) für festes t eine Abbildung des Gebietes, das der betrachtete Flüssigkeitsteil zur Zeit t_0 innehatte, auf das Gebiet, das dieser Flüssigkeitsteil zur Zeit t einnimmt. Man spricht auch von der Abbildung der Referenzkonfiguration auf die aktuelle Konfiguration.

Die Benutzung der Unabhängigen $\vec{\xi}$ und t nennt man *materielle* oder *Lagrangesche Beschreibungsweise*, und deshalb bezeichnet man $\vec{\xi}$ unmittelbar einleuchtend als *materielle Koordinaten*.

Obwohl die Wahl von $\vec{\xi}$ und t als unabhängige Veränderliche naheliegt und in manchen Zweigen der Kontinuumsmechanik bevorzugt wird, ist die materielle Beschreibungsweise in der Strömungslehre, von wenigen Ausnahmen abgesehen, nicht zweckmäßig. Den meisten Problemen ist eine Betrachtungsweise angepaßt, bei der man feststellt, was am festen Ort oder in einem festen Gebiet im Laufe der Zeit passiert. Die unabhängigen Veränderlichen sind dann der Ort $\vec{x}$ und die Zeit t. Denkt man sich die Gleichung (1.5) nach $\vec{\xi}$ aufgelöst, erhält man

$$\vec{\xi} = \vec{\xi}(\vec{x}, t) , \tag{1.8}$$

also den materiellen Punkt, der sich zur Zeit t am Ort $\vec{x}$ befindet. Mit (1.8) läßt sich $\vec{\xi}$ aus (1.6) eliminieren:

$$\vec{u}(\vec{\xi}, t) = \vec{u}\left[\vec{\xi}(\vec{x}, t), t\right] = \vec{u}(\vec{x}, t) \ . \tag{1.9}$$

Für festes $\vec{x}$ stellt (1.9) die Geschwindigkeit am Ort $\vec{x}$ als Funktion der Zeit dar. Für festes t gibt (1.9) das Geschwindigkeitsfeld zur Zeit t an. Man nennt $\vec{x}$ die *Feldkoordinate* und die Benutzung der unabhängigen Veränderlichen $\vec{x}$ und t die *Eulersche* oder *Feldbeschreibungsweise*.

Mit Hilfe von (1.8) kann man jede Größe, die in materiellen Koordinaten gegeben ist, auch in Feldkoordinaten angeben; oder umgekehrt mit (1.5) jede Größe, die in Feldkoordinaten gegeben ist, in materielle Koordinaten umrechnen. Diese Umrechnung muß eindeutig sein, da am Ort $\vec{x}$ zur Zeit t nur ein materieller Punkt $\vec{\xi}$ ist. Die Transformationen (1.5) und (1.8) müssen daher eindeutig umkehrbar sein, was bekanntlich bei nicht verschwindender *Funktionaldeterminante* $J = \det(\partial x_i/\partial \xi_j)$ der Fall ist.

Wenn die Geschwindigkeit in Feldkoordinaten gegeben ist, führt die Integration der Differentialgleichungen

$$\frac{\mathrm{d}\vec{x}}{\mathrm{d}t} = \vec{u}(\vec{x}, t) \quad \text{oder} \quad \frac{\mathrm{d}x_i}{\mathrm{d}t} = u_i(x_j, t) \tag{1.10}$$

mit den Anfangsbedingungen $\vec{x}(t_0) = \vec{\xi}$ auf die Bahnlinien $\vec{x} = \vec{x}(\vec{\xi}, t)$.

Wenn das Geschwindigkeitsfeld und alle anderen abhängigen Größen (z. B. die Dichte oder die Temperatur) von der Zeit unabhängig sind, nennt man die Bewegung *stationär*, sonst *instationär*.

Die Bevorzugung der Feldbeschreibungsweise begründet sich auf der einfacheren, den Problemen der Strömungslehre besser angepaßten Kinematik. Man stelle sich nur ein Windkanalexperiment vor, bei dem die Umströmung eines Körpers untersucht wird. Hierbei handelt es sich in der Regel um eine stationäre Strömung. Die Bahnen der Flüssigkeitsteilchen, d. h. woher ein Teilchen kommt und wohin es letztlich fließt, ist eine Frage von untergeordneter Bedeutung. Desweiteren ist z. B. die experimentelle Bestimmung der Geschwindigkeit als Funktion der materiellen Koordinate (1.6) sehr schwierig. Dagegen bereitet es keine Schwierigkeiten, die Geschwindigkeit nach Größe und Richtung an jedem Ort zu messen und so experimentell das Geschwindigkeitsfeld $\vec{u} = \vec{u}(\vec{x})$ oder das Druckfeld $p = p(\vec{x})$ festzustellen. Insbesondere läßt sich die Druckverteilung am Körper bestimmen.

1.2.2 Bahnlinie, Stromlinie, Streichlinie

Die Differentialgleichung (1.10) zeigt, daß die Bahn des materiellen Punktes überall tangential zu seiner Geschwindigkeit ist. In dieser Interpretation ist die *Bahnlinie* Tangentenkurve zu den Geschwindigkeiten desselben materiellen Punktes zu verschiedenen Zeiten. Die Zeit ist der Kurvenparameter der

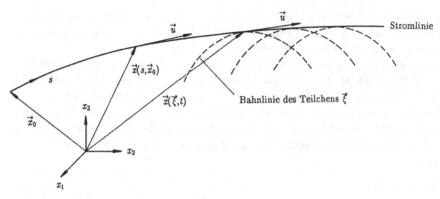

Abbildung 1.4. Stromlinie und Bahnlinien

Bahn, und die den materiellen Punkt und somit die Bahn kennzeichnende materielle Koordinate $\vec{\xi}$ ist der Scharparameter.

In der Feldbeschreibungsweise tritt ihrer Bedeutung nach an Stelle der Bahnlinie die *Stromlinie*: Das Geschwindigkeitsfeld zur Zeit t ordnet jedem Punkt $\vec{x}$ einen Geschwindigkeitsvektor zu. Die Kurven, deren Tangentenrichtungen mit den Richtungen der Geschwindigkeitsvektoren übereinstimmen, sind die Stromlinien. Sie vermitteln ein anschauliches Bild des Strömunsverlaufes zur Zeit t.

Die Interpretation der Stromlinien als Tangentialkurven zu den Geschwindigkeitsvektoren verschiedener materieller Teilchen zum gleichen Zeitpunkt macht den Unterschied zu den Bahnlinien in der o. a. Interpretation deutlich: Es besteht keine Beziehung zwischen Bahnlinien und Stromlinien, was nicht ausschließt, daß beide Linien unter Umständen auf dieselbe Kurve fallen.

Der aus dem Geschwindigkeitsvektor $\vec{u}$ gebildete Einheitsvektor $\vec{u}/|\vec{u}|$ ist nach der Definition der Stromlinien gleich dem Tangenteneinheitsvektor $\vec{\tau} = d\vec{x}/|d\vec{x}| = d\vec{x}/ds$ der Stromlinie, wenn $d\vec{x}$ ein Vektorelement der Stromlinie ist. Daher lauten die Differentialgleichungen der Stromlinie

$$\frac{d\vec{x}}{ds} = \frac{\vec{u}(\vec{x}, t)}{|\vec{u}|} \quad , \quad (t = \text{const}) \tag{1.11a}$$

oder in Indexschreibweise

$$\frac{dx_i}{ds} = \frac{u_i(x_j, t)}{\sqrt{u_k u_k}} \quad , \quad (t = \text{const}) . \tag{1.11b}$$

Integration dieser Gleichungen unter der „Anfangsbedingung", daß die Stromlinie durch den Ort $\vec{x}_0$ geht, also $\vec{x}(s = 0) = \vec{x}_0$, führt auf die Parameterdarstellung der Stromlinie $\vec{x} = \vec{x}(s, \vec{x}_0)$. Die Bogenlänge s, gemessen von $\vec{x}_0$ ab, ist Kurvenparameter, und $\vec{x}_0$ ist Scharparameter.

Die Bahnlinie eines materiellen Punktes $\vec{\xi}$ berührt die Stromlinie am Ort $\vec{x}$, an dem er sich zur Zeit t befindet. Dieser Sachverhalt ist in Abb. 1.4

dargestellt. Zur Zeit t ist der Geschwindigkeitsvektor des materiellen Punktes per definitionem dort tangential zu seiner Bahn. Zu einer anderen Zeit sind Stromlinien im allgemeinen andere Kurven.

In stationärer Strömung, wo das Geschwindigkeitsfeld zeitunabhängig ist ($\vec{u} = \vec{u}(\vec{x})$), sind die Stromlinien immer dieselben Kurven wie die Bahnlinien. Die Differentialgleichungen der Bahnlinien lauten dann $\mathrm{d}\vec{x}/\mathrm{d}t = \vec{u}(\vec{x})$, wobei im Unterschied zu (1.10) die Zeit t auf der rechten Seite nicht mehr explizit auftritt. Das Element der Bogenlänge längs der Bahn ist $\mathrm{d}\sigma = |\vec{u}|\mathrm{d}t$, und die Differentialgleichungen für die Bahnlinien sind dieselben wie für die Stromlinien

$$\frac{\mathrm{d}\vec{x}}{\mathrm{d}\sigma} = \frac{\vec{u}(\vec{x})}{|\vec{u}|} \; , \tag{1.12}$$

da die Bezeichnung des Parameters irrelevant ist. In der Interpretation der Integralkurven von (1.12) als Stromlinien sind diese wie bisher Tangentialkurven zu den Geschwindigkeitsvektoren verschiedener materieller Teilchen zur selben Zeit t. Da die Teilchen, die den allgemeinen Ort $\vec{x}$ passieren, dort immer dieselbe Geschwindigkeit haben, bleiben die Tangentialkurven zeitlich unverändert. Die Interpretation der Integralkurven von (1.12) als Bahnlinien bedeutet, daß sich ein materielles Teilchen im Laufe der Zeit längs der Stromlinie bewegen muß, da es keine Geschwindigkeitskomponente normal zu dieser Kurve erfährt.

Das hier zunächst für stationäre Geschwindigkeitsfelder Gesagte gilt unverändert für solche instationären Felder bei denen die Richtung des Geschwindigkeitsvektors nicht von der Zeit abhängt, also für instationäre Geschwindigkeitsfelder der Form

$$\vec{u}(\vec{x}, t) = f(\vec{x}, t)\, \vec{u}_0(\vec{x}) \; . \tag{1.13}$$

Besonders in der experimentellen Strömungslehre ist noch die *Streichlinie* von Bedeutung. Zur festen Zeit t verbindet die Streichlinie alle materiellen Punkte, die zu irgendeiner Zeit t' den festen Ort $\vec{y}$ passiert haben (oder passieren werden). Läßt man am Ort $\vec{y}$ z. B. Farbe in die Flüssigkeit austreten, wie dies oft zur Sichtbarmachung der Strömung geschieht, so bildet sich ein Farbfaden aus. Eine Momentaufnahme des Farbfadens zur Zeit t ist eine Streichlinie. Beispiele für Streichlinien sind Rauchfahnen oder sich bewegende Wasserstrahlen, wie man sie bei Wasserspielen beobachtet. Im konkreten Beispiel sei das Feld $\vec{u} = \vec{u}(\vec{x}, t)$ gegeben. Man berechnet die Bahnlinien gemäß (1.10) und löst diese nach $\vec{\xi}$ auf. Setzt man in (1.8) $\vec{x} = \vec{y}$ und $t = t'$, so erhält man die materiellen Punkte $\vec{\xi}$, die zur Zeit t' am Ort $\vec{y}$ waren. Die Bahnkoordinaten dieser Teilchen erhält man, wenn man die entsprechenden $\vec{\xi}$ in die Bahngleichungen einsetzt, also

$$\vec{x} = \vec{x}\left[\vec{\xi}(\vec{y}, t'), t\right] \tag{1.14}$$

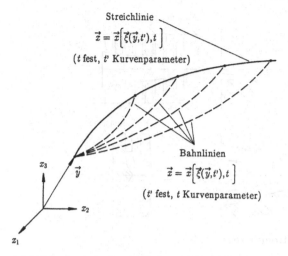

Abbildung 1.5. Streichlinie und Bahnlinien

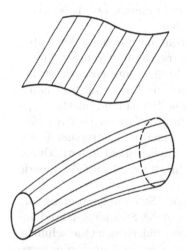

Abbildung 1.6. Stromfläche und Stromröhre

bildet. Zu festen Zeiten t ist t' Bahnparameter einer Raumkurve, die durch den festen Punkt $\vec{y}$ geht, daher ist diese Raumkurve Streichlinie (Abb. 1.5). (In stationärer Strömung fallen Streichlinien, Stromlinien und Bahnlinien auf eine Kurve.)

Mit den bisher besprochenen Linien lassen sich Flächen einführen, die durch die Menge der Linien gebildet werden, die durch eine Kurve C gehen und mit ihr nicht mehr als einen Punkt gemeinsam haben. Ist die Kurve C geschlossen, so bilden die Linien eine Röhre (Abb. 1.6). Von besonderer technischer Bedeutung sind die *Stromröhren*. Da definitionsgemäß der Geschwindigkeitsvektor tangential zur Wand der Stromröhre gerichtet ist, tritt

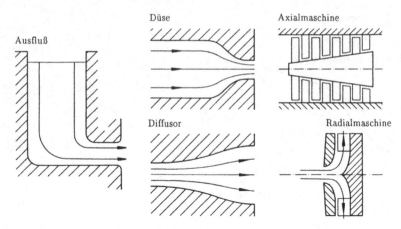

Abbildung 1.7. Beispiele für Stromröhren

keine Flüssigkeit durch die Wand der Stromröhre hindurch. Das heißt aber,
daß Kanäle mit festen Wänden Stromröhren bilden.

Man kann oft das Verhalten der ganzen Strömung durch ihr Verhalten
auf einer „mittleren", für die gesamte Strömung repräsentativen Stromlinie
beschreiben. Sind die Strömungsgrößen an den Stellen, an denen sie ermittelt werden sollen, über den Querschnitt der Stromröhre wenigstens näherungsweise konstant, so wird man auf eine einfache Berechnungsmethode geführt: die sogenannte *Stromfadentheorie*. Da bei festen Wänden die Stromröhre zeitlich unveränderlich ist, sind die Strömungsfelder in fast trivialer Weise
solche, bei denen sich die Richtung der Geschwindigkeit nicht ändert. Daher
lassen sich auch instationäre Strömungen im Rahmen der Stromfadentheorie
verhältnismäßig einfach berechnen.

Strömungen, bei denen der ganze interessierende Strömungsraum als eine
Stromröhre interpretiert werden kann, trifft man in der Strömungslehre häufig an. Man denke nur an Strömungen in Rohren veränderlichen Querschnitts,
insbesondere an Düsen- und Diffusorströmungen, aber auch an Strömungen
in Gerinnen. Der Strömungsraum in Turbomaschinen kann ebenfalls oft als
Stromröhre aufgefaßt werden, und selbst die Strömung zwischen engstehen-
den Schaufeln von Turbinen und Verdichtern läßt sich auf diese Weise näherungsweise behandeln (Abb. 1.7).

Der Nutzen dieser quasieindimensionalen Betrachtung des ganzen Strö-
mungsraumes wird dadurch erhöht, daß sich oft Korrekturen für den mehr-
dimensionalen Charakter der Strömung angeben lassen.

Stationäre Strömungen haben gegenüber den instationären neben dem
Vorzug, raumfeste Stromlinien zu besitzen, auch noch den offensichtlichen
Vorteil, daß sich die Anzahl der unabhängigen Veränderlichen um eins ver-
mindert, wodurch die Berechnung erheblich vereinfacht wird. Man wird daher immer bestrebt sein, ein Bezugssystem zu verwenden, in dem die Strö-

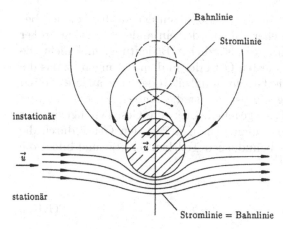

Abbildung 1.8. Instationäre Strömung für einen ruhenden Beobachter, stationäre Strömung für einen mitbewegten Beobachter

mung stationär ist. Betrachtet man z. B. einen Körper, der mit konstanter Geschwindigkeit durch eine im Unendlichen ruhende Flüssigkeit bewegt wird, so ist die Strömung bezüglich eines ortsfesten Systems instationär, dagegen in bezug auf ein mit dem Körper fest verbundenes System stationär.

Abb. 1.8 macht diesen Sachverhalt am Beispiel einer (reibungsfreien) Strömung, die durch einen von rechts nach links geführten Kreiszylinder verursacht wird, deutlich. Die obere Hälfte des Bildes zeigt die instationäre Strömung bezüglich eines ruhenden Beobachters in dem Augenblick $t = t_0$, in dem der Zylinder den Ursprung passiert. Die untere Halbebene zeigt dieselbe Strömung bezüglich eines mit dem Zylinder mitbewegten Beobachters. In diesem System wird der Zylinder von links angeströmt, und die Strömung ist stationär.

Aus dem Bereich der täglichen Erfahrung entspricht das erste Bezugssystem dem eines Beobachters, der an einer Straße steht und eine instationäre Strömung feststellt, wenn ein Fahrzeug vorbeifährt. Das zweite System enspricht dem eines Beobachters, der sich im Fahrzeug befindet, und der, z. B. durch Heraushalten einer Hand, eine stationäre Strömung feststellt.

1.2.3 Zeitableitungen

In der Feldbeschreibungsweise wird die Aufmerksamkeit auf die Vorgänge am Ort $\vec{x}$ zur Zeit t gerichtet. Die zeitliche Änderung z. B. der Geschwindigkeit $\vec{u}$ am Ort $\vec{x}$ ist aber im allgemeinen nicht die Beschleunigung, die der materielle Punkt erfährt, der den Ort $\vec{x}$ zur Zeit t passiert. Dies ist am Beispiel der stationären Strömung unmittelbar einsichtig, denn dann ist die zeitliche Änderung am festen Ort null; ein materieller Punkt erfährt aber im allgemeinen eine Änderung der Geschwindigkeit, also eine Beschleunigung, wenn er vom Ort $\vec{x}$ zum Ort $\vec{x} + \mathrm{d}\vec{x}$ weiterrückt. ($\mathrm{d}\vec{x}$ ist das Vektorelement der

Bahn des materiellen Punktes.) In den Bilanzsätzen der Mechanik sind aber die Änderungen, die ein materieller Punkt oder ein anderer beliebig großer Teil der Flüssigkeit erfährt, von grundsätzlicher Bedeutung, und nicht die zeitlichen Änderungen an einem festen Ort oder in dem Raumgebiet, das die Flüssigkeit einnimmt. Wenn die Geschwindigkeit (oder eine andere Größe) in materiellen Koordinaten gegeben ist, so ist die *materielle* oder *substantielle Ableitung* bereits durch (1.6) gegeben. Liegt die Geschwindigkeit aber in Feldkoordinaten vor, so denkt man sich in $\vec{u}(\vec{x}, t)$ den Ort $\vec{x}$ durch die Bahnkoordinaten des am Ort $\vec{x}$ befindlichen Teilchens ersetzt und bildet die zeitliche Ableitung bei festem $\vec{\xi}$:

$$\frac{\mathrm{d}\vec{u}}{\mathrm{d}t} = \left\{ \frac{\partial \vec{u}\left\{ \vec{x}(\vec{\xi}, t), t \right\}}{\partial t} \right\}_{\vec{\xi}} , \tag{1.15a}$$

oder

$$\frac{\mathrm{d}u_i}{\mathrm{d}t} = \left\{ \frac{\partial u_i\left\{ x_j(\xi_k, t), t \right\}}{\partial t} \right\}_{\xi_k} . \tag{1.15b}$$

Man kann aber die materielle Ableitung in Feldkoordinaten ohne direkten Rückgriff auf die materiellen Koordinaten erhalten. Als Beispiel möge das Temperaturfeld $T(\vec{x}, t)$ dienen: Als totales Differential verstehen wir den Ausdruck

$$\mathrm{d}T = \frac{\partial T}{\partial t}\mathrm{d}t + \frac{\partial T}{\partial x_1}\mathrm{d}x_1 + \frac{\partial T}{\partial x_2}\mathrm{d}x_2 + \frac{\partial T}{\partial x_3}\mathrm{d}x_3 . \tag{1.16}$$

Der erste Term ist die zeitliche Änderung der Temperatur am festen Ort, d. h. die *lokale Änderung*. Die letzten drei Terme geben die Änderung der Temperatur an, die durch Vorrücken um das Vektorelement $\mathrm{d}\vec{x}$ vom Ort $\vec{x}$ zum Ort $\vec{x} + \mathrm{d}\vec{x}$, d. h. die *konvektive Änderung*, verursacht wird. Die letzten drei Terme lassen sich zusammenfassen als $\mathrm{d}\vec{x} \cdot \nabla T$ oder in äquivalenter Form $\mathrm{d}x_i\, \partial T/\partial x_i$. Wenn $\mathrm{d}\vec{x}$ ein Vektorelement der Bahn des Flüssigkeitsteilchens am Ort $\vec{x}$ ist, so gilt (1.10), und daher ist

$$\frac{\mathrm{d}T}{\mathrm{d}t} = \frac{\partial T}{\partial t} + \vec{u} \cdot \nabla T \tag{1.17a}$$

oder

$$\frac{\mathrm{d}T}{\mathrm{d}t} = \frac{\partial T}{\partial t} + u_i \frac{\partial T}{\partial x_i} = \frac{\partial T}{\partial t} + u_1 \frac{\partial T}{\partial x_1} + u_2 \frac{\partial T}{\partial x_2} + u_3 \frac{\partial T}{\partial x_3} \tag{1.17b}$$

die zeitliche Änderung der Temperatur des materiellen Teilchens, das den Ort $\vec{x}$ passiert, d. h. die materielle Änderung der Temperatur. Man erhält also in Feldkoordinaten einen recht komplizierten Ausdruck für die materielle Änderung, der auch in der mathematischen Behandlung zu Schwierigkeiten führt.

Dies wird besonders deutlich, wenn wir in analoger Weise die Beschleunigung des Teilchens, also die materielle Änderung der Geschwindigkeit, anschreiben:

$$\frac{\mathrm{d}\vec{u}}{\mathrm{d}t} = \frac{\partial \vec{u}}{\partial t} + (\vec{u} \cdot \nabla)\,\vec{u} = \frac{\partial \vec{u}}{\partial t} + (\vec{u} \cdot \mathrm{grad})\,\vec{u}\ , \qquad\qquad (1.18\mathrm{a})$$

oder

$$\frac{\mathrm{d}u_i}{\mathrm{d}t} = \frac{\partial u_i}{\partial t} + u_j \frac{\partial u_i}{\partial x_j}\ . \qquad\qquad (1.18\mathrm{b})$$

(Der Operator $\mathrm{d}/\mathrm{d}t = \partial/\partial t + (\vec{u} \cdot \nabla)$ ist, obwohl symbolisch geschrieben, zunächst nur in kartesischen Koordinaten erklärt. Zwar ist er bei entsprechender Definition des Nabla-Operators auch für krummlinige Koordinatensysteme gültig, seine Anwendung auf Vektoren ist jedoch wegen der Veränderlichkeit der Basisvektoren nicht einfach. Wir werden später für die materielle Ableitung der Geschwindigkeit eine Form kennenlernen, die sich neben der partiellen Zeitableitung nur aus bekannten Größen, wie der Rotation des Geschwindigkeitsfeldes und dem Gradienten der kinetischen Energie, zusammensetzt und daher für krummlinige Koordinaten zweckmäßiger ist.)

Man überzeugt sich übrigens leicht, daß aus (1.15) durch Differentiation nach der Kettenregel und unter Benutzung von (1.6) die materielle Ableitung gemäß (1.18) hervorgeht.

Die letzten drei Terme in der i-ten Komponente von (1.18) sind nichtlinear (quasilinear), weil hier die Produkte der Funktion $u_j(\vec{x}, t)$ mit ihren ersten Ableitungen $\partial u_i(\vec{x}, t)/\partial x_j$ auftauchen. Aufgrund dieser Terme werden die Bewegungsgleichungen in Feldkoordinaten nichtlinear, was die mathematische Behandlung schwierig macht. (Aber auch die Bewegungsgleichungen in materiellen Koordinaten sind nichtlinear, worauf wir aber nicht weiter eingehen wollen.)

Aus der auf (1.17) führenden Betrachtung ergibt sich auch die allgemeine Zeitableitung, bei der wir z. B. nach der zeitlichen Änderung der Temperatur fragen, die ein Schwimmer feststellt, der sich relativ zur Strömungsgeschwindigkeit $\vec{u}$ mit der Geschwindigkeit $\vec{w}$, also bezüglich des festen Bezugssystems mit der Geschwindigkeit $\vec{u} + \vec{w}$ bewegt. Offensichtlich ist das Vektorelement $\mathrm{d}\vec{x}$ seiner Bahn $\mathrm{d}\vec{x} = (\vec{u} + \vec{w})\,\mathrm{d}t$ und somit die zeitliche Änderung der Temperatur, die der Schwimmer feststellt:

$$\frac{\mathrm{d}T}{\mathrm{d}t} = \frac{\partial T}{\partial t} + (\vec{u} + \vec{w}) \cdot \nabla T\ , \qquad\qquad (1.19)$$

wobei selbstverständlich der Operator $\partial/\partial t + (\vec{u} + \vec{w}) \cdot \nabla$ oder $\partial/\partial t + (u_i + w_i)\,\partial/\partial x_i$, angewandt auf andere Feldgrößen, die zeitlichen Änderungen angibt, die der Schwimmer in diesen Größen feststellt.

Zur Unterscheidung der allgemeinen Zeitableitungen von der materiellen Ableitung führen wir jetzt für letztere das Symbol

$$\frac{\mathrm{D}}{\mathrm{D}t} = \frac{\partial}{\partial t} + u_i \frac{\partial}{\partial x_i} = \frac{\partial}{\partial t} + (\vec{u} \cdot \nabla) \qquad\qquad (1.20)$$

ein. (In mathematischer Hinsicht besteht natürlich kein Unterschied zwischen d/dt und D/Dt.)

Der konvektive Anteil des Operators D/Dt läßt sich mit Hilfe des Tangenteneinheitsvektors der Bahnlinie

$$\vec{t} = \frac{\mathrm{d}\vec{x}}{|\mathrm{d}\vec{x}|} = \frac{\mathrm{d}\vec{x}}{\mathrm{d}\sigma} \tag{1.21}$$

auch schreiben:

$$\vec{u} \cdot \nabla = |\vec{u}| \, \vec{t} \cdot \nabla = |\vec{u}| \frac{\partial}{\partial \sigma} \ , \tag{1.22}$$

so daß $\partial/\partial\sigma$ die Ableitung in Richtung von $\vec{t}$ ist und für den Operator D/Dt der Ausdruck

$$\frac{\mathrm{D}}{\mathrm{D}t} = \frac{\partial}{\partial t} + |\vec{u}| \frac{\partial}{\partial \sigma} \tag{1.23}$$

ensteht. Wir benutzen diese Form, um den Beschleunigungsvektor in natürlichen Koordinaten anzugeben. In diesem System werden die Einheitsvektoren des begleitenden Dreibeins einer Raumkurve als Basisvektoren des Koordinatensystems σ, n und b benutzt. σ ist die Koordinate in Richtung von $\vec{t}$, n die Koordinate in Richtung der Hauptnormalen $\vec{n}_\sigma = R\,\mathrm{d}\vec{t}/\mathrm{d}\sigma$ und b die Koordinate in Richtung der Binormalen $\vec{b}_\sigma = \vec{t} \times \vec{n}_\sigma$. R ist der Krümmungsradius der Bahnlinie in der *Schmiegebene*, die durch die Vektoren $\vec{t}$ und $\vec{n}_\sigma$ aufgespannt wird. Bezeichnen wir die Komponente von $\vec{u}$ in $\vec{t}$-Richtung mit u ($u = |\vec{u}|$), dann liefert (1.23) den Ausdruck

$$\frac{\mathrm{D}}{\mathrm{D}t}(u\vec{t}) = \left[\frac{\partial u}{\partial t} + u \frac{\partial u}{\partial \sigma} \right] \vec{t} + \frac{u^2}{R} \, \vec{n}_\sigma \ . \tag{1.24}$$

Bei der Zerlegung nach der natürlichen Richtung der Stromlinie ($\vec{\tau}, \vec{n}_s, \vec{b}_s$) zur Zeit t ist die konvektive Beschleunigung dieselbe wie in (1.24), da die Stromlinie durch den Ort $\vec{x}$ die Bahnlinie des sich dort befindlichen materiellen Teilchens berührt. Die lokale Änderung enthält aber Terme normal zur Stromlinie. Die Komponenten der Geschwindigkeit normal zur Stromlinie u_b und u_n sind zwar null, nicht aber ihre lokalen Änderungen, daher gilt

$$\frac{\partial \vec{u}}{\partial t} = \frac{\partial u}{\partial t} \vec{\tau} + \frac{\partial u_n}{\partial t} \vec{n}_s + \frac{\partial u_b}{\partial t} \vec{b}_s \ , \tag{1.25}$$

und die Zerlegung des Beschleunigungsvektors nach der natürlichen Richtung der Stromlinie lautet:

$$\frac{\mathrm{D}\vec{u}}{\mathrm{D}t} = \left[\frac{\partial u}{\partial t} + u \frac{\partial u}{\partial s} \right] \vec{\tau} + \left[\frac{\partial u_n}{\partial t} + \frac{u^2}{R} \right] \vec{n}_s + \frac{\partial u_b}{\partial t} \vec{b}_s \ . \tag{1.26}$$

Wenn die Stromlinien raumfest sind, reduziert sich (1.26) auf (1.24).

1.2.4 Bewegungszustand, Änderung materieller Linien-, Flächen- und Volumenelemente

Mit der Geschwindigkeit am Ort $\vec{x}$ gewinnen wir die Geschwindigkeit am unendlich benachbarten Ort $\vec{x} + \mathrm{d}\vec{x}$ aus der Taylorreihen-Entwicklung zu

$$u_i(\vec{x} + \mathrm{d}\vec{x},\, t) = u_i(\vec{x},\, t) + \frac{\partial u_i}{\partial x_j}\mathrm{d}x_j \; . \tag{1.27a}$$

Für jede der drei Geschwindigkeitskomponenten u_i gibt es drei Ableitungen nach den kartesischen Koordinatenrichtungen, so daß das Geschwindigkeitsfeld in der unmittelbaren Nähe des Ortes $\vec{x}$ durch diese neun räumlichen Ableitungen festgelegt ist. Die Gesamtheit dieser neun Ableitungen bildet einen Tensor zweiter Stufe, den *Geschwindigkeitsgradienten* $\partial u_i/\partial x_j$. In symbolischer Schreibweise benutzt man das Symbol $\nabla \vec{u}$ oder $\mathrm{grad}\vec{u}$ (definiert durch (A.40) im Anhang A) und schreibt (1.27a) auch in der Form

$$\vec{u}(\vec{x} + \mathrm{d}\vec{x},\, t) = \vec{u}(\vec{x},\, t) + \mathrm{d}\vec{x} \cdot \nabla \vec{u} \; . \tag{1.27b}$$

Wir zerlegen den Tensor $\partial u_i/\partial x_j$ mittels der Identität

$$\frac{\partial u_i}{\partial x_j} = \frac{1}{2}\left\{ \frac{\partial u_i}{\partial x_j} + \frac{\partial u_j}{\partial x_i} \right\} + \frac{1}{2}\left\{ \frac{\partial u_i}{\partial x_j} - \frac{\partial u_j}{\partial x_i} \right\} \tag{1.28}$$

in einen symmetrischen Tensor

$$e_{ij} = \frac{1}{2}\left\{ \frac{\partial u_i}{\partial x_j} + \frac{\partial u_j}{\partial x_i} \right\} \; , \tag{1.29a}$$

bzw. in symbolischer Schreibweise

$$\mathbf{E} = e_{ij}\vec{e}_i\vec{e}_j = \frac{1}{2}\left[(\nabla\vec{u}) + (\nabla\vec{u})^{\mathrm{T}} \right] \; , \tag{1.29b}$$

und einen antisymmetrischen Tensor

$$\Omega_{ij} = \frac{1}{2}\left\{ \frac{\partial u_i}{\partial x_j} - \frac{\partial u_j}{\partial x_i} \right\} \; , \tag{1.30a}$$

bzw. symbolisch wegen (A.40)

$$\mathbf{\Omega} = \Omega_{ji}\vec{e}_i\vec{e}_j = \frac{1}{2}\left[(\nabla\vec{u}) - (\nabla\vec{u})^{\mathrm{T}} \right] \; . \tag{1.30b}$$

Damit erhalten wir aus (1.27)

$$u_i(\vec{x} + \mathrm{d}\vec{x},\, t) = u_i(\vec{x},\, t) + e_{ij}\mathrm{d}x_j + \Omega_{ij}\mathrm{d}x_j \; , \tag{1.31a}$$

bzw.

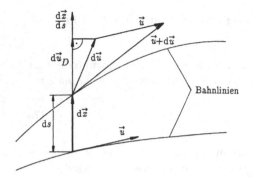

Abbildung 1.9. Zur physikalischen Deutung der Diagonalelemente des Verzerrungstensors

$$\vec{u}(\vec{x} + \mathrm{d}\vec{x},\, t) = \vec{u}(\vec{x},\, t) + \mathrm{d}\vec{x} \cdot \mathbf{E} + \mathrm{d}\vec{x} \cdot \mathbf{\Omega} \;. \tag{1.31b}$$

Der erste Anteil in (1.31) ist durch die Translation der Flüssigkeit mit der Geschwindigkeit u_i in der Nähe von $\vec{x}$ gegeben. Der zweite repräsentiert die Geschwindigkeit, mit der die Flüssigkeit in der Umgebung von $\vec{x}$ verformt wird, der dritte Anteil läßt sich als eine augenblickliche lokale Starrkörperrotation deuten. Den Tensoren e_{ij} und Ω_{ij}, die ganz unterschiedliche Beiträge zum Bewegungszustand liefern, kommt eine wesentliche Bedeutung zu. Die Reibungsspannungen in der Flüssigkeit treten definitionsgemäß nur bei Formänderungsgeschwindigkeiten auf, so daß die Reibungsspannungen nicht vom Tensor Ω_{ij} abhängen können, der ja lokal eine Starrkörperbewegung darstellt. Zur Deutung der Tensoren e_{ij} und Ω_{ij} berechnen wir die zeitlichen Änderungen eines materiellen Linienelementes $\mathrm{d}x_i$, also eines Vektorelementes, welches immer aus einer linienhaften Verteilung derselben materiellen Punkte besteht. Die materielle Änderung wird gemäß

$$\frac{\mathrm{D}}{\mathrm{D}t}(\mathrm{d}\vec{x}) = \mathrm{d}\left[\frac{\mathrm{D}\vec{x}}{\mathrm{D}t}\right] = \mathrm{d}\vec{u} \tag{1.32}$$

als Geschwindigkeitsdifferenz zwischen den Endpunkten des Elementes berechnet. Die Vektorkomponente $\mathrm{d}\vec{u}_D$ in Richtung des Elementes ist offensichtlich die Geschwindigkeit, mit der das Element im Laufe der Bewegung gedehnt, bzw. gestaucht wird (Abb. 1.9). Mit dem Einheitsvektor $\mathrm{d}\vec{x}/\mathrm{d}s$ in Richtung des Elementes ist der Betrag dieser Komponente

$$\mathrm{d}\vec{u} \cdot \frac{\mathrm{d}\vec{x}}{\mathrm{d}s} = \mathrm{d}u_i \frac{\mathrm{d}x_i}{\mathrm{d}s} = (e_{ij} + \Omega_{ij})\mathrm{d}x_j \frac{\mathrm{d}x_i}{\mathrm{d}s} \;, \tag{1.33}$$

und da $\Omega_{ij}\mathrm{d}x_j\mathrm{d}x_i = 0$ ist (was man durch Ausschreiben und Vertauschen der stummen Indizes leicht zeigt), wird diese Verzerrung des Elementes nur durch den symmetrischen Tensor e_{ij} bestimmt. Man nennt e_{ij} den *Verzerrungstensor*, oft auch den *Dehnungs-* oder *Deformationsgeschwindigkeitstensor*, und

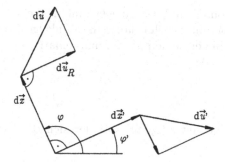

Abbildung 1.10. Zur physikalischen Deutung der Nichtdiagonalelemente des Verzerrungstensors

die auf die Länge des Elementes bezogene Geschwindigkeit die *Dehnungsgeschwindigkeit*. Es gilt

$$\frac{\mathrm{d}u_i}{\mathrm{d}s}\frac{\mathrm{d}x_i}{\mathrm{d}s} = \mathrm{d}s^{-1}\frac{\mathrm{D}(\mathrm{d}x_i)}{\mathrm{D}t}\frac{\mathrm{d}x_i}{\mathrm{d}s} = \frac{1}{2}\mathrm{d}s^{-2}\frac{\mathrm{D}(\mathrm{d}s^2)}{\mathrm{D}t} \tag{1.34}$$

und weiter mit (1.33)

$$\frac{\mathrm{d}u_i}{\mathrm{d}s}\frac{\mathrm{d}x_i}{\mathrm{d}s} = \mathrm{d}s^{-1}\frac{\mathrm{D}(\mathrm{d}s)}{\mathrm{D}t} = e_{ij}\frac{\mathrm{d}x_i}{\mathrm{d}s}\frac{\mathrm{d}x_j}{\mathrm{d}s} \ . \tag{1.35}$$

Da $\mathrm{d}x_i/\mathrm{d}s = l_i$ die i-te und $\mathrm{d}x_j/\mathrm{d}s = l_j$ die j-te Komponente des Einheitsvektors in Richtung des Elementes ist, ergibt sich für die Dehnungsgeschwindigkeit des Elementes schließlich:

$$\mathrm{d}s^{-1}\frac{\mathrm{D}(\mathrm{d}s)}{\mathrm{D}t} = e_{ij}l_i l_j \ . \tag{1.36}$$

Mit (1.36) ist die physikalische Interpretation der Diagonalelemente des Tensors e_{ij} gegeben. Betrachtet man nämlich statt der allgemeinen Orientierung des materiellen Elementes $\mathrm{d}\vec{x}$ eine Orientierung parallel zur x_1-Achse, so hat der Einheitsvektor in Richtung des Elementes die Komponenten $(1,0,0)$, und von den neun Summanden in (1.36) ist nur einer von null verschieden. Für diesen Fall lautet (1.36) mit $\mathrm{d}s = \mathrm{d}x_1$:

$$\mathrm{d}x_1^{-1}\frac{\mathrm{D}(\mathrm{d}x_1)}{\mathrm{D}t} = e_{11} \ . \tag{1.37}$$

Die Elemente der Diagonalen sind also die Dehnungsgeschwindigkeiten von materiellen Elementen parallel zu den Achsen. Zur Deutung der restlichen Elemente des Dehnungsgeschwindigkeitstensors e_{ij} betrachten wir zwei senkrecht aufeinander stehende materielle Linienelemente $\mathrm{d}\vec{x}$ und $\mathrm{d}\vec{x}''$ (Abb. 1.10). Für den Betrag der Komponente $\mathrm{d}\vec{u}_R$ senkrecht zu $\mathrm{d}\vec{x}$, also in Richtung des

Einheitsvektors $\vec{l}' = \mathrm{d}\vec{x}'/\mathrm{d}s'$ und in der von $\mathrm{d}\vec{x}$ und $\mathrm{d}\vec{x}'$ aufgespannten Ebene, erhält man $\mathrm{d}\vec{u} \cdot \mathrm{d}\vec{x}'/\mathrm{d}s'$. Durch Division mit $\mathrm{d}s$ folgt damit die Winkelgeschwindigkeit, mit der sich das materielle Linienelement $\mathrm{d}\vec{x}$ im mathematisch positiven Sinne dreht:

$$\frac{\mathrm{D}\varphi}{\mathrm{D}t} = -\frac{\mathrm{d}\vec{u}}{\mathrm{d}s} \cdot \frac{\mathrm{d}\vec{x}'}{\mathrm{d}s'} = -\frac{\mathrm{d}u_i}{\mathrm{d}s}\frac{\mathrm{d}x_i'}{\mathrm{d}s'} \ . \tag{1.38}$$

Entsprechend erhält man für die Winkelgeschwindigkeit, mit der sich $\mathrm{d}\vec{x}'$ dreht:

$$\frac{\mathrm{D}\varphi'}{\mathrm{D}t} = -\frac{\mathrm{d}\vec{u}'}{\mathrm{d}s'} \cdot \left(-\frac{\mathrm{d}\vec{x}}{\mathrm{d}s}\right) = \frac{\mathrm{d}u_i'}{\mathrm{d}s'}\frac{\mathrm{d}x_i}{\mathrm{d}s} \ . \tag{1.39}$$

Die Differenz ergibt die zeitliche Änderung des augenblicklich rechten Winkels zwischen den materiellen Elementen $\mathrm{d}\vec{x}$ und $\mathrm{d}\vec{x}'$; sie stellt ein Maß für die Scherungsgeschwindigkeit dar. Wegen

$$\frac{\mathrm{d}u_i}{\mathrm{d}s} = \frac{\partial u_i}{\partial x_j}\frac{\mathrm{d}x_j}{\mathrm{d}s} \quad \text{und} \quad \frac{\mathrm{d}u_i'}{\mathrm{d}s'} = \frac{\partial u_i}{\partial x_j}\frac{\mathrm{d}x_j'}{\mathrm{d}s'} \tag{1.40}$$

erhält man für die Differenz der Winkelgeschwindigkeiten

$$\frac{\mathrm{D}(\varphi - \varphi')}{\mathrm{D}t} = -\left\{\frac{\partial u_i}{\partial x_j} + \frac{\partial u_j}{\partial x_i}\right\}\frac{\mathrm{d}x_i}{\mathrm{d}s}\frac{\mathrm{d}x_j'}{\mathrm{d}s'} = -2e_{ij}l_i l_j' \ . \tag{1.41}$$

Hierbei wurde zweimal von der Umbenennung der stummen Indizes Gebrauch gemacht. Wählt man $\mathrm{d}\vec{x}$ parallel zur x_2-Achse, $\mathrm{d}\vec{x}'$ parallel zur x_1-Achse, also $\vec{l} = (0,1,0)$ und $\vec{l}' = (1,0,0)$, und bezeichnet den eingeschlossenen Winkel mit α_{12}, so erklärt (1.41) das Element e_{12} als die Hälfte der Geschwindigkeit, mit der sich α_{12} zeitlich ändert:

$$\frac{\mathrm{D}\alpha_{12}}{\mathrm{D}t} = -2e_{12} \ . \tag{1.42}$$

Alle anderen Nichtdiagonalelemente von e_{ij} lassen sich entsprechend physikalisch deuten.

Der Mittelwert der Winkelgeschwindigkeiten der beiden materiellen Linienelemente ergibt die Winkelgeschwindigkeit, mit der sich die von ihnen aufgespannte Ebene dreht:

$$\frac{1}{2}\frac{\mathrm{D}}{\mathrm{D}t}(\varphi + \varphi') = -\frac{1}{2}\left\{\frac{\partial u_i}{\partial x_j} - \frac{\partial u_j}{\partial x_i}\right\}\frac{\mathrm{d}x_j}{\mathrm{d}s}\frac{\mathrm{d}x_i'}{\mathrm{d}s'} = \Omega_{ji}l_i' l_j \ . \tag{1.43}$$

Hierbei ist wieder der stumme Index zweimal umbenannt und die Eigenschaft des antisymmetrischen Tensors $\Omega_{ij} = -\Omega_{ji}$ verwendet worden. Die Gleichung (1.43) liefert den Betrag der Komponente der Winkelgeschwindigkeit $\vec{\omega}$ senkrecht zur von $\mathrm{d}\vec{x}$ und $\mathrm{d}\vec{x}'$ aufgespannten Ebene. Der Einheitsvektor senkrecht zu dieser Ebene

$$\frac{\mathrm{d}\vec{x}'}{\mathrm{d}s'} \times \frac{\mathrm{d}\vec{x}}{\mathrm{d}s} = \vec{l}' \times \vec{l} \tag{1.44}$$

läßt sich in der Indexnotation mit Hilfe des *Epsilon-Tensors* ϵ_{ijk} auch als $l_i' l_j \epsilon_{ijk}$ schreiben, so daß wir die rechte Seite von (1.43) folgendermaßen umschreiben können:

$$\Omega_{ji} l_i' l_j = \omega_k\, l_i'\, l_j\, \epsilon_{ijk} \ . \tag{1.45}$$

Aus dieser Gleichung folgt die Zuordnung des Vektors $\vec{\omega}$, bzw. seiner Komponenten zum antisymmetrischen Tensor Ω_{ij}:

$$\omega_k \epsilon_{ijk} = \Omega_{ji} \ . \tag{1.46}$$

Gleichung (1.46) drückt die bekannte Tatsache aus, daß ein antisymmetrischer Tensor auch als axialer Vektor darstellbar ist. Der Beitrag $\Omega_{ij}\mathrm{d}x_j$ zum Geschwindigkeitsfeld in der Nähe des Ortes $\vec{x}$ ist daher derselbe wie die i-te Komponente $\epsilon_{kji}\omega_k\mathrm{d}x_j$ der Geschwindigkeit $\vec{\omega} \times \mathrm{d}\vec{x}$, den ein am Ort $\vec{x}$ mit der Winkelgeschwindigkeit $\vec{\omega}$ rotierender starrer Körper am Radiusvektor $\mathrm{d}\vec{x}$ hervorruft. Das Tensorelement Ω_{12} z. B. ist dann zahlenmäßig gleich der Komponente der Winkelgeschwindigkeit senkrecht zur x_1-x_2-Ebene in die negative x_3-Richtung. Man nennt Ω_{ij} den *Drehgeschwindigkeitstensor*. Aus (1.46) erhalten wir die explizite Darstellung der allgemeinen Komponente des Vektors $\vec{\omega}$ mit der Identität

$$\epsilon_{ijk}\epsilon_{ijn} = 2\,\delta_{kn} \tag{1.47}$$

(wobei δ_{kn} das sogenannte *Kronecker-Delta* ist) durch Multiplikation mit ϵ_{ijn} zunächst

$$\omega_k \epsilon_{ijk}\epsilon_{ijn} = 2\omega_n = \Omega_{ji}\epsilon_{ijn} \ . \tag{1.48}$$

Da e_{ij} ein symmetrischer Tensor, also $\epsilon_{ijn}e_{ij} = 0$ ist, gilt allgemein:

$$\omega_n = \frac{1}{2}\frac{\partial u_j}{\partial x_i}\epsilon_{ijn} \ . \tag{1.49a}$$

Der entsprechende Ausdruck in symbolischer Schreibweise

$$\vec{\omega} = \frac{1}{2}\nabla \times \vec{u} = \frac{1}{2}\mathrm{rot}\vec{u} \tag{1.49b}$$

führt noch den *Wirbelvektor* $\mathrm{rot}\vec{u}$ ein, der gleich der doppelten Winkelgeschwindigkeit $\vec{\omega}$ ist. Wenn dieser Wirbelvektor im ganzen interessierenden Strömungsfeld verschwindet, spricht man von einem *wirbelfreien* oder *rotationsfreien* Strömungsfeld. Die Rotationsfreiheit eines Feldes vereinfacht die mathematische Behandlung wegen der Möglichkeit der Einführung eines *Geschwindigkeitspotentials* Φ erheblich. Die im allgemeinen zunächst unbekannten Funktionen u_i ergeben sich dann aus der Gradientenbildung nur einer unbekannten skalaren Funktion Φ:

$$u_i = \frac{\partial \Phi}{\partial x_i} \quad \text{oder} \quad \vec{u} = \nabla \Phi \ . \tag{1.50}$$

Man nennt rotationsfreie Strömungen deshalb auch *Potentialströmungen*. Die drei Komponentengleichungen von (1.50) sind gleichbedeutend mit der Existenz eines *totalen Differentials*

$$d\Phi = \frac{\partial \Phi}{\partial x_i} dx_i = u_i dx_i \ . \tag{1.51}$$

Für diese Existenz ist es notwendig und hinreichend, daß überall im Feld folgende Gleichungen für die gemischten Ableitungen erfüllt sind:

$$\frac{\partial u_1}{\partial x_2} = \frac{\partial u_2}{\partial x_1}, \quad \frac{\partial u_2}{\partial x_3} = \frac{\partial u_3}{\partial x_2}, \quad \frac{\partial u_3}{\partial x_1} = \frac{\partial u_1}{\partial x_3} \ . \tag{1.52}$$

Wegen (1.50) entsprechen diese Beziehungen aber genau dem Verschwinden des Wirbelvektors rot$\vec{u}$.

Analog zu den Stromlinien, Stromflächen und Stromröhren lassen sich in einer *rotationsbehafteten* Strömung Wirbellinien als Tangentialkurven zum Wirbelvektorfeld einführen und mit diesen dann Wirbelflächen und Wirbelröhren bilden.

Bekanntlich läßt sich jede symmetrische Matrix auf Diagonalform bringen. Dasselbe läßt sich auch für einen symmetrischen Tensor aussagen, da Tensoren und Matrizen sich nur durch das Transformationsverhalten ihrer Maßzahlen unterscheiden, sonst aber den gleichen Rechenregeln unterliegen. Die Reduktion des symmetrischen Tensors e_{ij} auf Diagonalform ist physikalisch gleichbedeutend mit der Aufgabe, ein Koordinatensystem zu finden (ein sogenanntes *Hauptachsensystem*), in dem keine Scherung auftritt, sondern nur Dehnung bzw. Stauchung in den Koordinatenrichtungen. Da e_{ij} ein Tensorfeld ist, muß auch das Hauptachsensystem vom Ort $\vec{x}$ abhängen. Wenn $\vec{l}$ bzw. l_i der Einheitsvektor bezüglich eines gegebenen Koordinatensystems ist, in dem e_{ij} ein nicht diagonaler Tensor ist, so führt obiges Problem darauf, diesen Vektor so zu bestimmen, daß er proportional zu dem durch e_{ij} gegebenen Anteil $e_{ij}dx_j$ an der Geschwindigkeitsänderung ist. Wir beziehen diese Änderungen noch auf ds und werden wegen

$$\frac{du_i}{ds} = e_{ij}\frac{dx_j}{ds} = e_{ij}l_j \tag{1.53}$$

auf die *Eigenwertaufgabe*

$$e_{ij}l_j = e\,l_i \tag{1.54}$$

geführt. Die Lösung von (1.54) ist nur möglich, wenn die zunächst willkürliche Proportionalitätskonstante e ganz bestimmte Werte annimmt, die man *Eigenwerte* des Tensors e_{ij} nennt. Schreibt man nämlich die rechte Seite von (1.54) mit Hilfe des Kronecker-Symbols als $e\,l_j\,\delta_{ij}$, so erkennt man das homogene Gleichungssystem

$$(e_{ij} - e\,\delta_{ij})l_j = 0\ , \tag{1.55}$$

das nichttriviale Lösungen für den gesuchten Einheitsvektor in Hauptachsenrichtung nur hat, wenn die Determinante der Koeffizientenmatrix verschwindet:

$$\det(e_{ij} - e\,\delta_{ij}) = 0\ . \tag{1.56}$$

Dies ist eine Gleichung dritten Grades, die als *charakteristische Gleichung* bezeichnet wird. Wir schreiben sie kurz als

$$-e^3 + I_{1e}e^2 - I_{2e}\,e + I_{3e} = 0\ . \tag{1.57}$$

I_{1e}, I_{2e}, I_{3e} sind die erste, zweite und dritte Dehnungsinvariante, die wir nach den folgenden Formeln berechnen:

$$I_{1e} = e_{ii}, \quad I_{2e} = \frac{1}{2}(e_{ii}e_{jj} - e_{ij}e_{ij}), \quad I_{3e} = \det(e_{ij})\ . \tag{1.58}$$

Diese Größen sind die Invarianten, weil sich bei Wechseln des Koordinatensystems ihre Zahlenwerte nicht ändern. Sie werden deshalb die *Grundinvarianten* des Tensors e_{ij} genannt. Natürlich ändern sich auch die Wurzeln von (1.57), also die Eigenwerte des Tensors e_{ij}, nicht. Bei einer symmetrischen Matrix sind die Eigenwerte stets reell, und falls drei verschiedene Eigenwerte vorliegen, liefert (1.54) drei Gleichungssysteme für die je drei Komponenten des Vektors $\vec{l}$. Durch die Forderung, daß $\vec{l}$ ein Einheitsvektor sein soll, ist die Lösung des homogenen Gleichungssystems eindeutig. Bei reell-symmetrischen Matrizen stehen die drei Einheitsvektoren senkrecht aufeinander und bilden das Hauptachsensystem, in dem e_{ij} Diagonalform besitzt. Damit läßt sich die Aussage der Gleichung (1.31) in Worte fassen:

> „Das augenblickliche Geschwindigkeitsfeld in der Umgebung des Ortes $\vec{x}$ ergibt sich als Überlagerung der Translationsgeschwindigkeit der Flüssigkeit mit der Dehnungsgeschwindigkeit in Richtung der Hauptachsen und der Rotationsgeschwindigkeit um diese Achsen." (*Fundamentalsatz der Kinematik*)

Durch Ausschreiben der ersten Invarianten I_{1e} unter Beachtung von (1.37) und entsprechender Ausdrücke erhalten wir die Gleichung

$$e_{ii} = \mathrm{d}x_1^{-1}\frac{\mathrm{D}(\mathrm{d}x_1)}{\mathrm{D}t} + \mathrm{d}x_2^{-1}\frac{\mathrm{D}(\mathrm{d}x_2)}{\mathrm{D}t} + \mathrm{d}x_3^{-1}\frac{\mathrm{D}(\mathrm{d}x_3)}{\mathrm{D}t}\ . \tag{1.59}$$

Rechts steht die auf das Volumen $\mathrm{d}V$ bezogene zeitliche Änderung des materiellen Volumens $\mathrm{d}V$, also die materielle Änderung des infinitesimalen Volumens eines Flüssigkeitsteilchens. Wir schreiben (1.59) daher auch in der Form

$$e_{ii} = \nabla \cdot \vec{u} = \mathrm{d}V^{-1}\frac{\mathrm{D}(\mathrm{d}V)}{\mathrm{D}t}\ . \tag{1.60}$$

In Strömungen, bei denen $D(\mathrm{d}V)/\mathrm{D}t$ null ist, ändert sich das Volumen eines Flüssigkeitsteilchens nicht (wohl aber seine Gestalt). Solche Strömumgen nennt man *volumenbeständig* und die zugehörigen Geschwindigkeitsfelder *divergenz-* oder *quellenfrei*. Die Divergenz $\nabla \cdot \vec{u}$ und die Rotation $\nabla \times \vec{u}$ des Geschwindigkeitsfeldes sind Größen von fundamentaler Bedeutung, denn die Vorgabe ihrer Verteilungen sagt schon viel über das Geschwindigkeitsfeld aus. Sind z. B. diese Verteilungen in einem einfach zusammenhängenden Bereich (Gebiet, in dem sich jede geschlossene Kurve auf einen Punkt zusammenziehen läßt) bekannt, und liegt die Normalkomponente von $\vec{u}$ auf der den Bereich begrenzenden Oberfläche fest, so ist der Vektor $\vec{u}(\vec{x})$ an jedem Ort $\vec{x}$ nach einem bekannten Satz der Vektoranalysis eindeutig bestimmt.

Wir vermerken auch noch die zeitliche Änderung eines gerichteten materiellen Flächenelementes $n_i \mathrm{d}S$, welches also immer aus einer flächenhaften Verteilung derselben Flüssigkeitsteilchen besteht. Mit $\mathrm{d}V = n_i \mathrm{d}S \mathrm{d}x_i$ folgt aus (1.60) zunächst

$$\frac{\mathrm{D}}{\mathrm{D}t}(n_i \mathrm{d}S \mathrm{d}x_i) = n_i \mathrm{d}S \mathrm{d}x_i e_{jj} , \tag{1.61}$$

oder

$$\frac{\mathrm{D}}{\mathrm{D}t}(n_i \mathrm{d}S)\mathrm{d}x_i + \mathrm{d}u_i n_i \mathrm{d}S = n_i \mathrm{d}S \mathrm{d}x_i e_{jj} \tag{1.62}$$

und schließlich

$$\frac{\mathrm{D}}{\mathrm{D}t}(n_i \mathrm{d}S) = \frac{\partial u_j}{\partial x_j} n_i \mathrm{d}S - \frac{\partial u_j}{\partial x_i} n_j \mathrm{d}S . \tag{1.63}$$

Nach Multiplikation mit n_i und unter Beachtung, daß $D(n_i n_i)/\mathrm{D}t = 0$ ist, gewinnen wir hieraus die spezifische Dehnungsgeschwindigkeit des materiellen Flächenelementes $\mathrm{d}S$

$$\frac{1}{\mathrm{d}S}\frac{\mathrm{D}(\mathrm{d}S)}{\mathrm{D}t} = \frac{\partial u_j}{\partial x_j} - e_{ij} n_i n_j . \tag{1.64}$$

Bezogen auf die Euklidische Norm $(e_{lk} e_{lk})^{1/2}$ des Dehnungsgeschwindigkeitstensors wird sie als lokales Maß für die „Durchmischung" verwendet:

$$\frac{\mathrm{D}(\ln \mathrm{d}S)}{\mathrm{D}t}/(e_{lk} e_{lk})^{1/2} = \left[\frac{\partial u_j}{\partial x_j} - e_{ij} n_i n_j\right]/(e_{lk} e_{lk})^{1/2} . \tag{1.65}$$

In der Theorie der Materialgleichungen Nicht-Newtonscher Flüssigkeiten spielen auch höhere materielle Ableitungen von Linienelementen eine Rolle. Diese führen auf kinematische Tensoren, die sich leicht anhand der bisherigen Ergebnisse darstellen lassen. Aus (1.35) lesen wir die materielle Ableitung des Quadrates des Linienelementes $\mathrm{d}s$ zu

$$\frac{\mathrm{D}(\mathrm{d}s^2)}{\mathrm{D}t} = 2e_{ij}\mathrm{d}x_i \mathrm{d}x_j \tag{1.66}$$

ab, woraus sich durch nochmalige materielle Ableitung der Ausdruck

$$\frac{\mathrm{D}^2(\mathrm{d}s^2)}{\mathrm{D}t^2} = \left\{ \frac{\mathrm{D}(2e_{ij})}{\mathrm{D}t} + 2e_{kj}\frac{\partial u_k}{\partial x_i} + 2e_{ik}\frac{\partial u_k}{\partial x_j} \right\} \mathrm{d}x_i\mathrm{d}x_j \tag{1.67}$$

ergibt. Bezeichnet man den Tensor in der Klammer mit $A_{(2)ij}$ und $2e_{ij}$ mit $A_{(1)ij}$, (symbolisch $\mathbf{A}_{(2)}$ bzw. $\mathbf{A}_{(1)}$), dann erkennt man das Bildungsgesetz auch der höheren Ableitungen:

$$\frac{\mathrm{D}^n(\mathrm{d}s^2)}{\mathrm{D}t^n} = A_{(n)ij}\mathrm{d}x_i\mathrm{d}x_j \ , \tag{1.68}$$

wobei

$$A_{(n)ij} = \frac{\mathrm{D}A_{(n-1)ij}}{\mathrm{D}t} + A_{(n-1)kj}\frac{\partial u_k}{\partial x_i} + A_{(n-1)ik}\frac{\partial u_k}{\partial x_j} \tag{1.69}$$

die Operation (*Oldroydsche Ableitung*) angibt, aus der der Tensor $\mathbf{A}_{(n)}$ aus dem Tensor $\mathbf{A}_{(n-1)}$ hervorgeht. Die Bedeutung der Tensoren $\mathbf{A}_{(n)}$, die man auch *Rivlin-Ericksen-Tensoren* nennt, liegt darin, daß schon bei sehr allgemeinen Nicht-Newtonschen Flüssigkeiten die Reibungsspannungen nur von diesen Tensoren abhängen können, sofern die *Deformationsgeschichte* genügend glatt ist. Das Auftreten entsprechend hoher Zeitableitungen ist eher störend, weil in der Praxis oft nicht feststellbar ist, ob die geforderten Ableitungen tatsächlich existieren. Bei kinematisch besonders einfachen Strömungen, den sogenannten Schichtenströmungen, von denen die Scherströmung der Abb. 1.1 ein Beispiel ist, sind aber die Tensoren $\mathbf{A}_{(n)}$ für $n > 2$ in stationären Strömungen gleich null. In vielen technisch relevanten Fällen mit Nicht-Newtonschen Flüssigkeiten handelt es sich aber gerade um solche Schichtenströmungen oder um zumindest verwandte Strömungen.

Die bisher besprochenen kinematischen Größen berechnen wir am Beispiel dieser Einfachen Scherströmung (Abb. 1.11), deren Geschwindigkeitsfeld mit

$$\begin{aligned} u_1 &= \dot{\gamma}x_2 \quad , \\ u_2 &= 0 \quad , \\ u_3 &= 0 \end{aligned} \tag{1.70}$$

gegeben ist.

Das materielle Linienelement $\mathrm{d}\vec{x}$ wird in der Zeit $\mathrm{d}t$ offensichtlich um den Winkel $\mathrm{d}\varphi = -(\mathrm{d}u_1/\mathrm{d}x_2)\mathrm{d}t$ gedreht; daher ist $\mathrm{D}\varphi/\mathrm{D}t = -\dot{\gamma}$. Das materielle Linienelement $\mathrm{d}\vec{x}'$ bleibt parallel zur x_1-Achse. Die zeitliche Änderung des ursprünglich rechten Winkels ist daher $-\dot{\gamma}$. Die Übereinstimmung mit (1.41) bestätigt man sofort, da $e_{12} = e_{21} = \dot{\gamma}/2$ ist. Diese Komponenten sind die einzigen von null verschiedenen Komponenten des Tensors e_{ij}. Der Mittelwert der Winkelgeschwindigkeiten der beiden materiellen Linien ist $-\dot{\gamma}/2$ in Übereinstimmung mit (1.43). Um die Drehungen der Elemente zu erhalten, die ihre Ursache nur in der Scherung haben, ziehen wir die Starrkörperdrehung $-\dot{\gamma}/2\,\mathrm{d}t$ von der oben berechneten gesamten Drehung $(-\dot{\gamma}\,\mathrm{d}t$ und $0)$ ab

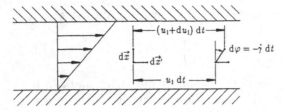

Abbildung 1.11. Kinematik der Einfachen Scherströmung

und erhalten $-\dot\gamma/2\,\mathrm{d}t$ für die Drehung infolge Scherung für das Element $\mathrm{d}\vec{x}$, sowie $+\dot\gamma/2\,\mathrm{d}t$ für die Drehung infolge Scherung für $\mathrm{d}\vec{x}'$.

Damit können wir uns diese Strömung veranschaulichen: Sie besteht aus einer Translation des gemeinsamen Punktes beider materieller Linien um die Strecke $u_1\,\mathrm{d}t$, einer Starrkörperdrehung beider Linienelemente um den Winkel $-\dot\gamma/2\,\mathrm{d}t$ und einer Scherung, die das Element $\mathrm{d}\vec{x}'$ um den Winkel $+\dot\gamma/2\,\mathrm{d}t$ dreht (so daß dessen Drehung insgesamt null ist) und die das Element $\mathrm{d}\vec{x}$ um den Winkel $-\dot\gamma/2\,\mathrm{d}t$ dreht (so daß seine Drehung insgesamt $-\dot\gamma\,\mathrm{d}t$ ist). Wegen $A_{(1)ij} = 2e_{ij}$ hat der erste Rivlin-Ericksen-Tensor ebenfalls nur zwei von null verschiedene Komponenten: $A_{(1)12} = A_{(1)21} = \dot\gamma$. Die Matrixdarstellung von $A_{(1)ij}$ lautet also:

$$[\mathbf{A}_{(1)}] = \begin{bmatrix} 0 & \dot\gamma & 0 \\ \dot\gamma & 0 & 0 \\ 0 & 0 & 0 \end{bmatrix} \tag{1.71}$$

Die Auswertung von (1.69) mit den Komponenten von $A_{(1)ij}$ ergibt nur eine nicht verschwindende Komponente für den zweiten Rivlin-Ericksen-Tensor $(A_{(2)22} = 2\dot\gamma^2)$, so daß die entsprechende Matrixdarstellung durch

$$[\mathbf{A}_{(2)}] = \begin{bmatrix} 0 & 0 & 0 \\ 0 & 2\dot\gamma^2 & 0 \\ 0 & 0 & 0 \end{bmatrix} \tag{1.72}$$

gegeben ist. Alle höheren Rivlin-Ericksen-Tensoren verschwinden.

Ein Element $\mathrm{d}\vec{x}$, dessen Einheitsvektor $\mathrm{d}\vec{x}/\mathrm{d}s$ die Komponenten $(\cos\vartheta, \sin\vartheta, 0)$ hat, also mit der x_1-Achse den Winkel ϑ einschließt $(l_3 = 0)$, erfährt nach (1.36) die Dehnungsgeschwindigkeit:

$$\frac{1}{\mathrm{d}s}\frac{\mathrm{D}(\mathrm{d}s)}{\mathrm{D}t} = e_{ij}l_il_j = e_{11}l_1l_1 + 2e_{12}l_1l_2 + e_{22}l_2l_2 \ . \tag{1.73}$$

Wegen $e_{11} = e_{22} = 0$ ergibt sich die Dehnungsgeschwindigkeit schließlich zu

$$\frac{1}{\mathrm{d}s}\frac{\mathrm{D}(\mathrm{d}s)}{\mathrm{D}t} = 2\frac{\dot\gamma}{2}\cos\vartheta\sin\vartheta = \frac{\dot\gamma}{2}\sin 2\vartheta \ ; \tag{1.74}$$

sie wird für $\vartheta = 45°$, $225°$ maximal und für $\vartheta = 135°$, $315°$ minimal. Diese Richtungen stimmen mit den positiven bzw. negativen Richtungen der Hauptachsen in der x_1-x_2-Ebene überein.

ursprünglich   gedehnt   gedehnt und gedreht

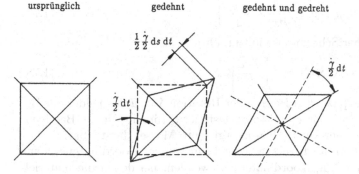

Abbildung 1.12. Verformung eines flüssigen Quadrates in der Einfachen Scherströmung

Die Eigenwerte des Tensors e_{ij} berechnen sich nach (1.57), wobei sich zunächst die Grundinvarianten zu $I_{1e} = 0$, $I_{2e} = -\dot{\gamma}^2/4$ und $I_{3e} = 0$ ergeben. Aus $I_{1e} = e_{ii} = \operatorname{div}\vec{u} = 0$ schließen wir, daß die Strömung volumenbeständig ist. (Das Verschwinden der Invarianten I_{1e} und I_{3e} des Tensors e_{ij} ist im übrigen notwendig für sogenannte *viskometrische Strömungen*, d. h. Strömungen, die lokal Einfache Scherströmungen sind.) Die charakteristische Gleichung (1.55) lautet somit $e(e^2 - \dot{\gamma}^2/4) = 0$ mit den Wurzeln $e^{(1)} = -e^{(3)} = \dot{\gamma}/2$, $e^{(2)} = 0$. Die dazugehörigen Eigenvektoren $\vec{n}^{(1)} = (1/\sqrt{2}, 1/\sqrt{2}, 0)$, $\vec{n}^{(2)} = (0, 0, 1)$ und $\vec{n}^{(3)} = (1/\sqrt{2}, -1/\sqrt{2}, 0)$ geben bis auf das Vorzeichen die entsprechenden Hauptdehnungsrichtungen an. (Dabei wurde die an und für sich willkürliche Indizierung der Eigenwerte so gewählt, daß $e^{(1)} > e^{(2)} > e^{(3)}$ ist.) Die zweite Hauptdehnungsrichtung hat die Richtung der x_3-Achse; die zugehörige Hauptdehnungsgeschwindigkeit $e^{(2)}$ ist null, da das Geschwindigkeitsfeld eben ist. Die Verformung und Drehung eines quaderförmigen Flüssigkeitsteilchens ist in Abb. 1.12 skizziert. In diesem besonderen Fall sind die Eigenwerte und Eigenvektoren nicht vom Ort abhängig. Das Hauptachsensystem ist für alle Flüssigkeitsteilchen dasselbe. Daher ist die Abb. 1.12 auch für einen großen quaderförmigen Teil der Flüssigkeit richtig.

Wir kehren jetzt zur Darstellung der Beschleunigung (1.18) als Summe aus lokaler und konvektiver Beschleunigung zurück. Die Umformung von (1.20) in Indexnotation führt mit der Identität

$$\frac{Du_i}{Dt} = \frac{\partial u_i}{\partial t} + u_j \frac{\partial u_i}{\partial x_j} = \frac{\partial u_i}{\partial t} + u_j \left\{ \frac{\partial u_i}{\partial x_j} - \frac{\partial u_j}{\partial x_i} \right\} + u_j \frac{\partial u_j}{\partial x_i} \tag{1.75}$$

und der Definition (1.30) auf

$$\frac{Du_i}{Dt} = \frac{\partial u_i}{\partial t} + 2\Omega_{ij}u_j + \frac{\partial}{\partial x_i} \left\{ \frac{u_j u_j}{2} \right\} . \tag{1.76}$$

Mit (1.46) erhält man schließlich

$$\frac{\mathrm{D}u_i}{\mathrm{D}t} = \frac{\partial u_i}{\partial t} - 2\epsilon_{ijk}\omega_k u_j + \frac{\partial}{\partial x_i}\left\{\frac{u_j\,u_j}{2}\right\} , \tag{1.77}$$

oder in symbolischer Schreibweise mit (1.49b):

$$\frac{\mathrm{D}\vec{u}}{\mathrm{D}t} = \frac{\partial\vec{u}}{\partial t} - \vec{u}\times(\nabla\times\vec{u}) + \nabla\left[\frac{\vec{u}\cdot\vec{u}}{2}\right] . \tag{1.78}$$

Diese Form zeigt explizit den Beitrag der Rotation $\nabla\times\vec{u}$ des Feldes zur Beschleunigung. In stationärer und rotationsfreier Strömung ist die Beschleunigung als Gradient der kinetischen Energie (pro Masse) darstellbar.

Wir werden öfters auch rechtwinklig krummlinige Koordinatensysteme (z. B. Zylinder- und Kugelkoordinaten) verwenden, bei denen die materielle Ableitung der Geschwindigkeit in der Form (1.78) zweckmäßiger ist als (1.18), da man die Komponenten der Beschleunigung in diesen Koordinaten unmittelbar durch Anwendung des in diesen Koordinatensystemen definierten Nabla-Operators ∇ und unter Berücksichtigung der Rechenregeln für das Skalar- und Vektorprodukt erhält. Aus (1.78) gewinnen wir auch ein dimensionsloses Maß für den Beitrag der Rotation zur Beschleunigung:

$$W_D = \frac{|\vec{u}\times(\nabla\times\vec{u})|}{\left|\dfrac{\partial\vec{u}}{\partial t} + \nabla\left[\dfrac{\vec{u}\cdot\vec{u}}{2}\right]\right|} . \tag{1.79}$$

Dieses Verhältnis wird *dynamische Wirbelzahl* genannt. Es ist für rotationsfreie Strömungen im allgemeinen null, während es für beschleunigungsfreie, stationäre Strömungen den Wert 1 annimmt. Ein als *kinematische Wirbelzahl* bezeichnetes Maß erhält man, indem man die euklidische Norm, d. h. den Betrag der Rotation $|\nabla\times\vec{u}|$ mit der euklidischen Norm des Dehnungsgeschwindigkeitstensors vergleicht:

$$W_K = \frac{|\nabla\times\vec{u}|}{\sqrt{e_{ij}\,e_{ij}}} . \tag{1.80}$$

Die kinematische Wirbelzahl ist null für eine rotationsfreie Strömung und unendlich für eine Starrkörperbewegung, wenn wir die reine Translation ausschließen, für die ja beide Normen null sind.

Wir vergleichen auch noch die lokale Beschleunigung mit der konvektiven Beschleunigung durch das Verhältnis

$$S = \frac{\left|\dfrac{\partial\vec{u}}{\partial t}\right|}{\left|-\vec{u}\times(\nabla\times\vec{u}) + \nabla\left[\dfrac{\vec{u}\cdot\vec{u}}{2}\right]\right|} . \tag{1.81}$$

Für stationäre Strömung ist $S = 0$, wenn nicht zugleich die konvektive Beschleunigung null ist. $S = \infty$ kennzeichnet in instationärer Strömung einen für die Anwendungen wichtigen Sonderfall, weil dann die konvektive Beschleunigung null ist. Diese Bedingung bildet u. a. die grundlegende Vereinfachung der Akustik, aber beispielsweise auch bei der Behandlung instationärer Schichtenströmungen.

1.2.5 Zeitliche Änderung materieller Integrale

Wir betrachten im folgenden immer dasselbe Stück der Flüssigkeit, das vom
Rest der Flüssigkeit durch eine stückweise glatte, geschlossene Fläche ab-
getrennt ist. Der eingeschlossene Teil der Flüssigkeit, der auch „Körper"
genannt wird, besteht immer aus denselben Flüssigkeitsteilchen (*materiellen
Punkten*); sein Volumen ist also ein *materielles* Volumen, seine Oberfläche
eine *materielle* Oberfläche. Im Laufe der Bewegung ändert sich die Gestalt
des materiellen Volumens und nimmt fortlaufend neue Gebiete im Raum ein.
Das Gebiet, welches der ins Auge gefaßte Teil der Flüssigkeit zur Zeit t einnimmt, bezeichnen wir mit $(V(t))$. Die Masse m des abgegrenzten Stückes
der Flüssigkeit ist die Summe der Massenelemente $\mathrm{d}m$ über die Menge (M)
der materiellen Punkte im Körper:

$$m = \int\limits_{(M)} \mathrm{d}m \ . \tag{1.82}$$

Da die Dichte im Rahmen der Kontinuumstheorie eine stetige Funktion des
Ortes ist, können wir die Masse auch als Integral der Dichte über den vom
Körper eingenommenen Bereich $(V(t))$ ausdrücken:

$$m = \int\limits_{(M)} \mathrm{d}m = \iiint\limits_{(V(t))} \rho(\vec{x}, t)\, \mathrm{d}V \ . \tag{1.83}$$

Dasselbe gilt sinngemäß für jede stetige Funktion φ, die ein Skalar oder auch
ein Tensor beliebiger Stufe sein kann:

$$\int\limits_{(M)} \varphi\, \mathrm{d}m = \iiint\limits_{(V(t))} \varphi \rho\, \mathrm{d}V \ . \tag{1.84}$$

Im linken Integral denkt man sich φ als Funktion der materiellen Koordinaten
$\vec{\xi}$ und t, im rechten als Funktion der Feldkoordinaten $\vec{x}$ und t. Von besonderem Interesse sind die zeitlichen Änderungen dieser materiellen Integrale.
Auf eine besonders einfache Ableitung des entsprechenden Ausdrucks werden
wir geführt, wenn wir schon an dieser Stelle den Erhaltungssatz der Masse
einführen, demzufolge die Masse des abgegrenzten Stückes der Flüssigkeit
zeitlich konstant ist:

$$\frac{\mathrm{D}m}{\mathrm{D}t} = 0 \ . \tag{1.85}$$

Natürlich gilt dieser Erhaltungssatz auch für die Masse des materiellen Punktes:

$$\frac{\mathrm{D}}{\mathrm{D}t}(\mathrm{d}m) = 0 \ , \tag{1.86}$$

da ja der betrachtete Teil der Flüssigkeit immer aus denselben materiellen Punkten besteht. Bilden wir jetzt die zeitliche Änderung des Integrals auf der linken Seite von (1.84), so ist der Integrationsbereich konstant, und wir müssen das Integral nach dem Parameter t ableiten. Da φ und $D\varphi/Dt$ stetig sind, kann die Differentiation unter (!) dem Integralzeichen ausgeführt werden (*Leibnizsche Regel*), so daß die Gleichung

$$\frac{D}{Dt} \int\limits_{(M)} \varphi \, dm = \int\limits_{(M)} \frac{D\varphi}{Dt} \, dm \tag{1.87}$$

entsteht. Die Integration auf der rechten Seite können wir durch eine Integration über den Raumbereich $(V(t))$ ausdrücken und erhalten mit (1.84):

$$\frac{D}{Dt} \int\limits_{(M)} \varphi \, dm = \frac{D}{Dt} \iiint\limits_{(V(t))} \varphi \rho \, dV = \iiint\limits_{(V(t))} \frac{D\varphi}{Dt} \, \rho \, dV \; . \tag{1.88}$$

Das Ergebnis der Integration im letzten Integral ändert sich auch nicht, wenn wir anstatt des zeitlich veränderlichen Bereiches $(V(t))$ einen festen Bereich (V) wählen, der zur Zeit t mit dem veränderlichen Bereich zusammenfällt. In dieser Interpretation ersetzt die letzte Gleichung die zeitliche Änderung des Integrals von φ über einen sich verformenden und bewegenden Körper durch ein Integral über einen festen Bereich!

Obwohl dieses Ergebnis unter ausdrücklicher Benutzung des Erhaltungssatzes der Masse hergeleitet wurde, ist die Zurückführung der zeitlichen Änderung eines materiellen Volumenintegrals auf ein festes Volumenintegral rein kinematischer Natur. Man erkennt das, wenn man durch nochmalige Anwendung des Erhaltungssatzes der Masse eine zu (1.88) äquivalente Formel schafft, in der die Dichte ρ nicht auftritt. Wir betrachten dazu die zeitliche Änderung eines materiellen Integrals über eine auf das Volumen bezogene Flüssigkeitseigenschaft, die wir wieder φ nennen:

$$\frac{D}{Dt} \iiint\limits_{(V(t))} \varphi \, dV = \frac{D}{Dt} \int\limits_{(M)} \varphi v \, dm = \int\limits_{(M)} \frac{D}{Dt} (\varphi v) \, dm \; . \tag{1.89}$$

Hierin ist $v = 1/\rho$ das spezifische Volumen. Führt man die Differentiation im Integranden aus und ersetzt $Dv/Dt \, dm$ durch $D(dV)/Dt$ (was aus (1.86) folgt), so erhält man die Gleichung

$$\frac{D}{Dt} \iiint\limits_{(V(t))} \varphi \, dV = \iiint\limits_{(V)} \frac{D\varphi}{Dt} \, dV + \iiint\limits_{(V)} \varphi \, \frac{D(dV)}{Dt} \; , \tag{1.90}$$

wo wir den veränderlichen Bereich $(V(t))$ auf der rechten Seite ohne Einschränkung der Allgemeinheit durch den mit ihm zusammenfallenden festen

Bereich (V) ersetzt haben. Diese Formel zeigt, daß man die zeitliche Änderung von materiellen Integralen berechnen kann, indem man die Reihenfolge von Integration und Differentiation vertauscht! Man erkennt auf einen Blick, daß nach dieser allgemeinen Regel auch die Gleichung (1.88) entsteht, wenn man berücksichtigt, daß nach (1.86) $\mathrm{D}(\rho\,\mathrm{d}V)/\mathrm{D}t = 0$ ist.

Einen anderen Zugang zu (1.90), aus dem auch die rein kinematische Natur dieser wichtigen Formel deutlich wird, gewinnt man mittels (1.5) durch Einführen der neuen Integrationsveränderlichen ξ_i statt x_i. Dies entspricht einer Transformation des aktuellen Integrationsbereiches $(V(t))$ auf den Bereich (V_0), den der betrachtete Teil der Flüssigkeit zur Referenzzeit innehatte. Mit der Funktionaldeterminanten J der Transformation (1.5) gilt nach den Regeln der Integralrechnung

$$\mathrm{d}V = J\,\mathrm{d}V_0\;,$$

woraus sich zunächst die Formel für die materielle Änderung der Funktionaldeterminante J

$$\frac{\mathrm{D}(\mathrm{d}V)}{\mathrm{D}t} = \frac{\mathrm{D}J}{\mathrm{D}t}\mathrm{d}V_0 \tag{1.91a}$$

ableitet, da V_0 ein zeitlich unveränderlicher Bereich ist. Mit (1.60) folgt die als *Eulersche Formel* bekannte Beziehung

$$\frac{\mathrm{D}J}{\mathrm{D}t} = e_{ii}J = \frac{\partial u_i}{\partial x_i}J\;. \tag{1.91b}$$

Mit den letzten beiden Gleichungen ensteht dann

$$\frac{\mathrm{D}}{\mathrm{D}t}\iiint\limits_{(V(t))} \varphi\,\mathrm{d}V = \iiint\limits_{(V_0)} \frac{\mathrm{D}}{\mathrm{D}t}(\varphi J)\,\mathrm{d}V_0 = \iiint\limits_{(V_0)} \left[\frac{\mathrm{D}\varphi}{\mathrm{D}t}J + \varphi\frac{\mathrm{D}J}{\mathrm{D}t}\right]\mathrm{d}V_0\;,$$

was nach Rücktransformation unmittelbar auf (1.90) führt. Mit (1.91b) und Rücktransformation werden wir auf die Umformungen

$$\frac{\mathrm{D}}{\mathrm{D}t}\iiint\limits_{(V(t))} \varphi\,\mathrm{d}V = \iiint\limits_{(V)} \left[\frac{\mathrm{D}\varphi}{\mathrm{D}t} + \varphi\frac{\partial u_i}{\partial x_i}\right]\mathrm{d}V\;, \tag{1.92}$$

bzw.

$$\frac{\mathrm{D}}{\mathrm{D}t}\iiint\limits_{(V(t))} \varphi\,\mathrm{d}V = \iiint\limits_{(V)} \left[\frac{\partial\varphi}{\partial t} + \frac{\partial}{\partial x_i}(\varphi\,u_i)\right]\mathrm{d}V\;. \tag{1.93}$$

geführt. Wenn φ wie bisher ein Tensorfeld beliebiger Stufe ist, welches in (V) zusammen mit seinen partiellen Ableitungen stetig ist, dann gilt der *Gaußsche Integralsatz*:

$$\iiint\limits_{(V)} \frac{\partial \varphi}{\partial x_i}\, \mathrm{d}V = \iint\limits_{(S)} \varphi\, n_i\, \mathrm{d}S \;. \tag{1.94}$$

S ist die orientierte Begrenzungsfläche von V, der Normalenvektor n_i ist positiv nach außen zu zählen. Der Gaußsche Satz verwandelt ein Gebietsintegral in ein Integral über die begrenzende, orientierte Fläche, sofern der Integrand sich als „Divergenz" (im verallgemeinerten Sinne) des Feldes φ schreiben läßt. Von diesem wichtigen Satz werden wir häufig Gebrauch machen. Er ist eine Verallgemeinerung der bekannten Beziehung

$$\int\limits_a^b \frac{\mathrm{d}f(x)}{\mathrm{d}x}\, \mathrm{d}x = f(b) - f(a) \;. \tag{1.95}$$

Die Anwendung des Gaußschen Satzes auf das letzte Integral in (1.93) liefert die als *Reynoldssches Transporttheorem* bekannte Beziehung

$$\frac{\mathrm{D}}{\mathrm{D}t} \iiint\limits_{(V(t))} \varphi\, \mathrm{d}V = \iiint\limits_{(V)} \frac{\partial \varphi}{\partial t}\, \mathrm{d}V + \iint\limits_{(S)} \varphi u_i n_i\, \mathrm{d}S \;, \tag{1.96}$$

welche die zeitliche Änderung des materiellen Volumenintegrals zurückführt auf die zeitliche Änderung der Größe φ, integriert über einen festen Bereich (V), der mit dem veränderlichen Bereich $(V(t))$ zur Zeit t zusammenfällt, und den *Fluß* der Größe φ durch die begrenzende Oberfläche.

Wir vermerken hier, daß beim raumfesten Bereich (V) die Leibnizsche Regel gilt, d. h. die Differentiation kann unter (!) dem Integralzeichen erfolgen:

$$\frac{\partial}{\partial t} \iiint\limits_{(V)} \varphi\, \mathrm{d}V = \iiint\limits_{(V)} \frac{\partial \varphi}{\partial t}\, \mathrm{d}V \;. \tag{1.97}$$

Zur Berechnung des Ausdrucks für die zeitliche Änderung eines gerichteten materiellen Flächenintegrals machen wir von der Möglichkeit Gebrauch, die Reihenfolge der Integration und der Differentiation zu vertauschen. Wenn $(S(t))$ der zeitlich veränderliche, flächenhafte Bereich ist, der von der materiellen Oberfläche im Laufe der Bewegung eingenommen wird, so schreiben wir in völliger Analogie zu (1.90)

$$\frac{\mathrm{D}}{\mathrm{D}t} \iint\limits_{(S(t))} \varphi\, n_i\, \mathrm{d}S = \iint\limits_{(S)} \frac{\mathrm{D}\varphi}{\mathrm{D}t} n_i\, \mathrm{d}S + \iint\limits_{(S)} \varphi \frac{\mathrm{D}}{\mathrm{D}t}(n_i\, \mathrm{d}S) \;. \tag{1.98}$$

Bei den Integralen auf der rechten Seite können wir uns wiederum den Integrationsbereich $(S(t))$ durch einen festen Bereich (S) ersetzt denken, welcher zu Zeit t mit dem veränderlichen Bereich zusammenfällt. Nach Umformung des letzten Integrals mit Hilfe von (1.63) entsteht die Formel

$$\frac{D}{Dt} \iint\limits_{(S(t))} \varphi\, n_i\, dS = \iint\limits_{(S)} \frac{D\varphi}{Dt} n_i\, dS + \iint\limits_{(S)} \frac{\partial u_j}{\partial x_j} n_i \varphi\, dS - \iint\limits_{(S)} \frac{\partial u_j}{\partial x_i} n_j \varphi\, dS\ .$$

$$(1.99)$$

Es sei $(C(t))$ der zeitlich veränderliche, linienhafte Bereich, den eine materielle Kurve im Laufe ihrer Bewegung einnimmt, und φ wie bisher eine (tensorielle) Feldgröße. Die zeitliche Änderung des materiellen Kurvenintegrals von φ wird dann durch die Gleichung

$$\frac{D}{Dt} \int\limits_{(C(t))} \varphi\, dx_i = \int\limits_{(C)} \frac{D\varphi}{Dt}\, dx_i + \int\limits_{(C)} \varphi\, d\left[\frac{Dx_i}{Dt}\right] \tag{1.100}$$

beschrieben, woraus mit (1.10) folgt:

$$\frac{D}{Dt} \int\limits_{(C(t))} \varphi\, dx_i = \int\limits_{(C)} \frac{D\varphi}{Dt}\, dx_i + \int\limits_{(C)} \varphi\, du_i\ . \tag{1.101}$$

Wichtige Anwendungen findet diese Formel für $\varphi = u_i$. Dann ist

$$\varphi\, du_i = u_i\, du_i = d\left[\frac{u_i\, u_i}{2}\right] \tag{1.102}$$

ein totales Differential, und das letzte Kurvenintegral auf der rechten Seite von (1.101) ist vom „Wege" unabhängig, d. h. allein durch Anfangspunkt A und Endpunkt E bestimmt. Dasselbe gilt offensichtlich auch für das erste Kurvenintegral auf der rechten Seite, wenn sich $D\varphi/Dt = Du_i/Dt$, d. h. die Beschleunigung, als Gradient einer skalaren Funktion schreiben läßt:

$$\frac{Du_i}{Dt} = \frac{\partial I}{\partial x_i}\ . \tag{1.103}$$

Dann (und nur dann) ist auch das erste Kurvenintegral wegunabhängig:

$$\int\limits_{(C)} \frac{D\varphi}{Dt} dx_i = \int\limits_{(C)} \frac{\partial I}{\partial x_i} dx_i = \int\limits_{(C)} dI = I_E - I_A\ . \tag{1.104}$$

Das Kurvenintegral von u_i über eine geschlossene materielle Kurve (im mathematisch positiven Drehsinn)

$$\Gamma = \oint u_i\, dx_i \tag{1.105}$$

wird *Zirkulation* genannt. Wir werden später die Bedingungen besprechen, unter denen sich die Beschleunigung als Gradient einer skalaren Funktion ausdrücken läßt, entnehmen aber jetzt schon (1.101), daß dann die zeitliche Änderung der Zirkulation null ist. Dies folgt unmittelbar aus der Tatsache, daß Anfangs- und Endpunkt einer geschlossenen Kurve zusammenfallen, und aus unserer stillschweigend gemachten Voraussetzung, daß I und u_i stetige Funktionen sind. Die Tatsache, daß die Zirkulation eine Erhaltungsgröße ist, also ihre zeitliche Änderung null ist, liefert in vielen Fällen eine Erklärung für das eigenartige und unerwartete Verhalten von Wirbeln und Wirbelbewegungen.

2

Grundgleichungen der Kontinuumsmechanik

2.1 Erhaltungssatz der Masse

Der Erhaltungssatz der Masse wurde bereits im letzten Kapitel postuliert. Wir machen jetzt von den dortigen Ergebnissen Gebrauch, indem wir mit (1.83) den Erhaltungssatz (1.85) unter Verwendung von (1.93) in die Form

$$\frac{\mathrm{D}}{\mathrm{D}t} \iiint\limits_{(V(t))} \varrho \, \mathrm{d}V = \iiint\limits_{(V)} \left[\frac{\partial \varrho}{\partial t} + \frac{\partial}{\partial x_i}(\varrho \, u_i) \right] \mathrm{d}V = 0 \qquad (2.1)$$

bringen. Diese Gleichung gilt bei jeder beliebigen Form des Volumens, das von der betrachteten Flüssigkeit eingenommen wird, d. h. bei jeder beliebigen Wahl des Integrationsbereichs (V). Nun ließe sich zwar (2.1) u. U. auch für nicht verschwindenden Integranden erfüllen, nicht aber bei beliebiger Wahl des Integrationsbereichs. Wir schließen also, daß der stetige Integrand selbst verschwindet, und werden so auf die lokale bzw. *differentielle Form* des Erhaltungssatzes der Masse geführt:

$$\frac{\partial \varrho}{\partial t} + \frac{\partial}{\partial x_i}(\varrho \, u_i) = 0 \; . \qquad (2.2)$$

Diese Beziehung wird auch als *Kontinuitätsgleichung* bezeichnet. Benutzt man noch die materielle Ableitung (1.20), so erhält man

$$\frac{\mathrm{D}\varrho}{\mathrm{D}t} + \varrho \, \frac{\partial u_i}{\partial x_i} = 0 \; , \qquad (2.3a)$$

oder in symbolischer Schreibweise:

$$\frac{\mathrm{D}\varrho}{\mathrm{D}t} + \varrho \, \nabla \cdot \vec{u} = 0 \; , \qquad (2.3b)$$

was auch unmittelbar aus (1.86) in Verbindung mit (1.60) folgt. Wenn

© Springer-Verlag GmbH Deutschland, ein Teil von Springer Nature 2019
J. Spurk und N. Aksel, *Strömungslehre*,
https://doi.org/10.1007/978-3-662-58764-5_2

$$\frac{D\varrho}{Dt} = \frac{\partial \varrho}{\partial t} + u_i \frac{\partial \varrho}{\partial x_i} = 0 \tag{2.4}$$

ist, so ändert sich die Dichte eines einzelnen materiellen Teilchens im Laufe seiner Bewegung nicht. Diese Bedingung ist gleichbedeutend mit

$$\text{div}\,\vec{u} = \nabla \cdot \vec{u} = \frac{\partial u_i}{\partial x_i} = 0 \; , \tag{2.5}$$

d. h. die Strömung ist volumenbeständig. Häufig benutzt man auch die Bezeichnung *inkompressible Strömung* und meint damit eine Strömung, bei der die strömende Materie - sei es nun Gas oder eine tropfbare Flüssigkeit - als inkompressibel betrachtet werden kann. Wenn also (2.4) erfüllt ist, so nimmt die Kontinuitätsgleichung die einfachere Form (2.5) an, in der keine Ableitungen nach der Zeit auftreten, die aber selbstverständlich auch für instationäre Strömungen gilt.

Die Bedingungen, unter denen die Annahme $D\varrho/Dt = 0$ gerechtfertigt ist, können wir erst im vierten Kapitel sachgerecht besprechen; es sei aber hier schon ausdrücklich darauf hingewiesen, daß unter vielen technisch wichtigen Bedingungen auch Gasströmungen als inkompressibel betrachtet werden können.

In der Regel ist die Bedingung $D\varrho/Dt = 0$ bei tropfbaren Flüssigkeiten erfüllt, aber es gibt Strömungen, bei denen die Volumenänderung selbst bei tropfbaren Flüssigkeiten entscheidendes Merkmal ist. Dies ist der Fall bei instationären Strömungen, wie sie auftreten, wenn Absperrorgane in Rohrleitungen schnell geschlossen bzw. geöffnet werden. Solche Strömungen werden z. B. in hydraulischen Leitungen von Kraftwerken, aber auch in Leitungssystemen von Kraftstoffeinspritzungen angetroffen.

Volumenbeständigkeit einer Strömung bedeutet nicht, daß die Dichte von Teilchen zu Teilchen konstant bleibt: Man denke nur an Meeresströmungen, die zwar inkompressible Strömungen sind (also $D\varrho/Dt = 0$ gilt), bei denen aber die Dichte der Teilchen infolge unterschiedlicher Salzkonzentrationen verschieden sein kann.

Ist die Dichte überhaupt konstant, also auch $\nabla \varrho = 0$, so spricht man von einem *homogenen* Dichtefeld. Dann sind bei inkompressibler Strömung die vier Terme in (2.4) nicht nur in ihrer Summe null, sondern jeder Summand ist für sich selbst identisch null.

Indem wir jetzt noch den Erhaltungssatz der Masse (1.85) mit Hilfe des Reynoldsschen Transporttheorems (1.96) umformen, gewinnen wir die *Integralform der Kontinuitätsgleichung*:

$$\frac{Dm}{Dt} = \frac{D}{Dt} \iiint\limits_{(V(t))} \varrho \, dV = \iiint\limits_{(V)} \frac{\partial \varrho}{\partial t} \, dV + \iint\limits_{(S)} \varrho \, u_i \, n_i \, dS = 0 \tag{2.6}$$

oder

$$\iiint\limits_{(V)} \frac{\partial \varrho}{\partial t}\,\mathrm{d}V = \frac{\partial}{\partial t} \iiint\limits_{(V)} \varrho\,\mathrm{d}V = -\iint\limits_{(S)} \varrho\, u_i\, n_i \mathrm{d}S\;. \tag{2.7}$$

In dieser Gleichung betrachten wir also einen festen Integrationsbereich, ein sogenanntes *Kontrollvolumen*, und interpretieren diese Gleichung wie folgt: Die zeitliche Änderung der Masse im Kontrollvolumen ist gleich der Differenz der pro Zeiteinheit durch die Oberfläche des Kontrollvolumens ein- und ausfließenden Massen. Diese höchst anschauliche Interpretation dient oft als Ausgangspunkt für die Erläuterung des Erhaltungssatzes der Masse. In stationärer Strömung ist $\partial \varrho / \partial t = 0$, und die Integralform der Kontinuitätsgleichung lautet:

$$\iint\limits_{(S)} \varrho\, u_i\, n_i\,\mathrm{d}S = 0\;, \tag{2.8}$$

d. h. es muß in das Kontrollvolumen ebensoviel Masse pro Zeiteinheit ein- wie ausfließen.

2.2 Impulssatz

Als ersten die Erfahrungen der klassischen Mechanik zusammenfassenden aber unbeweisbaren Satz (Axiom) besprechen wir die Bilanz des Impulses: In einem Inertialsystem ist die zeitliche Änderung des Impulses eines Körpers gleich der auf diesen Körper wirkenden Kraft:

$$\frac{\mathrm{D}\vec{I}}{\mathrm{D}t} = \vec{F}\;. \tag{2.9}$$

Es wird im folgenden also nur darauf ankommen, dieses Axiom explizit umzuformen. Der Körper ist, wie bisher, ein Stück der Flüssigkeit, das immer aus denselben materiellen Punkten besteht. Wir berechnen den Impuls des Körpers analog zu (1.83) als Integral über den vom Körper eingenommenen Bereich:

$$\vec{I} = \iiint\limits_{(V(t))} \varrho\, \vec{u}\,\mathrm{d}V\;. \tag{2.10}$$

Die Kräfte, die am Körper angreifen, zerfallen grundsätzlich in zwei Klassen, nämlich in *Massen-* bzw. *Volumenkräfte* und *Oberflächen-* bzw. *Kontaktkräfte*. Massenkräfte sind Kräfte mit großer Reichweite, sie wirken auf alle materiellen Teilchen im Körper und haben in der Regel ihre Ursache in Kraftfeldern. Das wichtigste Beispiel ist das Erdschwerefeld. Die Gravitationsfeldstärke $\vec{g}$ wirkt auf jedes Molekül im Flüssigkeitsteilchen, und die Summe der Kräfte stellt die auf das Teilchen wirkende Schwerkraft dar:

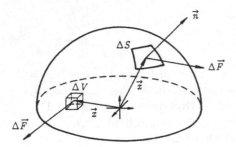

Abbildung 2.1. Zur Erläuterung der Volumen- und Oberflächenkräfte

$$\Delta \vec{F} = \vec{g} \sum_i m_i = \vec{g} \Delta m \ . \tag{2.11}$$

Die Schwerkraft ist also proportional zur Masse des Flüssigkeitsteilchens. Im Rahmen der Kontinuumshypothese vollziehen wir, wie bisher, den Grenzübergang zum materiellen Punkt und bezeichnen die auf die Masse bezogene Kraft

$$\vec{k} = \lim_{\Delta m \to 0} \frac{\Delta \vec{F}}{\Delta m} \tag{2.12}$$

als die Massenkraft und speziell im Fall des Erdschwerefeldes ($\vec{k} = \vec{g}$) als Massenkraft der Schwere. Die Volumenkraft ist die auf das Volumen bezogene Kraft, also

$$\vec{f} = \lim_{\Delta V \to 0} \frac{\Delta \vec{F}}{\Delta V} \ , \tag{2.13}$$

(vgl. Abb. 2.1) speziell im Fall der Schwerkraft also:

$$\vec{f} = \lim_{\Delta V \to 0} \vec{g} \frac{\Delta m}{\Delta V} = \vec{g} \varrho \ . \tag{2.14}$$

Andere technisch wichtige Massen- bzw. Volumenkräfte treten aufgrund elektromagnetischer Felder auf oder sind sogenannte *Scheinkräfte* (wie z. B. die Zentrifugalkraft), wenn die Bewegung auf ein beschleunigtes Bezugssystem bezogen wird.

Die Kontakt- bzw. Oberflächenkräfte werden von der umgebenden Flüssigkeit oder allgemeiner von der unmittelbaren Umgebung auf die Oberfläche des betrachteten Teils der Flüssigkeit ausgeübt. Wenn $\Delta \vec{F}$ das Element der Oberflächenkraft ist und ΔS das Flächenelement am Ort $\vec{x}$, an dem die Kraft angreift, so nennen wir die Größe

$$\vec{t} = \lim_{\Delta S \to 0} \frac{\Delta \vec{F}}{\Delta S} \tag{2.15}$$

den *Spannungsvektor* am Ort $\vec{x}$ (vgl. Abb. 2.1). Der Spannungsvektor ist aber nicht nur vom Ort $\vec{x}$ und der Zeit t abhängig, sondern auch von der Orientierung des Flächenelementes am Ort $\vec{x}$, d. h. vom Normalenvektor $\vec{n}$ des Flächenelementes, und ist im allgemeinen nicht parallel zum Normalenvektor gerichtet. Vielmehr nennen wir die Projektion von $\vec{t}$ in Richtung der Flächennormalen Normalspannung und die Projektion in die Ebene senkrecht zu $\vec{n}$ die Tangentialspannung.

Die gesamte Kraft, die an dem betrachteten Teil der Flüssigkeit angreift, erhalten wir durch Integration über das von der Flüssigkeit eingenommene Volumen, bzw. über dessen Oberfläche zu

$$\vec{F} = \iiint\limits_{(V(t))} \varrho \vec{k}\, \mathrm{d}V + \iint\limits_{(S(t))} \vec{t}\, \mathrm{d}S \;, \tag{2.16}$$

so daß der Impulssatz folgende Form annimmt:

$$\frac{\mathrm{D}}{\mathrm{D}t} \iiint\limits_{(V(t))} \varrho \vec{u}\, \mathrm{d}V = \iiint\limits_{(V)} \varrho \vec{k}\, \mathrm{d}V + \iint\limits_{(S)} \vec{t}\, \mathrm{d}S \;. \tag{2.17}$$

Wie schon vorher sind auf der rechten Seite die zeitlich veränderlichen Bereiche ohne Einschränkung der Allgemeinheit durch feste Bereiche ersetzt worden. Die Anwendung von (1.88) auf die linke Seite führt dann auf die Form

$$\iiint\limits_{(V)} \frac{\mathrm{D}\vec{u}}{\mathrm{D}t} \varrho\, \mathrm{d}V = \iiint\limits_{(V)} \vec{k}\varrho\, \mathrm{d}V + \iint\limits_{(S)} \vec{t}\, \mathrm{d}S \;, \tag{2.18}$$

der wir eine wichtige Folgerung entnehmen: Dividiert man diese Gleichung durch l^2, wobei l die typische Ausdehnung des Integrationsbereiches ist, also etwa $l \sim V^{1/3}$, und betrachtet dann den Grenzübergang $l \to 0$, so verschwinden die Volumenintegrale, und wir erhalten

$$\lim_{l \to 0} \left[l^{-2} \iint\limits_{(S)} \vec{t}\, \mathrm{d}S \right] = 0 \;. \tag{2.19}$$

Gleichung (2.19) bedeutet, daß die Oberflächenkräfte lokal im Gleichgewicht sind. Offensichtlich ist (2.19) für nichtverschwindendes $\vec{t}$ möglich, weil $\vec{t}$ kein Feld im üblichen Sinne darstellt, sondern neben $\vec{x}$ auch noch von $\vec{n}$ abhängt. Wir benutzen daher diese Beziehung um zu zeigen, in welcher Weise der Spannungsvektor am festen Ort $\vec{x}$ vom Normalenvektor $\vec{n}$ abhängt. Dazu betrachten wir den Tetraeder der Abb. 2.2. Der Normalenvektor der schrägen Fläche sei $\vec{n}$, die anderen Flächen seien parallel zu den Koordinatenebenen; ihre Normalenvektoren lauten also $-\vec{e}_1$, $-\vec{e}_2$ und $-\vec{e}_3$. Wenn ΔS der Flächeninhalt der schrägen Fläche ist, so sind die anderen Flächeninhalte der

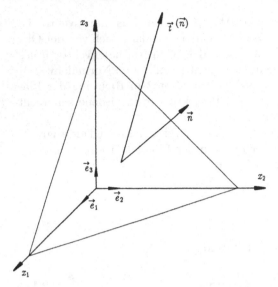

Abbildung 2.2. Zum Zusammenhang zwischen Normalen- und Spannungsvektor

Reihe nach $\Delta S\, n_1$, $\Delta S\, n_2$ und $\Delta S\, n_3$. Für den zur schrägen Fläche gehörigen Spannungsvektor schreiben wir $\vec{t}^{\,(\vec{n})}$, für die anderen $\vec{t}^{\,(-\vec{e}_1)}$, $\vec{t}^{\,(-\vec{e}_2)}$ und $\vec{t}^{\,(-\vec{e}_3)}$. Die Anwendung des lokalen Gleichgewichts (2.19) ergibt dann

$$\lim_{l \to 0}\left[l^{-2} \iint\limits_{(S)} \vec{t}\, \mathrm{d}S \right] =$$

$$\lim_{l \to 0}\left\{ \frac{\Delta S}{l^2}\left[\vec{t}^{\,(-\vec{e}_1)} n_1 + \vec{t}^{\,(-\vec{e}_2)} n_2 + \vec{t}^{\,(-\vec{e}_3)} n_3 + \vec{t}^{\,(\vec{n})} \right] \right\} = 0 \qquad (2.20)$$

oder

$$\vec{t}^{\,(\vec{n})} = -\vec{t}^{\,(-\vec{e}_1)} n_1 - \vec{t}^{\,(-\vec{e}_2)} n_2 - \vec{t}^{\,(-\vec{e}_3)} n_3 \ , \qquad (2.21)$$

da ja ΔS wie l^2 verschwindet. In (2.21) sind alle Spannungsvektoren am selben Punkt, nämlich dem (willkürlichen) Ursprung des Koordinatensystems der Abb. 2.2, zu nehmen. Setzen wir $\vec{n} = \vec{e}_1$, also $n_1 = 1$, $n_2 = n_3 = 0$, so zeigt (2.21), daß

$$\vec{t}^{\,(\vec{e}_1)} = -\vec{t}^{\,(-\vec{e}_1)} \qquad (2.22)$$

gilt, oder durch analoge Schlußweise:

$$\vec{t}^{\,(\vec{n})} = -\vec{t}^{\,(-\vec{n})} \ . \qquad (2.23)$$

Das heißt aber, daß die Spannungsvektoren, die auf gegenüberliegenden Seiten desselben Flächenelementes angreifen, denselben Betrag und entgegengesetzte Vorzeichen besitzen. Damit schreiben wir anstatt (2.21) auch

$$\vec{t}^{(\vec{n})} = \vec{t}^{(\vec{e}_1)} n_1 + \vec{t}^{(\vec{e}_2)} n_2 + \vec{t}^{(\vec{e}_3)} n_3 \ . \tag{2.24}$$

Der Spannungsvektor ist also eine lineare Funktion der Komponenten des Normalenvektors. Den zur Fläche mit dem Normalenvektor $\vec{e}_1$ gehörigen Spannungsvektor zerlegen wir in seine Komponenten

$$\vec{t}^{(\vec{e}_1)} = \tau_{11} \vec{e}_1 + \tau_{12} \vec{e}_2 + \tau_{13} \vec{e}_3 \tag{2.25}$$

und verabreden, daß der erste Index die Richtung des Normalenvektors angibt, und der zweite Index die Richtung der Komponente bestimmt. Die Spannungsvektoren der anderen Koordinatenflächen und der schrägen Fläche zerlegen wir ebenfalls in Komponenten und setzen sie dann in (2.24) ein. Aus der Darstellung der resultierenden Gleichung im Schema

$$\vec{t}^{(\vec{n})} = \begin{matrix} t_1 \vec{e}_1 + \\ t_2 \vec{e}_2 + \\ t_3 \vec{e}_3 \end{matrix} = \begin{matrix} n_1 (\tau_{11} \vec{e}_1 + \tau_{12} \vec{e}_2 + \tau_{13} \vec{e}_3) + \\ n_2 (\tau_{21} \vec{e}_1 + \tau_{22} \vec{e}_2 + \tau_{23} \vec{e}_3) + \\ n_3 (\tau_{31} \vec{e}_1 + \tau_{32} \vec{e}_2 + \tau_{33} \vec{e}_3) \end{matrix} \tag{2.26}$$

lesen wir die Komponentengleichung in die erste Richtung ab:

$$t_1 = \tau_{11} n_1 + \tau_{21} n_2 + \tau_{31} n_3 \ , \tag{2.27}$$

wobei der Superscript $\vec{n}$ jetzt und im folgenden weggelassen wird. Allgemein gilt demnach für die Komponente in die i-te Richtung:

$$t_i = \tau_{1i} n_1 + \tau_{2i} n_2 + \tau_{3i} n_3 \ . \tag{2.28}$$

Gleichung (2.28) schreiben wir mit der Einsteinschen Summationskonvention kürzer

$$t_i(\vec{x}, \vec{n}, t) = \tau_{ji}(\vec{x}, t) n_j \qquad (i, j = 1, 2, 3) \ , \tag{2.29a}$$

wobei wir explizit die Abhängigkeit von $\vec{x}$, $\vec{n}$ und t angegeben haben. Die neun Größen, die zur Angabe des Spannungsvektors an einem Flächenelement mit dem beliebigen Normalenvektor $\vec{n}$ am Ort $\vec{x}$ nötig sind, bilden einen Tensor zweiter Stufe. Die physikalische Bedeutung der allgemeinen Komponente τ_{ji} wird aus (2.26) klar. τ_{ji} ist der Betrag der i-ten Komponente des Spannungsvektors am Element der Koordinatenfläche mit dem Normalenvektor in die j-te Richtung.

Während t_i kein Vektorfeld im üblichen Sinne ist, da t_i neben $\vec{x}$ auch noch vom Vektor $\vec{n}$ (allerdings nur linear) abhängt, ist $\tau_{ji}(\vec{x}, t)$ ein Feld, genauer ein Tensorfeld. Mathematisch gesprochen ist (2.29a) eine lineare, homogene Abbildung des Normalenvektors $\vec{n}$ auf den Vektor $\vec{t}$. In symbolischer Schreibweise lautet (2.29a)

$$\vec{t} = \vec{n} \cdot \mathbf{T} \ , \tag{2.29b}$$

wobei die Matrixdarstellung des *Spannungstensors* $\mathbf{T}$

$$[\mathbf{T}] = \begin{bmatrix} \tau_{11} & \tau_{12} & \tau_{13} \\ \tau_{21} & \tau_{22} & \tau_{23} \\ \tau_{31} & \tau_{32} & \tau_{33} \end{bmatrix} \tag{2.30}$$

ist. Die Elemente der Hauptdiagonalen sind die Normalspannungen, die Nichtdiagonalelemente sind die Schubspannungen. Wie wir später zeigen werden, ist der Spannungstensor eine symmetrischer Tensor zweiter Stufe und daher diagonalisierbar. An jedem Ort $\vec{x}$ lassen sich daher drei zueinander senkrechte Flächenelemente angeben, an denen nur Normalspannungen auftreten. Diese Flächenelemente sind parallel zu den Koordinatenflächen des Hauptachsensystems. In einer zum Dehnungsgeschwindigkeitstensor analogen Betrachtungsweise finden wir die Normalenvektoren zu diesen Flächenelementen, indem wir nach den Vektoren fragen, die parallel zum Spannungsvektor sind, also die Gleichung

$$t_i = \tau_{ji}n_j = \sigma\,n_i = \sigma\,n_j\delta_{ji} \tag{2.31}$$

erfüllen. Wenn die charakteristische Gleichung

$$-\sigma^3 + I_{1\tau}\sigma^2 - I_{2\tau}\sigma + I_{3\tau} = 0\;, \tag{2.32}$$

dieses homogenen Gleichungssystems, in der die Invarianten analog (1.58) mit den Elementen des Spannungstensors auszuwerten sind, drei verschiedene Wurzeln (Eigenwerte) hat, so gibt es nur ein Hauptachsensystem. Bei einer Flüssigkeit in Ruhe, bei der definitionsgemäß alle Reibungsspannungen verschwinden, sind alle drei Eigenwerte gleich, d. h. $\sigma^{(1)} = \sigma^{(2)} = \sigma^{(3)} = -p$. Jedes orthogonale System von Achsen ist dann Hauptachsensystem. Den Spannungszustand, der durch den Spannungstensor in der kugelsymmetrischen Form

$$\tau_{ji} = -p\,\delta_{ji} \tag{2.33}$$

gekennzeichnet ist, nennt man *hydrostatisch*. Den Spannungsvektor erhalten wir dann zu

$$t_i = \tau_{ji}n_j = -p\,\delta_{ji}n_j = -p\,n_i\;, \tag{2.34a}$$

bzw. symbolisch

$$\vec{t} = -p\,\vec{n}\;. \tag{2.34b}$$

Der Betrag dieses Spannungsvektors ist der Druck p, der eine skalare, von $\vec{n}$ unabhängige Größe ist. Zuweilen wird im allgemeinen Fall der Spannungstensor aufgespalten

$$\tau_{ij} = -p\,\delta_{ij} + P_{ij}\;, \tag{2.35}$$

und P_{ij} der Tensor der Reibungsspannungen genannt. Er hat dieselben Hauptachsen wie der Tensor τ_{ij}. Als mittlere Normalspannung bezeichnen wir den Ausdruck

$$\bar{p} = \frac{1}{3}\,\tau_{ii} \; , \tag{2.36}$$

der im allgemeinen ungleich dem negativen Druck ist.

Wenn wir den Ausdruck (2.29) für den Spannungsvektor in den Impulssatz (2.18) einsetzen und das entstehende Oberflächenintegral nach dem Gaußschen Satz in ein Volumenintegral umwandeln, so erhalten wir in Indexschreibweise

$$\iiint\limits_{(V)} \left(\varrho\,\frac{\mathrm{D}u_i}{\mathrm{D}t} - \varrho\,k_i - \frac{\partial \tau_{ji}}{\partial x_j} \right) \mathrm{d}V = 0 \; . \tag{2.37}$$

Wegen der vorausgesetzten Stetigkeit des Integranden und des beliebigen Integrationsbereiches (V) ist (2.37) gleichbedeutend mit der *Differentialform des Impulssatzes*:

$$\varrho\,\frac{\mathrm{D}u_i}{\mathrm{D}t} = \varrho\,k_i + \frac{\partial \tau_{ji}}{\partial x_j} \; , \tag{2.38a}$$

oder symbolisch geschrieben

$$\varrho\,\frac{\mathrm{D}\vec{u}}{\mathrm{D}t} = \varrho\,\vec{k} + \nabla \cdot \mathbf{T} \; . \tag{2.38b}$$

Auf eine andere Form dieser als *Erste Cauchysche Bewegungsgleichung* bekannten grundlegenden Beziehung werden wir geführt, wenn wir die linke Seite von (2.17) zunächst mit dem Reynoldsschen Transporttheorem (1.93) umformen und dann die analoge Schlußweise anwenden:

$$\frac{\partial}{\partial t}(\varrho\,u_i) + \frac{\partial}{\partial x_j}(\varrho\,u_i u_j) = \varrho\,k_i + \frac{\partial}{\partial x_j}(\tau_{ji}) \; . \tag{2.39}$$

Die Cauchysche Bewegungsgleichung gilt für jedes Kontinuum, also auch für jede Flüssigkeit, gleichgültig wie die speziellen Materialeigenschaften beschaffen sein mögen. Sie ist der Ausgangspunkt für die Berechnung strömungsmechanischer Probleme. Durch die Angabe der Materialgleichung, also eines Zusammenhangs zwischen dem Spannungstensor und der Bewegung (z. B. dem Deformationsgeschwindigkeitstensor) wird die Cauchysche Bewegungsgleichung spezialisiert zu einer Bewegungsgleichung für das betrachtete Material.

Der *Integralform des Impulssatzes* kommt in der technischen Anwendung insbesondere dann eine erhebliche Bedeutung zu, wenn sich die auftretenden Integrale als Oberflächenintegrale schreiben lassen. Dazu formen wir zunächst den Impulssatz (2.17) mit dem Reynoldsschen Transporttheorem in der Form (1.96) um und erhalten

$$\iiint\limits_{(V)} \frac{\partial(\varrho\,\vec{u})}{\partial t}\,\mathrm{d}V + \iint\limits_{(S)} \varrho\,\vec{u}(\vec{u}\cdot\vec{n})\,\mathrm{d}S = \iiint\limits_{(V)} \varrho\,\vec{k}\,\mathrm{d}V + \iint\limits_{(S)} \vec{t}\,\mathrm{d}S\,. \qquad (2.40)$$

Das erste Integral auf der linken Seite kann nicht in ein Oberflächenintegral umgewandelt werden. Daher hat der Impulssatz in integraler Form die erwähnte Bedeutung nur, wenn dieses Integral verschwindet, d. h. bei stationärer Strömung oder bei solchen instationären Strömungen, die in den zeitlichen Mittelwerten wieder stationär sind, wie es bei *turbulenten* stationären Strömungen der Fall ist. (Bei stationärer turbulenter Strömung muß in (2.40) der zeitlich gemittelte Impulsfluß eingesetzt werden, der sich von dem mit der gemittelten Geschwindigkeit gebildeten Impulsfluß unterscheidet. Wir verweisen in diesem Zusammenhang auf Kapitel 7.)

Das erste Integral auf der rechten Seite kann als Oberflächenintegral geschrieben werden, wenn die Volumenkraft $\varrho\,\vec{k}$ als Gradient einer skalaren Funktion berechnet werden kann, d. h. wenn die Volumenkraft ein Potential besitzt. Das Potential der Volumenkraft bezeichnen wir mit Ω ($\vec{f} = \varrho\,\vec{k} = -\nabla\Omega$), das der Massenkraft mit ψ ($\vec{k} = -\nabla\psi$). (Zur Veranschaulichung denke man an das wichtigste Potential, das der Volumen- bzw. Massenkraft der Schwere ($\Omega = -\varrho\,g_i x_i$, $\psi = -g_i x_i$).) In Analogie zu unseren Bemerkungen zum Geschwindigkeitspotential ist $\nabla\times(\varrho\,\vec{k}) = 0$ notwendige und hinreichende Bedingung für die Existenz des Potentials der Volumenkraft. In diesem Zusammenhang ist nur der Fall von Bedeutung, für den ϱ konstant ist und die Massenkraft $\vec{k}$ ein Potential hat. Dann läßt sich das Volumenintegral als Oberflächenintegral schreiben:

$$\iiint\limits_{(V)} \varrho\,\vec{k}\,\mathrm{d}V = -\iiint\limits_{(V)} \nabla\Omega\,\mathrm{d}V = -\iint\limits_{(S)} \Omega\,\vec{n}\,\mathrm{d}S\,, \qquad (2.41)$$

und der Impulssatz (2.40) lautet nunmehr

$$\iint\limits_{(S)} \varrho\,\vec{u}(\vec{u}\cdot\vec{n})\,\mathrm{d}S = -\iint\limits_{(S)} \Omega\,\vec{n}\,\mathrm{d}S + \iint\limits_{(S)} \vec{t}\,\mathrm{d}S\,. \qquad (2.42)$$

Die Bedeutung des Impulssatzes wird einsichtig, wenn man bedenkt, daß mit der Kenntnis des Impulsflusses und des Potentials Ω nun die Kraft an der Oberfläche des Kontrollvolumens bekannt ist. Oft will man überhaupt nur die Kraft wissen, die vom Impulsfluß herrührt, und dann nimmt der Impulssatz die am häufigsten benutzte Form an:

$$\iint\limits_{(S)} \varrho\,\vec{u}(\vec{u}\cdot\vec{n})\,\mathrm{d}S = \iint\limits_{(S)} \vec{t}\,\mathrm{d}S\,. \qquad (2.43)$$

Umgekehrt ist mit (2.43) der Impulsfluß bekannt, wenn die Kraft gegeben ist. Die oft unbekannten (oft auch nicht berechenbaren) Strömungsvorgänge im Inneren des Kontrollvolumens treten beim Impulssatz (2.43) nicht in Erscheinung, lediglich die Größen an der Oberfläche sind von Bedeutung und, da das Kontrollvolumen frei wählbar ist, wird man im konkreten Fall die Oberfläche so legen, daß sich die Integrale möglichst einfach auswerten lassen. Oft kann man die Oberfläche so legen, daß der Spannungsvektor dieselbe Form annimmt wie bei einer Flüssigkeit in Ruhe, d. h. $\vec{t} = -p\,\vec{n}$. Dann ist es möglich, aus (2.43) allgemeine Schlüsse zu ziehen, ohne daß ein spezielles Materialgesetz herangezogen werden muß.

2.3 Drallsatz oder Drehimpulssatz

Als zweiten, vom Impulssatz unabhängigen Erfahrungssatz der klassischen Mechanik besprechen wir die Bilanz des Dralles. Im Inertialsystem ist die zeitliche Änderung des Dralles gleich dem auf den Körper wirkenden Moment der äußeren Kräfte:

$$\frac{\mathrm{D}}{\mathrm{D}t}(\vec{D}) = \vec{M} \; . \tag{2.44}$$

Wir berechnen den Drall $\vec{D}$ als Integral über den vom flüssigen Körper eingenommenen Bereich zu

$$\vec{D} = \iiint\limits_{(V(t))} \vec{x} \times (\varrho\,\vec{u})\,\mathrm{d}V \; . \tag{2.45}$$

Der Drall nach (2.45) ist auf den Ursprung des Koordinatensystems bezogen; auf denselben Bezugspunkt müssen wir das Moment der äußeren Kräfte

$$\vec{M} = \iiint\limits_{(V(t))} \vec{x} \times (\varrho\,\vec{k})\,\mathrm{d}V + \iint\limits_{(S(t))} \vec{x} \times \vec{t}\,\mathrm{d}S \tag{2.46}$$

beziehen, betonen aber, daß die Wahl des gemeinsamen Bezugspunktes unwesentlich ist. Der Drallsatz nimmt also die Form

$$\frac{\mathrm{D}}{\mathrm{D}t} \iiint\limits_{(V(t))} \vec{x} \times (\varrho\,\vec{u})\,\mathrm{d}V = \iiint\limits_{(V)} \vec{x} \times (\varrho\,\vec{k})\,\mathrm{d}V + \iint\limits_{(S)} \vec{x} \times \vec{t}\,\mathrm{d}S \tag{2.47}$$

an, wobei wir aus bekannten Gründen den zeitlich veränderlichen Bereich auf der rechten Seite bereits durch den festen Bereich ersetzt haben. Wir wollen nun zunächst zeigen, daß die differentielle Form des Drallsatzes die Symmetrie des Spannungstensors nach sich zieht, und führen den Ausdruck (2.29) in das Oberflächenintegral ein, welches wir dann als Volumenintegral schreiben können. In Indexnotation erhalten wir somit

$$\iint\limits_{(S)} \epsilon_{ijk} x_j \tau_{lk} n_l \, \mathrm{d}S = \iiint\limits_{(V)} \epsilon_{ijk} \frac{\partial}{\partial x_l} (x_j \tau_{lk}) \, \mathrm{d}V \, , \tag{2.48}$$

und nach Anwendung von (1.88) auf den Term der linken Seite von (2.47) schreiben wir als Zwischenergebnis

$$\iiint\limits_{(V)} \epsilon_{ijk} \left(\varrho \, \frac{\mathrm{D}}{\mathrm{D}t} (x_j u_k) - \frac{\partial}{\partial x_l} (x_j \tau_{lk}) - x_j \varrho \, k_k \right) \mathrm{d}V = 0 \, , \tag{2.49}$$

was nach Ausführung der Differentiationen und entsprechender Zusammen-fassung auf

$$\iiint\limits_{(V)} \left[\epsilon_{ijk} x_j \left(\varrho \, \frac{\mathrm{D}u_k}{\mathrm{D}t} - \frac{\partial \tau_{lk}}{\partial x_l} - \varrho \, k_k \right) + \varrho \, \epsilon_{ijk} u_j u_k - \epsilon_{ijk} \tau_{jk} \right] \mathrm{d}V = 0 \tag{2.50}$$

führt. Der Ausdruck in der mittleren Klammer verschwindet, wenn der Impulssatz (2.38) erfüllt ist; damit wird auch der Ortsvektor x_j aus der Gleichung eliminiert, was die oben erwähnte Unabhängigkeit des Drallsatzes von der Wahl des Ursprunges als Bezugspunkt beweist. Das Außenprodukt $\epsilon_{ijk} u_j u_k$ veschwindet ebenfalls, weil $\vec{u}$ natürlich zu sich selbst parallel ist, so daß sich der Drallsatz auf

$$\iiint\limits_{(V)} \epsilon_{ijk} \tau_{jk} \, \mathrm{d}V = 0 \tag{2.51}$$

reduziert. Da das Tensorfeld τ_{jk} stetig ist, ist (2.51) gleichbedeutend mit

$$\epsilon_{ijk} \tau_{jk} = 0 \, , \tag{2.52}$$

das heißt, daß τ_{jk} ein symmetrischer Tensor ist, also gilt:

$$\tau_{jk} = \tau_{kj} \, . \tag{2.53}$$

Wie dem Impulssatz in integraler Form kommt auch der Integralform des Drallsatzes in den technischen Anwendungen eine besondere Bedeutung zu. Wir interessieren uns dabei nur für das Moment, das auf den Drallfluß durch die Kontrollfläche zurückzuführen ist, und beschränken uns auf stationäre bzw. auf instationäre Strömungen, die im zeitlichen Mittel im bereits be-sprochenen Sinne stationär sind. Mit dem Reynoldsschen Transporttheorem (1.96) gewinnen wir aus (2.47) den Drallsatz in einer Form, in der nur Ober-flächenintegrale auftreten:

$$\iint\limits_{(S)} \epsilon_{ijk} x_j u_k \varrho \, u_l n_l \, \mathrm{d}S = \iint\limits_{(S)} \epsilon_{ijk} x_j t_k \, \mathrm{d}S \, , \tag{2.54a}$$

oder in symbolischer Schreibweise:

$$\iint\limits_{(S)} \vec{x} \times \vec{u}\, \varrho\, \vec{u} \cdot \vec{n}\, \mathrm{d}S = \iint\limits_{(S)} \vec{x} \times \vec{t}\, \mathrm{d}S \ . \tag{2.54b}$$

Eine spezielle Form des Drallsatzes (2.54) ist als Eulersche Turbinengleichung bekannt (siehe Abschnitt 2.5) und bildet den wichtigsten Satz in der Theorie der Turbomaschinen.

2.4 Impuls- und Drallsatz im beschleunigten Bezugssystem

Die bisher besprochenen Bilanzsätze des Impulses und des Drehimpulses gelten nur in Inertialsystemen. Als *Inertialsystem* der klassischen Mechanik kann ein Koordinatensystem gelten, dessen Achsen raumfest sind (also z. B. nach den Fixsternen ausgerichtet sind), und das als Zeiteinheit den mittleren Sonnentag benutzt, der ja gerade die Grundlage unserer Zeitrechnung bildet. Alle Bezugssysteme, die sich in diesem System gleichförmig, d. h. unbeschleunigt bewegen, sind gleichberechtigt und daher Inertialsysteme.

In Bezugssystemen, die relativ zu Inertialsystemen in beschleunigter Bewegung sind, gelten die Bilanzsätze nicht. Die *Trägheitskräfte*, die aus der ungleichförmigen Bewegung herrühren, sind aber oft so klein, daß Bezugssysteme näherungsweise als Inertialsysteme betrachtet werden können. Auf der anderen Seite müssen in der Technik oft Bezugssysteme verwendet werden, in denen die oben erwähnten Trägheitskräfte nicht vernachlässigbar sind.

Zur Veranschaulichung betrachten wir beispielsweise eine horizontale, mit der Winkelgeschwindigkeit Ω rotierende Scheibe. Auf dieser Scheibe befindet sich ein mit ihr rotierender Beobachter, der über einen Faden einen auf der Scheibe im Abstand R vom Drehpunkt liegenden Stein festhält. Der Beobachter wird eine Kraft (die Zentrifugalkraft) im Faden feststellen. Da aber der Stein in seinem Koordinatensystem ruht, und daher die Beschleunigung in diesem Bezugssystem null ist, die Impulsänderung also verschwindet, so müßte nach dem Impulssatz (2.9) auch die Kraft im Faden verschwinden. Der Beobachter schließt zu Recht, daß in seinem Bezugssystem der Impulssatz nicht gilt. Bei der rotierenden Scheibe handelt es sich in der Tat um ein beschleunigtes Bezugssystem. Einem neben der Scheibe befindlichen Beobachter ist der Ursprung der Fadenkraft unmittelbar klar. Er sieht, daß sich der Stein auf einer Kreisbahn bewegt, also eine Beschleunigung zum Krümmungsmittelpunkt der Bahn erfährt, und daß daher nach dem Impulssatz eine äußere Kraft auf den Stein wirken muß. Die Beschleunigung ist die bekannte *Zentripetal*- oder *Normalbeschleunigung*, die hier mit $\Omega^2 R$ gegeben ist. Die nach innen gerichtete Kraft ist die *Zentripetalkraft*, die genau der vom rotierenden Beobachter festgestellten *Zentrifugalkraft* die Waage hält.

In diesem Beispiel kann das Bezugssystem des ruhenden Beobachters, also die Erde, als Inertialsystem betrachtet werden. In anderen Fällen zeigen sich aber Abweichungen von den Aussagen des Impulssatzes, die darauf zurückzuführen sind, daß die rotierende Erde eben kein Inertialsystem ist, und daher der Impulssatz in einem fest mit der Erde verbundenen Bezugssystem strenggenommen nicht gilt. Bezüglich eines mit der Erde fest verbundenen Koordinatensystems beobachtet man z. B. die bekannte Ostablenkung beim freien Fall oder die Drehung der Schwingungsebene beim *Foucaultschen Pendel*. Beide Erscheinungen (neben vielen anderen) sind mit der Gültigkeit des Impulssatzes in dem gewählten Bezugssystem Erde nicht vereinbar. Für die meisten terrestrischen Vorgänge kann aber ein Koordinatensystem als Inertialsystem gelten, welches seinen Ursprung im Erdmittelpunkt hat, und dessen Achsen nach den Fixsternen ausgerichtet sind. Die oben erwähnte Ostablenkung erklärt sich dann daraus, daß der Körper in seiner Anfangslage infolge der Erddrehung eine etwas höhere Umfangsgeschwindigkeit hat als am näher zum Erdmittelpunkt liegenden Auftreffpunkt. Zur Erklärung des Foucaultschen Pendels führen wir uns vor Augen, daß das Pendel bezüglich des Inertialsystems im Einklang mit (2.9) seine Schwingungsebene beibehält. Das mit der Erde verbundene Bezugssystem, z. B. das Laboratorium, in dem das Pendel aufgehängt ist, dreht sich aber um diese Ebene. Ein Beobachter im Laboratorium stellt dann bezüglich seines Systems eine Drehung der Schwingungsebene fest.

Die Beschreibung der Bewegung im Inertialsystem ist von wenig Interesse für den Beobachter, ihm muß es vielmehr darum gehen, die Bewegung in seinem System zu beschreiben, denn nur in diesem System kann er Messungen ausführen. In vielen Anwendungen wird die Benutzung eines beschleunigten Bezugssystems unvermeidbar und von der Sache her aufgezwungen. So will man z. B. in meteorologischen Problemen natürlich die Windströmungen nur bezüglich der Erde, also dem rotierenden System wissen. Aber auch in technischen Problemen ist es oft zweckmäßig und u. U. für die Lösung absolut nötig, ein beschleunigtes Koordinatensystem zu verwenden.

Bei der Berechnung der Kreiselbewegung ist die Erde ein genügend gutes Inertialsystem, aber in diesem System ist der Tensor der Trägheitsmomente zeitabhängig. Daher ist es besser, ein mit dem Kreisel fest verbundenes Bezugssystem zu wählen, in dem der Tensor der Trägheitsmomente zeitlich konstant ist, das dann aber ein beschleunigtes System darstellt. Bei strömungstechnischen Problemen bietet sich ein beschleunigtes Bezugssystem immer dann an, wenn die Berandung des Strömungsgebietes bezüglich des beschleunigten Systems in Ruhe ist. Als Beispiel sei die Strömung in den Strömungskanälen einer Turbomaschine erwähnt. In einem mit dem Läufer fest verbundenen und daher rotierenden Koordinatensystem ist nicht nur der Rand in Ruhe, sondern die Strömung selbst in guter Näherung stationär, was die analytische Behandlung stark vereinfacht.

Es wird also im folgenden darum gehen, die nur in Inertialsystemen gültigen Erhaltungssätze für Impuls und Drall so zu formulieren, daß in ihnen

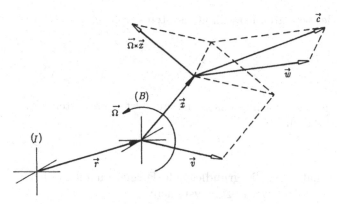

Abbildung 2.3. Bewegtes Bezugssystem

nur noch Größen auftreten, die im beschleunigten System festgestellt werden können. Als selbstverständlich nehmen wir die Annahme hin, daß die Kräfte und Momente für jeden Beobachter dieselben sind, gleichgültig ob sich dieser im beschleunigten System oder im Inertialsystem befindet. Die zeitliche Änderung des Impuls- bzw. Drallvektors oder auch die zeitliche Änderung der Geschwindigkeit sind abhängig vom Bezugssystem, wie überhaupt die Änderung eines jeden Vektors (mit einer Ausnahme, wie wir sehen werden) davon abhängt, ob diese Änderung im Inertialsystem oder im beschleunigten Bezugssystem beobachtet wird.

Wir wenden uns zunächst der differentiellen Form des Impulssatzes und des Drallsatzes im beschleunigten System zu und betrachten ein raumfestes Bezugssystem (Inertialsystem) und ein dazu beschleunigtes System (Abb. 2.3), das gegenüber dem Inertialsystem eine Translation mit der Geschwindigkeit $\vec{v}(t)$ und eine Rotation mit der Winkelgeschwindigkeit $\vec{\Omega}(t)$ ausführt. Die zeitliche Änderung des Ortsvektors $\vec{x}$ eines materiellen Teilchens beobachtet im beschleunigten System bezeichnen wir in naheliegender Weise mit

$$\left[\frac{\mathrm{D}\vec{x}}{\mathrm{D}t}\right]_B = \vec{w} \tag{2.55}$$

und nennen $\vec{w}$ die *Relativgeschwindigkeit*. Im Inertialsystem hat das betrachtete Teilchen den Ortsvektor $\vec{x} + \vec{r}$, und seine Änderung im Inertialsystem ist die *Absolutgeschwindigkeit*:

$$\left[\frac{\mathrm{D}}{\mathrm{D}t}(\vec{x}+\vec{r})\right]_I = \vec{c}\,. \tag{2.56}$$

In Anlehnung an die im Strömungsmaschinenbau übliche Symbolik wird die Absolutgeschwindigkeit mit $\vec{c}$ bezeichnet. Die Absolutgeschwindigkeit ergibt sich aus der vektoriellen Summe der Relativgeschwindigkeit $\vec{w}$, der Geschwindigkeit des Ursprungs des bewegten Koordinatensystems (*Führungsgeschwindigkeit*)

$$\vec{v} = \left[\frac{D\vec{r}}{Dt}\right]_I \tag{2.57}$$

und der durch Drehung des Koordinatensystems am Ort $\vec{x}$ erzeugten *Umfangsgeschwindigkeit* $\vec{\Omega} \times \vec{x}$ zu

$$\vec{c} = \vec{w} + \vec{\Omega} \times \vec{x} + \vec{v} \,. \tag{2.58}$$

Aus (2.55) bis (2.58) erhält man die grundlegende Formel für die zeitliche Änderung des Vektors $\vec{x}$ in den zwei Bezugssystemen:

$$\left[\frac{D\vec{x}}{Dt}\right]_I = \left[\frac{D\vec{x}}{Dt}\right]_B + \vec{\Omega} \times \vec{x} \,. \tag{2.59}$$

Offensichtlich gilt diese Formel nicht nur für den Vektor $\vec{x}$, sondern ganz allgemein. Betrachtet man nämlich den allgemeinen Vektor $\vec{b}$, der bezüglich des beschleunigten Systems die kartesische Zerlegung

$$\vec{b} = b_1\vec{e}_1 + b_2\vec{e}_2 + b_3\vec{e}_3 = b_i\vec{e}_i \tag{2.60}$$

habe, so ist seine im Inertialsystem beobachtete Änderung

$$\left[\frac{D\vec{b}}{Dt}\right]_I = \frac{Db_i}{Dt}\vec{e}_i + b_i\frac{D\vec{e}_i}{Dt} \,. \tag{2.61}$$

Die ersten drei Terme stellen die Änderung des Vektors $\vec{b}$ im beschleunigten Koordinatensystem dar. In diesem System sind die Basisvektoren $\vec{e}_i$ fest. Im Inertialsystem aber werden diese Einheitsvektoren zum einen durch die Translationsbewegung parallel verschoben, was die Vektoren aber nicht ändert, und zum anderen gedreht. Wir interpretieren vorübergehend $D\vec{e}_i/Dt$ als die Geschwindigkeit eines materiellen Teilchens mit dem Ortsvektor $\vec{e}_i$. Da $\vec{e}_i$ ein Einheitsvektor ist, kann es sich bei der Geschwindigkeit nur um die Umfangsgeschwindigkeit $\vec{\Omega} \times \vec{e}_i$ handeln, so daß wir auf die Gleichung

$$\frac{D\vec{e}_i}{Dt} = \vec{\Omega} \times \vec{e}_i \tag{2.62}$$

geführt werden. Damit erhält man aus (2.61) sofort die (2.59) entsprechende Gleichung

$$\left[\frac{D\vec{b}}{Dt}\right]_I = \left[\frac{D\vec{b}}{Dt}\right]_B + \vec{\Omega} \times \vec{b} \,. \tag{2.63}$$

Ist speziell $\vec{b} = \vec{\Omega}$, so stimmen die Änderungen im Inertialsystem und im Relativsystem überein:

$$\left[\frac{D\vec{\Omega}}{Dt}\right]_I = \left[\frac{D\vec{\Omega}}{Dt}\right]_B = \frac{d\vec{\Omega}}{dt} \ . \tag{2.64}$$

Dies gilt offensichtlich nur für die Winkelgeschwindigkeit $\vec{\Omega}$ (bzw. für Vektoren, die immer parallel zu $\vec{\Omega}$ sind).

Für die Cauchysche Gleichung (2.38) benötigen wir die Änderung der Absolutgeschwindigkeit $[D\vec{c}/Dt]_I$. Die rechte Seite ist, wie bereits bemerkt, vom Bezugssystem unabhängig. Wenn wir noch (2.58) benutzen, so ergibt sich zunächst die Gleichung

$$\left[\frac{D\vec{c}}{Dt}\right]_I = \left[\frac{D\vec{w}}{Dt}\right]_I + \left[\frac{D(\vec{\Omega}\times\vec{x})}{Dt}\right]_I + \left[\frac{D\vec{v}}{Dt}\right]_I \ , \tag{2.65}$$

aus der durch Anwendung von (2.63) und (2.64) die Gleichung

$$\left[\frac{D\vec{c}}{Dt}\right]_I = \left[\frac{D\vec{w}}{Dt}\right]_B + \vec{\Omega}\times\vec{w} + \vec{\Omega}\times\left(\left[\frac{D\vec{x}}{Dt}\right]_B + \vec{\Omega}\times\vec{x}\right)$$
$$+ \left[\frac{D\vec{\Omega}}{Dt}\right]_B \times\vec{x} + \left[\frac{D\vec{v}}{Dt}\right]_I \tag{2.66}$$

entsteht. Schreibt man für die *Führungsbeschleunigung* $(D\vec{v}/Dt)_I = \vec{a}$ und ersetzt $(D\vec{x}/Dt)_B$ gemäß (2.55) durch $\vec{w}$, so läßt sich die Beschleunigung im Inertialsystem durch Größen im beschleunigten System ausdrücken:

$$\left[\frac{D\vec{c}}{Dt}\right]_I = \left[\frac{D\vec{w}}{Dt}\right]_B + 2\,\vec{\Omega}\times\vec{w} + \vec{\Omega}\times(\vec{\Omega}\times\vec{x}) + \frac{d\vec{\Omega}}{dt}\times\vec{x} + \vec{a} \ . \tag{2.67}$$

In die Cauchysche Gleichung, die (wie wir nochmals betonen) nur im Inertialsystem gültig ist, kann entsprechend nur die Beschleunigung im Inertialsystem eingesetzt werden. Aber unter Benutzung von (2.67) kann diese Absolutbeschleunigung durch Größen im beschleunigten System ausgedrückt werden, so daß wir schließlich die Gleichung

$$\varrho\left[\frac{D\vec{w}}{Dt}\right]_B = \varrho\,\vec{k} + \nabla\cdot\mathbf{T} - \left(\varrho\,\vec{a} + 2\varrho\,\vec{\Omega}\times\vec{w} + \varrho\,\vec{\Omega}\times(\vec{\Omega}\times\vec{x}) + \varrho\,\frac{d\vec{\Omega}}{dt}\times\vec{x}\right)$$

$$\tag{2.68}$$

erhalten. (Hier ist zu bemerken, daß (2.68) eine Vektorgleichung ist, in der $\vec{k}$ und $\nabla\cdot\mathbf{T}$ eine vom Koordinatensystem unabhängige Bedeutung haben. Als Matrizengleichung geschrieben, müssen die Komponenten natürlich durch die im Anhang A hergeleiteten Beziehungen auf das beschleunigte System transformiert werden.) Bis auf die Glieder in der runden Klammer hat (2.68) die

Form der Cauchyschen Gleichung im Inertialsystem. Diese Glieder wirken im beschleunigten System wie zusätzliche Volumenkräfte, die zu den äußeren Kräften hinzukommen. Sie sind reine Trägheitskräfte, die sich aus der Bewegung des Bezugssystems relativ zum Inertialsystem ergeben, also nur „scheinbare" äußere Kräfte (daher auch ihr Name *Scheinkräfte*).

Der Term $-\varrho\,\vec{a}$ wird als *Führungskraft* (pro Volumeneinheit) bezeichnet; er fehlt, wenn der Ursprung des Relativsystems in Ruhe ist oder sich mit konstanter Geschwindigkeit bewegt. Der Term $-2\varrho\,\vec{\Omega}\times\vec{w}$ ist die *Corioliskraft*; sie verschwindet, wenn der materielle Punkt im beschleunigten System ruht. Die Zentrifugalkraft wird durch das Glied $-\varrho\,\vec{\Omega}\times(\vec{\Omega}\times\vec{x})$ dargestellt; dieser Term ist auch dann vorhanden, wenn der materielle Punkt im beschleunigten System ruht. Der vierte Ausdruck hat keinen speziellen Namen.

Mit (2.68) haben wir die differentielle Form des Impulssatzes im beschleunigten Bezugssystem gewonnen. Wenn dieser Satz erfüllt ist, dann treten in der differentiellen Form des Drehimpulssatzes keine zeitlichen Änderungen der Geschwindigkeit auf (vgl. (2.50)), so daß dieser Satz in allen Bezugssystemen gültig ist, was die Symmetrie des Spannungstensors in allen Bezugssystemen ausdrückt. Somit äußern sich die Scheinkräfte in den differentiellen Formen der Erhaltungssätze für Impuls und Drall nur im Impulssatz.

Die durch die Erddrehung hervorgerufenen Scheinkräfte können Bewegungsvorgänge nur dann wesentlich beeinflussen, wenn die räumliche Erstreckung der betrachteten Bewegung in die Größenordnung des Erdradius kommt, oder ihre Dauer die Größenordnung von Stunden hat. Daher wird ihr Einfluß in rasch ablaufenden Strömungsvorgängen mit kleiner Erstreckung kaum wahrgenommen und kann vernachlässigt werden. Ihr Einfluß wird aber wesentlich bei Meeresströmungen und in noch stärkerem Maße bei Strömungen in der Atmosphäre. Die Erde dreht sich in einem Sterntag (der mit 86164 s etwas kürzer ist als ein Sonnentag mit 86400 s) um 2π, also mit der Winkelgeschwindigkeit von $\Omega = 2\pi/86164 \approx 7,29\cdot 10^{-5}\mathrm{s}^{-1}$. Da die Winkelgeschwindigkeit konstant ist, verschwindet der letzte Term in (2.68). Außerdem kann der Einfluß der Drehung um die Sonne vernachlässigt werden, so daß nur Coriolis- und Zentrifugalkraft als Scheinkräfte wirken. Die Zentrifugalkraft am Äquator beträgt etwa 0,3% der Erdanziehung. Da sich bei Messungen die Zentrifugalkraft von der Erdanziehung kaum trennen läßt, faßt man beide Kräfte zusammen. Die Resultierende beider Kräfte pro Masseneinheit bezeichnet man als Erdbeschleunigung $\vec{g}$. Der Vektor $\vec{g}$ steht normal zum Geoid und ist nicht genau zum Mittelpunkt der Erde gerichtet. Wir betrachten nun ein Luftteilchen, das sich in nord-südlicher Richtung bewegt (Abb. 2.4). Auf der nördlichen Halbkugel zeigt $\vec{\Omega}$ aus der Erde heraus. Die Corioliskraft $-2\varrho\,\vec{\Omega}\times\vec{w}$ steht senkrecht auf $\vec{\Omega}$ und senkrecht auf $\vec{w}$ und drängt das Flüssigkeitsteilchen in Richtung seiner Bewegung gesehen nach rechts ab. Dasselbe gilt auch für ein Teilchen, welches sich in süd-nördlicher Richtung bewegt: Es wird ebenfalls in Richtung seiner Bewegung nach rechts abgedrängt. In der Tat werden Teilchen unabhängig von der Geschwindigkeitsrichtung auf der nördlichen Erdhalbkugel nach rechts, auf der südlichen

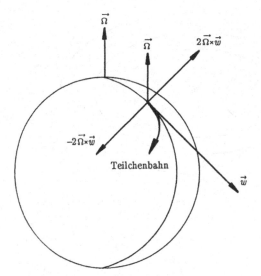

Abbildung 2.4. Beeinflussung der Teilchenbahn durch die Corioliskraft

Halbkugel nach links abgelenkt. Ohne Berücksichtigung der Corioliskraft in der Cauchyschen Gleichung würde man schließen, daß die Luft in Richtung des Druckgradienten, also normal zu den Isobaren strömt. Vernachlässigt man nämlich die Reibung, so folgt aus (2.35)

$$\tau_{ij} = -p\,\delta_{ij} \; . \tag{2.69}$$

Betrachtet man ferner nur die Bewegung parallel zum Geoid, so daß die Schwerkraft $\varrho\,\vec{g}$ keine Komponente in Bewegungsrichtung hat, so liefert (2.68) in Indexnotation

$$\varrho\,\frac{\mathrm{D}w_i}{\mathrm{D}t} = \frac{\partial(-p\,\delta_{ij})}{\partial x_j} = -\frac{\partial p}{\partial x_i} \; , \tag{2.70}$$

d. h. die Luft würde nur in Richtung des Druckgradienten beschleunigt, also radial in ein Tiefdruckgebiet einströmen. Infolge der Corioliskraft wird aber die Luft auf der nördlichen Halbkugel nach rechts abgelenkt und strömt gegen den Uhrzeigersinn fast tangential zu den Isobaren ins Tief (Abb. 2.5), da die Beschleunigung im Relativsystem klein gegen die Coriolisbeschleunigung ist, sich also Druckgradient und Corioliskraft fast die Waage halten (*Buys-Ballotsche Regel*).

Als Folge der Corioliskraft ist bei Fließgewässern auf der nördlichen Halbkugel mit einer Rechtsablenkung und etwas höherem Wasserstand am rechten Ufer zu rechnen. Diese als *Baersches Gesetz* bezeichnete Erscheinung ist bei durchströmten Binnenseen als erwiesen anzusehen. Auch bei einigen Flüssen wird eine stärkere Unterspülung des rechten Ufers beobachtet. Insgesamt scheinen bei Flüssen aber andere Einflüsse, so z. B. der wechselnde Widerstand des Flußbettes, morphologisch bedeutsamer zu sein.

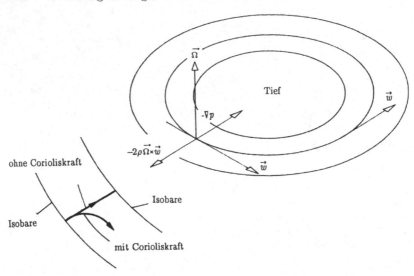

Abbildung 2.5. Tief auf der nördlichen Erdhalbkugel

Auf der Erde ist die Corioliskraft zwar sehr klein, aber wie die Beispiele zeigen, nicht immer vernachlässigbar. Selbst bei Geschwindigkeiten von $u = 1000$ m/s, wie sie z. B. bei Geschossen angetroffen wird, beträgt die maximale Coriolisbeschleunigung nur $2\Omega\,u \approx 2 \cdot 7, 29 \cdot 10^{-5} \cdot 1000$ ms$^{-2} \approx 0,015g$. Trotzdem ist ihr Einfluß auf die Flugbahn ganz beträchtlich. (Die Winkelabweichung von der Bahn ist übrigens dabei von der Geschwindigkeit fast unabhängig.)

In den technischen Anwendungen sind die Bilanzsätze des Impulses und des Drehimpulses in integraler Form oft in Bezugssystemen anzuwenden, die mit rotierenden Maschinenteilen fest verbunden sind. Wie bereits bemerkt, ist die Strömung dann meistens stationär. Ausgangspunkt ist der Impulssatz (2.17). Die darin auftretende Geschwindigkeit ist natürlich die Absolutgeschwindigkeit $\vec{c}$:

$$\frac{\mathrm{D}}{\mathrm{D}t}\left[\iiint\limits_{(V(t))} \varrho\,\vec{c}\,\mathrm{d}V\right]_I = \iiint\limits_{(V)} \varrho\,\vec{k}\,\mathrm{d}V + \iint\limits_{(S)} \vec{t}\,\mathrm{d}S\;. \tag{2.71}$$

Auf die Impulsänderung im Impulssatz wenden wir die grundlegende Formel (2.63) an, um diese Änderung durch Größen im beschleunigten Bezugssystem auszudrücken. Es ergibt sich zunächst

$$\frac{\mathrm{D}}{\mathrm{D}t}\left[\iiint\limits_{(V(t))} \varrho\,\vec{c}\,\mathrm{d}V\right]_B + \vec{\Omega}\times\iiint\limits_{(V)} \varrho\,\vec{c}\,\mathrm{d}V = \iiint\limits_{(V)} \varrho\,\vec{k}\,\mathrm{d}V + \iint\limits_{(S)} \vec{t}\,\mathrm{d}S\;, \tag{2.72}$$

wobei wir im zweiten Integral der linken Seite schon den veränderlichen Bereich durch den festen Integrationsbereich ersetzt haben. Auf den ersten Term können wir ohne weiteres das Reynoldssche Transporttheorem anwenden, welches ja eine rein kinematische Aussage ist und daher in allen Bezugssystemen gilt. Es folgt die Gleichung

$$\frac{\partial}{\partial t}\left[\iiint\limits_{(V)} \varrho\,\vec{c}\,\mathrm{d}V\right]_B + \iint\limits_{(S)} \varrho\,\vec{c}\,(\vec{w}\cdot\vec{n})\,\mathrm{d}S + \vec{\Omega}\times\iiint\limits_{(V)} \varrho\,\vec{c}\,\mathrm{d}V$$

$$= \iiint\limits_{(V)} \varrho\,\vec{k}\,\mathrm{d}V + \iint\limits_{(S)} \vec{t}\,\mathrm{d}S\,. \qquad (2.73)$$

In dieser Gleichung treten sowohl die Absolutgeschwindigkeit $\vec{c}$ als auch die Relativgeschwindigkeit $\vec{w}$ auf. Letztere tritt auf, weil der Impuls im relativen System mit der Relativgeschwindigkeit $\vec{w}$ durch die Oberfläche des im relativen System festen Kontrollvolumens transportiert wird. In den Anwendungen ist die Strömung im Relativsystem in der Regel stationär, so daß für den technisch wichtigen Sonderfall konstanter Drehgeschwindigkeit und verschwindender Führungsbeschleunigung der erste Term auf der linken Seite wegfällt. Beschränkt man sich auf die Aussage des Impulssatzes ohne Volumenkräfte, so ergibt sich aus (2.73)

$$\iint\limits_{(S)} \varrho\,\vec{c}\,(\vec{w}\cdot\vec{n})\,\mathrm{d}S + \iiint\limits_{(V)} \varrho\,\vec{\Omega}\times\vec{c}\,\mathrm{d}V = \iint\limits_{(S)} \vec{t}\,\mathrm{d}S\,, \qquad (2.74)$$

wobei wir den konstanten Vektor $\vec{\Omega}$ in das Volumenintegral gezogen haben. Das Volumenintegral kann für inkompressible Strömung in ein Oberflächenintegral verwandelt werden. Wir nehmen aber davon Abstand, weil in den Anwendungen meist nur die Komponente des Impulssatzes in $\vec{\Omega}$-Richtung interessiert. Bei innerer Multiplikation mit dem Einheitsvektor $\vec{e}_\Omega = \vec{\Omega}/|\vec{\Omega}|$ fällt das Volumenintegral heraus, da $\vec{\Omega}\times\vec{c}$ immer senkrecht zu $\vec{e}_\Omega$ ist. Die Komponentengleichung in $\vec{\Omega}$-Richtung lautet also

$$\iint\limits_{(S)} \varrho\,\vec{e}_\Omega\cdot\vec{c}\,(\vec{w}\cdot\vec{n})\,\mathrm{d}S = \iint\limits_{(S)} \vec{e}_\Omega\cdot\vec{t}\,\mathrm{d}S\,. \qquad (2.75)$$

Das Auftreten sowohl der Relativ- als auch der Absolutgeschwindigkeit muß beachtet werden. In den Anwendungen stört dies aber nicht weiter, und wir verzichten darauf, $\vec{c}$ mittels (2.58) zu ersetzen.

Dieselben Überlegungen wenden wir nun auch auf den Drallsatz an. Mit der Formel (2.63) wird zunächst die zeitliche Änderung im Inertialsystem durch die Änderung im Relativsystem ausgedrückt und auf diese dann das Reynoldssche Transporttheorem angewendet. Im Relativsystem sei nun die

Strömung stationär. Bleibt weiterhin das Moment der Volumenkräfte unberücksichtigt, so wird die integrale Form des Drallsatzes

$$\iint\limits_{(S)} \varrho(\vec{x} \times \vec{c})(\vec{w} \cdot \vec{n})\, \mathrm{d}S + \vec{\Omega} \times \iiint\limits_{(V)} \varrho(\vec{x} \times \vec{c})\, \mathrm{d}V = \iint\limits_{(S)} \vec{x} \times \vec{t}\, \mathrm{d}S \ . \qquad (2.76)$$

Der mittlere Term enthält ein Volumenintegral, ist aber null, wenn der Drallvektor $\vec{D}$ die Richtung von $\vec{\Omega}$ hat. Turbomaschinen werden so ausgebildet, daß dies der Fall ist. Nur bei extremen Betriebsbedingungen, z. B. wenn der Durchfluß stark gedrosselt wird, kann es sein, daß die Strömung nicht mehr rotationssymmetrisch zur Drehachse ist, der Drallvektor also nicht mehr die Richtung der Achse hat. Dies entspricht einer dynamischen Unwucht, die sich als periodisches Rüttelmoment auf die Lagerung auswirkt. Betrachtet man aber nur die Komponente des Drallsatzes in Richtung von $\vec{\Omega}$ (aus der sich das im Turbomaschinenbau hauptsächlich interessierende Drehmoment berechnen läßt), so erhält man in jedem Fall eine Gleichung, in der das Volumenintegral nicht mehr auftritt:

$$\vec{e}_\Omega \cdot \iint\limits_{(S)} \varrho(\vec{x} \times \vec{c})(\vec{w} \cdot \vec{n})\, \mathrm{d}S = \vec{e}_\Omega \cdot \iint\limits_{(S)} \vec{x} \times \vec{t}\, \mathrm{d}S \ . \qquad (2.77)$$

Auch hier tritt sowohl die Absolutgeschwindigkeit $\vec{c}$ als auch die Relativgeschwindigkeit $\vec{w}$ auf.

2.5 Anwendungsbeispiele aus dem Turbomaschinenbau

Typische Anwendungen des Impulssatzes und des Drehimpulssatzes ergeben sich in der Theorie der Turbomaschinen. Wesentliches Element aller Turbomaschinen ist ein in axialer oder radialer Richtung kranzartig mit Schaufeln versehener Rotor. Wenn von der Flüssigkeit eine Kraft auf die sich bewegenden Schaufeln ausgeübt wird, dann leistet die Flüssigkeit Arbeit, die an die Welle abgegeben wird. Man spricht in diesem Fall auch von *Turbokraftmaschinen* (Turbinen, Windräder). Wenn die sich bewegenden Schaufeln Kraft auf die Flüssigkeit ausüben und damit Arbeit an der Flüssigkeit verrichten, also deren Energie erhöhen, so spricht man von *Turboarbeitsmaschinen* (Gebläse, Kompressoren, Pumpen, Propeller).

Sehr häufig ist der Rotor von einem Gehäuse umgeben, das ebenfalls kranzartig mit Schaufeln versehen ist. Da diese Schaufeln stationär sind, wird an ihnen keine Arbeit geleistet. Sie haben die Aufgabe, den auf dem Rotor befindlichen *Laufschaufeln* die Strömung in geeigneter Weise zu- oder auch von diesen abzuleiten. Man bezeichnet sie deshalb als *Leitschaufeln*. Einen Leit- und den dazugehörigen Laufschaufelkranz nennt man eine *Stufe*. Eine Turbomaschine kann aus einer oder mehreren solcher Stufen aufgebaut

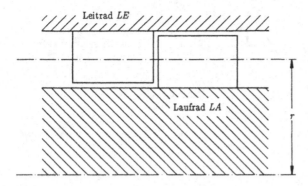

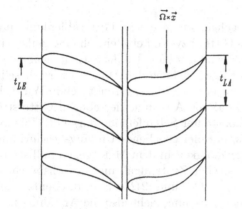

Abbildung 2.6. Axialturbinenstufe

sein. Denkt man sich den Mittelschnitt der in Abb. 2.6 gezeigten Axialstufe abgewickelt, so entstehen zwei *gerade Schaufelgitter*. Die gezeigte Anordnung entspricht einer Turbinenstufe, bei der das Leitgitter in Strömungsrichtung gesehen vor dem Laufgitter angeordnet ist.

Die Gitter haben offensichtlich die Aufgabe, die Strömung umzulenken. Wenn die Umlenkung so erfolgt, daß der Betrag der Geschwindigkeit sich nicht ändert, so ist das Gitter ein reines *Umlenk- oder Gleichdruckgitter*, da sich (in reibungsfreier Strömung!) dann auch der Druck nicht ändert. Meist ändert sich mit der Umlenkung aber auch der Betrag der Geschwindigkeit und damit auch der Druck. Wird der Betrag der Geschwindigkeit vergrößert, so handelt es sich um ein *Beschleunigungsgitter*, wird er verkleinert, bezeichnet man es als *Verzögerungsgitter*.

Wir betrachten das Gitter als eine streng periodische Schaufelanordnung, d. h. als eine unendlich lange Schaufelreihe, die wir uns dadurch erzeugt denken, daß wir ein und dasselbe Schaufelprofil um die *Teilung t* in Gitterrichtung versetzen. Damit ist auch die Strömung streng periodisch.

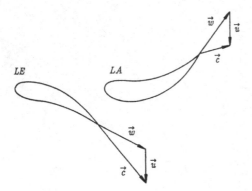

Abbildung 2.7. Geschwindigkeitsdreiecke

Es wird im folgenden darum gehen, für gegebene Gitterablenkung und gegebenen Druckabfall die auf das Gitter bzw. auf eine einzelne Schaufel wirkende Kraft zu berechnen. Wir nehmen hierzu an, daß die Strömung eben sei, d. h. in allen Schnitten parallel zur Zeichenebene der Abb. 2.6 wird dieselbe Strömung angetroffen. Die Strömung erweitert bzw. verengt sich in Wirklichkeit parallel zur Zeichenebene, so daß die Annahme der ebenen Gitterströmung den Grenzfall $r \to \infty$ bei konstanter Schaufelhöhe darstellt. Für das Laufgitter bedeutet dies übrigens, daß bei gegebener Umfangsgeschwindigkeit $|\vec{\Omega} \times \vec{x}| = \Omega r$ die Winkelgeschwindigkeit in dem Maße gegen null strebt, wie r gegen unendlich geht. Dann streben Zentrifugal- und Coriolisbeschleunigung, deren Beträge $|\vec{\Omega} \times (\vec{\Omega} \times \vec{x})| = \Omega^2 r$ und $|2\vec{\Omega} \times \vec{w}|$ sind, ebenfalls mit Ω gegen null. Die Annahme ebener Strömung zieht also die Annahme nach sich, daß das Laufgitter ein Inertialsystem ist! Jeder Punkt des Laufgitters bewegt sich in dieser Näherung mit derselben, über der Schaufelhöhe und auch zeitlich konstanten Geschwindigkeit, ist auch von daher also ein Inertialsystem. Der Impulssatz bezogen auf ein Inertialsystem ist folglich sowohl auf das Leit- als auch auf das Laufgitter anwendbar. Wird das Laufgitter behandelt, so ist aber darauf zu achten, daß die Anströmung zum Laufgitter nicht gleich der Abströmung vom Leitgitter ist. Bewegt sich nämlich das Laufgitter wie in Abb. 2.6 mit der Umfangsgeschwindigkeit $\vec{\Omega} \times \vec{x}$ nach unten, so spürt ein Beobachter im Bezugssystem des Laufgitters einen Fahrtwind, der mit dem gleichen Betrag nach oben bläst $-\vec{\Omega} \times \vec{x}$. Diese Geschwindigkeit ist zur Abströmgeschwindigkeit aus dem Leitgitter zu addieren, d. h. $\vec{\Omega} \times \vec{x}$ ist abzuziehen, um die Anströmgeschwindigkeit zum Laufgitter zu ermitteln. Um die Abströmung aus dem Laufgitter bezüglich des raumfesten Systems zu berechnen, ist dann $\vec{\Omega} \times \vec{x}$ zur Austrittsgeschwindigkeit im Relativsystem zu addieren. In Abb. 2.7 sind die resultierenden Geschwindigkeitsdreiecke dargestellt. Dabei wurde von der Bezeichnungsweise des Turbomaschinenbaus Gebrauch gemacht, und die Umfangsgeschwindigkeit $\vec{\Omega} \times \vec{x}$ mit $\vec{u}$ bezeichnet. (Außer in den Anwendungsbeispielen des Turbomaschinenbaus ziehen

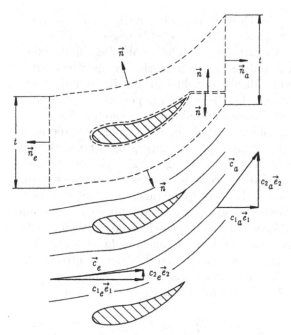

Abbildung 2.8. Kontrollvolumen zur Anwendung des Impulssatzes

wir aber weiterhin die Bezeichnungsweise $\vec{\Omega} \times \vec{x}$ für die Umfangsgeschwindigkeit vor. Besteht kein Anlaß für eine Unterscheidung zwischen Absolut- und Relativgeschwindigkeit, so ist $\vec{u}$ wie bisher der allgemeine Geschwindigkeitsvektor.) Die Geschwindigkeitsvektoren $\vec{c}$, $\vec{w}$ und $\vec{u}$ erfüllen im Einklang mit (2.58) bei allen Geschwindigkeitsdreiecken die leicht zu merkende Gleichung

$$\vec{c} = \vec{w} + \vec{u} \,, \tag{2.78}$$

die die Konstruktion der Geschwindigkeitsdreiecke erlaubt, ohne gedanklich das Bezugssystem wechseln zu müssen.

Wir betrachten nun das ruhende Einzelgitter der Abb. 2.8. Die folgenden Gleichungen gelten jedoch genauso für umlaufende Gitter von Axialmaschinen, da nach den bisherigen Ausführungen jedes gerade Schaufelgitter ein Inertialsystem darstellt. (Die Absolutgeschwindigkeit $\vec{c}$ ist dann nur durch die im mitbewegten Bezugssystem meßbare Relativgeschwindigkeit $\vec{w}$ zu ersetzen.) In einiger Entfernung vom Gitter sind Zuströmung $\vec{c}_e$ und Abströmung $\vec{c}_a$ räumlich konstant, d. h. homogen. Homogene Verhältnisse vor und insbesondere hinter dem Gitter werden strenggenommen erst in unendlich großer Entfernung erreicht. Die Strömung ist aber bereits nach kurzen Strecken praktisch ausgeglichen. Für die Anwendung des Impulssatzes in der Form (2.43) benutzen wir das in Abb. 2.8 eingezeichnete Kontrollvolumen. Ein- und Austrittsflächen (pro Einheit der Gitterhöhe) A_e und A_a entsprechen gerade der Teilung t. Als obere und untere Begrenzung des Kontrollvolumens wählen wir je eine Stromlinie. Desweiteren nehmen wir den Gitterflügel selbst durch einen sehr engen Schlitz (der ganz beliebig angeordnet ist) aus dem Kontrollvolumen heraus. Anstatt der Stromlinien als obere und untere Begrenzung sind auch beliebige andere Linien möglich, für die wir voraussetzen, daß die obere Begrenzung durch Verschieben um die Teilung t aus der unteren Begrenzung hervorgeht. Da die Strömung periodisch ist, stellen wir dadurch sicher, daß an entsprechenden Punkten der oberen und unteren Begrenzung genau dieselben Strömungsverhältnisse herrschen. Da die Normalenvektoren an entsprechenden Punkten genau entgegengesetzt sind, und daher dasselbe für die Spannungsvektoren gilt (vgl. (2.23)), heben sich alle Integrale über die obere und untere Begrenzung heraus. Genauso gilt für den Schlitz, daß sowohl Normalen- als auch Spannungsvektor auf dem oberen Ufer genau den negativen Vektoren auf äquivalenten Punkten des unteren Ufers entsprechen. Da beide Ufer unendlich dicht beieinander liegen, heben sich auch hier alle Integrale heraus. Die Integration braucht also nur über Ein- und Austrittsfläche (A_e, A_a), sowie über den Teil der Kontrollfläche ausgeführt werden, der den Flügel umschließt (A_f). Ersetzt man in (2.43) die Bezeichnungsweise für die Absolutgeschwindigkeit, so ergibt sich

$$\iint\limits_{(A_e)} \varrho\,\vec{c}\,(\vec{c}\cdot\vec{n})\,\mathrm{d}S + \iint\limits_{(A_a)} \varrho\,\vec{c}\,(\vec{c}\cdot\vec{n})\,\mathrm{d}S + \iint\limits_{(A_f)} \varrho\,\vec{c}\,(\vec{c}\cdot\vec{n})\,\mathrm{d}S = \qquad (2.79)$$

$$\iint\limits_{(A_e)} \vec{t}\,\mathrm{d}S + \iint\limits_{(A_a)} \vec{t}\,\mathrm{d}S + \iint\limits_{(A_f)} \vec{t}\,\mathrm{d}S\ .$$

Diese Gleichung vereinfacht sich weiter, wenn wir beachten, daß $\vec{c}\cdot\vec{n}$ an der Eintrittsfläche durch $-c_{1e}$ und an der Austrittsfläche durch $+c_{1a}$ gegeben ist. An der Schaufel selbst verschwindet $\vec{c}\cdot\vec{n}$, da das Profil nicht durchströmt wird, die Normalkomponente der Geschwindigkeit also sicher null ist. Die Strömung an Ein- und Austrittsfläche ist voraussetzungsgemäß homogen. Dann verschwinden aber die Reibungsspannungen in Newtonschen Flüssigkeiten (Wasser, Gase), die ja in der Anwendung hauptsächlich in Frage kommen. Aber auch bei allgemeineren Materialgesetzen ist dies der Fall, wenn die Strömung über einen größeren Bereich homogen ist. Damit läßt sich der Spannungsvektor dort $\vec{t} = -p\vec{n}$ schreiben. Das letzte Integral schließlich stellt die gesuchte Kraft dar, die von der Schaufel auf die Strömung ausgeübt wird (bzw. das Negative der Kraft, die die Strömung auf die Schaufel ausübt). Die Auflösung nach der gesuchten Kraft (pro Einheit der Gitterhöhe) ergibt unter Beachtung der Konstanz der Strömungsgrößen über A_e und A_a zunächst

$$\vec{F} = -\vec{c_e}\varrho_e c_{1e}t + \vec{c_a}\varrho_a c_{1a}t + p_e\vec{n_e}t + p_a\vec{n_a}t\ . \qquad (2.80)$$

Zerlegt man die Komponenten in $\vec{e_1}$- und $\vec{e_2}$-Richtung erhält man mit $\vec{n_e} = -\vec{e_1}$, $\vec{n_a} = \vec{e_1}$

$$\vec{F} \cdot \vec{e_1} = F_1 = -\varrho_e c_{1e}^2 t + \varrho_a c_{1a}^2 t - p_e t + p_a t \ , \tag{2.81}$$

$$\vec{F} \cdot \vec{e_2} = F_2 = -\varrho_e c_{1e} c_{2e} t + \varrho_a c_{1a} c_{2a} t \ . \tag{2.82}$$

Die Kontinuitätsgleichung für stationäre Strömung in integraler Form (2.8) führt auf

$$\iint\limits_{(A_e)} \varrho \, \vec{c} \cdot \vec{n} \, \mathrm{d}S + \iint\limits_{(A_a)} \varrho \, \vec{c} \cdot \vec{n} \, \mathrm{d}S = 0 \ , \tag{2.83}$$

oder mit dem Begriff des *Massenstroms* auf

$$\dot{m} = \iint\limits_{(A_a)} \varrho \, \vec{c} \cdot \vec{n} \, \mathrm{d}S = - \iint\limits_{(A_e)} \varrho \, \vec{c} \cdot \vec{n} \, \mathrm{d}S \ . \tag{2.84}$$

Die im Schrifttum gebräuchliche Bezeichnung $\dot{m}$ ist aber unglücklich gewählt: Es handelt sich nicht etwa um die zeitliche Änderung der Masse - diese ist ja null - sondern gemäß der Definition in (2.84) um den Fluß der Masse durch eine Fläche. Aus (2.84) folgt für den Massenstrom pro Einheit der Gitterhöhe

$$\dot{m} = \varrho_e c_{1e} t = \varrho_a c_{1a} t \ . \tag{2.85}$$

Bei inkompressibler Strömung und der angenommenen Homogenität der Zuströmung ist die Dichte überhaupt konstant ($\varrho_e = \varrho_a = \varrho$), und aus (2.85) wird mit $\dot{V} = \dot{m}/\varrho$

$$\dot{V} = c_{1e} t = c_{1a} t \ . \tag{2.86}$$

$\dot{V}$ ist der *Volumenstrom* (hier pro Einheit der Gitterhöhe), der bei inkompressibler Strömung oft statt des Massenstroms verwendet wird.

Man erhält schließlich die Kraftkomponenten zu

$$F_1 = \dot{m}(c_{1a} - c_{1e}) + t(p_a - p_e) \ , \tag{2.87}$$

$$F_2 = \dot{m}(c_{2a} - c_{2e}) \ , \tag{2.88}$$

wobei für inkompressible Strömung noch der erste Term der rechten Seite von (2.87) wegfällt.

Wenn man den Integrationsweg längs des Flügels in Abb. 2.8 wegläßt, so stellt sich die Oberfläche (pro Höheneinheit) des Kontrollvolumens wieder als geschlossene Linie dar, innerhalb derer sich der Flügel befindet, so daß wir das Kurvenintegral

$$\Gamma = \oint \vec{c} \cdot \mathrm{d}\vec{x} \tag{2.89}$$

mit mathematisch positivem Umlaufsinn bilden können, das wir bereits mit (1.105) eingeführt haben. Wir bezeichnen dieses Kurvenintegral, auch wenn die Kurve wie hier raumfest ist (also keine materielle Kurve ist), als *Zirku-lation* und benutzen dafür wieder das Symbol Γ. Für die Auswertung dieses Integrals stellen wir fest, daß auf entsprechenden Punkten der oberen und unteren Begrenzung in Abb. 2.8 $\vec{c}$ natürlich denselben Wert hat, während das Kurvenelement $\mathrm{d}\vec{x}$ an äquivalenten Punkten entgegengesetztes Vorzei-chen hat. Daher heben sich die Beiträge der oberen und unteren Begrenzung zum Kurvenintegral heraus. Die beiden Geradenstücke liefern bei mathema-tisch positivem Umlaufsinn $-c_{2e}t$ und $c_{2a}t$, also wird

$$\Gamma = (c_{2a} - c_{2e})\,t\ , \tag{2.90}$$

und daher gilt

$$F_2 = \varrho_e c_{1e}\Gamma = \varrho_a c_{1a}\Gamma\ . \tag{2.91}$$

Es liegt auf der Hand, daß Gitter so ausgebildet werden, daß die Verluste möglichst gering sind. Da Verluste letztlich durch die Reibungsspannungen verursacht werden (sieht man einmal von eventuellen Verlusten durch Wär-meleitung ab), so wird man versuchen, Gitter zu realisieren, wie man sie aufgrund der Theorie reibungsfreier Strömungen berechnet. Setzt man rei-bungsfreie Strömung voraus und, was dann keine große Einschränkung bedeu-tet, Potentialströmung, so läßt sich auch noch die Komponente F_1 der Kraft durch die Zirkulation ausdrücken. Man gelangt dann zu dem Ergebnis, daß die gesamte Kraft proportional zur Zirkulation ist. Wir machen von dieser Annahme hier noch keinen Gebrauch, weil es uns auf die Allgemeingültig-keit der Aussagen des Impulssatzes (2.87) und (2.91) ankommt. Wir weisen aber auf die wichtige Tatsache hin, daß bei gegebener Gitterablenkung die Wirkung von Verlusten auf die Komponente F_1 der Kraft beschränkt bleibt.

Als weiteres Anwendungsbeispiel betrachten wir die Berechnung des Mo-mentes auf ein Schaufelgitter einer einstufigen Radialmaschine mit Hilfe des Drehimpulssatzes in integraler Form. Kraft- und Arbeitsmaschinen haben einen ähnlichen Aufbau wie in Abb. 2.9 dargestellt. Kraftmaschinen (Franci-sturbinen, Abgasturbinen) werden in der Regel von außen nach innen durch-strömt, während Arbeitsmaschinen (Pumpen, Kompressoren) immer von in-nen nach außen durchströmt werden. Das Leitgitter ist also bei Arbeitsma-schinen in Strömungsrichtung gesehen hinter dem Laufrad angeordnet. Das skizzierte Leitrad entspricht dem Leitrad einer Arbeitsmaschine. Das Git-ter ist fest, das Bezugssystem also ein Inertialsystem, so daß der Drallsatz in der Form (2.54) anzuwenden ist. Das Kontrollvolumen legen wir wie in Abb. 2.9 skizziert: Beginnend auf der Austrittsfläche A_a über das eine Ufer des Schlitzes zur Schaufel, dicht um die Schaufel herum und auf dem anderen Ufer des Schlitzes zurück zur Austrittsfläche. Diese wird über die benetzten Radseitenflächen mit der Eintrittsfläche A_e verbunden, und damit das Kon-trollvolumen geschlossen. Die benetzten Flächen (Schaufeln und Radseiten) fassen wir unter A_w zusammen. Aus den schon bei der Anwendung des Impulssatzes besprochenen Gründen liefert die Integration über den Schlitz keinen Beitrag, und wir erhalten mit (2.54), wenn wir noch $\vec{c}$ statt $\vec{u}$ schreiben

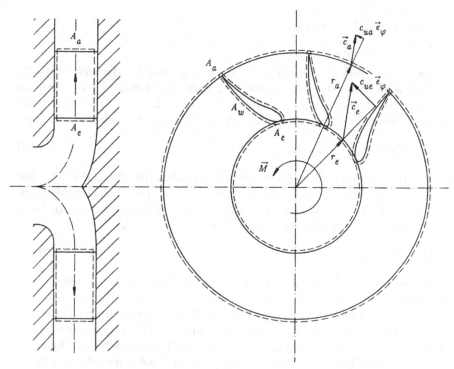

Abbildung 2.9. Radialmaschine mit Kontrollvolumen in der Leitgitterströmung

$$\iint\limits_{(A_e, A_a, A_w)} \varrho\,(\vec{x} \times \vec{c})(\vec{c} \cdot \vec{n})\,\mathrm{d}S = \iint\limits_{(A_e, A_a, A_w)} \vec{x} \times \vec{t}\,\mathrm{d}S \;. \tag{2.92}$$

Links liefert die Integration über A_w keinen Beitrag, da die benetzten Flächen nicht durchströmt werden. An Ein- und Austrittsflächen sei die Geschwindigkeit homogen, so daß dort der Spannungsvektor durch $\vec{t} = -p\vec{n}$ gegeben ist. Dies stimmt aber beim Radialgitter schon deswegen nicht genau, weil sich die Strömung ja erweitert. Allerdings sind die aus dieser Inhomogenität resultierenden Reibungsspannungen viel kleiner als die Druckspannung. Die Integration über Ein- und Austrittsflächen auf der rechten Seite liefert keinen Beitrag zum Moment, da auf diesen Flächen $\vec{n}$ immer parallel zu $\vec{x}$ steht. Man sieht dies auch unmittelbar ein: Der Spannungsvektor $-p\vec{n}$ ist auf diesen Flächen zum Mittelpunkt des Gitters oder von diesem weg gerichtet, so daß kein Moment bezüglich des Mittelpunktes entstehen kann. Der verbleibende Anteil auf der rechten Seite ist aber das gesuchte Moment $\vec{M}$, welches von der benetzten Fläche auf die Strömung ausgeübt wird. $-\vec{M}$ ist dann das Moment, das die Flüssigkeit auf das Gitter ausübt. Wir erhalten also

$$\iint\limits_{(A_e, A_a)} \varrho \, (\vec{x} \times \vec{c})(\vec{c} \cdot \vec{n}) \, \mathrm{d}S = \vec{M} \tag{2.93}$$

und bemerken, daß der Vektor $\vec{x} \times \vec{c}$ über Ein- und Austrittsfläche jeweils konstant ist, also vor das Integralzeichen gezogen werden kann. Benutzen wir dann noch die Kontinuitätsgleichung in der Form (2.84), so erhalten wir das Moment bereits in der Form der berühmten *Eulerschen Turbinengleichung*:

$$\vec{M} = \dot{m}(\vec{x}_a \times \vec{c}_a - \vec{x}_e \times \vec{c}_e) \, . \tag{2.94}$$

Für das betrachtete rotationssymmetrische Problem hat diese Gleichung nur eine Komponente in Richtung der Symmetrieachse. Durch skalare Multiplikation von (2.94) mit einem Einheitsvektor $\vec{e}_\Omega$ in diese Richtung ergibt sich die im Schrifttum übliche Komponentenform

$$M = \dot{m}(r_a c_{ua} - r_e c_{ue}) \, , \tag{2.95}$$

in der das Moment M, welches das Leitrad auf die Flüssigkeit ausübt, sowie die Umfangskomponenten der Geschwindigkeit c_{ua} und c_{ue} in einem festzulegenden Drehsinn positiv zu zählen sind. Die überraschend einfache Gleichung (2.95) werden wir auch für die axiale Komponente des Drehmomentes am Rotor finden. Sie ist das Kernstück der Theorie der Turbomaschinen. Wenn die Flüssigkeit kein Drehmoment erfährt (z. B. wenn keine Schaufeln im Leitrad sind, und die Reibungsmomente an den Radseitenflächen vernachlässigbar sind), so ist

$$r_a c_{ua} - r_e c_{ue} = 0 \, , \tag{2.96}$$

oder

$$r c_u = \text{const} \, , \tag{2.97}$$

d. h. in einer kreisenden Flüssigkeit, auf die keine äußeren Momente wirken, nimmt die Umfangskomponente als Folge des Drallsatzes wie $1/r$ ab.

Zur Berechnung des Drehmomentes auf den Rotor ist der Drallsatz bezüglich eines rotierenden Bezugssystems anzuwenden. In diesem mit dem Rotor fest verbundenen System ist die Strömung dann stationär. Wir nehmen an, daß an den Ein- und Austrittsflächen, aber natürlich nur dort, die Reibungsspannungen aus den schon mehrfach erläuterten Gründen vernachlässigbar sind. Dann ergibt sich aus (2.77) die Komponente des Drehmomentes in Richtung der Drehachse $\vec{e}_\Omega$ zu

$$\iint\limits_{(A_e, A_a)} \varrho \, \vec{e}_\Omega \cdot (\vec{x} \times \vec{c}) \, (\vec{w} \cdot \vec{n}) \, \mathrm{d}S + \iint\limits_{(A_e, A_a)} p \, \vec{e}_\Omega \cdot (\vec{x} \times \vec{n}) \, \mathrm{d}S = M \, . \tag{2.98}$$

M ist das vom Rotor auf die Flüssigkeit, $-M$ das von der Flüssigkeit auf

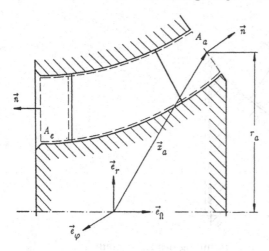

Abbildung 2.10. Halbaxialer Rotor

den Rotor ausgeübte Moment. Die Ein- und Austrittsflächen sind Rotationsflächen (Abb. 2.10), dann ist $\vec{x} \times \vec{n}$ ein Vektor senkrecht zu $\vec{e}_\Omega$, und die Druckintegrale liefern keinen Beitrag zum Moment, was ja auch unmittelbar einleuchtend ist. Zur weiteren Auswertung zerlegen wir den Ortsvektor und den Geschwindigkeitsvektor bezüglich der Radial-, Umfangs- und Drehachsenrichtung, also:

$$\vec{x} = r\,\vec{e}_r \;+\; x_\Omega\,\vec{e}_\Omega \;,\tag{2.99}$$

$$\vec{c} = c_r\,\vec{e}_r \;+\; c_u\,\vec{e}_\varphi \;+\; c_\Omega\,\vec{e}_\Omega \;.\tag{2.100}$$

Das Außenprodukt $\vec{x} \times \vec{c}$ lautet

$$\vec{x} \times \vec{c} = -x_\Omega c_u \vec{e}_r - (rc_\Omega - x_\Omega c_r)\vec{e}_\varphi + rc_u\vec{e}_\Omega\tag{2.101}$$

in dieser Zerlegung, so daß für die Komponente in Drehrichtung

$$\vec{e}_\Omega \cdot (\vec{x} \times \vec{c}) = rc_u\tag{2.102}$$

folgt, denn die Einheitsvektoren $\vec{e}_r, \vec{e}_\varphi$ und $\vec{e}_\Omega$ sind ja orthogonal. Damit vereinfacht sich (2.98) auf

$$\iint\limits_{(A_e, A_a)} \varrho\, rc_u\,(\vec{w} \cdot \vec{n})\,\mathrm{d}S = M \;.\tag{2.103}$$

Wenn rc_u auf A_e und A_a konstant oder die Änderungen vernachlässigbar klein sind, dann läßt sich das Drehmoment in Drehachsenrichtung mit Hilfe der Kontinuitätsgleichung im rotorfesten System

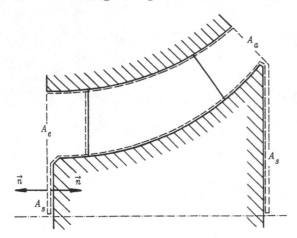

Abbildung 2.11. Kontrollvolumen zur Berechnung des Axialschubes

$$\dot{m} = \iint\limits_{(A_a)} \varrho\, \vec{w}\cdot\vec{n}\,\mathrm{d}S = -\iint\limits_{(A_e)} \varrho\, \vec{w}\cdot\vec{n}\,\mathrm{d}S \qquad (2.104)$$

in Form der Eulerschen Turbinengleichung schreiben:

$$M = \dot{m}(r_a c_{ua} - r_e c_{ue}) \,. \qquad (2.105)$$

Der Massenfluß durch den Rotor ist mit der Normalkomponente der Relativ-geschwindigkeit zur durchströmten Fläche $\vec{w}\cdot\vec{n}$ zu bilden. Oft stimmen die Normalkomponenten von Relativ- und Absolutgeschwindigkeit überein. Dies ist z. B. der Fall, wenn die Flächen wie im vorliegenden Fall Rotationsflächen sind. Der zweite Term auf der rechten Seite von

$$\vec{c}\cdot\vec{n} = \vec{w}\cdot\vec{n} + \vec{u}\cdot\vec{n} \qquad (2.106)$$

ist dann null, weil die Umfangsgeschwindigkeit senkrecht auf $\vec{n}$ steht.

Wir interpretieren nun die in die Drehachse fallende Komponente des Momentes als Arbeit pro Einheit des Drehwinkels. Die vom Moment geleistete Arbeit ist also Moment mal Drehwinkel und die Leistung P entsprechend Moment mal Drehgeschwindigkeit. Tragen wir noch dem vektoriellen Charakter der Größen Rechnung, so schreiben wir für die Leistung des Rotors

$$P = \vec{M}\cdot\vec{\Omega} = \Omega\, \dot{m}(r_a c_{ua} - r_e c_{ue}) \,. \qquad (2.107)$$

Bilden die Vektoren des Moments und der Drehgeschwindigkeit einen spitzen Winkel, so wird die Leistung des Rotors der Flüssigkeit zugeführt (Arbeitsmaschine).

Wir berechnen schließlich noch die Kraft in axialer Richtung, die vom Rotor auf die Flüssigkeit, bzw. von der Flüssigkeit auf den Rotor übertragen wird. Diese Kraft wird in der Regel durch besondere Axiallager aufgefangen. Es muß Konstruktionsziel sein, diese Axialkraft möglichst klein zu halten. Aus diesem Grund beaufschlagt man auch die Rotorseiten ganz oder teilweise mit Flüssigkeit. Bei geeigneter Wahl der benetzten Flächen läßt sich die Axialkraft in gewünschter Weise beeinflussen. Das Kontrollvolumen ist dann so zu gestalten, daß diese Flächen Bestandteil der Kontrollfläche werden. Wir führen das Kontrollvolumen direkt an den Rotorseiten bis auf den gewünschten Radius herunter und, einen Schlitz bildend, zu den Ein- bzw. Austrittsflächen zurück (Abb. 2.11). Von diesen ausgehend wird in bekannter Weise das Kontrollvolumen so verlegt, daß die benetzten Flächen (Schaufeln und Deckflächen) Teile der Kontrollfläche sind. Wir gehen dann von der Komponentengleichung (2.75) des Impulssatzes im beschleunigten Bezugssystem aus. Auf der linken Seite dieser Gleichung ist die Integration nur über die Ein- und Austrittsfläche auszuführen, da die benetzten Flächen einschließlich der benetzten Seitenflächen und der ihnen gegenüberliegenden Flächen A_s nicht durchströmt werden. Unter der Annahme, daß auf A_e, A_a und A_s die Reibungsspannungen vernachlässigbar sind, erhalten wir

$$\iint\limits_{(A_e, A_a)} \varrho\, \vec{e}_\Omega \cdot \vec{c}\, (\vec{w} \cdot \vec{n})\, \mathrm{d}S = - \iint\limits_{(A_e, A_a, A_s)} p\, \vec{e}_\Omega \cdot \vec{n}\, \mathrm{d}S + F_a \, , \qquad (2.108)$$

wobei F_a die vom Rotor auf die Flüssigkeit übertragene Axialkraft ist. Weitere Vereinfachungen ergeben sich natürlich, wenn der Integrand über die angegebenen Flächen konstant ist, und weil in praktischen Fällen der Impulsfluß über die Flächen A_e und A_a oft viel kleiner ist als die auftretenden Druckkräfte.

2.6 Bilanz der Energie

Die Tatsache, daß mechanische Energie in Wärme und Wärme in mechanische Energie umgewandelt werden kann, zeigt, daß die bisher besprochenen Bilanzsätze der Mechanik für eine vollständige Beschreibung der Flüssigkeitsbewegung nicht ausreichen. Neben die schon behandelten Sätze tritt deshalb als dritter grundlegender Erfahrungssatz die Bilanz der Energie:

„Die zeitliche Änderung der gesamten Energie eines Körpers ist gleich der Leistung der äußeren Kräfte plus der pro Zeiteinheit von außen zugeführten Energie."

Dieser Satz kann aus dem bekannten *Ersten Hauptsatz* der Thermodynamik und einer aus der Cauchyschen Gleichung (2.38) folgenden mechanischen Energiegleichung „abgeleitet" werden. Wir ziehen es vor, die Bilanz der gesamten Energie zu postulieren und die einschränkenden Aussagen des Ersten Hauptsatzes daraus zu folgern.

Die Grundlagen der klassischen Thermodynamik setzen wir als bekannt voraus. Die klassische Thermodynamik befaßt sich mit Prozessen, bei denen die Materie in Ruhe ist, und alle auftretenden Größen unabhängig vom Ort (homogen), also letztlich nur Zeitfunktionen sind. Ein wesentlicher Schritt zur Thermodynamik irreversibler Prozesse, wie sie in der Flüssigkeitsbewegung auftreten, besteht einfach in der Anwendung der klassischen Gesetze auf ein materielles Teilchen. Wenn e hier die innere Energie pro Masseneinheit bedeutet, dann ist die innere Energie eines materiellen Teilchens durch $e \, dm$ gegeben, und wir berechnen die innere Energie E eines Körpers, d. h. die eines abgegrenzten Teils der Flüssigkeit, wie vorher als Integral über den vom Körper eingenommenen Bereich:

$$E = \iiint\limits_{(V(t))} e \, \varrho \, dV \ . \tag{2.109}$$

Um die gesamte Energie des betrachteten Flüssigkeitsteils zu erhalten, ist zu (2.109) die in der klassischen Theorie nicht auftretende kinetische Energie hinzuzufügen. Die kinetische Energie des materiellen Teilchens ist $(u^2/2)\,dm$, und entsprechend lautet die kinetische Energie K des Körpers

$$K = \iiint\limits_{(V(t))} \frac{u_i \, u_i}{2} \, \varrho \, dV \ . \tag{2.110}$$

Als äußere Kräfte treten die bei der Besprechung des Impulssatzes eingeführten Oberflächen- und Volumenkräfte auf. Die Leistung der Oberflächenkraft $\vec{t}\,dS$ ist $\vec{u} \cdot \vec{t}\,dS$, die der Volumenkraft $\varrho\vec{k}\,dV$ entsprechend $\vec{u} \cdot \vec{k}\varrho\,dV$. Die Leistung der äußeren Kräfte am Körper lautet dann:

$$P = \iiint\limits_{(V(t))} \varrho \, u_i \, k_i \, dV + \iint\limits_{(S(t))} u_i \, t_i \, dS \ . \tag{2.111}$$

Analog zum Volumenstrom $\vec{u} \cdot \vec{n}\,dS$ durch ein Element der Oberfläche führen wir den Wärmestrom durch das Element der Oberfläche mit $-\vec{q} \cdot \vec{n}\,dS$ ein und bezeichnen $\vec{q}$ als den *Wärmestromvektor*. Das negative Vorzeichen wird gewählt, damit einfließende Energie ($\vec{q}$ und $\vec{n}$ bilden einen stumpfen Winkel) positiv gezählt wird. Wir beschränken uns zwar im weiteren auf die Wärmezufuhr durch Wärmeleitung, grundsätzlich aber können in $\vec{q}$ auch andere Arten der Wärmezufuhr, z. B. die Wärmestrahlung durch Hinzunahme des *Poyntingschen Vektors*, erfaßt sein.

Der Zusammenhang zwischen dem Wärmestromvektor $\vec{q}$ und dem Temperaturfeld (oder auch anderen Größen) hängt vom betrachteten Material ab. Er ist daher eine Materialgleichung, die wir aber noch offen lassen. Mit der dem Körper pro Zeiteinheit zugeführten Wärmemenge

$$\dot{Q} = - \iint\limits_{(S(t))} q_i\, n_i\, \mathrm{d}S \tag{2.112}$$

schreiben wir für die Bilanz der Energie

$$\frac{\mathrm{D}}{\mathrm{D}t}(K + E) = P + \dot{Q}\,, \tag{2.113}$$

oder ausführlicher

$$\frac{\mathrm{D}}{\mathrm{D}t} \iiint\limits_{(V(t))} \left[\frac{u_i u_i}{2} + e \right] \varrho\,\mathrm{d}V = \iiint\limits_{(V)} u_i\, k_i\, \varrho\,\mathrm{d}V + \iint\limits_{(S)} u_i\, t_i\, \mathrm{d}S - \iint\limits_{(S)} q_i\, n_i\, \mathrm{d}S\,. \tag{2.114}$$

Rechts haben wir die veränderlichen Bereiche bereits durch die festen Bereiche V und S ersetzt. Dies ist nach Anwendung von (1.88) auch links möglich. Drücken wir noch den Spannungsvektor im ersten Oberflächenintegral durch den Spannungstensor aus, so lassen sich beide Oberflächenintegrale nach dem Gaußschen Satz in Volumenintegrale umwandeln. Die Gleichung (2.114) läßt sich dann wie folgt umstellen:

$$\iiint\limits_{(V)} \left\{ \varrho\, \frac{\mathrm{D}}{\mathrm{D}t} \left[\frac{u_i u_i}{2} + e \right] - \varrho\, k_i u_i - \frac{\partial}{\partial x_j}(\tau_{ji} u_i) + \frac{\partial q_i}{\partial x_i} \right\} \mathrm{d}V = 0 \tag{2.115}$$

Da der Integrand als stetig vorausgesetzt wird und der Integrationsbereich beliebig ist, muß der Integrand verschwinden, und nach Ausführung der Differentiation nach der Produktregel gewinnen wir die differentielle Form des Energiesatzes

$$\varrho\, u_i \frac{\mathrm{D}u_i}{\mathrm{D}t} + \varrho\, \frac{\mathrm{D}e}{\mathrm{D}t} = \varrho\, k_i u_i + u_i \frac{\partial \tau_{ji}}{\partial x_j} + \tau_{ji} \frac{\partial u_i}{\partial x_j} - \frac{\partial q_i}{\partial x_i}\,. \tag{2.116}$$

Mit der Zerlegung des Spannungstensors (2.35), der Definition der Enthalpie

$$h = e + \frac{p}{\varrho} \tag{2.117}$$

und der Kontinuitätsgleichung (2.3) läßt sich die Energiegleichung auf die oft benutzte Form

$$\varrho\, \frac{\mathrm{D}}{\mathrm{D}t} \left[\frac{u_i u_i}{2} + h \right] = \frac{\partial p}{\partial t} + \varrho\, k_i u_i + \frac{\partial}{\partial x_j}(P_{ji} u_i) - \frac{\partial q_i}{\partial x_i} \tag{2.118}$$

bringen. Wegen (2.38) heben sich die mit u_i multiplizierten Glieder in (2.116) heraus, und wir werden für die zeitliche Änderung der inneren Energie eines materiellen Teilchens auf die Gleichung

$$\frac{De}{Dt} = \frac{\tau_{ji}}{\varrho}\frac{\partial u_i}{\partial x_j} - \frac{1}{\varrho}\frac{\partial q_i}{\partial x_i} \tag{2.119}$$

geführt, die das kontinuumsmechanische Analogon des Ersten Hauptsatzes der klassischen Thermodynamik ist. Im Ersten Hauptsatz

$$de = \delta w + \delta q \tag{2.120}$$

ist de die Änderung der inneren Energie in der Zeit dt, δw die in dieser Zeit verrichtete Arbeit und δq die in dieser Zeit zugeführte Wärme (jeweils pro Masseneinheit). In der Anwendung der klassischen Gesetze auf ein materielles Teilchen ersetzen wir den Operator „d" durch „D/Dt", müssen dann aber auf der rechten Seite δw durch die pro Zeiteinheit verrichtete Arbeit ersetzen, die wir mit $\delta \dot{w}$ bezeichnen. Entsprechend ersetzen wir δq durch $\delta \dot{q}$, so daß der Erste Hauptsatz in der Form

$$\frac{De}{Dt} = \delta \dot{w} + \delta \dot{q} \tag{2.121}$$

geschrieben werden muß. Diese Gleichung gilt genauso wie (2.120) uneingeschränkt für reversible als auch für irreversible Prozesse. Speziell für reversible Prozesse liefert die klassische Thermodynamik

$$\delta w = -p\,dv \tag{2.122}$$

und

$$\delta q = T\,ds\ , \tag{2.123}$$

oder

$$\delta \dot{w} = -p\frac{Dv}{Dt} \tag{2.124}$$

$$\delta \dot{q} = T\frac{Ds}{Dt}\ . \tag{2.125}$$

Hierin ist $v = 1/\varrho$ das spezifische Volumen und s die spezifische Entropie.

Aus dem Vergleich von (2.121) mit (2.119) gewinnen wir zwei uneingeschränkt gültige Formeln zur Berechnung der geleisteten Arbeit

$$\delta \dot{w} = \frac{\tau_{ji}}{\varrho}\frac{\partial u_i}{\partial x_j} \tag{2.126}$$

und der zugeführten Wärme

$$\delta \dot{q} = -\frac{1}{\varrho}\frac{\partial q_i}{\partial x_i}\ , \tag{2.127}$$

jeweils pro Zeit- und Masseneinheit. Die Arbeit pro Zeit- und Masseneinheit läßt sich noch in die oben aufgeführte reversible und eine irreversible Arbeit

aufspalten. Dieser letztgenannte Anteil wird durch den Einfluß der Reibungsspannungen irreversibel in Wärme umgewandelt. Setzt man nämlich für den
Spannungstensor seine Zerlegung gemäß (2.35) ein, so erhält man zunächst

$$\delta \dot{w} = -\frac{p}{\varrho} \frac{\partial u_i}{\partial x_i} + \frac{1}{\varrho} P_{ij} e_{ij} , \qquad (2.128)$$

wobei der letzte Ausdruck aus $P_{ji} \partial u_i / \partial x_j$ entsteht, weil der Reibungsspannungstensor P_{ij} ebenso wie τ_{ij} ein symmetrischer Tensor ist. Dieser Term
stellt die irreversibel in Wärme umgewandelte Deformationsarbeit dar. Die
Deformationsarbeit pro Zeit- und Volumeneinheit $P_{ij} e_{ij}$ bezeichnet man üblicherweise als *Dissipationsfunktion* Φ

$$\Phi = P_{ij} e_{ij} . \qquad (2.129)$$

Sie hängt ab vom Zusammenhang zwischen den Reibungsspannungen und
der Bewegung, d. h. vom Materialgesetz, und wir stellen daher die explizite
Ausrechnung bis zur Vorgabe eines Materialgesetzes zurück. Für reibungsfreie Strömung oder für ruhende Flüssigkeit ist dieser Ausdruck aber null.
Den ersten Term identifizieren wir mit Hilfe der Kontinuitätsgleichung (2.3)
als den aus (2.124) bekannten reversiblen Anteil der Arbeit:

$$-\frac{p}{\varrho} \frac{\partial u_i}{\partial x_i} = \frac{p}{\varrho^2} \frac{D\varrho}{Dt} = -p \frac{Dv}{Dt} , \qquad (2.130)$$

so daß wir für die Arbeit pro Zeit- und Masseneinheit nunmehr den Ausdruck

$$\delta \dot{w} = -p \frac{Dv}{Dt} + \frac{\Phi}{\varrho} \qquad (2.131)$$

erhalten.

2.7 Bilanz der Entropie

Wir gehen von der Gleichung

$$T ds = de + p dv , \qquad (2.132)$$

aus, die als *Gibbssche Relation* bekannt ist. Wir geben sie hier für den speziellen Fall eines einkomponentigen Materials an, bei dem also keine Pha-
senänderungen und keine chemischen Reaktionen auftreten, und auf das wir
uns im folgenden beschränken wollen. Davon abgesehen gilt diese Gleichung
uneingeschränkt sowohl für reversible als auch für irreversible Prozesse. Ihre
Gültigkeit für reversible Prozesse entnimmt man dem Ersten Hauptsatz in
Verbindung mit (2.122) und (2.123). Ihre Akzeptanz für irreversible Prozesse ist die fundamentale Annahme der Thermodynamik dieser Prozesse.

Wir werden diese Annahme nicht weiter rechtfertigen, sondern begnügen uns damit, daß die Folgerungen aus dieser Annahme mit der Erfahrung übereinstimmen. Auf die Gibbssche Relation wird man auch von der kinetischen Theorie her geführt, wobei allerdings die Ergebnisse der kinetischen Gastheorie auf kleine Abweichungen vom thermodynamischen Gleichgewicht und auf einatomige, verdünnte Gase beschränkt bleiben. Diese Ergebnisse können also weder als „Beweis" der Gibbsschen Relation dienen, noch besitzen sie die Allgemeingültigkeit, in der wir diese Relation verwenden werden. Die Gibbssche Relation für ein materielles Teilchen führt auf die Gleichung

$$T\frac{Ds}{Dt} = \frac{De}{Dt} + p\frac{Dv}{Dt} \; , \tag{2.133}$$

in der wir die materielle Änderung der inneren Energie mit Hilfe der Energiegleichung (2.121) und unter Benutzung von (2.127), (2.131) ersetzen, so daß die Beziehung

$$\varrho\frac{Ds}{Dt} = \frac{\Phi}{T} - \frac{1}{T}\frac{\partial q_i}{\partial x_i} \tag{2.134}$$

entsteht. Den letzten Term der rechten Seite formen wir mittels der Identität

$$\frac{\partial}{\partial x_i}\left[\frac{q_i}{T}\right] = \frac{1}{T}\frac{\partial q_i}{\partial x_i} - \frac{q_i}{T^2}\frac{\partial T}{\partial x_i} \tag{2.135}$$

um und erhalten die Bilanzgleichung der Entropie

$$\varrho\frac{Ds}{Dt} = \frac{\Phi}{T} - \frac{q_i}{T^2}\frac{\partial T}{\partial x_i} - \frac{\partial}{\partial x_i}\left[\frac{q_i}{T}\right] \; . \tag{2.136}$$

In dieser Gleichung erscheint die zeitliche Änderung der Entropie eines materiellen Teilchens aufgespalten in zwei Beiträge:
Eine Entropieproduktion mit der Rate

$$\varrho\frac{D}{Dt}s_{(irr)} = \frac{\Phi}{T} - \frac{q_i}{T^2}\frac{\partial T}{\partial x_i} \; , \tag{2.137}$$

die immer größer oder gleich null ist und eine Divergenz eines *Entropiestromes* q_i/T, die größer, gleich oder kleiner null sein kann:

$$\varrho\frac{D}{Dt}s_{(rev)} = -\frac{\partial}{\partial x_i}\left[\frac{q_i}{T}\right] \; . \tag{2.138}$$

Der erste Teil wird im Flüssigkeitsteilchen durch die irreversiblen Vorgänge der Reibung und der Wärmeleitung erzeugt. Hinreichend für die Ungleichung

$$\frac{D}{Dt}s_{(irr)} \geq 0 \tag{2.139}$$

sind offensichtlich die Bedingungen

$$\Phi \geq 0 \tag{2.140}$$

und

$$q_i \frac{\partial T}{\partial x_i} \leq 0. \tag{2.141}$$

Die erste Ungleichung drückt die Erfahrung aus, daß durch den Einfluß der Reibung mechanische Energie in Wärme dissipiert werden kann, aber umgekehrt aus Wärme keine mechanische Energie durch Dissipation entstehen kann. Die zweite Ungleichung sagt aus, daß der Wärmestromvektor mit dem Temperaturgradienten einen stumpfen Winkel bilden muß, spiegelt also die Tatsache wider, daß Wärme in Richtung fallender Temperatur fließt. (2.138) stellt die Entropieänderung dar, die das Teilchen durch seine Umgebung erfährt, denn die Divergenz des Entropiestromes ist die Differenz zwischen ein- und ausfließendem Entropiestrom. Diese Differenz kann natürlich positiv, null oder auch negativ sein. Wird die Funktion Φ/T aus (2.134) und (2.137) eliminiert, so erhält man (2.139) in der Form

$$\varrho \frac{\mathrm{D}}{\mathrm{D}t} s_{(irr)} = \varrho \frac{\mathrm{D}s}{\mathrm{D}t} + \frac{1}{T} \frac{\partial q_i}{\partial x_i} - \frac{q_i}{T^2} \frac{\partial T}{\partial x_i} \geq 0,$$

die als *Clausius-Duhem-Ungleichung* bekannt ist.

Die Entropieänderung eines abgegrenzten Teils der Flüssigkeit erhalten wir durch Integration von (2.136) über den von der Flüssigkeit eingenommenen Bereich. Auf das Integral der linken Seite wenden wir das Reynoldssche Transporttheorem (1.88) an und formen das letzte Integral auf der rechten Seite mit Hilfe des Gaußschen Satzes um. Damit gewinnen wir für die Bilanz der Entropie des betrachteten Körpers die Gleichung

$$\frac{\mathrm{D}}{\mathrm{D}t} \iiint\limits_{(V(t))} s\,\varrho\,\mathrm{d}V = \iiint\limits_{(V)} \left[\frac{\Phi}{T} - \frac{q_i}{T^2} \frac{\partial T}{\partial x_i} \right] \mathrm{d}V - \iint\limits_{(S)} \frac{q_i n_i}{T}\,\mathrm{d}S\,. \tag{2.142}$$

Wie besprochen ist das Volumenintegral auf der rechten Seite nie negativ, wir können also die Aussage des *Zweiten Hauptsatzes*

$$\frac{\mathrm{D}}{\mathrm{D}t} \iiint\limits_{(V(t))} s\,\varrho\,\mathrm{d}V \geq - \iint\limits_{(S)} \frac{q_i n_i}{T}\,\mathrm{d}S \tag{2.143}$$

ablesen. Das Gleichheitszeichen gilt nur, wenn der im Körper ablaufende Prozeß reversibel ist. Alle in der Natur vorkommenden Prozesse sind aber irreversibel, für sie gilt demnach das Ungleichheitszeichen. Wird dem Körper Wärme weder zu- noch abgeführt, verschwindet das Oberflächenintegral auf der rechten Seite. Der im Körper ablaufende Prozeß ist dann *adiabat*, und (2.142) drückt dann folgenden Sachverhalt aus:

„Bei einem adiabaten Prozeß kann die Entropie nicht abnehmen."

Der Zweite Hauptsatz der Thermodynamik ist natürlich, genau wie der Erste Hauptsatz, ein Erfahrungssatz. In unserer Diskussion ergibt sich der Zweite Hauptsatz als Folge der in (2.140) und (2.141) eingeführten und auf der Erfahrung basierenden Annahmen. Hätten wir stattdessen den Zweiten Hauptsatz (2.143) postuliert, so hätten wir für den Übergang zur Gleichung (2.142) auf die notwendige Bedingung schließen müssen, daß bei beliebigem Integrationsbereich der Integrand des Volumenintegrals der rechten Seite von (2.142) nie negativ ist. Die Gleichungen (2.140) und (2.141) sind hierfür sogar hinreichend.

2.8 Thermodynamische Zustandsgleichungen

Die im Kapitel 2 bisher besprochenen Prinzipien bilden die Grundlage der Kontinuumsmechanik. Diese Prinzipien stellen die Zusammenfassung unserer Erfahrung über das allen Körpern gemeinsame Verhalten dar. Alle Festkörper und Flüssigkeiten (egal ob Newtonsche oder Nicht-Newtonsche Flüssigkeiten) unterliegen diesen universellen Gesetzen. Die unterscheidenden Merkmale sind festgelegt durch die Materialien, aus denen sie bestehen. Diese Merkmale werden durch Materialgleichungen abstrahiert. Sie definieren ideale Materialien, sind also Modelle des wirklichen Materialverhaltens. Neben diese Materialgleichungen im engeren Sinne, die z. B. die Zusammenhänge zwischen Spannungszustand und Bewegung oder zwischen Wärmestromvektor und Temperatur herstellen, treten die Zustandsgleichungen der Thermodynamik. Die Materialgleichungen im engeren Sinne führen wir im nächsten Kapitel ein, besprechen aber schon jetzt die Übertragung der aus der klassischen Thermodynamik bekannten Zustandsgleichungen auf das Kontinuum und ihre Anwendung zur Bestimmung der thermodynamischen Zustände eines materiellen Teilchens.

Es ist eine Erfahrungstatsache der klassischen Thermodynamik, daß ein thermodynamischer Zustand durch eine bestimmte Zahl unabhängiger Zustandsgrößen eindeutig bestimmt ist. Bei einem einkomponentigen Material, auf das wir uns ja beschränken wollen, sind hierzu zwei unabhängige Zustandsgrößen notwendig. Diese zwei unabhängigen, sonst aber beliebig wählbaren Zustandsgrößen, legen somit auch den Wert jeder anderen Zustandsgröße eindeutig fest. Eine Zustandsgleichung ist ein Zusammenhang, der auch in Form von Diagrammen oder Tafeln gegeben sein kann, bei dem zwei Zustandsgrößen als unabhängige Veränderliche eine dritte als abhängige Veränderliche bestimmen. Für eine kleine Klasse von Materialien, insbesondere für Gase, können Zustandsgleichungen unter Zugrundelegung gewisser Molekülmodelle mit den Methoden der statistischen Mechanik und Quantenmechanik ermittelt werden. Wir wollen hier jedoch nicht auf den Ursprung der Zustandsgleichungen eingehen, sondern sie als gegeben hinnehmen.

Eine Zustandsgleichung zwischen p, ϱ und T nennen wir eine *thermische Zustandsgleichung*, also etwa

$$p = p\,(\varrho, T)\ .\tag{2.144}$$

Die Zustandsgleichung

$$p = \varrho\,R\,T\tag{2.145}$$

definiert z. B. das *thermisch ideale* Gas. Wenn die sogenannten *kalorischen Zustandsgrößen* wie innere Energie e, Enthalpie h oder Entropie s als abhängige Veränderliche auftreten, so bezeichnen wir Beziehungen wie z. B.

$$e = e(\varrho, T)\tag{2.146}$$

als *kalorische Zustandsgleichung*. Für ein thermisch ideales Gas nimmt die kalorische Zustandsgleichung bekanntlich die einfache Form

$$e = e(T)\tag{2.147}$$

bzw.

$$h = h(T)\tag{2.148}$$

an. Die Zustandsgleichung $e = c_v T$ (bzw. $h = c_p T$) mit konstanter spezifischer Wärme c_v (bzw. c_p) definiert dann auch das *kalorisch ideale Gas*.

Im allgemeinen legt aber eine Zustandsgleichung nicht notwendigerweise auch die andere fest. Zwischen der kalorischen und der thermischen Zustandsgleichung bestehen zwar Reziprozitätsbeziehungen, diese sind aber Beziehungen zwischen partiellen Differentialen, so daß die Bestimmung der anderen Zustandsgleichung eine Integration erfordert, bei der dann unbestimmte Funktionen als „Integrationskonstanten" auftreten. Eine Zustandsgleichung, aus der die andere allein durch Differentiation und Elimination gewonnen werden kann, heißt *kanonische* oder *fundamentale Zustandsgleichung*. Wenn wir das Differential der kanonischen Zustandsgleichung $e = e(s, v)$

$$\mathrm{d}e = \left[\frac{\partial e}{\partial s}\right]_v \mathrm{d}s + \left[\frac{\partial e}{\partial v}\right]_s \mathrm{d}v\tag{2.149}$$

mit der Gibbsschen Relation (2.132) vergleichen, so lesen wir

$$T = \left[\frac{\partial e}{\partial s}\right]_v\tag{2.150}$$

und

$$p = -\left[\frac{\partial e}{\partial v}\right]_s\tag{2.151}$$

ab. In (2.150) und (2.151) steht rechts eine Funktion von s und v. Denkt man sich beide Beziehungen nach s aufgelöst, so entstehen die Gleichungen

$s = s(v, T)$ und $s = s(p, v)$. Elimination von s ergibt einen Zusammenhang zwischen T, p und v, also die thermische Zustandsgleichung.

Das aus den Anwendungen bekannte *Mollier-Diagramm* ist die graphische Darstellung der kanonischen Zustandsgleichung $h = h(s, p)$, in der h als Funktion von s mit p als Scharparameter aufgetragen ist. Spezifisches Volumen und Temperatur lassen sich dann durch Vergleich des Differentials der kanonischen Zustandsgleichung $h = h(s, p)$

$$\mathrm{d}h = \left[\frac{\partial h}{\partial s}\right]_p \mathrm{d}s + \left[\frac{\partial h}{\partial p}\right]_s \mathrm{d}p \tag{2.152}$$

mit der Gibbsschen Relation in der Form

$$T\mathrm{d}s = \mathrm{d}h - v\mathrm{d}p \tag{2.153}$$

aus

$$v = \left[\frac{\partial h}{\partial p}\right]_s \tag{2.154}$$

und

$$T = \left[\frac{\partial h}{\partial s}\right]_p \tag{2.155}$$

ermitteln, indem man sich z. B. längs einer Isentrope $s = $ const die zugehörigen Werte h und p notiert und die Steigung numerisch bzw. aus einer graphischen Darstellung $h = h(p)$ bestimmt. Für ein kalorisch und thermisch ideales Gas läßt sich die kanonische Form für die Enthalpie aber leicht explizit angeben:

$$h = \mathrm{const} \cdot c_p \exp\left(s/c_p\right) p^{(R/c_p)}. \tag{2.156}$$

Der wesentliche Schritt, der von der klassischen Thermodynamik reversibler homogener Prozesse zur Thermodynamik irreversibler Prozesse der Kontinuumsmechanik führt, ist die Annahme, daß genau dieselben Zustandsgleichungen, wie sie für das ruhende Material gelten, auch für einen bewegten materiellen Punkt des Kontinuums gelten. Das bedeutet beispielsweise, daß sich die innere Energie e eines materiellen Teilchens aus der Vorgabe von s und v allein berechnen läßt, ganz unabhängig davon, wo sich das Teilchen befindet und welche Bewegung es ausführt. Diese Annahme ist daher gleichbedeutend mit der Annahme, daß die Gibbssche Relation auch für irreversible Prozesse Gültigkeit besitzt. Denn wenn der Zusammenhang $e = e(s, v)$ immer gilt, so folgt aus der substantiellen Ableitung dieses Zusammenhangs

$$\frac{\mathrm{D}e}{\mathrm{D}t} = \left[\frac{\partial e}{\partial s}\right]_v \frac{\mathrm{D}s}{\mathrm{D}t} + \left[\frac{\partial e}{\partial v}\right]_s \frac{\mathrm{D}v}{\mathrm{D}t} \,, \tag{2.157}$$

wenn man (2.150) und (2.151) als Definitionen der Temperatur und des Druckes betrachtet, unmittelbar die Gibbssche Relation (2.133). Das bedeutet aber auch, daß sich an jedem Ort und zu jeder Zeit die innere Energie angeben läßt, wenn man s und v an diesem Ort und zu dieser Zeit kennt. Obwohl sich also der thermodynamische Zustand von Ort zu Ort ändert, hängt der thermodynamische Zustand nicht vom Gradienten der Zustandsgrößen ab.

3

Materialgleichungen

Wie bereits im vorangegangenen Kapitel über die Grundgleichungen der Kontinuumsmechanik erläutert, verhalten sich Körper erfahrungsgemäß so, daß die universellen Bilanzgesetze der Masse, des Impulses, der Energie und der Entropie erfüllt sind. Aber nur in wenigen Ausnahmefällen, z. B. beim Massenpunkt oder beim starren Körper ohne Wärmeleitung, reichen diese Gesetze alleine aus, um das Verhalten zu beschreiben. In diesen Ausnahmefällen sind die allen Körpern eigenen Kennzeichen „Masse" und „Masseverteilung" die allein wichtigen Merkmale. Für die Beschreibung eines deformierbaren Mediums muß jedoch das Material, aus dem es besteht, charakterisiert sein, denn es ist offensichtlich, daß die Deformation oder die Deformationsgeschwindigkeit bei vorgegebener Belastung vom Material abhängt. Auch den Bilanzsätzen selbst entnimmt man, daß im allgemeinen eine Spezifizierung des Materials durch Beziehungen, die die Abhängigkeit des Spannungs- und Wärmestromvektors von anderen Feldgrößen beschreiben, notwendig ist. Die Bilanzsätze enthalten nämlich mehr Unbekannte als unabhängige Gleichungen. Die zusammenfassende Aufstellung der Bilanzsätze der Masse (2.2)

$$\frac{\partial \varrho}{\partial t} + \frac{\partial}{\partial x_i}(\varrho \, u_i) = 0 \, ,$$

des Impulses (2.38)

$$\varrho \frac{\mathrm{D} u_i}{\mathrm{D} t} = \varrho \, k_i + \frac{\partial \tau_{ji}}{\partial x_j} \, ,$$

des Drehimpulses (2.53)

$$\tau_{ij} = \tau_{ji}$$

und der Energie (2.119)

$$\varrho \frac{\mathrm{D} e}{\mathrm{D} t} = \tau_{ij} \frac{\partial u_i}{\partial x_j} - \frac{\partial q_i}{\partial x_i}$$

© Springer-Verlag GmbH Deutschland, ein Teil von Springer Nature 2019
J. Spurk und N. Aksel, *Strömungslehre*,
https://doi.org/10.1007/978-3-662-58764-5_3

enthält siebzehn unbekannte Funktionen (ϱ, u_i, τ_{ij}, q_i, e) in nur acht zur Verfügung stehenden Gleichungen. Man kann anstatt der Energie- auch die Entropiebilanz (2.134) heranziehen, die dann die unbekannte Funktion s statt e einführt. Die Differenz der Anzahl von unbekannten Funktionen und Gleichungen verändert sich dadurch aber nicht. Man könnte dieses Gleichungssystem natürlich lösen, indem man neun der unbekannten Funktionen willkürlich vorschreibt. Die erhaltene Lösung kann dann aber nicht Lösung eines speziellen technischen Problems sein.

Es kommt natürlich vor, daß die „mechanischen" Bilanzsätze für Masse, Impuls und Drehimpuls von der Energiegleichung entkoppelt sind. Dann genügen sechs Materialgleichungen, um das reduzierte System für ϱ, u_i und τ_{ij} zu vervollständigen. Wenn das Feld der inneren Energie nicht interessiert, könnte man es ja willkürlich vorgeben, ohne beispielsweise das Geschwindigkeitsfeld zu ändern. In solchen Fällen ist die innere Energie nicht als unbekannte Funktion zu zählen, und die Energiegleichung erübrigt sich.

Wir erwarten auch dann, wenn keine mathematischen Beweise für die Eindeutigkeit der Lösung bekannt sind, daß die Lösung eines physikalischen Problems eindeutig ist, wenn die Zahl der unbekannten Funktionen mit der Zahl der Gleichungen übereinstimmt und dem Problem angepaßte Anfangs- und Randwerte vorliegen. Wir setzen ferner als selbstverständlich voraus, daß alle Gleichungen durch das Problem selbst vorgegeben sind, daß also neben den universellen Bilanzsätzen nur Materialgleichungen auftreten, wie sie durch Spezifizierung des fließenden Materials entstehen.

Prinzipiell können Materialgleichungen aus der molekularen Theorie der Gase und Flüssigkeiten ermittelt werden. Für strukturell einfache Moleküle und insbesondere für Gase hat diese Theorie Materialgleichungen zur Verfügung gestellt, die mit experimentellen Ergebnissen sehr gut übereinstimmen. Für tropfbare Newtonsche Flüssigkeiten ist das in solchem Maße bisher nicht gelungen; umso weniger für Nicht-Newtonsche Flüssigkeiten. Die bisher erhaltenen Ergebnisse der molekularen Theorien stehen aber nicht im Widerspruch zu den phänomenologischen Modellen der Kontinuumstheorie, vielmehr zeigen sie, daß diese Modelle den geeigneten Rahmen für die Beschreibung des Materialverhaltens auch Nicht-Newtonscher Flüssigkeiten abgeben. Die Kontinuumstheorie ist in der Tat zum großen Teil eine Theorie der Materialgleichungen geworden. Sie entwickelt mathematische Modelle, welche mit experimentellen Befunden korrelieren, und die dann in anderen, allgemeineren Umständen das Verhalten des wirklichen Materials zwar idealisiert, aber doch möglichst genau beschreiben.

Wir nehmen die Materialgleichungen als gegeben hin und stellen uns auf den Standpunkt des Strömungsmechanikers, der die Strömung einer gegebenen Flüssigkeit bei Vorgabe der Materialgleichungen aus den Bilanzsätzen vorhersagt. Wie bei den thermodynamischen Materialgleichungen (Zustandsgleichungen) gehen wir nicht tiefer auf die Herleitung ein, bemerken aber dennoch, daß für die Formulierung der Materialgleichungen gewisse Axiome grundlegende Bedeutung haben. Einige dieser Axiome sind im Laufe der Wei-

terentwicklung der Kontinuumsmechanik entstanden, und so erfüllen besonders ältere Materialgleichungen, die oft zur Erklärung nur eines bestimmten
Aspektes vorgeschlagen wurden, diese Axiome nicht. Materialgleichungen,
die diese Axiome erfüllen müssen unter anderem

a) konsistent mit den Bilanzsätzen und dem zweiten Hauptsatz sein
(sie sind aber keine Folge dieser Sätze),

b) in allen Koordinatensystemen Gültigkeit besitzen (d. h. sie sind als
Tensorgleichungen zu formulieren),

c) deterministisch sein (die Geschichte der Bewegung und der Temperatur bis zur Zeit t legt z. B. die Spannungen am materiellen Teilchen
zur Zeit t fest),

d) lokal wirksam sein (d. h. an einem herausgegriffenen materiellen
Teilchen hängt z. B. die Spannung von der Bewegung aller in direkter
Nachbarschaft befindlichen Teilchen ab),

e) die Symmetrieeigenschaften des Materials widerspiegeln und

f) in allen Bezugssystemen gültig, d. h. objektiv sein.

Die letzte Forderung ist hierbei von besonderer Bedeutung, denn wie aus
Abschnitt 2.4 bekannt ist, sind die Bewegungsgleichungen (Impulsbilanz) in
diesem Sinne nicht objektiv. Im beschleunigten Bezugssystem sind bekanntlich die Scheinkräfte einzuführen, und nur das Axiom der Objektivität stellt
sicher, daß dies die einzige Änderung beim Übergang vom Inertial- zum Relativsystem bleibt. Es ist aber unmittelbar einsichtig, daß ein Beobachter im
beschleunigten Bezugssystem dieselben Materialeigenschaften feststellt wie
im Inertialsystem. In einem anschaulichen Experiment würde ein Beobachter
für vorgegebene Auslenkung einer masselosen Feder im rotierenden Bezugssystem genau dieselbe Kraft feststellen wie im Inertialsystem.

Bei den sogenannten *Einfachen Flüssigkeiten* wird angenommen, daß die
Spannung am materiellen Punkt zur Zeit t durch die Geschichte der De-
formation, genauer des relativen Deformationsgradienten, festgelegt und das
Materialverhalten isotrop ist. Zu dieser Gruppe gehören praktisch alle Nicht-
Newtonschen Flüssigkeiten.

Die einfachste Materialgleichung für den Spannungstensor einer viskosen Flüssigkeit ist ein linearer Zusammenhang zwischen den Komponenten
des Spannungstensors τ_{ij} und denen des Deformationsgeschwindigkeitstensors e_{ij}. In fast trivialer Weise erfüllt diese Materialgleichung alle oben aufgeführten Axiome. Die Materialtheorie zeigt, daß der allgemeinste lineare
Zusammenhang dieser Art von der Form

$$\tau_{ij} = -p\,\delta_{ij} + \lambda^* e_{kk}\,\delta_{ij} + 2\eta\,e_{ij} \;, \tag{3.1a}$$

bzw. in symbolischer Schreibweise mit dem *Einheitstensor* $\mathbf{I}$

$$\mathbf{T} = (-p + \lambda^* \nabla \cdot \vec{u})\,\mathbf{I} + 2\eta\,\mathbf{E} \tag{3.1b}$$

(*Cauchy-Poisson-Gesetz*) sein muß, so daß der Tensor der Reibungsspannungen unter Beachtung der Zerlegung (2.35) durch

$$P_{ij} = \lambda^* e_{kk}\, \delta_{ij} + 2\eta\, e_{ij}\ , \tag{3.2a}$$

bzw.

$$\mathbf{P} = \lambda^* \nabla \cdot \vec{u}\, \mathbf{I} + 2\eta\, \mathbf{E} \tag{3.2b}$$

gegeben ist. Wir bemerken zunächst, daß die Reibungsspannungen am Ort $\vec{x}$ durch den Tensor der Dehnungsgeschwindigkeiten e_{ij} am Ort $\vec{x}$ gegeben sind und nicht explizit vom Ort $\vec{x}$ abhängen. Da der Reibungsspannungstensor P_{ij} am Ort $\vec{x}$ die Spannung festlegt, die auf das am Ort $\vec{x}$ befindliche materielle Teilchen wirkt, schließen wir, daß die Spannung am Teilchen nur vom augenblicklichen Wert des Deformationsgeschwindigkeitstensors abhängt und nicht von der Vorgeschichte der Deformation beeinflußt wird. Man beachte, daß für eine ruhende Flüssigkeit oder allgemeiner für eine Flüssigkeit, die eine Starrkörperbewegung ausführt, $e_{ij} = 0$ ist, und (3.1) sich auf (2.33) reduziert. Die Größen λ^* und η sind materialtypische skalare Funktionen des thermodynamischen Zustandes. (3.1) ist die Verallgemeinerung des Newtonschen Fließgesetzes $\tau = \eta\, \dot{\gamma}$, wie wir es im Zusammenhang mit der einfachen Scherströmung kennengelernt haben.

Die außerordentliche Bedeutung des linearen Zusammenhangs (3.1) liegt darin begründet, daß er das wirkliche Materialverhalten der meisten technisch wichtigen Flüssigkeiten sehr gut beschreibt. Darunter fallen praktisch alle Gase, insbesondere Luft und Wasserdampf, aber auch Gasgemische und alle Flüssigkeiten mit niedrigem Molekulargewicht, also Wasser, aber auch alle Mineralöle.

Wie bereits bemerkt, entspricht für $e_{ij} = 0$ der Spannungszustand dem einer Flüssigkeit in Ruhe oder in einer Starrkörperbewegung. Bei kompressiblen Flüssigkeiten ist der Druck p dann durch die thermische Zustandsgleichung $p = p(\varrho, T)$ festgelegt. Dieselbe Zustandsgleichung gilt aber auch für das bewegte materielle Teilchen, d. h. der Druck ist für jeden Ort des Teilchens und für jeden Zeitpunkt allein durch ϱ und T bestimmt. In inkompressibler Flüssigkeit ist der Druck keine Funktion des thermodynamischen Zustandes, sondern eine fundamentale abhängige Veränderliche. Wie schon aus der Cauchyschen Gleichung (2.38) in Zusammenhang mit (3.1) ersichtlich ist, und wie wir später ausführlich zeigen werden, geht nur der Gradient des Druckes in die Cauchysche Gleichung ein. In inkompressibler Strömung kann man demnach zum Druck eine beliebige Konstante addieren, ohne die Bewegungsgleichungen zu beeinflussen. Wenn der Druck nicht durch eine Randbedingung festgelegt ist, bleibt er immer nur bis auf eine additive Konstante bestimmt. Anders ausgedrückt lassen sich aus der Theorie der inkompressiblen Strömung nur Druckdifferenzen berechnen.

Für die Summe der mittleren Normalspannung und des Druckes erhält man wegen (2.36) und (3.1) die Gleichung

$$\bar{p} + p = \frac{1}{3}\tau_{ii} + p = e_{ii}\left(\lambda^* + \frac{2}{3}\,\eta\right)\ . \tag{3.3}$$

In inkompressibler Strömung gilt nach (2.5) $e_{ii} = 0$, d. h. die mittlere Normalspannung entspricht gerade dem negativen Druck. Dies gilt in kompressibler Strömung nur, wenn die sogenannte *Druckzähigkeit*

$$\eta_D = \lambda^* + \frac{2}{3}\,\eta \tag{3.4}$$

verschwindet. Die kinetische Gastheorie zeigt, daß die Druckzähigkeit deshalb entsteht, weil die kinetische Energie der Moleküle auf deren innere Freiheitsgrade übertragen wird. Daher ist die Druckzähigkeit bei einatomigen Gasen, die ja keine inneren Freiheitsgrade besitzen, null. Die Druckzähigkeit ist proportional zur charakteristischen Zeit, in der diese Energieübertragung stattfindet. Dieser Effekt kann für die Struktur der Stoßwellen wichtig sein, ist aber sonst von untergeordneter Bedeutung, und deshalb wird meistens auch bei mehratomigen Gasen von der *Stokesschen Hypothese*

$$\eta_D = 0 \tag{3.5}$$

Gebrauch gemacht.

Die Vorgabe des Materialgesetzes erlaubt nun auch die explizite Berechnung der Dissipationsfunktion Φ. Aus (2.129) folgt

$$\Phi = P_{ij}\,e_{ij} = \lambda^* e_{kk}\,e_{ii} + 2\eta\,e_{ij}\,e_{ij} \,, \tag{3.6a}$$

bzw. in symbolischer Schreibweise

$$\Phi = \lambda^* (\mathrm{sp}\mathbf{E})^2 + 2\eta\,\mathrm{sp}\mathbf{E}^2 \,, \tag{3.6b}$$

und man überzeugt sich durch Ausschreiben und geeignete Umbenennung der stummen Indizes, daß die Ungleichung (2.140) erfüllt ist, wenn für die Scherzähigkeit η und die Druckzähigkeit η_D die Ungleichungen

$$\eta \geq 0 \,,\ \eta_D \geq 0 \tag{3.7}$$

gelten.

Wie bereits bemerkt, hängt die Zähigkeit vom thermodynamischen Zustand ab, also $\eta = \eta(p, T)$, wobei die Druckabhängigkeit gering ist. Die kinetische Gastheorie sagt für verdünnte Gase sogar eine alleinige Abhängigkeit von der Temperatur voraus: Für das Modell kugelförmiger Moleküle ist $\eta \sim \sqrt{T}$. Im phänomenologischen Modell bleibt die Abhängigkeit von p und T frei, sie muß aus Experimenten bestimmt werden. Die Scherviskosität (Scherzähigkeit, *dynamische* Viskosität) η taucht häufig in der Kombination $\eta/\varrho = \nu$ auf, die als *kinematische* Viskosität (kinematische Zähigkeit) bezeichnet wird und natürlich stark von der Dichte bzw. dem Druck abhängt.

Mit Hilfe der kinetischen Gastheorie läßt sich bei Vorgabe realistischer molekularer Potentiale die Zähigkeit η quantitativ sehr genau vorhersagen. Die weniger entwickelte kinetische Theorie der Flüssigkeiten ist dazu noch nicht in der Lage. Die Temperaturabhängigkeit der Zähigkeit tropfbarer Flüssigkeiten wird dort mit $\eta \sim \exp(\mathrm{const}/T)$ angegeben, d. h. sie fällt exponentiell mit wachsender Temperatur. Dieses Verhalten wird auch bei den meisten tropfbaren Flüssigkeiten im Experiment qualitativ bestätigt. Tropfbare Flüssigkeiten zeigen also entgegengesetztes Zähigkeitsverhalten wie Gase, bei denen die Zähigkeit mit wachsender Temperatur zunimmt. Der Grund hierfür liegt in der unterschiedlichen molekularen Struktur und wurde bereits in Abschnitt 1.1 erläutert.

Der linearen Materialgleichung (3.1) für die Spannungen entspricht auch eine lineare Materialgleichung für den Wärmestromvektor. Dieser lineare Zusammenhang ist als *Fouriersches Gesetz* bekannt und lautet für isotrope Materialien

$$q_i = -\lambda \frac{\partial T}{\partial x_i} \quad \text{oder} \quad \vec{q} = -\lambda \nabla T \ . \tag{3.8}$$

Hierin ist λ eine positive Funktion des thermodynamischen Zustandes und wird als *Wärmeleitfähigkeit* bezeichnet. Das negative Vorzeichen steht hierbei im Einklang mit der Ungleichung (2.141). Experimente zeigen, daß dieses lineare Gesetz das wirkliche Materialverhalten sehr gut beschreibt. Die Abhängigkeit der Wärmeleitfähigkeit von p und T bleibt in (3.8) ebenfalls offen und ist experimentell zu bestimmen. Für Gase liefert die kinetische Theorie das Ergebnis $\lambda \sim \eta$, so daß die Wärmeleitfähigkeit die gleiche Temperaturabhängigkeit wie die Scherzähigkeit zeigt. (Für tropfbare Flüssigkeiten findet man auf theoretischem Wege, daß die Wärmeleitfähigkeit proportional zur Schallgeschwindigkeit der Flüssigkeit ist.)

Im Grenzfall η, $\lambda^* = 0$ erhält man aus dem Cauchy-Poisson-Gesetz die Materialgleichung der reibungsfreien Flüssigkeit

$$\tau_{ij} = -p \, \delta_{ij} \ . \tag{3.9}$$

Der Spannungstensor ist also wie bei einer ruhenden Flüssigkeit allein durch den Druck p festgelegt. Bezüglich des Spannungszustandes liefert der Grenzfall η, $\lambda^* = 0$ dasselbe Ergebnis wie $e_{ij} = 0$. Konsistent mit η, $\lambda^* = 0$ ist auch der Fall $\lambda = 0$: Die Vernachlässigung der Reibungsspannungen zieht die Vernachlässigung der Wärmeleitung nach sich.

Die Vermutung liegt nahe, daß der Bedingung η, λ^*, $\lambda = 0$ keinerlei technische Bedeutung zukommt. Das Gegenteil ist aber der Fall! Viele technisch wichtige, reale Strömungen werden unter dieser Annahme recht genau beschrieben. Im Zusammenhang mit der Strömung durch Turbomaschinen ist dies bereits betont worden. Aber auch Umströmungsprobleme, also z. B. Strömungen um Flugkörper, können bei entsprechender Ausbildung dieser Körper mit der Annahme reibungsfreier Strömung vorhergesagt werden. Der Grund hierfür ist natürlich darin zu sehen, daß die bei diesen Anwendungen in Frage kommenden Flüssigkeiten (meistens Luft oder Wasser) nur „kleine" Zähigkeiten besitzen. Nun ist aber die Zähigkeit eine dimensionsbehaftete

Größe, und die Aussage „kleine Zähigkeit" ist vage, denn der Zahlenwert der physikalischen Größe „Zähigkeit" läßt sich ja durch geeignete Wahl der Einheiten in der Dimensionsformel beliebig verändern. Die Frage, ob die Zähigkeit als klein anzusehen ist, läßt sich nur in Zusammenhang mit dem vorgelegten Problem klären; dies ist aber schon anhand einfacher Dimensionsbetrachtungen möglich. Bei inkompressibler Strömung oder Annahme der Stokesschen Relation (3.5) geht nur die Scherzähigkeit in die Materialgleichung (3.1) ein. Ist zusätzlich das Temperaturfeld homogen, gehen keine thermodynamischen Größen in das Problem ein, und die Anströmung ist durch die Geschwindigkeit U, die Dichte ϱ und die Scherviskosität η festgelegt. Den umströmten Körper charakterisieren wir durch seine typische Länge L und können dann die dimensionslose Größe

$$Re = \frac{U\,L\,\varrho}{\eta} = \frac{U\,L}{\nu} \qquad (3.10)$$

bilden, die als *Reynolds-Zahl* bezeichnet wird. Sie ist die wichtigste Kennzahl der Strömungsmechanik und ein geeignetes Maß für den Einfluß der Zähigkeit. Wenn η gegen null geht, strebt die Reynolds-Zahl gegen unendlich. Die Annahme reibungsfreier Strömung ist also nur dann gerechtfertigt, wenn die Reynolds-Zahl sehr groß ist.

Hat man z. B. in einer Wasserturbine mit der Schaufeltiefe $L = 1\,\mathrm{m}$ eine Gitterströmung mit einem Betrag der Anströmgeschwindigkeit von $U = 10\,\mathrm{m/s}$, so ist bei einer kinematischen Viskosität des Wassers von $\nu = 10^{-6}\,\mathrm{m^2/s}$ die Reynolds-Zahl bereits $Re = 10^7$, also in der Tat sehr groß. Die Berechnung auf der Basis einer reibungsfreien Theorie ist dann durchaus sinnvoll.

Aus der einfachen Dimensionsbetrachtung folgt noch eine weitere Tatsache, die im Zusammenhang mit reibungsbehafteter Strömung wichtig ist: Betrachtet man z. B. die Widerstandskraft W des umströmten Körpers, so läßt sich dieser Widerstand mit den Daten des vorliegenden Problems dimensionslos machen, indem man den sogenannten *Widerstandsbeiwert*

$$c_w = \frac{W}{\frac{\varrho}{2}\,U^2\,L^2} \qquad (3.11)$$

bildet. Der Widerstandsbeiwert als dimensionslose Größe kann natürlich nur von anderen dimensionslosen Größen abhängen, und die einzige, die sich mit den obigen Daten bilden läßt, ist die Reynolds-Zahl. Wir werden zwangsläufig auf den Zusammenhang

$$c_w = c_w(Re) \qquad (3.12)$$

geführt. In nahezu unzähligen Versuchen ist dieser Zusammenhang immer wieder bestätigt worden. Er stellt das vielleicht überzeugendste Argument für die Anwendbarkeit der Materialgleichung (3.1) für reine, niedrig molekulare Flüssigkeiten dar.

Die Materialgleichungen für die lineare viskose Flüssigkeit (3.1) und für die reibungsfreie Flüssigkeit (3.9) decken den weitaus größten Teil der technischen Anwendungen ab. Wir werden uns im folgenden fast ausschließlich mit Strömungen dieser Flüssigkeitsklassen beschäftigen. Es gibt aber eine Reihe technischer Anwendungen, in denen Nicht-Newtonsche Flüssigkeiten eine Rolle spielen. Zu nennen wären hier die Kunststoffherstellung, die Schmiertechnik, die Lebensmittelherstellung und die Farbverarbeitung. Typische Vertreter Nicht-Newtonscher Flüssigkeiten sind tropfbare Flüssigkeiten, die ganz oder teilweise aus Makromolekülen (Polymeren) aufgebaut sind, und Zweiphasenmaterialien, wie z. B. Suspensionen fester Teilchen hoher Konzentration in einer tropfbaren Trägerflüssigkeit (Aufschlemmungen). Bei den meisten dieser Flüssigkeiten nimmt die Scherzähigkeit mit wachsender Scherrate ab, man spricht von *scherverdünnenden* Flüssigkeiten. Dabei kann die Scherzähigkeit sogar um mehrere Größenordnungen abnehmen. Dies ist eine Erscheinung, die in der Kunststoffindustrie sehr wichtig ist: Man wird bemüht sein, Kunststoffschmelzen mit hoher Schergeschwindigkeit zu verarbeiten, um so die dissipierte Energie klein zu halten.

Wenn die Scherzähigkeit mit wachsender Scherrate zunimmt, spricht man von *scherverdickenden* Flüssigkeiten. Diese Bezeichnungsweise ist aber keineswegs einheitlich. Oft werden scherverdünnende Flüssigkeiten „pseudoplastisch", „strukturviskos" oder auch „scherentzähend" genannt. Für scherverdickende Flüssigkeiten findet man auch die Bezeichnungsweise „dilatant" und „scherverzähend".

Bei der Einfachen Scherströmung inkompressibler Flüssigkeiten (Abb. 1.1), die dem linearen Gesetz (3.1) gehorchen, sind die Normalspannungen (Hauptdiagonalglieder in der Matrixdarstellung des Tensors **T**) alle gleich. Ausschreiben der Gleichung (3.1) ergibt

$$\tau_{11} = -p + 2\,\eta\,\partial u_1/\partial x_1\;,$$
$$\tau_{22} = -p + 2\,\eta\,\partial u_2/\partial x_2\;,$$
$$\tau_{33} = -p + 2\,\eta\,\partial u_3/\partial x_3\;.$$

Da das Geschwindigkeitsfeld $u_1 = \dot\gamma\,x_2$, $u_2 = u_3 = 0$ ist, folgt

$$\tau_{11} = \tau_{22} = \tau_{33} = -p\;.$$

Offensichtlich gilt dies auch für allgemeinere Strömungen mit $u_1 = u_1(x_2)$, $u_2 = u_3 = 0$. In der Tat verschwindet die Differenz der Normalspannungen bei allen Schichtenströmungen, die dem linearen Gesetz (3.1) folgen.

Bei Nicht-Newtonschen Flüssigkeiten ist dies im allgemeinen aber nicht der Fall. Sie zeigen sogenannte Normalspannungseffekte, von denen wohl der bekannteste der *Weissenbergeffekt* ist: An einem senkrecht zur freien Oberfläche eingetauchten rotierenden Zylinder steigt die Nicht-Newtonsche Flüssigkeit im Gegensatz zur Newtonschen Flüssigkeit hoch. Dieser Effekt (der nur bei genügend kleinem Zylinderradius auftritt) kann z. B. beim Rühren

von Farbe oder Sahne festgestellt werden. Er beruht auf den nichtverschwin-
denden Normalspannungsdifferenzen. Ein anderer Normalspannungseffekt
ist die *Strahlaufweitung*: Beim Ausströmen aus einer Düse wird der Strahl
dicker als der Düsendurchmesser. Dieses Phänomen ist beim Extrudieren
von Kunststoffschmelzen wichtig, denn abhängig vom Extrusionsdruck kann
der Strangdurchmesser mehr als das Doppelte des Düsendurchmessers betragen (Bei kleineren Reynolds-Zahlen beobachtet man auch für Newtonsche
Flüssigkeiten eine, allerdings kleine, Strahlaufweitung, die ihre Ursache in der
Umgestaltung der Geschwindigkeitsprofile hat). Die Normalspannungseffekte
sind Ausdruck einer „Flüssigkeitselastizität", die sich auch in einer elastischen
Rückdeformation äußert, wenn die Belastung plötzlich weggenommen wird.
Diese Erscheinungen können qualitativ aus der Struktur der polymeren Flüssigkeit erklärt werden. Polymere sind Makromoleküle, die aus langen Ketten
bestehen, und deren einzelne Glieder aus Monomeren entstanden sind und
noch eine ähnliche Struktur zeigen. Siliconöle (Polydimethylsiloxane) beispielsweise bestehen aus Kettenmolekülen der Form

$$
\begin{array}{ccccc}
CH_3 & & CH_3 & & CH_3 \\
| & & | & & | \\
-Si & -O- & Si & -O- & Si-O- \, , \\
| & & | & & | \\
CH_3 & & CH_3 & & CH_3
\end{array}
$$

welche durch Polymerisation aus Monomeren mit der Formel

$$
\begin{array}{c}
CH_3 \\
| \\
OH-Si-OH \\
| \\
CH_3
\end{array}
$$

entstehen. Diese langen Ketten enthalten unter Umständen viele tausend Moleküle, so daß das Molekulargewicht, d. h. das Gewicht von $6,0222 \cdot 10^{23}$ Molekülen (Loschmidtsche Zahl) entsprechend groß ist und Werte bis $10^6 \, g/mol$
erreicht. Typische Nicht-Newtonsche Effekte werden bei Molekulargewich-
ten von über $10^3 \, g/mol$ beobachtet. Polymere Flüssigkeiten können ganz
andere physikalische Eigenschaften als entsprechende monomere Flüssigkeiten haben. Dies ist auch darauf zurückzuführen, daß sich die Ketten (die
übrigens nicht alle gleich lang sind) leicht verknäulen können. Infolge der
thermischen Bewegung lösen und bilden sich ständig neue Verknäulungen.
Unter Scherbelastung werden die Ketten aber ausgerichtet, so daß sie leichter aneinander vorbeigleiten können, was als grobes Modell zur Erklärung des
Zähigkeitsabfalls mit wachsender Scherrate dienen kann. Die bei verschwindender Scherrate vorhandene Zähigkeit ist die sogenannte *Nullviskosität*, die
fast proportional zum Molekulargewicht der Flüssigkeit ist. Die orientierten
Moleküle streben danach, sich wieder zu verknäulen, wenn dies aber verhindert wird, entstehen zusätzliche Normalspannungen. Beim Extrusionsprozess
werden die Moleküle in der Düse ebenfalls orientiert. Aus diesem Zustand
größerer Ordnung verknäulen sich die Molekülketten nach dem Austritt aus

der Düse wieder und weiten so den Strang wieder auf. Im Einklang mit dem
zweiten Hauptsatz der Thermodynamik streben sie also einen Zustand größt-
möglicher Unordnung d. h. maximaler Entropie an. Auf ähnliche Weise läßt
sich auch die oben erwähnte elastische Rückdeformation veranschaulichen.
Wir betonen aber, daß diese Form von Elastizität einen gänzlich anderen
Charakter als die Elastizität eines Festkörpers besitzt. Bei einem Festkörper
werden die Atome durch die Dehnung weiter voneinander entfernt. Die bei
der Dehnung verrichtete Arbeit ist dann als potentielle Energie im Festkörper gespeichert. Bei Entlastung geht die Dehnung sofort zurück, wenn man
einmal von der Trägheit des Materials absieht. Die Elastizität eines polymeren Fluids ist eine Folge der thermischen Bewegung (Rückverknäulung) und
braucht daher eine gewisse Zeit, worin auch der Grund zu sehen ist, daß die
Strahlaufweitung nicht immer unmittelbar hinter der Düse beginnt.

Neben den bisher besprochenen Phänomenen weisen Nicht-Newtonsche
Flüssigkeiten eine Reihe von weiteren, manchmal sehr überraschenden Effek-
ten auf, und es ist daher nicht zu erwarten, daß eine einzige Materialgleichung
diesen verschiedenartigen Phänomenen Rechnung tragen kann. Vom technischen Standpunkt aus erscheint die Scherverdünnung besonders wichtig, denn
viele technische Strömungen sind Scherströmungen oder mit diesen eng verwandt. Die starke Abhängigkeit der Zähigkeit von der Scherrate kann dann
einen erheblichen Einfluß haben. Dies ist z. B. bei Gleitlager- und Rohrströmungen Nicht-Newtonscher Flüssigkeiten, wie bei der bereits erwähnten
Kunststoffverarbeitung, der Fall.

Bei der einfachen Scherströmung hatten wir für Nicht-Newtonsche Flüssigkeiten bereits das Materialgesetz $\tau = \tau(\dot{\gamma})$ angegeben, das wir jetzt als

$$\tau = \eta(\dot{\gamma})\,\dot{\gamma} \tag{3.13}$$

schreiben. Eine Erweiterung dieses Gesetzes für den allgemeinen Spannungszustand erhält man, wenn man in (3.1) ebenfalls eine Abhängigkeit der Scherzähigkeit vom Deformationsgeschwindigkeitstensor zuläßt. Da η ein Skalar
ist, kann η aber nur von den Invarianten des Tensors abhängen. Für inkompressible Strömung ist die erste Invariante (vgl. (1.58)) $I_{1e} = e_{ii}$ ohnehin null,
die dritte Invariante $I_{3e} = \det(e_{ij})$ verschwindet für die Einfache Scherströmung, und die zweite Invariante ergibt sich für inkompressible Strömung zu
$2\,I_{2e} = -e_{ij}\,e_{ij}$. Hiermit führen wir eine verallgemeinerte Scherrate

$$\dot{\gamma} = \sqrt{-4\,I_{2e}} \tag{3.14}$$

ein, so daß sich für die Einfache Scherströmung in Übereinstimmung mit (1.3)
wieder

$$\dot{\gamma} = \mathrm{d}u/\mathrm{d}y \tag{3.15}$$

ergibt. Dann folgt aus dem Cauchy-Poisson-Gesetz (3.1) für inkompressible
Strömung das Materialgesetz der verallgemeinerten Newtonschen Flüssigkeit:

$$\tau_{ij} = -p\,\delta_{ij} + 2\,\eta(\dot\gamma)\,e_{ij}\ . \tag{3.16}$$

Für die *Fließfunktion* $\eta(\dot\gamma)$ findet man in der Spezialliteratur zahlreiche empirische oder halbempirische Modelle, von denen wir hier nur das oft benutzte Potenzgesetz

$$\eta(\dot\gamma) = m\,|\dot\gamma|^{n-1}\ , \tag{3.17}$$

mit den Experimenten anzupassenden Parametern m und n erwähnen, weil dies in einfachen Fällen noch geschlossene Lösungen zuläßt. Offensichtlich ist m ein Parameter, dessen Dimension von dem dimensionslosen Parameter n abhängt. Für $n > 1$ wird scherverdickendes, für $n < 1$ scherverdünnendes Verhalten beschrieben. Für $\dot\gamma \to 0$ geht die Fließfunktion im ersten Fall gegen null, im zweiten gegen unendlich, so daß (3.17) dann unbrauchbar ist, wenn im Strömungsfeld $\dot\gamma = 0$ angetroffen wird. Diese Schwierigkeit kann mit einer Modifikation des Modells (3.17) mit drei freien Parametern vermieden werden:

$$\eta = \begin{cases} \eta_0 & \text{für}\quad \dot\gamma \le \dot\gamma_0 \\ \eta_0\,|\dot\gamma/\dot\gamma_0|^{n-1} & \text{für}\quad \dot\gamma > \dot\gamma_0 \end{cases}. \tag{3.18}$$

Hierin ist $\dot\gamma_0$ die Scherrate, bis zu der Newtonsches Verhalten mit der Nullviskosität η_0 festgestellt wird. Die verallgemeinerten Newtonschen Flüssigkeiten zeigen keine Normalspannungseffekte. Diese werden erst von einem umfassenderen Modell für stationäre Scherströmungen erfaßt, auf das wir hier nicht eingehen werden, das aber die verallgemeinerten Newtonschen Flüssigkeiten als Spezialfall enthält.

Für instationäre Strömungen, bei denen sich die Flüssigkeitselastizität besonders bemerkbar macht, werden oft lineare viskoelastische Modelle verwendet, deren Ursprung auf Maxwell zurückgeht. Das mechanische Analogon zum linearen viskoelastischen Modell ist die Serienschaltung einer Feder und eines Dämpfers (Abb. 3.1). Identifiziert man die Auslenkung der Feder mit der Scherung γ_F, die des Dämpfers mit γ_D und die Kraft mit τ_{21}, so folgt aus dem Kräftegleichgewicht

$$\tau_{21} = G\,\gamma_F = \eta\,\dot\gamma_D\ . \tag{3.19}$$

Die gesamte Auslenkung $\gamma_F + \gamma_D$ bezeichnen wir mit γ, so daß aus (3.19) die Gleichung

$$\tau_{21} = \eta\,\dot\gamma - \frac{\eta}{G}\,\dot\tau_{21} \tag{3.20}$$

entsteht, die wir mit $\eta/G = \lambda_0$, $\dot\gamma = \mathrm{d}u/\mathrm{d}y = 2\,e_{12}$ für die einfache Scherströmung auch in der Form

$$\tau_{21} + \lambda_0\,\dot\tau_{21} = 2\,\eta\,e_{12} \tag{3.21}$$

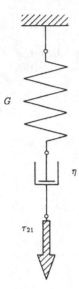

Abbildung 3.1. Maxwellsches Modell der linear elastischen Flüssigkeit

schreiben können. Die tensorielle Verallgemeinerung dieser Gleichung ist das Materialgesetz der linear viskoelastischen Flüssigkeit:

$$P_{ij} + \lambda_0 \frac{\partial P_{ij}}{\partial t} = 2\eta\, e_{ij}\ . \tag{3.22}$$

Man kann die charakteristische Zeit λ_0 als „Gedächtniszeit" der Flüssigkeit auffassen. Für $\lambda_0 \to 0$ erhält man aus (3.22) das für Newtonsche Flüssigkeiten gültige Materialgesetz (3.2), wenn wir dort $e_{kk} = 0$ setzen (inkompressible Strömung).

In diesem Sinne ist die Newtonsche Flüssigkeit eine Flüssigkeit ohne Gedächtnis. Gleichung (3.22) erfüllt aber weder das Axiom der Objektivität, noch beschreibt sie das Phänomen der Scherverdünnung bzw. Scherverdickung. Das Materialgesetz kann aber auf eine objektive Form gebracht werden (wenn die partielle Zeitableitung durch eine objektive Zeitableitung wie die in (1.69) angegebene Oldroydsche oder die *Jaumannsche Ableitung*, von der (2.63) ein Spezialfall ist, ersetzt wird) und beschreibt dann im allgemeinen auch das scherverdünnende Verhalten.

Materialgleichungen beschreiben Eigenschaften des materiellen Punktes und sollten daher in einem Bezugssystem formuliert werden, welches sich mit dem materiellen Teilchen mitbewegt und mit ihm rotiert. Damit ist sichergestellt, daß das Materialverhalten von der Rotation und Translation unabhängig ist, die ja lokal reine Starrkörperbewegungen darstellen. Wenn die Spannung am materiellen Teilchen nur vom augenblicklichen Wert des Deformationsgeschwindigkeitstensors abhängt, wie das z. B. beim Cauchy-Poissonschen Gesetz der Fall ist, ist auch ein, vorläufig als raumfest bezeichnetes, Beobachter-Bezugssystem zulässig, weil das Materialgesetz auch bei zeitabhängiger Transformationsmatrix $a_{ij}(t)$ dort genau dieselbe Form annimmt wie im mitrotierenden System, wovon man sich sofort überzeugen kann, wenn man nach den Regeln des Anhangs A von dem einen System in das andere System transformiert. Geht hingegen die Deformationsgeschichte in den Spannungszustand ein, z. B. wenn die Materialgleichungen die Form von Differentialgleichungen annehmen, so ist das raumfeste System kein zulässiges System, da die zeitlichen Änderungen von Tensoren i. allg. nicht den Transformationsregeln des Anhangs A genügen, d. h. keine *objektiven Tensoren* sind. Als solche bezeichnen wir Tensoren, die auch bei zeitabhängiger Transformationsmatrix (also bei sich drehendem, nicht nur gedrehtem System) den Transformationsregeln gewöhnlicher Tensoren gehorchen, was offensichtlich nötig ist, damit die Materialgleichungen in allen Systemen die gleiche Form haben. Eine Materialgleichung der Form (3.22) gilt daher nur im mitrotierenden System, wobei die partielle Ableitung in (3.22) dann die materielle Ableitung ist. Es liegt zunächst nahe, für die Berechnung einer Strömung mit zeitabhängigem Materialverhalten die Bewegungsgleichungen in das mit dem materiellen Teilchen mitrotierende Bezugssystem zu transformieren. Aus mehreren Gründen ist dieser Weg nicht gangbar: Abgesehen davon, daß i. allg. die Winkelgeschwindigkeiten verschiedener materieller Teilchen verschieden sind und die Randbedingungen eines konkreten Problems ständig zu transformieren wären, ist es auch nahezu unmöglich, Messungen in den unterschiedlich mitrotierenden Systemen auszuführen. In der Regel werden Messungen und Rechnungen im raumfesten System durchgeführt, in dem in der Regel auch der Rand des Strömungsfeldes fest ist. In der Tat sind diese Gesichtspunkte für die Wahl des Bezugssystems entscheidend. Daher wird man versuchen, die nur im mitrotierenden System gültigen Materialgleichungen durch Größen, die auf das feste System bezogen sind, auszudrücken. Es genügt dabei, die partielle Ableitung in (3.22) als Ableitung im mitrotierenden System zu interpretieren und diese Ableitung in Größen und Komponenten des raumfesten Systems darzustellen, da die anderen Tensoren bereits auf das feste System bezogen sind. Die gesuchte Formel für die Ableitung erhalten wir, wenn wir ausgehend von der Transformation (A.29)

$$P_{ij} = a_{ik}a_{jl}P'_{kl} \,, \tag{3.23}$$

in der P'_{kl} die Komponenten im mitrotierenden System sind, die materielle Ableitung

$$\frac{\mathrm{D}P_{ij}}{\mathrm{D}t} = \left(\frac{\mathrm{D}a_{ik}}{\mathrm{D}t}a_{jl} + a_{ik}\frac{\mathrm{D}a_{jl}}{\mathrm{D}t} \right) P'_{kl} + a_{ik}a_{jl}\frac{\mathrm{D}P'_{kl}}{\mathrm{D}t} \tag{3.24}$$

bilden. Offensichtlich ist es der Klammerausdruck, der die Objektivität der zeitlichen Änderung des Tensors verhindert. Die Zeitableitung der orthogonalen Transformationsmatrix $a_{ij} = \vec{e}_i \cdot \vec{e}_j{}'(t)$ ergibt sich mit (2.62), in der die Winkelgeschwindigkeit $\vec{\Omega}$ sinngemäß durch die Winkelgeschwindigkeit $\vec{\omega}$ des Teilchens zu ersetzen ist, zu

$$\frac{\mathrm{D}a_{ij}}{\mathrm{D}t} = \vec{e}_i \cdot (\vec{\omega} \times \vec{e}_j{}') = \vec{e}_i \cdot (\vec{\omega} \times \vec{e}_m)a_{mj} \ , \tag{3.25}$$

wobei der letzte Ausdruck mit (A.23) entsteht und nur noch Terme im raumfesten System enthält. Wir übertragen das Spatprodukt in die Indexnotation

$$\vec{e}_i \cdot (\vec{\omega} \times \vec{e}_m) = (\vec{e}_i)_k \varepsilon_{kln} \omega_l (\vec{e}_m)_n \ , \tag{3.26}$$

und da die k-te Komponente $\vec{e}_i \cdot \vec{e}_k = (\vec{e}_i)_k$ des i-ten Basisvektors dem Kronecker-Delta entspricht, gewinnen wir mit (1.46) den Ausdruck

$$\frac{\mathrm{D}a_{ij}}{\mathrm{D}t} = \varepsilon_{ilm}\omega_l a_{mj} = -\Omega_{mi}a_{mj} \ , \tag{3.27}$$

der (3.24) in die Form

$$a_{ik}a_{jl}\frac{\mathrm{D}P'_{kl}}{\mathrm{D}t} = \frac{\mathrm{D}P_{ij}}{\mathrm{D}t} + P_{mj}\Omega_{mi} + P_{im}\Omega_{mj} \tag{3.28}$$

bringt, deren rechte Seite bereits die gesuchte zeitliche Änderung des Tensors P'_{kl} im mitrotierenden System ist, zerlegt in Komponenten des raumfesten Systems. Diese Ableitung, die oben erwähnte Jaumannsche Ableitung, kennzeichnen wir mit dem Symbol $\mathcal{D}/\mathcal{D}t$:

$$\frac{\mathcal{D}P_{ij}}{\mathcal{D}t} = \frac{\mathrm{D}P_{ij}}{\mathrm{D}t} + P_{mj}\Omega_{mi} + P_{im}\Omega_{mj} \ . \tag{3.29}$$

Die Jaumannsche Ableitung eines objektiven Tensors erzeugt wieder einen objektiven Tensor. Daher kann das oben als raumfest bezeichnete Bezugssystem auch ein Relativsystem sein. Die zeitliche Änderung $(\mathcal{D}\mathbf{P}/\mathcal{D}t)_B$ im Relativsystem ist dieselbe wie im Inertialsystem $(\mathcal{D}\mathbf{P}/\mathcal{D}t)_I$, während sich die Komponenten nach (A.28) transformieren. Materialgleichungen, in denen nur objektive Tensoren auftreten, sind dann in allen Bezugssystemen gültig und erfüllen das Axiom der Objektivität. Sie haben dieselbe Form im Relativ- und Inertialsystem. Mit der Jaumannschen Ableitung eng verwandt ist die bereits mit (1.67) eingeführte Oldroydsche Ableitung, die auf den Reibungsspannungstensor angewandt den Ausdruck

$$\frac{\delta P_{ij}}{\delta t} = \frac{\mathrm{D}P_{ij}}{\mathrm{D}t} + P_{mj}\frac{\partial u_m}{\partial x_i} + P_{im}\frac{\partial u_m}{\partial x_j} \tag{3.30}$$

ergibt, den man erhält, wenn man zur rechten Seite der Gleichung (3.29) den objektiven, symmetrischen Tensor $P_{mj}e_{mi} + P_{im}e_{mj}$ addiert. Dann geht neben der Drehgeschwindigkeit des Teilchens nun auch die Deformationsgeschwindigkeit ein. In der Tat: die Oldroydsche Ableitung stellt die zeitliche Änderung eines Tensors im „körperfesten" System dar, in einem Bezugssystem also, das die Rotation und Deformation des Teilchens mitmacht, wieder zerlegt in Komponenten des raumfesten Systems. Die Oldroydsche Ableitung eines objektiven Tensors ist ebenfalls objektiv, und daher sind die aus Abschnitt 1.2.4 bekannten Rivlin-Ericksen-Tensoren objektive Tensoren. Ein Zusammenhang zwischen dem Spannungstensor und den Rivlin-Ericksen-Tensoren stellt daher immer eine objektive Materialgleichung dar.

Der Nutzen dieser objektiven Ableitungen (und auch anderer) liegt darin, daß sie zeitabhängiges Materialverhalten, welches im raumfesten System bei vernachlässigter Deformationsgeschichte ermittelt wurde, auf beliebige große Deformationen verallgemeinern. Für genügend kleine Deformationsgeschwindigkeiten, was i. allg. auch kleine Drehgeschwindigkeiten bedeutet, reduzieren sich (3.29) und (3.30) wieder auf die partielle Zeitableitung, und Gleichung (3.22) leistet daher gute Dienste zur Beschreibung oszillierender Flüssigkeitsbewegungen bei kleiner Amplitude.

Die beiden bisher besprochenen Modelle sind Beispiele einer Vielzahl von Nicht-Newtonschen Flüssigkeitsmodellen, die im Grunde alle empirischer Natur sind. Ausgehend von der einfachen Flüssigkeit kann man eine Reihe dieser Materialgleichungen in eine Systematik einordnen. Wir verweisen hier auf die Spezialliteratur, besprechen aber noch zwei Modelle, die zahlreiche technische Anwendungen gefunden haben, weil die allgemeine funktionale Abhängigkeit des Reibungsspannungstensors von der Geschichte des relativen Deformationsgradienten in diesen Fällen eine explizite Form gefunden hat. Der Reibungsspannungstensor ist eine tensorwertige Funktion (mit neun bzw. wegen Symmetrie sechs Komponenten) dieser Geschichte. Die Geschichte ist eine Funktion der Zeit t', die den Verlauf des relativen Deformationsgradiententensors angibt. Der Wertebereich von t' erstreckt sich von $-\infty$ bis zur aktuellen Zeit t. Der Tensor der Reibungsspannungen ist also eine tensorwertige Funktion, deren Argumente wiederum tensorwertige Funktionen sind; man spricht von einer Funktionenfunktion oder von einem *Funktional*. Der relative Deformationsgradiententensor $C_{ij}(\vec{x}, t, t')$ beschreibt die Deformation, die das Teilchen, das sich zur aktuellen Zeit t am Ort $\vec{x}$ befindet, zur Zeit t' erfahren hat.

(In einer Flüssigkeitsbewegung $\vec{x} = \vec{x}(\vec{\xi}, t)$ ist der Ort eines materiellen Punktes $\vec{\xi}$ zur Zeit $t' < t$ durch $\vec{x'} = \vec{x}(\vec{\xi}, t')$ gegeben. Ersetzen wir hierin $\vec{\xi}$ durch $\vec{\xi} = \vec{\xi}(\vec{x}, t)$, so erhalten wir die Relativbewegung $\vec{x'} = \vec{x}(\vec{x}, t, t')$, in der die aktuelle Konfiguration ($t' = t$) als Referenzkonfiguration benutzt wird. Zur festen aktuellen Zeit t und mit neuem Parameter $t - t' \geq 0$ beschreibt die Relativbewegung die Geschichte der Flüssigkeitsbewegung. Der symmetrische Tensor $(\partial x'_l/\partial x_i)(\partial x'_l/\partial x_j)$, gebildet aus dem *relativen Deformationsgradienten* $\partial x'_l/\partial x_i$, ist der *relative Deformationsgradiententensor* $C_{ij}(\vec{x}, t, t')$, der auch als *relativer Rechts-Cauchy-Green-Tensor* bezeichnet wird (siehe auch (3.45).)

Wir betrachten den Fall, für den sich die Geschichte $C_{ij}(\vec{x}, t, t')$ in eine Taylorreihe entwickeln läßt. Es zeigt sich, daß die Entwicklungskoeffizienten die durch (1.68) definierten Rivlin-Ericksen-Tensoren sind, so daß für die Geschichte die Entwicklung

$$C_{ij}(\vec{x}, t, t') = \delta_{ij} + (t' - t) A_{(1)ij} + \frac{1}{2}(t' - t)^2 A_{(2)ij} + \cdots \tag{3.31}$$

gilt. (Um die Gleichheit des Ausdrucks

$$A_{(n)ij} = \left[\frac{\mathrm{D}^n C_{ij}}{\mathrm{D}t'^n} \right]_{t'=t}$$

zu zeigen, differenzieren wir das Quadrat des Linienelementes $\mathrm{d}s'$ nach t'

$$\frac{\mathrm{D}^n \mathrm{d}s'^2}{\mathrm{D}t'^n} = \frac{\mathrm{D}^n}{\mathrm{D}t'^n} \left(\frac{\partial x'_l}{\partial x_i} \frac{\partial x'_l}{\partial x_j} \right) \mathrm{d}x_i \mathrm{d}x_j = \frac{\mathrm{D}^n C_{ij}}{\mathrm{D}t'^n} \frac{\partial x_i}{\partial x'_k} \frac{\partial x_j}{\partial x'_m} \mathrm{d}x'_k \mathrm{d}x'_m.$$

Andererseits gilt nach (1.68)

$$\frac{\mathrm{D}^n \mathrm{d}s'^2}{\mathrm{D}t'^n} = A_{(n)ij} \mathrm{d}x'_i \mathrm{d}x'_j \ ,$$

so daß wir für $t' = t$ die Gleichung

$$\left[\frac{\mathrm{D}^n C_{ij}}{\mathrm{D}t'^n} \right]_{t'=t} \delta_{ik} \delta_{jm} \mathrm{d}x'_k \mathrm{d}x'_m = A_{(n)ij} \mathrm{d}x'_i \mathrm{d}x'_j$$

und somit die obige Behauptung erhalten.)

Wenn man die Reihe mit dem n-ten Glied abbrechen kann (entweder weil die höheren Rivlin-Ericksen-Tensoren sehr klein werden, was nach (1.68) dann der Fall ist, wenn die Änderung des Quadrates des materiellen Linienelementes genügend langsam erfolgt, oder wenn die Kinematik so eingeschränkt ist, daß die höheren Tensoren identisch verschwinden, wie das bekanntlich bei stationären Schichtenströmungen oder etwas allgemeiner bei viskometrischen Strömungen für $n > 2$ der Fall ist), so ist der Reibungsspannungstensor keine Funktion einer Funktion mehr, sondern eine Funktion der n Rivlin-Ericksen-Tensoren, die man aus dem Geschwindigkeitsfeld berechnen kann. Die Materialgleichung lautet dann

$$\tau_{ij} = -p\,\delta_{ij} + \varphi_{ij}\{A_{(1)kl}, \ldots, A_{(n)kl}\} \ , \tag{3.32a}$$

oder in symbolischer Schreibweise

$$\mathbf{T} = -p\,\mathbf{I} + \varphi\{\mathbf{A}_{(1)}, \ldots, \mathbf{A}_{(n)}\} \ , \tag{3.32b}$$

wobei φ eine tensorwertige Funktion der n Tensorveränderlichen $\mathbf{A}_{(1)}$ bis $\mathbf{A}_{(n)}$ ist. Speziell für Schichtenströmungen führt der Übergang vom Funktional auf die exakte Gleichung

$$\mathbf{T} = -p\,\mathbf{I} + \varphi\{\mathbf{A}_{(1)}, \mathbf{A}_{(2)}\} \ . \tag{3.33}$$

Unter *Schichtenströmungen* verstehen wir Strömungen, bei denen in einem geeigneten (nicht notwendigerweise kartesischen) Koordinatensystem nur eine Geschwindigkeitskomponente von null verschieden ist und diese sich nur senkrecht zur Strömungsrichtung ändert. Diese Klasse von Strömungen läßt wegen der besonders einfachen Kinematik oft geschlossene Lösungen zu und wird im Kapitel 6 ausführlich behandelt.

Kennzeichnen wir die Strömungsrichtung mit dem Einheitsvektor $\vec{e_1}$, die Richtung der Geschwindigkeitsänderung mit $\vec{e_2}$ und die zu beiden rechtshändige Normale mit $\vec{e_3}$, so nehmen der erste und zweite Rivlin-Erickson-Tensor die aus Abschnitt 1.2 bekannte Form der Einfachen Scherströmung (1.71) und (1.72) an. Da die Komponenten von $\mathbf{A}_{(1)}$ und $\mathbf{A}_{(2)}$ nur Funktionen von $\dot{\gamma}$ sind, gewinnen wir aus (3.33) die Gleichung

$$\tau_{ij} = -p\,\delta_{ij} + \varphi_{ij}(\dot{\gamma})\ . \tag{3.34}$$

Die Spannungen $\tau_{13} = \tau_{31}$ und $\tau_{23} = \tau_{32}$ sind in Schichtenströmungen null, und die Matrixdarstellung von (3.34) lautet

$$\left[\mathbf{T}\right] = \begin{bmatrix} \varphi_{11}(\dot{\gamma}) - p & \varphi_{12}(\dot{\gamma}) & 0 \\ \varphi_{12}(\dot{\gamma}) & \varphi_{22}(\dot{\gamma}) - p & 0 \\ 0 & 0 & \varphi_{33}(\dot{\gamma}) - p \end{bmatrix}\ . \tag{3.35}$$

Um den bei inkompressibler Strömung unbestimmten Druck zu eliminieren, bilden wir die Differenz der Normalspannungen:

$$\begin{aligned} \tau_{11} - \tau_{22} &= N_1(\dot{\gamma}) \\ \tau_{22} - \tau_{33} &= N_2(\dot{\gamma}) \end{aligned}\ , \tag{3.36}$$

die zusammen mit der Schubspannung

$$\tau_{12} = \tau(\dot{\gamma}) \tag{3.37}$$

das Verhalten der einfachen Flüssigkeit bei Schichtenströmungen vollständig festlegen. $N_1(\dot{\gamma})$ wird die erste Normalspannungsfunktion, $N_2(\dot{\gamma})$ die zweite Normalspannungsfunktion und $\tau(\dot{\gamma})$ die Schubspannungsfunktion genannt. N_1 und N_2 sind gerade Funktionen von $\dot{\gamma}$, τ ist eine ungerade Funktion von $\dot{\gamma}$. Alle diese Funktionen hängen natürlich vom Material ab. Zwei verschiedene Flüssigkeiten mit gleichen Normal- und Schubspannungsfunktionen können aber in anderen Strömungen als Schichtenströmungen völlig verschiedene Verhalten zeigen.

Wir betrachten nun den Fall, daß die Änderung von $\mathrm{d}s^2$ in (1.68) genügend langsam erfolgt, was bei langsamen und langsam veränderlichen Bewegungen der Fall ist, und sagen $\mathbf{A}_{(1)}$ ist von erster, $\mathbf{A}_{(2)}$ von zweiter Ordnung:

$$\mathbf{A}_{(n)} \sim O(\epsilon^n)\ . \tag{3.38}$$

Beschränken wir uns auf Glieder erster Ordnung in ϵ, so läßt sich (3.32) in der Form

$$\mathbf{T} = -p\,\mathbf{I} + \eta\,\mathbf{A}_{(1)}\ , \tag{3.39a}$$

bzw.

$$\tau_{ij} = -p\,\delta_{ij} + \eta\,A_{(1)ij} \tag{3.39b}$$

schreiben. Da $A_{(1)ij} = 2e_{ij}$ ist, erkennt man das Cauchy-Poisson-Gesetz (3.1) für inkompressible Newtonsche Flüssigkeiten, das wir hier für den Grenzfall sehr langsamer und langsam veränderlicher Bewegung erhalten haben. „Langsame Veränderlichkeit" bedingt aber eine Veränderung mit einem typischen Zeitmaßstab, der groß im Vergleich zur Gedächtniszeit der Flüssigkeit ist. Wie wir im Zusammenhang mit (3.22) bereits erwähnt haben, hat die Newtonsche Flüssigkeit kein Gedächtnis, so daß der im Sinne der „Näherung" (3.39) zulässige Zeitmaßstab beliebig klein sein kann.

Berücksichtigt man Glieder bis zur zweiten Ordnung in ϵ, so erhält man aus (3.32b) die Definition einer Flüssigkeit zweiter Ordnung

$$\mathbf{T} = -p\,\mathbf{I} + \eta\,\mathbf{A}_{(1)} + \beta\,\mathbf{A}_{(1)}^2 + \gamma\,\mathbf{A}_{(2)} \ . \tag{3.40}$$

Die Koeffizienten η, β und γ sind hierin materialabhängige Konstanten (wobei sich γ aus Messungen als negativ erweist). Die Gültigkeit dieses Materialgesetzes ist nicht kinematisch eingeschränkt und kann allgemein auch für instationäre, dreidimensionale Strömungen eingesetzt werden. Die Einschränkung ist die erforderliche „Langsamkeit" der betrachteten Prozesse, wobei die Bedeutung von „langsam" im konkret vorliegenden Problem zu klären ist.

Die Flüssigkeit zweiter Ordnung ist das einfachste Modell, das in einfacher Scherströmung zwei verschiedene Normalspannungsfunktionen zeigt, die (wie es sein muß) mit $\dot\gamma^2$ anwachsen. Allerdings wird dann die in Experimenten immer beobachtete Scherverdünnung nicht beschrieben. Trotzdem wird dieses Modell in sehr vielen Untersuchungen verwendet, und es ist auch in der Lage, die meisten Nicht-Newtonschen Effekte qualitativ, wenn auch nicht immer quantitativ, vorherzusagen. Schließlich kann man dieses Materialgesetz, welches alle am Anfang dieses Kapitels aufgeführten Axiome für Materialgleichungen erfüllt, losgelöst von seiner Ableitung als zulässiges Flüssigkeitsmodell sehen, dessen Übereinstimmung mit dem realen Materialverhalten sowieso experimentell zu überprüfen ist (wie man es auch beim Cauchy-Poisson-Gesetz tut).

Die bisher besprochenen Materialien sind reine Flüssigkeiten, d. h. Materialien, bei denen die Scherkräfte verschwinden, wenn die Verformungsgeschwindigkeit gegen null geht. Wie bereits erwähnt, hat man es oft mit Stoffen zu tun, die dualen Charakter haben. Von diesen Stoffen besprechen wir hier das *Bingham-Material*, das als Modell für das Materialverhalten von Farbe dienen kann oder allgemeiner für Suspensionen fester Teilchen hoher Konzentration in Newtonschen Flüssigkeiten. Wenn die festen Teilchen und die Flüssigkeit dielektrisch, d. h. elektrisch nicht leitend sind, so können diese Dispersionen unter starkem elektrischem Feld Bingham-Charakter annehmen auch wenn sie ohne Feld reines Flüssigkeitsverhalten zeigen. Diese

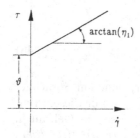

Abbildung 3.2. Bingham-Materialverhalten

elektrorheologischen Flüssigkeiten, deren Materialverhalten sich ohne großen Aufwand und recht schnell verändern läßt, können Anwendung z. B. bei der Bekämpfung unerwünschter Schwingungen finden. Durch geeignete Maßnahmen kann man es erreichen, daß sich das Verhalten selbständig den Anforderungen anpaßt, so daß sich die elektrorheologischen Flüssigkeiten zu „intelligenten" Materialien umformen lassen, die zunehmend an Interesse gewinnen. Auch das Verhalten von Fetten, die besonders bei Rollkontakten als Schmiermittel eingesetzt werden, läßt sich mit dem Bingham-Modell beschreiben. Besonders einsichtig wird das Bingham-Verhalten in einfacher Scherströmung: Wenn das Material fließt, hat man für die Schubspannung

$$\tau = \eta_1 \dot{\gamma} + \vartheta \; ; \qquad \tau \geq \vartheta \; . \tag{3.41}$$

Andernfalls verhält sich das Material wie ein elastischer Festkörper, und die Schubspannung ist

$$\tau = G\gamma \; ; \qquad \tau < \vartheta, \tag{3.42}$$

wobei ϑ die Fließspannung und G der Schubmodul ist. Bei einem allgemeineren Spannungszustand erhält die Fließspannung Tensorcharakter und an Stelle von ϑ tritt ϑ_{ij}, so daß das Fließkriterium nicht unmittelbar einsichtig ist. Wir führen im folgenden das tensoriell verallgemeinerte *Binghamsche Materialgesetz* ein und beschreiben zunächst das elastische Verhalten. Dabei schließen wir an (1.5) und (1.8) an und betrachten $\vec{\xi}$ als die Teilchenposition im undeformierten Zustand und $\vec{x}$ als die Position desselben Teilchens im deformierten Zustand. Ein undeformiertes materielles Vektorelement steht mit dem deformierten Element $d\vec{x}$ in der Beziehung

$$dx_i = \frac{\partial x_i}{\partial \xi_j} d\xi_j \; , \tag{3.43}$$

die unmittelbar aus (1.5) folgt und in der $\partial x_i / \partial \xi_j$ der *Deformationsgradient* ist. Wir schreiben daher für das Quadrat des Längenelementes $|d\vec{x}|$

$$dx_i dx_i = \frac{\partial x_i}{\partial \xi_j} \frac{\partial x_i}{\partial \xi_k} d\xi_j d\xi_k \tag{3.44}$$

sowie für die Differenz

$$|\mathrm{d}\vec{x}|^2 - |\mathrm{d}\vec{\xi}|^2 = \left(\frac{\partial x_i}{\partial \xi_j} \frac{\partial x_i}{\partial \xi_k} - \delta_{jk} \right) \mathrm{d}\xi_j \mathrm{d}\xi_k \tag{3.45}$$

und bezeichnen die Hälfte der Größe in der Klammer, neuerem Sprachgebrauch zur Folge, als *Lagrangeschen Dehnungstensor* E_{jk}. Für diesen Tensor ist auch die Bezeichnung *Greenscher Verzerrungstensor* in Gebrauch. Hier soll aber der, offensichtlich symmetrische, Tensor $(\partial x_i/\partial \xi_j)(\partial x_i/\partial \xi_k)$ in (3.44) als *Greenscher Deformationstensor* bezeichnet werden. Gleichung (1.5) ermöglicht auch die Darstellung von (3.45) über den Zwischenschritt

$$|\mathrm{d}\vec{x}|^2 - |\mathrm{d}\vec{\xi}|^2 = \left(\frac{\partial x_i}{\partial \xi_j} \frac{\partial x_i}{\partial \xi_k} - \delta_{jk} \right) \frac{\partial \xi_j}{\partial x_l} \mathrm{d}x_l \frac{\partial \xi_k}{\partial x_m} \mathrm{d}x_m \tag{3.46}$$

in Feldkoordinaten:

$$|\mathrm{d}\vec{x}|^2 - |\mathrm{d}\vec{\xi}|^2 = \left(\delta_{lm} - \frac{\partial \xi_k}{\partial x_l} \frac{\partial \xi_k}{\partial x_m} \right) \mathrm{d}x_l \mathrm{d}x_m. \tag{3.47}$$

Entsprechend bezeichnet man den halben Klammerausdruck in (3.47) als *Eulerschen Dehnungstensor* ϵ_{lm}, der auch *Almansischer Verzerrungstensor* genannt wird. Der symmetrische Tensor $(\partial \xi_k/\partial x_l)(\partial \xi_k/\partial x_m)$ ist der *Cauchysche Deformationstensor*, der das Eulersche Gegenstück zum Greenschen Deformationstensor ist. Die Dehnungstensoren drücken wir auch unter Verwendung des Verschiebungsvektors

$$\vec{y} = \vec{x} - \vec{\xi} \tag{3.48}$$

aus und erhalten mit dem Greenschen Deformationstensor

$$\frac{\partial x_i}{\partial \xi_j} \frac{\partial x_i}{\partial \xi_k} = \frac{\partial y_i}{\partial \xi_j} \frac{\partial y_i}{\partial \xi_k} + \frac{\partial y_k}{\partial \xi_j} + \frac{\partial y_j}{\partial \xi_k} + \delta_{kj} \tag{3.49}$$

für den Lagrangeschen Dehnungstensor den Ausdruck

$$E_{jk} = \frac{1}{2} \left(\frac{\partial y_i}{\partial \xi_j} \frac{\partial y_i}{\partial \xi_k} + \frac{\partial y_j}{\partial \xi_k} + \frac{\partial y_k}{\partial \xi_j} \right), \tag{3.50}$$

der sich für genügend kleine Deformationen, d. h. bei Vernachlässigung quadratischer Glieder, zu

$$E_{jk} = \frac{1}{2} \left(\frac{\partial y_j}{\partial \xi_k} + \frac{\partial y_k}{\partial \xi_j} \right) \tag{3.51}$$

vereinfacht. Aus (3.48) folgt

$$\frac{\partial y_j}{\partial x_k} = \delta_{kj} - \frac{\partial \xi_j}{\partial x_k} \tag{3.52a}$$

und für kleine Deformationen, d. h. $\partial y_j / \partial x_k \ll \partial \xi_j / \partial x_k$, dann

$$\frac{\partial \xi_j}{\partial x_k} \approx \delta_{kj} \, , \tag{3.52b}$$

so daß wir mit der (auch (3.46) zu entnehmenden) Transformation

$$E_{jk} \frac{\partial \xi_j}{\partial x_l} \frac{\partial \xi_k}{\partial x_m} = \epsilon_{lm} \tag{3.53}$$

auf

$$E_{lm} \approx \epsilon_{lm} \tag{3.54}$$

geführt werden. In diesem Fall verschwindet der Unterschied zwischen dem Lagrangeschen und Eulerschen Dehnungstensor. Im weiteren beschränken wir uns auf kleine Deformationen und gewinnen aus der substantiellen Ableitung des Dehnungstensors $\epsilon_{lm} = 1/2(\partial y_l / \partial x_m + \partial y_m / \partial x_l)$ auch noch den Dehnungsgeschwindigkeitstensor (1.29a):

$$\frac{D\epsilon_{lm}}{Dt} = \frac{1}{2} \left(\frac{\partial u_l}{\partial x_m} + \frac{\partial u_m}{\partial x_l} \right) = e_{lm} \, . \tag{3.55}$$

Es ist in der Rheologie üblich, die negative mittlere Normalspannung als Druck zu bezeichnen, und wir schließen uns diesem Brauch hier an, verweisen aber darauf, daß die mittlere Normalspannung i. allg. isotrope Anteile enthält, die von der Bewegung abhängen. Bei inkompressiblem Material, auf das wir uns beschränken, ist der Druck aber ohnehin eine unbekannte Funktion, die aus der Lösung der Bewegungsgleichungen folgt, und der Unterschied ist nicht von Bedeutung. Wir schreiben daher für das Materialgesetz

$$\tau_{ij} = -p\,\delta_{ij} + \tau'_{ij}, \quad p = -\frac{1}{3}\tau_{kk}. \tag{3.56}$$

Der Tensor τ'_{ij} ist nach obigem ein Deviator, d. h. die Spur des Tensors verschwindet. Wenn e'_{ij} und ϵ'_{ij} die deviatorischen Anteile des Dehnungsgeschwindigkeits- und Dehnungstensors sind, so gilt an der Fließgrenze

$$e'_{ij} = 0 \quad \text{und} \quad \tau'_{ij} = 2G\epsilon'_{ij} = \vartheta_{ij} \, . \tag{3.57}$$

Wir nehmen an, daß Fließen gemäß der v. Mises Hypothese auftritt, d. h. wenn die als Folge der deviatorischen Spannungen im Material gespeicherte Energie einen vorgegebenen Wert erreicht:

$$\frac{1}{2}\epsilon'_{ij}\tau'_{ij} = \text{const} \, . \tag{3.58}$$

Mit (3.57) ist die potentielle Energie an der Fließgrenze dann

$$\frac{1}{4G}\vartheta_{ij}\vartheta_{ij} = \text{const} = \frac{1}{2G}\vartheta^2 \; , \tag{3.59}$$

so daß wir das Materialgesetz des Bingham-Materials in der Form

$$\tau'_{ij} = 2\eta e'_{ij} \quad \text{wenn} \quad \frac{1}{2}\tau'_{ij}\tau_{ij} \geq \vartheta^2 \tag{3.60}$$

und

$$\tau'_{ij} = 2G\epsilon'_{ij} \quad \text{wenn} \quad \frac{1}{2}\tau'_{ij}\tau'_{ij} \leq \vartheta^2 \tag{3.61}$$

mit

$$\eta = \eta_1 + \vartheta/(2e'_{ij}e'_{ij})^{1/2} \tag{3.62}$$

gewinnen. Das inkompressible Bingham-Material wird durch die drei Materialgrößen G, ϑ und η_1 festgelegt. Dort wo es fließt verhält es sich wie eine Flüssigkeit mit veränderlicher Viskosität η, die von der zweiten Invarianten des Dehnungsgeschwindigkeitsdeviators I'_{2e} abhängt. Es verhält sich also dort wie eine verallgemeinerte Newtonsche Flüssigkeit. Das zu (3.60) bzw. (3.61) gehörige Fließkriterium enthält nur die zweite Invariante des Spannungsdeviators, ist also koordinateninvariant. Bei der einfachen Scherströmung ist $\tau'_{ij}\tau_{ij} = 2\tau_{xy}^2$, und die Gleichungen (3.60) und (3.61) gehen mit (3.62) wegen $e'_{xy} = \frac{1}{2}\mathrm{d}u/\mathrm{d}y$ in die Gleichungen (3.41) und (3.42) über. Oft wird statt des elastischen Festkörperverhaltens in Bereichen wo $\frac{1}{2}\tau'_{ij}\tau'_{ij} < \vartheta^2$ ist, Starrkörperverhalten angenommen. Das Materialgesetz nimmt dann die Form

$$\tau'_{ij} = 2\eta e'_{ij} \quad \text{wenn} \quad \frac{1}{2}\tau'_{ij}\tau'_{ij} \geq \vartheta^2 \tag{3.63}$$

$$\epsilon'_{ij} = 0 \quad \text{wenn} \quad \frac{1}{2}\tau'_{ij}\tau'_{ij} \leq \vartheta^2 \tag{3.64}$$

an.

Bei numerischen Rechnungen wird das Binghamsche Materialgesetz auch durch ein *Zwei-Viskositäten-Modell* approximiert, das sich numerisch einfacher handhaben läßt und wohl auch Vorteile bei der Lokalisierung der Gleitflächen bietet. In diesem Modell wird das Starrkörperverhalten (3.64) durch ein Newtonsches Fließverhalten mit sehr großer Viskosität η_0 ($\eta_0 \gg \eta_1$) ersetzt. Statt (3.64) haben wir dann das Gesetz

$$\tau'_{ij} = 2\eta_0 e'_{ij} \quad \text{wenn} \quad \frac{1}{2}\tau'_{ij}\tau'_{ij} \leq \vartheta^2 \; , \tag{3.65}$$

welches für $\eta_0 \to \infty$ d. h. $e'_{ij} \to 0$ in (3.64) übergeht.

4

Bewegungsgleichungen für spezielle Materialgesetze

Wir spezialisieren nun die universell gültigen Cauchyschen Gleichungen (2.38) und die Energiegleichung (2.119) auf die beiden technisch wichtigsten Fälle: Newtonsche Flüssigkeiten und reibungsfreie Flüssigkeiten. Die Kontinuitätsgleichung (2.2) (Massenbilanz) und die Symmetrie des Spannungstensors (2.53) (Drehimpulsbilanz) bleiben von der Wahl der Materialgleichung unbeeinflußt.

4.1 Newtonsche Flüssigkeiten

4.1.1 Navier-Stokessche Gleichungen

Wir beginnen mit der Newtonschen Flüssigkeit, die durch das Materialgesetz (3.1) definiert ist, und erhalten durch Einsetzen von (3.1) und (1.29) in (2.38) die *Navier-Stokesschen Gleichungen*:

$$\varrho \frac{\mathrm{D}u_i}{\mathrm{D}t} = \varrho\, k_i + \frac{\partial}{\partial x_i}\left\{ -p + \lambda^* \frac{\partial u_k}{\partial x_k}\right\} + \frac{\partial}{\partial x_j}\left\{ \eta\left[\frac{\partial u_i}{\partial x_j} + \frac{\partial u_j}{\partial x_i}\right]\right\} \,, \qquad (4.1)$$

wobei wir von der Austauscheigenschaft des Kronecker-Deltas δ_{ij} Gebrauch gemacht haben.

Mit dem aus (3.1) resultierenden linearen Gesetz für die Reibungsspannungen (3.2) und dem linearen Gesetz für den Wärmestromvektor (3.8) spezialisieren wir auch die Energiegleichung auf den Fall Newtonscher Flüssigkeiten:

$$\varrho\, \frac{\mathrm{D}e}{\mathrm{D}t} - \frac{p}{\varrho}\frac{\mathrm{D}\varrho}{\mathrm{D}t} = \Phi + \frac{\partial}{\partial x_i}\left[\lambda\, \frac{\partial T}{\partial x_i}\right] \,, \qquad (4.2)$$

wobei die Dissipationsfunktion Φ durch (3.6) gegeben ist. Genauso verfährt man mit den für bestimmte Probleme oft zweckmäßigeren Formen (2.116) und (2.118) der Energiegleichung. Eine andere gebräuchliche Form der Energiegleichung (4.2) entsteht durch Einführung der Enthalpie $h = e + p/\varrho$. Wegen

$$\varrho \, \frac{\mathrm{D}h}{\mathrm{D}t} = \varrho \, \frac{\mathrm{D}e}{\mathrm{D}t} - \frac{p}{\varrho} \frac{\mathrm{D}\varrho}{\mathrm{D}t} + \frac{\mathrm{D}p}{\mathrm{D}t} \tag{4.3}$$

kann für (4.2) auch

$$\varrho \, \frac{\mathrm{D}h}{\mathrm{D}t} - \frac{\mathrm{D}p}{\mathrm{D}t} = \varPhi + \frac{\partial}{\partial x_i} \Big[\lambda \, \frac{\partial T}{\partial x_i} \Big] \tag{4.4}$$

geschrieben werden. Als Folge der Gibbsschen Relation (2.133) kann an die Stelle von (4.2) auch die Entropiegleichung für Newtonsche Flüssigkeiten treten:

$$\varrho \, T \, \frac{\mathrm{D}s}{\mathrm{D}t} = \varPhi + \frac{\partial}{\partial x_i} \Big[\lambda \, \frac{\partial T}{\partial x_i} \Big] \, . \tag{4.5}$$

Wählt man die Energiegleichung (4.2), so stehen mit dieser, der Kontinuitätsgleichung und den Navier-Stokesschen Gleichungen fünf partielle Differentialgleichungen für sieben unbekannte Funktionen zur Verfügung. Hinzu treten aber noch die thermische Zustandsgleichung $p = p(\varrho, T)$ und die kalorische Zustandsgleichung $e = e(\varrho, T)$. Dieser Gleichungssatz bildet den Ausgangspunkt für die Berechnung der reibungsbehafteten kompressiblen Strömung.

Die Form (4.1) der Navier-Stokesschen Gleichungen ist auf kartesische Koordinatensysteme beschränkt. In vielen technischen Anwendungen werden aber durch die Strömungsberandung krummlinige Koordinatensysteme nahegelegt. Betrachtet man z. B. die Schichtenströmung zwischen rotierenden Zylindern (Abb. 6.5), so ist in Zylinderkoordinaten nur eine von null verschiedene Geschwindigkeitskomponente zu berechnen, während in kartesischen Koordinaten zwei Komponenten zu ermitteln wären. Es empfiehlt sich dann, von der in allen Koordinatensystemen gültigen, symbolischen Schreibweise Gebrauch zu machen. Hierzu setzen wir die Materialgleichung (3.1b) in die Cauchysche Gleichung (2.38b) ein:

$$\varrho \, \frac{\mathrm{D}\vec{u}}{\mathrm{D}t} = \varrho \, \vec{k} - \nabla \, p + \nabla(\lambda^* \nabla \cdot \vec{u}) + \nabla \cdot (2 \, \eta \mathbf{E}) \, , \tag{4.6}$$

wobei man die materielle Ableitung zweckmäßigerweise in der Form (1.78) einsetzt. In den Gleichungen (4.2) bis (4.5) ist der Operator $\partial/\partial x_i$ entsprechend durch den Nabla-Operator ∇ zu ersetzen und zu beachten, daß die Dissipationsfunktion in der symbolischen Schreibweise (3.6b) einzusetzen ist. Die wichtigsten krummlinigen Koordinatensysteme sind rechtwinklig, und man kann mit Kenntnis der jeweiligen Definition des Nabla-Operators die Komponentengleichungen von (4.6) im betrachteten Koordinatensystem direkt ausrechnen. Der Rechengang ist im Anhang B erläutert, wo sich auch die

Komponentenformen der Navier-Stokesschen Gleichungen (für inkompressible Strömung) in den gebräuchlichsten Koordinatensystemen finden lassen.

Für isotherme Felder oder bei Vernachlässigung der Temperaturabhängigkeit von η und λ^* läßt sich der letzte Term der rechten Seite von (4.1) umformen. In kartesischer Indexschreibweise folgt dann

$$\frac{\partial}{\partial x_j}\left\{\eta\left[\frac{\partial u_i}{\partial x_j}+\frac{\partial u_j}{\partial x_i}\right]\right\}=\eta\left\{\frac{\partial^2 u_i}{\partial x_j\partial x_j}+\frac{\partial}{\partial x_i}\left[\frac{\partial u_k}{\partial x_k}\right]\right\},\tag{4.7}$$

wobei wir in einem Zwischenschritt die Reihenfolge der Differentiationen vertauscht haben, so daß aus (4.1) die von Navier und Stokes angegebene Form entsteht:

$$\varrho\,\frac{\mathrm{D}u_i}{\mathrm{D}t}=\varrho\,k_i-\frac{\partial p}{\partial x_i}+(\lambda^*+\eta)\,\frac{\partial}{\partial x_i}\left[\frac{\partial u_k}{\partial x_k}\right]+\eta\left[\frac{\partial^2 u_i}{\partial x_j\partial x_j}\right].\tag{4.8a}$$

In symbolischer Schreibweise lautet diese Gleichung

$$\varrho\,\frac{\mathrm{D}\vec{u}}{\mathrm{D}t}=\varrho\,\vec{k}-\nabla p+(\lambda^*+\eta)\,\nabla(\nabla\cdot\vec{u})+\eta\,\Delta\vec{u}\,.\tag{4.8b}$$

Hierin ist $\Delta=\nabla\cdot\nabla$ der *Laplace-Operator*, dessen explizite Form für verschiedene Koordinatensysteme ebenfalls im Anhang B zu finden ist. Für inkompressible Strömung ($\partial u_k/\partial x_k=\nabla\cdot\vec{u}=0$) reduziert sich (4.8) auf

$$\varrho\,\frac{\mathrm{D}u_i}{\mathrm{D}t}=\varrho\,k_i-\frac{\partial p}{\partial x_i}+\eta\,\frac{\partial^2 u_i}{\partial x_k\partial x_k}\tag{4.9a}$$

bzw.

$$\varrho\,\frac{\mathrm{D}\vec{u}}{\mathrm{D}t}=\varrho\,\vec{k}-\nabla p+\eta\,\Delta\vec{u}\,.\tag{4.9b}$$

Oft ist die Dichteverteilung ϱ zu Beginn eines inkompressiblen Strömungsvorganges homogen. Wegen $\mathrm{D}\varrho/\mathrm{D}t=0$ bleibt diese Homogenität für alle Zeiten erhalten, so daß die Bedingung „inkompressible Strömung" durch die Bedingung „konstante Dichte" ersetzt werden kann. Wir nehmen dies im folgenden immer an, wenn nicht ausdrücklich das Gegenteil gesagt wird (siehe hierzu auch Diskussion in Abschnitt 2.1). Mit (4.9) und der Kontinuitätsgleichung ($\partial u_i/\partial x_i=0$) stehen vier Differentialgleichungen für die vier unbekannten Funktionen u_i und p zur Verfügung, wobei p jetzt eine abhängige Veränderliche des Problems ist.

Anschaulich interpretieren wir die Gleichung (4.9) folgendermaßen: Links steht das Produkt aus der Masse des materiellen Teilchens (pro Volumeneinheit) und seiner Beschleunigung, rechts die Summe aus der Volumenkraft $\varrho\vec{k}$, der Nettodruckkraft pro Volumeneinheit $-\nabla p$, d. h. der Differenz der Druckkräfte am materiellen Teilchen (Divergenz des Tensors der Druckspannungen $-\nabla\cdot(p\,\mathbf{I})$), und der Nettoreibungskraft pro Volumeneinheit $\eta\Delta\vec{u}$, d. h. der

Differenz der Reibkräfte am Teilchen (Divergenz des Tensors der Reibungsspannungen in inkompressibler Strömung: $2\eta \nabla \cdot \mathbf{E}$).

Mit der bekannten Vektoridentität

$$\Delta \vec{u} = \nabla(\nabla \cdot \vec{u}) - \nabla \times (\nabla \times \vec{u}) \, , \tag{4.10}$$

die man in Indexnotation leicht beweist, und die die Anwendung des Laplace-
Operators auch in allgemeinen Koordinaten auf Operationen mit ∇ reduziert,
folgt wegen $\nabla \cdot \vec{u} = 0$

$$\eta \, \Delta \vec{u} = -2 \, \eta \, \nabla \times \vec{\omega} \, . \tag{4.11}$$

Diese Gleichung macht deutlich, daß in inkompressibler und rotationsfreier
Strömung ($\nabla \times \vec{u} = 2 \, \vec{\omega} = 0$) die Divergenz des Reibungsspannungstensors
verschwindet. Die Reibungsspannungen selbst sind aber nicht null, sie leisten
nur keinen Beitrag zur Beschleunigung des Teilchens. Aus der Tatsache, daß
auf der rechten Seite die Winkelgeschwindigkeit auftritt, darf man aber nicht
schließen, daß die Reibungsspannungen von $\vec{\omega}$ abhängen, was ja unmöglich ist,
sondern nur, daß $\Delta \vec{u}$ in inkompressibler Strömung durch $-2\nabla \times \vec{\omega}$ ausgedrückt
werden kann.

4.1.2 Wirbeltransportgleichung

Da sich die viskose inkompressible Flüssigkeit in Gebieten mit $\vec{\omega} = 0$ wie eine
reibungsfreie Flüssigkeit verhält, stellt sich die Frage nach der Differentialgleichung für die Verteilung von $\vec{\omega}$. (Diese Frage ergibt sich natürlich nicht,
wenn wir das Geschwindigkeitsfeld $\vec{u}$ als gegeben betrachten, denn dann läßt
sich $\vec{\omega}$ gemäß (1.49) aus dem Geschwindigkeitsfeld berechnen.) Wir gewinnen
die erwähnte Beziehung, indem wir die Rotation der Gleichung (4.9b) bilden,
sprich den Operator $\nabla \times$ auf diese Gleichungen anwenden. Aus Gründen der
Übersichtlichkeit ziehen wir hier die symbolische Schreibweise vor. Wir nehmen wieder an, daß $\vec{k}$ ein Potential besitzt ($\vec{k} = -\nabla \psi$), und verwenden die
Identität (4.11) in Gleichung (4.9b). Wenn wir noch von (1.78) Gebrauch
machen, gewinnen wir die Navier-Stokesschen Gleichungen in der Form

$$\frac{1}{2} \frac{\partial \vec{u}}{\partial t} - \vec{u} \times \vec{\omega} = -\frac{1}{2} \nabla \left[\psi + \frac{p}{\varrho} + \frac{\vec{u} \cdot \vec{u}}{2} \right] - \nu \, \nabla \times \vec{\omega} \, . \tag{4.12}$$

Die Operation $\nabla \times$ angewandt auf (4.12) liefert mit der Identität (Beweis in
Indexnotation)

$$\nabla \times (\vec{u} \times \vec{\omega}) = \vec{\omega} \cdot \nabla \vec{u} - \vec{u} \cdot \nabla \vec{\omega} - \vec{\omega} \, \nabla \cdot \vec{u} + \vec{u} \, \nabla \cdot \vec{\omega} \tag{4.13}$$

die neue linke Seite $\partial \vec{\omega}/\partial t - \vec{\omega} \cdot \nabla \vec{u} + \vec{u} \cdot \nabla \vec{\omega}$, wobei schon berücksichtigt wurde,
daß die Strömung inkompressibel ist ($\nabla \cdot \vec{u} = 0$), und daß die Divergenz der
Rotation immer verschwindet:

$$2\nabla \cdot \vec{\omega} = \nabla \cdot (\nabla \times \vec{u}) = 0 \ , \tag{4.14}$$

was man in Indexnotation beweist oder vereinfachend dadurch erklärt, daß der symbolische Vektor ∇ orthogonal zu $\nabla \times \vec{u}$ ist. Auf der rechten Seite verschwindet der Term in Klammern, da der symbolische Vektor ∇ parallel zum Gradienten ist. Den auf der rechten Seite verbleibenden Term $-\nu \nabla \times (\nabla \times \vec{\omega})$ formen wir mit der Identität (4.10) um und erhalten wegen (4.14) die neue rechte Seite $\nu \Delta \vec{\omega}$. Wir werden so auf die sogenannte *Wirbeltransportgleichung* geführt:

$$\frac{\partial \vec{\omega}}{\partial t} + \vec{u} \cdot \nabla \vec{\omega} = \vec{\omega} \cdot \nabla \vec{u} + \nu \Delta \vec{\omega} \ , \tag{4.15}$$

für die man wegen $\partial/\partial t + \vec{u} \cdot \nabla = D/Dt$ kürzer

$$\frac{D\vec{\omega}}{Dt} = \vec{\omega} \cdot \nabla \vec{u} + \nu \Delta \vec{\omega} \tag{4.16}$$

schreiben kann. Diese Gleichung tritt an die Stelle der Navier-Stokesschen Gleichung und wird oft als Ausgangspunkt insbesondere numerischer Rechnungen gewählt. Wegen $2\vec{\omega} = \operatorname{rot} \vec{u}$ stellt (4.16) eine Differentialgleichung alleine in $\vec{u}$ dar; der in (4.12) noch enthaltene Druck tritt nicht mehr auf. In ebener Strömung ist $\vec{\omega} \cdot \nabla \vec{u}$ null, so daß für (4.16) dann

$$\frac{D\vec{\omega}}{Dt} = \nu \Delta \vec{\omega} \tag{4.17}$$

geschrieben werden kann.

Wir behandeln vorübergehend den Fall *reibungsfreier Flüssigkeit* ($\nu = 0$), für den (4.16) die Form

$$\frac{D\vec{\omega}}{Dt} = \vec{\omega} \cdot \nabla \vec{u} \tag{4.18a}$$

oder in Indexnotation

$$\frac{D\omega_i}{Dt} = \omega_k \frac{\partial u_i}{\partial x_k} \tag{4.18b}$$

annimmt. Wir können (4.18) nach Ausschreiben der materiellen Ableitung als Differentialgleichung für das Feld $\vec{\omega}(\vec{x}, t)$ betrachten, aber auch als Differentialgleichung für die Winkelgeschwindigkeit $\vec{\omega}(\vec{\xi}, t)$ des materiellen Teilchens $\vec{\xi}$. So betrachtet hat (4.18) eine einfache Lösung: Statt des unbekannten Vektors $\vec{\omega}(\vec{\xi}, t)$ führen wir mit (1.5) $x_i = x_i(\xi_j, t)$ den unbekannten Vektor $\vec{c}(\vec{\xi}, t)$ durch die Abbildung

$$\omega_i = c_j \frac{\partial x_i}{\partial \xi_j} \tag{4.19}$$

ein. Der Tensor $\partial x_i / \partial \xi_j$ ist aus (3.43) bekannt, wo er die Abbildung

$$\mathrm{d}x_i = \frac{\partial x_i}{\partial \xi_j}\,\mathrm{d}\xi_j\ , \tag{4.20}$$

zwischen dem deformierten Element $\mathrm{d}\vec{x}$ und $\mathrm{d}\vec{\xi}$ vermittelt; er ist nicht singulär, da die Funktionaldeterminante $J = \det(\partial x_i / \partial \xi_j)$ ungleich null ist, was ja schon für die in Abschnitt 1.2 besprochene Auflösung (1.8) und für die Betrachtung des Bingham-Materials in Kapitel 3 nötig war. Die materielle Ableitung von (4.19) führt uns auf die Beziehung

$$\frac{\mathrm{D}\omega_i}{\mathrm{D}t} = \frac{\mathrm{D}c_j}{\mathrm{D}t}\frac{\partial x_i}{\partial \xi_j} + c_j \frac{\mathrm{D}}{\mathrm{D}t}\left[\frac{\partial x_i}{\partial \xi_j}\right]\ , \tag{4.21}$$

deren letzten Term wir durch die erlaubte Vertauschung der Reihenfolge der Differentiationen umformen:

$$c_j \frac{\mathrm{D}}{\mathrm{D}t}\left[\frac{\partial x_i}{\partial \xi_j}\right] = c_j \frac{\partial u_i}{\partial \xi_j}\ . \tag{4.22}$$

Hierin ist $\partial u_i / \partial \xi_j$ der Geschwindigkeitsgradient in der materiellen Beschreibungsweise $\vec{u} = \vec{u}(\vec{\xi}, t)$. Wie in (1.9) denken wir uns (1.5) eingesetzt, also $\vec{u} = \vec{u}\{\,\vec{x}(\vec{\xi}, t), t\}$, so daß nach Anwendung der Kettenregel auf (4.22) die Gleichung

$$c_j \frac{\mathrm{D}}{\mathrm{D}t}\left[\frac{\partial x_i}{\partial \xi_j}\right] = c_j \frac{\partial u_i}{\partial x_k}\frac{\partial x_k}{\partial \xi_j}\ , \tag{4.23}$$

oder mit (4.19) auch

$$c_j \frac{\mathrm{D}}{\mathrm{D}t}\left[\frac{\partial x_i}{\partial \xi_j}\right] = \omega_k \frac{\partial u_i}{\partial x_k} \tag{4.24}$$

folgt. Unter Beachtung von (4.18) schreiben wir schließlich statt (4.21)

$$\frac{\mathrm{D}c_j}{\mathrm{D}t} = 0\ , \quad \text{oder} \quad c_j = c_j(\vec{\xi})\ . \tag{4.25}$$

Das heißt der Vektor c_j ändert sich für ein materielles Teilchen ($\vec{\xi} = \text{const}$) nicht. Wir bestimmen diesen noch unbekannten Vektor aus der Anfangsbedingung für $\vec{\omega}$:

$$\omega_i(0) = \omega_{0i} = c_j \left.\frac{\partial x_i}{\partial \xi_j}\right|_{t=0} = c_j\,\delta_{ij} = c_i \tag{4.26}$$

und erhalten so aus (4.19) auch die gesuchte Lösung

$$\omega_i = \omega_{0j}\frac{\partial x_i}{\partial \xi_j}\ , \tag{4.27}$$

die uns im Vergleich mit (4.20) zeigt, daß der Vektor $\vec{\omega}$ derselben Abbildung gehorcht wie d$\vec{x}$. Wählen wir den Vektor d$\vec{\xi}$ tangential zu $\vec{\omega}$, so daß d$\vec{\xi}$ gleichzeitig ein Vektorelement auf der Wirbellinie ist, so zeigt dieser Vergleich, daß dasselbe materielle Element zur Zeit t, sprich d$\vec{x}$, immer noch tangential zum Vektor der Winkelgeschwindigkeit $\vec{\omega}$ ist, also Wirbellinien materielle Linien sind. Da sich der Vektor der Winkelgeschwindigkeit $\vec{\omega}$ genauso ändert wie das materielle Element d$\vec{x}$, muß der Betrag der Winkelgeschwindigkeit größer werden, wenn $|d\vec{x}|$ sich vergrößert, das materielle Linienelement also gestreckt wird. Wir schließen daraus einen, auch für das Verhalten turbulenter Strömungen wichtigen Satz:

„Die Winkelgeschwindigkeit eines Wirbelfadens nimmt zu, wenn dieser gestreckt wird, und nimmt ab, wenn er gestaucht wird."

Wir werden auf diese Aspekte reibungsfreier Strömung im Zusammenhang mit den *Helmholtzschen Wirbelsätzen* genauer eingehen und entnehmen (4.27) die hier wichtige Feststellung, daß die Winkelgeschwindigkeit eines materiellen Teilchens für alle Zeiten null bleibt, wenn sie es zur Zeit $t = 0$ war. Eine reibungsfreie Strömung bleibt demnach (wenn $\vec{k}$ ein Potential hat) für alle Zeiten rotationsfrei, wenn sie zur Referenzzeit rotationsfrei war. Man hätte diesen Schluß auch aus (4.18) zusammen mit der Anfangsbedingung ziehen können, (4.27) zeigt aber deutlich, daß auch der Deformationsgradient $\partial x_i / \partial \xi_j$ endlich bleiben muß.

4.1.3 Einfluß der Reynoldsschen Zahl

In reibungsbehafteter Strömung stellt der Term $\nu \, \Delta \, \vec{\omega}$ die Änderung der Winkelgeschwindigkeit dar, die durch die Nachbarteilchen verursacht wird. Anschaulich gesprochen wird das Teilchen von seinen Nachbarn über Reibungsmomente in Rotation versetzt und übt nun seinerseits Momente auf andere Nachbarteilchen aus, versetzt diese also in Rotation. Das Teilchen leitet demnach den Vektor der Winkelgeschwindigkeit $\vec{\omega}$ nur weiter, so wie die Temperatur bei der Wärmeleitung oder die Konzentration bei der Diffusion nur weitergeleitet wird. Man spricht daher auch von der „Diffusion" des Vektors der Winkelgeschwindigkeit $\vec{\omega}$ oder des Wirbelvektors rot $\vec{u} = \nabla \times \vec{u} = 2\vec{\omega}$. Aus dem bisher Gesagten schließen wir, daß im Innern inkompressibler Flüssigkeiten Winkelgeschwindigkeit nicht erzeugt werden kann, sondern höchstens durch Diffusion von den Rändern des Flüssigkeitsgebietes ins Innere gelangt. Strömungsgebiete, in denen die Diffusion des Wirbelvektors vernachlässigbar ist, lassen sich nach den Gesetzen der reibungs- und rotationsfreien Flüssigkeit behandeln.

Bekanntlich müssen Gleichungen, die physikalische Zusammenhänge ausdrücken und *dimensionshomogen* sind (nur solche sind in den Natur- und Ingenieurwissenschaften interessant), sich auf Zusammenhänge zwischen dimensionslosen Größen reduzieren lassen. Mit der durch das Problem gegebenen typischen Geschwindigkeit U, der typischen Länge L und der in inkompressibler Strömung konstanten Dichte ϱ führen wir die dimensionslosen abhängig Veränderlichen

$$u_i^+ = \frac{u_i}{U} \tag{4.28}$$

$$p^+ = \frac{p}{\varrho U^2} \tag{4.29}$$

und die unabhängigen Variablen

$$x_i^+ = \frac{x_i}{L} \tag{4.30}$$

$$t^+ = t\frac{U}{L} \tag{4.31}$$

in die Navier-Stokesschen Gleichungen ein und erhalten (ohne Volumenkräfte)

$$\frac{\partial u_i^+}{\partial t^+} + u_j^+ \frac{\partial u_i^+}{\partial x_j^+} = -\frac{\partial p^+}{\partial x_i^+} + Re^{-1} \frac{\partial^2 u_i^+}{\partial x_j^+ \partial x_j^+} , \tag{4.32}$$

wobei Re die bereits bekannte Reynoldssche Zahl

$$Re = \frac{U L}{\nu}$$

ist. Zusammen mit der dimensionslosen Form der Kontinuitätsgleichung für inkompressible Strömung

$$\frac{\partial u_i^+}{\partial x_i^+} = 0 \tag{4.33}$$

und den dimensionslosen Größen, die die Form der Strömungsberandung (z. B. ein umströmtes Profil) festlegen, ist das Problem mathematisch sachgemäß formuliert. Die erhaltenen Lösungen, beispielsweise das dimensionslose Geschwindigkeitsfeld u_i^+ und das dimensionslose Druckfeld p^+, werden sich dann nicht ändern, wenn der umströmte Körper geometrisch ähnlich vergrößert wird, und gleichzeitig die kinematische Viskosität ν oder die Geschwindigkeit U so angepaßt werden, daß die Reynoldssche Zahl konstant bleibt, denn an der mathematischen Formulierung hat sich ja nichts geändert. Damit ändern sich aber auch die aus der Lösung zu berechnenden Größen, wie beispielsweise der dimensionslose Widerstand c_w, nicht. Der Widerstandsbeiwert ändert sich nur, wenn die Reynoldssche Zahl verändert wird, wie auch dem aus Dimensionsbetrachtungen gewonnenen Gesetz (3.12) zu entnehmen ist.

Ein besonderes und weitgehend ungelöstes Problem der Strömungsmechanik ist die Abhängigkeit der Lösung der Navier-Stokesschen Gleichungen

(4.32) und der Kontinuitätsgleichung (4.33) von der nur als Parameter auftretenden Reynoldsschen Zahl. Diese Problematik wird schon bei so einfachen Strömungen wie den in Kapitel 6 besprochenen Schichtenströmungen sichtbar. Die angegebenen *laminaren* Strömungen werden nur unterhalb einer bestimmten *kritischen Reynolds-Zahl* realisiert. Wird diese Reynolds-Zahl überschritten, z. B. durch Verringern der Zähigkeit, so stellt sich eine ganz andere Strömung ein. Diese Strömung ist immer instationär, dreidimensional und rotationsbehaftet. Mißt man die Geschwindigkeit an einem festen Ort, so stellt man fest, daß sie unregelmäßig um einen Mittelwert schwankt: Geschwindigkeit und Druck sind Zufallsgrößen. Man bezeichnet solche Strömungen als *turbulent*. Die Berechnung turbulenter Strömungen ist bisher nur für einfache Strömungen durch numerische Integration gelungen. Die Ergebnisse dieser direkten numerischen Simulation erlauben wichtige Einblicke in die Turbulenzstrukturen. Die Methoden sind aber für die in den Anwendungen auftretenden Strömungen zu rechenintensiv, weshalb man für absehbare Zeit weiter auf halbempirische Näherungsmethoden angewiesen sein wird, die nur die (allerdings technisch wichtigen) Mittelwerte der Strömungsgrößen liefern können.

Wir haben die Reynoldssche Zahl über eine Dimensionsbetrachtung eingeführt. Man kann sie u. a. auch als Verhältnis der typischen Trägheitskraft zur typischen Zähigkeitskraft deuten. Die typische Trägheitskraft ist das (negative) Produkt aus Masse (pro Volumen) und Beschleunigung, also das erste Glied in den Navier-Stokesschen Gleichungen (4.1). Das typische Trägheitsglied $\varrho\, u_1\, \partial u_1/\partial x_1$ ist von der Größenordnung $\varrho\, U^2/L$, das charakteristische Zähigkeitsglied $\eta\, \partial^2 u_1/\partial x_1^2$ hat die Größenordnung $\eta\, U/L^2$. Das Verhältnis der beiden Größenordnungsglieder ist die Reynoldssche Zahl:

$$(\varrho\, U^2/L)\,/\,(\eta\, U/L^2) = \varrho\, U\, L/\eta = U\, L/\nu = Re\ . \tag{4.34}$$

Die Reynoldssche Zahl läßt sich aber auch als das Verhältnis der charakteristischen Länge L zur *viskosen Länge* ν/U deuten; eine Interpretation, die besonders zweckmäßig ist, wenn die Trägheitskräfte aufgrund besonders einfacher Strömungen identisch verschwinden, wie dies bei stationären Schichtenströmungen der Fall ist.

Wenn die Reynoldssche Zahl gegen unendlich oder gegen null geht, ergeben sich Vereinfachungen in den Navier-Stokesschen Gleichungen, die die Lösung eines Problems oft erst ermöglichen. Diese Grenzfälle werden in der Realität zwar nie erreicht, sie führen aber auf Näherungslösungen, die um so besser sind, je größer bzw. kleiner die Reynoldssche Zahl wird (asymptotische Lösungen).

Wir besprechen zunächst den Grenzfall $Re \to 0$, der realisiert wird,

    a) wenn U sehr klein ist,

    b) wenn ϱ sehr klein ist (z. B. Strömung von Gasen in evakuierten Leitungen),

c) wenn η sehr groß ist (also allgemein bei Strömungen sehr zäher Flüssigkeiten),

d) wenn die typische Länge sehr klein ist (Umströmungen sehr kleiner Körper, z. B. Staubkörner, Nebeltröpfchen usw., treten bei allen Zweiphasenströmungen auf, wenn die eine Phase gasförmig, die andere flüssig oder fest ist, aber auch wenn kleine Festkörperpartikel sich in tropfbarer Flüssigkeit befinden. Strömungen durch poröse Medien, z. B. Grundwasserströmungen, gehören auch in diese Klasse.)

Nach (4.34) charakterisiert $Re \rightarrow 0$ das Überwiegen der Zähigkeitskräfte und den zurücktretenden Einfluß der Trägheitskräfte. Der Grenzübergang $Re \rightarrow 0$ in (4.32) zeigt dies auch auf formalem Wege: Die gesamte linke Seite dieser Gleichung kann gegen den Term $Re^{-1} \Delta \vec{u}$ vernachlässigt werden. Der Druckgradient ∇p darf im allgemeinen aber nicht ebenfalls vernachlässigt werden, denn er ist neben dem Geschwindigkeitsvektor $\vec{u}$ die andere wesentliche Veränderliche der Differentialgleichungen (4.32) und (4.33). Erst die Lösung für vorgegebene Randbedingungen entscheidet über die relative Größe des Druckes, genauer der Druckdifferenz, weil ja bekanntlich der Druck durch (4.32) und (4.33) nur bis auf eine additive Konstante festgelegt ist. Man erkennt aus (4.29) auch unmittelbar, daß der Druckgradient wie Re^{-1} gegen unendlich strebt, wenn der Grenzübergang $Re \rightarrow 0$ durch $\varrho \rightarrow 0$ realisiert wird.

Die Vernachlässigung der Trägheitsterme führt zu wesentlichen Erleichterungen in der mathematischen Behandlung, da mit diesen Termen die nichtlinearen Glieder wegfallen. Die nach Ausführung des Grenzüberganges aus (4.32) entstehende Gleichung ist also linear und lautet in dimensionsbehafteter Form

$$\frac{\partial p}{\partial x_i} = \eta \, \frac{\partial^2 u_i}{\partial x_j \partial x_j} \; . \tag{4.35}$$

Für den zweiten Grenzfall $Re \rightarrow \infty$ verschwinden die Reibungsterme in (4.32). Die resultierende Gleichung ist als *Eulersche Gleichung* bekannt und beschreibt die reibungsfreie Strömung. Wir werden später auf diese Gleichung eingehen (Abschnitt 4.2.1). Läge nicht der experimentelle Befund vor, daß die Newtonsche Flüssigkeit an der Wand haftet, so wären die reibungsfreie Strömung und die Strömung bei großen Reynolds-Zahlen identisch. Setzt man eine Strömung von vornherein als reibungfrei ($\nu \equiv 0$) voraus, ergibt sich im allgemeinen ein anderes Strömungsbild als bei einer reibungsbehafteten Strömung für den Grenzübergang $\nu \rightarrow 0$. Der Grund für dieses singuläre Verhalten ist in mathematischer Hinsicht der, daß die höchste Ableitung in Gleichung (4.32) für $\nu = 0$ verlorengeht. Wir wollen an dieser Stelle nicht weiter auf die rein mathematische Seite dieses Problems eingehen, sondern veranschaulichen uns den Sachverhalt an einem Beispiel:

Bei der einfachen Scherströmung (oder einer anderen stationären Schichtenströmung) ist das in Abb. 1.11 gezeigte Geschwindigkeitsfeld von der

Reynoldsschen Zahl vollkommen unabhängig (vorausgesetzt wir halten U konstant und die laminare Strömung schlägt nicht in turbulente Strömung um). Theoretisch bleibt diese Geschwindigkeitsverteilung auch für $Re \rightarrow \infty$ erhalten. Hätte man aber von vornherein $\nu = 0$ gesetzt, wäre die Schubspannung an der oberen Wand null, und die Strömung hätte überhaupt nicht in Gang gesetzt werden können, d. h. die Geschwindigkeit der Flüssigkeit wäre identisch null. Es bleibt daher zu klären, unter welchen Umständen eine Strömung mit großer Reynolds-Zahl derjenigen entspricht, die man aufgrund der Annahme völlig reibungsfreier Flüssigkeit ($\nu \equiv 0$) berechnet. Die Beantwortung dieser Frage hängt vom vorgelegten Problem ab, und eine allgemeingültige Antwort kann nicht gegeben werden.

Der Einfluß der Reibung bei großer Reynoldsscher Zahl wird anhand eines anderen einfachen Beispiels einsichtig: Eine sehr dünne Platte, die mit der positiven x_1-Achse zusammenfallen möge, wird in x_1-Richtung mit der Geschwindigkeit U angeströmt. Die materiellen Teilchen der Anströmung sollen rotationsfrei sein, so daß sie in reibungsfreier Strömung (vgl. (4.27)) auch rotationsfrei bleiben. Unter der Voraussetzung der Reibungsfreiheit bildet die Platte dann kein Hindernis für die Strömung; wohl aber in reibungsbehafteter Strömung. Die Randbedingung „Haften an der Wand" bedeutet, daß sich in der Nähe der Wand große Geschwindigkeitsgradienten aufbauen, und wir erwarten, daß die materiellen Teilchen durch die Reibung in Drehung versetzt werden. Aus der Diskussion der Wirbeltransportgleichung (4.16) ist bekannt, daß dies auch in reibungsbehafteter Strömung nur durch Diffusion der Winkelgeschwindigkeit $\vec{\omega}$ von der Wand her geschehen kann. Die Größenordnung der typischen Zeit τ für die Diffusion der Winkelgeschwindigkeit von der Platte bis zu einem Punkt im Abstand $\delta(x_1)$ läßt sich aus (4.17) abschätzen:

$$\frac{\omega}{\tau} \sim \nu \frac{\omega}{\delta^2(x_1)} \, ,$$

bzw. aufgelöst nach τ:

$$\tau \sim \frac{\delta^2(x_1)}{\nu} \, . \tag{4.36}$$

Ein vom Diffusionsprozess noch nicht erfaßtes Teilchen, das nach dieser Zeit genau am Ort $\delta(x_1)$ eintrifft, hat die Strecke $U\tau = x_1$ zurückgelegt (Abb. 4.1).

Daher ergibt sich die Größenordnung des Abstandes, bis zu dem die Diffusion bei gegebenem x_1 vordringen kann, aus der Gleichung

$$x_1 = U\tau \sim U \frac{\delta^2(x_1)}{\nu} \tag{4.37}$$

oder aufgelöst nach $\delta(x_1)/x_1$:

$$\delta(x_1)/x_1 \sim \sqrt{\nu/(U x_1)} = \sqrt{1/Re} \, . \tag{4.38}$$

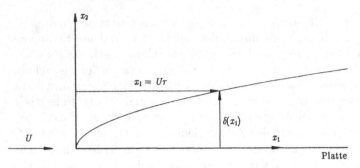

Abbildung 4.1. Zur Erläuterung der Grenzschichtdicke

Der Diffusionseinfluß bleibt also auf ein Gebiet beschränkt, dessen Ausdehnung zwar wie $\sqrt{x_1}$ wächst, das aber für große Reynolds-Zahlen sehr schmal wird. Außerhalb dieser sogenannten *Grenzschicht* ist $2\vec{\omega} = \mathrm{rot}\,\vec{u}$ null, und nach (4.11) machen die Reibungskräfte dort sowieso keinen Beitrag zur Beschleunigung, so daß wir ebensogut reibungsfreie Potentialströmung annehmen können. Berechnet man die äußere Strömung unter dieser Annahme (was hier zum trivialen Ergebnis $u(x_1, x_2) = U = \mathrm{const}$ führt), so macht man nur einen kleinen, mit wachsender Reynolds-Zahl verschwindenden Fehler, weil die Strömung in Wirklichkeit nicht die unendlich dünne, sondern nur eine sehr schlanke Platte spürt, von der sie etwas seitlich abgedrängt wird. Zur Berechnung der Strömung innerhalb dieser Grenzschicht ist die Reibung aber auf jeden Fall zu berücksichtigen.

(Es ist allerdings möglich, daß die Außenströmung aus einem anderen Grund rotationsbehaftet ist. So werden die Flüssigkeitsteilchen in hypersonischer Strömung beim Durchgang durch einen „gekrümmten Stoß" in Drehung versetzt. Auch wenn die Flüssigkeit schon weit vor dem umströmten Körper in Rotation versetzt wurde, kann man meistens noch unter der Annahme der Reibungsfreiheit rechnen, die Strömung ist aber keine Potentialströmung mehr.)

Die am Beispiel der ebenen Platte gemachten Aussagen gelten qualitativ auch für die Umströmung allgemeinerer Körper und in kompressibler Strömung, allerdings nur unter der Voraussetzung, daß sich die Strömung nicht vom Körper ablöst. Bei Ablösung bleibt im allgemeinen der Einfluß der Reibung nicht auf eine dünne Schicht beschränkt, mit ihr ist also auch ein Anstieg des Widerstandes und somit der Verluste verbunden, so daß man Ablösungen durch geeignete Formgebung zu vermeiden sucht. Wie schon in Abschnitt 2.5 angesprochen, ist damit die Voraussetzung gegeben, die reibungsbehaftete Strömung bei großen Reynolds-Zahlen unter der Annahme reibungsfreier Strömung, insbesondere reibungsfreier Potentialströmung, zu berechnen.

Jetzt ist auch eine genauere Erklärung dafür möglich, warum bei der Einfachen Scherströmung (Abb. 1.11) auch im Grenzfall $Re \to \infty$ nicht die reibungsfreie Strömung realisiert wird: Im Abstand x_2 von der unteren Platte ist die Winkelgeschwindigkeit für alle Teilchen gleich, da das Feld nur von x_2 abhängt. Das Teilchen, das zum betrachteten Zeitpunkt den Ort (x_1, x_2) verläßt, trägt daher genausoviel Winkelgeschwindigkeit mit sich stromabwärts, wie das Teilchen, das es an diesem Ort ersetzt. Die von der oberen, bewegten Wand bis zur Linie x_2 diffundierte Winkelgeschwindigkeit wird also nicht stromabwärts getragen (konvektiert), wie es bei der Grenzschichtströmung der Fall ist, sondern breitet sich bis zur unteren Wand aus, so daß die Strömung im ganzen Spalt auch für $Re \to \infty$ als reibungsbehaftete Strömung zu behandeln ist.

Neben den Schichtenströmungen kann man viele weitere Beispiele anführen, die alle belegen, daß die reibungsfreie Strömung nicht unbedingt mit der reibungsbehafteten Strömung bei großen Reynolds-Zahlen übereinstimmt. Es wird also immer wieder sorgfältig zu prüfen sein, ob eine unter der Annahme der Reibungsfreiheit berechnete Strömung in der Natur auch realisiert wird. Andererseits hat die Diskussion dieses Problems auch gezeigt, daß bei typischen Umströmungsproblemen (aber nicht nur bei diesen) die Annahme der Reibungsfreiheit eine realistische Beschreibung der Strömung zuläßt.

4.2 Reibungsfreie Flüssigkeiten

4.2.1 Eulersche Gleichungen

Wie wir bereits im Abschnitt 4.1.3 gesehen haben, entsteht für $Re = \infty$ aus der Navier-Stokesschen Gleichung (4.8) die Eulersche Gleichung, die aber auch ein Spezialfall der Cauchyschen Gleichung (2.38) ist, wenn in diese das spezielle Materialgesetz für reibungsfreie Flüssigkeiten (3.9) eingesetzt wird. Wir erhalten die *Eulersche Gleichung*

$$\varrho \frac{\mathrm{D}u_i}{\mathrm{D}t} = \varrho\, k_i + \frac{\partial}{\partial x_j}\left(-p\, \delta_{ij}\right) \tag{4.39}$$

oder

$$\varrho \frac{\mathrm{D}u_i}{\mathrm{D}t} = \varrho\, k_i - \frac{\partial p}{\partial x_i}\,, \tag{4.40a}$$

die uneingeschränkt für alle reibungsfreien Strömungen gilt. In symbolischer Notation schreiben wir

$$\varrho \frac{\mathrm{D}\vec{u}}{\mathrm{D}t} = \varrho\, \vec{k} - \nabla p\,. \tag{4.40b}$$

Aus (4.40b) erhalten wir auch die Eulerschen Gleichungen in natürlichen Koordinaten, indem wir die Beschleunigung nach (1.24) einsetzen. Bezüglich der Basisvektoren $\vec{t}$ in Bahnrichtung, $\vec{n}_\sigma$ in Hauptnormalenrichtung und $\vec{b}_\sigma$

in Binormalenrichtung haben die Vektoren ∇p und $\vec{k}$ die Komponentenzerlegungen

$$\nabla p = \frac{\partial p}{\partial \sigma}\,\vec{t} + \frac{\partial p}{\partial n}\,\vec{n}_\sigma + \frac{\partial p}{\partial b}\,\vec{b}_\sigma\ , \tag{4.41}$$

$$\vec{k} = k_\sigma\,\vec{t} + k_n\,\vec{n}_\sigma + k_b\,\vec{b}_\sigma\ , \tag{4.42}$$

und die Komponentenform der Eulerschen Gleichung in natürlichen Koordinaten ergibt sich mit $u = |\vec{u}|$ zu

$$\frac{\partial u}{\partial t} + u\,\frac{\partial u}{\partial \sigma} = k_\sigma - \frac{1}{\varrho}\,\frac{\partial p}{\partial \sigma}\ , \tag{4.43}$$

$$\frac{u^2}{R} = k_n - \frac{1}{\varrho}\,\frac{\partial p}{\partial n} \tag{4.44}$$

$$0 = k_b - \frac{1}{\varrho}\,\frac{\partial p}{\partial b}\ . \tag{4.45}$$

Wie bereits bemerkt, zieht die Vernachlässigbarkeit der Reibung physikalisch auch die Vernachlässigbarkeit der Wärmeleitung nach sich, so daß wir das Materialgesetz für den Wärmestromvektor in der Form

$$q_i = 0 \tag{4.46}$$

schreiben. Damit erhält man aus der Energiegleichung (2.118) die Energiegleichung der reibungsfreien Strömung:

$$\varrho\,\frac{\mathrm{D}}{\mathrm{D}t}\left[\frac{1}{2}\,u_i\,u_i + h\right] = \frac{\partial p}{\partial t} + \varrho\,k_i\,u_i\ . \tag{4.47}$$

Wird statt der Energiegleichung die Entropiegleichung (2.134) benutzt, so lautet diese nunmehr

$$\frac{\mathrm{D}s}{\mathrm{D}t} = 0\ , \tag{4.48}$$

d. h. die Entropie eines materiellen Teilchens ändert sich in reibungs- und wärmeleitungsfreier Strömung nicht. (Hierbei schließen wir wie bisher andere Nichtgleichgewichtsprozesse aus, wie sie durch Anregung innerer Freiheitsgrade oder chemische Reaktionen entstehen können.) Die Gleichung (4.48) kennzeichnet eine *isentrope Strömung*. Wenn die Entropie zusätzlich homogen ist, also

$$\nabla s = 0\ , \tag{4.49}$$

sprechen wir von *homentroper Strömung*. Für kalorisch ideales Gas läßt sich (4.48) durch

$$\frac{\mathrm{D}}{\mathrm{D}t}\,(p\,\varrho^{-\gamma}) = 0 \tag{4.50}$$

und (4.49) durch

$$\nabla\,(p\,\varrho^{-\gamma}) = 0 \tag{4.51}$$

ersetzen.

4.2.2 Bernoullische Gleichung

Unter wenig einschränkenden Voraussetzungen ist es möglich, sogenannte *Erste Integrale* der Eulerschen Gleichungen zu finden, die dann Erhaltungssätze darstellen. Das wichtigste erste Integral der Eulerschen Gleichungen ist die *Bernoullische Gleichung*. Wir nehmen an, daß die Massenkraft ein Potential hat ($\vec{k} = -\nabla\,\psi$), welches für die Massenkraft der Schwere $\psi = -g_i\,x_i$ lautet. Wir multiplizieren die Eulersche Gleichung (4.40a) mit u_i, bilden also das Innenprodukt mit $\vec{u}$ und erhalten zunächst die Beziehung

$$u_i\,\frac{\partial u_i}{\partial t} + u_i\,u_j\,\frac{\partial u_i}{\partial x_j} = -\frac{1}{\varrho}\,u_i\,\frac{\partial p}{\partial x_i} - u_i\,\frac{\partial \psi}{\partial x_i}\;. \tag{4.52}$$

Nach Umformung des zweiten Terms der linken Seite und Umbenennung der stummen Indizes ergibt sich

$$u_j\,\frac{\partial u_j}{\partial t} + u_j\,\frac{\partial}{\partial x_j}\left[\frac{u_i\,u_i}{2}\right] = -\frac{1}{\varrho}\,u_j\,\frac{\partial p}{\partial x_j} - u_j\,\frac{\partial \psi}{\partial x_j}\;. \tag{4.53}$$

Im Prinzip können wir diese Gleichung längs einer beliebigen, glatten Kurve integrieren, aber ein besonders einfaches und wichtiges Ergebnis erhält man bei der Integration längs einer Stromlinie. Aus den Differentialgleichungen für die Stromlinie (1.11) erhalten wir mit $u = |\vec{u}|$

$$u_j = u\,\mathrm{d}x_j/\mathrm{d}s\;, \tag{4.54}$$

so daß

$$u_j\,\frac{\partial}{\partial x_j} = u\,\frac{\mathrm{d}x_j}{\mathrm{d}s}\,\frac{\partial}{\partial x_j} = u\,\frac{\mathrm{d}}{\mathrm{d}s} \tag{4.55}$$

gilt, und wegen $u_j\,\partial u_j/\partial t = u\,\partial u/\partial t$ kann für (4.53)

$$\frac{\partial u}{\partial t} + \frac{\mathrm{d}}{\mathrm{d}s}\left[\frac{u^2}{2}\right] = -\frac{1}{\varrho}\,\frac{\mathrm{d}p}{\mathrm{d}s} - \frac{\mathrm{d}\psi}{\mathrm{d}s} \tag{4.56}$$

geschrieben werden. Integration über die Bogenlänge der Stromlinie führt uns auf die Bernoullische Gleichung in der Form

$$\int \frac{\partial u}{\partial t}\,\mathrm{d}s + \frac{u^2}{2} + \int \frac{\mathrm{d}p}{\varrho} + \psi = C\;, \tag{4.57}$$

oder bestimmt integriert vom Anfangspunkt A zum Endpunkt E:

$$\int\limits_A^E \frac{\partial u}{\partial t}\,\mathrm{d}s + \frac{1}{2}u_E^2 + \int\limits_A^E \frac{1}{\varrho}\frac{\mathrm{d}p}{\mathrm{d}s}\,\mathrm{d}s + \psi_E = \frac{1}{2}u_A^2 + \psi_A\;. \tag{4.58}$$

Für die Auswertung der Integrale müssen die Integranden im allgemeinen als Funktion der Bogenlänge s vorliegen. Das erste Integral läßt sich nicht als

Integral eines totalen Differentials schreiben und ist daher vom Integrationsweg abhängig. In inkompressibler Strömung homogener Dichte ist $\mathrm{d}p/\varrho$ ein totales Differential und daher vom Weg unabhängig (siehe Bemerkungen zu (1.102)). Dies ist aber auch in sogenannter *barotroper Strömung* der Fall, in der die Dichte nur eine Funktion des Druckes ist:

$$\varrho = \varrho(p) \; . \tag{4.59}$$

Dann ist $\mathrm{d}P = \mathrm{d}p/\varrho(p)$ ein totales Differential, und die sogenannte *Druckfunktion*

$$P(p) = \int \frac{\mathrm{d}p}{\varrho(p)} \tag{4.60}$$

läßt sich ein für alle Male (notfalls numerisch) berechnen. Barotrope Strömungen liegen offensichtlich dann vor, wenn die Zustandsgleichung in der Form $\varrho = \varrho(p, T)$ gegeben ist und das Temperaturfeld homogen ist oder wenn der technisch besonders wichtige Fall vorliegt, daß die Zustandsgleichung $\varrho = \varrho(p, s)$ gegeben und die Strömung homentrop ist.

Wenn die Schwere als einzige Massenkraft auftritt, lautet die Bernoullische Gleichung für inkompressible Strömung homogener Dichte

$$\varrho \int \frac{\partial u}{\partial t} \, \mathrm{d}s + \varrho \, \frac{u^2}{2} + p + \varrho \, g \, x_3 = C \; , \tag{4.61}$$

wobei wir angenommen haben, daß die x_3-Richtung antiparallel zum Vektor $\vec{g}$ der Erdbeschleunigung ist. Für stationäre, inkompressible Strömungen reduziert sich die Bernoullische Gleichung auf

$$\varrho \, \frac{u^2}{2} + p + \varrho \, g \, x_3 = C \; . \tag{4.62}$$

Da für stationäre Strömungen Strom- und Bahnlinien zusammenfallen, ist ϱ auch bei inhomogenem Dichtefeld ($\nabla \varrho \neq 0$) wegen $\mathrm{D}\varrho/\mathrm{D}t = 0$ längs der Stromlinie konstant, und (4.62) gilt auch für stationäre, inkompressible Strömungen mit inhomogenem Dichtefeld.

Bei kompressiblen Strömungen sind die Geschwindigkeiten meistens so groß, daß das Potential der Schwerkraft $\psi = g \, x_3$ nur dann berücksichtigt werden muß, wenn in der Strömung sehr große Höhenunterschiede auftreten (Meteorologie). In den technischen Anwendungen kann ψ in (4.57) normalerweise vernachlässigt werden, und diese Gleichung nimmt für barotrope Strömung die Form

$$\int \frac{\partial u}{\partial t} \, \mathrm{d}s + \frac{u^2}{2} + P = C \; , \tag{4.63}$$

an. Ist die Strömung dann zusätzlich stationär, vereinfacht sich (4.63) weiter:

$$\frac{u^2}{2} + P = C \ . \tag{4.64}$$

Die Integrationskonstante C ist im allgemeinen von Stromlinie zu Stromlinie verschieden. Die Bernoullische Gleichung stellt demnach nur eine Beziehung zwischen den Strömungsgrößen an einer Stelle E der Stromlinie und der Stelle A auf derselben Stromlinie dar. Für die Anwendung der Bernoullischen Gleichung muß also eigentlich die Stromlinie bekannt sein. Deren Berechnung setzt aber die Kenntnis des Geschwindigkeitsfeldes voraus, wozu aber das Problem schon vor der Anwendung der Bernoullischen Gleichung größtenteils gelöst sein müßte. Dies schränkt die Anwendung der Gleichung natürlich drastisch ein. In zwei technisch sehr wichtigen Fällen entfällt diese Einschränkung jedoch:

Der erste Fall ist die Anwendung der Bernoullischen Gleichung in der *Stromfadentheorie* (siehe Diskussion im Zusammenhang mit Abb. 1.7). Im Rahmen dieser Theorie liegt der „mittlere" Stromfaden durch die Gestalt der zeitlich unveränderlichen Stromröhre fest, die Stromlinie ist also bekannt und auch in instationärer Strömung raumfest (vgl. (1.13)).

Der zweite Fall ist die Anwendung der Bernoullischen Gleichung auf *Potentialströmungen*. Wir haben aus der Diskussion im Zusammenhang mit der Wirbeltransportgleichung gesehen, daß in vielen praktisch wichtigen Problemen die reibungsfreie Strömung auch rotationsfrei ist. In reibungsfreien Potentialströmungen hat die Bernoullische Konstante aber auf allen Stromlinien denselben Wert: Die Bernoullische Gleichung (4.57) gilt also zwischen zwei beliebigen Punkten A und E im Strömungsfeld. Für das rotationsfreie Feld gilt bekanntlich

$$\mathrm{rot}\ \vec{u} = 2\,\vec{\omega} = 0 \ , \tag{4.65}$$

oder wegen (1.46)

$$\Omega_{ij} = \frac{1}{2}\left[\frac{\partial u_i}{\partial x_j} - \frac{\partial u_j}{\partial x_i}\right] = 0 \ . \tag{4.66}$$

Mit der dann gültigen Beziehung

$$\frac{\partial u_i}{\partial x_j} = \frac{\partial u_j}{\partial x_i} \tag{4.67}$$

kann man die Eulersche Gleichung (4.40a) auf die Form

$$\frac{\partial u_i}{\partial t} + \frac{\partial}{\partial x_i}\left[\frac{u_j\,u_j}{2}\right] + \frac{1}{\varrho}\frac{\partial p}{\partial x_i} + \frac{\partial \psi}{\partial x_i} = 0 \tag{4.68}$$

bringen. Nach Einführung des Geschwindigkeitspotentials Φ gemäß (1.50),

$$u_i = \frac{\partial \Phi}{\partial x_i} \ ,$$

erhalten wir aus (4.68)

$$\frac{\partial^2 \Phi}{\partial x_i \partial t} + \frac{\partial}{\partial x_i}\left[\frac{1}{2}\frac{\partial \Phi}{\partial x_j}\frac{\partial \Phi}{\partial x_j}\right] + \frac{1}{\varrho}\frac{\partial p}{\partial x_i} + \frac{\partial \psi}{\partial x_i} = 0 \ . \tag{4.69}$$

In barotroper Strömung läßt sich die gesamte linke Seite dieser Gleichung als Gradient einer skalaren Funktion darstellen

$$\frac{\partial}{\partial x_i}\left[\frac{\partial \Phi}{\partial t} + \frac{1}{2}\frac{\partial \Phi}{\partial x_j}\frac{\partial \Phi}{\partial x_j} + P + \psi\right] = \frac{\partial f}{\partial x_i} \ , \tag{4.70}$$

und der Ausdruck

$$\mathrm{d}f = \frac{\partial f}{\partial x_i}\,\mathrm{d}x_i \tag{4.71}$$

ist ein totales Differential. Daher ist das Linienintegral

$$\int \frac{\partial}{\partial x_i}\left[\frac{\partial \Phi}{\partial t} + \frac{1}{2}\frac{\partial \Phi}{\partial x_j}\frac{\partial \Phi}{\partial x_j} + P + \psi\right]\mathrm{d}x_i = \int \mathrm{d}f \tag{4.72}$$

wegunabhängig, und wir erhalten sofort die Bernoullische Gleichung für Potentialströmungen

$$\frac{\partial \Phi}{\partial t} + \frac{1}{2}\frac{\partial \Phi}{\partial x_i}\frac{\partial \Phi}{\partial x_i} + P + \psi = C(t) \ . \tag{4.73}$$

Die Bernoullische „Konstante" kann, wie angedeutet, eine Funktion der Zeit t sein. Dies ist aber unerheblich, da sie ohne Einschränkung der Allgemeingültigkeit in das Potential mit einbezogen werden kann:

$$\Phi^* = \Phi - \int\limits_0^t C(t')\,\mathrm{d}t' \ . \tag{4.74}$$

Dann gilt weiterhin $u_i = \partial \Phi^*/\partial x_i$, und aus (4.73) entsteht

$$\frac{\partial \Phi^*}{\partial t} + \frac{1}{2}\frac{\partial \Phi^*}{\partial x_i}\frac{\partial \Phi^*}{\partial x_i} + P + \psi = 0 \ . \tag{4.75}$$

Die Gleichung (4.73) (bzw. (4.75)) ist übrigens auch in reibungsbehafteter, inkompressibler Potentialströmung ein Erstes Integral, da dann die zu integrierende Gleichung wegen (4.12) mit (4.68) übereinstimmt.

Der durch (4.73) erreichte Fortschritt kann gar nicht hoch genug eingeschätzt werden. An die Stelle der drei nichtlinearen Eulerschen Gleichungen in Komponentenform tritt in der Theorie der Potentialströmungen die Bernoullische Gleichung, die in stationärer Strömung sogar einen rein algebraischen Zusammenhang zwischen dem Betrag der Geschwindigkeit, dem Potential der Massenkraft und der Druckfunktion (in inkompressibler Strömung dem Druck) herstellt. Zur Anwendung der Bernoullischen Gleichung in der Potentialtheorie brauchen die Stromlinien also nicht bekannt zu sein. Die damit verbundenen Erleichterungen in der mathematischen Behandlung sowie die praktische Bedeutung der Potentialströmungen haben diese zu einem wichtigen Gebiet der Strömungslehre gemacht.

Wir haben bereits gesehen, daß in den technischen Anwendungen, insbesondere im Turbomaschinenbau, oft gleichmäßig mit $\vec{\Omega}$ rotierende Bezugssysteme eingeführt werden. Die Eulersche Gleichung für diese Bezugssysteme erhalten wir durch Einsetzen des Materialgesetzes für reibungsfreie Flüssigkeiten (3.9) in die Cauchysche Gleichung (2.68) und Ausdrücken der Relativbeschleunigung mittels (1.78):

$$\left\{ \frac{\partial \vec{w}}{\partial t} - \vec{w} \times (\nabla \times \vec{w}) + \nabla \left[\frac{\vec{w} \cdot \vec{w}}{2} \right] \right\} = - \left[\frac{\nabla p}{\varrho} - \vec{k} + 2\,\vec{\Omega} \times \vec{w} + \vec{\Omega} \times (\vec{\Omega} \times \vec{x}) \right] .$$

$$(4.76)$$

Statt der Ableitung der Bernoullischen Gleichung gemäß (4.52) zu folgen, bilden wir gleich das Linienintegral längs einer Stromlinie. Wenn $d\vec{x}$ ein Wegelement entlang der Stromlinie ist, so gilt $\{\vec{w} \times (\nabla \times \vec{w})\} \cdot d\vec{x} = 0$ und $\{2\vec{\Omega} \times \vec{w}\} \cdot d\vec{x} = 0$, da $\vec{w} \times (\nabla \times \vec{w})$ und $\vec{\Omega} \times \vec{w}$ senkrecht auf $\vec{w}$ und somit auch senkrecht auf $d\vec{x}$ stehen. Insbesondere die Corioliskraft hat also keine Komponente in Stromlinienrichtung. Die Zentrifugalkraft läßt sich mittels der Umformung

$$\vec{\Omega} \times (\vec{\Omega} \times \vec{x}) = -\nabla \left[\frac{1}{2} (\vec{\Omega} \times \vec{x})^2 \right]$$

$$(4.77)$$

(Beweis in Indexnotation) als Gradient der skalaren Funktion $\frac{1}{2}(\vec{\Omega} \times \vec{x})^2$ schreiben, sie hat also ein Potential. Das Linienintegral der Eulerschen Gleichung lautet dann, wenn wir, wie schon vorher, Barotropie und ein Potential für die Massenkraft annehmen,

$$\int \frac{\partial \vec{w}}{\partial t} \cdot d\vec{x} + \int \left\{ \nabla \left[\frac{\vec{w} \cdot \vec{w}}{2} - \frac{1}{2} (\vec{\Omega} \times \vec{x})^2 + \psi \right] + \frac{\nabla p}{\varrho} \right\} \cdot d\vec{x} = 0 .$$

$$(4.78)$$

Mit $|d\vec{x}| = ds$ und $|\vec{w}| = w$ erhalten wir die Bernoullische Gleichung für ein gleichmäßig rotierendes Bezugssystem:

$$\int \frac{\partial w}{\partial t}\, ds + \frac{w^2}{2} + \psi + P - \frac{1}{2} (\vec{\Omega} \times \vec{x})^2 = C .$$

$$(4.79)$$

Eine spezielle Form dieser Gleichung für inkompressible Strömung ergibt sich, wenn die Massenkraft die Schwerkraft ist, der Einheitsvektor $\vec{e}_3$ in x_3-Richtung $\vec{g}$ entgegengerichtet ist und das Bezugssystem um die x_3-Achse mit $\Omega = $ const rotiert (Abb. 4.2). Das Quadrat des Kreuzproduktes lautet dann mit $r^2 = x_1^2 + x_2^2$

$$(\vec{\Omega} \times \vec{x})^2 = (\Omega\, x_1\, \vec{e}_2 - \Omega\, x_2\, \vec{e}_1)^2 = \Omega^2\, r^2 ,$$

$$(4.80)$$

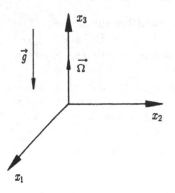

Abbildung 4.2. Zur Bernoullischen Gleichung im rotierenden Bezugssystem

und (4.79) reduziert sich auf

$$\int \frac{\partial w}{\partial t}\,\mathrm{d}s + \frac{w^2}{2} + \frac{p}{\varrho} + g\,x_3 - \frac{1}{2}\,\Omega^2\,r^2 = C \ . \tag{4.81}$$

Ergänzend weisen wir darauf hin, daß eine Strömung, die im Inertialsystem eine Potentialströmung ist, bezüglich eines rotierenden Systems keine Potentialströmung mehr ist. Die Vorteile, die mit der Berechnung der Strömung im Rahmen der Potentialtheorie verbunden sind, überwiegen unter Umständen gegenüber jenen, die sich aus der Wahl eines rotierenden Bezugssystems ergeben, und es kann dann zweckmäßiger sein, das Inertialsystem beizubehalten.

4.2.3 Wirbelsätze

Wir betrachten jetzt die Zirkulation einer geschlossenen materiellen Linie, wie sie in (1.105) eingeführt wurde:

$$\Gamma = \oint\limits_{(C(t))} \vec{u} \cdot \mathrm{d}\vec{x} \ .$$

Deren zeitliche Änderung berechnet sich nach (1.101) zu

$$\frac{\mathrm{D}\Gamma}{\mathrm{D}t} = \frac{\mathrm{D}}{\mathrm{D}t} \oint\limits_{(C(t))} \vec{u} \cdot \mathrm{d}\vec{x} = \oint\limits_{(C)} \frac{\mathrm{D}\vec{u}}{\mathrm{D}t} \cdot \mathrm{d}\vec{x} + \oint\limits_{(C)} \vec{u} \cdot \mathrm{d}\vec{u} \ . \tag{4.82}$$

Das zweite Rundintegral verschwindet, da $\vec{u} \cdot \mathrm{d}\vec{u} = \mathrm{d}(\vec{u} \cdot \vec{u}/2)$ das totale Differential einer eindeutigen Funktion darstellt, das Linienintegral also wegunabhängig ist, und der Anfangspunkt der Integration mit dem Endpunkt zusammenfällt.

Wir schließen an die im Zusammenhang mit Gleichung (1.102) geführte Diskussion an und fragen nach den Bedingungen für das Verschwinden der zeitlichen Ableitung der Zirkulation einer materiellen Linie. Es wurde schon gezeigt, daß unter diesen Umständen die Beschleunigung $D\vec{u}/Dt$ ein Potential I besitzen muß, was aber jetzt nicht im Mittelpunkt unserer Betrachtungen stehen soll.

Mit der Eulerschen Gleichung (4.40) gewinnen wir die zeitliche Änderung des Linienintegrals über den Geschwindigkeitsvektor in der Form

$$\frac{D\Gamma}{Dt} = \oint_{(C)} \vec{k} \cdot d\vec{x} - \oint_{(C)} \frac{\nabla p}{\varrho} \cdot d\vec{x} \tag{4.83}$$

und schließen daraus, daß $D\Gamma/Dt$ verschwindet, wenn $\vec{k} \cdot d\vec{x}$ und $\nabla p/\varrho \cdot d\vec{x}$ als totale Differentiale geschrieben werden können. Wenn die Massenkraft $\vec{k}$ ein Potential besitzt, ist das erste Rundintegral null, denn es gilt

$$\vec{k} \cdot d\vec{x} = -\nabla \psi \cdot d\vec{x} = -d\psi \ . \tag{4.84}$$

Bei homogenem Dichtefeld oder barotroper Strömung verschwindet wegen

$$\frac{\nabla p}{\varrho} \cdot d\vec{x} = \frac{dp}{\varrho(p)} = dP \tag{4.85}$$

auch das zweite Integral. Die letzten drei Gleichungen bilden den Inhalt des *Thomsonschen Wirbelsatzes* oder *Kelvinschen Zirkulationstheorems*:

$$\frac{D\Gamma}{Dt} = 0 \ . \tag{4.86}$$

In Worten:

„Die Zirkulation einer geschlossenen materiellen Linie bleibt in einer reibungsfreien und barotropen Flüssigkeit für alle Zeiten konstant, wenn die Massenkraft ein Potential besitzt."

Wir benutzen dieses Theorem als Ausgangspunkt für die Erläuterung der berühmten *Helmholtzschen Wirbelsätze*, die eine anschauliche Interpretation von Wirbelbewegungen ermöglichen und die darüber hinaus grundlegende Bedeutung in der Aerodynamik besitzen.

Zuvor führen wir uns aber noch die Entstehungsursachen der Zirkulation um ein Tragflügelprofil in ebener reibungsfreier Potentialströmung vor Augen, denn das Kelvinsche Zirkulationstheorem scheint der Entstehung dieser Zirkulation zu widersprechen. Wir haben bereits im Zusammenhang mit Gleichung (2.91) darauf hingewiesen, daß die Kraft auf ein Tragflügelprofil in ebener Potentialströmung proportional zur Zirkulation ist. Einsicht in den Zusammenhang zwischen Zirkulation und Auftrieb (Kraft senkrecht zur ungestörten Anströmrichtung) bringt der Vergleich eines symmetrischen

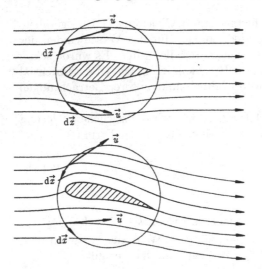

Abbildung 4.3. Zur Erklärung der Zirkulation um ein Tragflügelprofil

mit einem unsymmetrischen (bzw. einem gegenüber der Anströmung „angestellten" symmetrischen) Profils in ebener Strömung. Die Strömung ist im
ersten Fall ebenfalls symmetrisch, und man erwartet aus diesem Grund keine
Kraft senkrecht zur Anströmrichtung. Der Zirkulationsbeitrag des Linienintegrals über die obere Profilhälfte ist genauso groß wie der Beitrag der
unteren Hälfte, hat aber entgegengesetztes Vorzeichen, d. h. die Zirkulation
um das symmetrische Profil ist null. Bei dem in Abb. 4.3 gezeichneten unsymmetrischen Profil ist die Strömung ebenfalls unsymmetrisch, der Beitrag
des Linienintegrals über die Profiloberseite ist dem Betrag nach größer als der
Beitrag der Profilunterseite, die Zirkulation ist demnach ungleich null. Die
Geschwindigkeit längs einer Stromlinie, die direkt entlang der Profiloberseite
verläuft, ist im Mittel größer als die Geschwindigkeit längs einer Stromlinie
an der Profilunterseite. Nach der Bernoullischen Gleichung (4.62) ist dann
der mittlere Druck an der Oberseite kleiner als an der Unterseite (der Term
$\varrho\, g\, x_3$ spielt für den dynamischen Auftrieb keine Rolle), so daß insgesamt eine
Kraft nach oben resultiert.

Betrachtet man zunächst einen Tragflügel in ruhender Flüssigkeit, so ist
die Zirkulation einer geschlossenen Kurve um das Profil natürlich null, weil
die Geschwindigkeit null ist. Die Zirkulation dieser Kurve, die immer aus
denselben materiellen Teilchen besteht, muß, auch wenn die reibungsfreie
Flüssigkeit in Bewegung gesetzt wird, nach dem Kelvinschen Zirkulationstheorem immer null bleiben. Die Erfahrung lehrt aber, daß auf den Flügel
eine Auftriebskraft wirkt. Wie kann aber der Tragflügel einen Auftrieb erhalten, ohne daß dem Kelvinschem Satz widersprochen wird? Zur Klärung
dieser Frage betrachten wir den Tragflügel der Abb. 4.4 und legen eine Reihe
geschlossener Kurven in die Flüssigkeit. Die Flüssigkeit sei in Ruhe. Die

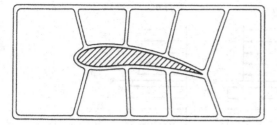

Abbildung 4.4. Materielle Kurven bei ruhendem Profil

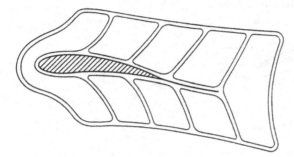

Abbildung 4.5. Materielle Kurven nach Anfahren des Profils

Zirkulation ist null für alle Kurven, auch für die umschließende Linie. Wir setzen die Strömung in Bewegung und erhalten, da die Kurven materielle Linien sind, die Konfiguration in Abb. 4.5.

Das Tragflügelprofil „durchschneidet" die Strömung, und durch das Zusammenfließen der von Ober- und Unterseite kommenden Flüssigkeiten bildet sich von der Hinterkante ausgehend eine Trennfläche. Bei unsymmetrischem Flügelprofil ist die Geschwindigkeit ober- und unterhalb dieser Trennfläche verschieden. Es liegt eine Unstetigkeit in der Tangentialgeschwindigkeit vor, die in Abb. 4.6 skizziert ist.

Die Unstetigkeitsfläche ist nur im Grenzfall verschwindender Reibung ($\eta = 0$) möglich. Wenn auch nur geringe Reibung vorhanden ist, wird diese Diskontinuität in einer Übergangsschicht ausgeglichen. Die Rotation $\nabla \times \vec{u}$ ist in dieser Schicht ungleich null, was aber dem Thomsonschen Wirbelsatz nicht widerspricht, da die Unstetigkeitsfläche, bzw. die Übergangsschicht, nicht Teil der geschlossenen materiellen Kurven ist. Die Unstetigkeitsfläche ist prinzipiell instabil: Sie rollt sich in einen Wirbel auf, der sich so lange vergrößert, bis die Geschwindigkeiten an der Hinterkante gleich sind - dann ist der Anfahrvorgang beendet.

Die Entstehung der Unstetigkeitsfläche verhindert die Umströmung der Hinterkante, die in wirklich reibungsfreier Strömung ($\eta = 0$) unendlich (!) große Geschwindigkeiten hervorrufen würde.

Im ersten Augenblick des Anfahrvorganges wird die Hinterkante tatsächlich mit sehr großer Geschwindigkeit umströmt, die Strömung löst aber an

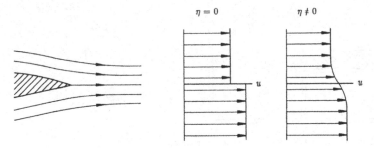

Abbildung 4.6. Trennfläche hinter dem Flügel

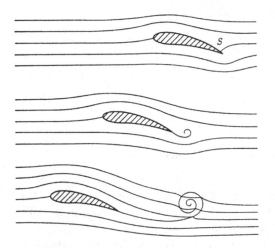

Abbildung 4.7. Anfahrvorgang

der Profiloberseite ab. Wir werden später sehen, daß dies auf die sehr starke Verzögerung der von der Hinterkante (hohe Geschwindigkeit) auf den Staupunkt (Geschwindigkeit gleich null) zufließenden Flüssigkeit zurückzuführen ist. Diese Strömung löst selbst bei noch so kleiner Reibung ($\eta \to 0$) von der Oberfläche ab und bildet die angesprochene Übergangsschicht, die im Grenzfall $\eta = 0$ eine Unstetigkeitsfläche ist. Außerhalb dieser Schicht ist die Strömung rotationsfrei. Die Abb. 4.7 zeigt die einzelnen Phasen des Anfahrvorganges. Eine geschlossene Kurve, die Flügel und Wirbel umfaßt (Abb. 4.8), hat nach dem Thomsonschen Wirbelsatz immer noch die Zirkulation null. Eine geschlossene Linie, die den Wirbel alleine umfaßt, hat eine bestimmte Zirkulation, muß aber notwendigerweise die Unstetigkeitsfläche kreuzen. Daher gilt für diese Linie der Thomsonsche Wirbelsatz nicht. Eine Kurve, die nur den Tragflügel umschließt, hat dieselbe Zirkulation wie der Wirbel, nur mit umgekehrtem Vorzeichen, der Flügel erfährt also auch einen Auftrieb. Man nennt den Wirbel auch *Anfahrwirbel* oder *freien Wirbel* und verbindet die Zirkulation um das Profil mit einem im Flügel liegenden Wir-

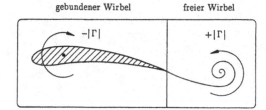

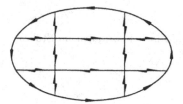

Abbildung 4.8. Die Zirkulation des Anfahrwirbels und die des gebundenen Wirbels sind betragsmäßig gleich

Abbildung 4.9. Zur Zirkulation eines Maschennetzes

bel, den man als *gebundenen Wirbel* bezeichnet. Außerdem bemerken wir, daß sich bei jeder Geschwindigkeitsänderung der Auftrieb ebenfalls ändert, und folglich ein freier Wirbel abschwimmen muß. (In einer Flüssigkeit mit Reibung können Zirkulation und Wirbel auf viele Arten, beispielsweise durch Grenzschichtablösung, entstehen, ohne daß hierzu scharfe Kanten notwendig wären.) Übrigens haben wir in der obigen Diskussion bereits den leicht einzusehenden Satz verwendet, daß die Zirkulation einer geschlossenen Linie gleich der Summe der Zirkulation des von der Kurve umschlossenen Maschennetzes ist (Abb. 4.9):

$$\Gamma_{ges} = \sum \Gamma_i \tag{4.87}$$

oder auch

$$\Gamma = \int d\Gamma \ . \tag{4.88}$$

Zur Besprechung der Helmholtzschen Wirbelsätze benötigen wir den *Stokesschen Integralsatz*. S sei ein beliebig geformtes, aber einfach zusammenhängendes Flächenstück (d. h. jede beliebige, geschlossene Kurve auf der Fläche läßt sich auf einen Punkt zusammenziehen), das als Berandung die Kurve C besitzt, und $\vec{u}$ ein beliebiger Vektor. Die Aussage des Stokesschen Satzes ist dann: Das Linienintegral $\int \vec{u} \cdot d\vec{x}$ um die geschlossene Kurve C ist gleich dem Flächenintegral $\iint (\nabla \times \vec{u}) \cdot \vec{n} \, dS$ über jede beliebig geformte Fläche, die C als Berandung hat, also

$$\oint_{(C)} \vec{u} \cdot d\vec{x} = \iint_{(S)} (\operatorname{rot} \vec{u}) \cdot \vec{n} \, dS \ . \tag{4.89}$$

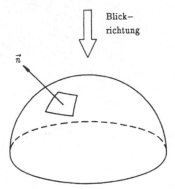

Abbildung 4.10. Zuordnung des Umlaufsinnes zur Flächennormalen im Stokesschen Integralsatz

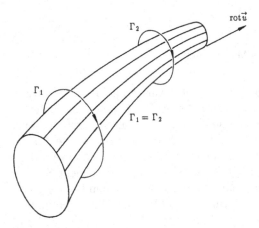

Abbildung 4.11. Wirbelröhre

Der Stokessche Satz überführt demnach ein Linienintegral in ein Flächenintegral. Die Flächennormale $\vec{n}$ in (4.89) ist so zu wählen, daß der Umlaufsinn von der positiven Seite der Fläche aus gesehen im Gegenuhrzeigersinn positiv gezählt wird (siehe Abb. 4.10).

Der *Erste Helmholtzsche Wirbelsatz* hat folgenden Inhalt:

„Die Zirkulation einer Wirbelröhre ist längs dieser Röhre konstant."

Wir bilden die Wirbelröhre in völliger Analogie zu den Stromröhren aus Wirbellinien, die Tangentiallinien zum Wirbelvektorfeld rot $\vec{u}$ (bzw. $\vec{\omega}$) sind (Abb. 4.11). Die Wirbellinien, die durch eine geschlossene Kurve C gehen, bilden eine Wirbelröhre. Nach dem Stokesschen Satz verschwindet das Linienintegral über die geschlossene Kurve der Abb. 4.12, denn der Integrand auf der rechten Seite von (4.89) ist null, da rot $\vec{u}$ nach Voraussetzung senkrecht auf $\vec{n}$ steht.

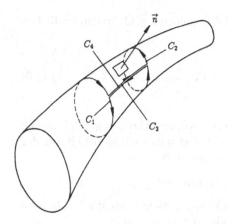

Abbildung 4.12. Zum Beweis des Ersten Helmholtzschen Wirbelsatzes

Die Integrationsanteile der beiden unendlich dicht beieinander liegenden Kurvenstücke C_3 und C_4 heben sich gerade heraus, und wir werden auf die Gleichung

$$\int\limits_{C_1} \vec{u} \cdot \mathrm{d}\vec{x} + \int\limits_{C_2} \vec{u} \cdot \mathrm{d}\vec{x} = 0 \qquad (4.90)$$

geführt. Wegen des unendlich kleinen Abstandes der Kurven C_3 und C_4 können wir C_1 und C_2 aber als geschlossene Kurven betrachten. Ändern wir noch den Umlaufsinn der Integration über C_2, wodurch das Vorzeichen des zweiten Integrals wechselt, erhalten wir den *Ersten Helmholtzschen Wirbelsatz*:

$$\oint\limits_{C_1} \vec{u} \cdot \mathrm{d}\vec{x} = \oint\limits_{C_2} \vec{u} \cdot \mathrm{d}\vec{x} \ . \qquad (4.91)$$

Aus der Ableitung wird die kinematische Natur dieses Satzes deutlich. Einen anderen Zugang zu diesem wichtigen Satz erhalten wir durch Rückgriff auf die Gleichung (4.14), derzufolge die Divergenz des Wirbelvektors verschwindet. Man kann also das Feld des Wirbelvektors $\mathrm{rot}\,\vec{u}$ auch als Geschwindigkeitsfeld einer neuen inkompressiblen Strömung betrachten, d. h. die Wirbelröhre wird zur Stromröhre des neuen Feldes. Auf ein Stück dieser Stromröhre wenden wir die Kontinuitätsgleichung in integraler Form (2.8) an und denken uns dabei $\vec{u}$ durch $\mathrm{rot}\,\vec{u}$ ersetzt. Da die Strömung inkompressibel ist, folgt zunächst ganz allgemein

$$\iint\limits_{(S)} (\mathrm{rot}\,\vec{u}) \cdot \vec{n}\,\mathrm{d}S = 0 \ , \qquad (4.92)$$

d. h. für jede geschlossene Fläche S ist der Fluß des Wirbelvektors null. Wenden wir (4.92) auf ein Stück der Wirbelröhre an, dessen geschlossene Oberfläche aus der Mantelfläche und zwei beliebig geformten Querschnittsflächen A_1 und A_2 besteht, erhalten wir

$$\iint\limits_{(A_1)} (\text{rot}\,\vec{u}) \cdot \vec{n}\,\mathrm{d}S + \iint\limits_{(A_2)} (\text{rot}\,\vec{u}) \cdot \vec{n}\,\mathrm{d}S = 0\;, \tag{4.93}$$

da ja das Integral über die Mantelfläche verschwindet. Das Integral $\iint (\text{rot}\,\vec{u}) \cdot \vec{n}\,\mathrm{d}S$ wird oft als *Wirbelstärke* bezeichnet. Es ist natürlich identisch mit der Zirkulation, und die Aussage von (4.93) lautet in Worten:

„Die Wirbelstärke einer Wirbelröhre ist konstant."

(Die Bezeichnungsweise ist aber in der Literatur nicht einheitlich, oft wird auch der Betrag von rot $\vec{u}$ oder auch $\vec{\omega}$ Wirbelstärke genannt.)

Der Stokessche Satz unter Beachtung des Umlaufsinnes der Linienintegrale überführt (4.93) in den Ersten Helmholtzschen Satz (4.91). Aus dieser Darstellung ziehen wir folgerichtig den Schluß, daß die Wirbelröhre, genauso wie die Stromröhre, im Innern einer Flüssigkeit nicht enden kann, da die Flüssigkeitsmenge, die pro Zeiteinheit durch die Röhre fließt, am Ende der Röhre nicht einfach verschwinden kann. Entweder reicht die Röhre ins Unendliche oder endet an den Grenzen der Flüssigkeit oder schließt sich in sich selbst und bildet im Falle der Wirbelröhre einen Wirbelring.

Von besonderer Bedeutung in der Aerodynamik sind die sogenannten *Wirbelfäden*. Unter einem Wirbelfaden verstehen wir eine sehr dünne Wirbelröhre. Für einen Wirbelfaden läßt sich der Integrand des Flächenintegrals im Stokesschen Satz (4.89)

$$\oint\limits_{C} \vec{u} \cdot \mathrm{d}\vec{x} = \iint\limits_{\Delta S} (\text{rot}\,\vec{u}) \cdot \vec{n}\,\mathrm{d}S = \Gamma \tag{4.94}$$

vorziehen, und wir erhalten

$$(\text{rot}\,\vec{u}) \cdot \vec{n}\,\Delta S = \Gamma \tag{4.95}$$

oder

$$2\vec{\omega} \cdot \vec{n}\,\Delta S = 2\,\omega\,\Delta S = \text{const}\;, \tag{4.96}$$

woraus wir schließen, daß die Winkelgeschwindigkeit mit abnehmendem Querschnitt des Wirbelfadens größer wird.

Im Zweiten Helmholtzschen Wirbelsatz werden wir später sehen, daß Wirbelröhren materielle Röhren sind. Machen wir schon jetzt von dieser Tatsache Gebrauch, dann führt (4.96) auf die gleiche Aussage wie (4.27): Wird der Wirbelfaden gestreckt, sein Querschnitt also verkleinert, nimmt die Winkelgeschwindigkeit zu. Die Aussage (4.27) war der Ableitung entsprechend auf inkompressible Strömung beschränkt, während die Schlußfolgerung hier

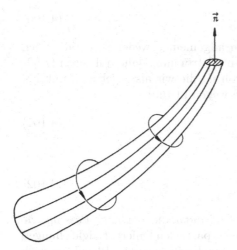

Abbildung 4.13. Wirbelfaden

(wegen der Benutzung des Zweiten Helmholtzschen Satzes) allgemein für barotrope Strömung gilt. Ein oft gebrauchtes idealisiertes Bild eines Wirbelfadens ist eine Wirbelröhre mit unendlich kleinem Querschnitt, dessen Winkelgeschwindigkeit dann gemäß (4.96) unendlich groß wird:

$$\omega \, \Delta S = \text{const} \tag{4.97}$$

für $\quad \Delta S \to 0 \quad$ und $\quad \omega \to \infty$.

Außerhalb des Wirbelfadens sei das Feld rotationsfrei. Wenn wir also die Lage eines Wirbelfadens und seine Wirbelstärke durch Γ angegeben haben, wird damit die räumliche Verteilung von rot $\vec{u}$ festgelegt. Wenn wir außerdem div $\vec{u}$ vorgeben (z. B. div $\vec{u} = 0$ bei inkompressibler Strömung), ist nach dem bereits erwähnten Fundamentalsatz der Vektoranalysis das Geschwindigkeitsfeld $\vec{u}$ (das ins Unendliche reichen möge) eindeutig bestimmt, wenn wir noch verlangen, daß die Normalkomponente der Geschwindigkeit im Unendlichen asymptotisch genügend stark verschwindet und keine inneren Ränder auftreten. (An inneren Rändern sind Randbedingungen zu erfüllen, auf die wir erst in Abschnitt 4.3 eingehen werden.) Die Aussage des Fundamentalsatzes ist außerdem rein kinematischer Natur und deshalb nicht auf reibungsfreie Flüssigkeiten beschränkt.

Wir setzen den Vektor $\vec{u}$ aus zwei Anteilen zusammen:

$$\vec{u} = \vec{u}_D + \vec{u}_R \ , \tag{4.98}$$

von denen der erste ein rotationsfreies Feld ist, d. h.

$$\text{rot} \, \vec{u}_D = \nabla \times \vec{u}_D = 0 \ , \tag{4.99}$$

und der zweite ein divergenzfreies Feld ist, also

$$\operatorname{div} \vec{u}_R = \nabla \cdot \vec{u}_R = 0 \ . \tag{4.100}$$

Das zusammengesetzte Feld ist also im allgemeinen weder rotations- noch divergenzfrei. Das Feld $\vec{u}_D$ ist eine Potentialströmung, daher gilt nach (1.50) $\vec{u}_D = \nabla\Phi$. Wir bilden die Divergenz von $\vec{u}$, die wir als gegebene Funktion $q(\vec{x})$ des Ortes betrachten, und erhalten wegen (4.100)

$$\operatorname{div} \vec{u} = \nabla \cdot \vec{u}_D = q(\vec{x}) \tag{4.101}$$

oder auch

$$\nabla \cdot \nabla\Phi = \frac{\partial^2 \Phi}{\partial x_i \partial x_i} = q(\vec{x}) \ . \tag{4.102}$$

(4.102) ist eine inhomogene *Laplacesche Gleichung*, die man auch *Poissonsche Gleichung* nennt. Die Theorie dieser beiden partiellen Differentialgleichungen ist Gegenstand der *Potentialtheorie*, die in vielen Zweigen der Physik, so auch in der Strömungslehre, eine große Rolle spielt. Greift man auf die Ergebnisse dieser Theorie zurück, erhält man die Lösung von (4.102) zu

$$\Phi(\vec{x}) = -\frac{1}{4\pi} \iiint\limits_{(\infty)} \frac{q(\vec{x}')}{|\vec{x} - \vec{x}'|} \, \mathrm{d}V' \ , \tag{4.103}$$

wobei $\vec{x}$ für den Ort steht, an dem das Potential Φ berechnet wird, und $\vec{x}'$ die Abkürzung für die Integrationsveränderlichen x_1', x_2' und x_3' ($\mathrm{d}V' = \mathrm{d}x_1' \, \mathrm{d}x_2' \, \mathrm{d}x_3'$) ist. Der Bereich (∞) deutet an, daß die Integration über den unendlich ausgedehnten Raum auszuführen ist. Den Lösungsweg werden wir am Ende unserer Betrachtungen kurz skizzieren, wollen hier aber die Lösung zunächst als gegeben hinnehmen.

Zur Berechnung von $\vec{u}_R$ bemerken wir, daß (4.100) sicher erfüllt ist, wenn wir $\vec{u}_R$ als Rotation eines noch unbekannten neuen Vektorfeldes $\vec{a}$ darstellen:

$$\vec{u}_R = \operatorname{rot} \vec{a} = \nabla \times \vec{a} \ , \tag{4.104}$$

denn nach Gleichung (4.14) ist

$$\nabla \cdot (\nabla \times \vec{a}) = \nabla \cdot \vec{u}_R = 0 \ . \tag{4.105}$$

Wir bilden die Rotation von $\vec{u}$ und erhalten wegen (4.99) die Gleichung

$$\nabla \times \vec{u} = \nabla \times (\nabla \times \vec{a}) \ , \tag{4.106}$$

die wir mit (4.10) weiter umformen können:

$$\nabla \times \vec{u} = \nabla (\nabla \cdot \vec{a}) - \Delta\vec{a} \ . \tag{4.107}$$

Bisher haben wir an den Vektor $\vec{a}$ nur die Forderung (4.104) gestellt, die aber den Vektor noch nicht eindeutig festlegt, denn wir könnten zu $\vec{a}$ noch den Gradienten einer willkürlichen Funktion f addieren, ohne daß (4.104) geändert würde ($\nabla \times \nabla f \equiv 0$). Fordern wir für $\vec{a}$ zusätzlich verschwindende Divergenz ($\nabla \cdot \vec{a} = 0$), gewinnen wir aus (4.107) die einfachere Gleichung

$$\nabla \times \vec{u} = -\Delta \vec{a} \ . \tag{4.108}$$

In (4.108) betrachten wir $\nabla \times \vec{u}$ als gegebene Vektorfunktion $\vec{b}(\vec{x})$, die durch die Wahl des Wirbelfadens und seiner Stärke (Zirkulation) festgelegt ist. Dann liefert die kartesische Komponentenform der Vektorgleichung (4.108) drei Poissonsche Gleichungen, nämlich:

$$\Delta a_i = -b_i \ . \tag{4.109}$$

Für jede der Komponentengleichungen können wir die Lösung (4.103) der Poissonschen Gleichung verwenden. Wir fassen die Ergebnisse wieder vektoriell zusammen und schreiben für die Lösung von (4.108) kurz

$$\vec{a} = +\frac{1}{4\pi} \iiint_{(\infty)} \frac{\vec{b}(\vec{x}')}{|\vec{x} - \vec{x}'|} \, \mathrm{d}V' \ . \tag{4.110}$$

Damit ist die Berechnung des Geschwindigkeitsfeldes $\vec{u}(\vec{x})$ für vorgegebene Verteilung $q(\vec{x}) = \mathrm{div}\, \vec{u}$ und $\vec{b}(\vec{x}) = \mathrm{rot}\, \vec{u}$ auf Integrationsprozesse, die notfalls numerisch ausgeführt werden müssen, zurückgeführt:

$$\vec{u}(\vec{x}) = -\nabla \left\{ \frac{1}{4\pi} \iiint_{(\infty)} \frac{\mathrm{div}\, \vec{u}(\vec{x}')}{|\vec{x} - \vec{x}'|} \, \mathrm{d}V' \right\} + \nabla \times \left\{ \frac{1}{4\pi} \iiint_{(\infty)} \frac{\mathrm{rot}\, \vec{u}(\vec{x}')}{|\vec{x} - \vec{x}'|} \, \mathrm{d}V' \right\} \ . \tag{4.111}$$

Der Vollständigkeit halber skizzieren wir den Lösungsweg für Gleichung (4.103). Wir gehen vom Gaußschen Satz (1.94)

$$\iiint_{(V)} \frac{\partial \varphi}{\partial x_i} \, \mathrm{d}V = \iint_{(S)} \varphi \, n_i \, \mathrm{d}S \tag{4.112}$$

aus und setzen für die allgemeine Funktion φ

$$\varphi = U \frac{\partial V}{\partial x_i} - V \frac{\partial U}{\partial x_i} \ , \tag{4.113}$$

wobei U und V zunächst beliebige Funktionen sind, für die wir nur die Stetigkeitseigenschaften voraussetzen, wie sie für die Anwendung des Gaußschen Satzes verlangt werden. Dann liefert der Gaußsche Satz die als die *Zweite Greensche Formel* bekannte Beziehung

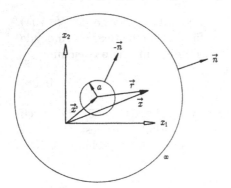

Abbildung 4.14. Integrationsbereich

$$\iint\limits_{(S)} \left[U \frac{\partial V}{\partial x_i} - V \frac{\partial U}{\partial x_i} \right] n_i \, \mathrm{d}S = \iiint\limits_{(V)} \left[U \frac{\partial^2 V}{\partial x_i \partial x_i} - V \frac{\partial^2 U}{\partial x_i \partial x_i} \right] \mathrm{d}V \; .$$

(4.114)

Wir wählen jetzt für U die Potentialfunktion Φ und für V

$$V = \frac{1}{|\vec{x} - \vec{x}'|} = \frac{1}{r} \; .$$

(4.115)

Die Funktion $1/r$ ist eine Fundamental- oder Hauptlösung der Laplaceschen Gleichung. Man nennt sie so, weil man mit ihrer Hilfe (wie ja schon (4.103) zeigt) durch Integrationsprozesse allgemeine Lösungen aufbauen kann. Die Fundamentallösungen nennt man auch *singuläre Lösungen*, da sie die Laplacesche Gleichung überall erfüllen, außer an einer singulären Stelle, hier z. B. $r = 0$, wo die Funktion $1/r$ unstetig ist. Wir werden der Funktion $1/r$ später eine anschauliche Bedeutung geben und dann auch durch formales Ausrechnen zeigen, daß sie die Laplacesche Gleichung bis auf die Stelle $\vec{x} = \vec{x}'$, d. h. $r = 0$ erfüllt. Weil $1/r$ für $r = 0$ nicht stetig ist, müssen wir diesen Punkt aus dem Bereich (V) ausschließen, denn der Gaußsche Satz ist nur für stetige Integranden gültig. Wie in Abb. 4.14 dargestellt, umgeben wir den singulären Punkt mit einer kleinen Kugel (Radius a), so daß der flächenhafte Integrationsbereich (S) aus der Oberfläche einer sehr großen Kugel (Radius ∞) und einer sehr kleinen Kugel, die den singulären Punkt umschließt, besteht. Der Integrand der rechten Seite von (4.114) ist nun regulär, und der erste Term verschwindet überall im Integrationsbereich, da $V = 1/r$ die Laplacesche Gleichung erfüllt. Im zweiten Term denken wir uns $\Delta U = \Delta \Phi$ wegen (4.102) durch $q(\vec{x})$ ersetzt, so daß rechts jetzt das Integral

$$- \iiint\limits_{(\infty)} \frac{q(\vec{x})}{|\vec{x} - \vec{x}'|} \, \mathrm{d}V$$

entsteht. Auf der linken Seite führen wir zuerst die Integration über die große Kugel aus und bemerken, daß $(\partial V/\partial x_i)\, n_i$ die Ableitung von V in Richtung des Normalenvektors n_i der Kugel ist, also

$$\left[\frac{\partial V}{\partial x_i}\, n_i\right]_{r\to\infty} = \left[\frac{\partial V}{\partial r}\right]_\infty = \left[\frac{\partial}{\partial r}\,(r^{-1})\right]_\infty = \left[-r^{-2}\right]_\infty \tag{4.116}$$

wie $1/r^2$ verschwindet. Die Integrationsoberfläche wächst aber wie r^2, so daß sich die Abhängigkeit von r heraushebt. Nach Voraussetzung verschwindet $U = \Phi$ im Unendlichen, und daher macht das erste Glied der linken Seite keinen Beitrag. Der zweite Term verschwindet aber ebenfalls, denn $(\partial\Phi/\partial x_i)\, n_i$ ist die Komponente des Vektors $\vec{u}$ in Normalenrichtung der Fläche, welche ebenfalls genügend stark, d. h. eben gerade so stark abklingen soll, daß auch der zweite Term verschwindet. Es bleibt also nur das Oberflächenintegral über die kleine Kugel. Der Normalenvektor der kleinen Kugel zeigt aber in negative Radialrichtung, daher ist

$$\left[\frac{\partial V}{\partial x_i}\, n_i\right]_{r=a} = \left[-\frac{\partial V}{\partial r}\right]_a = +a^{-2} \tag{4.117}$$

und

$$\left[\frac{\partial\Phi}{\partial x_i}\, n_i\right]_{r=a} = \left[-\frac{\partial\Phi}{\partial r}\right]_a . \tag{4.118}$$

Für das Element der Oberfläche schreiben wir $a^2\, d\Omega$, wobei $d\Omega$ das Oberflächenelement der Einheitskugel ist. Dann folgt für die linke Seite von (4.114)

$$\iint\limits_{(K)} \Phi a^{-2}\, a^2\, d\Omega + \iint\limits_{(K)} a^{-1}\, \frac{\partial\Phi}{\partial r}\, a^2\, d\Omega . \tag{4.119}$$

Das zweite Integral verschwindet für $a \to 0$, das erste liefert $4\pi\,\Phi(\vec{x}')$, und daher erhalten wir aus (4.114)

$$\Phi(\vec{x}') = -\frac{1}{4\pi} \iiint\limits_{(V)} \frac{q(\vec{x})}{|\vec{x} - \vec{x}'|}\, dV . \tag{4.120}$$

Wenn wir weiter $\vec{x}$ durch $\vec{x}'$ ersetzen, was die Funktion

$$G(\vec{x}, \vec{x}') = -\frac{1}{4\pi}\, \frac{1}{|\vec{x} - \vec{x}'|} \tag{4.121}$$

nicht ändert, erhalten wir die Lösung (4.103). Man nennt $G(\vec{x}, \vec{x}')$ übrigens die *Greensche Funktion*, die hier in der speziellen Form für den unendlich ausgedehnten Raum auftritt. Bei ebenen Problemen lautet die Greensche Funktion für die unendlich ausgedehnte Ebene

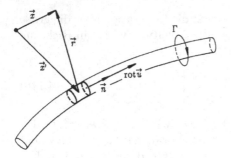

Abbildung 4.15. Zum Biot-Savartschen Gesetz

$$G(\vec{x}, \vec{x}') = \frac{1}{2\pi} \ln |\vec{x} - \vec{x}'| . \tag{4.122}$$

Wir kehren jetzt zur Gleichung (4.111) zurück und berechnen den divergenz-
freien Geschwindigkeitsanteil $\vec{u}_R$, der in inkompressibler Strömung ohne innere Ränder der einzige Anteil ist. Da wir ein Feld betrachten, das außerhalb
des Wirbelfadens (Abb. 4.15) rotationsfrei ist, ist das Geschwindigkeitsfeld
außerhalb des Fadens durch

$$\vec{u}_R(\vec{x}) = \nabla \times \left[\frac{1}{4\pi} \iiint\limits_{\text{(Faden)}} \frac{\text{rot}\,\vec{u}(\vec{x}')}{|\vec{x} - \vec{x}'|}\, \mathrm{d}V' \right] \tag{4.123}$$

gegeben. Die Integration ist dabei voraussetzungsgemäß nur über das Volumen des Wirbelfadens auszuführen, dessen Volumenelement

$$\mathrm{d}V' = \mathrm{d}S\,\vec{n} \cdot \mathrm{d}\vec{x}' \tag{4.124}$$

ist, mit $\mathrm{d}\vec{x}' = \vec{n}\,\mathrm{d}s'$ als dem vektoriellen Linienelement des Wirbelfadens.
Durch einfache Umstellung erhalten wir mit

$$\vec{n} = \text{rot}\,\vec{u}/|\text{rot}\,\vec{u}|$$

dann

$$\mathrm{d}V' = \mathrm{d}S\,\frac{\text{rot}\,\vec{u}}{|\text{rot}\,\vec{u}|} \cdot \vec{n}\,\mathrm{d}s' , \tag{4.125}$$

also auch

$$\mathrm{d}V' = (\text{rot}\,\vec{u}) \cdot \vec{n}\,\mathrm{d}S\,\frac{\mathrm{d}s'}{|\text{rot}\,\vec{u}|} \tag{4.126}$$

und damit für (4.123)

$$\vec{u}_R(\vec{x}) = \nabla \times \left[\frac{1}{4\pi} \iiint\limits_{\text{(Faden)}} \frac{(\text{rot}\,\vec{u}) \cdot \vec{n}\,\mathrm{d}S}{|\vec{x} - \vec{x}'|}\, \mathrm{d}\vec{x}' \right] , \tag{4.127}$$

wobei wir

$$\frac{\text{rot } \vec{u} \, ds'}{|\text{rot } \vec{u}|} = \vec{n} \, ds' = d\vec{x}' \tag{4.128}$$

gesetzt haben. Wir integrieren zunächst über die kleine Querschnittsfläche ΔS und vernachlässigen für $\Delta S \to 0$ die Änderung des Vektors $\vec{x}'$ über diese Fläche, ziehen also $1/|\vec{x} - \vec{x}'|$ vor das Flächenintegral:

$$\vec{u}_R(\vec{x}) = \nabla \times \left\{ \frac{1}{4\pi} \int \frac{1}{|\vec{x} - \vec{x}'|} \left[\iint (\text{rot } \vec{u}) \cdot \vec{n} \, dS \right] d\vec{x}' \right\} . \tag{4.129}$$

Nach dem Stokesschen Satz ist das Flächenintegral aber gleich der Zirkulation Γ, und diese ist nach dem Ersten Helmholtzschen Satz längs eines Wirbelfadens konstant, also unabhängig von $\vec{x}'$. Daher folgt aus (4.129)

$$\vec{u}_R(\vec{x}) = \frac{\Gamma}{4\pi} \nabla \times \int \frac{d\vec{x}'}{|\vec{x} - \vec{x}'|} . \tag{4.130}$$

Die weitere Rechnung läßt sich einfacher in Indexnotation erledigen, in der sich die rechte Seite von (4.130)

$$\frac{\Gamma}{4\pi} \epsilon_{ijk} \frac{\partial}{\partial x_j} \int \frac{1}{r} \, dx_k'$$

schreibt. Man erkennt jetzt unmittelbar, daß der Operator $\epsilon_{ijk} \partial/\partial x_j$ ins Integral gezogen werden kann. Der Term $\partial(r^{-1})/\partial x_j$ ergibt sich mit $r_i = x_i - x_i'$ und $r = |\vec{r}|$ zu

$$\frac{\partial(r^{-1})}{\partial x_j} = -\frac{1}{r^2} \frac{\partial r}{\partial x_j} = -\frac{1}{r^2} (x_j - x_j') \frac{1}{r} = -r_j r^{-3} . \tag{4.131}$$

Ersetzen wir (4.131) durch den entsprechenden Ausdruck in symbolischer Schreibweise, liefert (4.130) schließlich das berühmte *Biot-Savartsche Gesetz*:

$$\vec{u}_R(\vec{x}) = \frac{\Gamma}{4\pi} \int\limits_{(\text{Faden})} \frac{d\vec{x}' \times \vec{r}}{r^3} , \tag{4.132}$$

mit $\vec{r} = \vec{x} - \vec{x}'$, welches insbesondere in der Aerodynamik Anwendung findet. Das Biot-Savartsche Gesetz ist ein rein kinematischer Satz, der ursprünglich auf experimentellem Wege in der Elektrodynamik gefunden wurde. Der Wirbelfaden entspricht dort dem elektrischen Leiter, die Wirbelstärke der Stromstärke und das Geschwindigkeitsfeld dem Magnetfeld. Die Herkunft des Gesetzes erklärt auch den in der Aerodynamik üblichen Sprachgebrauch, daß der Wirbelfaden am Ort $\vec{x}$ eine Geschwindigkeit $\vec{u}$ „induziert". Als Beispiel berechnen wir die von einem geraden, beidseitig ins Unendliche reichenden Wirbelfaden induzierte Geschwindigkeit im Abstand a vom Wirbelfaden.

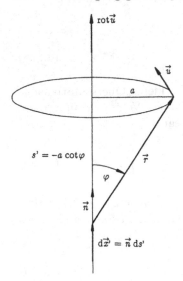

Abbildung 4.16. Durch geraden Wirbelfaden induzierte Geschwindigkeit

Die Geschwindigkeit $\vec{u}_R$ steht immer senkrecht auf der von $d\vec{x}'$ und $\vec{r}$ aufgespannten Ebene, ist also Tangente an den Kreis mit Radius a in der zum Wirbelfaden senkrechten Ebene. Der Betrag der induzierten Geschwindigkeit ergibt sich aus (4.132) mit den Bezeichnungen aus Abb. 4.16 zu

$$|\vec{u}_R| = \frac{\Gamma}{4\pi} \int\limits_{-\infty}^{+\infty} \frac{\sin\varphi}{r^2} \, ds' \; . \tag{4.133}$$

Abb. 4.16 entnehmen wir noch den Zusammenhang

$$s' = -a \cot\varphi \; , \tag{4.134}$$

so daß $s' = -\infty$ $\varphi = 0$ und $s' = +\infty$ $\varphi = \pi$ entspricht und

$$ds' = +\frac{a}{\sin^2\varphi} \, d\varphi \tag{4.135}$$

wird. Mit $r = a/\sin\varphi$ folgt dann

$$|\vec{u}_R| = \frac{\Gamma}{4\pi a} \int\limits_{0}^{\pi} \sin\varphi \, d\varphi = -\frac{\Gamma}{4\pi a} \cos\varphi \Big|_0^\pi = \frac{\Gamma}{2\pi a} \; . \tag{4.136}$$

Das Ergebnis gilt in allen Ebenen senkrecht zum Wirbelfaden. Die ebene Strömung mit diesem Geschwindigkeitsfeld heißt *Potentialwirbel*, auf den wir später noch ausführlich eingehen werden. Gleichung (4.136) stimmt natürlich mit (2.97) überein, die wir dort aus dem Drallsatz erhalten haben. Dasselbe

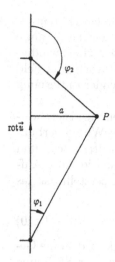

Abbildung 4.17. Endlich langer Wirbelfaden

Ergebnis hätten wir auch mit der plausiblen Annahme konstanter Geschwindigkeit am Radius a und durch Berechnung der Zirkulation erhalten:

$$\Gamma = \oint_a \vec{u}_R \cdot \mathrm{d}\vec{x} = \vec{u} \cdot \vec{e}_\varphi \, a \int_0^{2\pi} \mathrm{d}\varphi = |\vec{u}_R| \, a \, 2\pi \; . \tag{4.137}$$

Für den Beitrag eines endlich langen, geraden Wirbelfadens zur induzierten Geschwindigkeit am Punkt P, dessen Lage durch den Abstand a und die Winkel φ_1 und φ_2 festgelegt ist (Abb. 4.17), findet man aus (4.136) nach Integration von φ_1 bis φ_2

$$|\vec{u}_R| = \frac{\Gamma}{4\pi a} \left(\cos\varphi_1 - \cos\varphi_2 \right) \; . \tag{4.138}$$

Für $\varphi_1 = 0$ und $\varphi_2 = \pi/2$ (halbunendlicher Wirbelfaden) ist die induzierte Geschwindigkeit in der senkrechten Ebene durch

$$|\vec{u}_R| = \frac{\Gamma}{4\pi a} \tag{4.139}$$

gegeben und beträgt gerade die Hälfte des Wertes für den beidseitig unendlichen Wirbelfaden, wie man es aus Symmetriegründen auch erwartet.

Solche endlich oder halbunendlich langen Stücke eines Wirbelfadens können nach dem Ersten Helmholtzschen Wirbelsatz nicht isoliert bestehen, sondern müssen Teilstücke eines in sich geschlossenen oder beidseitig unendlichen Wirbelfadens sein. In der Diskussion im Zusammenhang mit Abb. 4.8 haben wir gesehen, daß die Zirkulation um ein Tragflügelprofil in ebener Strömung durch einen gebundenen Wirbel darstellbar ist. Diesen gebundenen Wirbel können wir uns als geraden, beidseitig unendlichen Wirbelfaden (Potential-wirbel) vorstellen. Bezüglich des Auftriebs kann man sich sogar das gesamte Profil durch den geraden Wirbelfaden ersetzt denken. (Das Geschwindig-keitsfeld in der Nähe des Tragflügels unterscheidet sich natürlich vom Feld eines querangeströmten Wirbelfadens, aber mit größer werdender Entfernung vom Profil stimmen beide Felder immer besser überein.)

Der Anfahrwirbel kann ebenfalls als gerader Wirbelfaden idealisiert wer-den, der bei plus und minus unendlich mit dem gebundenen Wirbel verbun-den ist. Die Zirkulation des gebundenen Wirbels legt den Auftrieb fest, und die Auftriebsformel, die den Zusammenhang zwischen Zirkulation und Auf-trieb pro Breiteneinheit in reibungsfreier Potentialströmung herstellt, ist das *Kutta-Joukowsky-Theorem*

$$A = -\varrho\,\Gamma\,U_\infty \, , \tag{4.140}$$

wobei U_∞ die sogenannte „ungestörte" Anströmgeschwindigkeit, d. h. die Ge-schwindigkeit ist, die sich nach Entfernen des Körpers aus der Strömung einstellen würde. (Mit Breite oder Spannweite eines Tragflügels meint man übrigens die Erstreckung normal zur Zeichenebene der Abb. 4.3 ff. , während die Flügellänge die Länge des Profilquerschnitts ist. Das negative Vorzeichen in allen Auftriebsformeln entsteht durch den mathematisch positiv definier-ten Umlaufsinn der Zirkulation!) Die Kutta-Joukowskysche Formel läßt sich mit dem Impulssatz und der Bernoullischen Gleichung auf ähnliche Weise herleiten, wie wir schon die Kraft auf ein Profil im Gitterverband berechnet haben. Von dieser Herleitung nehmen wir hier jedoch Abstand, weil wir die Kutta-Joukowskysche Formel später auf anderem Wege berechnen wollen.

Wir betonen in diesem Zusammenhang aber ausdrücklich, daß die Kraft auf ein Einzelprofil in reibungsfreier Potentialströmung senkrecht auf der An-strömrichtung steht, der Tragflügel also nur Auftrieb und keinen Widerstand erfährt! Dieses Ergebnis steht natürlich nicht im Einklang mit der Erfahrung und ist u. a. auf die Vernachlässigung der Reibung zurückzuführen.

Das Kutta-Joukowsky-Theorem in der Form (4.140) mit konstantem Γ gilt nur für den unendlich breiten Flügel, d. h. in ebener Strömung. Natür-lich haben alle Tragflügel endliche Breite, aber solange die Spannweite sehr viel größer ist als die Flügeltiefe, läßt sich der Auftrieb mit der Annahme kon-stanter Zirkulation über der Spannweite abschätzen. Näherungsweise erhält man so für den Auftrieb des ganzen Flügels mit der Breite b

$$A = -\varrho\,\Gamma\,U_\infty\,b \, . \tag{4.141}$$

In Wirklichkeit aber werden die Flügelenden umströmt, denn der Druck auf der Unterseite des Flügels ist größer als auf der Oberseite, so daß nach der Eulerschen Gleichung die Flüssigkeit unter dem Einfluß des Druckgradienten von der Unter- auf die Oberseite strömt, um den Druckunterschied auszuglei-chen. Damit geht der Wert der Zirkulation an den Flügelenden gegen null, die Zirkulation ist also über der Spannweite veränderlich, und der Auftrieb berechnet sich nach

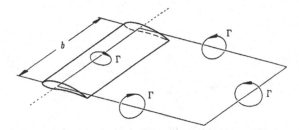

Abbildung 4.18. Vereinfachtes Wirbelsystem eines endlichen Tragflügels

$$A = -\varrho\, U_\infty \int\limits_{-b/2}^{+b/2} \Gamma(x)\, \mathrm{d}x \;, \tag{4.142}$$

wenn der Ursprung in Flügelmitte liegt und x längs der Breite gezählt wird. Aber selbst wenn wir annehmen, daß Γ über der Flügeltiefe konstant ist, ergeben sich schon deshalb Schwierigkeiten, weil der Flügel, was seinen Auftrieb betrifft, nicht durch ein endliches Stück eines Wirbelfadens ersetzt werden kann. Nach dem Ersten Helmholtzschen Wirbelsatz, der als rein kinematische Aussage auch für den gebundenen Wirbel gilt, kann das isolierte Stück Wirbelfaden nicht existieren. Es kann aber auch nicht geradlinig ins Unendliche fortgesetzt werden, da die Flüssigkeit dort nicht vom Flügel zerschnitten wird, also keine Unstetigkeitsfläche erzeugt wird, die für den Zirkulationsaufbau notwendig ist. An beiden Flügelenden müssen also freie Wirbel ansetzen, die von der Strömung nach hinten getragen werden. Diese freien Wirbel bilden zusammen mit dem gebundenen Wirbel und dem Anfahrwirbel einen in sich geschlossenen Wirbelring, der das vom Flügel durchschnittene Flüssigkeitsgebiet einrahmt (Abb. 4.18). Ist seit dem Anfahrvorgang eine sehr lange Zeit vergangen, so liegt der Anfahrwirbel im Unendlichen, und der gebundene Wirbel bildet mit den Randwirbeln einen sogenannten *Hufeisenwirbel*, der zwar nur ein sehr grobes Modell der Wirkung eines endlichen Tragflügels darstellt, aber mit dem schon qualitativ gezeigt werden kann, daß der endliche Tragflügel auch in reibungsfreier Strömung einen Widerstand erfährt. Die von den beiden Randwirbeln in der Mitte des Tragflügels induzierte Geschwindigkeit (*induzierter Abwind*), die üblicherweise mit dem Buchstaben w bezeichnet wird, beträgt das Doppelte des Abwindes eines halbunendlichen Wirbelfadens im Abstand $b/2$, also nach (4.139)

$$w = 2\,\frac{\Gamma}{4\pi\,(b/2)} = \frac{1}{b}\,\frac{\Gamma}{\pi} \tag{4.143}$$

und ist nach unten gerichtet. Der Flügel „spürt" also in der Mitte nicht allein die Anströmgeschwindigkeit U_∞, sondern eine Geschwindigkeit, die sich aus U_∞ und w zusammensetzt (Abb. 4.19). In reibungsfreier Strömung steht der Vektor der Kraft senkrecht auf dieser neuen lokalen Anströmrichtung,

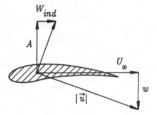

Abbildung 4.19. Zur Erläuterung des induzierten Widerstandes

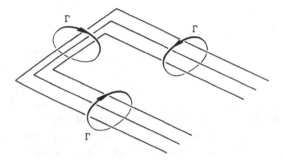

Abbildung 4.20. Verfeinertes Wirbelsystem des Tragflügels

hat also eine Komponente parallel zur ungestörten Anströmung, die sich als *induzierter Widerstand* W_{ind} äußert:

$$W_{ind} = A\,\frac{w}{U_\infty}\,. \tag{4.144}$$

Allerdings würde (4.144) nur dann gelten, wenn der von beiden Randwirbeln induzierte Abwind über der Spannweite konstant wäre. Der Abwind ändert sich aber, denn im Abstand x von der Flügelmitte induziert der eine Wirbel den Abwind

$$\frac{\Gamma}{4\pi\,(b/2+x)}\,,\ \text{bzw.}\quad \frac{\Gamma}{4\pi\,(b/2-x)}\,,$$

insgesamt also

$$w = \frac{\Gamma}{4\pi}\,\frac{b}{(b/2)^2 - x^2}\,,$$

und man erkennt, daß der Abwind in der Flügelmitte am kleinsten ist (damit würde man mit (4.144) den Widerstand unterschätzen) und an den Flügelenden gegen unendlich strebt. Dieser unrealistische Wert tritt nicht auf, wenn die Zirkulationsverteilung zu den Enden hin abnimmt, wie es ja sein muß. Für eine halbelliptische Zirkulationsverteilung über der Spannweite erhält man eine konstante Abwindverteilung, und Gleichung (4.144) ist anwendbar. Der Erste Helmholtzsche Wirbelsatz verlangt nun wieder, daß bei einer infinitesimalen Änderung der Zirkulation in x-Richtung

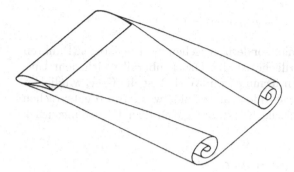

Abbildung 4.21. Die Unstetigkeitsfläche rollt sich zu Randwirbeln auf

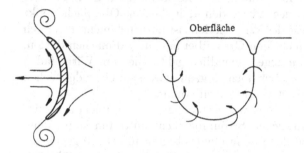

Abbildung 4.22. Wirbel am Kaffeelöffel

$$\mathrm{d}\Gamma = \frac{\mathrm{d}\Gamma}{\mathrm{d}x}\mathrm{d}x$$

ein freier Wirbel derselben infinitesimalen Stärke von der Hinterkante abflie-ßen muß. Wir werden so auf das verfeinerte Wirbelsystem der Abb. 4.20 geführt. Die freien Wirbel bilden nunmehr eine Unstetigkeitsfläche in der Geschwindigkeitskomponente parallel zur Hinterkante, die sich in der in Abb. 4.21 skizzierten Weise in den Randwirbel aufrollt.

Diese Randwirbel müssen beim Vorrücken des Flügels kontinuierlich neu gebildet werden, so daß die kinetische Energie in diesen Wirbeln ständig neu nachgeliefert werden muß. Die hierzu notwendige Leistung wird gerade vom induzierten Widerstand erbracht. Manifestationen des Ersten Helm-holtzschen Wirbelsatzes lassen sich auch oft im täglichen Leben beobachten. Erinnert sei nur an die trichterförmigen Vertiefungen in der freien Oberfläche des Kaffees, die man in einer Tasse erzeugen kann, wenn man den Kaffeelöf-fel plötzlich vorwärts bewegt und dann herauszieht (Abb. 4.22). Durch das Zusammenfließen der Flüssigkeiten von Vorder- und Hinterseite bildet sich längs des Löffelrandes eine Trennfläche.

Die Unstetigkeitsfläche rollt sich zu einem Wirbelbogen auf, dessen End-punkte an der freien Oberfläche die trichterförmigen Vertiefungen bilden. Da die Strömung außerhalb des Wirbelfadens eine Potentialströmung ist, gilt die Bernoullische Gleichung (4.62)

$$\frac{1}{2}\,\varrho\,u^2 + p + \varrho\,g\,x_3 = C$$

nicht nur längs einer Stromlinie, sondern zwischen zwei beliebigen Punkten im Feld. An der freien Oberfläche ist der Druck überall gleich dem Umgebungsdruck p_0, in einiger Entfernung vom Wirbel ist die Geschwindigkeit null, und die Oberfläche hat sich nicht abgesenkt, was $x_3 = 0$ entsprechen möge. Dann ist die Bernoullische Konstante gleich dem Umgebungsdruck ($C = p_0$), und wir erhalten

$$\frac{1}{2}\,\varrho\,u^2 + \varrho\,g\,x_3 = 0\;.$$

In der Nähe der Wirbelendpunkte nimmt die Geschwindigkeit nach der Formel (4.139) zu, daher muß x_3 negativ werden, d. h. die freie Oberfläche senkt sich ab. Die Querschnittsfläche des Wirbelfadens ist natürlich nicht unendlich klein, so daß wir in (4.139) nicht den Grenzübergang $a \to 0$ machen dürfen, für den die Geschwindigkeit u gegen unendlich geht. Die vom Wirbelfaden induzierte Geschwindigkeit ist aber doch so groß, daß es zu einer deutlichen Ausbildung der trichterförmigen Vertiefungen kommt.

In diesem Zusammenhang wollen wir vermerken, daß ein unendlich dünner Wirbelfaden in einer wirklichen Strömung nicht auftreten kann, denn der Geschwindigkeitsgradient des Potentialwirbels geht für $a \to 0$ gegen unendlich, so daß die Reibungsspannungen auch bei noch so kleiner Zähigkeit nicht mehr vernachlässigbar klein sind. Wie wir aus Gleichung (4.11) wissen, beschleunigen sie in inkompressibler Potentialströmung das Teilchen nicht, sie leisten aber Deformationsarbeit, liefern also einen Beitrag zur Dissipation. Die in Wärme dissipierte Energie stammt aus der kinetischen Energie des Wirbels. Die in mathematischer Hinsicht sehr nützliche Idealisierung eines realen Wirbelfadens als Faden mit unendlich kleinem Querschnitt bleibt natürlich sinnvoll.

Wir besprechen jetzt den *Zweiten Helmholtzschen Wirbelsatz*:

„Eine Wirbelröhre besteht immer aus denselben Flüssigkeitsteilchen."

Eine Wirbelröhre ist also eine materielle Röhre. Wir haben diesen Satz unter Benutzung materieller Koordinaten schon durch Gleichung (4.27) bewiesen, wollen ihn hier aber nochmals als unmittelbare Folge des Kelvinschen Zirkulationstheorems darstellen. Zur Zeit t_0 betrachten wir eine Wirbelröhre und eine beliebige geschlossene Kurve C auf ihrer Mantelfläche (Abb. 4.23). Nach dem Stokesschen Integralsatz ist die Zirkulation der geschlossenen Kurve null. Die Zirkulation der Kurve, die aus denselben materiellen Teilchen besteht, hat zu einem späteren Zeitpunkt nach dem Kelvinschen Zirkulationstheorem ($D\Gamma/Dt = 0$) immer noch den Wert null. In Umkehrung der obigen Schlußweise folgt aus dem Stokesschen Satz, daß sich diese materiellen Teilchen auf der Mantelfläche einer Wirbelröhre befinden müssen: Was zu beweisen war.

Bei der Betrachtung von Rauchringen wird die Tatsache, daß Wirbelröhren materielle Röhren sind, deutlich: Der Rauch bleibt offensichtlich im

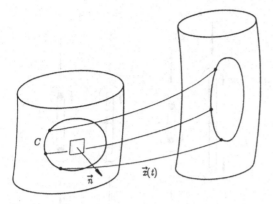

Abbildung 4.23. Zum zweiten Helmholtzschen Wirbelsatz

Wirbelring und wird mit ihm transportiert, d. h. der Rauch selbst ist Träger der Rotation. Diese Aussage gilt nur unter den Einschränkungen der Barotropie und Reibungsfreiheit. Die bei Rauchringen zu beobachtende langsame Auflösung ist auf Reibung und Diffusion zurückzuführen.

Ein Wirbelring, der aus einem unendlich dünnen Wirbelfaden besteht, induziert auf sich selbst eine unendlich große Geschwindigkeit (ähnlich wie wir es schon beim Hufeisenwirbel gesehen haben), so daß sich der Ring mit unendlich großer Geschwindigkeit fortbewegen würde. Die in der Mitte des Ringes induzierte Geschwindigkeit bleibt (ebenso wie beim Hufeisenwirbel) endlich, und man kann sie leicht aus dem Biot-Savartschen Gesetz (4.132) zu

$$|\vec{u}| = \frac{\Gamma}{4\pi} \int\limits_{0}^{2\pi} \frac{a^2 \, \mathrm{d}\varphi}{a^3} = \frac{\Gamma}{2a}$$

ausrechnen. Auf die unrealistische, unendlich große Geschwindigkeit am Wirbel selbst wird man natürlich nur durch die Annahme unendlich kleinen Querschnitts geführt. Setzt man einen endlichen Querschnitt voraus, bleibt auch die auf sich selbst induzierte Geschwindigkeit, d. h. die Geschwindigkeit mit der sich der Ring fortbewegt, endlich. Allerdings ist der wirkliche Querschnitt nicht bekannt und hängt wohl davon ab, wie der Ring entstanden ist.

In der Praxis beobachtet man, daß sich der Ring mit einer Geschwindigkeit fortbewegt, die langsamer als die in der Mitte induzierte Geschwindigkeit ist. Es ist wohl bekannt, daß zwei hintereinanderlaufende Ringe sich abwechselnd überholen, wobei jeweils der eine durch den anderen hindurchschlüpft. Dieses Verhalten läßt sich aus der Richtung der vom einen auf den anderen Wirbelring induzierten Geschwindigkeit und durch die o. a. Formel für die Geschwindigkeit in der Ringmitte einsichtig machen und ist in Abb. 4.24 skizziert.

Auf dieselbe Weise läßt sich erklären, warum sich ein auf eine Wand zulaufender Wirbelring erweitert und gleichzeitig seine Geschwindigkeit reduziert,

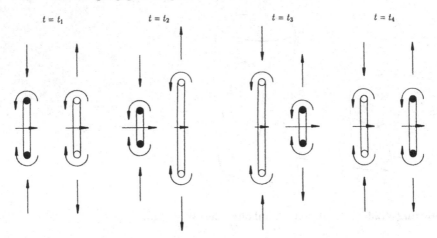

Abbildung 4.24. Zwei Wirbelringe überholen sich gegenseitig

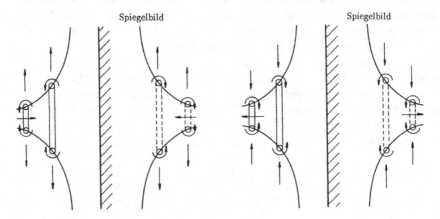

Abbildung 4.25. Wirbelring an einer Wand

während sich ein von der Wand weglaufender Ring zusammenzieht und seine Geschwindigkeit erhöht (Abb. 4.25).

Der Bewegungsablauf läßt sich ohne Kenntnis der Wirbelquerschnitte nicht ermitteln, und die Rechnung für unendlich dünne Ringe scheitert, weil Ringe - wie alle gekrümmten Wirbelfäden - auf sich selbst unendlich große Geschwindigkeiten induzieren. Bei geraden Wirbelfäden, also für ebene Strömungen gelingt eine einfache Beschreibung der „Wirbeldynamik" unter der Annahme unendlich dünner Fäden, da hier die selbstinduzierte Translationsgeschwindigkeit verschwindet. Da Wirbelfäden materielle Linien sind, genügt es, in der x-y-Ebene senkrecht zu den Fäden die Bahnen der Flüssigkeitsteilchen, die Träger der Rotation sind, gemäß (1.10) zu berechnen, d. h. die Bahnen der Wirbelzentren zu ermitteln.

Der Betrag der Geschwindigkeit, den ein am Ort $\vec{x}_{(i)}$ befindlicher, gerader Wirbelfaden am allgemeinen Ort $\vec{x}$ induziert, ist aus (4.136) bekannt. Wie dort erläutert steht die induzierte Geschwindigkeit senkrecht auf dem Abstandsvektor $\vec{a}_{(i)} = \vec{x} - \vec{x}_{(i)}$, hat also die Richtung $\vec{e}_z \times \vec{a}_{(i)}/|\vec{a}_{(i)}|$, so daß die vektorielle Form von (4.136) lautet:

$$\vec{u}_R = \frac{\Gamma}{2\,\pi}\,\vec{e}_z \times \frac{\vec{x} - \vec{x}_{(i)}}{|\vec{x} - \vec{x}_{(i)}|^2}$$

Für $\vec{x} \to \vec{x}_{(i)}$ wird die Geschwindigkeit zwar unendlich, aber aus Symmetriegründen kann der Wirbel nicht durch sein eigenes Geschwindigkeitsfeld verschoben werden; die induzierte Translationsgeschwindigkeit ist wie erwähnt null.

Die induzierte Geschwindigkeit von n Wirbeln mit der Zirkulation $\Gamma_{(i)}$ ($i = 1\ldots n$) erhalten wir durch Summation der vektoriellen Form von (4.136) zu

$$\vec{u}_R = \frac{1}{2\,\pi}\sum_i \Gamma_{(i)}\,\vec{e}_z \times \frac{\vec{x} - \vec{x}_{(i)}}{|\vec{x} - \vec{x}_{(i)}|^2}\ ,$$

wobei wir die Summationskonvention nicht gebrauchen, da der Summationsbereich die Anzahl der Wirbel ist. Wenn keine inneren Ränder vorhanden sind oder die Randbedingungen wie in Abb. 4.25 durch Spiegelung erfüllt sind, beschreibt die letzte Gleichung bereits das gesamte Geschwindigkeitsfeld, und mit (1.10) lautet die „Bewegungsgleichung" des k-ten Wirbels:

$$\frac{\mathrm{d}\vec{x}_{(k)}}{\mathrm{d}t} = \frac{1}{2\,\pi}\sum_{\substack{i\\i \neq k}} \Gamma_{(i)}\,\vec{e}_z \times \frac{\vec{x}_{(k)} - \vec{x}_{(i)}}{|\vec{x}_{(k)} - \vec{x}_{(i)}|^2}\ . \tag{4.145}$$

Der Wirbel $i = k$ wird aus den oben erläuterten Gründen von der Summation ausgeschlossen. Mit (4.145) liegen $2n$ Gleichungen für die gesuchten Bahnkoordinaten vor.

Die Dynamik der Wirbel besitzt Invarianten der Bewegung, die in gewisser Analogie zu den Erhaltungsgrößen eines Punktmassensystems stehen, auf das keine äußeren Kräfte einwirken. Zunächst entspricht die durch die Helmholtzschen Sätze bedingte Erhaltung der Wirbelstärken ($\sum \Gamma_{(k)} = $ const) der Erhaltung der Gesamtmasse des Punktmassensystems.

Multipliziert man die Bewegungsgleichung (4.145) mit $\Gamma_{(k)}$ und summiert über k, so erhält man durch Ausschreiben zunächst

$$\sum_k \varGamma_{(k)} \frac{\mathrm{d}\vec{x}_{(k)}}{\mathrm{d}t} = \varGamma_{(1)} \frac{\mathrm{d}\vec{x}_{(1)}}{\mathrm{d}t} + \varGamma_{(2)} \frac{\mathrm{d}\vec{x}_{(2)}}{\mathrm{d}t} + \varGamma_{(3)} \frac{\mathrm{d}\vec{x}_{(3)}}{\mathrm{d}t} + \ldots =$$

$$\vec{e}_z \times \frac{1}{2\pi} \left\{ \varGamma_{(1)} \varGamma_{(2)} \frac{\vec{x}_{(1)} - \vec{x}_{(2)}}{|\vec{x}_{(1)} - \vec{x}_{(2)}|^2} \;+\; \varGamma_{(1)} \varGamma_{(3)} \frac{\vec{x}_{(1)} - \vec{x}_{(3)}}{|\vec{x}_{(1)} - \vec{x}_{(3)}|^2} + \ldots + \right.$$

$$+\varGamma_{(2)} \varGamma_{(1)} \frac{\vec{x}_{(2)} - \vec{x}_{(1)}}{|\vec{x}_{(2)} - \vec{x}_{(1)}|^2} \;+\; \varGamma_{(2)} \varGamma_{(3)} \frac{\vec{x}_{(2)} - \vec{x}_{(3)}}{|\vec{x}_{(2)} - \vec{x}_{(3)}|^2} + \ldots +$$

$$\left. +\varGamma_{(3)} \varGamma_{(1)} \frac{\vec{x}_{(3)} - \vec{x}_{(1)}}{|\vec{x}_{(3)} - \vec{x}_{(1)}|^2} \;+\; \varGamma_{(3)} \varGamma_{(2)} \frac{\vec{x}_{(3)} - \vec{x}_{(2)}}{|\vec{x}_{(3)} - \vec{x}_{(2)}|^2} + \ldots \right\} .$$

Man erkennt unmittelbar, daß sich die Summanden der rechten Seite paarweise aufheben, so daß die Gleichung

$$\sum_k \varGamma_{(k)} \frac{\mathrm{d}\vec{x}_{(k)}}{\mathrm{d}t} = 0$$

entsteht, deren Integration auf

$$\sum_k \varGamma_{(k)} \vec{x}_{(k)} = \vec{x}_s \sum_k \varGamma_{(k)} \tag{4.146}$$

führt. Die auftretenden Integrationskonstanten haben wir aus Dimensionsgründen in der Form der „Schwerpunktskoordinate" $\vec{x}_s$ geschrieben. Wir interpretieren das Ergebnis:

„Der Schwerpunkt der Wirbelstärken bleibt erhalten!"

Der entsprechende Satz (Impulserhaltung) für ein System von Massenpunkten führt auf die Aussage, daß bei fehlenden äußeren Kräften die Schwerpunktsgeschwindigkeit eine Erhaltungsgröße ist.

Für $\sum \varGamma_{(k)} = 0$ liegt der Schwerpunkt im Unendlichen, so daß z. B. zwei Wirbel mit $\varGamma_{(1)} = -\varGamma_{(2)}$ eine geradlinige Bewegung auf parallelen Bahnen ausführen müssen (d. h. sich um einen unendlich fernen Punkt drehen). Ist $\varGamma_{(1)} + \varGamma_{(2)} \neq 0$, so drehen sich die Wirbel um einen im Endlichen liegenden Schwerpunkt (Abb. 4.26).

Dem in Abb. 4.24 erläuterten Überholvorgang zweier Wirbelringe entspricht hier der Überholvorgang zweier gerader Wirbelpaare. Die Bahnen der Wirbelpaare ergeben sich aus der numerischen Integration von (4.145) und sind in Abb. 4.27 dargestellt.

Die Analogie von (4.146) findet ihre Fortsetzung im „Drallsatz der Wirbel" und läßt sich auch auf kontinuierliche Wirbelverteilungen übertragen. Wir wollen darauf aber nicht eingehen, sondern den Unterschied zur Punktmechanik herausstellen: Für die Bewegung eines Wirbels unter dem Einfluß des übrigen Systems von Wirbeln ist (1.10) die maßgebende Gleichung. Die Bewegung eines Massenpunktes unter dem Einfluß des restlichen Systems,

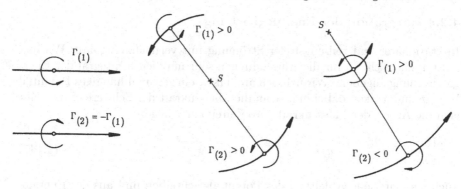

Abbildung 4.26. Mögliche Bahnlinien eines geraden Wirbelpaares

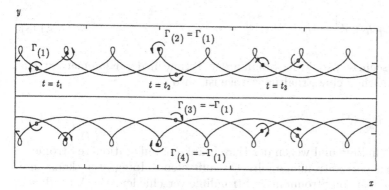

Abbildung 4.27. Bahnlinien zweier gerader Wirbelpaare

d. h. unter dem Einfluß äußerer Kräfte, wird dagegen durch das Zweite Newtonsche Gesetz beschrieben!

Der *Dritte Helmholtzsche Wirbelsatz* lautet:

„Die Zirkulation einer Wirbelröhre bleibt zeitlich konstant."

Er folgt unmittelbar aus dem Zweiten Helmholtzschen Satz in Verbindung mit dem Kelvinschen Zirkulationstheorem, denn die eine Wirbelröhre bildende geschlossene Linie (Abb. 4.11) ist nach dem Zweiten Helmholtzschen Satz eine materielle Linie, deren Zirkulation nach dem Kelvinschen Satz konstant bleibt.

Der Zweite und Dritte Helmholtzsche Satz gelten für barotrope und reibungsfreie Flüssigkeiten. Die Aussagen dieser Sätze sind auch in Gleichung (4.27) enthalten, dort aber unter der weiter einschränkenden Annahme inkompressibler Strömung.

4.2.4 Integration der Energiegleichung

In stationärer und reibungsfreier Strömung mit vernachlässigbarer Wärmeleitung läßt sich ein für die Anwendungen sehr nützliches Integral der Energiegleichung angeben. Wir nehmen an, daß k_i ein zeitunabhängiges Potential
besitzt und denken dabei immer an die Massenkraft der Schwere. Dann läßt
sich die Arbeit der Massenkraft (pro Zeiteinheit) wegen

$$\frac{\mathrm{D}\psi}{\mathrm{D}t} = u_i \frac{\partial \psi}{\partial x_i} = -u_i k_i \tag{4.147}$$

auch als materielle Ableitung des Potentials schreiben und aus der Energie-
gleichung (4.47) entsteht mit $u = |\vec{u}|$

$$\varrho \frac{\mathrm{D}}{\mathrm{D}t} \left[\frac{u^2}{2} + h + \psi \right] = 0 \; , \tag{4.148}$$

aus der wir schließen, daß die Summe der Terme in der Klammer für ein
materielles Teilchen eine Erhaltungsgröße ist, also

$$\frac{u^2}{2} + h + \psi = C \tag{4.149}$$

längs einer Bahnlinie und wegen der Einschränkung auf stationäre Strömungen auch längs einer Stromlinie gilt. Die auftretende Integrationskonstante
ist im allgemeinen von Stromlinie zu Stromlinie verschieden. Der Wert dieser
Konstanten hängt davon ab, wie diese Strömung entstanden ist, und offensichtlich ist die Konstante für alle Stromlinien dieselbe, wenn die Energie im
Unendlichen homogen ist. Bei den meisten technisch interessierenden Strömungen ist diese Konstante für alle Stromlinien gleich, und man nennt sie
deshalb *homenergetisch*. Homenergetische Strömungen müssen insbesondere
nicht wirbelfrei sein, sie sind also kinematisch nicht so stark eingeschränkt.
Dagegen ist, wie bereits besprochen, die Bernoullische Konstante nur in wirbelfreien (rotationsfreien) Feldern (und auf Feldern mit $\vec{\omega} \times \vec{u} = 0$, die aber bei
weitem nicht die technische Bedeutung der wirbelfreien Strömung besitzen)
auf jeder Stromlinie dieselbe.

Die Gleichung (4.149) findet ihre Hauptanwendung in der Gasdynamik,
wo das Potential der Massenkraft oft vernachlässigt werden kann, und die
Energiegleichung die Form

$$\frac{u^2}{2} + h = h_t \tag{4.150}$$

annimmt, die einen algebraischen Zusammenhang zwischen Geschwindigkeit
und Enthalpie herstellt, der unabhängig vom speziellen Problem immer in
stationärer und reibungsfreier Strömung, also auch bei Strömungen mit chemischen Reaktionen, bei denen $\mathrm{D}s/\mathrm{D}t \neq 0$ ist, gilt. Ist das Enthalpiefeld

bekannt, so folgt unmittelbar der Betrag der Geschwindigkeit im Feld und umgekehrt.

Für eine andere Form der Energiegleichung, in der die Abhängigkeit von der Enthalpie nicht ausdrücklich vorkommt, muß man die Annahme isentroper Strömung explizit machen. Aus der Gibbsschen Relation (2.133) folgt dann

$$\frac{\mathrm{D}e}{\mathrm{D}t} - \frac{p}{\varrho^2}\frac{\mathrm{D}\varrho}{\mathrm{D}t} = 0 \qquad (4.151)$$

oder mit (4.3) auch

$$\frac{\mathrm{D}h}{\mathrm{D}t} - \frac{1}{\varrho}\frac{\mathrm{D}p}{\mathrm{D}t} = 0 \ . \qquad (4.152)$$

Hiermit gewinnen wir aus (4.148) die Energiegleichung in der Form

$$\frac{\mathrm{D}}{\mathrm{D}t}\left[\frac{u^2}{2} + \psi\right] + \frac{1}{\varrho}\frac{\mathrm{D}p}{\mathrm{D}t} = 0 \ . \qquad (4.153)$$

In stationärer Strömung können wir den Operator $\mathrm{D}/\mathrm{D}t$ wegen (1.23) durch $|\vec{u}|\,\partial/\partial\sigma$ bzw. $|\vec{u}|\,\partial/\partial s$ ersetzen. Die Integration von (4.153) längs der Bahn- bzw. Stromlinien führt uns zurück auf die Bernoullische Gleichung (4.57) in der für stationäre Strömung gültigen Form

$$\frac{u^2}{2} + \psi + \int\frac{\mathrm{d}p}{\varrho} = C \ . \qquad (4.154)$$

Wir identifizieren die Bernoullische Gleichung daher auch als eine Energiegleichung. In der Tat wurde in der Ableitung, die zur Bernoullischen Gleichung (4.57) führte, das Innenprodukt der Geschwindigkeit $\vec{u}$ mit der Bewegungsgleichung gebildet, also eine „mechanische Energiegleichung" geschaffen. (Das Integral ist über die Strom- bzw. Bahnlinie auszuführen; ist es aber wegunabhängig, nennt man (4.154) die „starke Form" der Bernoullischen Gleichung.)

Im übrigen finden unter den eingangs gemachten Voraussetzungen oft auch die „Entropiegleichungen" (4.151) und (4.152) statt der Energiegleichung Anwendung, allerdings tritt in beiden Formeln die kinetische Energie nicht explizit auf.

Zur Klärung des bereits angesprochenen Zusammenhangs zwischen homenergetischer und wirbelfreier Strömung benötigen wir den *Croccoschen Wirbelsatz*, der allerdings nur in stationärer Strömung gilt. Wir können ihn herleiten, indem wir aus der kanonischen Zustandsgleichung $h = h(s,\,p)$ die Form

$$\frac{\partial h}{\partial x_i} = \left[\frac{\partial h}{\partial s}\right]_p \frac{\partial s}{\partial x_i} + \left[\frac{\partial h}{\partial p}\right]_s \frac{\partial p}{\partial x_i} \qquad (4.155)$$

oder unter Benutzung der Gleichungen (2.154) und (2.155) auch

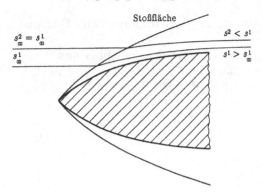

Abbildung 4.28. Gekrümmter Stoß

$$-\frac{1}{\varrho}\frac{\partial p}{\partial x_i} = T\frac{\partial s}{\partial x_i} - \frac{\partial h}{\partial x_i} \tag{4.156}$$

bilden. Mit dieser Formel gehen wir in die Eulersche Gleichung (4.40a),
drücken dort den Beschleunigungsterm durch (1.77) aus und erhalten für
stationäre Strömung die als Croccoschen Wirbelsatz bekannte Gleichung

$$-2\,\epsilon_{ijk}\,u_j\,\omega_k + \frac{\partial}{\partial x_i}\left[\frac{u_j\,u_j}{2} + h + \psi\right] = T\,\frac{\partial s}{\partial x_i}\,, \tag{4.157}$$

wobei wir angenommen haben, daß die Massenkraft ein Potential besitzt.
In homenergetischer Strömung hat die in (4.149) auftretende Integrationskonstante C auf allen Stromlinien denselben Wert, d. h. der Gradient von C
verschwindet, und für diese Klasse von Strömungen gilt

$$\frac{\partial C}{\partial x_i} = \frac{\partial}{\partial x_i}\left[\frac{u^2}{2} + h + \psi\right] = 0\,. \tag{4.158}$$

Aus dem Croccoschen Wirbelsatz folgt dann für diese Klasse, daß wirbel-
freie Strömungen homentrop sein müssen. Auf der anderen Seite sehen wir,
daß nicht homentrope aber homenergetische Strömungen wirbelbehaftet sind.
Dieser Fall wurde bereits in 4.1.3 angesprochen (gekrümmter Stoß) und ist
deswegen interessant, weil Rotation im Innern des Strömungsfeldes erzeugt
wird und nicht, wie bei inkompressibler Strömung, durch Diffusion von den
Rändern her ins Innere gelangt. Beim Durchgang durch einen gekrümmten
Stoß (Abb. 4.28), wie er in *Hyperschallströmungen* auftreten kann, wird die
Entropie auf den einzelnen Stromlinien unterschiedlich erhöht. Hinter der
Stoßfläche ist daher die Entropie nicht mehr homogen, und infolge des Croc-
coschen Wirbelsatzes kann die Strömung dann nicht mehr wirbelfrei sein.

Dem Croccoschen Wirbelsatz entnehmen wir desweiteren die Aussage, daß
eine ebene homentrope (und homenergetische) Strömung notwendigerweise
rotationsfrei sein muß, denn in ebener Strömung steht $\vec{\omega}$ immer senkrecht auf
$\vec{u}$, so daß der erste Term in (4.157) nicht deswegen verschwinden kann, weil
$\vec{\omega}$ und $\vec{u}$ parallele Vektoren sind.

4.3 Anfangs- und Randbedingungen

Wir haben in Kapitel 4 bisher allgemeingültige Aussagen gemacht, wie sie für jedes Strömungsproblem Newtonscher oder reibungsfreier Flüssigkeiten zutreffen. Damit sind aber die allgemein gültigen Betrachtungen zunächst abgeschlossen, und weiterer Fortschritt in einem vorliegenden Problem verlangt Angaben über die Art der Berandung des interessierenden Strömungsgebietes und die Angabe der Bedingungen, welche die Strömung an dieser Berandung erfüllen muß. Mathematisch gesprochen handelt es sich hierbei um *Randbedingungen*. Bei instationären Problemen sind außerdem die *Anfangsbedingungen*, also die Feldgrößen zu Beginn des interessierenden Zeitabschnitts, anzugeben.

Wir werden zunächst die Strömungsberandung für den Fall der undurchlässigen Wand (den wir gegebenenfalls auf durchlässige Wände verallgemeinern können) und den Fall der freien Oberfläche betrachten. Technisch interessant sind auch Berandungen, die Unstetigkeitsflächen sind. Bekanntestes Beispiel dafür sind die schon erwähnten Bedingungen an Stoßflächen, auf die wir aber erst eingehen können, wenn der Begriff „Stoß" selbst geklärt ist.

Die Erfahrung lehrt, daß Newtonsche Flüssigkeiten an Wänden haften. Für eine undurchlässige Wand bedeutet dies, daß sowohl Tangential- als auch Normalgeschwindigkeit von Flüssigkeit und Wand an jedem Punkt der Wand übereinstimmen müssen. Der Geschwindigkeitsvektor $\vec{u}$ der Flüssigkeit an der Wand muß gleich dem Vektor der Wandgeschwindigkeit $\vec{u}_w$ sein:

$$\vec{u} = \vec{u}_w \quad \text{(an der Wand)} . \tag{4.159}$$

Ist die Wand in Ruhe ($\vec{u}_w = 0$), so lautet die Randbedingung

$$\vec{u} = 0 \quad \text{(a. d. W.)} , \tag{4.160}$$

bzw.

$$u_n = u_t = 0 \quad \text{(a. d. W.)} . \tag{4.161}$$

Der Index n steht hierin für die Normal-, der Index t für die Tangentialkomponente der Geschwindigkeit.

In reibungsfreier Strömung ist es im allgemeinen nicht mehr möglich, sowohl Normal- als auch Tangentialgeschwindigkeit an der Wand vorzuschreiben. Da an einer undurchlässigen Wand jedenfalls die Normalkomponenten von Wand- und Strömungsgeschwindigkeit übereinstimmen müssen - anderenfalls würde die Wand ja durchströmt -, behalten wir diese Randbedingung bei und fordern für reibungsfreie Strömung

$$\vec{u} \cdot \vec{n} = \vec{u}_w \cdot \vec{n} \quad \text{(a. d. W.)} \tag{4.162a}$$

bzw.

$$(\vec{u} - \vec{u}_w) \cdot \vec{n} = 0 \quad \text{(a. d. W.)} \tag{4.162b}$$

oder in Indexnotation

$$(u_i - u_{i(w)}) \, n_i = 0 \quad \text{(a. d. W.)} . \tag{4.162c}$$

Diese Bedingung nennt man die *kinematische Randbedingung*, während (4.159) *dynamische* oder *physikalische Randbedingung* genannt wird. In reibungsfreier Strömung muß die dynamische Randbedingung aufgegeben werden, weil die Eulerschen Gleichungen von niedrigerer Ordnung in den Ableitungen sind als die Navier-Stokesschen Gleichungen. In den Eulerschen Gleichungen fehlen die Terme zweiter Ordnung ($\eta \, \Delta \vec{u}$ im inkompressiblen Fall). Aus der Theorie der gewöhnlichen Differentialgleichungen ist bekannt, daß die Ordnung der DGl. die Anzahl der erfüllbaren Randbedingungen festlegt. Genauso legt die Ordnung einer partiellen DGl. die Zahl der am Rand erfüllbaren Funktionen fest. Da in reibungsfreier Strömung nur die Randbedingung an die Normalkomponente der Geschwindigkeit gestellt werden kann, ergeben sich im allgemeinen verschiedene Tangentialkomponenten von Wand- und Strömungsgeschwindigkeit: Die dynamische Randbedingung wird also verletzt. Jetzt verstehen wir auch, warum die reibungsbehaftete Strömung für $\nu \to 0$ allgemein nicht in die Lösung mit $\nu \equiv 0$ übergeht: Beide Strömungen erfüllen verschiedene Randbedingungen, in denen die Zähigkeit ν nicht explizit auftritt, die also vom Grenzübergang $\nu \to 0$ nicht beeinflußt werden. Wir weisen in diesem Zusammenhang nochmals darauf hin, daß auch in den Fällen, in denen die reibungsfreie Lösung eine gute Näherung der reibungsbehafteten Strömung für große Reynolds-Zahlen darstellt, die Lösung in unmittelbarer Wandnähe (d. h. in der Grenzschicht) versagt.

Reicht das Strömungsfeld um einen endlichen Körper bis ins Unendliche, muß die Störung, die durch den Körper verursacht wird, im Unendlichen abklingen. Die Ordnung, mit der die Störung verschwindet, hängt vom konkreten Problem ab und soll erst im Zusammenhang mit diesem besprochen werden (siehe Abschnitt 10.3).

Maßgebend für die Anwendung der kinematischen Randbedingung ist die Normalkomponente der Eigengeschwindigkeit der Wand des Körpers, der sich durch das Strömungsfeld bewegt. Die Oberfläche dieses Körpers sei in der impliziten Form

$$F(\vec{x}, t) = 0 \tag{4.163}$$

gegeben, in der $\vec{x}$ der Ortsvektor eines allgemeinen Punktes der Oberfläche ist. Der Normalenvektor zur Oberfläche ist (bis auf das festzulegende Vorzeichen)

$$\vec{n} = \frac{\nabla F}{|\nabla F|} , \tag{4.164}$$

so daß wir die kinematische Randbedingung auch in der Form

$$\vec{u} \cdot \nabla F = \vec{u}_w \cdot \nabla F \quad (\text{an } F(\vec{x}, t) = 0) \tag{4.165}$$

schreiben können. Ein Punkt der Oberfläche mit dem Ortsvektor $\vec{x}$ erfüllt per definitionem für alle Zeiten die Gleichung (4.163). Für einen Beobachter auf der Oberfläche, dessen Ortsvektor $\vec{x}$ ist, ändert sich also (4.163) nicht; es folgt

$$\frac{dF}{dt} = 0 \,, \tag{4.166}$$

wobei diese Zeitableitung die mit der Gleichung (1.19) eingeführte allgemeine Zeitableitung ist, da sich der Beobachter auf der Fläche mit der Geschwindigkeit $\vec{u}_w$ bewegt, die nicht gleich der Geschwindigkeit eines materiellen Teilchens am selben Ort ist. Gleich sind nach (4.162a) nur die Normalkomponenten. Aus

$$\frac{dF}{dt} = \frac{\partial F}{\partial t} + \vec{u}_w \cdot \nabla F = 0 \tag{4.167}$$

gewinnen wir durch Division mit $|\nabla F|$ zunächst eine bequeme Formel für die Berechnung der Normalgeschwindigkeit eines Körpers:

$$\vec{u}_w \cdot \frac{\nabla F}{|\nabla F|} = \vec{u}_w \cdot \vec{n} = -\frac{1}{|\nabla F|} \frac{\partial F}{\partial t} \,, \tag{4.168a}$$

für die wir in Indexnotation auch

$$u_{i(w)} n_i = \frac{-\partial F / \partial t}{(\partial F / \partial x_j \, \partial F / \partial x_j)^{1/2}} \tag{4.168b}$$

schreiben.

Zu einer besonders prägnanten Form der kinematischen Randbedingung werden wir geführt, wenn wir (4.167) in (4.165) einsetzen:

$$\vec{u} \cdot \nabla F = -\frac{\partial F}{\partial t} \quad (\text{an } F(\vec{x}, t) = 0) \,. \tag{4.169}$$

Mit der Definition der substantiellen Ableitung (1.20) gilt dann

$$\frac{\partial F}{\partial t} + \vec{u} \cdot \nabla F = \frac{DF}{Dt} = 0 \quad (\text{an } F(\vec{x}, t) = 0) \,. \tag{4.170}$$

Die letzte Gleichung erlaubt die folgende Interpretation: Der Ortsvektor $\vec{x}$ eines Flüssigkeitsteilchens an der Oberfläche des Körpers erfüllt für alle Zeiten die Gleichung (4.163) der Oberfläche, d. h. das materielle Teilchen bleibt immer auf der Oberfläche.

Diese Tatsache ist der Inhalt des *Lagrangeschen Theorems*:

„Die Oberfläche besteht immer aus denselben Flüssigkeitsteilchen!"

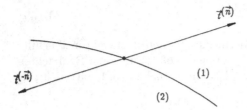

Abbildung 4.29. Spannungsvektor an einer Trennfläche

Diese zunächst überraschende Aussage ist die logische Konsequenz der Forderung, daß die Normalkomponenten der Oberflächengeschwindigkeit und der Flüssigkeitsgeschwindigkeit an der Oberfläche übereinstimmen müssen.

Die kinematische Randbedingung gilt auch an der freien Oberfläche und an Trennflächen zweier Flüssigkeiten oder allgemeiner an materiellen Unstetigkeitsflächen. Da die Form einer freien Oberfläche als Teil der Lösung zunächst unbekannt ist, sind Probleme mit freier Oberfläche meist schwierig zu berechnen. Neben die kinematische Randbedingung tritt in diesen Problemen noch die dynamische Randbedingung, die die Kontinuität des Spannungsvektors verlangt. Die Spannungsvektoren $\vec{t}_{(1)}$ und $\vec{t}_{(2)}$ am selben Punkt der Trennfläche mit den Normalen $\vec{n}_{(1)} = \vec{n}$ in der Flüssigkeit (1) und $\vec{n}_{(2)} = -\vec{n}$ in der Flüssigkeit (2) müssen (2.23) erfüllen:

$$\vec{t}_{(1)}^{(\vec{n})} = -\vec{t}_{(2)}^{(-\vec{n})} \tag{4.171}$$

Wegen $\vec{n}_{(1)} = \vec{n} = -\vec{n}_{(2)}$ gilt mit (2.29b) auch

$$\vec{n} \cdot \mathbf{T}_{(1)} = \vec{n} \cdot \mathbf{T}_{(2)} \quad (\text{an } F(\vec{x}, t) = 0) . \tag{4.172}$$

In reibungsfreier Flüssigkeit ($\mathbf{T} = -p\,\mathbf{I}$) erhalten wir aus (4.172) eine Bedingung für den Druck an der Trennfläche:

$$p_{(1)} = p_{(2)} \quad (\text{an } F(\vec{x}, t) = 0) . \tag{4.173}$$

Da man in reibungsfreier Strömung keine Randbedingung an die Tangentialkomponente der Geschwindigkeit stellen kann, ergibt sich im allgemeinen an einer Trennfläche ein Sprung in der Tangentialgeschwindigkeit. Man spricht von „tangentialen Unstetigkeitsflächen". Die schon besprochene Unstetigkeitsfläche hinter einem Tragflügel ist von dieser Art.

4.4 Vereinfachung der Bewegungsgleichungen

In diesem Kapitel haben wir bis jetzt die Gleichungen und Randbedingungen besprochen, mit denen die Strömung einer Newtonschen Flüssigkeit ohne Einschränkungen und für allgemeine Geometrien der Strömungsberandung im Prinzip berechnet werden können. Die Gleichungen (4.1), (4.2) und (2.3) stellen aus mathematischer Sicht ein System gekoppelter partieller Differentialgleichungen dar, dessen Lösung sich im allgemeinen als ein sehr schwieriges Problem erweist. Die Schwierigkeiten bei der Integration liegen zum einen darin begründet, daß diese Gleichungen im Gegensatz zu den meisten partiellen Differentialgleichungen der Physik nichtlinear sind. Daher kann man einmal gefundene Lösungen nicht „überlagern", um aus ihnen neue Lösungen aufzubauen, wie dies bei linearen Gleichungen möglich ist und wie wir es bereits am Beispiel der Poissonschen Gleichung gesehen haben. Zum anderen ist das System durch die Kopplung der Gleichungen und durch die hohen Ableitungen, die in den Reibungstermen auftreten, von hoher Ordnung.

Es wird also bei einem vorliegendem Problem darauf ankommen, dieses so zu vereinfachen, daß eine Lösung möglich wird und gleichzeitig der wesentliche Kern des Problems erhalten bleibt. Dies ist bei allen technischen Strömungsproblemen auch in mehr oder weniger großem Umfang möglich. Wenn beispielsweise die Annahme inkompressibler und isothermer Strömung näherungsweise gerechtfertigt ist, läßt sich die Kopplung der Navier-Stokesschen mit der Energiegleichung aufheben. Für diesen Fall (Gleichungssystem (4.9) und (2.5)) ist bereits eine Reihe von exakten Lösungen bekannt, von denen einige grundlegende Bedeutung in den technischen Anwendungen haben.

Exakte Lösungen ergeben sich entweder, wenn die nichtlinearen Glieder aus kinematischen Gründen identisch verschwinden, wie dies bei den Schichtenströmungen der Fall ist, oder weil aufgrund großer Symmetrien des Problems die unabhängigen Veränderlichen immer in einer Kombination auftreten, die dann als neue unabhängige Veränderliche die Rückführung des Systems partieller Differentialgleichungen auf ein System gewöhnlicher DGln. gestattet (Ähnlichkeitslösungen). Die Zahl der exakten Lösungen ist aber klein, und es ist auch nicht damit zu rechnen, daß zukünftige Erkenntnisse den Vorrat an exakten Lösungen wesentlich vergrößern werden.

Eine grundsätzlich andere Situation wird bei den numerischen Verfahren sichtbar. Hier kann man erwarten, daß durch die schnell fortschreitende Entwicklung sehr leistungsfähiger (oft speziell auf strömungsmechanische Aufgabenstellungen zugeschnittener) Rechenanlagen Probleme auch ohne einschneidende Vereinfachungen in immer größer werdendem Umfang lösbar werden. Diese Entwicklung rechtfertigt auch die ausführliche Darstellung der allgemeinen Grundlagen in den vorangegangenen Kapiteln.

Wir wollen nicht weiter auf numerische Verfahren eingehen, betonen aber, daß auch die numerische Lösung dieser Gleichungen ganz erhebliche Schwierigkeiten bereitet und keineswegs ein „gelöstes Problem" darstellt, selbst dann nicht, wenn man die mit turbulenten Strömungen verbundenen Komplikationen von der Betrachtung ausschließt. Auch wenn stabile Algorithmen für numerische Berechnungen vorliegen, wird man im Interesse kostengünstiger und schneller Durchführung der Rechnungen alle Vereinfachungen, die das Problem zuläßt, ausschöpfen müssen. Schließlich ist der Prozeß der Vereinfachung, der Abstraktion und der Konzentration auf den wesentlichen Aspekt eines Problems notwendige Vorarbeit zum Verständnis jedes physikalischen Vorganges.

In den folgenden Kapiteln werden wir daher Strömungen betrachten, die alle in gewisser Weise idealisiert bzw. spezialisiert sind, und wir besprechen nur den unter den gegebenen Umständen wichtigsten Aspekt der Strömung. Die Idealisierungen ergeben sich unter vereinfachenden Annahmen aus den Gleichungen (4.1), (4.2) und (2.3) für Newtonsche Flüssigkeiten oder auch aus den allgemeineren Gleichungen (2.38), (2.119), (2.3) und den entsprechenden Materialgleichungen im Falle Nicht-Newtonscher Flüssigkeiten.

Die „Theorien" der Strömungslehre bauen auf solchen vereinfachenden Annahmen auf. So führt die Vernachlässigung der Reibung und der Wärmeleitung zur „Theorie der reibungsfreien Strömungen", die durch die Eulerschen Gleichungen beschrieben werden (Abschnitt 4.2). Weitere Vereinfachungen fächern diese Theorie in inkompressible und kompressible, reibungsfreie Strömungen auf. Letztere können je nach dem Wert des Verhältnisses der typischen Strömungsgeschwindigkeit U zur Schallgeschwindigkeit a in Unterschallströmungen, transsonische Strömungen und Überschallströmungen eingeteilt werden.

Es ist zweckmäßig, mögliche Vereinfachungen in ein Ordnungsschema einzupassen, das sowohl die Klassifikation eines vorgelegten Problems ermöglicht als auch Hinweise für zulässige und dem Problem angepaßte Vereinfachungen liefert. Ein derartiges Ordnungsschema kann unter den Gesichtspunkten der Vereinfachungen

a) im Materialgesetz
b) in der Dynamik
c) in der Kinematik

erfolgen.

In die Klasse a) sind die bereits besprochene Vernachlässigung der Reibung und der Wärmeleitung, aber auch die Annahmen der inkompressiblen Strömung (die der besonderen Zustandsgleichung $D\varrho/Dt = 0$ gehorcht), der Barotropie und der Isentropie einzureihen.

Zu b) gehören die Vereinfachungen, die sich aus der Annahme stationärer Strömung und den schon aufgeführten Grenzfällen $Re \to \infty$ oder $Re \to 0$ ergeben. Dazu zählen auch die Besonderheiten der Strömungen im subsonischen, transsonischen, supersonischen und hypersonischen Bereich.

Unter c) ist beispielsweise die Wirbelfreiheit $\mathrm{rot}\,\vec{u} = 0$ einzuordnen. Erhebliche kinematische Vereinfachungen ergeben sich auch aus Symmetrieeigenschaften: Bei *Rotationssymmetrie* kann durch Verwendung eines Zylinderkoordinatensystems die Zahl der notwendigen Raumkoordinaten auf zwei $(r = (x_1^2 + x_2^2)^{1/2}, x_3)$ reduziert werden, so daß es sich um ein zweidimensionales Problem handelt. *Kugelsymmetrische* Probleme sind eindimensional, da in einem Kugelkoordinatensystem eine Koordinate $(r = (x_j\, x_j)^{1/2})$ als Ortsangabe genügt.

Für Anwendungen besonders wichtig sind Strömungen, die von einer Koordinate eines kartesischen Koordinatensystems unabhängig sind und deren Geschwindigkeitskomponente in diese Richtung verschwindet. Sie sind im obigen Sinne zweidimensionale, zusätzlich aber *ebene Strömungen*. Bei entsprechender Wahl des Koordinatensystems werden in allen Ebenen $x_3 =$ const die gleichen Strömungsgrößen angetroffen. Ebene Strömungen treten zwar in der Natur nie auf, sind aber oft gute Näherungen für räumliche Probleme.

Zu c) gehören auch die vereinfachenden Annahmen der *Stromfadentheorie*, die auf eine eindimensionale Beschreibungsweise führen, sowie die *Theorie schlanker Körper*, bei denen das Verhältnis typischer Längen (z. B. Dickenverhältnis D/L eines umströmten Körpers, Neigung α der Stromlinien) sehr klein ist.

Es treten natürlich auch Kombinationen der verschiedenen Klassen des Ordnungsschemas auf: *Mach-Zahl* $M = U/a > 1$ charakterisiert beispielsweise eine Überschallströmung, $D/L \ll 1$ einen schlanken Körper und $M D/L \ll 1$ die *lineare Überschallströmung*. Der Grenzwert $\alpha Re \to 0$ kennzeichnet die Vereinfachungen, die zur *Theorie der hydrodynamischen Schmierung* führen.

Die angegebenen Beispiele sind natürlich weder vollständig noch ist die Einordnung in die drei Klassen eindeutig. So läßt sich der Fall inkompressibler Strömung unter der vereinfachenden Annahme der Zustandsgleichung $D\varrho/Dt = 0$ sowohl in a), wegen der durch $\operatorname{div} \vec{u} = 0$ gegebenen kinematischen Einschränkung aber auch unter c) einordnen. Die Inkompressibilität läßt sich aber genauso unter b) einordnen, denn der Grenzfall $U/a \to 0$ in stationärer Strömung entspricht, wie wir noch sehen werden, dem Fall der inkompressiblen Strömung.

Viele der möglichen Vereinfachungen sind beim konkreten Problem in unmittelbar einleuchtender Weise zu rechtfertigen, andere, beispielsweise die Annahme reibungsfreier Flüssigkeit, bedürfen sorgfältiger Prüfung. Neben der Idealisierung der Reibungsfreiheit ist die der Inkompressibilität die einschneidendste Vereinfachung, denn selbst bei Strömungen tropfbarer Flüssigkeiten ist diese Annahme unter Umständen nicht zulässig, wie die in Zusammenhang mit Gleichung (2.5) erwähnten Beispiele zeigen. Auf Kriterien für die Zulässigkeit dieser Vereinfachung werden wir geführt, wenn wir zunächst aus der Zustandsgleichung $p = p(\varrho, s)$ die Form

$$\frac{\mathrm{D}p}{\mathrm{D}t} = a^2 \frac{\mathrm{D}\varrho}{\mathrm{D}t} + \left[\frac{\partial p}{\partial s} \right]_\varrho \frac{\mathrm{D}s}{\mathrm{D}t} \tag{4.174}$$

bilden, wobei wir als aus der Thermodynamik bekannt vorausgesetzt haben, daß die Zustandsgröße $(\partial p/\partial \varrho)_s$ gleich dem Quadrat der Schallgeschwindigkeit a ist:

$$\left[\frac{\partial p}{\partial \varrho} \right]_s = a^2 . \tag{4.175}$$

Wir bringen (4.174) durch Multiplikation mit der typischen Konvektionszeit L/U und Division mit ϱ in die dimensionslose Form

$$\frac{1}{\varrho}\frac{L}{U}\frac{\mathrm{D}\varrho}{\mathrm{D}t} = \frac{L}{U}\frac{1}{\varrho\,a^2}\frac{\mathrm{D}p}{\mathrm{D}t} - \frac{L}{U}\frac{1}{\varrho\,a^2}\left[\frac{\partial p}{\partial s}\right]_\varrho\frac{\mathrm{D}s}{\mathrm{D}t} \tag{4.176}$$

und erkennen, daß die relative Änderung der Dichte eines Flüssigkeitsteilchens vernachlässigbar ist, wenn die rechte Seite verschwindet, wobei im allgemeinen (wenn sich die beiden Terme nicht zufällig aufheben) jeder Term der rechten Seite für sich verschwinden muß. Zunächst bemerken wir, daß im Fall starker Fremderwärmung, wenn also der Flüssigkeit Wärme von außen zugeführt wird, die irreversible Entropieproduktion nach (2.137) zurücktritt, und die Entropieänderung im wesentlichen schon durch (2.138) gegeben ist. Bei starker Fremderwärmung ist dieser Term allein so groß, daß die relative Dichteänderung nicht vernachlässigt werden kann.

Bei Eigenerwärmung ist aber die irreversible Entropieproduktion (2.137) maßgebend, und wir schätzen den letzten Term unter der Annahme kalorisch idealen Gases ab, wofür nach einfacher Rechnung der Zusammenhang

$$\left[\frac{\partial p}{\partial s}\right]_\varrho = \frac{R}{c_v}T\,\varrho \tag{4.177}$$

folgt. Bei Gasen ist die dimensionslose Kennzahl

$$Pr = \frac{c_p\,\eta}{\lambda} \tag{4.178}$$

(*Prandtl-Zahl*) ungefähr gleich eins. Für $Pr \approx 1$ sind die Glieder Φ/T und $T^{-2}q_i\,\partial T/\partial x_i$ in (2.137) von gleicher Größenordnung, und es genügt, den Term Φ/T zu betrachten. (Für tropfbare Flüssigkeiten ist in der Regel $Pr \gg 1$, und der zweite Term auf der rechten Seite von (2.137) ist entsprechend klein im Vergleich zum ersten.) Mit (4.177) entsteht so die Gleichung

$$\frac{L}{U}\frac{1}{\varrho\,a^2}\left[\frac{\partial p}{\partial s}\right]_\varrho\frac{\mathrm{D}s}{\mathrm{D}t} = \frac{L}{U}\frac{R}{c_v}\frac{\Phi}{\varrho\,a^2} . \tag{4.179}$$

Ist L die maßgebliche Länge, so gewinnen wir mit $\mathrm{O}(\Phi) = \mathrm{O}(\eta\,U^2/L^2)$ die Abschätzung

$$\frac{L}{U}\frac{R}{c_v}\frac{\Phi}{\varrho\,a^2} \sim \frac{L}{U}\frac{\nu\,U^2}{L^2\,a^2} \sim \frac{M^2}{Re} , \tag{4.180}$$

wobei M die mit der typischen Strömungsgeschwindigkeit und der Schallgeschwindigkeit gebildete *Mach-Zahl* $M = U/a$ ist. In den meisten realen Strömungen ist M^2/Re sehr klein, und der letzte Term kann aus den weiteren Betrachtungen entfallen. (Wenn die typische Länge in der Dissipationsfunktion Φ die Grenzschichtdicke δ ist, so ist der fragliche Term in dieser Gleichung von der Ordnung M^2, wie später im Kapitel 12 gezeigt wird.)

Da Dp/Dt die Druckänderung ist, die das materielle Teilchen erfährt, kann der verbleibende Term auf der rechten Seite im allgemeinen nur verschwinden, wenn a^2 in geeignetem Maße sehr groß wird. Für die qualitative Abschätzung dieses Terms wollen wir die Reibung nicht berücksichtigen, setzen dann gleich Rotationsfreiheit voraus und berechnen den Term $\varrho^{-1} Dp/Dt = DP/Dt$ aus der Bernoullischen Gleichung in der Form (4.75). Es entsteht zunächst der Term $D\psi/Dt$, den wir für den wichtigsten Fall der Massenkraft der Schwere abschätzen. Die Änderung, die ein materielles Teilchen in der Größe $\psi = -g_i x_i$ erfährt, wird nur durch die Konvektion des Teilchens verursacht, da das Schwerefeld zeitunabhängig ist. Daher ist die typische Zeit der Änderung die Konvektionszeit L/U, und wir werden unter Berücksichtigung des Vorfaktors L/U in Gleichung (4.176) auf die Größenordnungsgleichung

$$\frac{L}{U} \frac{1}{a^2} \frac{D\psi}{Dt} \sim \frac{L}{U} \frac{U}{L} \frac{gL}{a^2} = \frac{gL}{a^2} \tag{4.181}$$

geführt. Eine notwendige Bedingung für das Verschwinden dieses Beitrags zum ersten Term auf der rechten Seite ist also

$$\frac{gL}{a^2} \ll 1 \, , \tag{4.182}$$

wobei diese Bedingung erfüllt ist, wenn die typische Länge L im Problem sehr viel kleiner als a^2/g ist. Für Luft unter Normalbedingungen ist $a^2/g = 11500\,\text{m}$, und (4.182) ist für alle Strömungen in den technischen Anwendungen erfüllt, nicht aber für Probleme, wie sie in der Meteorologie auftreten können!

Der nächste Beitrag zu $\varrho^{-1} Dp/Dt$ aus der Bernoullischen Gleichung ist der Term

$$\frac{1}{2} \frac{D}{Dt} \left[\frac{\partial \Phi^*}{\partial x_i} \right]^2 = \frac{1}{2} \frac{Du^2}{Dt} \, .$$

In stationärer Strömung ist die typische Zeit der Änderung weiterhin die Konvektionszeit L/U, so daß wir den Beitrag dieses Gliedes zum ersten Term auf der rechten Seite von (4.176) der Größenordnung nach zu

$$\frac{L}{U} \frac{1}{a^2} \frac{1}{2} \frac{D(u^2)}{Dt} \sim \frac{L}{U} \frac{1}{a^2} \frac{U}{L} U^2 = \frac{U^2}{a^2} \tag{4.183}$$

abschätzen. Daraus folgt die zweite notwendige Bedingung für die Vernachlässigung der Kompressibilität

$$\frac{U^2}{a^2} = M^2 \ll 1 \, . \tag{4.184}$$

In instationärer Strömung tritt neben die Konvektionszeit L/U im allgemeinen noch eine weitere typische Zeit als Maßstabsfaktor der zeitlichen Änderung, z.B. f^{-1}, wenn f die typische Frequenz der Bewegung ist. Die

Einschränkungen, die sich daraus ergeben, werden durch den dritten Beitrag zu $\varrho^{-1}\,\mathrm{D}p/\mathrm{D}t$ aus der Bernoullischen Gleichung, also $\mathrm{D}(\partial\Phi^*/\partial t)/\mathrm{D}t$, erfaßt. Φ^* ist wegen

$$\Phi^* = \int \nabla\Phi^* \cdot \mathrm{d}\vec{x} = \int \vec{u} \cdot \mathrm{d}\vec{x} \tag{4.185}$$

von der Größenordnung $U\,L$, und wenn die maßgebliche Zeit die Konvektionszeit L/U ist, so ergibt sich durch die Abschätzung

$$\frac{L}{U}\frac{1}{a^2}\frac{\mathrm{D}(\partial\Phi^*/\partial t)}{\mathrm{D}t} \sim \frac{L}{U}\frac{U^2}{L^2}\frac{U\,L}{a^2} = \frac{U^2}{a^2} \tag{4.186}$$

dieselbe Einschränkung wie durch (4.184). Wenn die maßgebliche Zeit aber f^{-1} ist, so erhalten wir mit

$$\frac{L}{U}\frac{1}{a^2}\frac{\mathrm{D}(\partial\Phi^*/\partial t)}{\mathrm{D}t} \sim \frac{L}{U}\,f^2\,\frac{U\,L}{a^2} = \frac{L^2 f^2}{a^2} \tag{4.187}$$

eine dritte notwendige Bedingung:

$$\frac{L^2 f^2}{a^2} \ll 1\ . \tag{4.188}$$

Im allgemeinen sind alle drei notwendigen Bedingungen zu erfüllen, wenn die Annahme der inkompressiblen Strömung gerechtfertigt sein soll. Am wichtigsten ist die Bedingung (4.184), die in stationärer Strömung bei technischen Anwendungen auch hinreichend ist. Danach muß die Mach-Zahl der Strömung genügend klein sein, um Kompressibilitätseffekte vernachlässigen zu können. Wir weisen darauf hin, daß die Bedingung (4.188) in der Akustik nicht erfüllt ist. Bei Schallschwingungen ist die typische Länge L gleich der Wellenlänge λ, und es gilt

$$\frac{\lambda f}{a} = 1\ . \tag{4.189}$$

Die Akustik gehört also in das Gebiet der kompressiblen Strömung.

5

Hydrostatik

5.1 Hydrostatische Druckverteilung

Die Hydrostatik ist die Lehre vom Verhalten der ruhenden Flüssigkeit. Ruhe ist die schärfste kinematische Einschränkung und der einfachste Sonderfall des allgemeinen Strömungsproblems. Wir können die Gesetze der Hydrostatik aus den Bilanzsätzen erhalten, wenn wir dort

$$\vec{u} \equiv 0 \tag{5.1}$$

setzen. Aus der Bilanz der Masse folgt dann unmittelbar

$$\frac{\partial \varrho}{\partial t} = 0 \,, \tag{5.2}$$

d. h. die Dichte muß zeitlich konstant sein, was durch die Integralform (2.7) besonders anschaulich gemacht wird. Anstatt die Bilanzsätze zu benutzen, können wir auch gleich auf die Ersten Integrale des Kapitels 4 zurückgreifen. Auf triviale Weise ist in der Hydrostatik das Geschwindigkeitsfeld rotationsfrei, so daß die Bernoullische Konstante überall im Feld denselben Wert besitzt, und wir entnehmen (4.79) bereits die grundlegende, allgemeine Beziehung zwischen Druckfunktion und Potential der Massenkraft für ein rotierendes Bezugssystem, in dem die Flüssigkeit in Ruhe ist:

$$\psi + P - \frac{1}{2} (\vec{\Omega} \times \vec{x})^2 = C \,. \tag{5.3}$$

Diese Beziehung kann leicht für den Fall verallgemeinert werden, daß sich der Ursprung des Bezugssystems mit der Beschleunigung $\vec{a}$ bewegt. Dazu denkt man sich das Potential $\vec{a} \cdot \vec{x}$ der Massenkraft $-\vec{a}$ (Scheinkraft, die wegen rot $\vec{a} = 0$ ein Potential hat) zu ψ addiert. Wir betonen, daß (5.3) nur unter den Voraussetzungen gilt, die auch zu (4.79) geführt haben: Die gesamte Massenkraft hat ein Potential, und der Druck p ist eine eindeutige Funktion der Dichte $p = p(\varrho)$ (Barotropie). Dies bedeutet, daß Linien gleichen Druckes

© Springer-Verlag GmbH Deutschland, ein Teil von Springer Nature 2019
J. Spurk und N. Aksel, *Strömungslehre*,
https://doi.org/10.1007/978-3-662-58764-5_5

auch Linien konstanter Dichte sind, oder anders ausgedrückt, daß Druck- und Dichtegradient parallel sind. Als Folge der thermischen Zustandsgleichung (z. B. $p = \varrho\, R\, T$ für thermisch ideales Gas) sind Linien gleichen Druckes dann auch Linien gleicher Temperatur. Nur unter diesen Bedingungen kann *hydrostatisches Gleichgewicht* herrschen. Sind diese Bedingungen nicht erfüllt, so muß sich die Flüssigkeit zwangsläufig in Bewegung setzen.

Wir gewinnen diese wichtige Aussage auch aus der (5.3) entsprechenden Differentialform, die aus der Cauchyschen Gleichung (2.38) zusammen mit dem kugelsymmetrischen Spannungszustand (2.33) oder gleich aus den Navier-Stokesschen bzw. Eulerschen Gleichungen (4.1) bzw. (4.40) hervorgeht, wenn wir dort $\vec{u} \equiv 0$ setzen:

$$\nabla p = \varrho\,\vec{k} \; . \tag{5.4}$$

Wenn man die Rotation dieser als *hydrostatische Grundgleichung* bezeichneten Beziehung bildet, also den Operator $\nabla\times$ auf (5.4) anwendet, so verschwindet die linke Seite, und wir werden auf die Bedingung

$$\nabla \times (\varrho\,\vec{k}) = \nabla\varrho \times \vec{k} + \varrho\,\nabla \times \vec{k} = 0 \tag{5.5}$$

geführt, die (wie wir im Zusammenhang mit (2.42) bemerkt haben) notwendig und hinreichend für die Existenz eines Potentials Ω der Volumenkraft ($\vec{f} = \varrho\,\vec{k} = -\nabla\Omega$) ist. Offensichtlich ist (5.5) erfüllt, wenn die Massenkraft $\vec{k}$ ein Potential besitzt ($\vec{k} = -\nabla\psi$) und wenn $\nabla\varrho$ parallel zu $\vec{k}$ (oder null) ist. Wegen (5.4) ist $\nabla\varrho$ dann parallel zu ∇p, und wir gelangen wieder zu obiger Aussage.

Ein Beispiel für diesen Sachverhalt ist die natürliche Konvektionsströmung an einem Heizkörper. Durch Wärmekonduktion wird die Luft in der Nähe der senkrechten Heizfläche erwärmt. Temperatur- und Dichtegradient stehen dann senkrecht auf der Heizfläche und damit senkrecht zum Vektor der Schwerkraft. Die hydrostatische Gleichgewichtsbedingung ist damit verletzt, die Luft muß sich zwangsläufig in Bewegung setzen. (Die Bewegung der Luft bewirkt eine Verbesserung des Wärmeübergangs, die es überhaupt erst gestattet, Räume auf diese Weise zu beheizen.)

Bei der Anwendung der Gleichung (5.3) zur Berechnung der Druckverteilung in der Atmosphäre beachten wir, daß die Zentrifugalkraft bereits in der Erdbeschleunigung enthalten ist (vgl. Abschnitt 2.4), und wählen ein kartesisches Koordinatensystem (vernachlässigen also die Erdkrümmung), dessen x_3-Achse von der Erdoberfläche weg gerichtet ist. Wir werden die kartesischen Koordinaten x_i ($i = 1, 2, 3$) auch oft mit x, y und z bezeichnen, so daß das Potential der Schwerkraft $\psi = g\, z$ lautet. Gleichung (5.3) lautet dann

$$z_2 - z_1 = -\frac{1}{g} \int\limits_{p_1}^{p_2} \frac{\mathrm{d}p}{\varrho} \; . \tag{5.6}$$

Betrachten wir den Fall, bei dem die Barotropie die Folge homogener Temperaturverteilung ist, so gilt für thermisch ideale Gase

$$z_2 - z_1 = \frac{RT}{g} \int\limits_{p_2}^{p_1} \frac{dp}{p} = \frac{RT}{g} \ln \frac{p_1}{p_2} \ , \tag{5.7}$$

bzw.

$$p_2 = p_1 \exp \left[-\frac{1}{RT} h\, g \right] \ , \tag{5.8}$$

wobei wir die Höhendifferenz $z_2 - z_1$ mit h bezeichnet haben. Gleichung (5.8) ist als *barometrische Höhenformel* bekannt.

Ist die Barotropie Folge der Homentropie (4.49), so lautet wegen

$$\frac{p_1}{p} = \left[\frac{\varrho_1}{\varrho} \right]^{\gamma} \tag{5.9}$$

die (5.7) entsprechende Formel

$$z_2 - z_1 = \frac{RT_1}{g} p_1^{-\left(\frac{\gamma-1}{\gamma}\right)} \int\limits_{p_2}^{p_1} p^{-1/\gamma}\, dp \tag{5.10}$$

oder

$$z_2 - z_1 = \frac{\gamma}{\gamma - 1} \frac{RT_1}{g} \left\{ 1 - \left[\frac{p_2}{p_1} \right]^{\left(\frac{\gamma-1}{\gamma}\right)} \right\} \ , \tag{5.11}$$

wobei wir in einem Zwischenschritt von der thermischen Zustandsgleichung Gebrauch gemacht haben. Mit

$$\left[\frac{p_2}{p_1} \right]^{\left(\frac{\gamma-1}{\gamma}\right)} = \frac{T_2}{T_1} \tag{5.12}$$

können wir (5.11) auch in Abhängigkeit der Temperatur ausdrücken:

$$z_2 - z_1 = -\frac{\gamma}{\gamma - 1} \frac{R}{g} (T_2 - T_1) \ . \tag{5.13}$$

Nicht alle Dichteschichtungen, die statisch möglich sind, sind auch stabil. Eine notwendige Bedingung für die Stabilität ist eine mit zunehmender Höhe abnehmende Dichte. Diese Bedingung ist aber nicht hinreichend. Vielmehr muß die Dichte wenigstens so stark wie in der homentropen Dichteschichtung abnehmen. Diese ist gerade eine neutrale Schichtung: Wird nämlich durch eine Störung eine Luftmenge angehoben (Reibung und Wärmeleitung seien

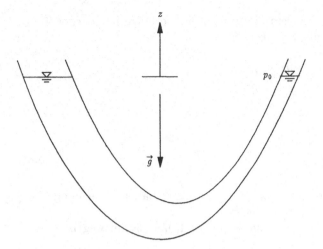

Abbildung 5.1. Kommunizierende Röhren

vernachlässigbar), so dehnt sich diese Luft dem neuen Druck entsprechend aus, ihre Dichte verringert sich bei konstanter Entropie gerade so, daß Dichte und Temperatur dem neuen Umgebungsdruck entsprechen. Wenn die Dichte in der neuen Lage niedriger ist, dann steigt die Luftmenge weiter hoch, die Schichtung ist instabil. Ist hingegen die Dichte höher, so sinkt die Luftmenge wieder nach unten, die Schichtung ist stabil. Nach (5.13) berechnen wir den Temperaturgradienten der neutralen Schichtung zu

$$\frac{\mathrm{d}T}{\mathrm{d}z} = -\frac{\gamma-1}{\gamma}\,\frac{g}{R} = -9,95 * 10^{-3}\,\mathrm{K/m} \tag{5.14}$$

(für Luft mit $R \approx 287\,\mathrm{J/(kg\,K)}$, $\gamma \approx 1,4$), d. h. die Temperatur fällt um etwa $1\,\mathrm{K}$ pro $100\,\mathrm{m}$. Die Schichtung ist instabil, wenn die Temperatur stärker abnimmt, sie ist stabil, wenn die Temperatur schwächer abnimmt. Steigt die Temperatur mit wachsender Höhe, was z. B. vorkommt, wenn sich wärmere Luftmassen über kältere Bodenluft schieben, so spricht man von *Inversion*. Sie stellt eine besonders stabile Luftschichtung dar und hat zur Folge, daß schadstoffreiche Luft in Bodennähe verbleibt. Wir beschränken uns im folgenden auf homogene Dichtefelder und insbesondere auf tropfbare Flüssigkeiten. In dem Koordinatensystem der Abb. 4.2 kommt die Bernoullische Gleichung in der Form (4.81) zum Tragen, der wir für $w = 0$ die hydrostatische Druckverteilung in einer Flüssigkeit homogener Dichte zu

$$\frac{p}{\varrho} + g\,z - \frac{1}{2}\,\Omega^2\,r^2 = C \tag{5.15}$$

entnehmen. Im Inertialsystem ($\Omega = 0$) lautet also die Druckverteilung

$$p = p_0 - \varrho\,g\,z\,, \tag{5.16}$$

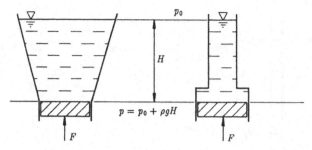

Abbildung 5.2. Zum Pascalschen Paradoxon

wobei p_0 der Druck in der Höhe $z = 0$ ist. Wir erkennen, daß der Druck mit wachsender Tiefe ($z < 0$) linear zunimmt. An Stellen gleicher Höhe ist der Druck konstant. Daraus folgt das Gesetz der *kommunizierenden Röhren*: In kommunizierenden Röhren (Abb. 5.1) steht der Flüssigkeitsspiegel überall gleich hoch, weil der Druck über dem Flüssigkeitsspiegel überall gleich dem Umgebungsdruck p_0 ist. Eine weitere Folge ist das *Pascalsche Paradoxon*. Der Druck auf die Böden der in Abb. 5.2 dargestellten Behälter ist gleich. Sind die Bodenflächen der Gefäße gleich groß, so sind es auch die Kräfte, völlig unabhängig vom Gesamtgewicht der Flüssigkeit in den Gefäßen.

Mit Gleichung (5.16) läßt sich auch die Wirkungsweise der oft verwendeten U-Rohr-Manometer erläutern (Abb. 5.3). Man ermittelt den gesuchten Druck p_B im Behälter, indem man zunächst von p_0 ausgehend den Zwischendruck p_Z in der Manometerflüssigkeit in der Tiefe Δh zu

$$p_Z = p_0 + \varrho_M \, g \, \Delta h \tag{5.17}$$

bestimmt. Damit ist zugleich der Druck unmittelbar unter der linken Spiegelfläche bekannt, denn in derselben Flüssigkeit ist der Druck auf gleicher Höhe derselbe. Von hier ab nimmt der Druck in der Behälterflüssigkeit bis auf den gesuchten Druck p_B ab, also

$$p_B = p_Z - \varrho_B \, g \, H \,, \tag{5.18}$$

so daß mit (5.17) der gesuchte Druck aus den Längen Δh und H zu

$$p_B = p_0 + \varrho_M \, g \, \Delta h \left[1 - \frac{\varrho_B}{\varrho_M} \frac{H}{\Delta h} \right] \tag{5.19}$$

bestimmt werden kann. Oft ist die Dichte der Manometerflüssigkeit ϱ_M (z. B. Quecksilber) viel größer als die Dichte der Behälterflüssigkeit ϱ_B (z. B. Luft). Wenn dann H nicht sehr viel größer als Δh ist, vernachlässigt man den zweiten Term in der Klammer von (5.19) und liest die Druckdifferenz $p_B - p_0$ direkt aus dem Manometerausschlag Δh ab:

$$p_B - p_0 = \varrho_M \, g \, \Delta h \,. \tag{5.20}$$

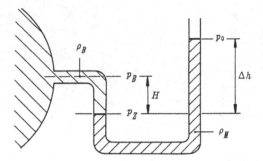

Abbildung 5.3. U-Rohr-Manometer

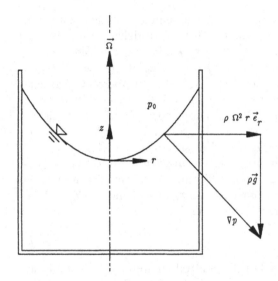

Abbildung 5.4. Freie Oberfläche im rotierenden Behälter

Dies macht auch einsichtig, warum als Druckeinheiten oft Millimeter Wassersäule ($1\,\text{mm WS} = 9,81\,\text{Pa} = 9,81\,\text{N/m}^2$) oder Millimeter Quecksilbersäule ($1\,\text{mm QS} = 1\,\text{Torr} = 133,3\,\text{Pa}$) verwendet werden.

Wir betrachten nun die Druckverteilung bezüglich eines um die z-Achse rotierenden Bezugssystems (z. B. im Behälter der Abb. 5.4, der um die z-Achse rotiert, aber nicht rotationssymmetrisch sein muß). (5.15) zeigt, daß der Druck bei konstantem Abstand von der Drehachse mit wachsender Tiefe linear und bei konstanter Höhe mit wachsendem Radius r quadratisch zunimmt. Wir verfügen über die Integrationskonstante in (5.15), indem wir den Druck p an der Stelle $z = 0$, $r = 0$ mit p_0 bezeichnen und schreiben dann

$$p = p_0 - \varrho\,g\,z + \frac{1}{2}\,\varrho\,\Omega^2\,r^2 \ . \tag{5.21}$$

Die Flächen gleichen Druckes ($p = C$) sind Rotationsparaboloide:

$$z = \frac{1}{\varrho\,g}\left(p_0 - C + \frac{1}{2}\,\varrho\,\Omega^2\,r^2\right)\,, \tag{5.22}$$

und da freie Oberflächen immer Flächen gleichen Druckes sind, bildet die Oberfläche ebenfalls einen Rotationsparaboloiden ($C = p_0$):

$$z = \frac{1}{2\,g}\,\Omega^2\,r^2\,. \tag{5.23}$$

5.2 Hydrostatischer Auftrieb, Kraft auf Wände

Bei tropfbaren Flüssigkeiten, insbesondere bei Wasser, ist die Dichte so hoch, daß die von der hydrostatischen Druckverteilung hervorgerufenen Belastungen von Behälterwänden, Staumauern u. ä. wichtig werden. Die Kraft auf eine Fläche S läßt sich mit Kenntnis der Druckverteilung an der Fläche (z. B. nach Gleichung (5.15)) aus

$$\vec{F} = - \iint\limits_{(S)} p\,\vec{n}\,\mathrm{d}S \tag{5.24}$$

(notfalls numerisch) berechnen, indem man an den Punkten der Fläche Normalenvektor und Druck feststellt und die Vektoren $p\,\vec{n}\,\mathrm{d}S$ aufaddiert, bis die gesamte Fläche S ausgeschöpft ist. Mit Hilfe des Gaußschen Satzes läßt sich aber die Bestimmung von Kräften an Flächen (insbesondere an gekrümmten Flächen) auf die Berechnung des *hydrostatischen Auftriebs* zurückführen, der bekanntlich durch das *Archimedessche Prinzip* gegeben ist:

> „Ein Körper erfährt in einer Flüssigkeit eine scheinbare Gewichtsverminderung (Auftrieb), die dem Gewicht der verdrängten Flüssigkeit entspricht."

Dieser wichtige Satz läßt sich unmittelbar aus dem Gaußschen Satz und der hydrostatischen Grundgleichung (5.4) folgern: Der Körper sei ganz eingetaucht, S ist dann eine geschlossene Fläche, und die gesamte hydrostatische Kraft ist durch (5.24) gegeben. Anstatt das Oberflächenintegral direkt auszurechnen, formen wir es mit dem Gaußschen Satz in ein Volumenintegral um. Man denkt sich den eingetauchten Körper nun durch Flüssigkeit ersetzt, die natürlich im Gleichgewicht mit ihrer Umgebung ist. Den im Volumenintegral stehenden Druckgradienten ersetzen wir daher nach (5.4) durch die Volumenkraft der Schwere und erhalten

$$\vec{F} = - \iint\limits_{(S)} p\,\vec{n}\,\mathrm{d}S = - \iiint\limits_{(V)} \nabla p\,\mathrm{d}V = - \iiint\limits_{(V)} \varrho\,\vec{g}\,\mathrm{d}V = -\varrho\,\vec{g}\,V\,. \tag{5.25}$$

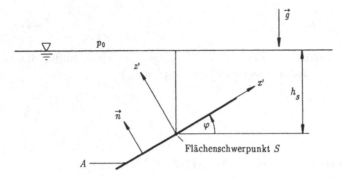

Abbildung 5.5. Zur Kraft auf eine ebene Fläche

Der Term ganz rechts ist gerade das Gewicht der verdrängten Flüssigkeit. Das negative Vorzeichen zeigt an, daß diese Kraft der Gewichtskraft entgegengerichtet, also eine Auftriebskraft ist. Da die Gewichtskraft am Schwerpunkt angreift, greift auch der hydrostatische Auftrieb am Schwerpunkt der verdrängten Flüssigkeit an.

Ist nun die Fläche S, an der die Kraft zu berechnen ist, nicht die Gesamtoberfläche eines Körpers, so kann sie durch andere, zunächst frei wählbare Flächen zur Oberfläche eines *Ersatzkörpers* ergänzt werden. Aus der Kenntnis des Auftriebs dieses Ersatzkörpers und der Kräfte auf die Ergänzungsflächen läßt sich dann die gesuchte Kraft auf die Fläche S berechnen. Als Ergänzungsflächen im beschriebenen Sinne wählen wir ebene Flächen und stellen deshalb die Berechnung der Kräfte auf ebene Flächen dem allgemeinen Problem voran.

Wir betrachten dazu eine beliebig berandete und beliebig orientierte, aber ebene Fläche A, die vollständig benetzt ist (Abb. 5.5). Wir wählen ein im Flächenschwerpunkt angeheftetes Koordinatensystem x', y', z', dessen z'-Achse normal zur Fläche steht, dessen in der Fläche liegende y'-Achse parallel zur freien Oberfläche (also senkrecht zur Massenkraft) verläuft, und dessen x'-Achse so gewählt ist, daß x', y' und z' ein rechtshändiges Koordinatensystem bilden. In diesem gestrichenen Koordinatensystem lautet das Potential der Massenkraft der Schwere:

$$\psi = -\vec{g} \cdot \vec{x} = -(g'_x x' + g'_z z') \, , \tag{5.26}$$

da $\vec{g}$ ja keine Komponente in y'-Richtung hat. Wie vorher gewinnen wir die hydrostatische Druckverteilung aus der Bernoullischen Gleichung, indem wir die Geschwindigkeit zu null setzen. Ausgehend von (4.57) erhalten wir somit für inkompressible Flüssigkeit

$$p + \varrho\,\psi = C \tag{5.27}$$

oder

$$p - \varrho \left(g_x' \, x' + g_z' \, z' \right) = p_s \, , \tag{5.28}$$

wobei p_s der Druck im Flächenschwerpunkt $(x' = y' = z' = 0)$ ist, der sich aus (5.16) zu

$$p_s = p_0 + \varrho \, g \, h_s \tag{5.29}$$

ergibt. Für den Druck an der Fläche A $(z' = 0)$ erhalten wir mit der Komponente von $\vec{g}$ in die x'-Richtung $(g_x' = -g \sin \varphi)$ schließlich

$$p = p_s - \varrho \, g \sin \varphi \, x' \tag{5.30}$$

und damit für die Kraft auf die Fläche

$$\vec{F} = -\iint\limits_{(S)} p \, \vec{n} \, \mathrm{d}S = -\vec{n} \iint\limits_{(A)} \left(p_s - \varrho \, g \sin \varphi \, x' \right) \mathrm{d}A \tag{5.31}$$

oder

$$\vec{F} = -\vec{n} \left[p_s \, A - \varrho \, g \sin \varphi \iint\limits_{(A)} x' \, \mathrm{d}A \right] . \tag{5.32}$$

Da der Koordinatenursprung im Flächenschwerpunkt $(x_s' = y_s' = 0)$ liegt und die Schwerpunktskoordinaten definitionsgemäß den Gleichungen

$$A \, x_s' = \iint\limits_{(A)} x' \, \mathrm{d}A \, , \tag{5.33}$$

$$A \, y_s' = \iint\limits_{(A)} y' \, \mathrm{d}A \tag{5.34}$$

genügen, verschwindet das Integral in (5.32), und es ergibt sich für die Kraft

$$\vec{F} = -\vec{n} \, p_s \, A \, . \tag{5.35}$$

In Worten:

„Der Betrag der Kraft auf eine ebene Fläche ist das Produkt aus dem Druck im Flächenschwerpunkt und der Fläche.“

Wir berechnen noch das Moment der Druckverteilung bezüglich eines beliebigen Punktes P $(\vec{x}_p' = x_p' \, \vec{e}_x' + y_p' \, \vec{e}_y')$ auf der Fläche A:

$$\vec{M}_p = -\iint\limits_{(A)} (\vec{x}' - \vec{x}_p') \times \vec{n} \, p \, \mathrm{d}A \, . \tag{5.36}$$

Durch Auswerten des Kreuzproduktes erhält man wegen $\vec{n} = \vec{e_z}'$

$$\vec{M}_p = \iint\limits_{(A)} \left[(x' - x_p')\,\vec{e_y}' - (y' - y_p')\,\vec{e_x}' \right] p(x')\,\mathrm{d}A \ . \tag{5.37}$$

Einsetzen der Druckverteilung nach (5.30) liefert unter Berücksichtigung der Schwerpunktsdefinitionen (5.33), (5.34) und $x_s' = y_s' = 0$ die Gleichung

$$\vec{M}_p = \left[\varrho\,g\,\sin\varphi \iint\limits_{(A)} x'\,y'\,\mathrm{d}A + y_p'\,p_s\,A \right] \vec{e_x}'$$

$$- \left[\varrho\,g\,\sin\varphi \iint\limits_{(A)} x'^2\,\mathrm{d}A + x_p'\,p_s\,A \right] \vec{e_y}' \ . \tag{5.38}$$

Die in (5.38) auftretenden Flächenmomente zweiter Ordnung sind zum einen das Flächenträgheitsmoment bezüglich der y'-Achse

$$I_{y'} = \iint\limits_{(A)} x'^2\,\mathrm{d}A \tag{5.39}$$

und zum anderen das gemischte Flächenträgheitsmoment

$$I_{x'y'} = \iint\limits_{(A)} x'\,y'\,\mathrm{d}A \ . \tag{5.40}$$

Sie entsprechen den aus der technischen Biege- und Torsionstheorie bekannten Größen Flächenträgheitsmoment und Deviationsmoment. Mit diesen Definitionen schreiben wir (5.38) auch als

$$\vec{M}_p = (\varrho\,g\,\sin\varphi\,I_{x'y'} + y_p'\,p_s\,A)\,\vec{e_x}' - (\varrho\,g\,\sin\varphi\,I_{y'} + x_p'\,p_s\,A)\,\vec{e_y}' \ . \tag{5.41}$$

Das Moment $\vec{M}_p$ verschwindet bezüglich eines speziellen Punktes, den wir *Druckpunkt* nennen (Abb. 5.6), der als gedachter Angriffspunkt der Kraft F zu deuten ist. Seine Koordinaten $\vec{x}_d'$ erhalten wir durch Nullsetzen des Momentes zu

$$x_d' = -\frac{\varrho\,g\,\sin\varphi\,I_{y'}}{p_s\,A} \tag{5.42a}$$

und

$$y_d' = -\frac{\varrho\,g\,\sin\varphi\,I_{x'y'}}{p_s\,A} \ . \tag{5.42b}$$

Um nun die Kraft auf eine allgemein gekrümmte Fläche S zu berechnen, er-

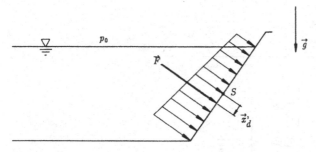

Abbildung 5.6. Schwerpunkt und Druckpunkt

gänzen wir S zu einer geschlossenen Oberfläche, indem wir von jedem Punkt des Randes C von S das Lot auf die Flüssigkeitsoberfläche fällen (Abb. 5.7). Wir benutzen nun das Ergebnis (5.25); dort entspricht S der gesamten Oberfläche, die sich hier zusammensetzt aus der allgemein gekrümmten Fläche S und den Ergänzungsflächen M und A_z. M ist die durch die Lote erzeugte Mantelfläche und A_z die Abschlußfläche des Ersatzvolumens auf der Flüssigkeitsoberfläche. Dann folgt aus (5.25)

$$- \iint\limits_{(S+M+A_z)} p\,\vec{n}\,\mathrm{d}S = - \iint\limits_{(S)} p\,\vec{n}\,\mathrm{d}S - \iint\limits_{(A_z)} p\,\vec{n}\,\mathrm{d}A - \iint\limits_{(M)} p\,\vec{n}\,\mathrm{d}S = -\varrho\,\vec{g}\,V\ .$$

$$(5.43)$$

Aus (5.43) gewinnen wir die Komponente der Kraft auf S in die positive z-Richtung zu

$$F_z = - \iint\limits_{(S)} p\,\vec{n}\cdot\vec{e}_z\,\mathrm{d}S = \iint\limits_{(A_z)} p\,\vec{n}\cdot\vec{e}_z\,\mathrm{d}A + \iint\limits_{(M)} p\,\vec{n}\cdot\vec{e}_z\,\mathrm{d}S - \varrho\,\vec{g}\cdot\vec{e}_z\,V\ . \quad (5.44)$$

Auf A_z ist $\vec{n} = \vec{e}_z$ und $p = p_0$; auf M ist $\vec{n}\cdot\vec{e}_z = 0$, da $\vec{n}$ senkrecht auf $\vec{e}_z$ steht. Ferner ist $-\vec{g}\cdot\vec{e}_z = g$, und wir werden daher unmittelbar auf die Komponente der Kraft in z- Richtung geführt:

$$F_z = p_0\,A_z + \varrho\,g\,V\ . \tag{5.45}$$

Für die Komponente der Kraft in die x-Richtung erhalten wir

$$F_x = - \iint\limits_{(S)} p\,\vec{n}\cdot\vec{e}_x\,\mathrm{d}S = -\operatorname{sgn}(\vec{n}\cdot\vec{e}_x) \iint\limits_{(A_x)} p\,\mathrm{d}A\ , \tag{5.46}$$

wobei A_x der Bildwurf der Fläche S in x-Richtung ist und die Signumfunktion das Vorzeichen regelt. (Wechselt das Vorzeichen von $\vec{e}_x\cdot\vec{n}$ auf der Fläche, so ist diese längs $\vec{e}_x\cdot\vec{n} = 0$ aufzuteilen.)

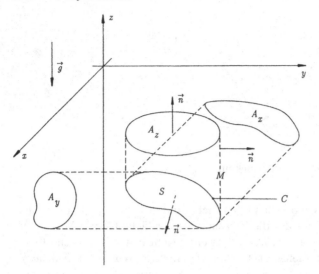

Abbildung 5.7. Zur Kraft auf gekrümmte Flächen

Die Aufgabe, die Kraft auf eine ebene Fläche zu berechnen, ist aber bereits durch die Gleichungen (5.35) und (5.42) erledigt. Für die Komponente der Kraft in die y-Richtung folgt ganz analog

$$F_y = - \iint\limits_{(S)} p\,\vec{n} \cdot \vec{e}_y \, \mathrm{d}S = -\mathrm{sgn}\,(\vec{n} \cdot \vec{e}_y) \iint\limits_{(A_y)} p\,\mathrm{d}A \ . \tag{5.47}$$

Bezüglich des Momentengleichgewichts am Ersatzkörper treten die Kraftkomponenten F_x und F_y nicht in Erscheinung, da sie sich im Gleichgewicht mit den entsprechenden Kraftkomponenten an der Mantelfläche M befinden. Das Gewicht $\varrho\,g\,V$, die Kraft $p_0\,A_z$ und F_z liegen in einer vertikalen Ebene, da sie für sich im Gleichgewicht stehen. Die Wirkungslinien des Auftriebs (durch den Schwerpunkt der verdrängten Flüssigkeit) und der Kraft $p_0\,A_z$ (durch den Flächenschwerpunkt von A_z) legen diese Ebene fest. Aus einem Momentengleichgewicht, beispielsweise um den Schwerpunkt, ergibt sich die Wirkungslinie von F_z. Die Wirkungslinien der beiden Horizontalkomponenten F_x und F_y sind mit den entsprechenden Bildwürfen A_x und A_y aus (5.42) zu berechnen. Die drei Wirkungslinien schneiden sich im allgemeinen nicht in einem Raumpunkt.

5.3 Freie Oberflächen

Tropfbare Flüssigkeiten bilden eine freie Oberfläche. Freie Oberflächen zeigen das Phänomen der Oberflächen- oder Kapillarspannungen. Diese Kapillar-

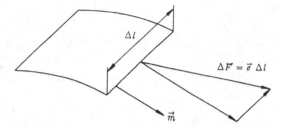

Abbildung 5.8. Zur Erläuterung der Kapillarspannung

spannungen können unter noch zu erläuternden Umständen auch in technischen Problemen wichtig werden.

Aus mikroskopischer Sicht beruht dieses Phänomen darauf, daß Moleküle an der freien Oberfläche oder an einer Trennfläche zwischen zwei verschiedenen Flüssigkeiten anderen Verhältnissen unterliegen als Moleküle im Innern einer Flüssigkeit. Die Kräfte zwischen den Molekülen sind bei den in Frage kommenden mittleren Abständen (vgl. Abschnitt 1.1) anziehende (unter Umständen aber auch abstoßende) Kräfte. Ein Molekül im Inneren der Flüssigkeit erfährt nach allen Seiten die gleiche Anziehung von seinen Nachbarmolekülen. An der freien Oberfläche wird es von seinen Nachbarn der gleichen Art ins Innere gezogen, weil die Anziehungskräfte auf der freien Seite fehlen oder jedenfalls anders sind. Daher befinden sich auf der freien Oberfläche nur gerade soviel Moleküle, wie zur Bildung der Oberfläche absolut nötig sind. Die Oberfläche hat also das Bestreben, sich zu verkleinern.

Makroskopisch äußert sich das wie die Spannung in einer gespannten Haut. Die Kapillarkraft an einem Linienelement ist

$$\Delta \vec{F} = \vec{\sigma}\,\Delta l \ , \tag{5.48}$$

wobei $\vec{\sigma}$ der Spannungsvektor der Kapillarspannung ist, der durch

$$\vec{\sigma} = \lim_{\Delta l \to 0} \frac{\Delta \vec{F}}{\Delta l} = \frac{\mathrm{d}\vec{F}}{\mathrm{d}l} \tag{5.49}$$

definiert ist. Im allgemeinen hat der in der Oberfläche liegende Spannungsvektor eine Komponente normal zum Linienelement und eine Komponente tangential dazu (Abb. 5.8). Wenn die Flüssigkeitsteilchen, die die freie Oberfläche bilden, in Ruhe sind, verschwindet die Tangentialkomponente, und es gilt

$$\vec{\sigma} = C\,\vec{m} \ , \tag{5.50}$$

wobei $\vec{m}$ der in der freien Oberfläche liegende Normalenvektor zum Linienelement $\mathrm{d}l$ ist. Der von $\vec{m}$ unabhängige Betrag des Kapillarspannungsvektors, die *Kapillarkonstante C* ist eine von der Paarung Flüssigkeit-Gas oder im Falle der Trennfläche von der Paarung Flüssigkeit-Flüssigkeit abhängige Größe.

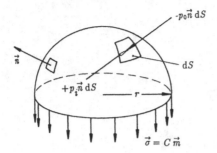

Abbildung 5.9. Gleichgewicht an der freien Oberfläche eines Tropfens

Die bekannteste Manifestation der Kapillarspannungen ist die Kugelform kleiner Tropfen. Denkt man sich die Oberfläche des Tropfens als Hülle eines Luftballons, der unter dem Innendruck p_i steht, so greift an einer Hälfte der Oberfläche einmal die durch die Druckdifferenz $p_i - p_0$ hervorgerufene Kraft an, zum anderen die an der Schnittstelle wirkende Kraft durch die Oberflächenspannung (Abb. 5.9). Die Kraft durch die Oberflächenspannung ist $2\pi\, r\, C\, \vec{m}$ und die Gleichgewichtsbedingung führt auf

$$2\pi\, r\, C\, \vec{m} - \iint\limits_{(S)} (p_0 - p_i)\, \vec{n}\, \mathrm{d}S = 0 \; . \tag{5.51}$$

Bildet man die Komponentengleichung in die Richtung von $\vec{m}$ (dies ist aus Symmetriegründen die einzige von null verschiedene Komponente), so erhält man mit $\vec{m} \cdot \vec{n}\, \mathrm{d}S = -\mathrm{d}A$

$$2\pi\, r\, C + (p_0 - p_i)\, \pi\, r^2 = 0 \tag{5.52}$$

oder

$$\Delta p = p_i - p_0 = 2\, C/r \; . \tag{5.53}$$

Für sehr kleine Tropfen kann der Drucksprung über der Oberfläche ganz erheblich werden. Für eine allgemeine Fläche ergibt sich aus einer einfachen Überlegung, die wir hier aber übergehen, daß für den Drucksprung der Zusammenhang

$$\Delta p = C \left[\frac{1}{R_1} + \frac{1}{R_2} \right] \tag{5.54}$$

gelten muß, in dem R_1 und R_2 die Hauptkrümmungsradien, d.h. die Extremwerte der Krümmungsradien an einem Punkt der Fläche, sind. Die Größe $(1/R_1 + 1/R_2)$ wird mittlere Krümmung genannt und ist im Gegensatz zur Krümmung selbst eine skalare Größe. Für eine ebene Oberfläche $(R_1 = R_2 \to \infty)$ verschwindet der Drucksprung. Effekte der Kapillarspannung machen sich also nur bei gekrümmten Oberflächen bemerkbar.

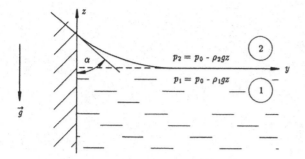

Abbildung 5.10. Oberfläche einer schweren Flüssigkeit

Krümmungen der freien Oberflächen treten oft an Rändern auf, wenn drei verschiedene Flüssigkeiten oder zwei Flüssigkeiten mit festen Wänden zusammentreffen. In Abb. 5.10 trifft die Trennfläche zwischen den Flüssigkeiten (1) und (2) auf eine feste Wand. Für die explizite Darstellung der Gleichung der Trennfläche schreiben wir

$$z = z(x, y) \tag{5.55}$$

und erhalten für den Drucksprung über die Oberfläche

$$p_2 - p_1 = (\varrho_1 - \varrho_2)\, g\, z(x, y) \tag{5.56}$$

oder wegen (5.54) auch

$$C\left[\frac{1}{R_1} + \frac{1}{R_2}\right] = (\varrho_1 - \varrho_2)\, g\, z(x, y)\ . \tag{5.57}$$

Wir beschränken uns auf den ebenen Fall, d. h. $z = z(y)$, $R_1 \to \infty$, $R_2 = R$ und nehmen weiter an, daß die Flüssigkeit (2) ein Gas sei, also $\varrho = \varrho_1 \gg \varrho_2$. Damit vereinfacht sich (5.57) zu

$$C/R = \varrho\, g\, z(y)\ . \tag{5.58}$$

Dieser Gleichung entnehmen wir eine Größe a mit der Dimension einer Länge:

$$a = \sqrt{\frac{C}{\varrho\, g}}\ . \tag{5.59}$$

Man kann daher erwarten, daß Kapillareffekte sich dann besonders bemerkbar machen, wenn die typischen Abmessungen eines interessierenden Bereiches in die Größenordnung dieser Länge kommen. Die als *Kapillarlänge* (*Laplacesche Länge*) bezeichnete Größe a beträgt für Wasser etwa 0,3 cm. Dies erklärt im Grunde schon, warum Wasser aus einem hochgehaltenen Gartenschlauch ohne weiteres abfließt, während es aus einem Schlauch, dessen

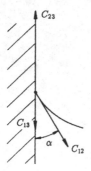

Abbildung 5.11. Zur Erklärung des Randwinkels

Durchmesser mit der Laplaceschen Länge vergleichbar ist, nicht mehr frei unter dem Einfluß der Schwerkraft abfließt, sondern als Folge der Kapillarspannungen in Form von Wasserpfropfen hängen bleibt. Mit dem bekannten Ausdruck für die Krümmung R^{-1} einer Kurve $z(y)$

$$R^{-1} = (z'^2 + 1)^{-3/2} z'' \,, \tag{5.60}$$

in dem der Strich an z die Ableitung nach y bedeutet, gewinnen wir aus (5.58) eine gewöhnliche Differentialgleichung zweiter Ordnung für die unbekannte Form $z(y)$ der Oberfläche:

$$(z'^2 + 1)^{-3/2} z'' - a^{-2} z = 0 \,, \tag{5.61}$$

deren spezielle Lösung die Vorgabe zweier Randbedingungen erfordert. Einmalige Integration führt auf die Gleichung

$$(z'^2 + 1)^{-1/2} + \frac{1}{2} a^{-2} z^2 = 1 \,, \tag{5.62}$$

wobei wir die auf der rechten Seite auftretende Integrationskonstante mit der Randbedingung $z(\infty) = 0$ zu 1 bestimmt haben. Die weitere Integration erfordert als Randbedingung die Kenntnis des Randwinkels α, der aus der Gleichgewichtsbetrachtung der Kapillarkonstanten am Rand folgt. Neben der Kapillarspannung der Paarung Flüssigkeit-Gas C_{12} treten noch zwei weitere Kapillarspannungen der Paarung Flüssigkeit-Wand C_{13} und Gas-Wand C_{23} auf. Die Gleichgewichtsbedingung normal zur Wand interessiert hier nicht, da die feste Wand beliebige Spannungen aufnehmen kann. Gleichgewicht in Wandrichtung (vgl. Abb. 5.11) liefert

$$C_{23} = C_{13} + C_{12} \cos \alpha \tag{5.63a}$$

oder

$$\cos \alpha = \frac{C_{23} - C_{13}}{C_{12}} \,. \tag{5.63b}$$

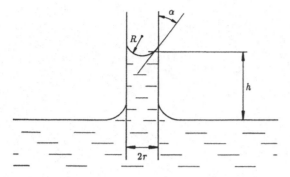

Abbildung 5.12. Kapillarerhebung in einem Röhrchen

Die Flüssigkeit steigt oder fällt also an der Wand, bis die Bedingung (5.63a) erfüllt ist. Wenn $C_{23} - C_{13}$ aber größer ist als C_{12}, dann läßt sich die Gleichgewichtsbedingung (5.63) nicht erfüllen, und die Flüssigkeit überzieht die ganze Wand (z. B. Petroleum in Metallgefäßen). Mit der Randbedingung $z'(y = 0) = -\cot\alpha$ lautet dann die Lösung von (5.62) in impliziter Form

$$y/a = \operatorname{arcosh}(2a/z) - \operatorname{arcosh}(2a/h) + \sqrt{4 - (h/a)^2} - \sqrt{4 - (z/a)^2}\,, \quad (5.64)$$

wobei das Quadrat der Steighöhe $h = z(y = 0)$ aus (5.62) als $h^2 = 2a^2(1 - \sin\alpha)$ zu entnehmen ist. Eine ebenfalls oft zu beobachtende Erscheinung ist die Kapillarerhebung in kleinen Röhrchen (Abb. 5.12). Es ist unmittelbar einsichtig, daß der Drucksprung Δp über die Oberfläche gleich $\varrho g h$ sein muß! Nimmt man für die freie Oberfläche die Form einer Kugelkalotte an, so folgt wegen $R_1 = R_2 = R$ aus (5.54)

$$2\frac{C}{R} = \varrho g h\,. \tag{5.65}$$

Bei bekanntem Randwinkel α läßt sich der Krümmungsradius R durch $r/\cos\alpha$ ersetzen, so daß man für die Steighöhe

$$h = \frac{2C\cos\alpha}{r\varrho g} \tag{5.66}$$

erhält. Für sehr kleine r kann die Steighöhe sehr groß werden, und dies erklärt, warum Feuchtigkeit in porösem Mauerwerk hochsteigt. Ist $\alpha > \pi/2$, so wird die Steighöhe negativ, d. h. die Flüssigkeit wird heruntergedrückt; das bekannteste Beispiel hierfür ist Quecksilber.

6

Laminare Schichtenströmungen

Für die Klasse der Schichtenströmungen ergeben sich ganz bedeutende Vereinfachungen in den Bewegungsgleichungen, die selbst für Nicht-Newtonsche Flüssigkeiten einfache Lösungen zulassen. Wie schon in Abschnitt 4.4 diskutiert wurde, beruht diese Lösbarkeit auf der besonders einfachen Kinematik dieser Strömungen.

Wir wollen uns hier auf inkompressible Strömungen beschränken, für die bekanntlich nur Druckdifferenzen berechnet werden können, falls im interessierenden Strömungsbereich keine freie Oberfläche auftritt. An einer freien Oberfläche würde über die Randbedingung (4.171) an den Spannungsvektor auch der absolute Wert des Druckes in das Problem eingehen. Ohne freie Oberflächen läßt sich der Einfluß der Massenkraft aus dem Problem entfernen, wenn man sich darauf beschränkt, Druckdifferenzen relativ zur hydrostatischen Druckverteilung zu berechnen. Wir demonstrieren dies am Beispiel der Navier-Stokesschen Gleichungen und setzen für den Druck

$$p = p_{st} + p_{dyn} \, , \qquad (6.1)$$

wobei der hydrostatische Druck p_{st} die hydrostatische Grundgleichung (5.4) erfüllt. Aus (4.9b) folgt dann

$$\varrho \, \frac{\mathrm{D}\vec{u}}{\mathrm{D}t} = \varrho \, \vec{k} - \nabla p_{st} - \nabla p_{dyn} + \eta \, \Delta \vec{u} \, , \qquad (6.2)$$

wegen (5.4) also

$$\varrho \, \frac{\mathrm{D}\vec{u}}{\mathrm{D}t} = -\nabla p_{dyn} + \eta \, \Delta \vec{u} \, . \qquad (6.3)$$

In dieser Gleichung taucht die Massenkraft nicht mehr auf. p_{dyn} ist die Druckdifferenz $p - p_{st}$ und rührt nur von der Bewegung der Flüssigkeit her. Wir schreiben für p_{dyn} weiterhin einfach p und verstehen in allen Problemen, in denen keine freie Oberfläche auftritt, unter p die Druckdifferenz $p - p_{st}$. In Problemstellungen mit freier Oberfläche machen wir dann ohne weitere Erklärung von den Bewegungsgleichungen Gebrauch, in denen die Massenkraft (falls vorhanden) explizit berücksichtigt wird.

© Springer-Verlag GmbH Deutschland, ein Teil von Springer Nature 2019
J. Spurk und N. Aksel, *Strömungslehre*,
https://doi.org/10.1007/978-3-662-58764-5_6

6.1 Stationäre Schichtenströmungen

6.1.1 Couette-Strömung

Die *Einfache Scherströmung* oder *Couette-Strömung* ist eine ebene Strömung, deren Geschwindigkeitsfeld bereits mehrfach erläutert worden ist. Die Komponenten u, v, w der Geschwindigkeit in einem kartesischen Koordinatensystem mit den Achsen x, y, z lauten (vgl. Abb. 6.1a)

$$u = \frac{U}{h} y , \quad v = 0 , \quad w = 0 . \tag{6.4}$$

In allen Ebenen $z = $ const ist das Strömungsfeld also identisch. Die allen Schichtenströmungen gemeinsame Eigenschaft, daß die einzige nicht verschwindende Geschwindigkeitskomponente (hier u) sich nur senkrecht zur Strömungsrichtung ändert, ist eine Folge der Kontinuitätsgleichung (2.5)

$$\nabla \cdot \vec{u} = \frac{\partial u}{\partial x} + \frac{\partial v}{\partial y} + \frac{\partial w}{\partial z} = 0 , \tag{6.5}$$

aus der wir wegen $v = w = 0$

$$\frac{\partial u}{\partial x} = 0 \quad \text{oder} \quad u = f(y) \tag{6.6}$$

erhalten, wovon (6.4) ein Sonderfall ist. Die x-Komponente der Navier-Stokesschen Gleichungen lautet

$$u \frac{\partial u}{\partial x} + v \frac{\partial u}{\partial y} + w \frac{\partial u}{\partial z} = -\frac{1}{\varrho} \frac{\partial p}{\partial x} + \nu \left[\frac{\partial^2 u}{\partial x^2} + \frac{\partial^2 u}{\partial y^2} + \frac{\partial^2 u}{\partial z^2} \right] . \tag{6.7}$$

Wegen (6.4) verschwinden alle konvektiven (nichtlinearen!) Terme auf der linken Seite von (6.7). Auch dies ist eine allen Schichtenströmungen gemeinsame Eigenschaft. Wir hätten natürlich alle Ableitungen nach z von vornherein null setzen sollen, da es sich um eine ebene Strömung handelt, und wir wollen dies in Zukunft auch tun.

Da in dem hier betrachteten Sonderfall der Couette-Strömung u eine lineare Funktion von y ist, verschwinden auch alle Terme in der Klammer auf der rechten Seite, und wir werden auf die Gleichung

$$\frac{\partial p}{\partial x} = 0 \quad \text{oder} \quad p = f(y) \tag{6.8}$$

geführt. Die Komponente der Navier-Stokesschen Gleichungen in y- Richtung

$$u \frac{\partial v}{\partial x} + v \frac{\partial v}{\partial y} = -\frac{1}{\varrho} \frac{\partial p}{\partial y} + \nu \left[\frac{\partial^2 v}{\partial x^2} + \frac{\partial^2 v}{\partial y^2} \right] \tag{6.9}$$

liefert sofort

$$\frac{\partial p}{\partial y} = 0 \ , \tag{6.10}$$

zusammen mit (6.8) also schließlich

$$p = \text{const} \ . \tag{6.11}$$

Das Feld (6.4) erfüllt die Randbedingung (4.159), wir haben es somit mit der einfachsten nichttrivialen, exakten Lösung der Navier-Stokesschen Gleichungen zu tun.

6.1.2 Couette-Poiseuille-Strömung

Eine Verallgemeinerung der Einfachen Scherströmung wird durch (6.6) nahegelegt: Wir betrachten das Geschwindigkeitsfeld

$$u = f(y) \ , \quad v = w = 0 \ . \tag{6.12}$$

Die x-Komponente der Navier-Stokes-Gleichungen vereinfacht sich dann zu

$$\frac{\partial p}{\partial x} = \eta \, \frac{\partial^2 u}{\partial y^2} \ , \tag{6.13}$$

und die y-Komponente lautet

$$0 = -\frac{1}{\varrho} \frac{\partial p}{\partial y} \ . \tag{6.14}$$

Als Folge der letzten Gleichung kann p nur eine Funktion von x sein. Wegen (6.13) ist $\partial p / \partial x$ aber keine Funktion von x, denn die rechte Seite von (6.13) ist nach Voraussetzung keine Funktion von x. Demnach ist $\partial p / \partial x$ eine Konstante, die wir $-K$ nennen wollen. Aus (6.13) erhalten wir somit eine Differentialgleichung zweiter Ordnung für die gesuchte Funktion $u(y)$:

$$\eta \, \frac{\mathrm{d}^2 u}{\mathrm{d} y^2} = -K \ . \tag{6.15}$$

Zweimalige Integration von (6.15) führt uns auf die allgemeine Lösung

$$u(y) = -\frac{K}{2 \, \eta} \, y^2 + C_1 \, y + C_2 \ . \tag{6.16}$$

Die gesuchte Funktion $u(y)$ muß gemäß (4.159) die beiden Randbedingungen

$$u(0) = 0 \ , \tag{6.17a}$$

$$u(h) = U \tag{6.17b}$$

erfüllen, so daß wir die Integrationskonstanten zu

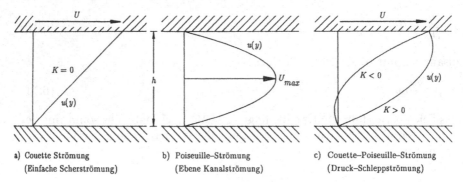

a) Couette Strömung   b) Poiseuille–Strömung   c) Couette–Poiseuille–Strömung
   (Einfache Scherströmung)   (Ebene Kanalströmung)   (Druck–Schleppströmung)

Abbildung 6.1. Ebene Schichtenströmung

$$C_1 = \frac{U}{h} + \frac{K}{2\,\eta}\,h \;, \quad C_2 = 0 \tag{6.18}$$

bestimmen. Die Lösung des Randwertproblems lautet damit

$$\frac{u(y)}{U} = \frac{y}{h} + \frac{K\,h^2}{2\,\eta\,U}\left[1 - \frac{y}{h}\right]\frac{y}{h} \;. \tag{6.19}$$

Für $K = 0$ erhält man hiermit wieder die Einfache Scherströmung (6.4), für $U = 0$ und $K \neq 0$ eine parabolische Geschwindigkeitsverteilung (ebene *Poiseuille-Strömung*) und für den allgemeinen Fall ($U \neq 0$, $K \neq 0$) die *Druck-Schlepp-Strömung* oder *Couette-Poiseuille-Strömung* (Abb. 6.1).

Wie aus (6.19) unmittelbar ersichtlich, ist der allgemeine Fall also eine Überlagerung der Couette- und der Poiseuille-Strömung. Da die Schichtenströmungen durch lineare Differentialgleichungen beschrieben werden, ist die Überlagerung auch anderer Schichtenströmungen möglich.

Der Volumenstrom pro Tiefeneinheit ist

$$\dot{V} = \int\limits_0^h u(y)\,\mathrm{d}y \;, \tag{6.20}$$

so daß sich für die durch die Gleichung

$$\overline{U} = \frac{\dot{V}}{h} \tag{6.21}$$

definierte *mittlere Geschwindigkeit* der Druck-Schlepp-Strömung ergibt:

$$\overline{U} = \frac{U}{2} + \frac{K\,h^2}{12\,\eta} \;. \tag{6.22}$$

Die *maximale Geschwindigkeit* für die reine Druckströmung berechnet sich mit (6.19) zu:

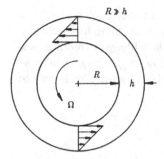

Abbildung 6.2. Konzentrisch rotierender Zapfen

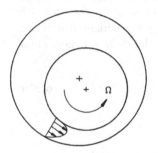

Abbildung 6.3. Exzentrisch rotierender Zapfen

$$U_{max} = \frac{K h^2}{8\eta} = \frac{3}{2}\overline{U} \; .$$

Da die Ausdehnung in x-Richtung ins Unendliche reicht und die Strömungen eben sind, werden sie in den Anwendungen natürlich nicht exakt realisiert. Sie können aber in vielen Fällen als gute Näherung sehr nützlich sein. So wird z. B. die Einfache Scherströmung als Strömung zwischen zwei „unendlich" langen Zylindern im Grenzfall $h/R \to 0$ angetroffen. Die Strömung der Abb. 6.2 läßt sich zwar auch ohne den Grenzübergang $h/R \to 0$ lösen, sie ist nämlich ebenfalls eine Schichtenströmung, die Scherströmung ist aber wesentlich einfacher zu berechnen.

Die Strömung wird übrigens in Gleitlagern, wo die Bedingung $h/R \to 0$ gut erfüllt ist, näherungsweise realisiert. Reibmoment und Reibleistung pro Einheit der Lagertiefe lassen sich dann sofort abschätzen:

$$M_{Reib} \approx 2\pi R^2 \, \eta \, \frac{du}{dy} = 2\pi R^2 \, \eta \, \frac{U}{h} = 2\pi R^3 \, \eta \, \frac{\Omega}{h} \tag{6.23}$$

$$P_{Reib} \approx 2\pi R^3 \, \eta \, \Omega^2 / h \; . \tag{6.24}$$

Allerdings gibt Abb. 6.2 noch nicht das richtige Bild eines Gleitlagers wieder. Da der Zapfen in Abb. 6.2 konzentrisch in der Lagerschale rotiert, kann er aus Symmetriegründen keine Last aufnehmen. Gleichung (6.8) besagt, daß der Druck in x- Richtung (Umfangsrichtung) konstant ist, am Zapfen also keine Nettokraft angreifen kann. Unter Belastung nimmt der Zapfen aber eine exzentrische Lage in der Schale ein (Abb. 6.3). Die sich im „Schmierspalt" einstellende Strömung ist aber lokal gerade eine Druck-Schlepp-Strömung, wie wir im Kapitel 8 noch ausführlicher zeigen werden. Die zugehörige Druckverteilung erzeugt eine Nettokraft, die mit der Lagerbelastung im Gleichgewicht ist.

6.1.3 Filmströmung

Mit der Druck-Schlepp-Strömung nahe verwandt ist die Filmströmung an einer geneigten Wand, obwohl hier eine freie Oberfläche auftritt (Abb. 6.4). Die Volumenkraft spielt hier die Rolle des Druckgradienten $\partial p/\partial x$, der, wie wir noch sehen werden, hier null ist. Die Strömung wird nicht durch den Druckgradienten, sondern durch die Volumenkraft der Schwere getrieben, deren Komponenten

$$f_x = \varrho\, k_x = \varrho\, g\, \sin\beta\ , \tag{6.25a}$$

$$f_y = \varrho\, k_y = -\varrho\, g\, \cos\beta \tag{6.25b}$$

sind.

Die Navier-Stokesschen Gleichungen (4.9b) vereinfachen sich wegen (6.6) und $v = 0$ zu

$$\frac{\partial p}{\partial x} - \varrho\, g\, \sin\beta = \eta\, \frac{\partial^2 u}{\partial y^2} \tag{6.26}$$

und

$$\frac{\partial p}{\partial y} = -\varrho\, g\, \cos\beta\ . \tag{6.27}$$

Wir erhalten also zwei Differentialgleichungen für die unbekannten Funktionen u und p. An der Wand ($y = 0$) ist die Haftbedingung

$$u(0) = 0 \tag{6.28}$$

zu erfüllen, während an der freien Oberfläche die Bedingung (4.172) in Kraft tritt, die wir hier in Indexnotation schreiben wollen:

$$n_j\tau_{ji(1)} = n_j\tau_{ji(2)}\ . \tag{6.29}$$

Aus (3.1) folgt mit $n_j = (0\,,\,1\,,\,0)$ die Randbedingung in der Form

$$\left[-p\,\delta_{2i} + 2\eta\, e_{2i}\right]_{(1)} = \left[-p\,\delta_{2i} + 2\eta\, e_{2i}\right]_{(2)}\ , \tag{6.30}$$

wobei der Index (2) für die Flüssigkeit, der Index (1) für die Luft stehen möge. Die Komponentengleichung in y-Richtung führt uns auf die Randbedingung

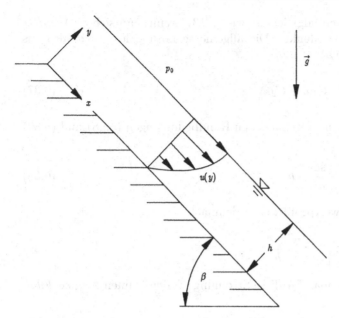

Abbildung 6.4. Filmströmung an einer geneigten Wand

$$p_{(1)} = p_{(2)} = p_0 \ , \tag{6.31}$$

und die Komponentengleichung in x-Richtung liefert

$$\left[\eta \, \frac{\partial u}{\partial y} \right]_{(1)} = \left[\eta \, \frac{\partial u}{\partial y} \right]_{(2)} \ . \tag{6.32}$$

Wenn wir den Einfluß der Luftreibung vernachlässigen, verschwindet die linke Seite in (6.32), und diese Randbedingung lautet

$$0 = \eta \, \frac{\partial u}{\partial y} \Big|_{y=h} \ . \tag{6.33}$$

Aus der Integration von (6.27) folgt

$$p = -\varrho \, g \, y \, \cos \beta + C(x) \ , \tag{6.34}$$

und mit der Randbedingung (6.31) $p_{(2)} = p(y = h) = p_0$ auch

$$p = p_0 + \varrho \, g \, \cos \beta \, (h - y) \ . \tag{6.35}$$

Daher ist p keine Funktion von x, und Gleichung (6.26) vereinfacht sich zu

$$-\varrho \, g \, \sin \beta = \eta \, \frac{\partial^2 u}{\partial y^2} \ . \tag{6.36}$$

Das ist dieselbe Differentialgleichung wie (6.13), wenn man sich dort $\partial p/\partial x$ durch $-\varrho\, g\, \sin\beta$ ersetzt denkt. Die allgemeine Lösung lesen wir also aus (6.16) ab ($K = \varrho\, g\, \sin\beta$):

$$u = -\frac{\varrho\, g\, \sin\beta}{2\,\eta}\, y^2 + C_1\, y + C_2 \qquad\qquad (6.37)$$

und bestimmen die Konstanten aus den Randbedingungen (6.28) und (6.33) zu

$$C_2 = 0\,, \quad C_1 = \frac{\varrho\, g\, \sin\beta}{\eta}\, h\,. \qquad\qquad (6.38)$$

Die Lösung des Randwertproblems ist demnach

$$u(y) = \frac{\varrho\, g\, \sin\beta}{2\,\eta}\, h^2 \left[2 - \frac{y}{h}\right] \frac{y}{h}\,. \qquad\qquad (6.39)$$

In der Literatur findet man für diese Strömung oft den Namen *Nusselt Film-strömung*.

6.1.4 Strömung zwischen zwei konzentrisch rotierenden Zylindern

Dieser Strömung ist ein Zylinderkoordinatensystem r, φ, z mit den zugehörigen Geschwindigkeitskomponenten u_r, u_φ, u_z angepaßt, denn damit lassen sich die Ränder des Strömungsfeldes durch Koordinatenflächen $r = R_I$ bzw. $r = R_A$ angeben. In axialer Richtung sei der Strömungsraum unendlich ausgedehnt. Änderungen von Strömungsgrößen in axialer Richtung müssen dann entweder verschwinden oder periodisch sein, um unendlich große Werte im Unendlichen zu vermeiden. Den Fall der Periodizität wollen wir hier ausklammern, wir setzen also in Zylinderkoordinaten $\partial/\partial z = 0$ und außerdem $u_z = 0$. Die Strömung ist in allen Schnitten $z = $ const identisch. Da die Normalkomponente der Geschwindigkeit, d.h. u_r an $r = R_I$ und $r = R_A$ (Abb. 6.5) wegen der kinematischen Randbedingung verschwinden muß, setzen wir $u_r \equiv 0$. Auch die Änderung in Umfangsrichtung muß entweder verschwinden oder periodisch sein; wir beschränken uns auf den ersten Fall. Wegen $\partial/\partial z = \partial/\partial\varphi = 0$ und $u_r = u_z = 0$ folgt dann aus den Navier-Stokesschen Gleichungen in Zylinderkoordinaten (siehe Anhang B) für die r-Komponente

$$\varrho\, \frac{u_\varphi^2}{r} = \frac{\partial p}{\partial r} \qquad\qquad (6.40)$$

und für die φ-Komponente

$$0 = \eta \left[\frac{\partial^2 u_\varphi}{\partial r^2} + \frac{1}{r}\frac{\partial u_\varphi}{\partial r} - \frac{u_\varphi}{r^2}\right]\,, \qquad\qquad (6.41)$$

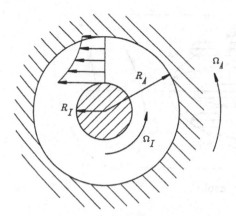

Abbildung 6.5. Strömung zwischen konzentrisch rotierenden Zylindern

während die z-Komponente identisch verschwindet. Der Term u_φ^2/r in (6.40) entsteht durch die substantielle Änderung der Komponente u_φ und entspricht der Zentripetalbeschleunigung. Offensichtlich bildet sich die Druckverteilung $p(r)$ gerade so aus, daß der Zentripetalkraft die Waage gehalten wird. Gleichung (6.40) ist von (6.41) entkoppelt: Ist die Geschwindigkeitsverteilung nach (6.41) ermittelt, so folgt die dazugehörige Druckverteilung aus (6.40). (6.41) ist eine lineare, gewöhnliche Differentialgleichung mit veränderlichen Koeffizienten, die vom Eulerschen Typ ist und durch den Ansatz

$$u_\varphi = r^n$$

gelöst wird. Aus (6.41) ergibt sich damit $n = \pm 1$, so daß die allgemeine Lösung

$$u_\varphi = C_1\, r + \frac{C_2}{r} \tag{6.42}$$

lautet. Der innere Zylinder möge sich mit der Winkelgeschwindigkeit Ω_I, der äußere mit Ω_A drehen (Abb. 6.5). Dann bestimmen sich die Konstanten aus der Haftbedingung

$$u_\varphi(R_I) = \Omega_I\, R_I\, , \quad u_\varphi(R_A) = \Omega_A\, R_A \tag{6.43}$$

zu

$$C_1 = \frac{\Omega_A\, R_A^2 - \Omega_I\, R_I^2}{R_A^2 - R_I^2}\, , \quad C_2 = \frac{(\Omega_I - \Omega_A)\, R_I^2\, R_A^2}{R_A^2 - R_I^2}\ . \tag{6.44}$$

Für den Sonderfall $C_1 = 0$, d. h.

$$\Omega_A/\Omega_I = (R_I/R_A)^2 \tag{6.45}$$

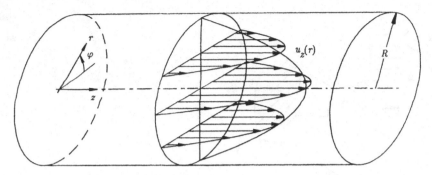

Abbildung 6.6. Strömung im geraden Kreisrohr

ist die Geschwindigkeitsverteilung nach (6.42) die des geraden Potentialwirbels. Die Winkelgeschwindigkeiten von innerem und äußerem Zylinder müssen also in einem bestimmten Verhältnis zueinander stehen, damit die Strömung im Spalt rotationsfrei ist.

Ein für die Anwendung wichtiger Sonderfall, nämlich das Problem des rotierenden Zylinders bei unendlicher Spalthöhe, ergibt sich, wenn wir in (6.45) R_A gegen unendlich gehen lassen: Ω_A geht dann gegen null. Der Potentialwirbel erfüllt in diesen Fällen nicht nur die Navier-Stokesschen Gleichungen (dies gilt für alle inkompressiblen Potentialströmungen), sondern auch die Haftbedingung an der Wand. Es handelt sich also um eine exakte Lösung des Strömungsproblems: Grenzschichten, in denen die Geschwindigkeitsverteilung vom potentialtheoretischen Wert abweicht, treten nicht auf. Für $\Omega_I = 0$, $r = R_I + y$ und $y/R_I \to 0$ erhält man aus (6.42) und (6.44) die Couette-Strömung (6.4).

6.1.5 Hagen-Poiseuille-Strömung

Die Strömung durch ein gerades Kreisrohr oder *Hagen-Poiseuille-Strömung*, die wichtigste aller Schichtenströmungen, ist das rotationssymmetrische Gegenstück zur Kanalströmung. Dem Problem sind wieder Zylinderkoordinaten angepaßt, in denen sich die Wand des Kreisrohres durch die Koordinatenfläche $r = R$ beschreiben läßt (Abb. 6.6). An der Wand ist $u_r = u_\varphi = 0$, und wir setzen u_r und u_φ im ganzen Strömungsfeld identisch null; außerdem sei die Strömung rotationssymmetrisch ($\partial/\partial\varphi = 0$). Der Kontinuitätsgleichung in Zylinderkoordinaten (siehe Anhang B) entnehmen wir dann

$$\frac{\partial u_z}{\partial z} = 0 \quad \text{oder} \quad u_z = u_z(r) \ . \tag{6.46}$$

Die r-Komponente der Navier-Stokesschen Gleichung liefert

$$0 = \frac{\partial p}{\partial r} \quad \text{oder} \quad p = p(z) \ . \tag{6.47}$$

Alle Terme der Navier-Stokes-Gleichung in φ-Richtung verschwinden identisch, während uns die z-Komponente auf die Gleichung

$$0 = -\frac{\partial p}{\partial z} + \eta \left[\frac{\partial^2 u_z}{\partial r^2} + \frac{1}{r} \frac{\partial u_z}{\partial r} \right] \tag{6.48}$$

führt. (6.48) entnehmen wir unmittelbar, daß $\partial p/\partial z$ nicht von z abhängt, der Druck p also eine lineare Funktion von z ist. Wie vorher setzen wir $\partial p/\partial z = -K$ und schreiben (6.48) in der Form

$$-\frac{K}{\eta} = \frac{1}{r} \frac{d}{dr} \left[r \frac{du_z}{dr} \right] , \tag{6.49}$$

die nach zweimaliger Integration auf

$$u_z(r) = -\frac{K r^2}{4 \eta} + C_1 \ln r + C_2 \tag{6.50}$$

führt. Da $u_z(0)$ endlich ist, folgt sofort $C_1 = 0$. Die Haftbedingung verlangt

$$u_z(R) = 0 , \tag{6.51}$$

also

$$C_2 = \frac{K R^2}{4 \eta} . \tag{6.52}$$

Wenn wir den Index z ab sofort weglassen, lautet die Lösung des Randwertproblems

$$u(r) = \frac{K}{4 \eta} (R^2 - r^2) . \tag{6.53}$$

Die maximale Geschwindigkeit wird bei $r = 0$ erreicht, und damit schreiben wir

$$u(r) = U_{max} \{1 - (r/R)^2\} . \tag{6.54}$$

Mit dem Volumenstrom $\dot{V}$ durch das Rohr führen wir allgemein die mittlere Geschwindigkeit

$$\overline{U} = \frac{\dot{V}}{A} = \frac{\dot{V}}{\pi R^2} \tag{6.55}$$

ein und finden wegen

$$\dot{V} = \int_0^{2\pi} \int_0^R u(r)\, r\, dr\, d\varphi = 2\pi\, U_{max}\, \frac{R^2}{4} \tag{6.56}$$

auch

$$\overline{U} = \frac{1}{2}\,U_{max}\;, \tag{6.57}$$

bzw.

$$\overline{U} = \frac{K\,R^2}{8\,\eta}\;. \tag{6.58}$$

Da der Druckgradient konstant ist, schreiben wir auch

$$K = \frac{\Delta p}{l} = \frac{p_1 - p_2}{l} \tag{6.59}$$

und meinen mit Δp den *Druckabfall* im Rohr über der Länge l. Der Druckabfall ist positiv, wenn der Druckgradient $\partial p/\partial z$ negativ ist. Es ist zweckmäßig, diesen Druckabfall dimensionslos darzustellen:

$$\zeta = \frac{\Delta p}{\frac{\varrho}{2}\,\overline{U}^2}\;. \tag{6.60}$$

Die sogenannte *Verlustziffer* ζ kann mit (6.58) auch in der Form

$$\zeta = \frac{16\,l\,\eta}{R^2\,\varrho\,\overline{U}} = 64\,\frac{l}{d}\,\frac{\eta}{\varrho\,d\,\overline{U}} \tag{6.61}$$

geschrieben werden, wobei $d = 2R$ ist und wir die dimensionsbehafteten Größen in zwei dimensionslose Gruppen l/d und $\varrho\,d\,\overline{U}/\eta = Re$ geordnet haben. Speziell bei Rohrströmungen führt man auch die *Widerstandszahl*

$$\lambda = \zeta\,\frac{d}{l}$$

ein, so daß die dimensionslose Form des Widerstandsgesetzes des geraden Kreisrohres entsteht:

$$\zeta = \frac{l}{d}\,\frac{64}{Re} \quad \text{bzw.} \quad \lambda = \frac{64}{Re}\;. \tag{6.62}$$

Aus (6.55), (6.58) und (6.59) folgt die *Hagen-Poiseuillesche Gleichung*:

$$\dot{V} = \frac{\pi\,R^4}{8\,\eta}\,\frac{\Delta p}{l}\;. \tag{6.63}$$

Die Proportionalität des Volumenstromes zur vierten Potenz des Radius wird für laminare Strömung experimentell mit großer Genauigkeit bestätigt und dient zugleich als Bestätigung der Haftbedingung (4.160). Die Hagen-Poiseuillesche Gleichung (6.63) ist auch Grundlage der experimentellen Bestimmung der Scherzähigkeit η.

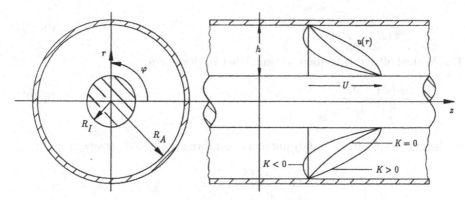

Abbildung 6.7. Verallgemeinerte Hagen-Poiseuille-Strömung

Zu einer verallgemeinerten Hagen-Poiseuilleschen Strömung (Abb. 6.7) wird man geführt, wenn man die allgemeine Lösung (6.50) den Randbedingungen

$$u(R_A) = 0 \; , \tag{6.64a}$$

$$u(R_I) = U \tag{6.64b}$$

unterwirft. Die resultierende Strömung stellt offensichtlich die Druck-Schlepp-Strömung im Ringspalt dar und ist durch

$$u(r) = \frac{K}{4\,\eta} \left\{ R_A^2 - r^2 - \left[R_A^2 - R_I^2 - \frac{4\,\eta\,U}{K} \right] \frac{\ln(r/R_A)}{\ln(R_I/R_A)} \right\} \tag{6.65}$$

gegeben. Diese läßt sich mit dem Geschwindigkeitsfeld (6.42) überlagern und beschreibt dann den Fall, daß die Zylinder zusätzlich rotieren.

Man überzeuge sich, daß mit $R_A - R_I = h$ und $R_A - r = y$ im Grenzfall $h/R_A \to 0$ die ebene Druck-Schlepp-Strömung (6.19) entsteht. Für die reine Druckströmung ($U = 0$) erhalten wir für die durch (6.55) definierte mittlere Geschwindigkeit

$$\overline{U} = \frac{K}{8\,\eta} \left[R_A^2 + R_I^2 + (R_A^2 - R_I^2) \frac{1}{\ln(R_I/R_A)} \right] \; , \tag{6.66}$$

was für $R_I \to 0$ mit dem bekannten Ergebnis (6.58) übereinstimmt.

Für Rohre mit nichtkreisförmigem Querschnitt führt man im Vergleich mit dem Druckverlust des Kreisrohres den *äquivalenten* oder *hydraulischen Durchmesser* d_h ein:

$$d_h = \frac{4\,A}{s} \; , \tag{6.67}$$

wobei A die Querschnittsfläche und s die benetzte Umfangslänge des Querschnittes ist. Für den Kreisquerschnitt ist $d_h = d$, für den Ringquerschnitt gilt

$$d_h = \frac{4\pi \left(R_A^2 - R_I^2 \right)}{2\pi \left(R_A + R_I \right)} = d_A - d_I \; . \tag{6.68}$$

Die Verlustziffer ζ schreiben wir zunächst in der Form

$$\zeta = \frac{\Delta p \left(d_A - d_I \right)^2}{\frac{\varrho}{2} \, \overline{U}^2 \, d_h^2} \; , \tag{6.69}$$

in der wir ein $\overline{U}$ durch (6.66) unter Verwendung von (6.59) ersetzen und so

$$\zeta = \frac{64}{\varrho \overline{U}} \, \frac{\eta}{d_h} \, \frac{l}{d_h} \, \frac{\left[1 - \dfrac{d_I}{d_A} \right]^2 \ln \left[\dfrac{d_I}{d_A} \right]}{1 - \left[\dfrac{d_I}{d_A} \right]^2 + \ln \left[\dfrac{d_I}{d_A} \right] \left\{ 1 + \left[\dfrac{d_I}{d_A} \right]^2 \right\}} \tag{6.70}$$

erhalten. Mit Hilfe der Reynolds-Zahl $Re = \varrho \, \overline{U} \, d_h / \eta$ kürzen wir ab:

$$\zeta = \frac{64}{Re} \, \frac{l}{d_h} \, f(d_I / d_A) \; . \tag{6.71}$$

Der dimensionslose Faktor $f(d_I / d_A)$ ist ein Maß für die Abweichung der Verlustziffer eines nichtkreisförmigen Rohres von der Widerstandszahl des Kreisrohres, wenn als Referenzlänge der hydraulische Durchmesser verwendet wird. Für $d_I / d_A = 0$ wird $f(d_I / d_A) = 1$, und für $d_I / d_A = 1$, was offensichtlich der Kanalströmung entspricht, erhalten wir nach wiederholter Anwendung der l'Hospitalschen Regel $f(d_I / d_A) = 1,5$. Man bestätigt dieses Ergebnis auch leicht, wenn man ausgehend von (6.22) die Formel (6.71) bildet.

Wie ersichtlich, ist der Druckabfall für das Kreisrohr doch stark vom Druckabfall für den Ringspalt verschieden, auch wenn man ihn auf den hydraulischen Durchmesser bezieht. Dies ist für turbulente Strömung nicht der Fall, dort ist die Verlustziffer für den Ringspalt praktisch identisch mit der des Kreisrohres. Dies gilt auch für Rohre mit Rechteckquerschnitt und für die meisten anderen technisch interessanten Querschnittsformen, wie z. B. gleichschenklige Dreiecke (für nicht zu kleine Öffnungswinkel).

6.1.6 Strömung durch nichtkreisförmige Rohre

Bei der Behandlung von laminaren Strömungen in unendlich langen, geraden Rohren mit nichtkreisförmigen Querschnitten treten die gleichen kinematischen Vereinfachungen auf wie schon bei der Hagen-Poiseuille-Strömung in Kreisrohren. Die einzige nicht verschwindende Geschwindigkeitskomponente ist die in Rohrachsenrichtung. Sie ist von der Koordinate in diese Richtung unabhängig, so daß die nichtlinearen konvektiven Glieder in den Bewegungsgleichungen wegfallen. Da man an jedem Punkt im Rohrquerschnitt ein

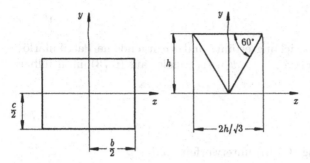

Abbildung 6.8. Kanäle mit Rechteck- und Dreieckquerschnitt

lokal gültiges Koordinatensystem angeben kann, in dem der Spannungstensor die Form (3.35) hat, handelt es sich ebenfalls um Schichtenströmungen. In einem Koordinatensystem, dessen z-Achse parallel zur Rohrmittelachse verläuft, folgt für stationäre Strömung aus (6.3) für die einzige Geschwindigkeitskomponente (die wir wieder mit u bezeichnen wollen) die Poissonsche Gleichung

$$\Delta u = -\frac{K}{\eta} \, , \tag{6.72}$$

deren inhomogener Term wegen $K = -\partial p/\partial z = $ const eine Konstante ist. Diese Form der Poissonschen Gleichung tritt in vielen technischen Problemen auf, u. a. bei der Torsion gerader Stäbe und bei gleichmäßig belasteten Membranen. Man kann daher aus der Elastomechanik bekannte Lösungen direkt übernehmen. Lösungen dieser Gleichung in Form von Polynomen entsprechen u. a. der Torsion von Stäben mit Dreiecksquerschnitt und entsprechen daher Strömungen durch Rohre mit Dreiecksquerschnitt. Mit elementaren Integrationsmethoden lassen sich auch Querschnitte behandeln, deren Berandungen Koordinatenflächen sind, wenn die Poissonsche Gleichung in diesen Koordinatensystemen separabel ist.

Wir skizzieren als typisches Beispiel den Lösungsweg für den technisch wichtigen Fall des Rohres mit Rechteckquerschnitt (Abb. 6.8). Aus (6.72) erhält man $u_z(x, y) = u(x, y)$ die Differentialgleichung

$$\frac{\partial^2 u}{\partial x^2} + \frac{\partial^2 u}{\partial y^2} = -\frac{K}{\eta} \tag{6.73}$$

mit den Randbedingungen

$$u(\pm\frac{b}{2}, y) = 0 \, , \tag{6.74a}$$

$$u(x, \pm\frac{c}{2}) = 0 \, . \tag{6.74b}$$

Für die Lösung der linearen Gleichung (6.73) setzen wir

$$u = u_P + u_H \; , \tag{6.75}$$

wobei u_H die homogene Gleichung erfüllt, und u_P irgendeine Partikulärlösung ist. Setzt man beispielsweise $u = u_P(y)$, so folgt aus (6.73) unmittelbar die Lösung

$$u_P = -\frac{K}{2\,\eta}\, y^2 + C_1\, y + C_2 \; , \tag{6.76}$$

die wir der Randbedingung (6.74b) unterwerfen, so daß

$$u_P = \frac{K}{2\,\eta}\, \left[\frac{1}{4}\, c^2 - y^2\right] \tag{6.77}$$

entsteht. Der Separationsansatz

$$u_H = X(x)\, Y(y) \tag{6.78}$$

führt auf die Lösung

$$u_H = D_n\left(e^{mx} + e^{-mx}\right)\cos(my) = 2D_n\, \cosh(mx)\, \cos(my) \; , \tag{6.79}$$

mit

$$m = \frac{\pi}{c}\, (2n - 1) \; , \tag{6.80}$$

bei der die Symmetrieeigenschaften des Problems bereits ausgenutzt wurden und welche die Randbedingung (6.74b) für $n = 1, 2, 3, \ldots$ erfüllt. Die allgemeine Lösung ergibt sich wegen der Linearität von (6.73) zu

$$u = \sum_{n=1}^{\infty} 2D_n\, \cosh(mx)\, \cos(my) + u_P(y) \; . \tag{6.81}$$

Die Randbedingungen (6.74a) führen auf die Gleichung

$$\sum_{n=1}^{\infty} 2D_n\, \cosh(m\,b/2)\, \cos(my) + u_P(y) = 0 \; . \tag{6.82}$$

Zur Bestimmung der Koeffizienten D_n muß u_P ebenfalls als Fourier-Reihe dargestellt werden, deren Koeffizienten durch

$$a_n = \frac{2}{c} \int\limits_{-c/2}^{c/2} \frac{K}{2\,\eta}\, \left[\frac{1}{4}\, c^2 - y^2\right] \cos(my)\, \mathrm{d}y \tag{6.83}$$

gegeben sind. Ausführung der Integration führt auf die Fourier-Entwicklung

$$u_P = -\frac{2\,K}{\eta\,c} \sum_{n=1}^{\infty} \left[\frac{c}{m^2} \cos(m\,c/2) - \frac{2}{m^3} \sin(m\,c/2) \right] \cos(m\,y) \ . \tag{6.84}$$

Wegen

$$\frac{m\,c}{2} = (2n - 1)\,\frac{\pi}{2} \tag{6.85}$$

verschwindet der erste Term in der Klammer, der zweite lautet

$$-2m^{-3} \sin(m\,c/2) = 2m^{-3}\,(-1)^n \ . \tag{6.86}$$

Ein Vergleich zwischen (6.84) und (6.82) liefert

$$D_n = \frac{2\,K}{\eta} \frac{(-1)^n}{c\,m^3\,\cosh(m\,b/2)} \ , \tag{6.87}$$

und daher lautet die Lösung

$$u = \frac{K}{2\,\eta} \left\{ \frac{c^2}{4} - y^2 + \frac{8}{c} \sum_{n=1}^{\infty} \frac{(-1)^n}{m^3} \frac{\cosh(m\,x)}{\cosh(m\,b/2)} \cos(m\,y) \right\} \ , \tag{6.88}$$

aus der sich die mittlere Geschwindigkeit nach (6.55) zu

$$\overline{U} = \frac{K\,c^2}{4\,\eta} \left\{ \frac{1}{3} - \frac{c}{b} \frac{64}{\pi^5} \sum_{n=1}^{\infty} \frac{\tanh(m\,b/2)}{(2n-1)^5} \right\} \tag{6.89}$$

ergibt. Für die auf den hydraulischen Durchmesser

$$d_h = \frac{2\,b\,c}{b+c} \tag{6.90}$$

bezogene Verlustziffer erhält man

$$\zeta = \frac{64}{Re} \frac{l}{d_h}\,f(c/b) \tag{6.91}$$

mit

$$f(c/b) = \left\{ 2 \left[\frac{c}{b} + 1 \right]^2 \left[\frac{1}{3} - \frac{c}{b} \frac{64}{\pi^5} \sum_{n=1}^{\infty} \frac{\tanh(m\,b/2)}{(2n-1)^5} \right] \right\}^{-1} \ . \tag{6.92}$$

Der ebenen Kanalströmung entspricht $c/b = 0$ und wie es sein muß ergibt sich $f(c/b) = 3/2$. Für $c/b = 1$ wird $f(c/b) = 0,89$.

Für ein gleichseitiges Dreieck der Höhe h (Abb. 6.8) ist die Geschwindigkeitsverteilung

$$u = \frac{K}{\eta} \frac{1}{4\,h}\,(y - h)\,(3x^2 - y^2) \tag{6.93}$$

und die mittlere Geschwindigkeit

$$\overline{U} = \frac{1}{60} \frac{K\,h^2}{\eta}\,. \tag{6.94}$$

Mit dem hydraulischen Durchmesser

$$d_h = \frac{2}{3}\,h \tag{6.95}$$

erhält man für die Verlustziffer

$$\zeta = \frac{64}{Re} \frac{l}{d_h} \frac{5}{6}\,. \tag{6.96}$$

Die Geschwindigkeitsverteilung in einem elliptischen Rohr, dessen Querschnitt durch die Ellipsengleichung

$$\left[\frac{x}{a}\right]^2 + \left[\frac{y}{b}\right]^2 = 1 \tag{6.97}$$

beschrieben wird, lautet

$$u = \frac{K}{2\,\eta} \frac{a^2\,b^2}{a^2 + b^2} \left[1 - \frac{x^2}{a^2} - \frac{y^2}{b^2}\right]\,. \tag{6.98}$$

Dieser Gleichung entnimmt man unmittelbar, daß die Haftbedingung an der Wand erfüllt ist. Die mittlere Geschwindigkeit ergibt sich zu

$$\overline{U} = \frac{K}{4\,\eta} \frac{a^2\,b^2}{a^2 + b^2}\,. \tag{6.99}$$

Da der Umfang der Ellipse sich nicht geschlossen darstellen läßt (elliptisches Integral!), verzichten wir auf die Einführung des hydraulischen Durchmessers. Es empfiehlt sich, den Druckabfall direkt aus (6.99) zu berechnen.

6.2 Instationäre Schichtenströmungen

6.2.1 Die periodisch in ihrer Ebene bewegte Wand

Die bisher besprochenen Lösungen lassen sich auf den instationären Fall erweitern. Wir betrachten zunächst harmonische Zeitfunktionen, aus denen sich allgemeine Zeitfunktionen durch Fourierreihen-Darstellung aufbauen lassen. Der Einfachen Scherströmung entspricht dann die Strömung zwischen zwei ebenen, unendlich ausgedehnten Platten (Abstand h), von denen die eine (untere) Platte eine Schwingung in ihrer Ebene ausführt, so daß die Wandgeschwindigkeit durch

$$u_w = U(t) = \hat{U}\,\cos(\omega t) \tag{6.100}$$

gegeben ist. Unter Verwendung der komplexen Schreibweise lautet die Wandgeschwindigkeit

$$u_w = U(t) = \hat{U} \, e^{i\omega t} \, , \tag{6.101}$$

wobei nur der Realteil $\Re(e^{i\omega t})$ physikalische Bedeutung besitzt. Anstatt
(6.12) erhalten wir nun

$$u = f(y, t) \, , \quad v = 0 \tag{6.102}$$

und statt (6.13) dann

$$\frac{\partial u}{\partial t} = -\frac{1}{\varrho} \frac{\partial p}{\partial x} + \nu \frac{\partial^2 u}{\partial y^2} \, . \tag{6.103}$$

Wir setzen $\partial p/\partial x = 0$, d. h. die Strömung wird nur durch die Wandgeschwindigkeit über die Haftbedingung

$$u(0, t) = u_w = \hat{U} \, e^{i\omega t} \tag{6.104a}$$

in Gang gehalten. An der oberen Wand lautet die Haftbedingung

$$u(h, t) = 0 \, . \tag{6.104b}$$

Wir interessieren uns nur für den eingeschwungenen Zustand, so daß die
Formulierung einer Anfangsbedingung $u(y, 0)$ entfällt. Die Randbedingung
(6.104a) legt den Ansatz

$$u(y, t) = \hat{U} \, e^{i\omega t} \, g(y) \tag{6.105}$$

nahe, wobei $g(y)$ den Randbedingungen

$$g(0) = 1 \, , \tag{6.106a}$$
$$g(h) = 0 \tag{6.106b}$$

genügen muß. Mit dem Ansatz (6.105) entsteht aus der partiellen DGl.
(6.103) die gewöhnliche Differentialgleichung mit konstanten (komplexen)
Koeffizienten

$$g'' - \frac{i\omega}{\nu} g = 0 \tag{6.107}$$

mit $g'' = \mathrm{d}^2 g/\mathrm{d}y^2$. Aus dem Ansatz $g = e^{\lambda y}$ folgt das charakteristische
Polynom

$$\lambda^2 - \frac{i\omega}{\nu} = 0 \, , \tag{6.108}$$

dessen Lösung

$$\lambda = \sqrt{i}\,\sqrt{\omega/\nu} = \pm(1+i)\sqrt{\frac{\omega}{2\,\nu}} \tag{6.109}$$

lautet. Die allgemeine Lösung läßt sich durch entsprechendes Zusammenfassen der Konstanten in der Form

$$g(y) = A\sinh\{\,(1+i)\,\sqrt{\omega/2\nu}\,y\,\} + B\cosh\{\,(1+i)\,\sqrt{\omega/2\nu}\,y\,\} \tag{6.110}$$

darstellen, aus der wir mit den Randbedingungen (6.106) die spezielle Lösung

$$g(y) = \frac{\sinh\{\,(1+i)\,\sqrt{\omega/2\nu}\,(h-y)\,\}}{\sinh\{\,(1+i)\,\sqrt{\omega/2\nu}\,h\,\}} \tag{6.111}$$

bestimmen. Die Geschwindigkeitsverteilung ergibt sich damit gemäß (6.105) zu

$$u(y,\,t) = \hat{U}\,\Re\left\{ e^{i\omega t}\,\frac{\sinh\{\,(1+i)\,\sqrt{\omega h^2/2\nu}\,(1-y/h)\,\}}{\sinh\{\,(1+i)\,\sqrt{\omega h^2/2\nu}\,\}} \right\}. \tag{6.112}$$

Wir diskutieren zwei Grenzfälle:

$$\omega\,h^2/\nu \ll 1\,, \tag{6.113}$$

$$\omega\,h^2/\nu \gg 1 \tag{6.114}$$

und beachten, daß h^2/ν die typische Zeit für die Diffusion der Rotation über die Kanalhöhe h ist. Im ersten Fall ist diese Zeit viel kleiner als die typische Schwingungszeit $1/\omega$, d.h. die Diffusion sorgt dafür, daß sich zu jedem Zeitpunkt das Geschwindigkeitsfeld einstellt, welches dem einer stationären Scherströmung mit der augenblicklichen Wandgeschwindigkeit $u_w(t)$ entspricht. Man spricht dann von *quasi-stationärer* Strömung.

Mit dem ersten Glied der Entwicklung des hyperbolischen Sinus für kleine Argumente erhalten wir dieses Ergebnis explizit, da aus

$$u = \hat{U}\,\Re\left\{ e^{i\omega t}\,\frac{\sqrt{\omega h^2/2\nu}\,(1+i)\,(1-y/h)}{\sqrt{\omega h^2/2\nu}\,(1+i)} \right\} \tag{6.115}$$

sofort das Ergebnis

$$u = \hat{U}\,\cos(\omega t)\,(1-y/h) = U\,(1-y/h) \tag{6.116}$$

folgt, welches (6.4) entspricht, wo ja die obere Platte die bewegte Wand darstellt. Diesen Grenzfall gewinnt man auch, wenn die kinematische Zähigkeit ν gegen unendlich strebt. Wie aus (6.103) ersichtlich, verschwindet dann der instationäre Term. Der Grenzfall $\nu \to \infty$ entspricht aber auch bei festem η dem Grenzübergang $\varrho \to 0$ und läuft daher auf die Vernachlässigung der Trägheitsterme hinaus, fällt also im Ordnungsschema des Abschnitts 4.4 in die Rubrik b).

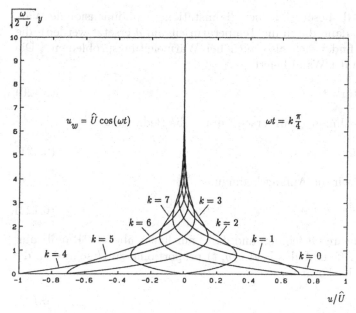

Abbildung 6.9. Geschwindigkeitsverteilung über der oszillierenden Wand

Im Grenzfall $\omega\, h^2/\nu \gg 1$ benutzen wir die asymptotische Form des hyperbolischen Sinus und schreiben (6.112) in der Form

$$u = \hat{U}\,\Re\left[\mathrm{e}^{-\sqrt{\omega/2\nu}\,y}\,\mathrm{e}^{\mathrm{i}(\omega t - \sqrt{\omega/2\nu}\,y)}\right]\;,\tag{6.117}$$

oder

$$u = \hat{U}\,\mathrm{e}^{-\sqrt{\omega/2\nu}\,y}\,\cos(\omega t - \sqrt{\omega/2\nu}\,y)\;.\tag{6.118}$$

In (6.118) erscheint der Abstand h nicht mehr. Gemessen in Einheiten $\lambda = \sqrt{2\nu/\omega}$ ist die obere Wand ins Unendliche gerückt. Auch bezüglich der Veränderlichen y haben die Lösungen Wellenform; man spricht von *Scherwellen* der Wellenlänge λ.

6.2.2 Die plötzlich in Gang gesetzte Wand

Mit (6.118) kann man prinzipiell auch die Lösung der ruckartig auf die Geschwindigkeit U beschleunigten Wand aufbauen. Es ist aber instruktiver, einen anderen Weg zu gehen, der direkt von der partiellen Differentialgleichung

$$\frac{\partial u}{\partial t} = \nu\,\frac{\partial^2 u}{\partial y^2}\tag{6.119}$$

ausgeht. Diese DGl. beschreibt auch die instationäre eindimensionale Wärmeleitung (ν muß dann durch die Temperaturleitzahl a ersetzt werden), die gesuchte Lösung findet sich also auch bei Wärmeleitungsproblemen. Die Haftbedingung an der Wand liefert

$$u(0, t) = U \quad \text{für} \quad t > 0 \;. \tag{6.120}$$

Die zweite Randbedingung wird ersetzt durch die Bedingung

$$u(y, t) = 0 \quad \text{für} \quad y \to \infty \;. \tag{6.121}$$

Außerdem stellen wir die Anfangsbedingung

$$u(y, t) = 0 \quad \text{für} \quad t \leq 0 \;. \tag{6.122}$$

(6.119) ist eine lineare Gleichung, und da U nur linear über die Randbedingung (6.120) eingeht, muß das Feld $u(y, t)$ proportional zu U sein, d. h. die Lösung muß von der Form

$$u/U = f(y, t, \nu) \tag{6.123}$$

sein. Da links eine dimensionslose Funktion steht, muß auch f dimensionslos sein, was aber nur möglich ist, wenn auch das Argument der Funktion dimensionslos ist. Die einzige linear unabhängige, dimensionslose Größe ist aber eine Kombination $y^2/(\nu t)$. Wir setzen

$$\eta = \frac{1}{2} \frac{y}{\sqrt{\nu t}} \tag{6.124}$$

und haben es bei η mit einer sogenannten *Ähnlichkeitsvariablen* zu tun, denn die Lösung kann sich nicht ändern, wenn y und t so verändert werden, daß η konstant bleibt. Wir schreiben statt (6.123) jetzt

$$u/U = f(\eta) \tag{6.125}$$

und gewinnen damit aus (6.119) die gewöhnliche Differentialgleichung

$$-2\eta f' = f'' \tag{6.126}$$

mit $f' = \mathrm{d}f/\mathrm{d}\eta$. Zweimalige Integration ergibt die allgemeine Lösung

$$f = C_1 \int\limits_0^\eta \mathrm{e}^{-\eta^2}\, \mathrm{d}\eta + C_2 \;. \tag{6.127}$$

Für $y = 0$ ist $\eta = 0$, und (6.120) entspricht der Randbedingung

$$f(0) = 1 \;, \tag{6.128}$$

und daher folgt $C_2 = 1$. Unterwerfen wir (6.127) mit $C_2 = 1$ der „Randbedingung" (6.121), so muß gelten

$$1/C_1 = -\int\limits_0^\infty e^{-\eta^2}\, d\eta\,. \tag{6.129}$$

Das uneigentliche Integral hat den Wert $\frac{1}{2}\sqrt{\pi}$, daher ist

$$C_1 = -2/\sqrt{\pi}\,, \tag{6.130}$$

und die Lösung lautet

$$u/U = 1 - 2/\sqrt{\pi}\int\limits_0^\eta e^{-\eta^2}\, d\eta \quad \text{für} \quad t \geq 0\,. \tag{6.131}$$

Das Integral

$$\operatorname{erf}(\eta) = 2/\sqrt{\pi}\int\limits_0^\eta e^{-\eta^2}\, d\eta \tag{6.132}$$

ist die *Fehlerfunktion*. Für $t = 0$ folgt $\eta \to \infty$ und $u/U = 0$; damit ist auch die Anfangsbedingung erfüllt.

6.3 Schichtenströmungen Nicht-Newtonscher Flüssigkeiten

6.3.1 Stationäre Strömung durch ein gerades Kreisrohr

Zur Berechnung der Strömung Nicht-Newtonscher Flüssigkeiten greifen wir auf die Cauchyschen Gleichungen zurück. Wie bei der entsprechenden Strömung Newtonscher Flüssigkeiten ist aus kinematischen Gründen die einzige nicht verschwindende Geschwindigkeitskomponente die in axialer Richtung; diese hängt nur von r ab. Es handelt sich also um eine Schichtenströmung, und der Spannungstensor hat in Zylinderkoordinaten die Form (3.35), wobei der Index 1 der z-Richtung, der Index 2 der r-Richtung und der Index 3 der φ-Richtung entspricht. Da die tensorwertige Funktion φ_{ij} in (3.35) dem Reibungsspannungstensor P_{ij} entspricht, der nur von $\dot{\gamma} = du/dr$, d. h. nur von r, abhängt, schreiben wir den Spannungstensor in folgender Matrixdarstellung:

$$\big[\mathbf{T}\big] = \begin{bmatrix} P_{zz} - p & P_{rz} & 0 \\ P_{zr} & P_{rr} - p & 0 \\ 0 & 0 & P_{\varphi\varphi} - p \end{bmatrix}\,. \tag{6.133}$$

Die substantielle Ableitung Du/Dt verschwindet, und wenn wir unter p wieder nur den Druck relativ zur hydrostatischen Druckverteilung verstehen, erhalten wir aus (2.38b)

$$0 = \nabla \cdot \mathbf{T} \,. \tag{6.134}$$

In Komponentendarstellung (siehe Anhang B) und unter Berücksichtigung von $P_{ij}(r)$ ergibt sich für die r-Komponente

$$\frac{\partial p}{\partial r} = \frac{1}{r} \left[\frac{\partial}{\partial r} \left(r\, P_{rr} \right) - P_{\varphi\varphi} \right] \,, \tag{6.135}$$

für die φ-Komponente

$$\frac{\partial p}{\partial \varphi} = 0 \tag{6.136}$$

und für die z-Komponente

$$\frac{\partial p}{\partial z} = \frac{1}{r} \frac{\partial}{\partial r} \left(r\, P_{rz} \right) \,. \tag{6.137}$$

Die rechten Seiten von (6.135) und (6.137) sind nur Funktionen von r. Aus (6.136) und (6.137) schließen wir auf $p = z\,g(r) + h(r)$ und aus (6.135) dann $g'(r) = 0$, d. h. p ist wegen der Integrationskonstanten $h(r)$ nicht notwendigerweise von r unabhängig, jedoch ist $\partial p / \partial z = -K = \Delta p / l$ eine Konstante. Aus der Integration der Gleichung (6.137) gewinnen wir die Verteilung

$$\tau_{rz} = P_{rz} = -\frac{K\,r}{2} + \frac{C}{r} \,, \tag{6.138}$$

in der wir $C = 0$ setzen, da die Reibungsspannung in Rohrmitte nicht unendlich werden kann. Statt K führen wir mit

$$\tau_{rz}(R) = -\tau_w = -\frac{K\,R}{2} \tag{6.139}$$

die Schubspannung an der Rohrwand ein und schreiben (6.138) auch in der Form

$$\tau_{rz} = -\tau_w \frac{r}{R} \,, \tag{6.140}$$

aus der wir die für alle Materialgesetze gültige Feststellung treffen, daß die Schubspannung τ_{rz} eine lineare Funktion von r ist. Diese Aussage gewinnt man aus dem Impulssatz zwar einfacher, hier aber kommt es uns auf die beispielhafte Anwendung der Cauchyschen Gleichung an.

Wir verwenden jetzt speziell das Potenzgesetz (3.17) und nehmen an, daß $\dot{\gamma} = du/dr$ überall kleiner als null ist, was ja nicht genau richtig ist, weil in der Rohrmitte $\dot{\gamma}$ aus Symmetriegründen gleich null sein muß. Mit (3.13) entsteht aus (6.140) die Gleichung

$$\tau_{rz} = m \left[-\frac{du}{dr} \right]^{n-1} \frac{du}{dr} = -\tau_w \, \frac{r}{R} \; . \tag{6.141}$$

Wir erhalten für die Geschwindigkeitsverteilung

$$u = R \int_r^R (\tau_w/m)^{1/n} \, (r/R)^{1/n} \, (dr/R) \; , \tag{6.142}$$

bzw. nach Ausführung der Integration

$$u = \left[\frac{\tau_w}{m} \right]^{\frac{1}{n}} \frac{n}{n+1} \, R \left[1 - \left[\frac{r}{R} \right]^{\frac{n+1}{n}} \right] \; . \tag{6.143}$$

Für den Volumenstrom ergibt sich

$$\dot{V} = \frac{n}{3n+1} \, (\tau_w/m)^{1/n} \, \pi \, R^3 \tag{6.144}$$

und für die mittlere Geschwindigkeit demnach

$$\overline{U} = \dot{V}/(\pi \, R^2) = \frac{n}{3n+1} \, (\tau_w/m)^{1/n} \, R \; . \tag{6.145}$$

Aus (6.144) und (6.139) folgt schließlich noch der Druckabfall:

$$\Delta p = p_1 - p_2 = 2 \, m \, \frac{l}{R} \left[\frac{\dot{V}}{\pi \, R^3} \, \frac{3n+1}{n} \right]^n \; . \tag{6.146}$$

6.3.2 Stationäre Schichtenströmung zwischen einer rotierenden Scheibe und einer festen Wand

Wir betrachten die Strömung mit dem Geschwindigkeitsfeld

$$u_\varphi = r \, \Omega(z) \, , \quad u_z = u_r = 0 \, , \tag{6.147}$$

der Abb. 6.10, dessen Form durch die Haftbedingung an der rotierenden Platte

$$u_\varphi(h) = r \, \Omega_R \tag{6.148}$$

nahegelegt wird. Wir fragen zunächst, unter welchen Bedingungen das Feld (6.147) die Cauchyschen Gleichungen erfüllt. Die skizzierte Strömung wird in einer besonderen Bauart von Viskosimetern erzeugt und gehört zu den sogenannten *viskometrischen Strömungen*. Die Berechnung des Dehnungsgeschwindigkeitstensors (Anhang B) führt auf die Matrixdarstellung

$$\left[\mathbf{E} \right] = \begin{bmatrix} e_{\varphi\varphi} & e_{\varphi z} & e_{\varphi r} \\ e_{z\varphi} & e_{zz} & e_{zr} \\ e_{r\varphi} & e_{rz} & e_{rr} \end{bmatrix} = \left[\frac{1}{2} \mathbf{A}_{(1)} \right] = \frac{1}{2} \begin{bmatrix} 0 & \dot{\gamma} & 0 \\ \dot{\gamma} & 0 & 0 \\ 0 & 0 & 0 \end{bmatrix} \tag{6.149}$$

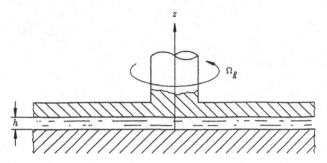

Abbildung 6.10. Scherströmung zwischen rotierender Scheibe und fester Wand

mit $\dot{\gamma} = 2\,e_{\varphi z} = r\,\mathrm{d}\Omega/\mathrm{d}z$, so daß der erste Rivlin-Ericksen-Tensor in der Tat dieselbe Darstellung wie in einer Schichtenströmung hat. Der Spannungstensor hat daher die Form (3.35), wobei hier $\vec{e}_1$ in die φ-Richtung, $\vec{e}_2$ in die z-Richtung und $\vec{e}_3$ in die r-Richtung zeigt. Unter Berücksichtigung des Spannungstensors und der Symmetriebedingung $\partial/\partial\varphi = 0$ ergeben sich die Komponenten der Cauchyschen Gleichungen in Zylinderkoordinaten zu

$$r: \qquad -\varrho\,\Omega^2(z) = -\frac{1}{r}\frac{\partial p}{\partial r} + \frac{1}{r}\frac{\partial P_{rr}}{\partial r} + \frac{1}{r^2}\left(P_{rr} - P_{\varphi\varphi}\right), \qquad (6.150)$$

$$\varphi: \qquad 0 = \frac{\partial P_{z\varphi}}{\partial z}, \qquad (6.151)$$

$$z: \qquad 0 = -\frac{\partial p}{\partial z} + \frac{\partial P_{zz}}{\partial z}. \qquad (6.152)$$

Die Reibungsspannungen hängen nach (3.35) nur von $\dot{\gamma}$ ab. (6.151) entnehmen wir aber, daß $P_{z\varphi} = \tau_{z\varphi}$ keine Funktion von z und aus Symmetriegründen auch keine von φ ist.

Die Schubspannung $\tau_{z\varphi}$ ist also nur eine Funktion von r; damit also auch $\dot{\gamma} = r\,\mathrm{d}\Omega/\mathrm{d}z$:

$$r\,\frac{\mathrm{d}\Omega}{\mathrm{d}z} = g(r) \qquad (6.153)$$

oder integriert

$$u_\varphi = r\,\Omega(z) = z\,g(r) + C. \qquad (6.154)$$

Die Haftbedingung an der festen Wand verlangt

$$u_\varphi(0) = r\,\Omega(0) = 0, \qquad (6.155)$$

also $C = 0$. Aus (6.148) folgt

$$u_\varphi(h) = r\,\Omega_R = h\,g(r) \qquad (6.156)$$

und daher $g(r) = \Omega_R\,r/h$, so daß die Lösung lautet:

$$u_\varphi = r\, \Omega_R\, z/h \ . \tag{6.157}$$

Durch den Vergleich dieser Lösung mit der Einfachen Scherströmung (6.4) erkennen wir, daß am Radius r mit der Wandgeschwindigkeit $U = r\, \Omega_R$ sich die Einfache Scherströmung einstellt. Die Integration von (6.152) führt uns auf

$$p = P_{zz} + C(r) \ , \tag{6.158}$$

wobei die Integrationskonstante wie angedeutet aus Symmetriegründen keine Funktion von φ sein kann. Der Druck ist also nur eine Funktion von r, und die ganze rechte Seite der Gleichung (6.150) ist damit nur eine Funktion von r. Links steht aber eine Funktion von z. Daher kann das berechnete Geschwindigkeitsfeld nur im Grenzfall $\varrho \to 0$, d. h. bei Vernachlässigung der Trägheitsglieder, existieren.

Ist die Trägheit der Flüssigkeit nicht vernachlässigbar, so bilden sich Sekundärströmungen aus, und der Ansatz (6.147) ist unzulässig. Neben die kinematische Einschränkung (Rubrik c) in 4.4) tritt noch eine dynamische Einschränkung (Rubrik b) in 4.4), während keinerlei Einschränkungen bezüglich des Materialgesetzes notwendig wurden. Führt man (6.158) in (6.150) ein, so läßt sich $C(r)$ durch die Normalspannungsdifferenzen ausdrücken. Wir erwähnen nur, daß durch Messung der Kraft auf die Platte mit Radius R und des Druckes bei $r = 0$ die Normalspannungen einer Flüssigkeit in einem Viskosimeter bestimmt werden können, welches nach der Prinzipskizze Abb. 6.10 gebaut ist.

6.3.3 Instationäre Schichtenströmung einer Flüssigkeit zweiter Ordnung

Wir erweitern das in (6.147) gegebene Geschwindigkeitsfeld auf den Fall, daß die Scheibe eine Drehschwingung

$$\varphi_R = \hat{\varphi}_R\, e^{i\omega t} \tag{6.159}$$

ausführt, schreiben also statt (6.147) nunmehr

$$u_\varphi = r\, \hat{\Omega}(z)\, e^{i\omega t} \ . \tag{6.160}$$

(Wie in (6.101) benutzen wir die komplexe Schreibweise und weisen die physikalische Bedeutung dem Realteil zu.) Die Komponente der Cauchyschen Gleichungen in φ-Richtung (6.151) beinhaltet bei der vorliegenden instationären Strömung zusätzlich den Trägheitsterm $\varrho\, \partial u_\varphi/\partial t$ auf der linken Seite. Da wir Trägheitsglieder vernachlässigen, verschwindet aber auch dieser Term im Grenzfall $\varrho \to 0$. Die Gleichungen (6.150) bis (6.157) besitzen deshalb weiterhin ihre Gültigkeit, da keinerlei Einschränkung bezüglich des Materialgesetzes gemacht wurde. Seinen instationären Charakter erhält das Problem bei Vernachlässigung der Trägheitsglieder nur über die Randbedingung. Mit

$$\Omega_R = \dot{\varphi}_R = i\,\omega\,\hat{\varphi}_R\,e^{i\omega t} \tag{6.161}$$

erhalten wir aus (6.157) unmittelbar das instationäre (genauer quasi-stationäre) Geschwindigkeitsfeld zu

$$u_\varphi = r\,i\,\omega\,\hat{\varphi}_R\,\frac{z}{h}\,e^{i\omega t}\,, \tag{6.162}$$

woraus wir durch Vergleichen mit (6.160) ablesen:

$$\hat{\Omega}(z) = i\,\omega\,\hat{\varphi}_R\,\frac{z}{h}\,. \tag{6.163}$$

Wir berechnen nun das Moment, das an der oszillierenden Scheibe mit dem Radius R infolge der Schubspannung $\tau_{z\varphi}$ angreift:

$$M = 2\pi \int\limits_0^R \tau_{z\varphi}\,r^2\,dr\,. \tag{6.164}$$

Da die Strömung bei festem r eine Einfache Scherströmung (vgl. (6.4)) ist, bei der die z-Richtung der x_2- und die φ- der x_1-Richtung entspricht, genügt zur Berechnung von $\tau_{z\varphi}$ die Bestimmung von τ_{12} in Einfacher Scherströmung einer Flüssigkeit zweiter Ordnung, die sich aus (3.40) zu

$$\tau_{12} = \eta\,A_{(1)12} + \beta\,A_{(1)1j}\,A_{(1)2j} + \gamma\,A_{(2)12} \tag{6.165}$$

ergibt. Den ersten Rivlin-Ericksen-Tensor haben wir in Abschnitt 1.2.4 zu

$$A_{(1)12} = 2\,e_{12} = \frac{\partial u_1(x_2)}{\partial x_2} \tag{6.166}$$

angegeben. In instationärer Scherströmung ist aber $A_{(2)12}$ ungleich null und wird aus (1.69) berechnet:

$$A_{(2)12} = \frac{D}{Dt}\left[\frac{\partial u_1(x_2)}{\partial x_2}\right] + A_{(1)j2}\,\frac{\partial u_j}{\partial x_1} + A_{(1)1j}\,\frac{\partial u_j}{\partial x_2}\,. \tag{6.167}$$

Da $u_2 = u_3 = 0$ und u_1 nur eine Funktion von x_2 ist, lautet $A_{(2)12}$ dann

$$A_{(2)12} = \frac{\partial^2 u_1}{\partial x_2 \partial t}\,. \tag{6.168}$$

Mit (6.162) und (6.165) erhalten wir daher die Schubspannung

$$\tau_{z\varphi} = \tau_{12} = i\,\omega\,\hat{\varphi}_R\,\frac{r}{h}\,(\eta + i\,\omega\,\gamma)\,e^{i\omega t} \tag{6.169}$$

und schließlich das Moment zu

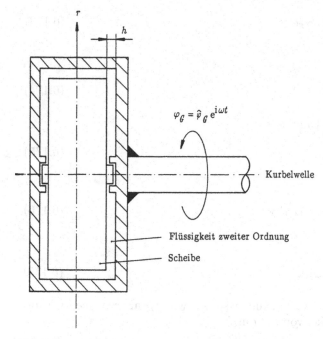

Abbildung 6.11. Drehschwingungsdämpfer

$$M = \mathrm{i}\,\omega\,\hat{\varphi}_R\,(\eta + \mathrm{i}\omega\,\gamma)\,\mathrm{e}^{\mathrm{i}\omega t}\,2\pi \int\limits_0^R \frac{r^3}{h}\,\mathrm{d}r = \mathrm{i}\,\omega\,\hat{\varphi}_R\,(\eta + \mathrm{i}\omega\,\gamma)\,\mathrm{e}^{\mathrm{i}\omega t}\,\frac{\pi\,R^4}{2\,h}\;.$$

$$(6.170)$$

Diese Gleichung findet Anwendung bei der Dämpfung der Drehschwingungen von Kurbelwellen. Der Dämpfer besteht aus einem Gehäuse, das an die Kurbelwelle angeschlossen wird und in dessem Inneren sich eine drehbar gelagerte Scheibe befindet (Abb. 6.11). Wenn das Gehäuse Drehschwingungen

$$\varphi_G = \hat{\varphi}_G\,\mathrm{e}^{\mathrm{i}\omega t}$$

$$(6.171)$$

ausführt, hinkt die im Gehäuse drehbar gelagerte Scheibe infolge ihrer Drehträgheit Θ der Gehäusebewegung hinterher. Die im Gehäuse befindliche viskoelastische Flüssigkeit, von der wir annehmen, daß sie sich wie die idealisierte Flüssigkeit zweiter Ordnung verhält, wird durch die Relativbewegung zwischen Gehäuse und Scheibe geschert. Wenn φ_D die Drehschwingung der Scheibe beschreibt, so lautet die Relativbewegung

$$\varphi_R = \hat{\varphi}_R\,\mathrm{e}^{\mathrm{i}\omega t} = (\hat{\varphi}_G - \hat{\varphi}_D)\,\mathrm{e}^{\mathrm{i}\omega t}\;.$$

$$(6.172)$$

Vernachlässigen wir der Einfachheit halber das Moment an der Umfangsfläche, so greift an jeder Seite der Scheibe das Moment nach (6.170)

$$M = \frac{1}{2}\chi\,\mathrm{i}\,\omega\,\hat{\varphi}_R\,(\eta + \mathrm{i}\omega\gamma)\,\mathrm{e}^{\mathrm{i}\omega t} \tag{6.173}$$

an, wobei

$$\chi = \frac{\pi\,R^4}{h} \tag{6.174}$$

ein Geometriefaktor ist. Dann gilt

$$\Theta\,\ddot{\varphi}_D = 2\,M \tag{6.175}$$

oder

$$-\omega^2\,\Theta\,\hat{\varphi}_D = \mathrm{i}\,\omega\,\hat{\varphi}_R\,(\eta + \mathrm{i}\omega\gamma)\,\chi\,. \tag{6.176}$$

Aus (6.176) folgt

$$\hat{\varphi}_D = \left[\frac{\chi\,\gamma}{\Theta} - \mathrm{i}\,\frac{\chi\,\eta}{\Theta\,\omega}\right]\hat{\varphi}_R\,. \tag{6.177}$$

Ohne Einschränkung der Allgemeinheit setzen wir $\hat{\varphi}_R$ als rein reell voraus. Dann ist der Phasenwinkel von $\hat{\varphi}_D$ durch

$$\tan\alpha = \left[-\frac{\chi\,\eta}{\Theta\,\omega}\right]\left[\frac{\chi\,\gamma}{\Theta}\right]^{-1} = -\frac{\eta}{\omega\,\gamma} \tag{6.178}$$

gegeben. Da $\gamma < 0$ ist, bewegt sich α zwischen $3\pi/2$ und π. Aus (6.177) folgt

$$|\hat{\varphi}_D|/|\hat{\varphi}_R| = \frac{\chi\,\eta}{\Theta\,\omega}\,\sqrt{1 + (\omega\,\gamma/\eta)^2} \tag{6.179}$$

oder mit (6.178) auch

$$|\hat{\varphi}_D|/|\hat{\varphi}_R| = \frac{\chi\,\eta}{\Theta\,\omega}\,\frac{\sqrt{\tan^2\alpha + 1}}{\tan\alpha} = \frac{\chi\,\eta}{\Theta\,\omega}\,\frac{1}{|\sin\alpha|}\,. \tag{6.180}$$

Wegen (6.172) gewinnen wir noch die Beziehung

$$\hat{\varphi}_G/\hat{\varphi}_R = 1 + \hat{\varphi}_D/\hat{\varphi}_R \tag{6.181}$$

und bei nochmaliger Benutzung von (6.177) die Gleichung

$$|\hat{\varphi}_G/\hat{\varphi}_R|^2 = \left[1 + \frac{\chi\,\gamma}{\Theta}\right]^2 + \left[\frac{\chi\,\eta}{\Theta\,\omega}\right]^2\,, \tag{6.182}$$

die wir später benötigen werden. Vorher berechnen wir aber noch die von dem Moment $2M$ pro Schwingungsperiode $T = 2\pi/\omega$ geleistete Arbeit W, wobei wir beachten, daß nur der Realteil der Größen physikalische Bedeutung hat. Wir erhalten das Integral

$$W = \int\limits_0^T \Re(2M)\,\Re(\dot{\varphi}_R)\,\mathrm{d}t \ , \tag{6.183}$$

dessen Integranden wir mit (6.175) zu

$$\Re(2M)\,\Re(\dot{\varphi}_R) = -\omega^2\,\Theta\,\Re(\hat{\varphi}_D\,\mathrm{e}^{\mathrm{i}\omega t})\,\Re(\mathrm{i}\,\omega\,\hat{\varphi}_R\,\mathrm{e}^{\mathrm{i}\omega t}) \tag{6.184}$$

umformen. Für den komplexen Winkel $\hat{\varphi}_D$ schreiben wir wegen (6.178)

$$\hat{\varphi}_D = |\hat{\varphi}_D|\,\mathrm{e}^{\mathrm{i}\alpha} \ , \tag{6.185}$$

und da $\hat{\varphi}_R$ rein reell ist

$$\hat{\varphi}_R = |\hat{\varphi}_R| \ , \tag{6.186}$$

entsteht aus (6.184) der Ausdruck

$$\Re(2M)\,\Re(\dot{\varphi}_R) = \Theta\,\omega^3\,|\hat{\varphi}_D|\,|\hat{\varphi}_R|\,(\cos\alpha\,\cos\omega t\,\sin\omega t + |\sin\alpha|\,\sin^2\omega t) \ . \tag{6.187}$$

(6.183) liefert nach Ausführung der Integration das Ergebnis

$$W = \pi\,\Theta\,\omega^2\,|\hat{\varphi}_R|\,|\hat{\varphi}_D|\,|\sin\alpha| \ , \tag{6.188}$$

welches wir mit der Bezugsarbeit $\dfrac{\pi}{2}\Theta\,\omega^2\,|\hat{\varphi}_G|^2$ in die dimensionslose Form

$$W^+ = \frac{2\,W}{\pi\,\Theta\,\omega^2\,|\hat{\varphi}_G|^2} = \frac{\dfrac{2\,\chi\,\eta}{\Theta\,\omega}}{\left[\dfrac{\chi\,\eta}{\Theta\,\omega}\right]^2 + \left[1 + \dfrac{\chi\,\gamma}{\Theta}\right]^2} \tag{6.189}$$

bringen, wobei wir von (6.180) und (6.182) Gebrauch gemacht haben. W^+ ist eine Funktion der zwei dimensionslosen Gruppen $(\chi\,\eta)/(\Theta\,\omega)$ und $\chi\,\gamma/\Theta$, stellt also eine Fläche dar, die in Abb. 6.12 zusammen mit dem Bildwurf in die $(\chi\,\eta)/(\Theta\,\omega)$-$W^+$-Ebene für negative $\chi\,\gamma/\Theta$-Werte gezeigt ist.

Auf der Fläche W^+ liegen die Betriebspunkte aller denkbaren Dämpfer, die als dissipierendes Medium Flüssigkeit verwenden. Besonders interessant sind die zwei ausgezeichneten Kurven $\gamma = 0$, die einer Newtonschen Flüssigkeit entspricht, und $\chi\,\gamma/\Theta = -1$, die offensichtlich optimal im folgenden Sinne ist: Für gegebenes $(\chi\,\eta)/(\Theta\,\omega)$ wird auf dieser Kurve die höchst mögliche Dämpfung erreicht. Sie nimmt bei $(\chi\,\eta)/(\Theta\,\omega) = 1$ gerade den zweifachen Wert der maximalen Dämpfung an, die mit Newtonscher Flüssigkeit möglich ist.

Für Flüssigkeiten zweiter Ordnung ist die „Abstimmung" $\chi\,\gamma/\Theta = -1$, die man bei vorgegebener Materialkonstante γ durch konstruktive Wahl von Θ oder χ immer erreichen kann, sogar frequenzunabhängig, d. h. der Dämpfer

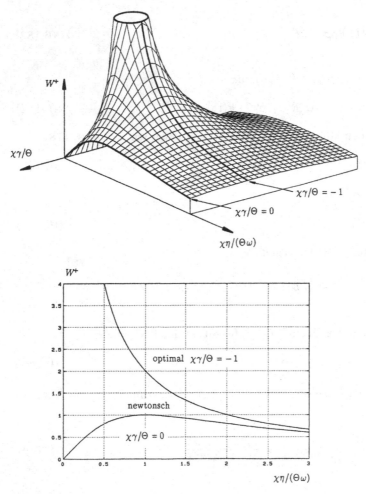

Abbildung 6.12. Zum Drehschwingungsdämpfer mit Flüssigkeit zweiter Ordnung

erzielt im ganzen Frequenzbereich die höchste Dämpfung. Wirkliche Flüssigkeiten gehorchen nur näherungsweise für genügend kleine Frequenzen (Gedächtniszeit der Flüssigkeit klein gegenüber der Periodendauer) diesem Gesetz, so daß γ mehr oder weniger stark von ω abhängig ist, und man kann
daher nur über ein begrenztes Frequenzband mit der optimalen Abstimmung
arbeiten.

6.4 Schichtenströmungen bei Bingham-Verhalten

6.4.1 Druck-Schlepp-Strömung eines Bingham-Materials

Wir betrachten die stationäre, ausgebildete Strömung eines Bingham-Materials durch einen ebenen Kanal der Höhe h und setzen voraus, daß der Druckgradient $\partial p/\partial x = -K$ negativ ist, daß die obere Wand ($y = h$) mit der Geschwindigkeit U in positive x-Richtung geschleppt wird und daß die Wandschubspannung an der unteren Wand ($y = 0$) größer als die Fließspannung ist. Alle anderen Fälle lassen sich auf diesen Fall zurückführen. Die x- und y-Komponenten der Cauchy-Gleichung vereinfachen sich zu

$$\frac{\partial p}{\partial x} = \frac{\partial \tau'_{xy}}{\partial y} \tag{6.190}$$

und

$$\frac{\partial p}{\partial y} = \frac{\partial \tau'_{yy}}{\partial y} \, , \tag{6.191}$$

da in der ausgebildeten Strömung die Komponenten des Spannungsdeviators keine Funktionen von x sind. Aus (6.191) schließen wir auf

$$p = \tau'_{yy} + f(x) \tag{6.192}$$

und mit (6.190) dann auf $f'(x) = \text{const} = -K$, so daß

$$\tau'_{xy} = -Ky + \tau_w \tag{6.193}$$

entsteht, wobei τ_w die Schubspannung an der unteren Wand ($y = 0$) ist. Wegen $\tau_w > \vartheta$ fließt das Material in der Nähe der Wand, bis die Fließspannung ϑ bei einer Höhe

$$y = \kappa_1 h = (\tau_w - \vartheta)/K \tag{6.194}$$

unterschritten und das Material fest wird. Für größer werdende y wird die Schubspannung schließlich negativ, bis bei

$$y = \kappa_2 h = (\tau_w + \vartheta)/K \tag{6.195}$$

die negative Schubspannung $-\tau'_{xy}$ gleich der Fließspannung ist, von wo ab das Material wieder fließt. Offensichtlich ist du/dy in der ersten Fließzone positiv, wie man dem Materialgesetz (3.60) und (3.62) entnimmt, das in der vorliegenden Schichtenströmung die Form

$$\tau'_{xy} = \eta_1 \frac{du}{dy} + \vartheta \, \text{sgn}\left(\frac{du}{dy}\right) \tag{6.196a}$$

$$\tau'_{yy} = 0 \tag{6.196b}$$

hat. Aus (6.193) und (6.196) gewinnen wir mit der Randbedingung $u(0) = 0$ die Geschwindigkeitsverteilung in der ersten Fließzone zu

$$\frac{u}{U} = -\frac{Kh^2}{2\eta_1 U} \left(\left(\frac{y}{h}\right)^2 - 2\kappa_1 \frac{y}{h} \right) , \tag{6.197}$$

die für $\kappa_1 \geq 1$ bereits die Verteilung im gesamten Kanal ist. In der zweiten Fließzone ist du/dy negativ, und die Geschwindigkeitsverteilung ergibt sich zu

$$\frac{u}{U} = 1 + \frac{Kh^2}{2\eta_1 U} \left(1 - \left(\frac{y}{h}\right)^2 - 2\kappa_2 \left(1 - \frac{y}{h}\right) \right) , \tag{6.198}$$

wobei die Randbedingung $u(h) = U$ benutzt wurde. An den Fließflächen verschwindet du/dy erwartungsgemäß. Die Geschwindigkeit an den Fließflächen $y = \kappa_1 h$ und $y = \kappa_2 h$ ist gleich der Festkörpergeschwindigkeit, die sich aus (6.197) zu

$$U_F = \frac{Kh^2 \kappa_1^2}{2\eta_1} \tag{6.199}$$

und aus (6.198) zu

$$U_F = U + \frac{Kh^2}{2\eta_1}(1 - \kappa_2)^2 \tag{6.200}$$

ergibt. Aus (6.199) und (6.200) folgt die Gleichung

$$\kappa_1^2 - (1 - \kappa_2)^2 = \frac{2U\eta_1}{Kh^2} , \tag{6.201}$$

die zusammen mit (6.194) und (6.195) die Strömung bei gegebenem Druckgradienten $-K$, Schleppgeschwindigkeit U und Material η_1 und ϑ eindeutig festlegt.

Wir betrachten zunächst den Fall, daß kein Festkörper gebildet wird, (6.197) also die gesamte Geschwindigkeitsverteilung darstellt, die mit der Bedingung $u(y = h) = U$ für die Schubspannung τ_w die Form

$$\tau_w = \vartheta + \frac{U\eta_1}{h} + \frac{Kh}{2} \tag{6.202}$$

liefert. Man überzeugt sich leicht, daß für nichtverschwindendes K die Geschwindigkeitsverteilung (6.19) der Druck-Schlepp-Strömung erhalten wird. Aus (6.194) und (6.202) schließen wir, daß sich kein Festkörper bildet, wenn $2\eta_1 U/(Kh^2) > 1$ ist.

Wenn die zweite Fließzone im Kanal nicht gebildet wird, aber ein Festkörper entsteht, so haftet dieser unter den getroffenen Annahmen an der oberen Wand, und wegen (6.200) ist $\kappa_2 = 1$, während (6.201) den Wert

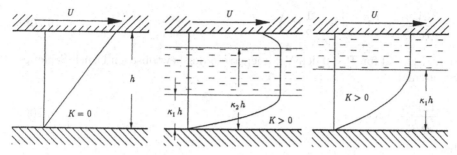

Abbildung 6.13. Druck-Schlepp-Strömung bei Bingham-Verhalten

$\kappa_1 = \sqrt{2U\eta_1/(Kh^2)}$ ergibt, der mit (6.194) die Schubspannung an der Wand festlegt und mit (6.197) die Geschwindigkeitsverteilung für diesen Fall liefert.

Beim oben schon erläuterten allgemeinen Fall bildet sich der Festkörper zwischen den beiden Fließzonen. Mit den dimensionslosen Kennzahlen $2U\eta_1/(Kh^2)$ und $2\vartheta/(Kh)$, für die wir abkürzend A bzw. B schreiben, bestimmen wir mit Hilfe von (6.194), (6.195) und (6.201) den Ort der Fließflächen zu:

$$\kappa_1 = \frac{A + (1 - B)^2}{2(1 - B)} \tag{6.203}$$

und

$$\kappa_2 = \frac{A + (1 - B^2)}{2(1 - B)} \ . \tag{6.204}$$

Da $0 < \kappa_1 < \kappa_2 < 1$ ist, schließt man auf die Ungleichungen

$$1 > \frac{2\vartheta}{Kh} > 0 \tag{6.205}$$

und

$$\left(1 - \frac{2\vartheta}{Kh}\right)^2 > \frac{2U\eta_1}{Kh^2} \ , \tag{6.206}$$

Für reine Druckströmung ($U = 0$) und $2\vartheta/(Kh) \geq 1$ füllt der Festkörper den ganzen Kanal aus.

In den Größen A und B stellt sich der Volumenstrom (pro Tiefeneinheit) durch die Gleichung

$$\frac{12\dot{V}\eta_1}{Kh^3} = 1 + 3A - \frac{3}{2}B + \frac{1}{2}B^3 + \frac{3A^2}{2(1 - B)^2} - \frac{3A^2}{2(1 - B)} \tag{6.207}$$

dar, die sich für die reine Druckströmung ($A = 0$) auf

$$\frac{12\dot{V}\eta_1}{Kh^3} = \left(1 - \frac{3}{2}B + \frac{1}{2}B^3\right) \tag{6.208}$$

reduziert und für $B = 0$ den Volumenstrom der newtonschen Druck-Schlepp-Strömung:

$$\frac{12\dot{V}\eta_1}{Kh^3} = 3A + 1 \tag{6.209}$$

bzw.

$$\dot{V} = \frac{Uh}{2} + \frac{Kh^3}{12\eta_1} \tag{6.210}$$

ergibt. Abschließend bemerken wir, daß die Gleichungen (6.197) bis (6.201) und (6.203) bis (6.210) für beliebiges Vorzeichen von U und K gelten, sofern man für B jeweils den Betrag einsetzt.

In Anwendung der hergeleiteten Beziehungen betrachten wir einen *Stoß-dämpfer*, der mit elektro-rheologischer (oder magneto-rheologischer) Flüssig-keit gefüllt ist, die wie in Kapitel 3 besprochen, unter starkem elektrischen (magnetischen) Feld Bingham-Charakter annimmt, auch wenn sie sich ohne Feld newtonsch verhält. Für das Kontrollvolumen, das in der Prinzipskizze eines solchen Dämpfers (Abb. 6.14) eingezeichnet ist, folgt aus (2.8) für die inkompressible Flüssigkeit

$$\iint\limits_{A-R,R,A} \vec{u} \cdot \vec{n} \, \mathrm{d}S = 0 \,, \tag{6.211}$$

wobei A die Querschnittsfläche des Innenzylinders ist, R die Querschnittsflä-che des Ringkanals und $A - R$ die Stirnfläche des Kolbens. Wir nehmen an, daß die Ringfläche des Ringkanals sehr viel kleiner ist als die Querschnitts-fläche des Zylinders, also $R/A \ll 1$ und daher $A - R \cong A$ ist. Dann entsteht aus (6.211) der Zusammenhang

$$-Au_k + \dot{V} + \frac{\mathrm{d}V_G}{\mathrm{d}p}\frac{\mathrm{d}p}{\mathrm{d}t} = 0 \,, \tag{6.212}$$

hierin ist $-Au_k$ das durch den Kolben mit der Geschwindigkeit u_k pro Zeit-einheit verdrängte Volumen, $\dot{V}$ der durch den Ringkanal abfließende Volu-menstrom, und der dritte Term in (6.212) stellt die Änderung des Volumens V_G der Gaskammer pro Zeiteinheit dar, die sich aus der Verschiebung des Zwischenbodens ergibt, der mit dem durch ihn abgetrennten Gasraum eine „Gasfeder" bildet. Man beachte, daß der Druckunterschied über den (masse-losen) Zwischenboden verschwindet. $\mathrm{d}V_G/\mathrm{d}p$ ist die Volumennachgiebigkeit dieser Gasfeder, ihr Kehrwert wird als Volumensteifigkeit bezeichnet. Man findet leicht den entsprechenden Ausdruck für die Volumennachgiebigkeit, wenn man bedenkt, daß der Zwischenboden gasdicht ist und daher die Gasmasse in der Feder konstant ist, also

$$V_G \, \mathrm{d}\varrho + \varrho \, \mathrm{d}V_G = 0 \tag{6.213}$$

gilt. Die Zustandsänderung in der Gasfeder erfolgt isentrop, und da die Gasgeschwindigkeit praktisch null ist, sogar homentrop, so daß aus (4.174) die Form

$$\mathrm{d}p = a^2 \mathrm{d}\varrho \tag{6.214}$$

entsteht, mit der für die Volumennachgiebigkeit der Ausdruck

$$\frac{\mathrm{d}V_G}{\mathrm{d}p} = \frac{V_G}{\varrho a^2} \tag{6.215}$$

erhalten und für kleine Volumenänderungen des Gasraumes mit den ungestörten Größen ausgewertet wird. Für die Berechnung des Volumenstromes durch die Ringkammer kann man die Wandgeschwindigkeit, d.h. die Kolbengeschwindigkeit, vernachlässigen, da das Verhältnis der Kolbengeschwindigkeit zur Geschwindigkeit im Ringkanal von der Größenordnung R/A ist. Dann herrscht im Kanal eine reine Druckströmung, und wenn man, konsistent mit der Annahme $R/A \ll 1$, auch fordert, daß die Kanalhöhe h klein ist im Vergleich zum mittleren Radius r_m des Ringkanals, so läßt sich die Strömung im Ringkanal nach den Gesetzen der ebenen Strömung ermitteln und (6.207) anwenden. In (6.207) ist der Volumenstrom auf die Tiefeneinheit bezogen; für den Volumenstrom durch den Ringkanal ergibt sich daher

$$\dot{V} = 2\pi r_m \Delta p \frac{h^3}{12\eta_1 L} \left(1 - \frac{3}{2}B + \frac{1}{2}B^3 \right) ; \text{ für } B < 1$$

$$\text{und} \quad \dot{V} = 0 \, ; \text{ für } B \geq 1 \tag{6.216}$$

mit $\Delta p = KL$, dem Druckunterschied $p - p_0$ über den Kolben und $B = 2\vartheta L/(\Delta p h)$. Da p_0 ein zeitlich unveränderlicher Druck ist, gewinnen wir aus (6.212) die nichtlineare DGl für die Druckdifferenz Δp:

$$\frac{\mathrm{d}(\Delta p)}{\mathrm{d}t} = \frac{\left(A u_k(t) - 2\pi r_m \Delta p \frac{h^3}{12\eta_1 L} \left(1 - \frac{3}{2}\frac{2\vartheta L}{\Delta p h} + \frac{1}{2}\left(\frac{2\vartheta L}{\Delta p h}\right)^3 \right) \right)}{\mathrm{d}V_G/\mathrm{d}p} \, ;$$

$$\text{für } B < 1$$

$$\text{und} \quad \frac{\mathrm{d}(\Delta p)}{\mathrm{d}t} = \frac{A u_k(t)}{\mathrm{d}V_G/\mathrm{d}p} \, ; \text{ für } B \geq 1$$

Für eine vorgegebene Kolbenbewegung, $x_k = x_0 \sin(\omega t)$; $\dot{x} = u_k(t)$ etwa, ist diese DGl numerisch zu lösen, womit die Kraft auf den Kolben $F(t) = A\Delta p(t)$ für die vorgegebene Bewegung bekannt ist. Es ist üblich,

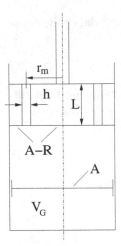

Abbildung 6.14. Aufbau des betrachteten Stoßdämpfers

das Verhalten eines Stoßdämpfer durch die graphische Darstellung $F(u_k)$ zu charakterisieren, da die umschriebene Fläche ein Maß für die dissipierte Energie ist. Abb. 6.15 zeigt diese Darstellung für ein Bingham Material mit der Fließspannung $\vartheta = 5000\,\mathrm{N/m^2}$ und $\vartheta = 0\,\mathrm{N/m^2}$ (Newtonsche Flüssigkeit). Der Vergleich ist aber insofern nicht zutreffend, als Dämpfer, die mit Newtonschen Flüssigkeit arbeiten, nicht nach dem Prinzip der Abb. 6.14 gebaut werden. Statt des Ringkanales haben diese Dämpfer Drosselöffnungen (Blenden) mit druckabhängigen Querschnitten. Die Arbeit der Kolbenbewegung wird in kinetische Energie eines Teiles der Flüssigkeit umgewandelt, die anschließend dissipiert und einen Verlust mechanischer Energie darstellt. Dieses Dämpferverhalten ist dadurch praktisch von der Viskosität unabhängig, obwohl diese natürlich die Dissipation verursacht.

6.4.2 Rohrströmung eines Bingham-Materials

Bei der stationären, ausgebildeten Strömung eines Bingham-Materials durch ein kreiszylindrisches Rohr mit dem Radius R handelt es sich aufgrund der kinematischen Einschränkung ebenfalls um eine Schichtenströmung. Wie in Abschnitt 6.3.1 erläutert, erhält man für beliebiges Materialverhalten eine in r lineare Schubspannungsverteilung im Rohr:

$$\tau_{rz} = -\tau_w \frac{r}{R} \, , \tag{6.217}$$

wobei hier wieder $\tau_w = KR/2 > 0$ und $K = -\partial p/\partial z$ ist. Dort, wo das Material fließt, sind τ_{rz} bzw. τ_{zr} die einzigen von null verschiedenen Komponenten des Spannungsdeviators, für dessen zweite Invariante man

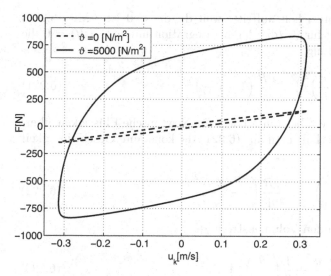

Abbildung 6.15. Dämpferkennlinie

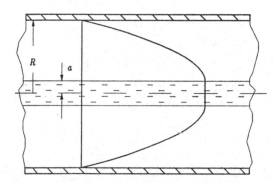

Abbildung 6.16. Rohrströmung eines Bingham-Materials

$$\frac{1}{2}\tau'_{ij}\tau'_{ij} = \tau^2_{rz} \tag{6.218}$$

erhält. Mit (6.217) und (6.218) schließen wir, daß die Flüssigkeit im gesamten Rohr nicht fließt, solange die Wandschubspannung (3.61) kleiner als die Fließspannung, also $\tau_w < \vartheta$, ist. Für $\tau_w > \vartheta$ fließt ein Teil der Flüssigkeit, und die Spannung $-\tau_{rz}$ erreicht den Wert der Fließspannung am Radius $r = a$:

$$\frac{a}{R} = \frac{\vartheta}{\tau_w} \; . \tag{6.219}$$

Im Gebiet $r > a$ fließt daher das Material, und aus dem Materialgesetz (3.60) folgt

$$\tau_{rz} = \eta_1 \frac{\mathrm{d}u}{\mathrm{d}r} - \vartheta \; , \tag{6.220}$$

wobei das negative Vorzeichen auftritt, weil $du/dr < 0$ ist. Mit (6.217) entsteht eine Gleichung für du/dr, deren Integration mit $u(r = R) = 0$ die Geschwindigkeitsverteilung

$$u(r) = \frac{\tau_w R}{2\eta_1}\left(1 - \left(\frac{r}{R}\right)^2\right) - \frac{\vartheta R}{\eta_1}\left(1 - \left(\frac{r}{R}\right)\right) \tag{6.221}$$

liefert, die für $\vartheta = 0$ in die bekannte Form für Newtonsche Flüssigkeit übergeht. Im Gebiet $r < a$ erhält man aus (6.221) die konstante Geschwindigkeit in Rohrmitte zu

$$u_{max} = \frac{\tau_w R}{2\eta_1}\left(1 - \frac{a}{R}\right)^2 = \frac{\tau_w R}{2\eta_1}\left(1 - \frac{\vartheta}{\tau_w}\right)^2 \tag{6.222}$$

und gewinnt schließlich den Volumenstrom zu

$$\dot{V} = \frac{\pi \tau_w R^3}{4\eta_1}\left(1 - \frac{4}{3}\frac{\vartheta}{\tau_w} + \frac{1}{3}\left(\frac{\vartheta}{\tau_w}\right)^4\right) . \tag{6.223}$$

7

Grundzüge turbulenter Strömungen

7.1 Stabilität und Entstehung der Turbulenz

Wir schließen an die Diskussion der laminaren Rohrströmung an. Dort hatten wir festgestellt, daß der Druckabfall proportional dem Volumenstrom ist, ein Ergebnis, das mit den Experimenten nur bei Reynoldsschen Zahlen übereinstimmt, die kleiner sind als die kritische Reynolds-Zahl. Beim Überschreiten dieser kritischen Reynolds-Zahl steigt der Druckabfall stark an und wird schließlich proportional zum Quadrat des Durchflusses. Gleichzeitig tritt eine auffällige Änderung der Strömungsform auf.

Unterhalb der kritischen Reynolds-Zahl beobachtet man geradlinige, zur Rohrwand parallele Teilchenbahnen mit einem schichtenförmigen oder laminaren Strömungsverlauf, der dieser Strömungsform den Namen *laminare Strömung* gegeben hat. Die Teilchenbahnen lassen sich bei der Strömung durch Glasrohre sichtbar machen, indem man an einem Punkt die Flüssigkeit anfärbt, also eine Streichlinie erzeugt, die in stationärer Strömung mit der Bahnlinie zusammenfällt. In laminarer Strömung bildet sich ein feiner Faden aus, der nur durch den geringen Einfluß der molekularen Diffusion verbreitert wird.

Wird die kritische Reynolds-Zahl genügend weit überschritten, so wird die Strömung ganz deutlich instationär: Der Faden schwankt hin und her und löst sich viel stärker auf, als man es aufgrund der molekularen Diffusion erwarten würde. Schon in kurzem Abstand hinter der Einleitungsstelle hat sich der Faden mit der Strömung vermischt. Man nennt diese Strömungsform *turbulente Strömung*. Ein kennzeichnendes Merkmal der turbulenten Strömung ist also die stark erhöhte Diffusion, die sich in der raschen Verbreiterung des Farbfadens äußert. Andere Merkmale haben wir bereits früher erwähnt: Dreidimensionalität und Instationarität der immer wirbelbehafteten Strömungen und stochastisches Verhalten der Strömungsgrößen.

Der Umschlag zur Turbulenz tritt natürlich nicht nur bei der Rohrströmung auf, sondern bei allen laminaren Strömungen, insbesondere auch bei

© Springer-Verlag GmbH Deutschland, ein Teil von Springer Nature 2019
J. Spurk und N. Aksel, *Strömungslehre*,
https://doi.org/10.1007/978-3-662-58764-5_7

laminaren Grenzschichten. Soweit die bisher besprochenen laminaren Strömungen exakte Lösungen der Navier-Stokesschen Gleichungen sind, gelten diese Lösungen zunächst für beliebig große Reynolds-Zahlen. Damit aber diese Lösungen von der Natur realisiert werden, müssen sie nicht nur die Navier-Stokesschen Gleichungen erfüllen, sondern die Strömungen müssen auch stabil gegen kleine Störungen sein. Dies ist aber oberhalb der kritischen Reynolds-Zahl nicht mehr der Fall. Selbst eine noch so kleine Störung genügt oberhalb der problemspezifischen kritischen Reynolds-Zahl, den Umschlag von der laminaren zur turbulenten Strömungsform auszulösen.

Bei den einigen der angegebenen laminaren Strömungen läßt sich auf theoretischem Wege die Reynoldssche Zahl ermitteln, unterhalb derer alle kleinen Störungen abklingen. Bei anderen, insbesondere bei der Hagen-Poiseuilleschen Strömung findet man keine kritische Reynolds-Zahl: Diese Strömung ist also theoretisch bei allen Reynoldsschen Zahlen stabil. In der Natur tritt aber auch hier die turbulente Strömungsform auf, die ja oben gerade am Beispiel der Rohrströmung beschrieben wurde.

Auch historisch hat die Untersuchung turbulenter Strömungen von der Rohrströmung ausgehend begonnen (Reynolds 1883). Es ist wahrscheinlich, daß die Instabilität der Rohrströmung sich aus der Störung im Rohreinlauf entwickelt, wo sich noch keine ausgebildete Rohrströmung mit parabolischem Geschwindigkeitsprofil eingestellt hat. Die experimentell bestimmte kritische Reynolds-Zahl hängt in der Tat stark von den Bedingungen im Einlauf und der Zuströmung ab. Für besonders störungsfreie Zuströmung sind kritische Reynolds-Zahlen bis 40000 gemessen worden, während bei den in technischen Anwendungen üblichen unberuhigten Zuläufen die kritische Reynolds-Zahl auf etwa 2300 absinkt. Bei Reynoldsschen Zahlen kleiner als 2000 bleibt die Rohrströmung auch bei stark gestörtem Zulauf laminar. Als Richtwert für die kritische Reynolds-Zahl unter technischen Anwendungsbedingungen gilt

$$Re_{krit} = (\overline{U}d/\nu)_{krit} = 2300 \ . \tag{7.1}$$

Bei Reynoldsschen Zahlen $Re < Re_{krit}$ empfiehlt es sich, den Druckabfall nach den Gesetzen der laminaren Rohrströmung zu ermitteln, während für $Re > Re_{krit}$ der Druckabfall aus den noch zu besprechenden Gesetzen der turbulenten Rohrströmung folgt.

Die Verhältnisse bei der Rohrströmung machen aber deutlich, daß die Reynoldssche Zahl, bei der eine Strömung turbulent geworden ist, von der Reynoldsschen Zahl zu unterscheiden ist, bei der die Strömung zum ersten Mal instabil wird. Beide Reynoldssche Zahlen werden oft als kritische Reynolds-Zahl bezeichnet, ihre Unterscheidung ist aber wichtig, denn die Instabilität einer Strömung bezüglich kleiner Störungen bedeutet nicht unbedingt und unmittelbar den Umschlag zur turbulenten Strömung. Es stellt sich in der Regel eine neue, kompliziertere aber noch laminare Strömung ein, die bei Vergrößerung der Reynoldsschen Zahl ihrerseits instabil wird und möglicherweise wieder in eine neue, laminare Strömung übergeht oder aber in

Turbulenz umschlägt. Der Übergang von der instabilen zur voll turbulenten Strömung ist bisher nur durch direkte Simulationsrechnungen zugänglich.

Experimentelle Untersuchungen werden dadurch erschwert, daß die Strömung besonders empfindlich gegen unvermeidbare und oft unbekannte Störeinflüsse ist, die aber das Übergangsverhalten entscheidend verändern können. Oft liegen die Reynolds-Zahlen der Stabilitätsgrenze und des Turbulenzbeginns nahe beisammen, insbesondere dann, wenn starke Störeinflüsse vorliegen.

Ein Beispiel für einen großen Unterschied beider Reynolds-Zahlen bietet aber die laminare Strömung zwischen zwei rotierenden Zylindern, deren erste Instabilität auch deswegen interessant ist, weil sie mit der Instabilität der Dichteschichtung eng verwandt ist: Eine kleine Flüssigkeitsmenge, die vom Radius r durch eine kleine Störung auf den Radius $r_1 > r$ hochgehoben wird, bringt bei Abwesenheit von Reibungskräften den Drehimpuls $D = r\,u_\varphi$ mit sich. Die Geschwindigkeit der Flüssigkeitsmenge auf der neuen Bahn r_1 ist D/r_1 und ihre Zentripetalbeschleunigung D^2/r_1^3. Sie ist dort einem von der Umgebung aufgeprägten Druckgradienten ausgesetzt, der wegen (6.40) durch

$$\varrho\,\frac{u_{\varphi 1}^2}{r_1} = \varrho\,\frac{D_1^2}{r_1^3} = \frac{\partial p}{\partial r}\bigg|_{r_1} \tag{7.2}$$

festgelegt ist. Die Strömung ist stabil, wenn die Flüssigkeitsmenge durch diesen Druckgradienten auf den Ausgangsradius r zurück gedrückt wird. Wir werden daher auf die notwendige Bedingung

$$\frac{\partial p}{\partial r}\bigg|_{r_1} = \varrho\,\frac{D_1^2}{r_1^3} > \varrho\,\frac{D^2}{r_1^3} \tag{7.3}$$

oder

$$r_1 u_{\varphi 1} > r\,u_\varphi \tag{7.4}$$

geführt. Der Potentialwirbel mit $r\,u_\varphi = $ const ist offensichtlich gerade die „neutrale" Geschwindigkeitsverteilung. Die Geschwindigkeitsverteilung ist aber instabil, wenn $r\,u_\varphi$ auf dem kleineren Radius größer ist als auf dem größeren, also z. B. dann, wenn der äußere Zylinder steht, und nur der innere rotiert.

Diese Überlegungen gelten nur für reibungsfreie Flüssigkeit. Berücksichtigt man die Reibung, so ergibt sich für diesen Fall die kritische Reynolds-Zahl zu

$$\Omega_I R_I\,\frac{h}{\nu} = 41,3\sqrt{\frac{R_I}{h}}\;. \tag{7.5}$$

Oberhalb dieser Reynolds-Zahl bildet sich eine neue laminare Strömung aus: Es treten regelmäßige, abwechselnd links und rechts drehende Wirbel auf, deren Symmetrieachse in Richtung der Zylinderachse weist (*Taylor-Wirbel*). Der Umschlag zur turbulenten Strömung erfolgt erst bei viel größerer Reynolds-Zahl, die etwa fünfzig mal größer ist als die Reynolds-Zahl der

Stabilitätsgrenze. Dieses Strömungsphänomen ist auch von technischem Interesse, da es überall dort auftreten kann, wo Wellen in einer Bohrung laufen, so z. B. in Radial-Gleitlagern und Dichtspalten.

7.2 Reynoldssche Gleichungen

In der ausgebildeten turbulenten Strömung, d. h. nach abgeschlossenem Umschlag, sind die Strömungsgrößen Zufallsgrößen. Man kann sich die Strömung als Überlagerung einer Grund- oder Hauptströmung mit einer ungeordneten, stochastischen Schwankungsgeschwindigkeit denken. Das Geschwindigkeitsfeld läßt sich dann folgendermaßen darstellen:

$$u_i(x_j, t) = \overline{u}_i(x_j, t) + u_i'(x_j, t) \ . \tag{7.6}$$

Diese Aufteilung wird dann besonders zweckmäßig sein, wenn die Schwankungsgeschwindigkeit u_i' viel kleiner als die Grundgeschwindigkeit $\overline{u}_i$ ist. Die Grundgeschwindigkeit entspricht dem Mittelwert der Geschwindigkeit. Auch im allgemeinsten Fall kann man die mittlere Geschwindigkeit $\overline{u}_i(x_j, t)$ und sinngemäß auch andere mittlere Größen durch

$$\overline{u}_i(x_j, t) = \lim_{n \to \infty} \frac{1}{n} \sum_{k=1}^{n} u_i^{(k)}(x_j, t) \tag{7.7}$$

bilden, indem man den Strömungsablauf n mal realisiert und jeweils am selben Ort x_j zur selben Zeit t die Geschwindigkeit $u_i(x_j, t)$ feststellt. Für Strömungen, bei denen diese Mittelwerte zeitunabhängig sind, d. h. bei *statistisch stationären Prozessen*, tritt an die Stelle der theoretisch immer möglichen Mittelwertbildung nach (7.7) die einfachere Mittelwertbildung gemäß der Formel

$$\overline{u}_i(x_j) = \lim_{T \to \infty} \frac{1}{T} \int\limits_{t-T/2}^{t+T/2} u_i(x_j, t) \, \mathrm{d}t \ . \tag{7.8}$$

Wir beschränken uns im folgenden auf inkompressible und im Mittel stationäre Strömungen. Wir setzen jetzt die Zerlegung (7.6) und die entsprechende Zerlegung des Druckes

$$p = \overline{p} + p' \tag{7.9}$$

in die Kontinuitätsgleichung (2.5) sowie in die Navier-Stokesschen Gleichungen in der Form (4.9a) ein und unterwerfen die resultierende Gleichung der Mittelwertbildung gemäß (7.8). Beachtet man die aus (7.8) bzw. (7.6) folgenden Rechenregeln für die Mittelwerte zweier beliebiger Zufallsgrößen g und f

$$\overline{\overline{g}} = \overline{g} \, , \tag{7.10a}$$

$$\overline{g + f} = \overline{g} + \overline{f} \, , \tag{7.10b}$$

$$\overline{\overline{g}\,f} = \overline{g}\,\overline{f} \, , \tag{7.10c}$$

$$\overline{\partial g / \partial s} = \frac{\partial \overline{g}}{\partial s} \, , \tag{7.10d}$$

$$\overline{\int f \, \mathrm{d}s} = \int \overline{f} \, \mathrm{d}s \, , \tag{7.10e}$$

wobei s irgendeine der unabhängigen Veränderlichen x_i oder t sei, so folgt zunächst aus der Kontinuitätsgleichung

$$\frac{\partial \overline{u}_i}{\partial x_i} = 0 \, , \tag{7.11}$$

da $\overline{u'_i}$ als Folge von (7.8) und deshalb wegen (7.10d) auch $\overline{\partial u'_i / \partial x_i}$ verschwindet. Hieraus folgt auch für die Schwankungsgeschwindigkeiten

$$\frac{\partial u'_i}{\partial x_i} = 0 \, . \tag{7.12}$$

Aus demselben Grund verschwinden in den Navier-Stokesschen Gleichungen nach der Mittelung alle in den Schwankungsgrößen linearen Glieder,

$$\overline{\frac{\partial u'_i}{\partial t}} = \overline{\frac{\partial^2 u'_i}{\partial x_j \partial x_j}} = \overline{\frac{\partial p'}{\partial x_i}} = \overline{u'_j \frac{\partial \overline{u}_i}{\partial x_j}} = 0 \, , \tag{7.13}$$

und wir erhalten die Gleichung

$$\varrho \, \overline{u}_j \frac{\partial \overline{u}_i}{\partial x_j} + \varrho \, \overline{u'_j \frac{\partial u'_i}{\partial x_j}} = \varrho \, k_i - \frac{\partial \overline{p}}{\partial x_i} + \eta \frac{\partial^2 \overline{u}_i}{\partial x_j \partial x_j} \, , \tag{7.14}$$

die wir mit der aus der Kontinuitätsgleichung folgenden Beziehung

$$\frac{\partial}{\partial x_j} (u'_i u'_j) = u'_j \frac{\partial}{\partial x_j} (u'_i) \tag{7.15}$$

in die zuerst von Reynolds angegebene Form umschreiben:

$$\varrho \, \overline{u}_j \frac{\partial \overline{u}_i}{\partial x_j} = \varrho \, k_i - \frac{\partial \overline{p}}{\partial x_i} + \eta \frac{\partial^2 \overline{u}_i}{\partial x_j \partial x_j} - \frac{\partial \left(\varrho \, \overline{u'_i u'_j} \right)}{\partial x_j} \, . \tag{7.16}$$

Physikalisch bedeutet das Verschwinden der gemittelten linearen Glieder, daß die Beiträge der entsprechenden Größen sich im Integral (7.8) aufheben, oder anders ausgedrückt: im Mittel sind diese Schwankungsgrößen genauso oft positiv wie negativ. Dies ist für die nichtlinearen Glieder (z. B. : $\overline{u'_i u'_j}$) nicht der Fall: Für die Komponenten des Tensors $\overline{u'_i u'_j}$ auf der Hauptdiagonalen, also

$\overline{u_1' u_1'}$, $\overline{u_2' u_2'}$, $\overline{u_3' u_3'}$, ist das offensichtlich. Aber auch die Terme $\overline{u_1' u_2'}$ usw., die Geschwindigkeitskomponenten in zwei verschiedene Richtungen beinhalten, sind im allgemeinen nicht null. Das wären sie nur, wenn es sich um statistisch unabhängige Größen handelte. Die Komponenten der Geschwindigkeit sind aber *korreliert*. Als Maß für die *Korrelation* zweier Schwankungsgrößen g' und f' dient der Ausdruck

$$R = \frac{\overline{g' f'}}{\sqrt{\overline{g'^2}\, \overline{f'^2}}} \ , \tag{7.17}$$

hier also

$$R_{ij}(x_k, t) = \frac{\overline{u_i' u_j'}}{\sqrt{\overline{u_i'^2}\, \overline{u_j'^2}}} \ , \tag{7.18}$$

bzw. allgemeiner für die Korrelation zweier Geschwindigkeitskomponenten $u_i'(x_k, t)$ und $u_j'(x_k + r_k, t + \tau)$

$$R_{ij}(x_k, t, r_k, \tau) = \frac{\overline{u_i'(x_k, t)\, u_j'(x_k + r_k, t + \tau)}}{\sqrt{\overline{u_i'^2}(x_k, t)\, \overline{u_j'^2}(x_k + r_k, t + \tau)}} \ . \tag{7.19}$$

(Über die Indizes i und j in (7.18 und 7.19) wird nicht summiert!)

Die speziellen Formen der räumlichen bzw. zeitlichen Korrelation (Autokorrelation) entstehen aus (7.19) für $\tau = 0$ bzw. $r_k = 0$. Wenn der Abstand $|\vec{r}|$ zwischen $\vec{x}$ und $\vec{x} + \vec{r}$, an denen die Geschwindigkeitskomponenten in (7.19) zu nehmen sind, gegen unendlich strebt, werden die Geschwindigkeitskomponenten statistisch unabhängig, und die Korrelation verschwindet. Ein Maß für die Reichweite der Korrelation zwischen zwei Geschwindigkeitskomponenten in x_1-Richtung, mit Abstand r auf der x_1-Achse und zur selben Zeit ($\tau = 0$) genommen, ist das Integral-Längenmaß

$$L(\vec{x}, t) = \int\limits_0^\infty R_{11}(\vec{x}, t, r, 0)\, \mathrm{d}r \ , \tag{7.20}$$

welches die typische Abmessung einheitlich bewegter Flüssigkeitsmassen, der *Turbulenzballen*, darstellt. Für $\tau \to \infty$ geht die Korrelation ebenfalls gegen null. In zu (7.20) analoger Weise läßt sich auch ein Integral-Zeitmaß einführen.

Die stationäre Grundströmung $\overline{u}_i$ kann natürlich auch kinematisch eingeschränkt sein. Beispiele sind hier insbesondere die Schichtenströmungen, aber auch ebene und rotationssymmetrische Strömungen. Die überlagerte Schwankungsbewegung u_i' ist aber immer dreidimensional und selbstverständlich instationär.

Die stationäre Grundströmung muß die Reynoldsschen Gleichungen (7.16) und die Kontinuitätsgleichung (7.11) erfüllen. Diese Gleichungen reichen aber zur Bestimmung der Grundströmung nicht aus, denn die durch die Mittelung hervorgerufenen Terme $-\varrho\,\overline{u_i'u_j'}$ treten als Unbekannte auf. Diese Terme stellen gemittelte Impulsflüsse (pro Flächeneinheit) dar und rufen an der Fläche mit der Normalen in i-Richtung eine Kraft in j-Richtung hervor. Diese Glieder sind deshalb auch als *Reynoldssche Spannungen* oder *turbulente Scheinspannungen* bekannt. Der Tensor dieser Spannungen ist offensichtlich symmetrisch, da die Reihenfolge der Indizes aus der beliebigen Reihenfolge der Faktoren resultiert. Wir fassen den gesamten Spannungstensor in der Form

$$T_{ij} = \overline{\tau}_{ij} - \varrho\,\overline{u_i'u_j'} \tag{7.21}$$

oder für die vorausgesetzte inkompressible Strömung ($\partial u_k/\partial x_k = 0$) wegen (3.1a) auch in

$$T_{ij} = -\overline{p}\,\delta_{ij} + 2\eta\,\overline{e_{ij}} - \varrho\,\overline{u_i'u_j'} \tag{7.22}$$

zusammen und schreiben für die Reynoldsschen Gleichungen ohne Volumenkräfte

$$\varrho\,\overline{u}_j\frac{\partial \overline{u}_i}{\partial x_j} = \frac{\partial T_{ji}}{\partial x_j}\;. \tag{7.23}$$

Die Divergenz der Reynoldsschen Spannungen (letztes Glied der rechten Seite von (7.16)) wirkt auf die Grundströmung wie eine zusätzliche aber unbekannte Kraft (pro Volumeneinheit). Diese Kraft ist in turbulenter Strömung im allgemeinen viel größer als die Divergenz der Reibungsspannungen, der ja in der hier vorausgesetzten inkompressiblen Strömung das Glied $\eta\,\partial^2 u_i/(\partial x_j\partial x_j)$ entspricht. Nur in unmittelbarer Nähe fester Wände fallen die Schwankungsgeschwindigkeiten und damit die Reynoldsschen Spannungen auf null ab, da die Schwankungsgeschwindigkeiten ebenso wie die mittleren Geschwindigkeiten der Haftbedingung genügen müssen, so daß in unmittelbarer Wandnähe, in einer als *viskose Unterschicht* bezeichneten Zone, die Reibungsspannungen überwiegen.

Es liegt nun auf der Hand, sich für die unbekannten Reynoldsschen Spannungen auf systematischem Wege Differentialgleichungen zu beschaffen, die dann zusammen mit den Reynoldsschen Gleichungen (7.16) und der Kontinuitätsgleichung (7.11) ein vollständiges Gleichungssystem bilden. Um die entsprechenden Gleichungen zu erhalten, führt man die Zerlegung (7.6) und (7.9) in die Navier-Stokes-Gleichung (4.9a) ein und subtrahiert die Reynoldssche Gleichung (7.16). Man wird so auf die Gleichung für die Schwankungsbewegung

$$\varrho\left(\frac{\partial u_i'}{\partial t} + \overline{u}_k\frac{\partial u_i'}{\partial x_k} + u_k'\frac{\partial u_i'}{\partial x_k} + u_k'\frac{\partial \overline{u}_i}{\partial x_k}\right) = -\frac{\partial p'}{\partial x_i} + \frac{\partial}{\partial x_k}(\varrho\,\overline{u_i'u_k'}) + \eta\frac{\partial^2 u_i'}{\partial x_k\partial x_k}$$

$$(7.24)$$

geführt. Man kann nun diese Gleichung mit u'_j multiplizieren und eine weitere entsprechende Gleichung schaffen, in der i und j vertauscht sind. Addition dieser Gleichungen liefert nach der Mittelung Gleichungen für die Reynoldsschen Spannungen. Wir führen hier diese Rechnungen nicht aus, denn es ist klar, daß die Multiplikation von (7.24) mit u'_j Terme der Form $\overline{u'_j u'_k u'_i}$ als neue Unbekannte in das Problem einführt.

Schafft man wiederum für diese Dreifach-Korrelationen neue Differentialgleichungen, so enthalten diese Vierfach-Korrelationen usw. Es gelingt also auf diese Weise nicht, das Gleichungssystem zu schließen. Das Problem der Schließung des Gleichungssystems stellt das bisher ungelöste Problem der vollausgebildeten turbulenten Strömung dar!

Alle bisher bekannten Methoden, das Gleichungssystem zu schließen, beruhen auf zum Teil starken Vereinfachungen und Hypothesen. Auf der untersten Stufe wird die Schließung des Gleichungssystems durch Beziehungen zwischen den scheinbaren Spannungen und dem mittleren Geschwindigkeitsfeld bewerkstelligt. Diese halbempirischen Beziehungen stellen *Turbulenzmodelle* dar, die die Form von algebraischen Beziehungen oder von Differentialgleichungen annehmen können, und die nach der Zahl der Differentialgleichungen eingeordnet werden. Sie alle enthalten - worauf die Bezeichnung „halbempirisch" hinweist - Größen, die experimentell bestimmt werden müssen.

Durch die turbulente Schwankungsbewegung wird aber nicht nur der Impulsfluß vermehrt (ausgedrückt durch die Reynoldsschen Spannungen), sondern auch der Wärme- und Diffusionsfluß. Zur Besprechung des turbulenten Wärmeflusses gehen wir von der Energiegleichung (4.2) aus, in der wir zunächst die materielle Änderung der Dichte $D\varrho/Dt$ nicht gleich null setzen dürfen, wenn Fremderwärmung der Flüssigkeit vorliegt, wie dies ja bei Wärmeübertragungsproblemen der Fall ist. Zwar läßt sich bei tropfbaren Flüssigkeiten die Dichteänderung auch dann noch vernachlässigen, nicht aber bei Gasen. Für die tropfbare Flüssigkeit erhält man bei Vernachlässigung der Dichteänderung aus (4.2) wegen $de = cdT$ unmittelbar eine Gleichung für das Temperaturfeld:

$$\varrho\, c\, \frac{DT}{Dt} = \Phi + \frac{\partial}{\partial x_i}\left(\lambda\, \frac{\partial T}{\partial x_i}\right)\;. \qquad (7.25)$$

Die für Gase verbleibenden Vereinfachungen ergeben sich aus (4.176), wenn wir dort die Dichteänderung infolge Druckänderungen vernachlässigen, da die hierfür notwendigen Bedingungen (4.182),(4.184) und (4.188) erfüllt sind. Die Entropieänderung in (4.176) darf bei Fremderwärmung nicht vernachlässigt werden und gibt Anlaß zu einer Dichteänderung. Für kalorisch ideales Gas führt (4.176) unter Benutzung von (4.177) auf die Gleichung

$$\frac{1}{\varrho}\frac{D\varrho}{Dt} = -\frac{1}{c_p}\frac{Ds}{Dt}\;, \qquad (7.26)$$

aus der mit der Gibbsschen Relation (2.133) der Ausdruck

$$\frac{1}{\varrho}\frac{\mathrm{D}\varrho}{\mathrm{D}t} = -\frac{1}{T}\frac{\mathrm{D}T}{\mathrm{D}t} \tag{7.27}$$

folgt, den man auch unmittelbar aus der thermischen Zustandsgleichung $\varrho = \varrho(p, T)$ gewinnt, wenn man bedenkt, daß die Zustandsänderung des materiellen Teilchens ja isobar verläuft, wenn die Dichteänderung infolge Druckänderung vernachlässigt wird. Mit (7.27) nimmt die Energiegleichung (4.2) für Gase bei niedrigen Strömungsgeschwindigkeiten ($M \to 0$) die Form

$$\varrho\, c_p \frac{\mathrm{D}T}{\mathrm{D}t} = \Phi + \frac{\partial}{\partial x_i}\left(\lambda\,\frac{\partial T}{\partial x_i}\right) \tag{7.28}$$

an. Im Einklang mit (4.180) ist die Dissipation unter den getroffenen Voraussetzungen vernachlässigbar, oder anders ausgedrückt: Die irreversibel in Wärme umgewandelte Deformationsarbeit (pro Zeit- und Volumeneinheit) Φ trägt kaum zur Temperaturerhöhung bei. Wir vermerken aber, daß die Dissipation als Verlust in der Bilanz der mechanischen Energie der turbulenten Strömung eine entscheidende Rolle spielt und dort keinesfalls vernachlässigt werden darf. (Die entsprechende Bilanzgleichung für die kinetische Energie der Schwankungsbewegung wird übrigens aus (7.24) erhalten, wenn wir diese Gleichung mit u_i' multiplizieren und dann den Mittelungsprozeß durchführen.)

Wir setzen nun (7.6) und die entsprechende Zerlegung für die Temperatur

$$T = \overline{T} + T' \tag{7.29}$$

in (7.25) (oder für Gase in (7.28)) ein, wobei, wie erläutert, die Dissipationsfunktion vernachlässigt und außerdem λ als konstant angenommen wird:

$$\varrho\, c\left(\frac{\partial(\overline{T} + T')}{\partial t} + (\overline{u}_i + u_i')\frac{\partial(\overline{T} + T')}{\partial x_i}\right) = \lambda\,\frac{\partial^2(\overline{T} + T')}{\partial x_i \partial x_i}\ . \tag{7.30}$$

Unter Beachtung der Rechenregeln (7.10) führt die Mittelung auf die Gleichung für die mittlere Temperatur

$$\varrho\, c\,\overline{u}_i \frac{\partial \overline{T}}{\partial x_i} = -\varrho\, c\,\overline{u_i'\frac{\partial T'}{\partial x_i}} + \lambda\,\frac{\partial^2 \overline{T}}{\partial x_i \partial x_i}\ , \tag{7.31}$$

die wegen (7.12) auch in die Form

$$\varrho\, c\,\overline{u}_i \frac{\partial \overline{T}}{\partial x_i} = -\varrho\, c\,\frac{\partial}{\partial x_i}\left(\overline{u_i'T'}\right) + \lambda\,\frac{\partial^2 \overline{T}}{\partial x_i \partial x_i} \tag{7.32}$$

gebracht werden kann. In Analogie zu den Reynoldsschen Spannungen tritt hier ein „turbulenter Wärmestromvektor"

$$q_i = \varrho\, c\, \overline{u_i' T'} \tag{7.33}$$

auf, der ebenso wie die Reynoldsschen Spannungen unbekannt ist und die Lösung von (7.32) vereitelt.

Das im Zusammenhang mit den Reynoldsschen Gleichungen Gesagte gilt sinngemäß auch hier: Die Schließung des Gleichungssystems geschieht durch halbempirische Beziehungen zwischen dem turbulenten Wärmestromvektor und dem mittleren Geschwindigkeits- und Temperaturfeld.

7.3 Turbulente Scherströmung in der Nähe einer Wand

In den technischen Anwendungen spielen turbulente Scherströmungen eine herausragende Rolle, weil sie in den Kanal- und Rohrströmungen sowie in den turbulenten Grenzschichtströmungen angetroffen werden. Im Vordergrund stehen dabei die Profile der mittleren Geschwindigkeiten und die Widerstandsgesetze. Wir können bereits wichtige Einsichten in das Verhalten turbulenter Scherströmungen gewinnen, wenn wir den einfachsten Fall einer Schichtenströmung bei verschwindendem Druckgradienten längs einer ebenen und glatten Wand betrachten.

In laminarer Strömung vereinfachen sich die Navier-Stokesschen Gleichungen bei verschwindendem Druckgradienten und den der Schichtenströmung zugrundeliegenden Annahmen ($u_1 = f(x_2)$, $u_2 = u_3 = 0$) auf

$$0 = \eta\, \frac{\mathrm{d}^2 u_1}{\mathrm{d}x_2{}^2}\,, \tag{7.34}$$

woraus auf konstante Schubspannung $\tau_{21} = P_{21} = \eta\, \mathrm{d}u_1/\mathrm{d}x_2$ und auf die bekannte lineare Geschwindigkeitsverteilung der einfachen Scherströmung zu schließen ist. Mit derselben Annahme, daß die gemittelten Größen, d. h. die nicht verschwindende Geschwindigkeitskomponente $\overline{u_1}$ und die Reynoldsschen Spannungen, nur von x_2 abhängen, gewinnen wir aus den Reynoldsschen Gleichungen (7.23) zunächst noch allgemein

$$0 = \frac{\partial T_{ji}}{\partial x_j}\,. \tag{7.35}$$

Mit der gebräuchlichen Bezeichnungsweise für kartesische Koordinaten x, y, z und kartesische Geschwindigkeitskomponenten u, v und w erhalten wir aus der ersten dieser Gleichungen bei verschwindender Komponente des Druckgradienten in x-Richtung

$$0 = \frac{\mathrm{d}}{\mathrm{d}y}\left(\eta\, \frac{\mathrm{d}\overline{u}}{\mathrm{d}y} - \varrho\, \overline{u' v'} \right)\,, \tag{7.36}$$

während die beiden anderen Komponentengleichungen jetzt nicht interessieren. Aus der Integration von (7.36)

$$\text{const} = \tau_w = \eta \frac{\mathrm{d}\overline{u}}{\mathrm{d}y} - \varrho \,\overline{u'v'} \tag{7.37}$$

folgt die Aussage, daß die gesamte Schubspannung T_{21}, d. h. die Summe aus der Reibungsspannung $P_{21} = \tau_{21} = \eta \,\mathrm{d}\overline{u}/\mathrm{d}y$ und der Reynoldsschen Spannung $-\varrho \,\overline{u'v'}$ konstant, also unabhängig von y ist. Die Integrationskonstante haben wir dabei schon als Schubspannung τ_w an der Wand identifiziert, denn für $y = 0$ verschwinden die Reynoldsschen Spannungen als Folge der Haftbedingung. Wegen der in (7.36) auftretenden (unbekannten!) Reynoldsschen Spannungen ist die Verteilung der mittleren Geschwindigkeit $\overline{u} = f(y)$ keine lineare Funktion mehr.

Im Hinblick auf technische Anwendungen, insbesondere für die ausgebildete turbulente Kanal- bzw. Rohrströmung, stellt sich die Frage nach der praktischen Bedeutung des Ergebnisses (7.37). In diesen Strömungen (ebenso wie in den meisten Grenzschichtströmungen) verschwindet ja der Druckgradient nicht, sondern ist bei den Kanal- und Rohrströmungen sogar die alleinige Ursache der Bewegung. Genau wie bei den laminaren Strömungen ist die Schubspannung dann nicht konstant, sondern eine lineare Funktion von y (Kanalströmung) bzw. r (Rohrströmung). Bei nicht verschwindendem Druckgradient folgt nämlich aus der ersten Komponentengleichung von (7.35)

$$0 = -\frac{\partial \overline{p}}{\partial x} + \frac{\mathrm{d}}{\mathrm{d}y}\left(\eta \frac{\mathrm{d}\overline{u}}{\mathrm{d}y} - \varrho \,\overline{u'v'}\right), \tag{7.38}$$

und aus der zweiten Komponentengleichung

$$0 = -\frac{\partial \overline{p}}{\partial y} + \frac{\mathrm{d}}{\mathrm{d}y}\left(-\varrho \,\overline{v'^2}\right), \tag{7.39}$$

während die dritte $\partial \overline{p}/\partial z = 0$ liefert. Aus (7.39) schließen wir, daß die Summe aus $\overline{p}$ und $\varrho \,\overline{v'^2}$ nur eine Funktion von x ist, und damit, daß $\partial \overline{p}/\partial x$ nur eine Funktion von x ist, da die Reynoldssche Spannung $-\varrho \,\overline{v'^2}$ nach Voraussetzung nur von y abhängt. Da der zweite Term in (7.38) nicht von x abhängt, folgern wir auch noch, daß $\partial \overline{p}/\partial x$ eine Konstante ist. Die gesamte Schubspannung, für die wir jetzt kurz

$$\tau = \eta \frac{\mathrm{d}\overline{u}}{\mathrm{d}y} - \varrho \,\overline{u'v'} \tag{7.40}$$

schreiben, ist also (wie im laminaren Fall) eine lineare Funktion von y:

$$\tau = \frac{\mathrm{d}\overline{p}}{\mathrm{d}x} y + \text{const} . \tag{7.41}$$

Die Integrationskonstante bestimmt sich aus der Forderung, daß in Kanalmitte $(y = h)$ die Schubspannung verschwindet, denn dort ist $\mathrm{d}\overline{u}/\mathrm{d}y$ und $\overline{u'v'}$ aus Symmetriegründen null. Daher schreiben wir (7.41) in der Form

$$\tau = -\frac{\partial \overline{p}}{\partial x}\, h \left(1 - \frac{y}{h}\right) = \tau_w \left(1 - \frac{y}{h}\right) \; , \tag{7.42}$$

wobei wir die Schubspannung an der unteren Wand mit τ_w bezeichnet haben.

Für die turbulente Rohrströmung ergibt sich ebenfalls eine lineare Schubspannungsverteilung, wie man durch eine Betrachtung analog zum laminaren Fall (6.138) bzw. (6.140) zeigt. (Da die Ergebnisse dieses Abschnitts aber nicht nur für die Rohrströmung gelten, bezeichnen wir abweichend von (6.140) die Koordinate in Achsenrichtung mit x.)

Wir entnehmen (7.42), daß in der Nähe der Wand $(y/h \ll 1)$ die gesamte Schubspannung in der Tat fast konstant ist, dort also eine Schicht existiert, in der der Einfluß des Druckgradienten vernachlässigt werden kann, und die einfache Gleichung (7.37) zum Tragen kommt. Dies gilt nicht nur für die angesprochenen Kanal- und Rohrströmungen, sondern auch für turbulente Grenzschichtströmungen. In allen diesen Strömungen existiert eine wandnahe Schicht, in der die äußeren Abmessungen der Strömung, z. B. die Höhe des Kanals oder die Grenzschichtdicke nicht eingehen, in der die Strömung von diesen Größen also unabhängig ist. Man erkennt die Konsequenzen, wenn man (7.37) zunächst in die Form

$$\frac{\tau_w}{\varrho} = \nu\, \frac{d\overline{u}}{dy} - \overline{u'v'} \tag{7.43}$$

bringt, der man unmittelbar entnimmt, daß τ_w/ϱ die Dimension des Quadrates einer Geschwindigkeit hat. Führt man daher als Bezugsgröße für die Geschwindigkeit die *Schubspannungsgeschwindigkeit*

$$u_* = \sqrt{\frac{\tau_w}{\varrho}} \tag{7.44}$$

ein, deren physikalische Bedeutung auch darin liegt, daß sie ein Maß für die turbulenten Schwankungsgeschwindigkeiten ist, so läßt sich (7.43) nunmehr in der Form

$$1 = \frac{d\,(\overline{u}/u_*)}{d(y\,u_*/\nu)} - \frac{\overline{u'v'}}{u_*^2} \tag{7.45}$$

schreiben. Daher ist die mittlere Geschwindigkeit $\overline{u}$ bezogen auf u_* nur eine Funktion der dimensionslosen Koordinate $y\,u_*/\nu$, in der als Bezugslänge die *viskose Länge* ν/u_* auftritt. (Würde neben dieser Länge als Bezugslänge weiterhin h eingehen, so müßte $\overline{u}/u_*$ zusätzlich von der dimensionslosen Größe $h\,u_*/\nu$ abhängen, oder anders ausgedrückt: Die Vorgänge in der wandnahen Schicht würden vom Abstand zur gegenüberliegenden Wand abhängen.) Wir entnehmen (7.45) das sogenannte *Wandgesetz*

$$\frac{\overline{u}}{u_*} = f\left(y\,\frac{u_*}{\nu}\right) \tag{7.46}$$

und entsprechend auch

$$\frac{\overline{u'v'}}{u_*^2} = g\left(y\,\frac{u_*}{\nu}\right) \, . \tag{7.47}$$

Das Wandgesetz wurde von Prandtl (1925) angegeben und stellt eines der wichtigsten Ergebnisse der Turbulenztheorie dar. Aus dem Gesagten wird klar, daß die Funktionen $f(y\,u_*/\nu)$ und $g(y\,u_*/\nu)$ universelle Funktionen sind, also für alle turbulenten wandnahen Strömungen dieselben sind. Gleichung (7.45) eignet sich allein noch nicht, die Form der universellen Funktion f zu finden, da diese Gleichung die unbekannten Reynoldsschen Spannungen enthält. Wie bereits mehrfach erwähnt, klingen in unmittelbarer Nähe der Wand die Reynoldsschen Spannungen ab. Es gelingt dort, die universelle Funktion f als Taylorreihenentwicklung um $y = 0$ zu gewinnen. Zur Vereinfachung führen wir

$$y_* = y\,\frac{u_*}{\nu} \tag{7.48}$$

ein und schreiben, da $\overline{u}(0) = 0$ ist,

$$\frac{\overline{u}(y_*)}{u_*} = \frac{\mathrm{d}\,(\overline{u}/u_*)}{\mathrm{d}y_*}\bigg|_0 y_* + \frac{\mathrm{d}^2\,(\overline{u}/u_*)}{\mathrm{d}y_*{}^2}\bigg|_0 \frac{1}{2}\,y_*^2 + \cdots \, . \tag{7.49}$$

Aus (7.45) folgt der erste Koeffizient zu

$$\frac{\mathrm{d}\,(\overline{u}/u_*)}{\mathrm{d}y_*}\bigg|_0 = 1 \, , \tag{7.50}$$

da $\overline{u'v'}|_0 = 0$ ist. Die anderen Koeffizienten gewinnen wir durch wiederholtes Differenzieren der Gleichung (7.45) und Auswerten an der Stelle $y = 0$ zu

$$\frac{\mathrm{d}^2\,(\overline{u}/u_*)}{\mathrm{d}y_*{}^2}\bigg|_0 = \frac{1}{u_*^2}\frac{\mathrm{d}\,\left(\overline{u'v'}\right)}{\mathrm{d}y}\frac{\mathrm{d}y}{\mathrm{d}y_*} = \frac{1}{u_*^2}\frac{\nu}{u_*}\left[\overline{\frac{\partial u'}{\partial y}v'} + \overline{\frac{\partial v'}{\partial y}u'}\right]_0 = 0 \, , \quad (7.51)$$

wobei die null auf der rechten Seite entsteht, weil u' und v' immer an der Stelle $y = 0$ verschwinden. Für die dritte Ableitung folgt

$$\frac{\mathrm{d}^3\,(\overline{u}/u_*)}{\mathrm{d}y_*^3}\bigg|_0 = \frac{1}{u_*^2}\left(\frac{\nu}{u_*}\right)^2\left[\overline{\frac{\partial^2 u'}{\partial y^2}v'} + 2\,\overline{\frac{\partial u'}{\partial y}\frac{\partial v'}{\partial y}} + \overline{\frac{\partial^2 v'}{\partial y^2}u'}\right]_0 = 0 \, . \tag{7.52}$$

Der erste und der letzte Klammerausdruck verschwinden, weil die Schwankungsgeschwindigkeiten an der Wand null sind. Da dann natürlich auch deren Ableitungen in die x- und z-Richtung null sind, folgt aus der Kontinuitätsgleichung (7.12) auch das Verschwinden von $\partial v'/\partial y$ an der Wand. Nochmalige Ableitung von (7.52) unter Beachtung dieser Überlegung liefert für die vierte Ableitung

$$\frac{\mathrm{d}^4\,(\overline{u}/u_*)}{\mathrm{d}y_*^4}\bigg|_0 = \frac{1}{u_*^2}\left(\frac{\nu}{u_*}\right)^3\left[3\,\overline{\frac{\partial u'}{\partial y}\frac{\partial^2 v'}{\partial y^2}}\right]_0 \, . \tag{7.53}$$

Die Auswertung dieses Ausdruckes würde die Kenntnis der Schwankungsbewegung voraussetzen. Da er aus rein kinematischen Gründen aber nicht
verschwinden muß, gehen wir davon aus, daß er im allgemeinen ungleich null
ist. Aus der Taylorentwicklung (7.49) folgern wir

$$\frac{\overline{u}}{u_*} = y_* + O(y_*^4) \ . \tag{7.54}$$

Die Schwankungsbewegung beeinflußt das Geschwindigkeitsprofil also erst in
den Termen der Größenordnung $O(y_*^4)$. Demnach existiert eine Schicht, in
der die Schwankungsbewegungen zwar selbst nicht null sind, die Verteilung
der mittleren Geschwindigkeit aber trotzdem durch die viskosen Schubspannungen geprägt wird, so daß der in der Literatur übliche Name *viskose Unterschicht* gerechtfertigt ist.

Die Dicke dieser Schicht muß aus Dimensionsgründen von der Größenordnung der viskosen Länge ν/u_* sein. Da keine andere typische Länge zur Verfügung steht, setzt man für die Dicke der viskosen Unterschicht $\delta_v = \beta\,\nu/u_*$,
wobei β eine aus Experimenten zu bestimmende Zahl ist.

Der Übergang der viskosen Schicht in das Gebiet, in dem die Reynoldssche
Spannung $-\varrho\,\overline{u'v'}$ an Einfluß gewinnt, ist aber fließend. Mit größer werdendem Abstand (aber noch im Bereich des Wandgesetzes) verschwindet der
Einfluß der Viskosität schließlich ganz, und die Geschwindigkeitsverteilung
wird allein durch die Reynoldsschen Spannungen festgelegt.

Diese Tatsache erst ermöglicht es, auch in diesem Bereich die universelle
Funktion f anzugeben. Zunächst folgt für die Schubspannung in diesem
Bereich aus (7.40) das Ergebnis

$$\tau_w = \tau_t = -\varrho\,\overline{u'v'} \ , \tag{7.55}$$

wobei wir τ_t schreiben um auszudrücken, daß es sich nur um die turbulente Schubspannung handelt. Aus (7.55) läßt sich die Verteilung der Geschwindigkeit allerdings nicht berechnen, da der Zusammenhang zwischen der
Reynoldsschen Spannung und dem gemittelten Geschwindigkeitsfeld fehlt. Es
ist naheliegend, diesen Zusammenhang über ein Turbulenzmodell herzustellen. Ein derartiges Turbulenzmodell stellt die *Boussinesqsche Formulierung*
für die Reynoldsschen Spannungen

$$-\varrho\,\overline{u'v'} = A\,\frac{\partial \overline{u}}{\partial y} \tag{7.56}$$

dar, in der A die turbulente Austauschgröße, bzw. $\epsilon_t = A/\varrho$ die sogenannte
Wirbelviskosität ist. Die Boussinesqsche Formel ist offensichtlich der Bezie-
hung $\tau = \eta\,\partial\overline{u}/\partial y$ für die viskose Schubspannung nachgebildet und verschiebt
das Problem nur auf die unbekannte Austauschgröße, die nun die unbekannte
Reynoldssche Spannung ersetzt.

Die einfachste Annahme, die man treffen kann, ist A konstant zu setzen;
eine Annahme, die aber im vorliegenden Fall nicht zutreffen kann, da die

Reynoldssche Spannung bei Annäherung an die Wand verschwinden muß. Für sogenannte „freie turbulente Scherströmungen" - darunter versteht man solche turbulenten Felder, die nicht durch eine feste Wand begrenzt sind, und wie sie typischer Weise bei turbulenten Freistrahlen angetroffen werden - ist die Annahme konstanter Wirbelviskosität allerdings recht brauchbar.

Prandtl hat mit dem als „Mischungswegformel" bekannten Turbulenzmodell einen Zusammenhang zwischen Wirbelviskosität ϵ_t und dem mittleren Geschwindigkeitsfeld geschaffen. Dabei wird davon ausgegangen, daß die turbulenten Scheinspannungen durch makroskopischen Impulsaustausch auf dieselbe Weise entstehen wie die viskosen Reibungsspannungen durch molekularen Impulsaustausch. Der molekulare Impulsaustausch geschieht ja so, daß ein Molekül, das am Ort y eine Geschwindigkeit u in x-Richtung hat, durch die thermische Bewegung auf einen Ort $y - l$ gelangt, wo die Geschwindigkeit $u - du$ ist. Das Molekül überträgt also die Geschwindigkeitsdifferenz $du = l \, du/dy$, wobei l der Abstand in y-Richtung zwischen zwei molekularen Zusammenstößen ist. Diese Bewegungen gehen in beiden Richtungen vonstatten, es wird also von der schnelleren Schicht in die langsamere übertragen und umgekehrt. Die parallel zur y-Achse in $\pm y$-Richtungen sich bewegende Teilchenzahl (pro Volumeneinheit) sei $1/3$ der Gesamtzahl, dann bewegt sich je $1/3$ auch parallel zur x- und z-Achse. Die Moleküle bewegen sich mit der thermischen Geschwindigkeit v, der Massenfluß pro Volumeneinheit ist daher $1/3 \varrho \, v$. Der molekulare Impulsfluß, der sich makroskopisch als viskose Schubspannung $\tau_{21} = \eta \, du/dy$ äußert, ist demnach $1/3 \varrho \, l \, v \, du/dy$. Obwohl in dieser extrem vereinfachten Ableitung alle Moleküle dieselbe thermische Geschwindigkeit v haben, sich außerdem bis auf Zusammenstöße nicht gegenseitig beeinflussen und sich nur parallel zu den Koordinatenachsen bewegen sollen, ergibt diese Formel bereits einen sehr guten Wert für die Zähigkeit ($\eta = 1/3 l \, \varrho \, v$) verdünnter Gase.

In der Übertragung auf die turbulente Austauschbewegung wird nun angenommen, daß sich Turbulenzballen, d. h. sich einheitlich bewegende Flüssigkeitsmassen, wie Moleküle verhalten, sich also von der Umgebung unbeeinflußt über den Abstand l bewegen, sich mit der neuen Umgebung „vermischen" und so ihre Identität verlieren. Die Schwankungen u' in der Längsgeschwindigkeit sind nach der obigen Betrachtung betragsmäßig proportional zu $l \, d\overline{u}/dy$. Die „Vermischung" zweier Turbulenzballen erzeugt durch ihre Verdrängungswirkung die Quergeschwindigkeit v', die dem Betrage nach also auch proportional zu $l d\overline{u}/dy$ zu setzen ist. (Dies im Gegensatz zum molekularen Impulsaustausch, wo die thermische Geschwindigkeit von du/dy unabhängig ist.) Daher wird die scheinbare Schubspannung τ_t, wenn man die Proportionalitätsfaktoren in dem ohnehin unbekannten *Mischungsweg l* absorbiert,

$$\tau_t = -\varrho \, \overline{u'v'} = \varrho \, l^2 \left(\frac{d\overline{u}}{dy} \right)^2 . \tag{7.57}$$

Der Vorzeichenwechsel in (7.57) findet seine Berechtigung darin, daß die von oben kommenden Flüssigkeitsballen (v' negativ) meistens ein positives u' mit sich bringen. Trägt man noch der Tatsache Rechnung, daß das Vorzeichen vom τ_t demjenigen von $\mathrm{d}\overline{u}/\mathrm{d}y$ entspricht, so schreiben wir die *Prandtlsche Mischungswegformel*

$$\tau_t = \varrho\, l^2 \left| \frac{\mathrm{d}\overline{u}}{\mathrm{d}y} \right| \frac{\mathrm{d}\overline{u}}{\mathrm{d}y} \tag{7.58}$$

und für die Wirbelviskosität

$$\epsilon_t = l^2 \left| \frac{\mathrm{d}\overline{u}}{\mathrm{d}y} \right| \;, \tag{7.59}$$

die nach dem Prandtlschen Mischungswegmodell also vom Geschwindigkeitsgradient abhängt.

In (7.59) ist zunächst nur die unbekannte Wirbelviskosität durch den unbekannten Mischungsweg ersetzt worden. Letzterer ist aber der physikalischen Anschauung leichter zugänglich, so daß „vernünftige" Annahmen für den Mischungsweg vermutlich leichter zu machen sind. Bisher ist aber auch für den Mischungsweg keine allgemeingültige Darstellung gefunden worden. Dem Mischungswegansatz liegt die offensichtlich nicht zutreffende Annahme zugrunde, daß der Turbulenzballen, dessen typische Abmessung von der Größenordnung des Mischungsweges l ist, diesen Abstand l ohne Beeinflussung durch die Umgebung zurücklegt. Die Mischungswegformel kann schon deswegen nur eine sehr grobe Beschreibung der Scherturbulenz vermitteln. Sie hat wie alle algebraischen Turbulenzmodelle den Nachteil, daß die Reynoldsschen Spannungen nur vom lokalen mittleren Geschwindigkeitsfeld abhängen, während allgemein die Reynoldsschen Spannungen von der Geschichte des Geschwindigkeitsfeldes abhängen und eine Formulierung erfordern, die in Analogie zu den Materialgleichungen Nicht-Newtonscher, viskoelastischer Flüssigkeiten steht.

Obwohl es typische Experimente gibt, die klar mit der Mischungswegformel unvereinbar sind, ist sie doch für viele praktische Probleme ein sehr nützliches, einfach zu handhabendes Modell, das selbst Modellen höheren Grades, die die Geschichte des Geschwindigkeitsfeldes berücksichtigen, durchaus gleichwertig ist. Das Modell kann auch tensoriell verallgemeinert werden; wir wollen darauf aber nicht eingehen, sondern wenden uns der Anwendung des Wandgesetzes zu.

Da die Reynoldsschen Spannungen an der Wand verschwinden müssen, wählen wir l proportional zu y:

$$l = \kappa\, y \;. \tag{7.60}$$

Diese Wahl wird auch aus Dimensionsgründen vorgeschrieben, denn in der Nähe der Wand, also im Gültigkeitsbereich des Wandgesetzes, aber außerhalb der viskosen Unterschicht, tritt keine typische Länge auf, und alle physikalisch relevanten Längen müssen proportional zu y sein. Dann entsteht aus der Mischungswegformel, da die Schubspannung konstant, also gleich der Wandschubspannung ist ($\tau = \mathrm{const} = \tau_w = \varrho\, u_*^2$), die Beziehung

$$u_* = \kappa\, y\, \frac{\mathrm{d}\overline{u}}{\mathrm{d}y}\;,\tag{7.61}$$

deren Integration die gesuchte universelle Geschwindigkeitsverteilung, das sogenannte *Logarithmische Wandgesetz* liefert:

$$\frac{\overline{u}}{u_*} = \frac{1}{\kappa}\ln y + C\;.\tag{7.62}$$

Man gelangt zu diesem wichtigen Ergebnis auch ohne Rückgriff auf die Prandtlsche Mischungswegformel allein aufgrund von Dimensionsbetrachtungen. Da die Viskosität im interessierenden Bereich keinen Einfluß hat, werden die Flüssigkeitseigenschaften nur durch die Dichte ϱ beschrieben. In den Zusammenhang zwischen der konstanten Schubspannung und der Geschwindigkeitsverteilung $\overline{u} = f(y)$ können aber neben der Dichte nur Änderungen von $\overline{u}$ mit y eingehen, da ja der mit der Schubspannung verbundene Impulsfluß nur auftritt, wenn die Geschwindigkeit veränderlich ist, also im gesuchten Zusammenhang $\overline{u}$ selbst nicht auftauchen darf. Die einzigen auftretenden Größen sind also die Schubspannung $\tau_t = \tau_w$, ϱ und die Ableitungen $\mathrm{d}^n\overline{u}/\mathrm{d}y^n$ der Geschwindigkeitsverteilung, zwischen denen der funktionelle Zusammenhang

$$f\left(\tau_t, \varrho, \frac{\mathrm{d}^n\overline{u}}{\mathrm{d}y^n}\right) = 0\tag{7.63}$$

besteht. Diese Beziehung muß sich auf einen Zusammenhang zwischen dimensionslosen Größen zurückführen lassen. Geht man davon aus, daß die ersten beiden Ableitungen $\mathrm{d}\overline{u}/\mathrm{d}y$ und $\mathrm{d}^2\overline{u}/\mathrm{d}y^2$ die Verteilung charakterisieren, so läßt sich mit den dimensionsbehafteten Größen nur eine dimensionslose Größe, nämlich

$$\Pi_1 = \frac{(\mathrm{d}^2\overline{u}/\mathrm{d}y^2)^2}{(\mathrm{d}\overline{u}/\mathrm{d}y)^4}\,\frac{\tau_t}{\varrho}\tag{7.64}$$

finden. Bei Beschränkung auf die ersten zwei Ableitungen lautet also der gesuchte Zusammenhang

$$f(\Pi_1) = 0\;,\quad \text{bzw.}\quad \Pi_1 = \mathrm{const}\;,\tag{7.65}$$

völlig gleichwertig zu (7.63). Wir bezeichnen die auftretende absolute Konstante Π_1 mit κ^2 und erhalten aus (7.64)

$$\tau_t = \varrho\,\kappa^2 \left(\frac{\mathrm{d}\overline{u}/\mathrm{d}y}{\mathrm{d}^2\overline{u}/\mathrm{d}y^2}\right)^2 \left(\frac{\mathrm{d}\overline{u}}{\mathrm{d}y}\right)^2\;.\tag{7.66}$$

Dieser Formel entnehmen wir im Vergleich mit der Mischungswegformel (7.57) den dimensionsanalytisch gewonnenen Ausdruck für den Mischungsweg

$$l = \left| \kappa \, \frac{\mathrm{d}\overline{u}/\mathrm{d}y}{\mathrm{d}^2\overline{u}/\mathrm{d}y^2} \right| , \tag{7.67}$$

von dem wir aber im weiteren keinen Gebrauch machen wollen. Aus (7.66) gewinnen wir mit $\tau_t = \tau_w = \varrho\, u_*^2$ eine Differentialgleichung für die Verteilung der mittleren Geschwindigkeit:

$$\frac{\mathrm{d}^2\overline{u}}{\mathrm{d}y^2} + \frac{\kappa}{u_*} \left(\frac{\mathrm{d}\overline{u}}{\mathrm{d}y} \right)^2 = 0 , \tag{7.68}$$

wobei das Vorzeichen des zweiten Terms beim Übergang von (7.66) positiv gewählt wurde, weil bei Strömungen in positive x-Richtung die Krümmung des Geschwindigkeitsprofils negativ ist. (7.68) hat als Lösung das Logarithmische Wandgesetz (7.62)

$$\frac{\overline{u}}{u_*} = \frac{1}{\kappa} \ln y + C .$$

Diese Geschwindigkeitsverteilung gilt nicht für $y \to 0$, sondern nur bis an den Rand einer wandnahen Schicht, die wir unterteilen in die schon besprochene viskose Unterschicht und in eine Übergangsschicht, in der die Reynoldsschen Spannungen zunehmen, während die viskosen Spannungen abnehmen. Die Geschwindigkeit am Rande dieser Schicht hängt also von der Viskosität ab. Die Konstante in (7.62) dient dazu, die Geschwindigkeit im logarithmischen Teil des Wandgesetzes an diese Geschwindigkeit anzupassen, und hängt daher auch von der Viskosität ab. Die zweite Integrationskonstante, die bei der Lösung von (7.68) auftritt, ist so bestimmt, daß $\mathrm{d}\overline{u}/\mathrm{d}y$ gegen unendlich strebt, wenn y gegen null geht. Dort gilt zwar (7.62) nicht mehr (wie gerade besprochen), aber der Grenzübergang $y \to 0$ in (7.62) entspricht einer sehr dünnen viskosen Unterschicht, in der dann $\mathrm{d}\overline{u}/\mathrm{d}y$ entsprechend groß werden muß. Wir setzen die Konstante C dann

$$C = B + \frac{1}{\kappa} \ln \frac{u_*}{\nu} \tag{7.69}$$

und erhalten (7.62) in der dimensionshomogenen Form des logarithmischen Wandgesetzes:

$$\frac{\overline{u}}{u_*} = \frac{1}{\kappa} \ln \left(y\, \frac{u_*}{\nu} \right) + B . \tag{7.70}$$

Diese wichtige Geschwindigkeitsverteilung wird bei jeder turbulenten Strömung in der Nähe einer glatten Wand angetroffen, also sowohl bei der Kanal- und Rohrströmung aber auch bei allen turbulenten Grenzschichtströmungen. (7.70) gilt in einem Bereich, der durch die Ungleichung

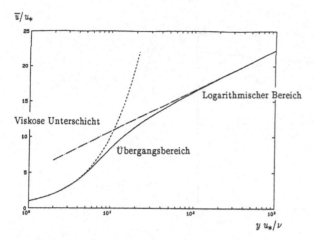

Abbildung 7.1. Universelle Geschwindigkeitsverteilung im logarithmischen Maßstab

$$\frac{\nu}{u_*} \ll y \ll \delta \tag{7.71}$$

beschrieben wird, in der δ für die Grenzschichtdicke, bzw. die halbe Kanalhöhe oder den Rohrradius steht. Die Konstanten κ und B sind ableitungsgemäß von der Viskosität und damit von der Reynoldsschen Zahl (etwa $u_*\delta/\nu$) unabhängig! Sie sind bei glatter Wand absolute Konstanten und müssen durch Experimente bestimmt werden. Aus verschiedenen Meßergebnissen ergeben sich gewisse Streuungen in diesen Werten, die zum Teil darauf zurückzuführen sind, daß voll turbulente Strömung nicht realisiert war, bzw. die Konstanz der Schubspannungen als Folge eines sehr großen Druckgradienten (siehe (7.41)) nicht genügend genau verwirklicht wurde. Für den Bereich

$$30 \leq y\,\frac{u_*}{\nu} \leq 1000 \tag{7.72}$$

erhält man eine sehr gute Übereinstimmung für $\kappa \approx 0,4$ und $B \approx 5$. (Die in der Literatur angegebenen Werte schwanken für κ etwa zwischen 0,36 und 0,41 und für B etwa zwischen 4,4 und 5,85. Für die Anwendungen genügt es völlig, die runden Werte $\kappa = 0,4$ ($1/\kappa = 2,5$) und $B = 5$ zu wählen.)

Das gesamte Wandgesetz läßt sich aufgrund von Messungen in drei Bereiche aufteilen, wobei der Übergang zum jeweils nächsten Bereich natürlich fließend ist:

Viskose Unterschicht (linearer Bereich) $0 < y\,u_*/\nu < 5$,
Übergangsbereich $5 < y\,u_*/\nu < 30$,
Logarithmischer Bereich $y\,u_*/\nu > 30$.

In Abb. 7.1 sind das Geschwindigkeitsprofil in der viskosen Unterschicht und das logarithmische Profil im logarithmischen Maßstab skizziert. Abb. 7.2 zeigt dieselben Profile im linearen Maßstab.

$\overline{u}/u_*$

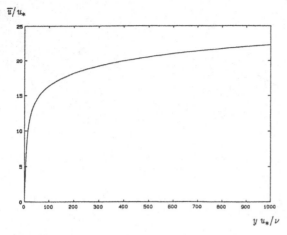

$y\,u_*/\nu$

Abbildung 7.2. Universelle Geschwindigkeitsverteilung im linearen Maßstab

Für den Übergangsbereich sind eine Reihe von analytischen Ausdrücken angegeben worden, die den Charakter von Interpolationsformeln zwischen dem linearen und dem logarithmischen Gesetz haben, aber auch solche, die den gesamten Wandbereich beschreiben. Wir gehen hierauf nicht weiter ein, weil die im folgenden zu besprechenden Widerstandsgesetze den genauen Verlauf der mittleren Geschwindigkeit im Übergangsbereich nicht erfordern. Dieser Verlauf ist aber bei Wärmeübergangsproblemen unter Umständen wichtig.

7.4 Turbulente Strömung in glatten Rohren und Kanälen

Im vorigen Abschnitt wurde gezeigt, daß das universelle Wandgesetz für alle turbulenten Strömungen gilt, aber auf einen Abstand beschränkt ist, der klein im Vergleich zur halben Kanalhöhe h bzw. zum Rohrradius ist. In größerem Abstand von der Wand wird der Einfluß der gegenüberliegenden Wand spürbar, und wie bereits bemerkt, hängt dann die Geschwindigkeitsverteilung auch von der Reynoldsschen Zahl $u_* R/\nu$ ab, wobei R stellvertretend für eine der o. a. typischen Längen steht, so daß die dem Wandgesetz entsprechende Verteilung die Form

$$\frac{\overline{u}}{u_*} = F\left(u_*\frac{R}{\nu}, u_*\frac{y}{\nu}\right) \tag{7.73}$$

annimmt, in der y von der Wand gezählt wird, also beim Kreisquerschnitt $y = R - r$ ist. Wenn wir bei festem u_*/ν den Grenzübergang $u_* R/\nu \to \infty$ betrachten, so verschwindet mit $u_* R/\nu$ auch R selbst aus dem Zusammenhang (7.73), und wir erhalten wieder das Wandgesetz. Beim Grenzübergang

$u_* R/\nu \to \infty$ bei festem R verschwindet auch die Abhängigkeit von y aus der Beziehung. Wir bilden daher die dimensionsanalytisch äquivalente Form

$$\frac{\overline{u}}{u_*} = F\left(u_* \frac{R}{\nu}, \frac{y}{R}\right) \; . \tag{7.74}$$

Für den Grenzfall $u_*/\nu \to \infty$ bei festem R verschwindet wegen $u_* R/\nu \to \infty$ der Einfluß der Reynolds-Zahl und damit der Einfluß der Viskosität auf die Verteilung der mittleren Geschwindigkeit außerhalb des Wandbereiches:

$$\frac{\overline{u}}{u_*} = F\left(\frac{y}{R}\right) \; . \tag{7.75}$$

In dieser Gleichung äußert sich die Viskosität nur indirekt in u_* durch die Schubspannung an der Wand und durch die Bedingung, daß (7.75) an den Wert der Geschwindigkeit angepaßt werden muß, die vom Wandgesetz vorgeschrieben wird. Für die Ermittlung der unbekannten Funktion F gelten dieselben Überlegungen, die zu (7.70) führten, nur daß die Schubspannung τ_t nunmehr von y abhängt. Statt in analoger Weise der Ableitung zu folgen, die zum Logarithmischen Wandgesetz führte, bestimmen wir die Funktion $F(y/R)$ so, daß sie mit dem Wandgesetz $f(u_* y/\nu)$ in dem Gebiet übereinstimmt, für das die beiden Verteilungen ineinander übergehen müssen, d. h. für $y/R \ll 1$ und gleichzeitig $u_* y/\nu \gg 1$. Da der Betrag der Geschwindigkeit im Gegensatz zur Verteilung direkt von der Reynoldsschen Zahl abhängig ist, stellen wir an die Ableitungen die Bedingung, daß sie im Überlappungsgebiet $y_* \gg 1$, $y/R \ll 1$ übereinstimmen:

$$\frac{\mathrm{d}\overline{u}}{\mathrm{d}y} = \frac{u_*}{R} \frac{\mathrm{d}F}{\mathrm{d}\eta} = \frac{u_*^2}{\nu} \frac{\mathrm{d}f}{\mathrm{d}y_*} \; , \tag{7.76}$$

wobei $y_* = y u_*/\nu$ und $\eta = y/R$ ist. Diese Veränderlichen sind voneinander unabhängig, da Änderungen von R beispielsweise y_* unbeeinflußt lassen. Durch Multiplikation mit y/u_* entsteht

$$\eta \frac{\mathrm{d}F}{\mathrm{d}\eta} = y_* \frac{\mathrm{d}f}{\mathrm{d}y_*} = \mathrm{const} \; , \tag{7.77}$$

da die Gleichung nur bestehen kann, wenn beide Seiten gleich einer Konstanten sind. So erhalten wir auf einem völlig anderen Weg durch Integration das Logarithmische Wandgesetz (7.70):

$$f = \frac{\overline{u}}{u_*} = \frac{1}{\kappa} \ln \frac{y u_*}{\nu} + B \; ,$$

und ebenfalls ein logarithmisches Gesetz für den Bereich, in dem sich R bemerkbar macht:

$$F = \frac{\overline{u}}{u_*} = \frac{1}{\kappa} \ln \frac{y}{R} + \mathrm{const} \; . \tag{7.78}$$

Setzt man in (7.78) $y = R$, so folgt wegen $\overline{u}(R) = U_{max}$

$$\frac{\overline{u} - U_{max}}{u_*} = \frac{1}{\kappa} \ln \frac{y}{R} , \qquad (7.79)$$

wobei aber zu bemerken ist, daß (7.78) dann eigentlich außerhalb des Gültigkeitsbereiches angewendet wird, der ableitungsgemäß auf $y/R \ll 1$ beschränkt ist. Die (7.79) entsprechende allgemeinere Form

$$\frac{\overline{u} - U_{max}}{u_*} = f\left(\frac{y}{R}\right) \qquad (7.80)$$

ist als *Mittengesetz* bekannt. Aus der Subtraktion von Wandgesetz und (7.79) gewinnen wir den Ausdruck

$$\frac{U_{max}}{u_*} = \frac{1}{\kappa} \ln\left(u_* \frac{R}{\nu}\right) + B , \qquad (7.81)$$

der explizit aufzeigt, wie die Maximalgeschwindigkeit von der Reynoldsschen Zahl $u_* R/\nu$ abhängt. Für gegebene U_{max} und R ist (7.81) eine implizite Funktion für u_* bzw. für die Schubspannung und damit auch für den Druckgradienten K, $(K = -\partial p/\partial x)$. Daher ist (7.81) bereits ein Widerstandsgesetz. Wir bringen es in die Form (6.60) und benutzen als Bezugsgeschwindigkeit die über den Querschnitt des Rohres gemittelte Geschwindigkeit, die wir mit $\overline{U}$ bezeichnen:

$$\pi R^2 \overline{U} = 2\pi \int\limits_0^R \overline{u}(R - y)\,\mathrm{d}y . \qquad (7.82)$$

Mit dem durch (7.79) gegebenen Verlauf der mittleren Geschwindigkeit $\overline{u}$, der bereits eine gute Beschreibung des gesamten Geschwindigkeitsverlaufes über den Rohrquerschnitt darstellt, erhält man

$$\overline{U} = U_{max} - 3,75 u_* \qquad (7.83)$$

und daher mit (7.81)

$$\frac{\overline{U}}{u_*} = \frac{1}{\kappa} \ln \frac{u_* R}{\nu} + B - 3,75 , \qquad (7.84)$$

eine Beziehung zwischen der Geschwindigkeit $\overline{U}$ und der Wandschubspannung. Mit

$$\tau_w = \varrho\, u_*^2 = \frac{K R}{2} \qquad (7.85)$$

wird

$$\zeta = \frac{l}{d}\,\lambda = \frac{p_1 - p_2}{\overline{U}^2\,\varrho/2} = \frac{K\,l}{\overline{U}^2\,\varrho/2} = 4\,\frac{u_*^2\,l}{\overline{U}^2 R}\;, \tag{7.86}$$

oder

$$\lambda = 8\,\frac{u_*^2}{\overline{U}^2}\;, \tag{7.87}$$

wobei $d = 2R$ ist. Damit schreiben wir die Gleichung (7.84) in der Form

$$2\sqrt{\frac{2}{\lambda}} = \frac{1}{\kappa}\,\ln\left(\frac{1}{4}\,\frac{\overline{U}\,d}{\nu}\,\sqrt{\frac{\lambda}{2}}\right) + B - 3,75\;. \tag{7.88}$$

Wenn wir noch statt des natürlichen Logarithmus den Briggschen (dekadischen) Logarithmus einführen, erhalten wir schließlich

$$\frac{1}{\sqrt{\lambda}} = 2,03\,\lg\left(Re\,\sqrt{\lambda}\right) - 0,8 \tag{7.89}$$

mit der Reynoldsschen Zahl $Re = \overline{U}\,d/\nu$. Die Konstante -0,8 entspricht dabei nicht dem rechnerischen Wert $-[\ln(4\sqrt{2})/\kappa - B + 3,75]/(2\sqrt{2})$, sondern ist Experimenten angepaßt.

Man überzeugt sich leicht, daß sich für den ebenen Kanal der Höhe $2h$ dieselbe Abhängigkeit ergibt, wie in (7.89), wenn die Reynoldssche Zahl mit dem in (6.67) eingeführten hydraulischen Durchmesser (hier $d_h = 4h$) gebildet wird. Allerdings erhält die Konstante in der (7.83) entsprechenden Beziehung einen etwas anderen Wert:

$$\overline{U} = U_{max} - 2,5u_* \tag{7.90}$$

Experimente zeigen, daß die Formel für das Kreisrohr, wie bereits festgestellt, auch den Widerstand für nichtkreisförmige Querschnitte gut beschreibt, wenn die Reynolds-Zahl mit dem hydraulischen Durchmesser gebildet wird. Tatsächlich ist aber die turbulente Strömung nur in Kreisrohren und in Ringspalten eine Schichtenströmung. Im Gegensatz zur laminaren Strömung Newtonscher Flüssigkeiten ist die ausgebildete turbulente Strömung durch Rohre mit allgemeineren Querschnittsformen keine Schichtenströmung mehr. Es bildet sich eine Sekundärströmung mit Geschwindigkeitskomponenten quer zur Achsrichtung aus. Diese Sekundärströmung transportiert Impuls in die „Ecken" (Abb. 7.3), der auch dort große Geschwindigkeiten erzeugt. Das Ergebnis ist, daß die Schubspannung längs der gesamten benetzten Fläche fast konstant ist, was als Voraussetzung für die Anwendbarkeit des hydraulischen Durchmessers anzusehen ist. Daher ist auch nicht zu erwarten, daß die Formel für das Kreisrohr anwendbar bleibt, wenn beispielsweise der Öffnungswinkel eines Dreieckquerschnitts zu klein wird, um eine effektive Sekundärbewegung zu ermöglichen.

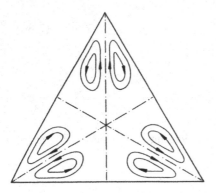

Abbildung 7.3. Sekundärströmung in einem Rohr mit Dreieckquerschnitt

7.5 Turbulente Strömung in rauhen Rohren

Die in der Technik verwendeten Rohre sind stets mehr oder weniger „rauh". Während die Wandrauhigkeit in laminarer Strömung die Widerstandszahl kaum beeinflußt, ist im turbulenten Fall ihr Einfluß dann ganz erheblich, wenn die mittlere Rauhigkeitserhebung k größer ist als die Dicke der viskosen Unterschicht. (Dabei sei angenommen, daß die Rauhigkeit durch k bzw. k/R allein gekennzeichnet ist, wie es bei „dicht stehenden" Rauhigkeiten der Fall ist.) Maßgeblicher Parameter ist das Verhältnis der Rauhigkeitserhebung k zur viskosen Länge ν/u_*. Wenn die Rauhigkeitserhebung k im linearen Bereich des Geschwindigkeitsprofiles liegt, also

$$u_* \frac{k}{\nu} \leq 5 \tag{7.91}$$

ist, so ist der Einfluß auf die Widerstandszahl gering: Man spricht von einer *hydraulisch glatten* Oberfläche. Sind die Rauhigkeitserhebungen erheblich größer als die Dicke des Übergangsbereiches, so spricht man von einer *vollkommen rauhen* Oberfläche, die durch die Ungleichung

$$u_* \frac{k}{\nu} \geq 70 \tag{7.92}$$

charakterisiert ist. Experimente zeigen, daß dann die Viskosität, d. h. die Reynolds-Zahl auf die Widerstandszahl keinen Einfluß mehr hat. Wie wir im Zusammenhang mit (7.69) bzw. (7.70) gesehen haben, tritt der Reibungseinfluß nur über die Integrationskonstante C im logarithmischen Wandgesetz auf. Im Fall der vollkommen rauhen Wand existiert die viskose Unterschicht nicht mehr. Die Konstante C ist nunmehr so zu bestimmen, daß eine dimensionshomogene Form der Geschwindigkeitsverteilung entsteht, in der die Viskosität nicht mehr erscheint. Wir setzen daher

$$C = B - \frac{1}{\kappa} \ln k \tag{7.93}$$

und werden so auf das logarithmische Wandgesetz

$$\frac{\overline{u}}{u_*} = \frac{1}{\kappa} \ln \frac{y}{k} + B \qquad (7.94)$$

für vollkommen rauhe Oberflächen geführt. Die Konstante B ergibt sich aus Messungen:

$$B = 8,5 . \qquad (7.95)$$

Das Mittengesetz (7.79) wird durch die Wandrauhigkeit nicht beeinflußt; diese Gleichung gilt weiterhin ebenso wie die Gleichung (7.83). Daher erhalten wir die (7.84) entsprechende Gleichung zu

$$\frac{\overline{U}}{u_*} = \frac{1}{\kappa} \ln \frac{R}{k} + 8,5 - 3,75 . \qquad (7.96)$$

Mit (7.87) gewinnen wir sofort das Widerstandsgesetz des vollkommen rauhen Rohres zu

$$\lambda = 8 \left(2,5 \ln \frac{R}{k} + 4,75 \right)^{-2} \qquad (7.97)$$

oder wenn man wieder den Briggschen Logarithmus einführt

$$\lambda = \left(2 \lg \frac{R}{k} + 1,74 \right)^{-2} , \qquad (7.98)$$

wobei die sich rechnerisch ergebende Konstante 1,68 durch den Wert 1,74 ersetzt ist, der eine bessere Übereinstimmung mit den Experimenten ergibt. Wir geben noch die *Colebrookesche Widerstandsformel* an:

$$\frac{1}{\sqrt{\lambda}} = 1,74 - 2 \lg \left(\frac{k}{R} + \frac{18,7}{Re \sqrt{\lambda}} \right) , \qquad (7.99)$$

die den ganzen Bereich von „hydraulisch glatt" bis „vollkommen rauh" gut interpoliert. Man überzeugt sich leicht, daß für $Re \to \infty$ (also verschwindenden Zähigkeitseinfluß) Gleichung (7.98) erhalten wird, und für $k/R \to 0$ die Widerstandsformel des glatten Rohres (7.89) entsteht. Für praktische Zwecke ist in Abb. 7.4 eine graphische Darstellung der Colebrookeschen Formel gegeben.

Mit wachsender Reynolds-Zahl wird die viskose Länge ν/u_* und damit auch die Rauhigkeitserhebung immer kleiner, ab der das Rohr als vollkommen rauh anzusehen ist (d. h. (7.98) gültig wird). Setzt man (7.92) mit dem Gleichheitszeichen in (7.98) ein und ersetzt dann mit (7.87) u_* durch $\overline{U} (\lambda/8)^{1/2}$, so erhält man die Grenzkurve $\lambda_G = f(Re)$, die in Abb. 7.4 als gestrichelte Linie eingetragen ist.

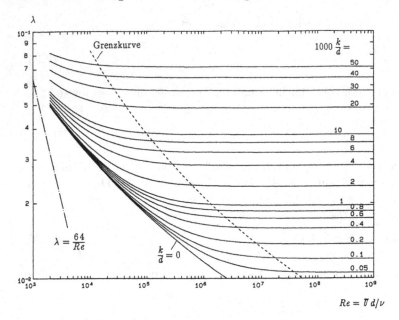

Abbildung 7.4. Widerstandszahl für Kreisrohre

8
Hydrodynamische Schmierung

8.1 Reynoldssche Gleichung der Schmiertheorie

Geometrisch kennzeichnendes Merkmal der im Kapitel 6 besprochenen Schichtenströmungen ist ihre unendliche Ausdehnung in Strömungsrichtung und die Tatsache, daß der Strömungsquerschnitt in Strömungsrichtung unveränderlich ist. Aufgrund dieser kinematischen Einschränkungen verschwinden die nichtlinearen Glieder in den Bewegungsgleichungen, was die mathematische Behandlung stark vereinfacht. Schichtenströmungen treten in der Natur zwar nie wirklich auf, sie sind aber gute Modelle für Strömungen, deren Abmessungen in Strömungsrichtung viel größer sind als in Querrichtung, welche oft in den Anwendungen angetroffen werden. Häufig ist aber der Querschnitt nicht konstant, sondern ändert sich, wenn auch nur schwach, in Strömungsrichtung. Neben den Kanal- und Rohrströmungen mit schwach veränderlichem Querschnitt ist das typische Beispiel die *Gleitlagerströmung* der Abb. 6.3, wo durch Verlagerung des Zapfens ein Strömungskanal mit leicht veränderlichem Querschnitt entsteht. Wir suchen jetzt ein Kriterium für die Vernachlässigbarkeit der konvektiven Glieder und betrachten den in Abb. 8.1 dargestellten Schmierspalt, der aus dem Strömungskanal der einfachen Scherströmung

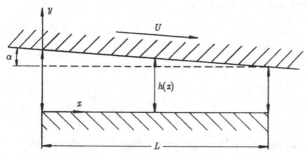

Abbildung 8.1. Schmierspalt

© Springer-Verlag GmbH Deutschland, ein Teil von Springer Nature 2019
J. Spurk und N. Aksel, *Strömungslehre*,
https://doi.org/10.1007/978-3-662-58764-5_8

entsteht, wenn die obere Wand unter einem kleinen Winkel α zur x-Achse geneigt ist. Da die Flüssigkeit an der Wand haftet, wird sie in den sich verengenden Spalt gezogen, so daß sich dort ein Druck aufbaut, der für $h/L \ll 1$ ganz beträchtlich wird und z. B. eine Last tragen kann, die auf die obere Wand wirkt.

Die weiteren grundsätzlichen Betrachtungen über die Vernachlässigbarkeit der konvektiven Glieder können unter der Annahme ebener und stationärer Strömung geführt werden. An der unteren Wand verschwindet die Wandnormalkomponente der Geschwindigkeit (hier die y-Komponente) infolge der kinematischen Randbedingung. Genau dasselbe gilt natürlich an der oberen Wand, infolge der Haftbedingung ist die Komponente der Geschwindigkeit in y-Richtung dann $v = -\alpha U$ und ist auch überall im Schmierspalt höchstens von der Größenordnung αU. Dann ergibt sich aus der Kontinuitätsgleichung

$$\frac{\partial u}{\partial x} + \frac{\partial v}{\partial y} = 0$$

für die hier vorausgesetzte ebene, inkompressible Strömung die Abschätzung

$$\frac{\partial u}{\partial x} \sim \alpha \, \frac{U}{\overline{h}} \, , \tag{8.1}$$

so daß aus der ersten Komponente der Navier-Stokesschen Gleichung (4.9a) bei Vernachlässigung der Volumenkräfte die Größenordnungsgleichung

$$\varrho \left(\alpha \, \frac{U^2}{\overline{h}} + \alpha \, \frac{U^2}{\overline{h}} \right) \sim -\frac{\partial p}{\partial x} + \eta \left(\alpha^2 \frac{U}{\overline{h}^2} + \frac{U}{\overline{h}^2} \right) \tag{8.2}$$

entsteht. Hierbei ist $\overline{h}$ ein mittlerer Abstand zwischen der unteren und der oberen Wand, der bei Gleitlagern typischerweise von der Größenordnung

$$\overline{h} \sim \alpha \, L \tag{8.3}$$

ist. Für $\alpha \ll 1$ vernachlässigen wir den ersten Term in der Klammer auf der rechten Seite und erhalten für das Verhältnis der konvektiven Terme zum verbleibenden Reibungsterm den Ausdruck

$$\frac{\varrho \, \alpha \, U^2/\overline{h}}{\eta \, U/\overline{h}^2} = \alpha \, Re \, , \tag{8.4}$$

wobei

$$Re = \frac{\varrho \, U \, \overline{h}}{\eta} \tag{8.5}$$

die mit mittlerem Wandabstand und Wandgeschwindigkeit gebildete Reynoldssche Zahl ist. Folglich sind die konvektiven Terme, in stationärer Strömung also alle Trägheitsglieder, zu vernachlässigen, wenn gilt

$$\alpha\,Re \ll 1\ . \tag{8.6}$$

Wir betonen, daß eine kleine Reynolds-Zahl zwar hinreichend aber nicht notwendig für (8.6) ist. Tatsächlich können in Gleitlagern so hohe Reynolds-Zahlen erreicht werden, daß die Strömung turbulent wird. Wir wollen uns aber in diesem Kapitel auf die laminare Strömung beschränken.

Das Kriterium (8.6) ist auch für instationäre Strömungen gültig, wenn die typische Zeit τ von der Größenordnung L/U bzw. $\overline{h}/(\alpha\,U)$ ist, da dann die lokale Beschleunigung von derselben Größenordnung wie die konvektive ist.

Unter der Bedingung (8.6) müssen sich die von α freien Glieder in (8.2) die Waage halten, und die x-Komponente der Navier-Stokesschen Gleichungen reduziert sich auf

$$\frac{\partial p}{\partial x} = \eta\,\frac{\partial^2 u}{\partial y^2}\ . \tag{8.7}$$

Aus der Komponente der Navier-Stokesschen Gleichungen in y-Richtung entsteht mit (8.1) wegen $v \sim \alpha\,U$ die Größenordnungsgleichung

$$\varrho\left(\alpha^2\frac{U^2}{\overline{h}} + \alpha^2\frac{U^2}{\overline{h}}\right) \sim -\frac{\partial p}{\partial y} + \eta\left(\alpha^3\frac{U}{\overline{h}^2} + \alpha\frac{U}{\overline{h}^2}\right)\ , \tag{8.8}$$

aus der wir auf die Gleichung

$$0 = \frac{\partial p}{\partial y} \tag{8.9}$$

schließen. (8.7) und (8.9) entsprechen aber genau den Differentialgleichungen der Druck-Schleppströmung (6.13) und (6.14). Wir können daher sofort die Lösung übernehmen (wobei wegen $\alpha \ll 1$ die x-Komponente der Wandgeschwindigkeit gleich U ist):

$$\frac{u}{U} = \frac{y}{h(x)} - \frac{\partial p}{\partial x}\frac{h^2(x)}{2\eta\,U}\left(1 - \frac{y}{h(x)}\right)\frac{y}{h(x)}\ . \tag{8.10}$$

Da die Spalthöhe h von der Koordinate x abhängt, ist die Strömung nur „lokal" eine Druck-Schleppströmung.

Wir berechnen nun den Volumenstrom in x-Richtung pro Tiefeneinheit (d. h. pro Längeneinheit in z-Richtung)

$$\dot{V}_x = \int\limits_0^{h(x)} \vec{u}\cdot\vec{e}_x\,\mathrm{d}y = \int\limits_0^{h(x)} u\,\mathrm{d}y\ , \tag{8.11}$$

der für die hier betrachtete ebene Strömung unabhängig von x sein muß. Aus (8.11) folgt wie bei der Kanalströmung

$$\dot{V}_x = \frac{1}{2}\,U\,h(x) - \frac{\partial p}{\partial x}\frac{h^3(x)}{12\eta}\ , \tag{8.12}$$

und die anschließende Differentiation nach x ergibt eine Differentialgleichung für die Druckverteilung im ebenen Spalt:

$$\frac{\partial}{\partial x}\left(\frac{h^3}{\eta}\frac{\partial p}{\partial x}\right) = 6U\,\frac{\partial h}{\partial x}. \tag{8.13}$$

Diese Gleichung ist die für die ebene Strömung gültige Form einer allgemeineren Gleichung, die wir jetzt entwickeln, und die ebenfalls als *Reynoldssche Gleichung* bezeichnet wird, aber selbstverständlich von Gleichung (7.16) zu unterscheiden ist, die denselben Namen trägt.

Existiert zusätzlich auch eine Strömung in z-Richtung, so tritt zu (8.7) die Gleichung

$$\frac{\partial p}{\partial z} = \eta\,\frac{\partial^2 w}{\partial y^2}\,, \tag{8.14}$$

die dieselbe Form hat wie (8.7). Um den Volumenstrom pro Tiefeneinheit $\dot{V}_z$ in z-Richtung zu berechnen, genügt es deshalb, in (8.12) $\partial p/\partial x$ durch $\partial p/\partial z$ zu ersetzen und für die Wandgeschwindigkeit in z-Richtung W zu schreiben:

$$\dot{V}_z = \frac{1}{2}\,W\,h(x,z) - \frac{\partial p}{\partial z}\,\frac{h^3(x,z)}{12\eta}\,, \tag{8.15}$$

wobei wir zugelassen haben, daß die Spalthöhe nunmehr zusätzlich von z abhängt.

Im allgemeinen Fall lassen wir auch in (8.12) die Abhängigkeit $h(x,z)$ zu. Die beiden Volumenströme $\dot{V}_x$ und $\dot{V}_z$ fassen wir vektoriell in

$$\vec{V} = \dot{V}_x\vec{e}_x + \dot{V}_z\vec{e}_z \tag{8.16}$$

zusammen. Dieses ebene Feld muß offensichtlich die Kontinuitätsgleichung

$$\frac{\partial\dot{V}_x}{\partial x} + \frac{\partial\dot{V}_z}{\partial z} = 0 \tag{8.17}$$

erfüllen, was man sich leicht veranschaulicht, wenn man die Kontinuitätsgleichung in integraler Form (2.8) auf ein zylindrisches Kontrollvolumen der Grundfläche $dx\,dz$ anwendet. Mit (8.12) und (8.15) entsteht aus (8.17) unmittelbar die Reynoldssche Gleichung

$$\frac{\partial}{\partial x}\left(\frac{h^3}{\eta}\frac{\partial p}{\partial x}\right) + \frac{\partial}{\partial z}\left(\frac{h^3}{\eta}\frac{\partial p}{\partial z}\right) = 6\left(\frac{\partial(h\,U)}{\partial x} + \frac{\partial(h\,W)}{\partial z}\right)\,. \tag{8.18}$$

Wenn die Platten starre Körper sind, verschwinden auf der rechten Seite die Ableitungen $\partial U/\partial x$ und $\partial W/\partial z$. Außerdem ist in der Regel auch die Plattengeschwindigkeit W in die z-Richtung null.

8.2 Statisch belastete Gleitlager

8.2.1 Unendlich langes Radiallager

Für das in z-Richtung unendlich ausgedehnte Radiallager der Abb. 8.2 gehen wir direkt von (8.12) aus. Der Halbmesser der Lagerschale sei

$$R_S = R + \overline{h} = R\left(1 + \frac{\overline{h}}{R}\right) , \tag{8.19}$$

wenn $\overline{h}$ die mittlere Höhe des Schmierspaltes (radiales Spiel) und R der Halbmesser des Lagerzapfens ist. Typische Werte des *relativen Lagerspiels*

$$\psi = \frac{R_S - R}{R} = \frac{\overline{h}}{R} \tag{8.20}$$

liegen im Bereich von 10^{-3}. Wenn der Mittelpunkt des Lagerzapfens um die Strecke e auf der Linie $\varphi = 0$ versetzt ist, so ist der Abstand zur Zapfenoberfläche gemessen vom Mittelpunkt der Lagerschale für $e/R \ll 1$

$$r = R + e\cos\varphi = R\left(1 + \frac{e}{R}\cos\varphi\right) , \tag{8.21}$$

und der Abstand zwischen Zapfenoberfläche und Lagerschale ergibt sich wegen $\psi \ll 1$ zu

$$h(\varphi) = R_S - r = \overline{h}(1 - \epsilon\cos\varphi) , \tag{8.22}$$

wobei

$$\epsilon = \frac{e}{\overline{h}} \tag{8.23}$$

die *relative Exzentrizität* ist.
Die Tatsache, daß der Schmierspalt gekrümmt ist, spielt bei sehr kleinen ψ keine Rolle; wir denken uns den Schmierspalt abgewickelt (Abb. 8.3) und setzen $dx = R\,d\varphi$. (8.12) schreiben wir mit den eingeführten Bezeichnungen in der Form

$$\frac{\dot{V}_x}{h^3(\varphi)} = \frac{\Omega R}{2h^2(\varphi)} - \frac{1}{12\eta R}\frac{\partial p}{\partial \varphi} , \tag{8.24}$$

integrieren diese Gleichung von 0 bis 2π und erhalten wegen $p(0) = p(2\pi)$ den (konstanten) Volumenstrom $\dot{V}_x$ zu

$$\dot{V}_x = \frac{\Omega R \overline{h}}{2} \int\limits_0^{2\pi} \left(\frac{\overline{h}}{h(\varphi)}\right)^2 d\varphi \left(\int\limits_0^{2\pi}\left(\frac{\overline{h}}{h(\varphi)}\right)^3 d\varphi\right)^{-1} . \tag{8.25}$$

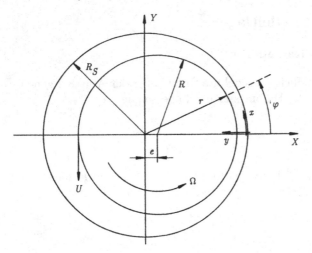

Abbildung 8.2. Geometrie des Radiallagers

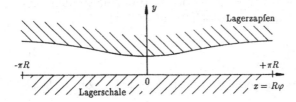

Abbildung 8.3. Schmierspalt des Radiallagers

Die auftretenden Integrale lassen sich durch die Substitution

$$\frac{h(\varphi)}{\overline{h}} = 1 - \epsilon \cos \varphi = \frac{1 - \epsilon^2}{1 + \epsilon \cos \chi} \tag{8.26}$$

elementar auswerten, wir bezeichnen sie aber vorläufig mit den Abkürzungen I_2 und I_3:

$$\dot{V}_x = \frac{1}{2} \Omega R^2 \psi \frac{I_2}{I_3} \ . \tag{8.27}$$

Der Druckgradient folgt damit aus (8.12) zu

$$\frac{\partial p}{\partial x} = \frac{1}{R} \frac{\partial p}{\partial \varphi} = 6 \frac{\eta \Omega R}{h^2(\varphi)} \left(1 - \frac{\overline{h}}{h(\varphi)} \frac{I_2}{I_3} \right) \ . \tag{8.28}$$

Von besonderem technischen Interesse ist die von der Flüssigkeit auf den Zapfen ausgeübte Kraft, bzw. die „Tragkraft" des Lagers, die dem Negativen dieser Kraft pro Tiefeneinheit entspricht:

$$\vec{F} = \int_0^{2\pi} \vec{t} R \, d\varphi \ , \tag{8.29}$$

wobei $\vec{t}$ der Spannungsvektor mit den Komponenten t_X und t_Y im X-Y-Koordinatensystem der Abb. 8.2 ist. Zur Berechnung des Spannungsvektors betrachten wir zunächst die Komponenten des Spannungstensors im x-y-System des Schmierspaltes, wo die Strömung lokal eine Schichtenströmung ist, also die Komponenten $\tau_{xx} = \tau_{yy} = -p$ und $\tau_{xy} = \tau_{yx} = \eta\,\partial u/\partial y$ hat, für deren Verhältnis wegen (8.28) die Größenordnungsgleichung

$$\frac{\tau_{xx}}{\tau_{xy}} \sim \frac{\eta\,U\,R/\overline{h}^2}{\eta\,U/\overline{h}} = \frac{R}{\overline{h}} = \frac{1}{\psi} \tag{8.30}$$

gilt. Es genügt also nur die Normalspannungen $-p$ zu betrachten. Der Spannungsvektor am Zapfen hat also die Form $\vec{t} = -p\,\vec{n}$, wobei $\vec{n}$ die Komponenten $n_X = \cos\varphi$ und $n_Y = \sin\varphi$ besitzt. Daher ist

$$F_X = -\int_0^{2\pi} p\,\cos\varphi\,R\,\mathrm{d}\varphi \tag{8.31}$$

und

$$F_Y = -\int_0^{2\pi} p\,\sin\varphi\,R\,\mathrm{d}\varphi\;. \tag{8.32}$$

Da $\cos\varphi$ eine gerade Funktion ist, sind auch $h(\varphi)$ und alle Potenzen davon gerade Funktionen. Nach (8.28) ist dann auch $\partial p/\partial\varphi$ eine gerade Funktion, und der Druck selbst muß eine ungerade Funktion von φ sein. Daher verschwindet die X-Komponente der Kraft. Die Y-Komponente hält der auf den Zapfen wirkenden Belastung die Waage, und der Zapfen verlagert sich senkrecht zur Richtung der angreifenden Kraft. Partielle Integration der Gleichung (8.32) liefert

$$F_Y = R\,p\,\cos\varphi\big|_0^{2\pi} - R\int_0^{2\pi} \frac{\partial p}{\partial\varphi}\,\cos\varphi\,\mathrm{d}\varphi\;. \tag{8.33}$$

Der erste Term der rechten Seite verschwindet, und wir erhalten

$$F_Y = -6\,\frac{\eta\,\Omega\,R}{\psi^2}\int_0^{2\pi}\left(\left(\frac{\overline{h}}{h(\varphi)}\right)^2 - \frac{I_2}{I_3}\left(\frac{\overline{h}}{h(\varphi)}\right)^3\right)\cos\varphi\,\mathrm{d}\varphi\;. \tag{8.34}$$

Das erste Teilintegral bezeichnen wir mit I_4, das zweite mit I_5 und bringen (8.34) in die Form

$$So = F_Y\,\frac{\psi^2}{\eta\,\Omega\,R} = 6\,\frac{I_2 I_5 - I_3 I_4}{I_3}\;. \tag{8.35}$$

Links steht nun eine dimensionslose Kraft, die als *Sommerfeld-Zahl* bezeichnet wird. Oft wird in der Definition $2R$ statt R benutzt, also $So = F_Y \psi^2/(2\eta\Omega R)$; damit ergibt sich für die in der amerikanischen Literatur verwendete Sommerfeld-Zahl S der Zusammenhang $S = 1/(2\pi So)$.

Schließlich berechnen wir noch das Reibungsmoment, das durch die Schubspannung auf den Zapfen übertragen wird. Zunächst ergibt sich für die Schubspannung aus (8.10)

$$\tau_{xy} = \eta \left.\frac{\partial u}{\partial y}\right|_h = \eta U \left(\frac{1}{h} + \frac{\partial p}{\partial x}\frac{h}{2\eta U}\right) , \tag{8.36}$$

mit (8.28) dann

$$\tau_{xy} = \eta \frac{\Omega}{\psi}\left(4\frac{\overline{h}}{h} - 3\frac{I_2}{I_3}\frac{\overline{h}^2}{h^2}\right) , \tag{8.37}$$

damit dann für das Reibungsmoment

$$M = R^2 \int_0^{2\pi} \tau_{xy}\mathrm{d}\varphi = \frac{\eta\,\Omega\,R^2}{\psi}\left(4I_1 - 3\frac{I_2^2}{I_3}\right) , \tag{8.38}$$

bzw.

$$M\frac{\psi}{\eta\,\Omega\,R^2} = \frac{4I_1 I_3 - 3I_2^2}{I_3} . \tag{8.39}$$

Wir geben noch der Reihe nach die Integrale an:

$$I_1 = \int_0^{2\pi} (1 - \epsilon\cos\varphi)^{-1}\mathrm{d}\varphi = \frac{2\pi}{(1-\epsilon^2)^{1/2}} ; \tag{8.40}$$

$$I_2 = \int_0^{2\pi} (1 - \epsilon\cos\varphi)^{-2}\mathrm{d}\varphi = \frac{2\pi}{(1-\epsilon^2)^{3/2}} ; \tag{8.41}$$

$$I_3 = \int_0^{2\pi} (1 - \epsilon\cos\varphi)^{-3}\mathrm{d}\varphi = \frac{\pi(2+\epsilon^2)}{(1-\epsilon^2)^{5/2}} ; \tag{8.42}$$

$$I_4 = \int_0^{2\pi} \cos\varphi\,(1 - \epsilon\cos\varphi)^{-2}\mathrm{d}\varphi = \frac{I_2 - I_1}{\epsilon} ; \tag{8.43}$$

$$I_5 = \int_0^{2\pi} \cos\varphi\,(1 - \epsilon\cos\varphi)^{-3}\mathrm{d}\varphi = \frac{I_3 - I_2}{\epsilon} . \tag{8.44}$$

Die Gleichungen (8.27), (8.35) und (8.39) lassen sich nun auch explizit als Funktion der relativen Exzentrizität ϵ darstellen:

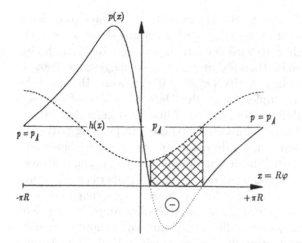

Abbildung 8.4. Druckverteilung im Schmierspalt

$$\dot{V}_x (\Omega\, R^2 \psi)^{-1} = \frac{1 - \epsilon^2}{2 + \epsilon^2}\,, \tag{8.45}$$

$$So = F_Y \psi^2 (\eta\,\Omega\, R)^{-1} = \frac{12\pi\,\epsilon}{\sqrt{1 - \epsilon^2}(2 + \epsilon^2)}\,, \tag{8.46}$$

$$M\,\psi (\eta\,\Omega\, R^2)^{-1} = \frac{4\pi(1 + 2\epsilon^2)}{\sqrt{1 - \epsilon^2}(2 + \epsilon^2)}\,. \tag{8.47}$$

Aus (8.46) entnehmen wir, daß die Exzentrizität sehr klein wird ($\epsilon > 0$), wenn das Lager entweder nur schwach belastet ist, oder aber die Drehzahl ($\sim \Omega$) sehr groß wird. Man spricht dann von „schnell laufenden Lagern". Im Grenzfall $\epsilon \to 0$ folgt für das Reibmoment

$$M = 2\pi\,\eta\,\Omega\,\frac{R^2}{\psi}\,; \tag{8.48}$$

ein Ergebnis, das wir schon früher erhalten haben (vgl. Abschnitt 6.1.2) und das als *Petroffsche Formel* bekannt ist. Wir entnehmen den Gleichungen weiter, daß mit kleiner werdender Zähigkeit η sowohl die Tragfähigkeit als auch das Reibmoment abnehmen.

Die Druckverteilung läßt sich aus (8.28) mit der Substitution (8.26) durch Quadratur ermitteln. Man erhält schließlich

$$p = C - 6\,\frac{\eta\,\Omega}{\psi^2}\,\epsilon\,\frac{\sin\varphi(2 - \epsilon\cos\varphi)}{(2 + \epsilon^2)(1 - \epsilon\cos\varphi)^2}\,. \tag{8.49}$$

Da wir bisher nur Randbedingungen an die Geschwindigkeit gestellt haben, ist der Druck (wie immer in inkompressibler Strömung) nur bis auf eine Konstante bestimmt. Diese Konstante kann physikalisch festgelegt werden, wenn an einer Stelle $\varphi = \varphi_A$ (meistens $\varphi_A = \pi$) der Druck p_A durch eine axiale

Schmiernut vorgeschrieben wird, in der der Druck z. B. durch den Ölpumpen-
druck aufrechterhalten wird oder in der Öl unter Umgebungsdruck zugeführt
wird. Ist dieser Druck zu niedrig, so wird der Druck im Lager theoretisch negativ (Abb. 8.4). Flüssigkeiten im thermodynamischen Gleichgewicht können
aber keine Zugspannungen (d. h. negative Drücke) übertragen. Bekanntlich
beginnt die Flüssigkeit zu verdampfen, wenn der Dampfdruck $p_D(T)$ unterschritten wird. Man spricht dann davon, daß die Flüssigkeit „kavitiert", d. h.
Hohlräume bildet, die mit Dampf gefüllt sind. (Diese Erscheinung tritt natürlich nicht nur in Gleitlagern auf, sondern immer, wenn bei Strömungen
tropfbarer Flüssigkeiten der Druck in der Strömung unter den Dampfdruck
absinkt.) Diese *Zweiphasenströmung* ist so schwierig, daß bisher keine Lösung
für dieses Kavitationsgebiet bekannt ist. Man beobachtet experimentell, daß
beim Erreichen der Kavitationsgrenze der Flüssigkeitsfilm aufreißt und sich
„Flüssigkeitssträhnen" bilden, während die Hohlräume mit Dampf bzw. mit
eingedrungener Luft gefüllt sind, wenn das Lager an seinen Enden der Atmosphäre ausgesetzt ist. Auf jeden Fall bleibt festzuhalten, daß die Flüssigkeit
den sich erweiternden Spalt nicht mehr ausfüllt, und daher die Kontinuitätsgleichung in der Form (8.17) in diesem Gebiet nicht erfüllt ist. Folglich gelten
auch alle Schlüsse, die auf dieser Gleichung beruhen, insbesondere die Anti-
symmetrie der Druckverteilung sowie das Verschwinden der X-Komponente
der Kraft dann nicht mehr. Wie Experimente zeigen, ist der Druck in diesem
Gebiet praktisch konstant und beim „belüfteten" Lager gleich dem Atmo-
sphärendruck. Aufgrund dieses experimentellen Befundes empfiehlt es sich
also, den Druck im Kavitationsgebiet gleich dem Umgebungsdruck, bzw. den
Druckunterschied zur Umgebung, der alleine einen Beitrag zur Tragfähigkeit macht, null zu setzen. Die Ausdehnung des Kavitationsgebietes ist aber
zunächst unbekannt und muß zusammen mit der Druckverteilung berechnet
werden.

Auf ein etwas einfacheres Problem wird man geführt, wenn man die
sogenannten *Reynoldsschen Randbedingungen* zugrunde legt. Hierbei wird
angenommen, daß das Kavitationsgebiet immer an der dicksten Stelle des
Schmierfilms endet ($\varphi = \pi$), dort also der Druckaufbau beginnt, so daß die
zugehörige Randbedingung

$$p(\pi) = 0 \tag{8.50}$$

lautet. Im allgemeinen wird man diese Randbedingung nur erfüllen, wenn an
dieser Stelle über eine Schmiernut Öl drucklos (d. h. mit Umgebungsdruck)
zugeführt wird. Das Ende der Druckverteilung, also der Beginn des Kavitationsgebietes ist durch das gleichzeitige Erfüllen der beiden Bedingungen

$$p(\varphi_E) = 0 \, , \qquad \left. \frac{\mathrm{d}p}{\mathrm{d}\varphi} \right|_{\varphi_E} = 0 \tag{8.51}$$

zu ermitteln. Gemessene Druckverteilungen stimmen gut mit Berechnungen
auf Grundlage dieser Randbedingungen überein, wobei sich auch zeigt, daß
die Position des Druckanfangs nicht kritisch ist.

8.2.2 Unendlich kurzes Radiallager

Der andere Grenzfall von erheblichem Interesse ist das unendlich kurze Radiallager, dessen Breite B sehr viel kleiner ist als der Zapfendurchmesser. Bei diesem Lager ist der Volumenfluß infolge des Druckgradienten in x-Richtung vernachlässigbar, nicht aber die reine Schleppströmung in diese Richtung. Folglich fällt der Term $\partial p/\partial x$ in (8.18) heraus, und die Integration über z führt uns auf die Gleichung

$$p = 6\,\frac{\eta\,\Omega\,R}{h^3}\,\frac{\mathrm{d}h}{\mathrm{d}x}\,\frac{z^2}{2} + C_1 z + C_2 \; . \tag{8.52}$$

Die Integrationskonstanten bestimmen sich aufgrund der Randbedingung

$$p\left(z = +\frac{B}{2}\right) = p\left(z = -\frac{B}{2}\right) = 0 \; , \tag{8.53}$$

so daß sich die Druckverteilung zu

$$p = -3\,\frac{\eta\,\Omega}{R^2\psi^2}\left(\frac{B^2}{4} - z^2\right)\frac{\epsilon\,\sin\varphi}{(1 - \epsilon\cos\varphi)^3} \tag{8.54}$$

ergibt, die wieder antisymmetrisch und für $0 < \varphi < \pi$ negativ ist. In der Praxis wird dann der Druck in diesem Gebiet gleich null gesetzt. Diese als *Halbe Sommerfeld-Randbedingung* bezeichnete Maßnahme, negative Drücke zu eliminieren, wird zuweilen auch beim unendlichen Radiallager angewendet, sie liefert aber Ergebnisse, die mit den Experimenten weniger gut übereinstimmen als die theoretischen Ergebnisse, die auf den Reynoldsschen Randbedingungen basieren.

Aus (8.31) und (8.32) lassen sich, wenn man zusätzlich über die Lagerbreite integriert, mit der Substitution (8.26) die Kraftkomponenten explizit ermitteln:

$$F_X = -\frac{\eta\,\Omega\,B^3}{\psi^2 R}\,\frac{\epsilon^2}{(1 - \epsilon^2)^2} \; , \tag{8.55}$$

$$F_Y = \frac{\eta\,\Omega\,B^3}{4\psi^2 R}\,\frac{\pi\,\epsilon}{(1 - \epsilon^2)^{3/2}} \; . \tag{8.56}$$

8.2.3 Endlich langes Radiallager

Es ist bemerkenswert, daß sich auch für das endliche Radiallager eine analytische Lösung auf Basis der Sommerfeldschen Randbedingungen finden läßt, die allerdings ebenfalls eine antisymmetrische Druckverteilung mit negativen Drücken liefert, die im Lager aber nicht realisiert werden. Die Berechnung des Lagers unter den realistischeren Reynoldsschen Randbedingungen erfordert numerische Methoden, da der Druckauslauf, also die Kurve, an der $p = \mathrm{d}p/\mathrm{d}\varphi = 0$ angetroffen wird, unbekannt ist.

Wenn an der Stelle $\varphi = \pi$ keine Schmiernut vorhanden ist, die dort den Druck festlegt, so erfolgt auch der Beginn der Druckverteilung längs einer zunächst unbekannten Kurve, die durch die Randbedingungen an den Druck ($p = 0$) und an den Druckgradienten ($\partial p/\partial n = 0$) festgelegt ist. Experimentelle Befunde zeigen aber, daß diese Randbedingungen den Druckbeginn bzw. den Druckauslauf nicht sehr genau (für die meisten Anwendungen jedoch genau genug) beschreiben. Die tatsächlichen Randbedingungen würden die Behandlung der Strömung im „drucklosen" Gebiet erfordern, wo die Strömung sehr verwickelt ist und auch Kapillarspannungen eine erhebliche Rolle spielen.

8.3 Dynamisch belastete Gleitlager

Eine dynamische Lagerbelastung tritt dann auf, wenn der Zapfenmittelpunkt eine Bewegung ausführt. Die so verursachten Kräfte können unter Umständen die Zapfenbewegung vergrößern. Man spricht dann von *Hydrodynamischer Instabilität*, die typischerweise bei einer Frequenz auftritt, die der halben Drehfrequenz der Welle entspricht. Damit sind die weiter oben besprochenen Voraussetzungen ($\tau \sim \Omega^{-1} \sim R/U$) für die Vernachlässigung der lokalen Beschleunigung $\partial u/\partial t$ gegeben, und es ist nur der Einfluß der Zapfenbewegung auf die Kontinuitätsgleichung (8.17) zu berücksichtigen. Die Bewegung des Zapfens verursacht einen Volumenstrom (pro Flächeneinheit) in y-Richtung, der durch $\vec{u} \cdot \vec{n}$ festgelegt ist, wobei $\vec{u}$ die Strömungsgeschwindigkeit am Zapfen, also an der oberen Wand des Schmierspaltes ist. Die Spalthöhe h ist nun eine Funktion der Zeit, im allgemeinsten Fall also durch die Gleichung

$$y = h(x, z, t) \, , \tag{8.57}$$

bzw. in impliziter Form

$$F(x, y, z, t) = y - h(x, z, t) = 0 \, , \tag{8.58}$$

zu beschreiben. Die kinematische Randbedingung (4.170) $\mathrm{D}F/\mathrm{D}t = 0$ ergibt sofort

$$\vec{u} \cdot \vec{n} = -\frac{\partial F/\partial t}{|\nabla F|} \, , \tag{8.59}$$

oder da

$$|\nabla F| = \sqrt{1 + \left(\frac{\partial h}{\partial x}\right)^2 + \left(\frac{\partial h}{\partial z}\right)^2} \approx 1$$

ist, auch

$$\vec{u} \cdot \vec{n} = \frac{\partial h}{\partial t} \ . \tag{8.60}$$

Dieser Term ist auf der linken Seite von Gleichung (8.17) hinzuzufügen, so daß dann die Reynoldssche Gleichung

$$\frac{\partial}{\partial x}\left(\frac{h^3}{\eta}\frac{\partial p}{\partial x}\right) + \frac{\partial}{\partial z}\left(\frac{h^3}{\eta}\frac{\partial p}{\partial z}\right) = 6\left(\frac{\partial(hU)}{\partial x} + \frac{\partial(hW)}{\partial z} + 2\frac{\partial h}{\partial t}\right) \tag{8.61}$$

zu integrieren ist.

8.3.1 Unendlich langes Radiallager

Wir benutzen (8.61) für das unendlich ausgedehnte Lager, berechnen aber jetzt nur den Anteil des Druckfeldes, der von der Zapfenbewegung entlang der X-Achse herrührt. Die Gleichung der Spaltfunktion (8.22) nimmt nun die Form

$$h(\varphi, t) = \overline{h}[1 - \epsilon(t)\cos\varphi] \tag{8.62}$$

an (Abb. 8.2), aus der die Änderung der Spalthöhe mit $\dot{\epsilon} = d\epsilon/dt$ zu

$$\frac{\partial h}{\partial t} = -\overline{h}\dot{\epsilon}\cos\varphi \tag{8.63}$$

folgt. Wie vorher setzen wir $dx = R\,d\varphi$ und erhalten durch Integration von (8.61)

$$\frac{h^3}{\eta R}\frac{\partial p}{\partial \varphi} = -12\int\limits_0^\varphi \overline{h}\dot{\epsilon}\cos\varphi\,R\,d\varphi = -12R\overline{h}\dot{\epsilon}\sin\varphi \ , \tag{8.64}$$

da aus Symmetriegründen

$$\left.\frac{\partial p}{\partial \varphi}\right|_{\varphi=0} = 0$$

ist. Nochmalige Integration führt zunächst auf

$$p = -12\eta\overline{h}\dot{\epsilon}\,R^2\int\frac{\sin\varphi}{h^3}\,d\varphi + \text{const} \tag{8.65}$$

und mit $dh = \overline{h}\,\epsilon\sin\varphi\,d\varphi$ sofort auf

$$p = 12\,\frac{\eta\dot{\epsilon}\,R^2}{\overline{h}^2}\left(\frac{1}{2\epsilon(1-\epsilon\cos\varphi)^2} + C\right) \ . \tag{8.66}$$

Wir vermerken, daß p hier eine gerade Funktion von φ ist, daher verschwindet die Y-Komponente der Kraft nach (8.32), und (8.31) liefert zusammen mit der Integrationsformel (8.43) für die X-Komponente der Kraft pro Tiefeneinheit, die von der Flüssigkeit auf den Zapfen ausgeübt wird:

$$F_X = -\int\limits_0^{2\pi} p\cos\varphi\,R\,d\varphi = -12\pi\,\eta\,R^3\,\frac{\dot{\epsilon}}{\overline{h}^2(1-\epsilon^2)^{3/2}} \ . \tag{8.67}$$

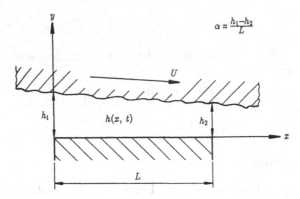

Abbildung 8.5. Geometrie des Gleitstempels

8.3.2 Gleitstempel

Bei der Anwendung von (8.61) auf den in Abb. 8.5 dargestellten „Gleit-stempel", der in z-Richtung unendlich ausgedehnt ist, entsteht durch zweifache Integration über x

$$p(x,t) = 6\eta U \left[\int_0^x \frac{1}{h^2}\,\mathrm{d}x + \frac{2}{U} \int_0^x \frac{1}{h^3} \left(\int_0^x \frac{\partial h}{\partial t}\,\mathrm{d}x \right) \mathrm{d}x + \frac{C}{6U} \int_0^x \frac{1}{h^3}\,\mathrm{d}x \right].$$
(8.68)

Dabei wurde eine der auftretenden Integrationskonstanten durch die Randbedingung

$$p(x=0) = p(h_1) = 0$$
(8.69)

bereits bestimmt, während die Konstante C durch die zweite Randbedingung

$$p(x=L) = p(h_2) = 0$$
(8.70)

festgelegt ist. Weiterer Fortschritt in der Berechnung verlangt auch hier die Angabe der Spaltfunktion. Für gerade und starre Begrenzungswände, also

$$h(x,t) = h_1(t) - \alpha\,x = h_1(t) - \frac{h_1(t) - h_2(t)}{L}\,x$$
(8.71)

läßt sich die Integration über h ausführen, und nach Bestimmung der Integrationskonstanten nimmt (8.68) mit der Abkürzung

$$\dot h = \frac{\partial h}{\partial t}$$

die Form

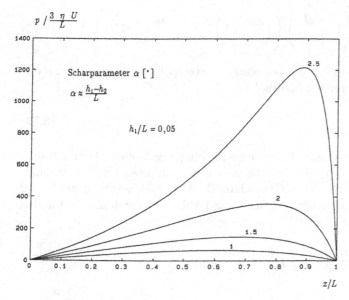

Abbildung 8.6. Druckverteilung im Schmierspalt des Gleitschuhes ($\dot{h} = 0$) für verschiedene Neigungswinkel α

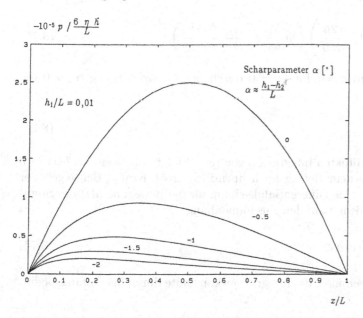

Abbildung 8.7. Druckverteilung im Quetschspalt ($U = 0$) für verschiedene Neigungswinkel α

$$p(x,t) = 3\frac{\eta\,U}{\alpha\,h_0}\left(1 - \frac{2\dot{h}}{\alpha\,U}\right)\left(\left(\frac{h_0}{h_1} - 1\right)^2 - \left(\frac{h_0}{h(x,t)} - 1\right)^2\right) \qquad (8.72)$$

an. Der Druck bleibt also null bei positiver Stempelbewegung $\dot{h} = 1/2\,\alpha\,U$. An der ausgezeichneten Spalthöhe

$$h_0 = 2\,\frac{h_1 h_2}{h_1 + h_2} \qquad (8.73)$$

wird jeweils das Extremum der Druckverteilung angetroffen. Dort ist auch die Geschwindigkeitsverteilung linear über der Spalthöhe. Für $\dot{h} = 0$ erhält man die Druckverteilung des „Gleitschuhes" (Abb. 8.6), während für $U = 0$ die Formel für die reine Quetschströmung (Abb. 8.7) entsteht, die für den Sonderfall $\alpha = 0$, also $h = h(t)$ in den Ausdruck

$$p(x,t) = -6\,\frac{\eta\,\dot{h}\,L^2}{h^3}\left(1 - \frac{x}{L}\right)\frac{x}{L} \qquad (8.74)$$

übergeht.

Die Integration der Druckverteilung liefert die Tragkraft des Gleitstempels (pro Tiefeneinheit) zu

$$F_y = 6\,\frac{\eta\,U}{\alpha^2}\left(1 - \frac{2\dot{h}}{\alpha\,U}\right)\left(\ln\frac{h_1}{h_2} + 2\,\frac{1 - h_1/h_2}{1 + h_1/h_2}\right)\ . \qquad (8.75)$$

Aus (8.75) gewinnen wir für $U = 0$ durch den Grenzübergang $\alpha \to 0$ die Formel

$$F_y = -\frac{\eta\,\dot{h}\,L^3}{h^3}\ , \qquad (8.76)$$

die auch aus der direkten Integration von (8.74) folgt. Im Grenzfall $h(t) \to 0$ liefert (8.76) eine dem Betrag nach unendlich große Kraft. Bei gegebener Kraft stellt (8.76) eine Differentialgleichung für die Bewegung $h(t)$ des Stempels dar, deren Lösung auf den Zusammenhang

$$t = \frac{\eta\,L^3}{2F_y}\,\frac{1}{h^2} + \text{const} \qquad (8.77)$$

führt. Wir verfügen über die Integrationskonstante durch die Anfangsbedingung

$$h(t = 0) = h_A \qquad (8.78)$$

und erhalten

$$t = \frac{\eta\,L^3}{2F_y}\left(\frac{1}{h^2} - \frac{1}{h_A^2}\right)\ ; \qquad (8.79)$$

d. h. unter endlicher Kraft kann der Stempel die Wand nicht in endlicher Zeit erreichen.

Wird der Stempel in die positive y-Richtung bewegt ($\partial h/\partial t > 0$), so entsteht ein Unterdruck im Spalt, und die Flüssigkeit beginnt zu verdampfen, wenn der Druck unter den Dampfdruck absinkt. Dies begrenzt die Kraft, die notwendig ist, den Stempel von der Wand zu entfernen. Die Verdampfung ist allerdings ein dynamischer Vorgang, der Zeit beansprucht. Zunächst bilden sich ausgehend von „Kavitationskeimen" (oft in Form von kleinen Feststoffpartikeln) Blasen, die im Bestreben thermodynamisches Gleichgewicht herzustellen anwachsen. Das Blasenwachstum wird aber durch die Trägheit der umgebenden Flüssigkeit und die Leitung der zum Verdampfen notwendigen Wärme zu den Blasen beeinflußt. Bei sehr kurzfristiger Belastung können daher ganz erhebliche Kräfte zur Trennung des Stempels von der Wand erforderlich sein.

Wenn anschließend der Stempel der Wand wieder genähert wird und der Druck steigt, fallen die Blasen in sich zusammen. Das die Blase umgebende Druckfeld läßt sich bei Annahme inkompressibler Strömung unschwer ermitteln: Danach steigt der Druck vom Wert p_∞ weit weg von der Blase auf einen maximalen Wert in der Nähe des Blasenrandes an, um dann auf den Druck in der Blase abzufallen. Dabei können sehr hohe Spitzendrücke erreicht werden, die in inkompressibler Strömung sogar gegen unendlich streben, wenn der Blasenradius gegen null geht.

Die Gesamtheit der beschriebenen Vorgänge der Blasenbildung und des Zusammenfallens der Blasen wird unter dem Begriff *Kavitation* zusammengefaßt. Wie bereits erwähnt ist mit dieser Erscheinung nicht nur im Schmierspalt zu rechnen, sondern immer dann, wenn der Dampfdruck unterschritten wird, beispielsweise auch bei der Umströmung von Körpern, wo der Druck in der Nähe der dicksten Stelle unter den Umgebungsdruck absinkt (siehe Abb. 10.14) und durchaus Werte unter dem Dampfdruck erreichen kann. Es können sich dann Blasen im Unterdruckgebiet bilden, die ins Überdruckgebiet abschwimmen und zusammenfallen, so daß die Oberfläche des Körpers dort einer andauernd wechselnden Druckbelastung ausgesetzt ist, was schließlich zur Zerstörung der Oberfläche führt.

Der Blasenkollaps ist mit einem laut prasselnden Geräusch verbunden, was ein erster Hinweis auf die Kavitation z. B. in hydraulischen Maschinen ist.

Kavitation im Schmierspalt der Fingergelenke ist in diesem Zusammenhang vermutlich auch die Ursache des „Fingerknackens": Beim Zug an einem Finger wird Unterdruck in der Gelenkflüssigkeit erzeugt, und es bildet sich u. U. eine Blase, die beim Zusammenfallen eine Druckwelle hervorruft, die als knackendes Geräusch wahrgenommen wird.

Auch in Ventilsitzen bildet sich die besprochene Quetschströmung aus, und es kann auch hier zu Kavitationserscheinungen kommen, wenn das Ventil zu schnell geöffnet wird.

Wir weisen noch auf die mathematische Verwandtschaft zwischen der reinen Quetschströmung bei parallelen Wänden und der stationären druckgetriebenen Schichtenströmung hin. Da für $\alpha = 0$ die Spalthöhe keine Ortsfunktion ist, tritt die Reynoldssche Gleichung in der Form der Poissonschen Gleichung

$$\nabla \cdot \nabla p = \Delta p = \frac{12\eta}{h^3} \frac{\partial h}{\partial t} \tag{8.80}$$

für den Druck auf, deren rechte Seite als Konstante zu werten ist, da wie bisher die Zeit nur parametrisch auftritt. Voraussetzung hierfür ist weiterhin die Vernachlässigbarkeit der lokalen Beschleunigung, also die Bedingung

$$\frac{\dot{h}\,h}{\nu} \ll 1 \,.$$

Gleichung (8.80) entspricht (6.72)

$$\Delta u = -\frac{K}{\eta} \,,$$

und deren Lösungen aus Abschnitt 6.1 lassen sich unmittelbar übertragen, wenn man u durch p und $-K/\eta$ durch $12\eta\,\dot{h}/h^3$ ersetzt. (Bei den Ergebnissen ist zu beachten, daß die Koordinaten y, x senkrecht zur Strömungsrichtung aus Abschnitt 6.1 hier durch die Koordinaten x, z zu ersetzen sind, die Kanalhöhe h also hier der Stempellänge L entspricht.)

Offensichtlich entspricht in dieser Analogie der Volumenstrom $\dot{V}$ der Kraft und die mittlere Geschwindigkeit $\overline{U}$ dem über den Stempelquerschnitt gemittelten Druck. So übertragen wir z. B. die durch den Druckgradienten verursachte Geschwindigkeitsverteilung aus (6.19) auf die Druckverteilung (8.74) und den Volumenstrom aus (6.21) auf die Tragkraft (8.76).

Unter einem zylindrischen Stempel mit Kreisquerschnitt $A = \pi R^2$ ergibt sich aus der Analogie mit (6.53) die Druckverteilung

$$p(r,t) = -\frac{3\eta\,\dot{h}}{h^3}(R^2 - r^2) \tag{8.81}$$

und mit (6.55), (6.58) die Tragkraft

$$F_y = -\frac{3\pi\,\eta\,\dot{h}}{2h^3}\,R^4 \,. \tag{8.82}$$

Ganz analog gewinnen wir aus dem Druckströmungsanteil der Geschwindigkeitsverteilung (6.65) die Druckverteilung unter einem Stempel mit Kreisringquerschnitt $A = \pi(R_A^2 - R_I^2)$

$$p(r,t) = -\frac{3\eta\,\dot{h}}{h^3}\left(R_A^2 - r^2 - (R_A^2 - R_I^2)\frac{\ln r/R_A}{\ln R_I/R_A}\right) \tag{8.83}$$

und schließlich aus (6.66) die Tragkraft

$$F_y = -\frac{3\pi\,\eta\,\dot{h}}{2h^3}\left(R_A^4 - R_I^4 + \frac{(R_A^2 - R_I^2)^2}{\ln R_I/R_A}\right) . \tag{8.84}$$

Wir verzichten darauf, auch noch die Ergebnisse für die Kanalströmung durch Rechteck-, Dreieck- und elliptische Querschnitte auf Druckverteilung und Tragkraft unter Stempeln entsprechender Querschnitte zu übertragen, weisen aber darauf hin, daß auch hier bekannte Lösungen aus der Elastomechanik übernommen werden können.

8.3.3 Quetschströmung eines Bingham-Materials

Wie im vorhergehenden gezeigt wurde, laufen die Annahmen der Schmiertheorie darauf hinaus, daß die Quetschströmung lokal als Schichtenströmung betrachtet werden kann. Deshalb gelten die Bewegungsgleichungen in der Form (6.190) und (6.191), die sich dort, wo das Material fließt, auf (8.7) und (8.9) reduziert, da sich das Material dann wie eine verallgemeinerte Newtonsche Flüssigkeit verhält. Die Wandschubspannung τ_w hängt aber nun parametrisch von x ab und wegen (6.192) und (6.193) notwendigerweise auch der Druckgradient $-K$ sowie die dimensionslosen Positionen κ_1 und κ_2 der Gleitflächen in den Geschwindigkeitsverteilungen (6.197) und (6.198). Wie im Zusammenhang mit den Gleichungen (8.17) und (8.61) erläutert wurde, lautet die Kontinuitätsgleichung in integraler Form für die ebene instationäre Quetschströmung

$$\frac{\partial \dot{V}}{\partial x} + \frac{\partial h}{\partial t} = 0 . \tag{8.85}$$

Der Volumenstrom verschwindet an der Stelle $x = L/2$ des Spaltes aus Symmetriegründen, so daß die Integration von (8.85) die Beziehung

$$\dot{V} = -\dot{h}\left(x - \frac{L}{2}\right) \tag{8.86}$$

liefert. Da der lokale Volumenstrom $\dot{V}(x)$ aber gleich dem Volumenstrom (6.208) der reinen Druckströmung ist, wenn dort der lokale Druckgradient eingesetzt wird, entsteht aus (8.86) unmittelbar eine nichtlineare Gleichung für den Druckgradienten:

$$\frac{h^3}{12\eta_1}\frac{\partial p}{\partial x}\left\{1 + 3\frac{\vartheta}{h}\left(\frac{\partial p}{\partial x}\right)^{-1} - 4\left(\frac{\vartheta}{h}\left(\frac{\partial p}{\partial x}\right)^{-1}\right)^3\right\} = \dot{h}\left(x - \frac{L}{2}\right) \tag{8.87}$$

bzw.

$$\left(\frac{h}{\vartheta}\frac{\partial p}{\partial x}\right)^3 + \left(3 - \frac{12\eta_1 \dot{h} L}{\vartheta h^2}\left(\frac{x}{L} - \frac{1}{2}\right)\right)\left(\frac{h}{\vartheta}\frac{\partial p}{\partial x}\right)^2 - 4 = 0 , \tag{8.88}$$

wobei wir uns, wegen der angesprochenen Symmetrie, auf den Bereich $L/2 \leq x \leq L$ beschränkt haben.

Die Berechnung der Druckverteilung aus dieser Differentialgleichung erfordert zunächst die Auflösung der kubischen Gleichung nach dem Druckgradienten und dann eine Entscheidung, welche der drei Wurzeln physikalisch sinnvoll ist. Für beliebige Werte der Quetschgeschwindigkeit und der Kanalabmessungen wird man die Auflösung nicht auf analytischem Wege erreichen können und ist dann auf eine numerische Lösung bei vorgegebenem x angewiesen. Wir verschaffen uns einen Überblick, indem wir Näherungslösungen für große und kleine Werte von

$$C = -\frac{12\eta_1 \dot{h} L}{\vartheta h^2} \quad \text{mit} \quad C > 0 \tag{8.89}$$

suchen. Es ist unmittelbar ersichtlich, daß $(h/\vartheta)\partial p/\partial x = -2$ eine Wurzel der Gleichung (8.88) für $C = 0$ ist. Bei diesem Wert fließt das Material gerade noch nicht, d. h. die dadurch gegebene Last senkt die obere Platte noch nicht ab. Für kleine Werte von C gewinnen wir eine asymptotische Entwicklung für den Druckgradienten, indem wir

$$\frac{h}{\vartheta}\frac{\partial p}{\partial x} = -2 + \varepsilon \tag{8.90}$$

schreiben und dies in (8.88) einsetzen. Der Vergleich von Gliedern derselben Größenordnung führt auf die Gleichung

$$\varepsilon = \pm\frac{2}{\sqrt{3}}C^{1/2}\left(\frac{x}{L} - \frac{1}{2}\right)^{1/2} \tag{8.91}$$

und damit auf

$$\frac{h}{\vartheta}\frac{\partial p}{\partial x} = -2\left(1 + \left(\frac{C}{3}\right)^{1/2}\left(\frac{x}{L} - \frac{1}{2}\right)^{1/2}\right) \quad \text{für} \quad C \to 0 , \tag{8.92}$$

wobei wir das Vorzeichen in (8.91) so wählen, daß die Last, bzw. der Druckgradient dem Betrag nach mit wachsendem C größer wird.

Für sehr große C entnimmt man (8.88) unmittelbar den Druckgradienten

$$\frac{h}{\vartheta}\frac{\partial p}{\partial x} = -C\left(\frac{x}{L} - \frac{1}{2}\right) , \tag{8.93}$$

der dem Newtonschen Grenzfall aus (8.74) entspricht. Wie vorher suchen wir eine asymptotische Entwicklung und setzen

$$\frac{h}{\vartheta}\frac{\partial p}{\partial x} = -C\left(\frac{x}{L} - \frac{1}{2}\right) + \varepsilon . \tag{8.94}$$

Damit gewinnen wir aus (8.88) unter der Voraussetzung $C(x/L - 1/2) \gg \varepsilon$ die Gleichung

$$\frac{h}{\vartheta}\frac{\partial p}{\partial x} = -\left(3 + C\left(\frac{x}{L} - \frac{1}{2}\right)\right) , \tag{8.95}$$

die allerdings nicht in unmittelbarer Nähe von $x = L/2$ gilt. Die Integration der Gleichungen (8.92) und (8.95) führt mit der Randbedingung $p(x = L) = 0$ auf die Druckverteilung (relativ zum Umgebungsdruck)

$$p = \frac{2\vartheta L}{h}\left(1 - \frac{x}{L} + \frac{1}{3}\left(\frac{C}{6}\right)^{1/2}\left(1 - \left(\frac{x}{L} - \frac{1}{2}\right)^{3/2} 2\sqrt{2}\right)\right) \quad \text{für} \quad C \to 0 \tag{8.96}$$

bzw.

$$p = \frac{3\vartheta L}{h}\left(1 - \frac{x}{L} - \frac{C}{6}\left(\left(\frac{x}{L}\right)^2 - \frac{x}{L}\right)\right) \quad \text{für} \quad C \to \infty \tag{8.97}$$

und damit auf die Tragkraft (pro Tiefeneinheit)

$$F = 2\int_{L/2}^{L} p\,dx = \frac{\vartheta L^2}{2h}\left(1 + \frac{4}{5}\sqrt{\frac{C}{6}}\right) \quad \text{für} \quad C \to 0 \tag{8.98}$$

und

$$F = \frac{3\vartheta L^2}{4h}\left(1 + \frac{C}{9}\right) \quad \text{für} \quad C \to \infty . \tag{8.99}$$

Zum Schluß weisen wir noch auf einen kinematischen Widerspruch in dieser Lösung hin: Da der Druckgradient und damit die Positionen der Gleitflächen parametrisch von x abhängen, sind die Geschwindigkeiten an den Gleitflächen Funktionen von x. Der Widerspruch wird offensichtlich, wenn wir das Bingham-Verhalten gemäß (3.63) und (3.64) zugrunde legen. Da der dann starre Festkörper hier nur eine Translation ausführt, ist die Geschwindigkeit an der Festkörperseite der Gleitflächen aber von x unabhängig und damit die Haftbedingung (4.159) verletzt. Numerische Rechnungen (für den rotationssymmetrischen Fall) zeigen nun, daß die Druckverteilung, die Tragkraft und die Geschwindigkeitsverteilungen durch die Schmiertheorie im wesentlichen richtig vorhergesagt werden. Die Gleitflächen werden nicht richtig vorhergesagt. Allerdings ähneln die Gleitflächen nach der Schmiertheorie den Flächen konstanten Wertes der Spannungsinvarianten, wenn diese den von ϑ geringfügig verschiedenen Wert $(\tau'_{ij}\tau'_{ij}/2)^{1/2} \sim 1.05\vartheta$ annimmt. Die Lösung auf der Basis der Schmiertheorie ist daher für die meisten Ingenieursanwendungen ausreichend.

8.4 Filmströmung über halbunendliche Wand

Die Annahmen die zur Theorie der hydrodynamischen Schmierung führen, sind oft auch in anderen technisch wichtigen Strömungen erfüllt, die vor-

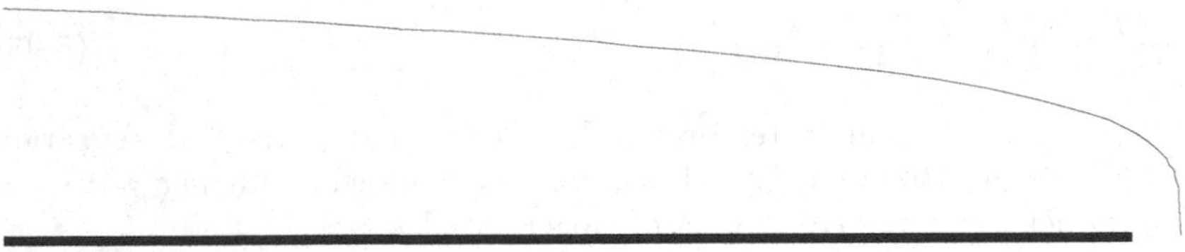

Abbildung 8.8. Filmströmung über eine horizontale Platte

dergründig nichts mit der Lagerschmierung gemeinsam haben. Kennzeichnendes Merkmal dieser Strömungen ist ja die geringe Abweichung von der reinen Schichtenströmung, so daß die Lösungen für die Schichtenströmungen lokal gültig sind. Als Beispiel für diese Klasse von Strömungen betrachten wir zunächst die ebene stationäre Filmströmung über eine halbunendliche Wand und knüpfen an die entsprechende Filmströmung längs einer unendlich langen Wand in Abschnitt 6.1.3 an. Wir halten die Bezeichnungen dieses Abschnittes bei und legen den Ursprung des Koordinatensytems, dessen Lage ja an der unendlich langen Wand willkürlich ist, an die Vorderkante mit der negativen x- Richtung längs der Oberfläche. Der Einfachheit halber setzen wir den Neigungswinkel β der Platte zu null.

Die Strömung wird durch geeigneten Zufuhr eines Volumenstromes aufrechterhalten. Die Flüssigkeit muß über die Vorderkante abströmen und wir erwarten, daß die Oberfläche des Flüssigkeitsfilmes sich zur Kante hin absenkt. Die Form der Oberfläche ist im Gegensatz zur Schichtenströmung unbekannt und muß als Teil der Lösung gefunden werden. Die Differentialgleichungen, die von der Lösung erfüllt werden, können direkt aus Abschnitt 6.1.3 übernommen werden ((6.26) und (6.27)) und lauten mit $\beta = 0$:

$$\frac{\partial p}{\partial x} = \eta \frac{\partial^2 u}{\partial y^2} \tag{8.100}$$

$$\frac{\partial p}{\partial y} = -\rho \, g. \tag{8.101}$$

Auch die Haftbedingung (6.28) und die Stetigkeit des Spannungsvektors an der freien Oberfläche (6.29) behalten ihre Gültigkeit:

$$u(0) = 0, \tag{8.102}$$

$$n_j \tau_{ji(1)} = n_j \tau_{ji(2)}. \tag{8.103}$$

Allerdings ergibt sich hier der Normalenvektor der freien Oberfläche $y = h(x)$ nach (4.164) zu $n_j = (-h'(x)/\sqrt{1 + h'^2(x)}, \ 1/\sqrt{1 + h'^2(x)}, 0)$. Da im Rahmen der Schmiertheorie aber die Neigung der Oberfläche $h'(x)$ sehr klein ist, schreiben wir für den Normalenvektor auch $n_j = (0, 1, 0)$, der damit dieselbe Form annimmt wie im Abschnitt 6.1.3. Daher gelten auch dieselben Randbedingungen an der freien Oberfläche $y = h(x)$ (Gleichung (6.31) und Gleichung (6.33)):

$$p_1 = p_2 = p_0 \tag{8.104}$$

$$\frac{\partial u}{\partial y} = 0. \tag{8.105}$$

Auch die Druckverteilung, Gleichung (6.35), kann sofort übernommen werden:

$$p(x, y) = p_0 + \rho\, g\, (h(x) - y), \tag{8.106}$$

wobei im Gegensatz zur reinen Schichtenströmung die Filmhöhe ja jetzt eine noch unbekannte Funktion von x ist. Die Integration von (8.100) unter Beachtung der Randbedingungen (8.102) und (8.105) führt auf das Ergebnis

$$u(x, y) = -\frac{1}{2\eta}\frac{\partial p}{\partial x}h^2(x)\left[2 - \frac{y}{h(x)}\right]\frac{y}{h(x)}, \tag{8.107}$$

mit (8.106) auch auf

$$u(x, y) = -\frac{g}{2\nu}h'(x)h^2(x)\left[2 - \frac{y}{h(x)}\right]\frac{y}{h(x)}\,. \tag{8.108}$$

Zur Berechnung der Filmhöhe gehen wir von der kinematischen Randbedingung (4.170) aus, die sich im vorliegenden ebenen Fall auf

$$\vec{u} \cdot \nabla F = 0 = -v(x, y) + h'(x)u(x, y) \tag{8.109}$$

bzw.

$$h'(x) = \frac{v(x, y)}{u(x, y)} \text{ an } y = h(x) \tag{8.110}$$

reduziert. Aus der Kontinuitätsgleichung (2.5) für ebene Strömung $\partial u/\partial x + \partial v/\partial y = 0$ folgt für die v-Komponente der Geschwindigkeit an der freien Oberfläche

$$v(x, h(x)) = -\int\limits_{0}^{h(x)} \frac{\partial u}{\partial x}dy = \frac{g}{2\nu}h^2(x)h'^2(x) + \frac{g}{3\nu}h^3h''(x) \tag{8.111}$$

und daher mit $u(x, h(x))$

$$h'(x) = -\frac{h(x)\,h''(x)}{3h'(x)} \tag{8.112}$$

oder

$$\frac{\mathrm{d}}{\mathrm{d}x}[h'(x)\,h^3(x)] = 0. \tag{8.113}$$

Wegen (8.106) läßt sich die Differentialgleichung zur Berechnung der Filmhöhe $h = h(x)$ aber auch unmittelbar aus der Reynoldsschen Gleichung der Schmiertheorie gewinnen. Wir schließen an die Herleitung dieser Gleichung für den ebenen Fall in Abschnitt 8.1 an und ersetzen in (8.13) $\partial p/\partial x$ durch $\rho\,g\,h'(x)$ und gewinnen für $U = 0$ und konstantes η so die Gleichung (8.113).

Ausgangspunkt für die Herleitung der Reynoldsschen Gleichung im Abschnitt 8.1 ist der Ausdruck für den konstanten Volumenstrom, der für die Filmströmung die Form

$$\dot{V}_x = \int\limits_0^{h(x)} u\,dy = -\frac{g}{3\,\nu}\,h^3(x)h'(x) \tag{8.114}$$

annimmt und offensichtlich das Ergebnis der ersten Integration der Differentialgleichung (8.113) darstellt. Damit ist die zugehörige Integrationskonstante zu $\dot{V}_x 3\,\nu/\,g$ identifiziert. Diese Größe hat die Dimension $[Länge]^3$ und offenbart die charakteristische Länge

$$L = (\nu\dot{V}_x/\,g)^{\frac{1}{3}}$$

des Problems. Nochmalige Integration von (8.113) führt auf die Darstellung

$$h^4/L^4 = 12(-x/L + c), \tag{8.115}$$

die den selben Verlauf der Filmhöhe für alle Filmströmungen ergibt, welche dieselbe charakteristische Länge haben, unabhängig vom speziellen Wert, den der Volumenstrom oder die Dichte, Viskosität oder in der Tat die Massenkraft der Schwere annimmt.

Die Integrationskonstante kann im Rahmen dieser Theorie nicht bestimmt werden. Sie spiegelt die Unkenntnis der Strömung an der Vorderkante wieder, wo die Neigung der freien Oberfläche nicht mehr klein und die Lösung daher nicht mehr gültig ist. Zwar kann man eine Lösung in der Nähe der Vorderkante konstruieren, sie hängt aber i. allg. von der Reynolds-Zahl direkt ab. Es ist jedoch aus der Form der Lösung klar, daß die Filmhöhe weit weg von der Vorderkante nicht empfindlich von der Filmhöhe an der Vorderkante abhängt, (was daran liegt, daß die Filmhöhe sehr rasch ansteigt) so daß man die Konstante null setzen kann, was der Annahme $h(0) = 0$ entspricht. An der Vorderkante ist die Lösung ohnehin falsch, aber weit weg von der Kante ist der dadurch verursachte relative Fehler in der Höhe klein, was auch durch Experimente bestätigt wird. Für höhere Genauigkeitsansprüche kann man die Konstante aus dem Experiment bestimmen. Mit der Reynoldsschen Zahl $Re = u(x,h)h/\nu$ ergibt sich für $\alpha\,Re = h'(x)Re = (9/2)\,\dot{V}_x^2/(h^3 g)$ unabhängig von der Viskosität.

8.5 Filmkondensation an senkrechter Wand

Als weiteres Beispiel einer Strömung, für die die Annahmen der hydrodynamischen Schmierung zutreffen, besprechen wir hier die Theorie der Filmkondensation an einer glatten Wand, deren Temperatur niedriger ist als die des Dampfes.

Dämpfe sind Gase nahe ihrer Verflüssigung. Beim Sattdampf genügt eine beliebig kleine Temperaturabsenkung, um ihn zu verflüssigen. Beim Verflüssigen treten beide Phasen, Gas und Flüssigkeit, nebeneinander auf und sind durch Grenzflächen getrennt. Sie haben dieselbe Temperatur, d. h. die dem Druck entsprechende Sättigungstemperatur T_D (Abb. 1.2). Bei der Kondensation der Luftfeuchtigkeit, etwa an Fensterscheiben, bilden sich als Folge der Oberflächenspannung Wassertropfen, die schließlich an einer senkrechten Wand in Form von Tränen abfließen. Es bildet sich hier kein geschlossener Wasserfilm, was daran liegt, daß der Wassergehalt in der feuchten Luft vergleichsweise gering ist. Bei der Verflüssigung von gesättigtem Dampf an einer Wand der Temperatur T_W ist der Wassereintrag höher und es bildet sich ein Wasserfilm aus, der unter Einfluß der Schwerkraft abströmt (Abb. 6.4). An der Wand hat der Film die Wandtemperatur T_W und an seiner Oberfläche obigen Ausführungen entsprechend Sättigungstemperatur T_D. Allerdings ist hier die Filmhöhe nicht konstant, weil die kondensierte Dampfmenge über die freie Oberfläche einströmt, so daß die Filmhöhe, wenn auch nur in geringem Maße, zunehmen muß.

Wir betrachten eine senkrechte Wand, setzen $\beta = 90°$ und können dann (wie auch in Abschnitt 8.4) die Geschwindigkeitsverteilung (6.39) direkt übernehmen, wenn auch hier die konstante Filmhöhe h durch die veränderliche Höhe $h(x)$ ersetzt wird. Ziel wird es sein, die Filmhöhe $h(x)$ zu ermitteln, sodann die übertragene Wärmemenge und damit die Wärmeübergangszahl α zu bestimmen. Wenn der Dampf in Ruhe ist, muß die pro Tiefeneinheit und Zeiteinheit über die Strecke dx kondensierte Dampfmenge $w\rho\,dx$ in Richtung Wand zuströmen, wenn w die Geschwindigkeit des Kondensats normal zur Wand ist. Diese Menge ändert den Massenfluß im Film, so daß wir auf den Zusammenhang

$$d \int_0^{h(x)} \rho u(x,y)\,dy = w\rho\,dx \tag{8.116}$$

geführt werden und, da die Strömung inkompressibel ist, auch auf

$$\frac{d}{dx} \int_0^{h(x)} u(x,y)\,dy = w. \tag{8.117}$$

Nach obigen Ausführungen ist die Geschwindigkeitsverteilung dann

$$u(x,y) = \frac{\rho g}{2\eta} h^2(x) \left[2 - \frac{y}{h(x)} \right] \frac{y}{h(x)}, \tag{8.118}$$

deren Integration in (8.117) und anschließende Differentiation nach x das Ergebnis

$$w(x) = \frac{\rho g}{\eta} h^2(x) \frac{\mathrm{d}h(x)}{\mathrm{d}x} \tag{8.119}$$

liefert. Bei der Kondensation wird die Verdampfungswärme r pro Masse frei, so daß mit dem Massenstrom $w\rho$ (pro Flächeneinheit) der Wärmestrom $w\rho r$ verbunden ist. Dieser Wärmestrom muß in stationärer Strömung an die Wand abgeführt werden, weil die Oberflächentemperatur bei der Sättigungstemperatur verbleibt. Er entspricht der zur Wand senkrechten Komponente des mit Gleichung (2.112) eingeführten Wärmestromvektors. Hier tritt nur eine von Null verschiedene Komponente des Wärmestromvektors auf, die entsprechend (3.8) mit $q_y = -\lambda(\partial T/\partial y)_W$ gegeben ist.

Weiterer Fortschritt verlangt daher die Bestimmung des Temperaturgradienten an der Wand. Wir gehen aus von der Energiegleichung in der Form (4.2) und bemerken, daß in inkompressibler Strömung der zweite Term der linken Seite verschwindet. Bei den zu erwartenden geringen Geschwindigkeiten der Filmströmung ist die Dissipation sehr klein und wegen der kleinen Temperaturdifferenzen bei der Kondensation von gesättigtem Dampf kann die Abhängigkeit der Temperaturleitfähigkeit von der Temperatur im Film vernachlässigt werden. Dann entsteht aus (4.2) die Gleichung

$$\rho c \left(u \frac{\partial T}{\partial x} + v \frac{\partial T}{\partial y} \right) = \lambda \left(\frac{\partial^2 T}{\partial x^2} + \frac{\partial^2 T}{\partial y^2} \right), \tag{8.120}$$

in der c die spezifische Wärme des Wassers bedeutet. Diese Gleichung unterwerfen wir noch den Vereinfachungen der Schmiertheorie. Da $y = h(x)$ eine Stromlinie ist, so ist auch die Geschwindigkeitskomponente v dort $uh'(x)$ und im gesamten Film nicht größer, also von der Größenordnung $u\bar{h}/x$, wenn $\bar{h}$ die mittlere Filmhöhe ist. Der letzte Term in der Klammer ist dann von der Größenordnung $(u\bar{h}/x)T/\bar{h}$ und damit von derselben Größenordnung wie der erste Term in der Klammer. Beide Terme sind aber viel kleiner als der Term $\partial^2 T/\partial y^2$, der von der Größenordnung $T/\bar{h}^2$ ist, und deshalb kann die ganze linke Seite vernachlässigt werden, solange nur $x > \bar{h}$ ist. Aus demselben Grund kann auch der erste Term auf der rechten Seite vernachlässigt werden. Für sehr kleine x ist dies nicht mehr der Fall und wir erwarten, daß die Lösung des Problems nur gilt, wenn diese Ungleichung erfüllt ist. Aus

$$\frac{\partial^2 T}{\partial y^2} = 0 \tag{8.121}$$

folgt

$$T(x,y) = a(x)y + b(x), \tag{8.122}$$

mit

$$T(x, y = 0) = T_W \quad \text{und} \quad T(x, y = h(x)) = T_D \,,$$

dann weiter

$$T(x, y) = \frac{T_D - T_W}{h(x)} y + T_W \,, \tag{8.123}$$

so daß schließlich an der Wand die zur Wand senkrechte Komponente des Wärmestromvektors

$$q_y = \lambda \frac{\partial T}{\partial y}\bigg|_{y=0} = \lambda \frac{T_D - T_W}{h(x)} \tag{8.124}$$

wird. Wie bereits aufgeführt entspricht (8.124) dem Wärmestrom $w\rho r$ und wir gewinnen zusammen mit (8.119) die Differentialgleichung für die gesuchte Höhe $h(x)$

$$h^3(x) \frac{\mathrm{d}h(x)}{\mathrm{d}x} = \frac{\lambda \eta}{\rho^2 r g} (T_D - T_W) \,, \tag{8.125}$$

deren Lösung mit $h(0) = 0$

$$h(x) = \left\{ \frac{4\lambda\eta}{\rho^2 r g} (T_D - T_W) x \right\}^{\frac{1}{4}} \tag{8.126}$$

lautet.

Gleichung (8.126) macht deutlich, daß die Filmhöhe $h(x)$ vom Wert $h(0) = 0$ (d. h. am Wandanfang bzw. an der Stelle, die dem Kondensations-beginn entspricht) sehr rasch mit x anwächst und (8.125) zeigt, daß $\mathrm{d}h(x)/\mathrm{d}x$ für $x \to 0$ gegen unendlich strebt. Dort gilt die Lösung wie oben angedeu-tet nicht mehr, da die Ungleichung $x > \bar{h}$ dort nicht erfüllt ist. Gleichung (8.125) zeigt aber auch, daß die Neigung $\mathrm{d}h(x)/\mathrm{d}x$ sehr rasch abnimmt, so daß mit Ausnahme einer kleinen Umgebung von $x = 0$ die Voraussetzungen der Schmiertheorie erfüllt sind.

Wir berechnen noch die pro Tiefeneinheit und Zeiteinheit auf die Wand der Höhe H übertragene Wärmemenge

$$\dot{Q} = \int_0^H q_y(x) \,\mathrm{d}x \tag{8.127}$$

und erhalten mit (8.124) und (8.126) schließlich

$$\dot{Q} = \frac{4}{3} \left\{ \frac{\rho^2 r g}{4\eta} [\lambda (T_D - T_W) H]^3 \right\}^{\frac{1}{4}} . \tag{8.128}$$

Unter Verwendung der Wärmeübergangszahl α schreibt man auch

$$\dot{Q} = \alpha A(T_D - T_W),$$
(8.129)

wobei hier A gleich H zu setzen ist, weil wir den Wärmestrom pro Tiefeneinheit berechnen. Der Vergleich mit (8.128) ergibt dann für die Wärmeübergangszahl

$$\alpha = \frac{4}{3}\left\{\frac{\lambda^3 \rho^2 rg}{4\eta H(T_D - T_W)}\right\}^{\frac{1}{4}}.$$
(8.130)

Es ist bemerkenswert, daß die übertragene Wärmemenge nicht proportional
zur Temperaturdifferenz ist, was man ja zunächst vermuten könnte. Als Folge
nimmt die Wärmeübergangszahl mit wachsender Temperaturdifferenz ab!
Die Wärmeübergangszahl hat den Nachteil dimensionsbehaftet zu sein.
Man führt deshalb bei Wärmeübergangsproblemen eine dimensionslose Kenn-
ziffer, die *Nusselt-Zahl*, durch die Gleichung

$$\dot{Q} = Nu \frac{\lambda A(T_D - T_W)}{H}$$
(8.131)

ein. Auch hier wäre bei einem ebenen Problem A durch H zu ersetzen. Der
Vergleich dieser Gleichung mit (8.129) definiert die *Nusselt-Zahl* zu

$$Nu = \frac{\alpha H}{\lambda},$$
(8.132)

wobei hier als typische Länge in der *Nusselt-Zahl* die Höhe H auftritt. Im allgemeinen ist die typische Länge aber problemspezifisch. Die Einführung der
Nusselt-Zahl gibt auch die Gelegenheit darauf hinzuweisen, daß die *Oberflä-
chenkondensation* bereits 1916 von *Nusselt* abgehandelt wurde. Verallgemei-
nernd nennt man diese Art von Filmströmungen auch *Nusselt-Strömungen*.

8.6 Strömung durch Partikelfilter

Partikelfilter werden eingesetzt, um aus dem Abgas von Dieselmotoren fein-
ste Rußpartikel zu entfernen, die gesundheitlich als bedenklich gelten. Bei
manchen Ausführungsformen bestehen die Partikelfilter aus Bündeln langer,
meist rechteckiger Kanäle, deren Wände aus porösem Keramikmaterial bestehen. Je ein Zuführkanal hat seine vier Seitenwände gemeinsam mit vier
Nachbarkanälen, die Abführkanäle darstellen. Jeder Abführkanal hat seinerseits vier Zuführkanäle als Nachbarn. Der Querschnitt des Partikelfilters
zeigt also ein schachbrettartiges Muster, bei dem die schwarzen Felder z.B.
die Querschnitte der Zuführkanäle sind, die weißen Felder dann de des Filters
verschlossen, die Abführkanäle am Anfang.

Das mit Partikeln beladene Gas tritt in den Zuführkanal ein und die Gasphase strömt durch die Zwischenräume der porösen Wände in die Abführkanäle, während selbst auch feine Partikel zu groß sind, um in die Zwischenräume einzudringen und deshalb im Zuführkanal zurückgehalten werden. Sie lagern sich an den Wänden des Zuführkanales ab und vergrößern damit die effektive poröse Schichtdicke (Wanddicke und Dicke der Ablagerungsschicht) und damit auch den Druckunterschied, der nötig ist, um den gleichen Volumenstrom der Gasphase durch die Schicht zu treiben. Wenn der Druckverlust so groß wird, daß er Leistung und Wirkungsgrad des Motors empfindlich beeinträchtigt, wird das Filter regeneriert, d.h. der Ruß wird durch kurzfristige 8.5höhung im Filter verbrannt. Die entstehende Asche verbleibt in den Zuführkanälen, die dann nach einer gewissen (möglichst langen) Laufzeit gereinigt werden.

Typische Werte des Verhältnisses Kanalhöhe zur Kanallänge betragen etwa $c/L \approx 4 \cdot 10^{-3}$. Der in den Kanal eintretende Volumenstrom $\bar{U} c^2$ muß durch die vier Seitenwände abfließen, daher ist $\bar{U} c^2 = 4 \bar{V} L c$ und der Neigungswinkel der Stromlinien ungefähr $\bar{V}/\bar{U} \approx 10^{-3}$. Wegen der sehr geringen Neigung, nehmen wir an, daß die Strömung lokal eine Schichtenströmung ist. Die Schichtenströmung durch einen viereckigen Kanal (wie auch die durch einen Dreieckskanal, der in einigen Ausführungsformen genutzt wird) ist aus Abschnitt 6.1.6 bekannt. Für die mittlere Geschwindigkeit (6.89) ergibt sich nach Auswertung der schnell konvergierenden unendlichen Reihe der Ausdruck

$$\bar{U} = -\frac{\partial p(x)}{\partial x} \frac{c^2}{4\eta} Z \quad \text{mit} \quad Z = 0,4217, \tag{8.133}$$

wobei der Druckgradient jetzt eine Funktion von x ist, die es zu ermitteln gilt. Der über die infinitesimale Kanallänge dx durch die Wände abfließende Volumenstrom im Zuführkanal ist nach obigen Ausführungen $-4\bar{V} c dx$ und gleich der Änderung des Volumenstroms im Zuführkanal $d\bar{U}_{zu} c^2$, also:

$$\frac{d\bar{U}_{zu}}{dx} = -\frac{4\bar{V}}{c}, \tag{8.134}$$

während die Zunahme der mittleren Geschwindigkeit an der entsprechenden Stelle x im Abführkanal

$$\frac{d\bar{U}_{ab}}{dx} = \frac{4\bar{V}}{c} \tag{8.135}$$

ist. Der lokale Volumenstrom pro Flächeneinheit (Geschwindigkeit) $\bar{V}$ durch die poröse Wand an der Stelle x steht mit dem Druckunterschied $p_{zu}(x) - p_{ab}(x)$ im Zusammenhang

$$\bar{V} = \frac{k}{\eta} \frac{(p_{zu} - p_{ab})}{s} . \tag{8.136}$$

Die Beziehung (8.136) wurde von *Darcy* 1856 auf Grund von Experimenten angegeben und wird als *Darcysches Gesetz* bezeichnet. Wir werden später hierauf zurückkommen und dann die theoretische Basis des Gesetzes plausibel machen, begnügen uns hier aber mit der Feststellung, daß die *Permeabilität* k eine weitgehend empirische Konstante ist, welche die Zahl, Größe und Form der Zwischenräume charakterisiert, und s die Dicke der porösen Schicht. Mit (8.133) entstehen aus (8.134) und (8.135) und dem Darcyschen Gesetz die zwei gekoppelten linearen Differentialgleichungen zweiter Ordnung für die Druckverteilungen $p_{zu}(x)$ und $p_{ab}(x)$:

$$
\begin{aligned}
\frac{\partial^2 p_{zu}}{\partial x^2} &= \frac{16k(p_{zu} - p_{ab})}{s\, c^3 Z} \\
\frac{\partial^2 p_{ab}}{\partial x^2} &= -\frac{16k(p_{zu} - p_{ab})}{s\, c^3 Z}
\end{aligned}
\tag{8.137}
$$

denen man unmittelbar entnimmt, daß die Summe der Drücke im Zu- und Abführkanal eine lineare Funktion des Ortes ist. Das System ist vierter Ordnung und ein Randwertproblem, für das Randbedingungen an $x = 0$ und $x = L$ vorgegeben sind. Aus dem Volumenstrom durch das gesamte Filter und die Zahl der Zuführkanäle läßt sich der Anfangsvolumenstrom $\dot{v}$ in einem Zuführkanal bestimmen, was mit (8.133) auf die Randbedingung

$$
\frac{\partial p_{zu}(0)}{\partial x} = \frac{4\,\eta\,\dot{v}}{c^4 Z}
\tag{8.138}
$$

führt. An der Stelle $x = L$ ist der eingetretene Volumenstrom durch die Seitenwände entwichen. Daher gilt dort

$$
\frac{\partial p_{zu}(L)}{\partial x} = 0.
\tag{8.139}
$$

An $x = 0$ des Abströmkanals ist die mittlere Geschwindigkeit Null, also

$$
\frac{\partial p_{ab}(0)}{\partial x} = 0,
\tag{8.140}
$$

während an $x = L$ der Druck p_0 vorgegeben ist, der sich aus dem Umgebungsdruck und den Verlusten (im Abgasstrang etwa) bis zur Stelle $x = L$ zusammensetzt. Daher gilt

$$
p_{ab}(L) = p_0.
\tag{8.141}
$$

Bekanntlich wird das lineare Gleichungssystem durch den Ansatz $p_{zu,ab} = A_{zu,ab} e^{\lambda\,x}$ gelöst. Da es sich, wie schon ausgeführt, um ein Randwertproblem hoher Ordnung handelt, stellt sich die analytische Lösung recht unübersichtlich dar und soll hier nicht angegeben werden. Man kann die Lösung aber mit Hilfe allgemein verfügbarer Computeralgebrasysteme leicht ermitteln und

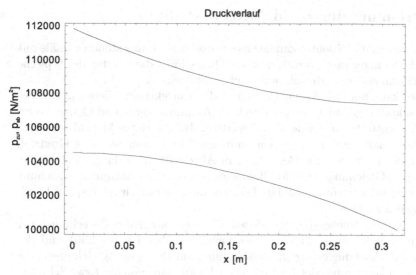

Abbildung 8.9. Druckverlauf in Partikelfilter

dann auch gleich numerisch auswerten. (Bei einer rein numerischen Integration des Randwertproblems werden besondere Algorithmen nötig.) Wir beschränken uns daher auf die graphische Darstellung des Druckverlaufes (Abb. 8.9) im Zu- und Abführkanal für einen typischen Anwendungsfall.

Offensichtlich gibt es für einen gegebenen Massenstrom und sonst gegebene Filtergeometrie eine Filterlänge, bei welcher der gesamte Druckverlust ein Minimum wird. Eine größere Länge führt ja zu kleineren Geschwindigkeiten $\bar{V}$ und damit zu kleinerem Druckabfall über die poröse Wand. Allerdings steigt dann der Druckunterschied zwischen Kanalende und Kanalanfang, weil die Schubspannungen an der Wand über eine größere Länge zu überwinden sind. Die aus Abb. 8.9 ersichtliche Länge ist so ermittelt, daß der gesamte Druckverlust möglichst klein wird.

Der Eintritt in den Zuführkanal entspricht wegen der endlichen Stegdicke s zwischen den Kanälen für die ankommende Strömung einer plötzlichen Querschnittsverengung (Abb. 9.8), die zu Verlusten führt, wie sie im Zusammenhang mit Abb. 9.8 besprochen werden. Diese Verluste sind hier vernachlässigbar, sie mindern sogar die Eintrittsverluste der Einlaufströmung (Abb. 9.3), weil sie die Geschwindigkeit am Eintritt erhöhen und damit die zusätzliche Arbeit der Druckkräfte zu Erzielung des voll ausgebildeten Geschwindigkeitsprofils im Kanal verringern (s. Abschnitte 9.1.3 und 9.1.4).

8.7 Strömung durch ein poröses Medium

Die individuellen Strömungskanäle eines porösen Mediums stellen Kanäle mit mehr oder weniger rasch veränderlichem Querschnitt dar, so daß der typische Neigungswinkel α der Stromlinien nicht mehr klein ist.

Daher kann man die Vernachlässigung der konvektiven Glieder in den Bewegungsgleichungen nicht länger durch die Annahme genügend kleiner Werte von αRe rechtfertigen, sondern muß fordern, daß die Reynoldszahl selbst (in einem noch näher zu erläuternden Sinn) genügend klein ist. Der Grenzfall $Re \to 0$, dessen technische Bedeutung in Abschnitt 4.1.3 dargestellt wurde, führt auf die Gleichungen (4.35), die zusammen mit der Kontinuitätsgleichung die *schleichenden* Strömungen beschreiben, und auf die wir im Kapitel 13 näher eingehen werden.

Aus den anschließend aufgeführten Gründen kann die Berechnung der Strömung durch poröse Medien aber nicht ausgehend von (4.35) und der Kontinuitätsgleichung erfolgen, sondern führt auf Bewegungsgleichungen, die eng mit den Bewegungsgleichungen von Schichtenströmungen bzw. Schmierströmungen verwandt sind. Aus diesem Grund und nicht nur aus dem Anlaß, der sich aus dem letzten Abschnitt ergibt, werden sie hier erläutert, obwohl es sich formal um schleichende Strömungen handelt.

Ein poröses Medium ist eine Struktur, die oft aus körnigen oder faserförmigen Festkörpern besteht, die irreguläre, miteinander verbundene Zwischenräume bilden. Die Querabmessungen der Zwischenräume sind in der Regel so klein, daß die Reynoldssche Zahl gebildet mit der typischen Querabmessung d und der typischen Geschwindigkeit u der flüssigen Phase in den Zwischenräumen klein ist, also $u\,d\,\rho/\eta \ll 1$ gilt. Die genaue Geometrie der Zwischenräume ist natürlich unbekannt, aber selbst bei bekannter Geometrie wäre eine Berechnung des Geschwindigkeitsfeldes oder des Druckfeldes mit vertretbarem Aufwand nicht möglich, weil schon die Beschreibung der Geometrie bei der Vielzahl von Zwischenräumen viel zu komplex ausfiele. Man muß sich daher darauf beschränken, Mittelwerte über eine Vielzahl von Zwischenräumen zu betrachten, etwa den Volumenstrom pro Flächeneinheit durch ein Flächenelement, den wir als lokale Geschwindigkeit im porösen Material interpretieren. Entsprechend sind die Geschwindigkeitskomponenten Volumenströme pro Flächeneinheit durch die Bildwürfe des Flächenelementes in die Koordinatenrichtungen. Die linearen Abmessungen des Flächenelementes sind nach dem Gesagten groß im Vergleich zu d, müssen aber klein im Vergleich zu den linearen Abmessungen des interessierenden Gebietes sein, damit der Mittelwert noch als lokale Geschwindigkeit gelten kann. Entsprechend betrachten wir auch Mittelwerte des Druckes $\bar{p}$, in einem Volumenelement dessen Höhe groß im Vergleich zu d ist und das betrachtete Flächenelement etwa als Grundfläche hat. Da die Trägheitskräfte als Folge der kleinen Reynolds-Zahl klein sind und auch die Gleichungen (4.35) linear sind, kann man erwarten, daß der Druckgradient der mittleren Geschwindigkeit proportional ist, wie es bei Schichtenströmungen, und den besprochenen lokalen Schichtenströmungen (Schmiertheorie) der Fall ist. In diesen Strömungen spielen ja Trägheitskräfte ebenfalls keine Rolle, wenn auch aus anderen Gründen als hier: bei den laminaren Schichtenströmungen verschwinden die Trägheitskräfte aus kinematischen Gründen, also unabhängig von der Reynoldsschen Zahl; bei den lokalen Schichtenströmungen, weil das Produkt Reynolds-Zahl mal Stromlinienneigung klein ist und im vorliegenden Fall, weil die Reynoldszahl selbst klein ist.

In den Zusammenhang zwischen Druckgradient und mittlerer Geschwindigkeit muß die Viskosität eingehen, weil nur die Reibungskräfte (pro Volumen) dem Druckgradienten entgegen stehen, und außerdem eine Größe mit der Dimension $[Länge]^2$. Bei den Schichtenströmungen ist dies das Quadrat der Querabmessung, etwa das Quadrat der Kanalhöhe. Aus dem Grund könnte man unmittelbar auch hier das Quadrat der Querabmessung einführen, wovon wir zunächst noch absehen, um eine größere Allgemeingültigkeit zu erreichen.

Wie man aus einer Dimensionsbetrachtung leicht zeigen kann, ist dann der Zusammenhang

$$\bar{U}_i = -\frac{k_{ij}}{\eta}\frac{\partial \bar{p}}{\partial x_j} \tag{8.142}$$

zwingend. Der Tensor k_{ij} ist konstant, wenn die gemittelten Eigenschaften des porösen Mediums homogen sind, also unabhängig vom Ort. Für ein isotropes Medium nimmt er die Form

$$k_{ij} = k\delta_{ij}, \tag{8.143}$$

an, dann gilt

$$\bar{U}_i = -\frac{k}{\eta}\frac{\partial \bar{p}}{\partial x_i} \tag{8.144}$$

bzw.

$$\vec{U} = -\frac{k}{\eta}\nabla\bar{p}, \tag{8.145}$$

also formal derselbe Zusammenhang zwischen mittlerem Druckgradient und mittlerer Geschwindigkeit, wie er aus der Schmiertheorie (8.12) und Schichtenströmung (6.58) bekannt ist, wo er allerdings für die lokalen Größen gilt. Man nennt k Permeabilität. Bei Ablagerung (Sedimentation) hat sie oft Tensorcharakter, folglich ist der Widerstand abhängig von der Strömungsrichtung und i. allg. größer in Richtung senkrecht zur Ablagerung. Das scheint der Fall zu sein bei den angesprochenen Rußablagerungen in Partikelfiltern, wo bereits eine dünne Rußschicht den Druckverlust merklich erhöht. Die Filterkeramik selbst gilt als isotrop. Beim unbeladenen Filter kommt daher (8.144) zum Tragen, und die Integration in x_2-Richtung ergibt mit

$p(x_2 = 0) = p_{zu}$; $p(x_2 = s) = p_{ab}$ Gleichung (8.136), wobei wie üblich, für $\bar{p}$, p und für $\bar{U}_2$, $\bar{V}$ gesetzt wurde und aus Symmetriegründen $\bar{V} = \bar{W}$ ist.

Es gibt eine Reihe von Modellvorstellungen für die Struktur des porösen Mediums, an Hand derer man die Permeabilität rechnerisch erfassen will. In der einfachsten Vorstellung betrachtet man ein Bündel von kreisrunden Rohren. Dann ist die über eine Fläche F im obigen Sinne gemittelte Geschwindigkeit

$$\bar{U} = \dot{V}_{ges}/F = N \frac{\pi R^4}{8\,\eta} \frac{\partial \bar{p}}{\partial x}/F \quad , \tag{8.146}$$

wobei N die Zahl der Röhren in der Fläche F und der aus (6.63) bekannte Volumenstrom durch eine Einzelröhre benutzt ist. Das Verhältnis N/F stellt auch gleichzeitig das Verhältnis des gesamten Röhrenvolumens $N\,\pi\,R^2 L$ zu dem Gesamtvolumen FL dar, wenn L die Länge der Röhren ist. Dieses Verhältnis ist die *Porösität* n des Mediums.

Daher schreiben wir (8.144) auch in der Form

$$\bar{U} = n \frac{R^2}{8\,\eta} \frac{\partial \bar{p}}{\partial x} = n \frac{d^2}{32\,\eta} \frac{\partial \bar{p}}{\partial x} \tag{8.147}$$

und identifizieren die Permeabilität zu

$$k = \frac{1}{32}\,n\,d^2. \tag{8.148}$$

Der Faktor $1/32$ gilt nur für das (unrealistische) Model von Bündeln gerader Rohre. Man ersetzt ihn deshalb durch einen Formfaktor $f(s)$ und die Porösität durch eine Funktion von n und gewinnt so die allgemeinere Form

$$k = f(s)\,f(n)\,d^2 , \tag{8.149}$$

wobei d dann eine typische Querabmessung der Zwischenräume ist (oft auch der Korngröße, wenn das poröse Material aus körnigen Festkörpern besteht) und sowohl der Formfaktor wie auch der Porösitätsfaktor Experimenten angepaßt wird.

Messungen zeigen, daß das Darcysche Gesetz etwa bis zu Reynoldschen Zahlen von $Re = \bar{U}\,d\,\rho/\eta \approx 10$ gültig ist. Dies ist zunächst überraschend, da wir das Gesetz unter der ausdrücklichen Annahme sehr kleiner Trägheitskräfte abgeleitet haben. Diese Forderung, ebenso wie die Forderung $\alpha Re \ll 1$, die den lokalen Schichtenströmungen zu Grunde liegt, wurde aus den Bewegungsgleichungen begründet ohne auf die Ausdehnung und Form des Strömungsgebietes und die Randbedingungen einzugehen. Bei relativ kleinen Querabmessungen im Vergleich zur Länge des Strömungsgebietes diffundiert der Wirbelvektor $2\,\vec{\omega}$ praktisch unbeeinflußt durch die Konvektion von der Wand (wo die Haftbedingung durch die Reibung erzwungen und wo der Wirbelvektor erzeugt wird) in die Kanalmitte oder zur gegenüberliegenden Begrenzung des Strömungsbereiches. Wie die Darstellung der Reibungskräfte (pro Volumen) in (4.11) aber zeigt, sind die Reibungskräfte dort von großer Bedeutung, wo der Wirbelvektor $2\,\vec{\omega}$ groß ist.

In räumlich beschränkten Strömungsgebieten prägt die Diffusion das Feld des Wirbelvektors, und wir sehen darin den Grund, weshalb Reibungseinflüsse sich auch bei Reynoldszahlen durchsetzen, die größer sind als die, welche man auf Grund der Bewegungsgleichungen allein erwarten würde. Aus der Diskussion in Abschnitt 4.1.3 ist bekannt, daß bei fehlendem Einfluß der Konvektion die Strömung insgesamt nur durch die Reibung bestimmt ist, völlig unabhängig von der Reynoldszahl. Aus diesem Grund gelten die Ergebnisse, die unter den Annahmen $Re \ll 1$ oder $\alpha Re \ll 1$ ermittelt wurden, auch wenn diese Kennzahlen merklich größer als eins werden. Die Grenze hängt sicherlich vom speziellen Problem ab, aber im Bereich $1 < Re < 10$ weichen die experimentellen Ergebnisse allmählich von den Voraussagen ab. Wenn der Einfluß der Trägheitsterme bedeutend wird, ist auch oft die Stabilitätsgrenze erreicht und man befindet sich im Umschlagbereich zur Turbulenz. In der Regel wird man aber bei technischen Apparaten einen genügenden Abstand zu turbulenter Strömung suchen, um die Druckverluste gering zu halten.

Aus mathematischer Sicht vermerken wir noch, daß bei homogener isotroper Permeabilität, also wenn (8.144) gilt, diese Gleichung eine notwendige und hinreichende Bedingung darstellt, daß das Feld der mittleren Geschwindigkeit $\vec{U}(\vec{x})$ eine Potentialströmung ist. Wie im Abschnitt 1.2.4 erläutert, ist das Geschwindigkeitsfeld rotationsfrei, d.h. $rot\,\vec{U} = 0$. Die Kontinuitätsgleichung für inkompressible Flüssigkeit gilt unverändert auch für die mittlere Strömung:

$$\frac{\partial \bar{U}_i}{\partial x_i} = 0. \tag{8.150}$$

Mit (8.144) folgt daraus die Potentialgleichung für den mittleren Druck

$$\frac{\partial^2 \bar{p}}{\partial x_i \partial x_i} = 0. \tag{8.151}$$

Wir betonen, daß nur die mittlere Geschwindigkeit $\vec{U}(\vec{x})$ rotationsfrei ist. Das tatsächliche Geschwindigkeitsfeld $\vec{u}(\vec{x})$ ist selbstverständlich nicht rotationsfrei, im Gegenteil: Die Diffusion des Wirbelvektors innerhalb der Zwischenräume oder in den Schmierspalten oder ähnlichen Konfigurationen prägt ja gerade den Charakter dieser Strömungen. Auf die Potentialströmungen im engeren Sinne, bei denen also das Feld $\vec{u}(\vec{x})$ überall rotationsfrei ist, werden wir in Kapitel 10 *Potentialtheorie* ausführlich eingehen, weil es das Kernstück der klassischen Strömungslehre ist. Es genügt hier darauf hinzuweisen, daß die Lösungsmethoden der Potentialtheorie im vorliegenden Fall auch anwendbar sind. Damit steht ein großer Vorrat an mathematischen Lösungsmethoden auch für Strömungen durch poröse Medien zur Verfügung, sofern die Voraussetzungen an die Permeabilität erfüllt sind. Strömungen durch poröse Medien werden in der Natur sehr häufig angetroffen. Man denke nur an Grundwasserströmungen oder Strömungen von Erdöl oder Erdgas durch Sand oder Gestein, etwa Sandstein oder Kalkstein.

8.8 Hele-Shaw-Strömung

Die Strömung zwischen eng stehenden Platten um einen Körper, etwa um einen Zylinder beliebiger Querschnittsform mit einer charakteristischen Querabmessung d, der sich zwischen den Platten befindet und dessen Erzeugende senkrecht zu den Platten steht, ist mit den bisher besprochenen Lösungen eng verwandt. Die ungestörte Strömung besteht hier aus der Poiseuille Strömung (Abschnitt 6.1.2) mit mittleren Geschwindigkeitskomponenten in x- und z-Richtung. Die x-Komponente entnimmt man sofort (6.22) zu

$$\bar{U} = -\frac{h^2}{12\,\eta}\frac{\partial p}{\partial x} \tag{8.152}$$

und findet die z-Komponente indem man $\partial p/\partial x$ durch $\partial p/\partial z$ ersetzt und $\bar{U}$ durch $\bar{W}$, also

$$\bar{W} = -\frac{h^2}{12\,\eta}\frac{\partial p}{\partial z}. \tag{8.153}$$

In der ungestörten Strömung ist der Druckgradient bekanntlich eine Konstante, aber bei Vorhandensein des Zylinders ist der Druckgradient nicht mehr konstant. Für genügend kleine Werte von $Re \cdot (h/d)$ mit $Re = \bar{U}h/\nu$ ist aber der Zusammenhang zwischen Druckgradient und mittlerer Geschwindigkeit auch bei veränderlichem Druckgradienten noch lokal gültig (h/d spielt hier die Rolle der Stromlinienneigung α). Dann folgt wiederum aus der Kontinuitätsgleichung

$$\frac{\partial \bar{U}}{\partial x} + \frac{\partial \bar{W}}{\partial z} = 0 \tag{8.154}$$

eine Potentialgleichung für den Druck

$$\frac{\partial^2 p}{\partial x^2} + \frac{\partial^2 p}{\partial z^2} = 0. \tag{8.155}$$

Die Randbedingung für den Druck an der Körperkontur $F(x,z) = 0 = -z + f(x) = 0$ ergibt sich aus der Randbedingung für das Geschwindigkeitsfeld (4.169) zu

$$\vec{U} \cdot \nabla F = \nabla p \cdot \nabla F = 0. \tag{8.156}$$

Aus $\vec{U} \cdot \nabla F = 0$ folgt

$$f'(x) = \bar{W}/\bar{U} \text{ an } z = f(x) \tag{8.157}$$

was zunächst nur zeigt, daß die Körperkontur Stromlinie ist. Betrachtet man aber das Geschwindigkeitsfeld als gegeben, dann stellt (8.157) die Differentialgleichung für die Stromlinien dar, die sich auch aus (1.11a) durch Elimination des Kurvenparameters s gewinnen ließe. Da das Feld der mittleren Geschwindigkeiten rotationsfrei ist, entsprechen die Stromlinien denen einer Potentialströmung. Dieselbe Differentialgleichung gilt auch für alle Stromlinien des lokalen Geschwindigkeitfeldes $\vec{u}(x, y, z)$ in Ebenen $y = const$. Man erkennt das unmittelbar, wenn man das Verhältnis w/u mit Gleichung (6.19) und der entsprechenden Gleichung für w (Wandgeschwindigkeit $U = 0$) bildet und (8.157) benutzt. Daher sind die Stromlinien in allen Ebenen $y = const$. zueinander kongruent.

Eine Versuchsanordnung, die auf der beschriebenen Geometrie beruht, wurde von Hele Shaw 1889 benutzt, um Stromlinienbilder von Potentialströmungen um verschiedene zylindrischer Körper, insbesondere stumpfe Körper zu erzeugen (bei Strömungen mit großer Reynoldszahl, sind Potentialströmungen um stumpfe Körper praktisch nicht realisierbar, weil die Strömung ablöst). Wir vermerken noch, daß die kinematische Randbedingung am Körper durch die Lösungen zwar erfüllt wird, aber nicht die Haftbedingung. Da die Flüssigkeit aber am Zylinder haftet, gelten die Gleichungen (8.156) und (8.157) in einem Abstand der Größenordnung h von der Zylinderkontur nicht mehr. Der Fehler läßt sich durch Verringern des Plattenabstandes beliebig verkleinern, was aber nochmals kleine Reynoldszahlen und kleine Werte $Re \cdot (h/d)$ zur Folge hat, so daß die Gültigkeit der Lösung sich hier wegen Verletzung der Haftbedingung auf Reynoldszahlen $Re \leq 1$ beschränkt. Deutliche Abweichungen der Stromlinienbilder von den theoretischen Voraussagen auf Basis der Potentialtheorie werden bei $Re \cdot (h/d) \approx 4$ festgestellt.

9

Stromfadentheorie

9.1 Inkompressible Strömung

Wir schließen an die frühere Feststellung an, daß sich für eine Reihe von technisch interessanten Problemen das ganze Strömungsgebiet als eine einzige Stromröhre darstellen läßt, und daß das Verhalten der Strömung durch ihr Verhalten auf einer mittleren Stromlinie charakterisiert ist. Die Strömungsgrößen sind in dieser Beschreibungsweise nur Funktionen der Bogenlänge s und unter Umständen der Zeit t. Es wird also angenommen, daß die Strömungsgrößen über den Querschnitt der Stromröhre konstant sind. Diese Annahme muß aber nicht für die gesamte Stromröhre erfüllt sein (jedenfalls nicht bei stationärer Strömung), sondern nur für die Abschnitte der Stromröhre, die man in der angegebenen Weise als *quasi-eindimensionale Strömung* berechnen will. Die Strömung muß also wenigstens stückweise *ausgeglichen*, d. h. praktisch konstant über den Querschnitt sein und darf sich auch in Stromlinienrichtung nicht zu stark ändern, was voraussetzt, daß der Querschnitt eine langsam veränderliche Funktion ist. Zwischen diesen ausgeglichenen Abschnitten kann die Strömung durchaus dreidimensionalen Charakter aufweisen, sie läßt sich dort aber nicht mit den hier zu besprechenden Methoden berechnen.

Die Annahme konstanter Größen über den Querschnitt setzt voraus, daß der Reibungseinfluß gering ist, denn wie aus Kapitel 6 bekannt, ändern sich die Strömungsgrößen über den Querschnitt von Stromröhren mit festen Wänden ganz beträchtlich, wenn die Strömung, wie bei der ausgebildeten Rohrströmung, stark durch Reibungseinflüsse geprägt ist. Aber auch auf solche Strömungen läßt sich das Konzept der Stromfadentheorie übertragen, allerdings muß dann die Verteilung der Strömungsgrößen über den Querschnitt bekannt sein, oder es müssen sich vernünftige Annahmen über diese Verteilung machen lassen. Sorgfalt ist insbesondere bei der Berechnung von mittleren Größen geboten: So ist es nicht zulässig, mit der nach der Kontinuitätsgleichung gemittelten Geschwindigkeit nach (6.55), die wir als typische Geschwindigkeit im Widerstandsgesetz benutzt haben, auch im Impuls- oder

© Springer-Verlag GmbH Deutschland, ein Teil von Springer Nature 2019
J. Spurk und N. Aksel, *Strömungslehre*,
https://doi.org/10.1007/978-3-662-58764-5_9

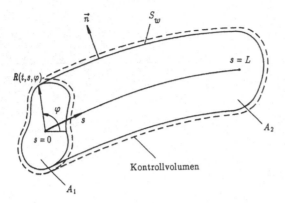

Abbildung 9.1. Zur Erläuterung der Kontinuitätsgleichung der Stromfadentheorie

Energiesatz zu rechnen, da z. B. der mit dieser mittleren Geschwindigkeit gebildete Impulsfluß $\varrho \overline{U}^2 A$ beim Kreisrohr nur 75% des tatsächlichen bei laminarer Strömung durch den Kreisquerschnitt fließenden Impulses ausmacht.

In turbulenter Strömung sind die Geschwindigkeitsprofile viel völliger, der Unterschied zwischen maximaler und mittlerer Geschwindigkeit ist also viel kleiner. Die Annahme konstanter Geschwindigkeit über den Querschnitt ist daher bei turbulenten Strömungen eine bessere Näherung als bei laminaren.

9.1.1 Die Kontinuitätsgleichung

Wir bringen zunächst die Kontinuitätsgleichung in eine für die Stromfadentheorie zweckmäßigere Form. Wir nehmen dazu an, daß die Querschnittsfläche der Stromröhre in der Form $A = A(s,t)$ gegeben sei und alle Strömungsgrößen nur von der Bogenlänge s und der Zeit t abhängen.

Für das Stück der Stromröhre in Abb. 9.1 lautet die Kontinuitätsgleichung

$$\int_0^L \frac{\partial \varrho}{\partial t} A \, ds - \varrho_1 u_1 A_1 + \varrho_2 u_2 A_2 + \iint_{(S_w)} \varrho \, \vec{u} \cdot \vec{n} \, dS = 0 \ . \tag{9.1}$$

Wenn der Querschnitt der Röhre zeitlich unveränderlich ist, entfällt das Integral über die Wandung S_w. Im anderen Fall denken wir uns die Fläche S_w durch die Gleichung

$$r = R(t, \varphi, s) \ , \tag{9.2}$$

bzw. durch ihre implizite Form

$$F(t, \varphi, s, r) = r - R(t, \varphi, s) = 0 \ , \tag{9.3}$$

gegeben. Aus der kinematischen Randbedingung (4.170) gewinnen wir die Normalkomponente der Strömungsgeschwindigkeit an der sich bewegenden Wand zu

$$\vec{u} \cdot \vec{n} = \vec{u} \cdot \frac{\nabla F}{|\nabla F|} = \frac{1}{|\nabla F|} \frac{\partial R}{\partial t} \tag{9.4}$$

und bemerken, daß $1/|\nabla F|$ die Komponente n_r der Flächennormalen in r-Richtung ist. Damit schreiben wir das Integral über S_w in der Form

$$\iint\limits_{(S_w)} \varrho\, \vec{u} \cdot \vec{n}\, \mathrm{d}S = \iint\limits_{(S_w)} \varrho\, \frac{\partial R}{\partial t}\, n_r\, \mathrm{d}S = \int\limits_0^L \int\limits_0^{2\pi} \varrho\, \frac{\partial R}{\partial t}\, R\, \mathrm{d}\varphi\, \mathrm{d}s\ , \tag{9.5}$$

da $n_r \mathrm{d}S = R\, \mathrm{d}\varphi\, \mathrm{d}s$ die Projektion des Flächenelementes $\mathrm{d}S$ in radiale Richtung ist. Aus

$$A = \int\limits_0^{2\pi} \int\limits_0^R r\, \mathrm{d}r\, \mathrm{d}\varphi \tag{9.6}$$

folgt

$$\frac{\partial A}{\partial t} = \int\limits_0^{2\pi} R\, \frac{\partial R}{\partial t}\, \mathrm{d}\varphi \tag{9.7}$$

und damit für die Kontinuitätsgleichung schließlich

$$\int\limits_0^L \frac{\partial \varrho}{\partial t}\, A\, \mathrm{d}s + \int\limits_0^L \varrho\, \frac{\partial A}{\partial t}\, \mathrm{d}s - \varrho_1 u_1 A_1 + \varrho_2 u_2 A_2 = 0\ . \tag{9.8}$$

Diese Gleichung gilt ganz allgemein in der Stromfadentheorie. In den meisten technischen Anwendungen ist aber der Stromröhrenquerschnitt zeitlich unveränderlich, so daß das zweite Integral gleich null ist.

Das erste Integral verschwindet in inkompressibler Strömung, wenn wir im weiteren wieder davon ausgehen, daß Inkompressibilität auch Konstanz der Dichte nach sich zieht (siehe Diskussion auf Seite 105). Daher gilt für stationäre und instationäre inkompressible Strömung, wenn A zeitlich unveränderlich ist

$$u_1 A_1 = u_2 A_2\ . \tag{9.9}$$

In kompressibler Strömung verschwindet das erste Integral in (9.8) nur bei stationärer Strömung.

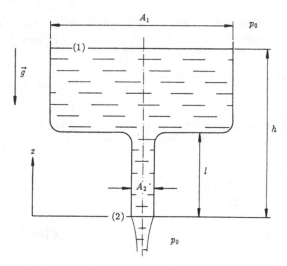

Abbildung 9.2. Zur Ausflußformel

9.1.2 Die reibungsfreie Strömung

Inkompressible, reibungsfreie Strömungen lassen sich bereits mit Hilfe der Bernoullischen Gleichung (4.61) bzw. (4.62) und der Kontinuitätsgleichung berechnen. Wir zeigen die Anwendung am Beispiel des stationären Ausflusses aus dem Gefäß der Abb. 9.2 und betrachten den gesamten Strömungsraum als Stromröhre. Die Darstellung der Abb. 9.2 zeigt offenkundig, daß die Annahmen der Stromfadentheorie nur im Bereich des Überganges vom großen Querschnitt A_1 auf den kleineren Querschnitt A_2 nicht erfüllt sind. Wir nehmen an, daß sich die Spiegelhöhe h nicht ändert, was durch einen Zulauf oder durch ein genügend großes Verhältnis A_1/A_2 erreicht werden kann. Dann ist die Strömung stationär, und aus der Bernoullischen Gleichung (4.62) folgt

$$\frac{u_1^2}{2} + g\,h = \frac{u_2^2}{2}\;, \tag{9.10}$$

wobei schon von der Tatsache $p_1 = p_2 = p_0$ Gebrauch gemacht wurde. Die Auflösung nach u_2 unter Verwendung der Kontinuitätsgleichung (9.9) liefert die Ausflußgeschwindigkeit

$$u_2 = \sqrt{\frac{2g\,h}{1 - (A_2/A_1)^2}}\;. \tag{9.11}$$

Für $A_2/A_1 \to 0$ erhält man die berühmte *Torricellische Ausflußformel*

$$u_2 = \sqrt{2g\,h}\;. \tag{9.12}$$

Für $A_2/A_1 \to 1$ hingegen erhält man $u_2 \to \infty$, was nach (9.9) und auch (9.10) $u_1 \to \infty$ nach sich zöge. Dieses unrealistische Ergebnis ist darauf zurückzuführen, daß bei endlich vorausgesetztem Zulauf u_1 und u_2 für $A_2/A_1 \to 1$

nicht gleichzeitig die Gleichungen (9.9) und (9.10) erfüllen können. In diesem Fall kann die Flüssigkeit den Querschnitt A_2 nicht ganz ausfüllen, so daß die Annahmen, die (9.9) zugrunde liegen, verletzt sind. Nach (9.10) ergibt sich bei gegebenem u_1

$$u_2 = \sqrt{u_1^2 + 2g\,h} \qquad (9.13)$$

und damit aus der Kontinuitätsgleichung der größtmögliche Querschnitt A_2, der noch eine ausgeglichene Strömung zuläßt, zu

$$A_2 = \frac{A_1}{\sqrt{1 + 2g\,h/u_1^2}} \cdot \qquad (9.14)$$

Für größere Austrittsquerschnitte löst sich die Flüssigkeit von der Rohrwand ab. Man beobachtet dann einen unruhigen und ungleichmäßigen Austrittsstrahl. Das Gesagte liefert auch die Erklärung, warum an Trichtern das Abflußrohr konisch ausgeführt wird. Betrachtet man A_2 als Funktion von z, so ergibt sich die Querschnittsform, die gerade kein Ablösen längs des gesamten Rohres hervorruft, zu

$$A_2(z) = \frac{A_1}{\sqrt{1 + 2g\,(h-z)/u_1^2}} \cdot \qquad (9.15)$$

Für diese Querschnittsform ist der Druck p in der Flüssigkeit als Funktion von z gleich dem Umgebungsdruck p_0. Ein in der Höhe h austretender kreisrunder Freistrahl nimmt diese Querschnittsverteilung an, da seine Geschwindigkeit unter dem Einfluß der Schwerkraft mit wachsendem $(h - z)$ zunimmt.

Wir betrachten nun den instationären Ausfluß und nehmen der Einfachheit halber ein Verhältnis $A_2/A_1 \to 0$ an. Für $t < 0$ sei der Querschnitt bei (2) geschlossen; für $t = 0$ wird er plötzlich voll geöffnet. Zu jedem Zeitpunkt t gilt die Bernoullische Gleichung für instationäre Strömung (4.61):

$$\varrho \int \frac{\partial u}{\partial t}\,\mathrm{d}s + \varrho\,\frac{u^2}{2} + p + \varrho\,g\,z = C\,, \qquad (9.16)$$

in der das Integral längs der hier raumfesten Stromlinie von der Spiegelhöhe h bis zur Austrittsfläche zu bilden ist. Im Übergangsbereich ist die Strömung aber dreidimensional und nicht im Rahmen der Stromfadentheorie beschreibbar. Für $A_1/A_2 \to \infty$ liefert jedoch das Rohrstück den größten Beitrag zum Integral, und wir berücksichtigen nur diesen. Dann folgt aus (9.16), da wieder $p_1 = p_2 = p_0$ ist,

$$\int_0^l \frac{\partial u}{\partial t}\,\mathrm{d}s + \frac{u_2^2}{2} = g\,h + \frac{u_1^2}{2}\,, \qquad (9.17)$$

und, da u im Rohr keine Funktion von s ist ($u = u_2$), auch

$$l \frac{\mathrm{d}u_2}{\mathrm{d}t} = g\,h - \frac{u_2^2}{2} \,, \tag{9.18}$$

wobei wir den Term $u_1^2/2$ wegen $A_1/A_2 \to \infty$ vernachlässigt haben. Die Integration von (9.18) mit der Anfangsbedingung $u_2(0) = 0$ führt auf die Lösung

$$u_2(t) = \sqrt{2g\,h} \tanh\left(\frac{\sqrt{2g\,h}}{2l} t \right) \,, \tag{9.19}$$

die zeigt, daß die maximale Ausflußgeschwindigkeit für $t \to \infty$ erreicht wird und gleich der stationären Torricelli-Geschwindigkeit ist. Eine genauere Berücksichtigung der Strömung im Übergangsbereich hätte eine etwas andere effektive Länge l ergeben, und dadurch wäre nur die Zeitkonstante

$$\tau = \frac{2l}{\sqrt{2g\,h}} \tag{9.20}$$

beeinflußt worden. Für $t = 3\tau$ ist praktisch die stationäre Geschwindigkeit erreicht, während dieser Zeit hat sich aber der Wasserspiegel bei endlichem aber großem A_1/A_2 kaum abgesenkt. Die weitere Ausströmung erfolgt quasistationär, d. h. die Austrittsgeschwindigkeit kann aus (9.12) mit der zur Zeit t vorhandenen Spiegelhöhe $h(t)$ berechnet werden. Wir bestimmen damit die Zeit, die nötig ist, um den Spiegel von h_0 auf die aktuelle Höhe $h(t)$ abzusenken. Aus der Kontinuitätsgleichung und der Torricellischen Formel $A_1/A_2 \to \infty$ ergibt sich die Differentialgleichung für die Spiegelhöhe

$$u_1 = -\frac{\mathrm{d}h}{\mathrm{d}t} = \frac{A_2}{A_1} \sqrt{2g\,h(t)} \,, \tag{9.21}$$

deren Lösung mit $h(0) = h_0$ lautet:

$$t = \frac{A_1}{A_2} \sqrt{\frac{2}{g}} \left(\sqrt{h_0} - \sqrt{h(t)} \right) \,. \tag{9.22}$$

Der andere Grenzfall $A_1/A_2 \to 1$, d. h. $l \to h$, liefert aus (9.17) das Ergebnis $\mathrm{d}u/\mathrm{d}t = g$, (freier Fall), was anschaulich ist, da die Berandung auf die Flüssigkeit keine Kraft ausübt.

9.1.3 Die reibungsbehaftete Strömung

Während für nicht zu große Rohrlängen l die Reibung noch vernachlässigbar ist, machen sich bei längeren Rohren Reibungsverluste bemerkbar. Diese sind im Rahmen der Stromfadentheorie nur phänomenologisch zu erfassen und werden als zusätzlicher Druckabfall gemäß Gleichung (6.60) eingeführt:

$$\Delta p_v = \varrho \frac{u^2}{2} \lambda \frac{l}{d_h} \,, \tag{9.23a}$$

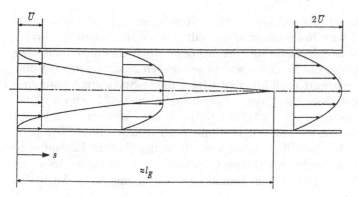

Abbildung 9.3. Laminare Einlaufströmung

bzw.

$$\Delta p_v = \zeta \, \varrho \, \frac{u^2}{2} \,, \quad \text{mit} \quad \zeta = \lambda \, \frac{l}{d_h} \,. \tag{9.23b}$$

Die Formeln (9.23) entsprechen dem Druckverlust bei Rohren konstanten Querschnitts. Für nicht konstante Querschnitte denkt man sich diese Formel lokal angewendet:

$$\mathrm{d}(\Delta p_v) = \varrho \, \frac{u^2(s)}{2} \, \frac{\lambda(s)}{d_h(s)} \, \mathrm{d}s \,, \tag{9.24}$$

so daß für den Druckverlust zwischen zwei Stellen (1) und (2) die Gleichung

$$\Delta p_v = \varrho \, \frac{u_1^2}{2} \int_1^2 \left(\frac{A_1}{A(s)} \right)^2 \frac{\lambda(s)}{d_h(s)} \, \mathrm{d}s \tag{9.25}$$

gilt, die wir wieder über die Verlustziffer ζ ausdrücken wollen:

$$\Delta p_v = \varrho \, \frac{u_1^2}{2} \, \zeta \,, \tag{9.26}$$

mit

$$\zeta = \int_1^2 \left(\frac{A_1}{A(s)} \right)^2 \frac{\lambda(s)}{d_h(s)} \, \mathrm{d}s \,. \tag{9.27}$$

Wir beziehen dabei die Verlustziffer immer auf den dynamischen Druck $\varrho \, u_1^2/2$ vor der Verluststelle. (Im Schrifttum wird zuweilen ζ auf den dynamischen Druck hinter der Verluststelle bezogen!)

Für genügend lange Rohre können die Widerstandszahlen für ausgebildete Rohrströmung (vgl. Kapitel 6 und 7) verwendet werden. Es ist aber zu bedenken, daß sich die voll ausgebildete Rohrströmung erst nach einem gewissen Abstand vom Rohreinlauf eingestellt hat. Vom Einlauf her bildet sich zunächst eine Grenzschicht aus, deren Dicke mit wachsender Lauflänge vom Einlauf zunimmt, bis die Grenzschicht schließlich zusammenwächst und den gesamten Querschnitt ausfüllt. Erst hinter dieser Stelle stellt man eine ausgebildete Rohrströmung fest, deren Geschwindigkeitsprofil sich im weiteren Verlauf nicht mehr ändert (vgl. Abb. 9.3). Da der Volumenstrom $\dot{V}$ von s unabhängig ist, wird die von der Reibung noch nicht erfaßte Flüssigkeit beschleunigt. Der Druckabfall in stationärer Strömung über die Einlauflänge l_E berechnet sich aus der Bernoullischen Gleichung für verlustfreie Strömung auf der von der Reibung noch nicht beeinflußten Stromlinie in der Mitte des Kanals:

$$p_1 - p_2 = \frac{\varrho}{2}\,(4\overline{U}^2 - \overline{U}^2) = 3\frac{\varrho}{2}\,\overline{U}^2\;. \tag{9.28}$$

Selbst wenn man annimmt, daß der Druckabfall infolge der Reibungsspannungen an der Rohrwand in der Einlaufstrecke derselbe ist wie bei voll ausgebildeter Strömung, so ergibt sich ein größerer Druckabfall, weil der Fluß der kinetischen Energie am Eintritt kleiner ist als im Bereich ausgebildeter Rohrströmung. Wir schätzen diese zusätzliche Arbeit aus der Energiegleichung (2.114) ab, wobei wir die dissipierte Energie vernachlässigen. Dann ist in inkompressibler und adiabater Strömung $De/Dt = 0$, und es folgt nach Anwendung des Reynoldsschen Transporttheorems

$$-\pi\,R^2\varrho\,\frac{\overline{U}^3}{2} + \varrho\,\pi \int\limits_0^R u^3(r)\,r\,\mathrm{d}r = \pi\,R^2(p_1 - p_2)_{kin}\,\overline{U}\;. \tag{9.29}$$

Nach Ausführung der Integration ergibt sich für den Druckabfall infolge der Erhöhung der kinetischen Energie

$$(p_1 - p_2)_{kin} = \frac{\varrho}{2}\,\overline{U}^2\;. \tag{9.30}$$

Zu diesem ist noch der Druckabfall infolge der Wandschubspannungen hinzuzufügen. Letzteren schätzen wir so ab, als gelte die Formel für ausgebildete Strömung auch in der Einlaufstrecke, so daß der gesamte Druckabfall

$$\Delta p_{ges} = (p_1 - p_2)_{kin} + \zeta\,\frac{\varrho}{2}\,\overline{U}^2 \tag{9.31}$$

bzw. mit (6.61)

$$\Delta p_{ges} = \frac{\varrho}{2}\,\overline{U}^2\left(1 + \frac{l_E}{d}\,\frac{64}{Re}\right) \tag{9.32}$$

wird. Der gesamte Druckabfall entspricht dem Druckabfall auf der Stromlinie gemäß (9.28). Aus der Gleichheit von (9.28) und (9.32) gewinnen wir eine Abschätzung für die Einlauflänge im laminaren Fall:

$$l_{E\,(laminar)} = \frac{Re}{32}\,d\;.\tag{9.33}$$

Es handelt sich hierbei nur um eine grobe Abschätzung; in Wirklichkeit verläuft der Übergang asymptotisch. Numerische Lösungen der Navier-Stokesschen Gleichungen zeigen in Übereinstimmung mit Messungen, daß bei der oben angegebenen Einlauflänge die Geschwindigkeit in Kanalmitte erst 90% des maximalen Wertes erreicht hat. (99% der Maximalgeschwindigkeit werden schließlich bei $l/d = 0,056 \cdot Re$ erreicht.)

In turbulenter Strömung ist das Geschwindigkeitsprofil völliger, und die maximale Geschwindigkeit ist nur um etwa 20% größer als die mittlere Geschwindigkeit (vgl. (7.83), (7.87) und (7.89) bei $Re \approx 10^5$). Daher ist die Arbeit zur Erhöhung der kinetischen Energie im Einlauf vernachlässigbar, und es läßt sich die Widerstandsformel (7.89) für voll ausgebildete Strömung auch im Einlaufbereich verwenden. Die Einlauflänge selbst kann aus

$$l_{E\,(turbulent)} = 0,39 \cdot Re^{1/4}\,d\tag{9.34}$$

ermittelt werden; sie ist sehr viel kleiner als bei laminarer Einlaufströmung.

Wir erweitern nun die Bernoullische Gleichung (4.62) phänomenologisch um die Druckverluste:

$$\varrho\,\frac{u_1^2}{2} + p_1 + \varrho\,g\,z_1 - \Delta p_v = \varrho\,\frac{u_2^2}{2} + p_2 + \varrho\,g\,z_2\;,\tag{9.35}$$

wobei wir u statt $\overline{U}$ schreiben, da in der Stromfadentheorie immer die mittlere Geschwindigkeit gemeint ist. Der Druckverlust in instationärer Strömung ist nur in wenigen Spezialfällen bekannt, und es ist im allgemeinen nicht zulässig, (9.35) auch auf instationäre Strömungen unter Beibehaltung der stationären Verlustziffern anzuwenden. Aus (9.35) folgt nun statt (9.11) für die Ausflußgeschwindigkeit des Beispiels von Abb. 9.2

$$u_2 = \sqrt{\frac{2(\varrho\,g\,h - \Delta p_v)}{\varrho\,(1 - (A_2/A_1)^2)}}\;.\tag{9.36}$$

Da aber der Verlust praktisch nur im Rohr mit der Querschnittsfläche A_2 entsteht, wo die Eintrittsgeschwindigkeit ebenfalls u_2 ist, schreiben wir

$$\Delta p_v = \zeta\,\varrho\,\frac{u_2^2}{2}\tag{9.37}$$

und damit

$$u_2 = \sqrt{\frac{2g\,h}{1 + \zeta - (A_2/A_1)^2}}\;,\tag{9.38}$$

wobei zu bedenken ist, daß ζ im allgemeinen von der Reynolds-Zahl und damit von u_2 abhängt, so daß (9.38) noch keine explizite Darstellung der

Austrittsgeschwindigkeit ist. Nimmt man z. B. an, daß über die gesamte Länge voll ausgebildete laminare Rohrströmung herrscht, also

$$\zeta = \frac{64}{Re}\frac{l}{d}$$

gilt und vernachlässigt $(A_2/A_1)^2$, so folgt die explizite Darstellung

$$u_2 = 8\frac{\eta\, l}{R^2\varrho}\left(\sqrt{1 + \frac{2g\,h}{[(8\eta\, l)/(R^2\varrho)]^2}} - 1\right). \tag{9.39}$$

Bei überwiegendem Einfluß der Verluste im Rohr, d. h. für großes ζ erhält man durch Entwickeln des Wurzelausdruckes auch

$$u_2 = \frac{\varrho\, g\, h}{8\eta\, l}R^2\,, \tag{9.40}$$

ein Ergebnis, das man auch direkt aus (9.38) gewinnt.

Um die durch die Strömung hervorgerufene Kraft auf das Gefäß zu berechnen, ziehen wir den Impulssatz in der Form (2.40) heran und wenden ihn auf das Stück der Stromlinie in Abb. 9.1 an. Wenn $\vec{\tau}$ der Tangenteneinheitsvektor der raumfesten mittleren Stromlinie ist, entsteht unter den Annahmen der Stromfadentheorie die Gleichung

$$\int_0^L \frac{\partial(\varrho\, u)}{\partial t}\vec{\tau}\, A\, \mathrm{d}s - \varrho_1 u_1^2 A_1\vec{\tau}_1 + \varrho_2 u_2^2 A_2\vec{\tau}_2 + \iint_{(S_w)} \varrho\, u\, \vec{\tau}(\vec{u}\cdot\vec{n})\, \mathrm{d}S =$$

$$= p_1 A_1\vec{\tau}_1 - p_2 A_2\vec{\tau}_2 + \iint_{(S_w)} \vec{t}\,\mathrm{d}S\,. \tag{9.41}$$

Verabredungsgemäß ist die Strömung an den Stellen (1) und (2) ausgeglichen, so daß die Reibungsspannungen dort (und nur dort) vernachlässigt werden. Das letzte Integral stellt die von der Wandung auf die Strömung ausgeübte Kraft dar. Die gesuchte Kraft der Strömung auf die Wandung entspricht also gerade dem negativen Wert dieses Integrals. Das Oberflächenintegral auf der linken Seite von (9.41) verschwindet, wenn der Querschnitt A zeitlich unveränderlich ist. Ansonsten berechnen wir die Normalkomponente $\vec{u}\cdot\vec{n}$ an S_w gemäß (9.4) und erhalten in einer zu (9.5) und (9.6) völlig analogen Überlegung die Gleichung

$$\iint_{(S_w)} \varrho\, u\, \vec{\tau}(\vec{u}\cdot\vec{n})\, \mathrm{d}S = \int_0^L \varrho\, u\, \vec{\tau}\, \frac{\partial A}{\partial t}\, \mathrm{d}s\,, \tag{9.42}$$

so daß sich der Impulssatz in der Form

$$\int\limits_0^L \frac{\partial(\varrho\,u)}{\partial t}\,\vec{\tau}\,A\,\mathrm{d}s + \int\limits_0^L \varrho\,u\,\vec{\tau}\,\frac{\partial A}{\partial t}\,\mathrm{d}s - \varrho_1 u_1^2 A_1 \vec{\tau}_1 + \varrho_2 u_2^2 A_2 \vec{\tau}_2 =$$

$$= p_1 A_1 \vec{\tau}_1 - p_2 A_2 \vec{\tau}_2 - \vec{F} \quad (9.43)$$

ergibt, die im Rahmen der Stromfadentheorie allgemein gültig ist.

Bei der Anwendung von (9.43) auf das Ausflußgefäß stoßen wir bei instationärer Strömung auf die bekannte Schwierigkeit, daß die Auswertung der Integrale die Kenntnis der Strömungsgrößen längs der Stromlinie erfordert. Im Bereich des Übergangs vom großen Querschnitt A_1 auf den kleinen A_2 sind die Größen aber unbekannt. Für $A_1/A_2 \to \infty$ aber liefert das Rohrstück wieder den größten Beitrag. Das zweite Integral entfällt, da die Querschnittsfläche keine Funktion der Zeit ist. Ferner ist sowohl u als auch $\vec{\tau}$ längs des Rohres konstant, und wir erhalten schließlich wegen $\varrho_1 = \varrho_2 = \varrho$

$$\vec{F} = \vec{\tau}\left(-\varrho\,A_2 l\,\frac{\mathrm{d}u_2}{\mathrm{d}t} + \varrho\,u_1^2 A_1 - \varrho\,u_2^2 A_2 + p_1 A_1 - p_2 A_2\right)\,, \quad (9.44)$$

wobei $p_1 = p_2 = p_0$ noch nicht benutzt wurde. In stationärer Strömung entfällt noch der erste Term in der Klammer. Wegen $A_2/A_1 \to 0$ kann der Impulsfluß

$$\varrho\,u_1^2 A_1 = \varrho\,u_2^2 A_1 \frac{A_2^2}{A_1^2}$$

vernachlässigt werden. (Sind die Geschwindigkeiten, wie bei voll ausgebildeter, laminarer Strömung, über den Querschnitt nicht konstant, so sind die Impulsflüsse aus der Integration über die tatsächliche Verteilung zu ermitteln.)

9.1.4 Anwendung auf Strömungen durch Rohre mit veränderlichem Querschnitt

Die Ergebnisse sind im allgemeinen auf Leitungen mit sich in s-Richtung verengendem Querschnitt anwendbar, wie sie häufig in Form von *Düsen* in den Anwendungen auftreten. Düsen dienen z. B. bei Turbomaschinen in Leit- und Laufrädern zur Umwandlung von Druckenergie in kinetische Energie. In einer Düse fällt also der Druck in Strömungsrichtung, außerdem sind Düsen fast immer sehr kurz, so daß sich keine voll ausgebildete Strömung einstellen kann. Diese beiden Tatsachen lassen den Einfluß der Reibung zurücktreten, der aber unter Umständen durch eine gesonderte Grenzschichtbetrachtung berücksichtigt werden kann. In diesen Anwendungen treten keine freien Oberflächen auf, und wenn wir den Druck relativ zur hydrostatischen Druckverteilung nehmen, lautet die Bernoullische Gleichung in stationärer Strömung

$$\varrho\,\frac{u_1^2}{2} + p_1 = \varrho\,\frac{u_2^2}{2} + p_2\,. \quad (9.45)$$

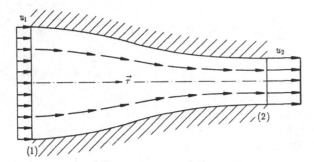

Abbildung 9.4. Düsenströmung

Anstatt (9.11) erhalten wir dann

$$u_2 = \sqrt{\frac{2\Delta p/\varrho}{1 - (A_2/A_1)^2}} \tag{9.46}$$

für die Geschwindigkeit an der Stelle (2), die zeigt, daß die „treibende Kraft" der Strömung die Druckdifferenz $\Delta p = p_1 - p_2$ ist. Der Betrag der Kraft auf die Düse der Abb. 9.4 läßt sich mit (9.44) und (9.45) in Größen der Stelle (1) ausdrücken:

$$F = \varrho\, u_1^2 A_1 - \varrho\, u_1^2 \left(\frac{A_1}{A_2}\right)^2 A_2 + p_1 A_1 - A_2 \left\{ \varrho\, \frac{u_1^2}{2} \left[1 - \left(\frac{A_1}{A_2}\right)^2 \right] + p_1 \right\}. \tag{9.47}$$

Wesentlich komplizierter stellen sich die Strömungsvorgänge in sich erweiternden Leitungen dar, die als *Diffusoren* Anwendungen finden und zur Umwandlung von kinetischer Energie in Druckenergie dienen. Da u_2 kleiner wird, nimmt hier der Druck in Strömungsrichtung zu, und selbst bei kurzen Leitungsstücken (sogar gerade bei Kurzen!) kann es zur Grenzschichtablösung an der Wand kommen, die die gesamte Strömung beeinflußt, wenn das Flächenverhältnis A_2/A_1 groß ist. In einem Diffusor müssen die Flüssigkeitsteilchen in Gebiete größeren Druckes vordringen, was ihnen nur aufgrund ihrer kinetischen Energie gelingt. In Wandnähe bildet sich aber auch bei großen Reynolds-Zahlen eine Grenzschicht aus, in der die Teilchengeschwindigkeit kleiner ist als die mittlere Geschwindigkeit. Die Teilchen in der Grenzschicht haben einen Teil ihrer kinetischen Energie durch Dissipation verloren. Die verbleibende kinetische Energie reicht aber nicht mehr aus, den ansteigenden Druck zu überwinden, die Teilchen kommen zum Stillstand und werden schließlich unter dem Einfluß des Druckgradienten entgegen ihrer ursprünglichen Bewegungsrichtung getrieben. Die Gesamtheit der beschriebenen Vorgänge stellt das Phänomen der *Grenzschichtablösung* dar. Im abgelösten Gebiet bilden sich Wirbel, die durch Reibungsspannungen und turbulente Scheinspannungen von der nicht abgelösten Strömung in

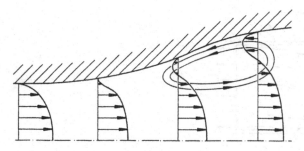

Abbildung 9.5. Grenzschichtablösung im Diffusor

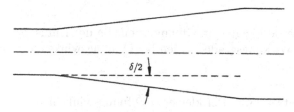

Abbildung 9.6. Diffusoröffnungswinkel

Gang gehalten werden. Die abgelöste Strömung ist meistens instationär. Eine typische Strömungsform ist in Abb. 9.5 skizziert. Infolge der Verdrängungs-wirkung der abgelösten Grenzschicht erfährt die „gesunde" innere Strömung eine geringere Querschnittserweiterung als es der Kanalgeometrie entspricht, wodurch der Druckaufbau reduziert wird. Durch Impulsübertragung von der gesunden auf die abgelöste Strömung wird meistens weit stromabwärts von der Ablösestelle die Strömung wieder ausgeglichen. Die durch die Arbeit der Reibungsspannungen verursachte Dissipation führt zu einem zusätzlichen Druckverlust. Das Verhältnis des tatsächlich im Diffusor erreichten Druckan-stiegs zu dem theoretisch (d. h. nach der verlustfreien Bernoulli-Gleichung) erreichbaren Druckanstieg wird als *Diffusorwirkungsgrad* bezeichnet:

$$\eta_D = \frac{(p_2 - p_1)_{real}}{(p_2 - p_1)_{ideal}} = \frac{\varrho/2\,(u_1^2 - u_2^2) - \Delta p_v}{\varrho/2(u_1^2 - u_2^2)} \ , \tag{9.48}$$

wobei wir für den Druckverlust Δp_v im Diffusor ebenfalls

$$\Delta p_v = \zeta\,\varrho\,\frac{u_1^2}{2}$$

setzen, so daß die Gleichung

$$\eta_D = 1 - \zeta\,\frac{1}{1 - (A_1/A_2)^2} \tag{9.49}$$

entsteht, in der zusätzlich von der Kontinuitätsgleichung (9.9) Gebrauch ge-

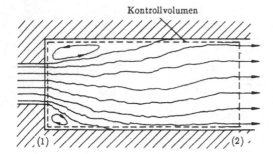

Kontrollvolumen

Abbildung 9.7. Plötzliche Querschnittserweiterung

macht wurde. Der Wirkungsgrad hängt vom Öffnungswinkel δ des Diffusors ab (Abb. 9.6). Die höchsten Wirkungsgrade werden bei Öffnungswinkeln

$$5° < \delta < 10° \tag{9.50}$$

erreicht und betragen dann etwa 85%. Bei kleineren Öffnungswinkeln wird bei gegebenem Flächenverhältnis der Diffusor so lang, daß die Wandreibungsverluste bedeutsam werden; bei größeren Öffnungswinkeln tritt Grenzschichtablösung auf.

Als „ideal schlechter" Diffusor kann eine plötzliche Querschnittserweiterung (Abb. 9.7) dienen. Hier liegt die Ablösestelle an der Querschnittserweiterung. Der Druck ist an der Stelle (1) über den Flüssigkeitsquerschnitt praktisch konstant, da die Stromlinienkrümmung sehr klein ist (vgl. (4.44) $\partial p/\partial n \approx 0$). Bei den vorliegenden Unterschallströmungen ist dann der Druck im Strahl generell gleich dem Umgebungsdruck. (Wir werden später sehen, daß in kompressibler Strömung Wellen im Strahl auftreten können, als deren Folge der Druck im Strahl anders sein kann als der Umgebungsdruck.) Derselbe Druck wirkt also auch auf die Stirnfläche der Querschnittserweiterung. An der Stelle (2) sei die Strömung ausgeglichen, dort herrsche der Druck p_2. Bei Anwendung des Impulssatzes auf das eingezeichnete Kontrollvolumen erhält man aus (9.44)

$$F = \varrho\,u_1^2 A_1 - \varrho\,u_2^2 A_2 + p_1 A_1 - p_2 A_2 \; . \tag{9.51}$$

Hierbei wurden noch keine über die Stromfadentheorie hinausgehenden Vereinfachungen gemacht. Vernachlässigt man den Beitrag der Schubspannungen an der Rohrwand zur Kraft F, so ist diese einfach das Produkt $-p_1(A_2 - A_1)$ aus Druck und Stirnfläche an der Querschnittserweiterung, und es ergibt sich für die Druckdifferenz

$$(p_2 - p_1)_{real} = \varrho\,u_1^2 \frac{A_1}{A_2}\left(1 - \frac{A_1}{A_2}\right) \; . \tag{9.52}$$

Die Druckdifferenz bei verlustfreier Strömung ergibt sich aus der Bernoullischen Gleichung (9.45) zu

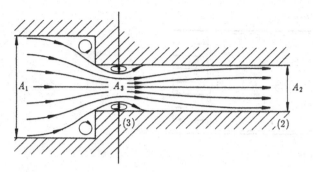

Abbildung 9.8. Plötzliche Querschnittsverengung

$$(p_2 - p_1)_{ideal} = \varrho \, \frac{u_1^2}{2} \left(1 - \frac{A_1^2}{A_2^2} \right) \,, \tag{9.53}$$

und somit lautet der Druckverlust

$$\Delta p_{vC} = (p_2 - p_1)_{ideal} - (p_2 - p_1)_{real} = \varrho \, \frac{u_1^2}{2} \left(1 - \frac{A_1}{A_2} \right)^2 = \frac{\varrho}{2} (u_1 - u_2)^2 \,, \tag{9.54}$$

den man als *Carnotschen Stoßverlust* bezeichnet. Man beachte aber, daß auch hier eine Druckerhöhung stattfindet! Für $A_1/A_2 \to 0$, d. h. bei Austritt in einen unendlich großen Raum, erhält man aus (9.54) den *Austrittsverlust*

$$\Delta p_{vA} = \varrho \, \frac{u_1^2}{2} \,. \tag{9.55}$$

Dies ist gerade die kinetische Energie, die nötig ist, um die Strömung durch die Leitung aufrechtzuerhalten. Dieser Austrittsverlust läßt sich durch einen Diffusor am Austritt verringern.

Ein ähnlicher Verlust, wie bei der plötzlichen Kanalerweiterung, tritt auch bei Kanalverengungen (Abb. 9.8) auf. Der Grund hierfür ist in der Ablösung an der scharfen konvexen Kante der Kanalverengung zu sehen, der die Strömung nicht folgen kann. Es kommt zu einer Strahleinschnürung auf den Querschnitt $A_3 = \alpha \, A_2$, wobei α eine vom Querschnittsverhältnis A_1/A_2 abhängige Größe ist, die *Kontraktionsziffer* genannt wird. Die Verluste entstehen in der Hauptsache während der Strahlaufweitung und lassen sich deshalb durch den Carnotschen Stoßverlust abschätzen:

$$\Delta p_{vC} = \varrho \, \frac{u_3^2}{2} \left(1 - \frac{A_3}{A_2} \right)^2 = \varrho \, \frac{u_2^2}{2} \left(\frac{1 - \alpha}{\alpha} \right)^2 \,. \tag{9.56}$$

Die Kontraktionsziffer α läßt sich für $A_1/A_2 \to \infty$ auf theoretischem Wege ermitteln. Für einen ebenen Spalt ergibt sich $\alpha = 0,61$ mit den Methoden der Funktionentheorie (Abschnitt 10.4.7), für eine kreisrunde Öffnung $\alpha = 0,58$

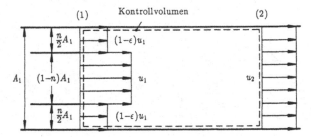

Abbildung 9.9. Vermischung

auf numerischem Wege. Die Strahleinschnürung und damit der auftretende Verlust lassen sich durch Abrunden der Kanten des Querschnittsübergangs vermindern.

Auch bei Krümmern kommt es infolge der starken Umlenkung zur Ablösung (hauptsächlich an der Krümmerinnenseite) und Kontraktion des Hauptstrahls. Genügend weit hinter dem Krümmer stellt sich wieder eine ausgeglichene Strömung ein. Kontraktionserscheinungen treten auch bei Rohrabzweigungen und Absperrorganen auf und damit verbunden Verluste beim anschließenden Geschwindigkeitsausgleich. Die Strömungen sind meistens so verwickelt, daß sich die Verluste nicht abschätzen lassen und man fast ausschließlich auf empirische Daten angewiesen ist. Für die entsprechenden Verlustziffern verweisen wir wegen der Vielzahl der geometrischen Formen auf Herstellerdaten und Handbücher.

Mit der plötzlichen Querschnittserweiterung verwandt ist der Vermischungsvorgang der Abb. 9.9. Aus der Anwendung des Impulssatzes ergibt sich bei Vernachlässigung der Schubspannungen an der Wand für den durch den Vermischungsvorgang verursachten Anstieg des Druckes

$$p_2 - p_1 = \varrho\, u_1^2 (1 - n) + \varrho\, u_1^2 (1 - \epsilon)^2 n - \varrho\, u_2^2 \ . \tag{9.57}$$

Aus der Kontinuitätsgleichung folgt

$$u_2 = u_1 (1 - n\,\epsilon) \ , \tag{9.58}$$

und daher gilt für den Druckanstieg

$$p_2 - p_1 = n(1 - n)\epsilon^2 \varrho\, u_1^2 \ , \tag{9.59}$$

der wegen $n \le 1$ immer positiv ist. Für $\epsilon = 1$ ergibt sich das Ergebnis (9.52), wenn man dort A_1 durch $(1 - n)A_2$ ersetzt.

9.1.5 Der viskose Strahl

Die bisherigen Ausführungen über die Auswirkung der Viskosität betrafen die Strömung in Kanälen und Leitungen, wo schon die Forderung, daß die Flüssigkeit an der Wand haftet, Anlaß zu Reibungsspannungen gibt. Wir fragen jetzt nach dem Einfluß der Reibung in Strahlen, wie sie etwa beim Ausfluß unter der Wirkung der Schwerkraft auftreten, deren Geschwindigkeits- und Querschnittsverläufe bei reibungsfreier Strömung mit (9.13) und (9.15) bereits bekannt sind. Bei freien Oberflächen kann man den Einfluß der Luftreibung meist vernachlässigen, wie wir das schon bei der Filmströmung mit (6.33) getan haben. Dann treten im ganzen Strahl als Folge der Reibung keine Schubspannungen, sondern nur Normalspannungen auf. In eindimensionaler Strömung in z-Richtung ist die viskose Normalspannung in Newtonscher inkompressibler Flüssigkeit (3.2a) $P_{zz} = 2\eta e_{zz}$. Weil hier aber der Strahl kontrahiert, treten Dehnungsgeschwindigkeiten zusätzlich in r-Richtung und φ-Richtung auf, die Anlaß zu entsprechenden Normalspannungen geben. Im Rahmen der Stromfadentheorie aber, wo alle Größen nur Funktionen von z sind, setzen wir für die phänomenologische Normalspannung im Strahl

$$\sigma = \eta_T \frac{du}{dz}, \tag{9.60}$$

und nennen η_T die *Trouton-Viskosität* oder die Dehnviskosität. Wir bestimmen sie aus der Forderung, daß die pro Zeiteinheit, gemäß der Stromfadentheorie, dissipierte Energie $\sigma \frac{du}{dz}$ gleich der Energie $P_{zz}e_{zz} + P_{rr}e_{rr} + P_{\varphi\varphi}e_{\varphi\varphi}$ ist, die in 3-dimensionaler Strömung durch die Dehnungsgeschwindigkeiten in die z-, r-, φ-Richtungen dissipiert wird.

Aus der Kontinuitätsgleichung (9.9) in der Form $uA =$ const. mit $A = \pi r^2(z)$ folgt

$$\frac{du}{dz} = -\frac{u}{A}\frac{dA}{dz} = -\frac{2}{r}u\frac{dr}{dz} = -\frac{2}{r}u_r, \tag{9.61}$$

wo u_r die Geschwindigkeit in r-Richtung ist, die aus der substantiellen Ableitung von r entstanden ist:

$$u_r = \frac{Dr}{Dt} = u\frac{dr}{dz}.$$

Die Dehnungsgeschwindigkeit in z-Richtung e_{zz} ist, (1.37) folgend, du/dz und entsprechend die Dehnungsgeschwindigkeit in r-Richtung:

$$e_{rr} = \frac{du_r}{dr} = -\frac{1}{2}\frac{du}{dz} = -\frac{1}{2}e_{zz}. \tag{9.62}$$

Die Dehnungsgeschwindigkeit in φ-Richtung $e_{\varphi\varphi}$ ist die Geschwindigkeit der Umfangsänderung bezogen auf den Umfang, $2\pi u_r/(2\pi r)$, also ebenfalls $-1/2\,e_{zz}$. (Genau dieselben Ergebnisse hätte man auch aus Anhang B2 erhalten). Da die Dehnungsgeschwindigkeiten in die r- und φ-Richtungen gleich sind, sind es auch die viskosen Normalspannungen:

$$P_{rr} = P_{\varphi\varphi}.$$

Die Forderung bezüglich der dissipierten Energien führt dann auf die Beziehung

$$\eta_T \left(\frac{\mathrm{d}u}{\mathrm{d}z}\right)^2 = P_{zz}e_{zz} - P_{rr}e_{rr}\,,$$

oder

$$\eta_T e_{zz}^2 = P_{zz}e_{zz} - P_{rr}e_{rr}\,,$$

die zuweilen zur „Definition" der Trouton-Viskosität bei Nicht-Newtonschen Flüssigkeiten dient.

Für Newtonsche Flüssigkeiten erhält man mit (3.2a)

$$\eta_T e_{zz}^2 = 2\eta e_{zz}^2 + \eta e_{zz}^2 \quad \text{oder}$$

$$\eta_T = 3\eta\,.$$

Um die Bewegungsgleichung für den Strahl in einer Form zu gewinnen, die den Annahmen der Stromfadentheorie entspricht, gehen wir von der Impulsgleichung (2.18) aus und wählen $A\mathrm{d}z$ als Integrationsbereich für die Volumenintegrale. Dann sind die Integranden der Volumenintegrale über den infinitesimalen Integrationsbereich konstant und können vor das Integral gezogen werden. Dies ist nicht der Fall beim Oberflächenintegral, bei dem sich ja der Spannungsvektor auch über den infinitesimalen flächenhaften Integrationsbereich $\mathrm{d}S$ ändert. Der Spannungsvektor der gesamten Normalspannung ist $(-p+\sigma)\vec{n}$ und daher ist die Oberflächenkraft

$$\iint\limits_{A+\mathrm{d}A,A,\mathrm{d}M} (-p+\sigma)\vec{n}\,\mathrm{d}S\,.$$

Die Integration des Druckes über die geschlossene Fläche $A+\mathrm{d}A$, A, $\mathrm{d}M$ liefert keinen Beitrag, da der Druck im Strahl gleich dem Druck auf dem Element der Mantelfläche $\mathrm{d}M$ ist. Mit der z-Richtung antiparallel zum Vektor der Massenkraft der Schwere $\vec{g}$, wie in Abb. 9.2, ist auf $A+\mathrm{d}A$ der Normalenvektor $\vec{n}=\vec{e}_z$ und die viskose Normalspannung $\sigma+\mathrm{d}\sigma$, auf A ist $\vec{n}=-\vec{e}_z$ und die Normalspannung σ. Man beachte, daß ein Beitrag der viskosen Normalspannung an der Mantelfläche nicht erscheint, weil σ dort verschwindet. Daher ist die Kraft $((A+\mathrm{d}A)(\sigma+\mathrm{d}\sigma)-A\sigma)\vec{e}_z$ und (2.18) nimmt die Gestalt

$$\varrho\frac{\mathrm{D}\vec{u}}{\mathrm{D}t}A\mathrm{d}z = \mathrm{d}(A\sigma)\vec{e}_z + \varrho\vec{k}A\mathrm{d}z \tag{9.63}$$

an. Mit $\vec{u} = -u\vec{e}_z$, $\vec{k} = -g\vec{e}_z$ und (9.60), sowie den (9.61) und (9.62) zu entnehmenden Beziehungen, bringen wir (9.63) auf die Form:

$$\frac{\mathrm{d}^2u}{\mathrm{d}z^2} - \frac{1}{u}\left(\frac{\mathrm{d}u}{\mathrm{d}z}\right)^2 + \frac{\varrho}{3\eta}\left(u\frac{\mathrm{d}u}{\mathrm{d}z} - g\right) = 0\,. \tag{9.64}$$

Im Gegensatz zur Differentialgleichung für den reibungsfreien Strahl (die man aus (9.64) im Grenzfall $\eta \to 0$ erhält), ist (9.64) eine Differentialgleichung zweiter Ordnung, zu deren Lösung zwei Anfangsbedingungen bzw.

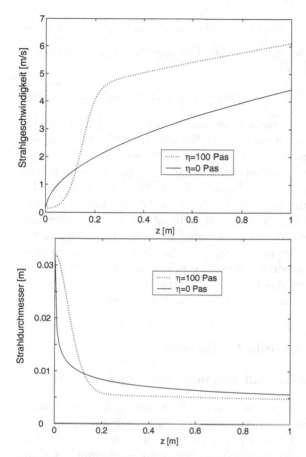

Abbildung 9.10. Geschwindigkeit und Durchmesser des Strahls

zwei Randbedingungen nötig sind. Die nichtlineare Differentialgleichung muß numerisch gelöst werden, und es empfiehlt sich das Problem als Anfangswertproblem zu behandeln. Dann ist (9.64) von der Strahlmündung bis zur Fadenlänge L zu integrieren. Zweckmäßig wählt man dann die positive z-Richtung in Strömungsrichtung, also parallel zum Vektor $\vec{g}$. Das läuft darauf hinaus, in obigen Gleichungen den Einheitsvektor $\vec{e}_z$ durch $-\vec{e}_z$ zu ersetzen, was aber (9.64) nicht ändert. Eine Anfangsbedingung ist aus Angabe des Massenstromes bzw. der Geschwindigkeit an der Strahlmündung bekannt. Eine zweite Anfangsbedingung kann man aber aus der Impulsgleichung in integraler Form (2.40) gewinnen: Für einen Strahl, dessen Mündung bei $z = 0$ liegen möge und die Länge L hat, erhält man für ein Kontrollvolumen, das aus den beiden Flächen $A(0)$ und $A(L)$ und der die Flächen verbindenden Mantelfläche M besteht, den Impulssatz in der Gestalt

$$-\varrho u(0)A(0)\vec{u}(0) + \varrho u(L)A(L)\vec{u}(L) = -\sigma(0)A(0)\vec{e}_z + \sigma(L)A(L)\vec{e}_z + \varrho\vec{g}V\,,$$
$$(9.65)$$

in dem $V = \int\limits_0^L A(\zeta)\mathrm{d}\zeta$ das Volumen des Strahls ist und $\vec{e}_z$ jetzt in Strömungsrichtung zeigt. Mit der Kontinuitätsgleichung (9.9) und den bereits eingeführten Beziehungen folgt

$$\varrho u(0)A(0)(u(0) - u(L)) - 3\eta(u'(0)A(0) - u'(L)A(L)) + \varrho gV = 0\,, \quad (9.66)$$

in der u' die Ableitung von u nach z ist. Die Lösung des Gleichungssystems kann so erfolgen, daß man zunächst (9.64) mit der Anfangsbedingung $u(0) = U$ (wobei U aus gegebenem $\varrho UA(0)$, mit dem gegebenen Austrittsquerschnitt $A(0)$, bekannt ist) und einem geschätzten $u'(0)$ numerisch löst. Dann kann überprüft werden, ob der Impulssatz (9.66) erfüllt wird. In der einfachsten Form des Verfahrens probiert man solange verschiedene Werte von $u'(0)$, bis dies der Fall ist. In der Abb. 9.10 ist der so ermittelte Geschwindigkeitsverlauf und der Durchmesserverlauf eines Strahls aus flüssigem Glas ($\eta_{\mathrm{Glas}} = 100\,\mathrm{Pas}$, zum Vergleich: $\eta_{\mathrm{Wassser}} = 10^{-3}\,\mathrm{Pas}$) mit den entsprechenden Verläufen des reibungsfreien Strahls verglichen. Einfachere Formen von (9.65) ergeben sich, wenn das Gewicht des Strahls und der Impuls vernachlässigt werden, diese finden Anwendung beim Fadenspinnen.

9.2 Stationäre kompressible Strömung

9.2.1 Strömung durch Rohre mit veränderlichem Querschnitt

Wir beschränken uns zunächst auf stationäre Strömungen, bei denen nach der Abschätzung (4.184) Kompressibilitätseffekte zu erwarten sind, die Ungleichung $M^2 \ll 1$ also nicht mehr erfüllt ist. Es treten dann eine Reihe von Eigenschaften der Strömung hervor, die in inkompressibler Strömung fehlen.

In stationärer, homentroper Strömung, die ja barotrop ist, lassen sich mit Hilfe der Bernoullischen Gleichung (4.64) und der aus (9.8) folgenden Form der Kontinuitätsgleichung

$$\varrho_1 u_1 A_1 = \varrho_2 u_2 A_2 \qquad\qquad (9.67)$$

weiterhin die Strömungsgrößen an der Stelle (2) der Stromröhre aus den gegebenen Größen an der Stelle (1) berechnen, wobei an die Stelle der Bernoullischen Gleichung auch die Energiegleichung treten kann, zusammen mit der Bedingung, daß die Entropie auf der Stromlinie konstant ist. Während bei inkompressibler, verlustbehafteter Strömung die mechanische Verlustenergie, die in Wärme dissipiert wurde, verloren ist, also nicht mehr in mechanische Energie umgewandelt werden kann, ist in kompressibler Strömung die in Wärme umgewandelte Energie noch nutzbar. Man erkennt aus der Energiegleichung (4.2) für adiabate inkompressible Strömung

$$\frac{\mathrm{D}e}{\mathrm{D}t} = \frac{\Phi}{\varrho}\,, \qquad\qquad (9.68)$$

daß die ganze dissipierte Energie in die Erhöhung der inneren Energie fließt, die übrigens nicht von der Dichte abhängt, da diese in inkompressibler Strömung nicht als Zustandsgröße, sondern als Konstante auftritt. Für kompressible Strömung lautet die entsprechende Gleichung

$$\frac{De}{Dt} + p\,\frac{Dv}{Dt} = \frac{\Phi}{\varrho} \, , \qquad (9.69)$$

die zeigt, daß ein Teil der dissipierten Energie bei Expansion als Arbeit abgegeben werden kann. Der irreversible Vorgang der Dissipation erhöht die Entropie, so daß die Bernoullische Gleichung nicht mehr anwendbar ist. An ihre Stelle tritt die Energiegleichung (2.114), die wir zunächst in eine Form bringen wollen, die der Stromfadentheorie angepaßt ist. Wir nehmen wieder an, daß an den Stellen (1) und (2) ausgeglichene Strömung herrscht, dort also die Reibungsspannungen und die Temperaturgradienten verschwinden. Wie schon vorher lassen wir aber Reibung und Wärmeleitung zwischen diesen Stellen zu. Wir setzen die Rohrwand als ruhend voraus, lassen aber im Innern bewegte Flächen S_f (z. B. Laufräder von Turbomaschinen) zu. Ferner vernachlässigen wir aus den schon erwähnten Gründen die Arbeit der Volumenkräfte und erhalten für das Stück der Stromröhre in Abb. 9.1

$$\int\limits_0^L \frac{\partial}{\partial t}\left(\varrho\,\frac{u^2}{2} + \varrho\,e\right) A\,\mathrm{d}s - \left(\frac{u_1^2}{2} + e_1\right)\varrho_1 u_1 A_1 + \left(\frac{u_2^2}{2} + e_2\right)\varrho_2 u_2 A_2 +$$

$$-p_1 u_1 A_1 + p_2 u_2 A_2 = \iint\limits_{(S_f)} u_i t_i\,\mathrm{d}S - \iint\limits_{(S_w)} q_i n_i\,\mathrm{d}S \, .$$

$$(9.70)$$

Für die über die Rohrwand zugeführte Wärme schreiben wir kurz $\dot{Q}$ und für die durch bewegte Flächen zugeführte Leistung P. Wir spezialisieren die Gleichung noch auf stationäre Strömung und benutzen zusätzlich die Kontinuitätsgleichung (9.67)

$$\frac{u_2^2}{2} + e_2 + \frac{p_2}{\varrho_2} = \frac{u_1^2}{2} + e_1 + \frac{p_1}{\varrho_1} + \frac{\dot{Q} + P}{\varrho_1 u_1 A_1} \, . \qquad (9.71)$$

Mit der Definition der Enthalpie (2.117) schreiben wir

$$\frac{u_2^2}{2} + h_2 = \frac{u_1^2}{2} + h_1 + q + w \, , \qquad (9.72)$$

wobei wir zur Abkürzung

$$q = \frac{\dot{Q}}{\varrho_1 u_1 A_1} \qquad (9.73)$$

und

$$w = \frac{P}{\varrho_1 u_1 A_1} \tag{9.74}$$

gesetzt haben. Für adiabate Strömung ($q = 0$) ohne Leistungszufuhr ($w = 0$) nimmt die Energiegleichung dann formal die gleiche Gestalt an, wie Gleichung (4.150) für reibungsfreie Strömung

$$\frac{u_1^2}{2} + h_1 = \frac{u_2^2}{2} + h_2 = h_t \ . \tag{9.75}$$

Man beachte aber, daß (9.75) nur zwischen zwei Stellen gilt, die Gleichgewichtszustände darstellen, d. h. keine Temperatur- und Geschwindigkeitsgradienten aufweisen. Die Energiegleichung für isentrope Strömung gilt dagegen in jedem Punkt der Stromlinie. Da in isentroper Strömung jeder Punkt der Stromlinie einen Gleichgewichtszustand darstellt, geht (9.75) unmittelbar in (4.150) über. Das Ergebnis (9.75) wird auch anschaulich, wenn man sich vor Augen führt, daß die Reibungsspannungen zwar im Inneren des Kontrollvolumens Arbeit leisten, diese aber in Wärme umgewandelt wird und demnach keine Nettoänderung der Energie bedeutet.

Weitere Unterschiede der kompressiblen Strömung zur inkompressiblen ergeben sich aus dem Einfluß der *Mach-Zahl*. Wir werden sehen, daß auch in stationärer Überschallströmung ($M > 1$) Unstetigkeitsflächen möglich sind, über die sich Strömungsgrößen sprunghaft verändern. Die wichtigste dieser Unstetigkeitsflächen wurde bereits im Zusammenhang mit Abb. 4.28 erwähnt.

Zunächst aber untersuchen wir den Einfluß der Mach-Zahl auf den Zusammenhang zwischen Querschnittsfläche A und Geschwindigkeit u für isentrope Strömung. Dieser Zusammenhang ist bei inkompressibler Strömung aus der Kontinuitätsgleichung

$$u\,A = \text{const} \tag{9.76}$$

unmittelbar einsichtig: Bei größer werdendem A muß u abnehmen und umgekehrt. Die Kontinuitätsgleichung kompressibler Strömung

$$\varrho\,u\,A = \text{const} \tag{9.77}$$

enthält aber zusätzlich noch die Veränderliche ϱ, so daß mit einem anderen Verhalten zu rechnen ist. Wenn wir die Bogenlänge längs der Stromlinie x nennen, um Verwechslungen mit der Entropie s vorzubeugen, erhalten wir durch logarithmisches Ableiten von (9.77) nach x zunächst den Ausdruck

$$\frac{1}{u}\frac{du}{dx} + \frac{1}{A}\frac{dA}{dx} + \frac{1}{\varrho}\frac{d\varrho}{dx} = 0 \ . \tag{9.78}$$

Für isentrope Strömung, also $p = p(\varrho)$, folgt aus der Definition der Schallgeschwindigkeit

$$a^2 = \left(\frac{\partial p}{\partial \varrho}\right)_s \tag{9.79}$$

speziell $dp/d\varrho = a^2$ und daher aus (9.78)

$$\frac{1}{u}\frac{du}{dx} + \frac{1}{A}\frac{dA}{dx} + \frac{1}{a^2\varrho}\frac{dp}{dx} = 0 \;. \tag{9.80}$$

Mit der Komponente der Eulerschen Gleichungen in Stromlinienrichtung

$$\varrho\, u\, \frac{\partial u}{\partial x} = -\frac{\partial p}{\partial x} \tag{9.81}$$

entsteht dann die Gleichung

$$\frac{1}{u}\frac{du}{dx} + \frac{1}{A}\frac{dA}{dx} = \frac{u}{a^2}\frac{du}{dx} \;, \tag{9.82}$$

die wir noch zusammenfassen:

$$\frac{1}{u}\frac{du}{dx}(1 - M^2) = -\frac{1}{A}\frac{dA}{dx} \;. \tag{9.83}$$

Für $M < 1$ erhalten wir qualitativ dasselbe Verhalten wie bei inkompressibler Strömung: Zunehmender Querschnittsfläche ($dA/dx > 0$) entspricht abnehmende Geschwindigkeit ($du/dx < 0$) und umgekehrt. Für $M > 1$ zeigt (9.83) aber, daß bei zunehmender Querschnittsfläche ($dA/dx > 0$) auch die Geschwindigkeit zunimmt ($du/dx > 0$) bzw. bei abnehmender Fläche auch die Geschwindigkeit abnimmt. Verschwindet dA/dx, hat also die Querschnittsfläche ein Extremum, so ist entweder $M = 1$ oder $u(x)$ hat ebenfalls ein Extremum. Da du/dx endlich bleiben muß, wird die Mach-Zahl $M = 1$ nur an der Stelle erreicht, an der der Verlauf der Querschnittsfläche ein Extremum und zwar ein Minimum hat. Ist die Mach-Zahl an dieser „engsten Stelle" von eins verschieden, so hat die Geschwindigkeit dort ein Extremum. Die möglichen Strömungen in konvergent-divergenten Kanälen sind in Abb. 9.11 skizziert. Die jeweils dargestellten Strömungsformen stellen sich nur ein, wenn über den gesamten konvergent-divergenten Kanal das zur jeweiligen Strömung gehörige Druckverhältnis eingestellt wird. Für die Düsenströmungen, wie sie in den Anwendungen bei Turbomaschinen oder Strahltriebwerken auftreten, ergibt sich meistens eine der folgenden Aufgabenstellungen: Entweder ist der Querschnitt $A(x)$ der Düse gegeben, und es sind die Strömungsgrößen als Funktion von x gesucht (*direktes Problem*), oder es wird ein Geschwindigkeitsverlauf $u(x)$ vorgegeben, und der zugehörige Querschnittsverlauf ist gesucht (*indirektes Problem*). Für kalorisch ideale Gase und isentrope Strömung lassen sich hierfür geschlossene Formeln angeben.

Wir besprechen aber zunächst die allgemeinere Lösung für reale Gase und nehmen an, daß die Zustandsgleichungen in der bekannten Form des *Mollier-Diagramms* vorliegen. Den thermodynamischen Zustand des Gases charakterisieren wir durch die *Ruhegrößen*: Strömt das Gas aus einem großen Kessel, so wird dieser *Ruhezustand* des Gases im Kessel angetroffen, man nennt ihn deshalb auch *Kesselzustand*. Er dient, insbesondere bei kalorisch

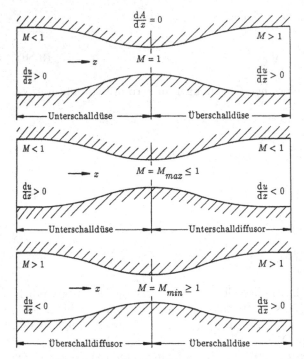

Abbildung 9.11. Mögliche Strömungsformen in konvergent-divergenten Kanälen

idealen Gasen, als bequemer Referenzzustand, den man an jedem Punkt in der Strömung als den Zustand definieren kann, der sich einstellen würde, wenn man das Gas isentrop zur Ruhe brächte.

Wir entnehmen der Energiegleichung (9.75), daß bei adiabater Strömung die Ruheenthalpie h_t denselben Wert hat, egal ob das Gas isentrop oder nicht isentrop zur Ruhe gebracht wird. Wir nennen h_t eine *Erhaltungsgröße*. Dasselbe gilt bei kalorisch idealem Gas wegen $h = c_p T$ auch für die Ruhetemperatur T_t. Der Druck dagegen hängt davon ab, wie das Gas zur Ruhe gebracht wurde, d. h. von der Art der Zustandsänderung. Der Kessel- oder Ruhedruck wird nur wieder erreicht, wenn diese Zustandsänderung isentrop ist. In diesem Sinne ist der Ruhedruck also keine Erhaltungsgröße. Er ändert sich, wenn sich die Entropie ändert, also beispielsweise beim Durchgang durch einen Verdichtungsstoß.

Als Ausgangsgleichungen für die Auslegung der Düse verwenden wir neben der Kontinuitätsgleichung

$$\varrho\, u\, A = \dot{m} \qquad\qquad\qquad (9.84)$$

die Energiegleichung, die in isentroper Strömung für jeden Punkt der Stromlinie gilt

$$\frac{u^2}{2} + h = h_t \; . \tag{9.85}$$

In der Problemstellung seien neben h_t und p_t das Druckgefälle $p_1 - p_2$ über die Düse und der Massenstrom $\dot{m}$ gegeben. Für das direkte Problem bilden wir zunächst die Größe

$$\varrho \, u = \frac{\dot{m}}{A(x)} \; , \tag{9.86}$$

deren rechte Seite als Funktion von x vorliegt. Sodann notieren wir die Wertepaare h und ϱ längs der Isentropen s_t, die durch h_t und p_t festgelegt ist, und setzen (9.86) sowie den erhaltenen Zusammenhang $h(\varrho)$ in die Energiegleichung ein. So gewinnen wir eine Bestimmungsgleichung für $\varrho(x)$:

$$h(\varrho) + \frac{1}{2\varrho^2} \left(\frac{\dot{m}}{A(x)} \right)^2 = h_t \; , \tag{9.87}$$

die wir graphisch oder numerisch für ein gegebenes $A(x)$ auflösen. Mit bekanntem $\varrho(x)$ findet man auf der Isentropen s_t die restlichen Zustandsgrößen $h(x)$, $T(x)$ und $p(x)$. Mit (9.86) liegt dann auch die Geschwindigkeit $u(x)$ im Querschnitt $A(x)$ fest. Auf diese Weise läßt sich der gesamte Strömungsverlauf ermitteln. Die Schallgeschwindigkeit a wird ermittelt, indem man p und ϱ längs der Isentropen s_t notiert und die Ableitung $\mathrm{d}p/\mathrm{d}\varrho = a^2$ notfalls zeichnerisch bildet. Damit läßt sich dann auch der Mach-Zahl-Verlauf $M(x)$ angeben.

Beim indirekten Problem berechnet man aus der vorgelegten Verteilung $u(x)$ zunächst $h(x)$ und findet auf der Isentropen s_t alle anderen zugehörigen Zustandsgrößen. Mit dem jetzt bekannten $\varrho(x)$ wird dann der Querschnittsverlauf $A(x)$ aus der Kontinuitätsgleichung (9.84) ermittelt.

Bei kalorisch idealem Gas lassen sich für den Verlauf der Strömungsgrößen geschlossene Gleichungen angeben. Wir gehen dabei so vor, daß wir zunächst die Strömungsgrößen und dann die Querschnittsfläche der Düse als Funktion der Mach-Zahl angeben. Vorher geben wir aber noch die Bernoullische Gleichung für kalorisch ideales Gas an. Aus der Isentropenbeziehung für kalorisch ideales Gas

$$p = C \, \varrho^\gamma \tag{9.88}$$

berechnen wir die Druckfunktion P zu

$$P = \int \frac{\mathrm{d}p}{\varrho} = C^{1/\gamma} \frac{\gamma}{\gamma - 1} \, p^{(\gamma-1)/\gamma} \; . \tag{9.89}$$

Ersetzt man C durch (9.88) ausgewertet am Referenzzustand, also

$$C = p_1 \varrho_1^{-\gamma} \; ,$$

so erhält man

$$P(p) = \frac{\gamma}{\gamma - 1} \frac{p_1}{\varrho_1} \left(\frac{p}{p_1}\right)^{(\gamma-1)/\gamma} , \qquad (9.90)$$

oder durch direkte Anwendung der Isentropenbeziehung (9.88)

$$P = \frac{\gamma}{\gamma - 1} \frac{p}{\varrho} . \qquad (9.91)$$

Damit nimmt die Energiegleichung dieselbe Form wie die Bernoullische Gleichung (4.64) an:

$$\frac{u^2}{2} + \frac{\gamma}{\gamma - 1} \frac{p}{\varrho} = \text{const} , \qquad (9.92)$$

während (9.90)

$$\frac{u^2}{2} + \frac{\gamma}{\gamma - 1} \frac{p_1}{\varrho_1} \left(\frac{p}{p_1}\right)^{(\gamma-1)/\gamma} = \text{const} \qquad (9.93)$$

bzw.

$$\frac{u_1^2}{2} + \frac{\gamma}{\gamma - 1} \frac{p_1}{\varrho_1} = \frac{u_2^2}{2} + \frac{\gamma}{\gamma - 1} \frac{p_1}{\varrho_1} \left(\frac{p_2}{p_1}\right)^{(\gamma-1)/\gamma} \qquad (9.94)$$

liefert. Speziell die letzte Form bezeichnen wir als Bernoullische Gleichung für kompressible Strömungen kalorisch idealer Gase.

Die Ausflußgeschwindigkeit aus einem großen Kessel erhalten wir nun zu

$$u_2 = \sqrt{2 \frac{\gamma}{\gamma - 1} \frac{p_1}{\varrho_1} \left(1 - \left(\frac{p_2}{p_1}\right)^{(\gamma-1)/\gamma}\right)} . \qquad (9.95)$$

Gleichung (9.95) entspricht der Torricellischen Formel für inkompressible Strömung und wird *Ausflußformel von Saint-Venant-Wantzel* genannt. Die größte Geschwindigkeit in stationärer Strömung wird bei $p_2 = 0$ also bei Expansion ins Vakuum erreicht:

$$u_{max} = \sqrt{2 \frac{\gamma}{\gamma - 1} \frac{p_1}{\varrho_1}} . \qquad (9.96)$$

Wird Luft unter Normalbedingungen ins Vakuum expandiert, so erhält man eine Maximalgeschwindigkeit von etwa

$$u_{max} \approx 735\text{m/s} . \qquad (9.97)$$

Zur Darstellung der thermodynamischen Größen als Funktion der Mach-Zahl formen wir die Gleichung (9.92) mit dem aus (9.88) folgenden Ausdruck

$$a^2 = \gamma \frac{p}{\varrho} \qquad (9.98)$$

um und erhalten

$$\frac{u^2}{2} + \frac{1}{\gamma - 1}\, a^2 = \frac{1}{\gamma - 1}\, a_t^2 \qquad (9.99)$$

oder für das Verhältnis der totalen zur lokalen Temperatur

$$\frac{T_t}{T} = \left(\frac{a_t}{a}\right)^2 = \frac{\gamma - 1}{2}\, M^2 + 1 \;. \qquad (9.100)$$

Mit der Isentropenbeziehung (9.88) und der Zustandsgleichung für thermisch ideale Gase $p = \varrho\, R\, T$ erhalten wir dann

$$\frac{p_t}{p} = \left(\frac{T_t}{T}\right)^{\gamma/(\gamma-1)} = \left(\frac{\gamma - 1}{2}\, M^2 + 1\right)^{\gamma/(\gamma-1)} \qquad (9.101)$$

und

$$\frac{\varrho_t}{\varrho} = \left(\frac{T_t}{T}\right)^{1/(\gamma-1)} = \left(\frac{\gamma - 1}{2}\, M^2 + 1\right)^{1/(\gamma-1)} \;. \qquad (9.102)$$

Die Werte, die bei $M = 1$ angetroffen werden, nennt man *kritische Größen*; wir kennzeichnen sie mit dem Superscript *. Sie unterscheiden sich von den Ruhegrößen nur durch konstante Faktoren und werden daher ebenfalls als Bezugsgrößen verwendet.

Speziell für zweiatomige Gase ($\gamma = 1,4$) erhält man

$$\frac{a^*}{a_t} = \left(\frac{2}{\gamma + 1}\right)^{1/2} = 0,913 \;, \qquad (9.103)$$

$$\frac{p^*}{p_t} = \left(\frac{2}{\gamma + 1}\right)^{\gamma/(\gamma-1)} = 0,528 \;, \qquad (9.104)$$

$$\frac{\varrho^*}{\varrho_t} = \left(\frac{2}{\gamma + 1}\right)^{1/(\gamma-1)} = 0,634 \;. \qquad (9.105)$$

Im folgenden dreht es sich darum, die angekündigte Beziehung zwischen Mach-Zahl und Querschnittsfläche zu gewinnen. Aus der Kontinuitätsgleichung folgt

$$\dot{m} = \varrho\, u\, A = \varrho^* u^* A^* = \varrho^* a^* A^* \;, \qquad (9.106)$$

in der A^* der Querschnitt ist, an dem $M = 1$ erreicht wird. Wir benutzen diesen Querschnitt auch dann als Bezugsquerschnitt, wenn die Mach-Zahl $M = 1$ in der Düse gar nicht erreicht wird, und definieren ihn mit dem angegebenen Massenstrom $\dot{m}$ zu

$$A^* = \frac{\dot{m}}{\varrho^* a^*} \;. \qquad (9.107)$$

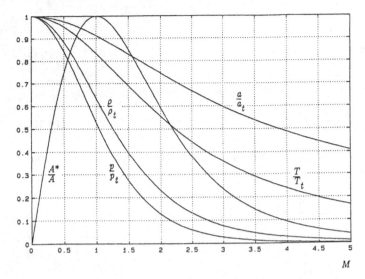

Abbildung 9.12. Flächenverhältnis und Zustandsgrößen als Funktion der Mach-Zahl für stationäre Strömung eines idealen, zweiatomigen Gases ($\gamma = 1,4$)

In

$$\frac{A}{A^*} = \frac{\varrho^* \varrho_t a^*}{\varrho_t \varrho \, u} \tag{9.108}$$

ersetzen wir a^*/u mittels der Energiegleichung (9.99)

$$u^2 + \frac{2}{\gamma - 1} a^2 = u^{*2} + \frac{2}{\gamma - 1} a^{*2} = \frac{\gamma + 1}{\gamma - 1} a^{*2} , \tag{9.109}$$

ϱ_t/ϱ und ϱ^*/ϱ_t ersetzen wir durch (9.102) bzw. (9.105) und erhalten schließlich die gesuchte Beziehung

$$\left(\frac{A}{A^*}\right)^2 = \frac{1}{M^2} \left[\frac{2}{\gamma + 1}\left(1 + \frac{\gamma - 1}{2} M^2\right)\right]^{(\gamma+1)/(\gamma-1)} . \tag{9.110}$$

Sind Massenfluß, Ruhegrößen und Querschnittsverläufe gegeben, so ist mit (9.110) der Mach-Zahl-Verlauf bekannt. Mit (9.100), (9.101) und (9.102) kennen wir dann den Temperatur-, Druck- und Dichteverlauf. Der Geschwindigkeitsverlauf folgt dann aus (9.108). Die angesprochenen Beziehungen sind für $\gamma = 1,4$ im Anhang C tabelliert und in Abb. 9.12 dargestellt. In Übereinstimmung mit den qualitativen Überlegungen zeigt Abb. 9.12, daß zum Erreichen von Überschallgeschwindigkeiten der Querschnitt wieder zunehmen muß. Konvergent-divergente Düsen wurden zuerst in Dampfturbinen eingesetzt und werden nach ihrem Erfinder de Laval als *Lavaldüsen* bezeichnet. Sie finden aber viele andere Anwendungen, beispielsweise in Raketentriebwerken, Düsen in Überschallwindkanälen usw.

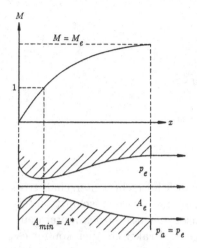

Abbildung 9.13. Richtig expandierende Düse

Zur Erzeugung von Überschallgeschwindigkeiten ist aber auch ein hinreichend großer Druckabfall in der Düse notwendig. Wir besprechen die möglichen Betriebszustände der Lavaldüse ausgehend vom Normalfall, bei dem der Außendruck p_a so gewählt ist, daß er mit dem durch das Flächenverhältnis A^*/A_e gegebenen Druck p_e am Düsenausgang übereinstimmt (Abb. 9.13). Wird der Umgebungsdruck erhöht, dann spricht man von einem überexpandierenden Strahl, weil das Gas in der Düse stärker expandiert wird als es dem Umgebungsdruck entspricht: $p_e < p_a$. Die Strömung in der Düse ändert sich dadurch zunächst nicht (Kurve 1 in Abb. 9.15).

Außerhalb der Düse ist die Strömung nicht länger quasi-eindimensional, läßt sich also im Rahmen der Stromfadentheorie nicht diskutieren. Wir beschränken uns auf eine qualitative Beschreibung der Strömung. Dabei machen wir bereits vom Begriff des *Stoßes* Gebrauch, der erst im Abschnitt 9.2.3 ausführlich behandelt wird. Für die Diskussion hier genügt der Hinweis, daß der Stoß eine Unstetigkeitsfläche von Druck und Temperatur darstellt. Eine derartige Stoßfläche geht vom Düsenrand aus, die den niedrigen Düsenaustrittsdruck unstetig auf den Außendruck anhebt. Die Stoßfläche überschneidet sich und wird am Strahlrand als stationäre *Expansionswelle* reflektiert (Abb. 9.14). Es entsteht ein für Überschallstrahlen charakteristisches Rhombenmuster im Strahl, das man mit bloßem Auge bei Raketenstrahlen beobachten kann, weil die Temperatur der Flüssigkeitsteilchen beim Durchgang durch den Stoß erhöht und beim Durchgang durch die Expansionswellen erniedrigt wird, wodurch sich das Eigenleuchten des Strahles in entsprechender Weise ändert.

Wird der Umgebungsdruck weiter erhöht, so wandert der Stoß in die Düse, es bildet sich ein *gerader Verdichtungsstoß* in der Düse aus. Diese unstetige Druckerhöhung positioniert sich gerade so in der Düse, daß der geforderte

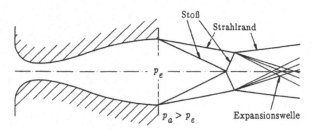

Abbildung 9.14. Überexpandierter Strahl

Umgebungsdruck erreicht wird. Hinter dem Stoß herrscht Unterschallströmung, wie wir anschließend noch zeigen werden. Der Düsenabschnitt hinter dem Stoß wirkt daher wie ein Unterschalldiffusor, der den Druck hinter dem Stoß theoretisch bis auf den Außendruck anhebt. Praktisch aber kommt es zu einer Strömungsablösung, und der Druckgewinn ist so gering, daß der Druck direkt hinter dem Stoß ungefähr schon dem Außendruck entspricht. Der Unterschallstrahl kann keine stationären Wellen tragen, und bei (fast) parallelem Austritt muß auch der Druck im Strahl gleich dem Außendruck sein (Kurve 2 in Abb. 9.15).

Wird der Außendruck weiter erhöht, so wandert der Stoß weiter in die Düse und wird schwächer, da die Mach-Zahl vor dem Stoß geringer wird. Wenn er durch weitere Erhöhung des Außendruckes schließlich die engste Stelle der Düse erreicht hat, dann ist seine Stärke auf null abgeklungen, in der ganzen Düse herrscht dann Unterschall (Kurve 3 in Abb. 9.15). Erhöht man p_a noch weiter, so hat die Mach-Zahl an der engsten Stelle ein Maximum, $M = 1$ wird aber nicht mehr erreicht (Kurve 4 in Abb. 9.15): Der Wert der Mach-Zahl an der engsten Stelle läßt sich dann aus der Flächenbeziehung (9.110) ermitteln, wenn $A = A_{min}$ gesetzt wird; A^* ist dann nur noch eine Referenzfläche, die in der Düse nicht realisiert wird.

Beim unterexpandierten Strahl ist der Druck p_e am Düsenaustritt größer als der Außendruck p_a. Der Druck wird über einen stationären Expansionsfächer auf den Außendruck reduziert (Abb. 9.16). Die Strömung in der Düse bleibt dadurch unbeeinflußt. Die Expansionswelle durchdringt sich selbst und wird am Strahlrand als „Kompressionswelle" reflektiert, die sich oft zu einem Stoß umbildet. Dadurch formt sich wieder ein Rhombenmuster im Strahl, das dem Muster im überexpandierten Strahl entspricht.

In einer rein konvergenten Düse kann sich nach dem bisher Gesagten keine stationäre Überschallströmung aufbauen. Solange der Außendruck p_a größer ist als der kritische Druck p^*, ist der Druck p_e im Strahl gleich dem Außendruck p_a (Abb. 9.17).

Wenn die Mach-Zahl $M = 1$ im engsten Querschnitt erreicht wird, so ist $p_e = p^*$, und der Umgebungsdruck kann unter diesen Druck abgesenkt werden ($p_a < p_e$). Es findet dann eine Nachexpansion im freien Strahl statt: Über

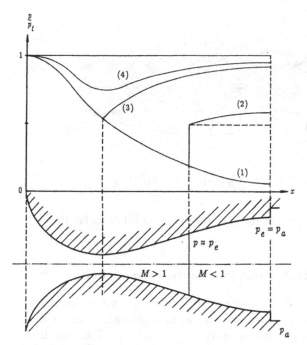

Abbildung 9.15. Überexpandierende Düse

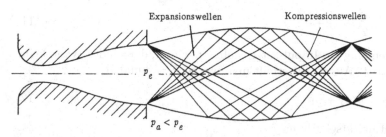

Abbildung 9.16. Unterexpandierter Strahl

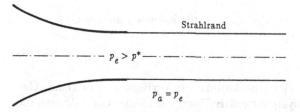

Abbildung 9.17. Unterschalldüse und Unterschallstrahl

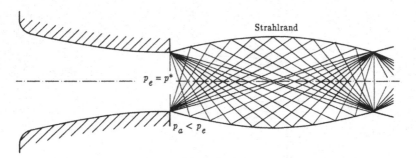

Abbildung 9.18. Unterschalldüse mit Nachexpansion im Strahl

Expansionswellen wird der Druck am Düsenausgang auf den Außendruck p_a expandiert (Abb. 9.18).

9.2.2 Strömung durch Rohre mit konstantem Querschnitt

Als weitere Anwendung der Stromfadentheorie betrachten wir die stationäre Strömung in einem Rohr mit gleichbleibendem Querschnitt, ohne bewegte innere Flächen, ohne Reibung, aber mit Wärmezu- oder -abfuhr durch die Rohrwand. Dann gilt (9.72)

$$\frac{u_2^2}{2} + h_2 = \frac{u_1^2}{2} + h_1 + q \ . \tag{9.111}$$

Für die Anwendung des Impulssatzes nehmen wir an, daß an der Wand keine Reibung auftritt. Aus (9.43) erhält man wegen $\vec{F} = 0$ und $A_1 = A_2$

$$\varrho_2 u_2^2 + p_2 = \varrho_1 u_1^2 + p_1 \ . \tag{9.112}$$

Mit der Kontinuitätsgleichung

$$\varrho_2 u_2 = \varrho_1 u_1 \tag{9.113}$$

und der Zustandsgleichung $h = h(p, \varrho)$, z. B. für kalorisch ideales Gas

$$h = \frac{\gamma}{\gamma - 1} \frac{p}{\varrho} \ , \tag{9.114}$$

stehen vier Gleichungen für vier Unbekannte zur Verfügung. Für reales Gas kann man dieses Gleichungssystem iterativ lösen, für ideales Gas läßt sich die Lösung explizit angeben. Wir wollen hier aber nur eine wichtige Eigenschaft dieser Strömung aufzeigen: Aus dem Impulssatz

$$\varrho \, u^2 + p = C_1 \tag{9.115}$$

und der Kontinuitätsgleichung

$$\varrho \, u = C_2 \tag{9.116}$$

gewinnt man den Zusammenhang

$$\frac{C_2^2}{\varrho} + p = C_1 \, . \tag{9.117}$$

(9.117) gilt in reibungsfreier Strömung, unabhängig davon, ob Wärme zu- oder abgeführt wird. Die graphische Darstellung dieser Gleichung $p = p(\varrho)$ nennt man *Rayleigh-Kurve*. Man kann nun allgemein für die Enthalpie und die Entropie einer Substanz die Zustandsgleichungen $h = h(p, \varrho)$ und $s = s(p, \varrho)$, gegebenenfalls in Form eines Diagramms, angeben. Für ideales Gas gelten bekanntlich die Gleichungen (9.114) und

$$s = s_0 + c_v \ln \left(\frac{p}{p_0} \left(\frac{\varrho}{\varrho_0} \right)^{-\gamma} \right) \, . \tag{9.118}$$

Mit diesen beiden Zustandsgleichungen läßt sich nun die Rayleigh-Kurve in ein h-s-Diagramm übertragen (Abb. 9.19). Wenn man dem Gas Wärme zuführt, erhöht man seine Entropie und bewegt sich daher auf der Kurve von links nach rechts. Die Geschwindigkeit im Rohr erhalten wir durch Differentiation von (9.117) und Einsetzen von (9.116) zu

$$u^2 \mathrm{d}\varrho = \mathrm{d}p \tag{9.119}$$

oder

$$u^2 = \left(\frac{\mathrm{d}p}{\mathrm{d}\varrho} \right)_R , \tag{9.120}$$

wobei der Index R andeuten soll, daß die Änderung des Druckes mit der Dichte längs der Rayleigh-Kurve zu nehmen ist. Bei genügend hoher Wärmezufuhr erreicht man den Punkt, an dem $(\mathrm{d}s/\mathrm{d}h)_R = 0$ ist und der auf der Isentropen $s = \mathrm{const}$ liegt. Für diesen Punkt gilt also

$$u^2 = \left(\frac{\mathrm{d}p}{\mathrm{d}\varrho} \right)_R = \left(\frac{\partial p}{\partial \varrho} \right)_s = a^2 \, , \tag{9.121}$$

und man erkennt, daß dieser Punkt $M = 1$ entspricht. Falls das Gas gekühlt wird, verringert sich seine Entropie, und man bewegt sich auf der Kurve von rechts nach links. Auf dem oberen Teil der Kurve (Unterschallzweig) wird die Mach-Zahl infolge der Entropieerhöhung bei Wärmezufuhr vergrößert, und man erkennt, daß es einen Bereich gibt, bei dem mit zunehmender Entropie die Enthalpie abnimmt.

Das heißt bei einem idealen Gas nimmt dort die Temperatur mit steigender Entropie ab! Offenbar kann man weder vom Unterschall- noch vom Überschallzweig her kommend durch Wärmezufuhr den Punkt $M = 1$ durchlaufen,

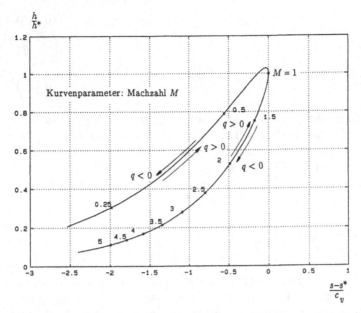

Abbildung 9.19. Rayleigh-Kurve für ideales, zweiatomiges Gas ($\gamma = 1,4$)

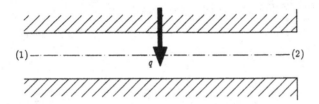

Abbildung 9.20. Rohrströmung mit Wärmezufuhr

da sonst die Entropie bei Wärmezufuhr abnehmen müßte. Allerdings kann man, z. B. vom Unterschallbereich kommend, Wärme zuführen bis $M = 1$ erreicht ist und dann durch Wärmeabfuhr in den Überschallzweig gelangen. Wenn bei der Rohrströmung in der Abb. 9.20 am Austritt (2) die Mach-Zahl $M = 1$ erreicht ist, so ist bei einem gegebenen Massenstrom die größtmögliche Wärme zugeführt. Steigert man trotzdem die Wärmezufuhr weiter, ändern sich die Strömungsverhältnisse an der Stelle (1): Der Massenstrom und damit die Mach-Zahl werden so verringert, daß sich für die erhöhte Wärmezufuhr gerade wieder $M = 1$ an der Stelle (2) einstellt.

Wir betrachten jetzt den Fall, daß in einem Rohr konstanten Querschnitts keine Wärmezufuhr von außen, dafür aber Reibung auftritt. Aus der Kontinuitätsgleichung (9.116) und der Energiegleichung

$$\frac{u^2}{2} + h = C_3 \, , \tag{9.122}$$

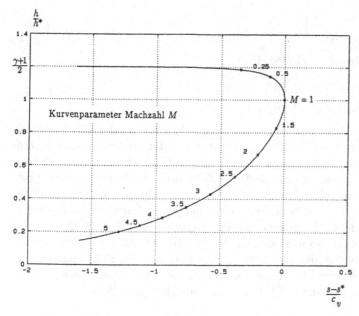

Abbildung 9.21. Fanno-Kurve für ideales, zweiatomiges Gas ($\gamma = 1,4$)

die man bei Vernachlässigung von Reibungsnormalspannungen analog zu (9.72) aus (2.114) ableitet, erhalten wir die *Fanno-Kurve* $h = h(\varrho)$:

$$\frac{1}{2}\left(\frac{C_2}{\varrho}\right)^2 + h = C_3 \ . \tag{9.123}$$

Auch diese kann man mit der Zustandsgleichung $s = s(\varrho, h)$ wieder in ein h-s-Diagramm übertragen (Abb. 9.21). Die Kurve gilt für eine Rohrströmung ohne Wärmezufuhr, unabhängig davon, wie groß die Wandreibung ist. Auch bei dieser Kurve gibt es wieder einen Punkt mit $(\mathrm{d}s/\mathrm{d}h)_F = 0$, durch den die Isentrope führt. Aus der Gibbsschen Relation

$$T\,\mathrm{d}s = \mathrm{d}h - \frac{\mathrm{d}p}{\varrho} \tag{9.124}$$

folgt für diesen Punkt

$$\left(\frac{\mathrm{d}p}{\mathrm{d}h}\right)_F = \varrho = \left(\frac{\partial p}{\partial h}\right)_s \ . \tag{9.125}$$

Mit (9.123) und (9.116) folgt weiter

$$\frac{u^2}{\varrho}\,\mathrm{d}\varrho = \mathrm{d}h \tag{9.126}$$

oder

$$\left(\frac{\mathrm{d}h}{\mathrm{d}\varrho}\right)_F = \frac{u^2}{\varrho} = \left(\frac{\partial h}{\partial\varrho}\right)_s \tag{9.127}$$

und wegen $\varrho = (\partial p/\partial h)_s$ schließlich

$$u^2 = \left(\frac{\partial p}{\partial h}\right)_s \left(\frac{\partial h}{\partial\varrho}\right)_s = \left(\frac{\partial p}{\partial\varrho}\right)_s = a^2 \ . \tag{9.128}$$

Die diesem Punkt entsprechende Geschwindigkeit ist wieder die Schallgeschwindigkeit. Der obere Teil der Kurve ist der Unterschallzweig, der untere der Überschallzweig. Da bei einer reibungsbehafteten Strömung die Entropie nur zunehmen kann, nimmt die Mach-Zahl auf dem Unterschallzweig bis $M = 1$ immer zu, auf dem Überschallzweig dagegen immer ab, bis ebenfalls die Mach-Zahl $M = 1$ erreicht ist. Die Schallgeschwindigkeit wird wieder am Rohrende erreicht. Vergrößert man den Reibungseinfluß, z. B. durch Verlängerung des Rohres, so muß sich im Unterschallbereich der Massenstrom verringern. Im Überschallgebiet tritt für den Fall, daß die Rohrlänge größer ist als diejenige, bei der $M = 1$ am Austritt erreicht wird, ein Verdichtungsstoß auf, der die Strömung auf Unterschallgeschwindigkeit bringt.

9.2.3 Gleichungen des senkrechten Verdichtungsstoßes

Der im Zusammenhang mit der Düsenströmung besprochene Verdichtungsstoß, d. h. der unstetige Übergang der Überschall- zur Unterschallgeschwindigkeit, findet in supersonischer Strömung sehr häufig statt. Wir wollen hier den *senkrechten Verdichtungsstoß* besprechen, bei dem die Stoßfläche senkrecht auf der Geschwindigkeit steht. Aus den Ergebnissen lassen sich aber auch die allgemeineren Beziehungen des *schrägen Verdichtungsstoßes* gewinnen.

Für die meisten Zwecke genügt es, den Verdichtungsstoß als Unstetigkeitsfläche zu betrachten, über den sich die Strömungsgrößen sprunghaft ändern. Im folgenden wollen wir daher aus den Erhaltungssätzen Beziehungen herleiten, aus denen sich die Größen hinter dem Stoß aus den entsprechenden Größen vor dem Stoß bestimmen lassen. Der Stoß selbst ist allerdings strenggenommen keine Unstetigkeit. Die Größen ändern sich kontinuierlich über eine Strecke, die aber von der Größenordnung der freien Weglänge ist, also in fast allen technischen Problemen als unendlich klein angesehen werden kann. Innerhalb des Stoßes spielen Wärmeleitungs- und Reibungseffekte eine entscheidende Rolle, und man kann die Stoßstruktur unter anderem auf Grundlage der Navier-Stokesschen Gleichungen ermitteln. Für kleine Überschall-Mach-Zahlen stimmen die erhaltenen theoretischen Ergebnisse gut mit den Experimenten überein. Wir verzichten hier aber auf die Berechnung der Stoßstruktur, da es in der Praxis genügt, die Änderung der Größen über den Stoß zu kennen.

Wir nehmen an, daß vor und nach dem Stoß die Änderungen von Geschwindigkeit und Temperatur verschwinden oder jedenfalls sehr viel kleiner

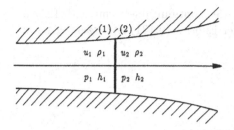

Abbildung 9.22. Senkrechter Verdichtungsstoß

sind als im Stoß selbst. Da die Stoßdicke sehr klein ist, vernachlässigen wir bei der Anwendung der Erhaltungssätze auf den Stoß alle Volumenintegrale. (Dies gilt insbesondere bei der später zu besprechenden instationären Strömung.) Außerdem vernachlässigen wir die von außen zugeführte Wärme, da die Integrationsfläche S_w im Energiesatz (9.70) gegen null geht. Dann erhalten wir aus der Kontinuitätsgleichung (9.8), dem Impulssatz (9.41) und dem Energiesatz (9.70) der Reihe nach:

$$\varrho_1 u_1 = \varrho_2 u_2 \, , \tag{9.129}$$

$$\varrho_1 u_1^2 + p_1 = \varrho_2 u_2^2 + p_2 \, , \tag{9.130}$$

$$\frac{u_1^2}{2} + h_1 = \frac{u_2^2}{2} + h_2 \, , \tag{9.131}$$

wobei der Index 1 die Position unmittelbar vor und der Index 2 die Position direkt hinter dem Stoß kennzeichnet (Abb. 9.22). Da die Stoßdicke nach Voraussetzung unendlich klein ist, stimmen die Flächen A_1 und A_2 auch bei veränderlichem Querschnitt überein. Die Erhaltungssätze liefern drei Gleichungen zur Bestimmung der vier Unbekannten u_2, ϱ_2, p_2 und h_2. Zusätzlich setzen wir die Zustandsgleichung

$$p = p(\varrho, h) \tag{9.132}$$

in Form eines Mollier-Diagramms, bzw. für ideales Gas

$$p = \varrho\, h\, \frac{\gamma - 1}{\gamma} \, , \tag{9.133}$$

als gegeben voraus. Damit läßt sich bei gegebenem Zustand vor dem Stoß der Zustand hinter dem Stoß ermitteln. Die Stoßstruktur selbst braucht dazu nicht bekannt zu sein.

Es können im allgemeinen nur Verdichtungsstöße auftreten ($\varrho_2 > \varrho_1$); Verdünnungsstöße können nach dem zweiten Hauptsatz nur auftreten, wenn die Ungleichung $(\partial^2 p/\partial v^2)_s < 0$ gilt, was beispielsweise in der Nähe des kritischen Punktes möglich ist.

Wir gehen im weiteren nur von Verdichtungsstößen aus und besprechen zunächst die Anwendung der Erhaltungssätze für ein reales Gas, dessen

Mollier-Diagramm vorliegt. Wenn wir die Kontinuitätsgleichung (9.129) in die Bilanzen des Impulses (9.130) und der Energie (9.131) einsetzen, erhalten wir

$$p_2 - p_1 = \varrho_1 u_1^2 \left(1 - \frac{\varrho_1}{\varrho_2}\right) \tag{9.134}$$

und

$$h_2 - h_1 = \frac{u_1^2}{2}\left[1 - \left(\frac{\varrho_1}{\varrho_2}\right)^2\right] . \tag{9.135}$$

Die weitere Rechnung erfolgt zweckmäßigerweise so, daß man bei gegebenem Zustand vor dem Stoß eine Schätzung des Dichteverhältnisses ϱ_1/ϱ_2 über den Stoß anstellt, da dieses im Gegensatz zum Druck- oder Temperaturverhältnis auch bei einem sehr starken Stoß endlich bleibt. Aus (9.134) und (9.135) gewinnt man unmittelbar ein Wertepaar (h_2, p_2) und mit diesem aus dem Mollier-Diagramm ein neues ϱ_2 für eine genauere Abschätzung des Dichteverhältnisses ϱ_1/ϱ_2. Meistens genügen wenige Iterationen, um den Zustand hinter dem Stoß genügend genau zu bestimmen.

Für kalorisch ideales Gas lassen sich dagegen wieder geschlossene Beziehungen angeben. Man eliminiert zunächst die Geschwindigkeit u_1 aus (9.134), (9.135) und erhält eine Beziehung zwischen rein thermodynamischen Größen, die sogenannte *Hugoniot-Relation*:

$$h_2 - h_1 = \frac{1}{2}(p_2 - p_1)\left(\frac{1}{\varrho_1} + \frac{1}{\varrho_2}\right) , \tag{9.136}$$

die noch allgemein gilt. Für ideales Gas ergibt sich mit (9.133) die Beziehung

$$\frac{p_2}{p_1} = \frac{(\gamma + 1)\varrho_2/\varrho_1 - (\gamma - 1)}{(\gamma + 1) - (\gamma - 1)\,\varrho_2/\varrho_1} , \tag{9.137}$$

zwischen dem Druck und dem Dichteverhältnis, der man auch für $p_2/p_1 \to \infty$ das maximale Dichteverhältnis

$$\left(\frac{\varrho_2}{\varrho_1}\right)_{max} = \frac{\gamma + 1}{\gamma - 1} \tag{9.138}$$

entnimmt. Im Gegensatz zu dieser *Hugoniot-Zustandsänderung* (Abb. 9.23) ergibt sich bekanntlich für die isentrope Zustandsänderung

$$\frac{p_2}{p_1} = \left(\frac{\varrho_2}{\varrho_1}\right)^{\gamma} \tag{9.139}$$

für den Grenzfall $p_2/p_1 \to \infty$ ein unendlich großes Dichteverhältnis ϱ_2/ϱ_1. Das maximale Dichteverhältnis durch einen Stoß beträgt bei zweiatomigen Gasen mit $\gamma = c_p/c_v = 7/5$ dann $\varrho_2/\varrho_1 = 6$, bei voll angeregten inneren

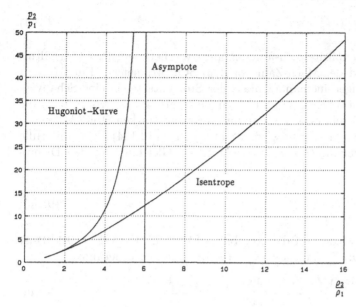

Abbildung 9.23. Hugoniot-Kurve für ideales, zweiatomiges Gas ($\gamma = 1,4$)

Freiheitsgraden der Molekülschwingungen ($\gamma = 9/7$) $\varrho_2/\varrho_1 = 8$ und bei ein-atomigen Gasen ($\gamma = 5/3$)$\varrho_2/\varrho_1 = 4$.

Wir bemerken, daß wegen $p = \varrho R T$

$$\frac{p_2}{p_1} = \frac{\varrho_2}{\varrho_1}\frac{T_2}{T_1} \tag{9.140}$$

gilt, also für den Grenzfall $p_2/p_1 \to \infty$ auch T_2/T_1 gegen unendlich geht. Löst man (9.134) nach der Geschwindigkeit auf, so folgt

$$u_1^2 = \frac{p_1}{\varrho_1}\left(\frac{p_2}{p_1} - 1\right)\left(1 - \frac{\varrho_1}{\varrho_2}\right)^{-1} \tag{9.141}$$

und mit $a^2 = \gamma p/\varrho$ für kalorisch ideales Gas auch

$$\left(\frac{u_1}{a_1}\right)^2 = M_1^2 = \frac{1}{\gamma}\left(\frac{p_2}{p_1} - 1\right)\left(1 - \frac{\varrho_1}{\varrho_2}\right)^{-1}, \tag{9.142}$$

aus der man mittels der Hugoniot-Beziehung (9.137) noch ϱ_1/ϱ_2 eliminieren kann. Man gewinnt so eine Bestimmungsgleichung für das Druckverhältnis

$$\left(\frac{p_2}{p_1} - 1\right)^2 - 2\frac{\gamma}{\gamma + 1}(M_1^2 - 1)\left(\frac{p_2}{p_1} - 1\right) = 0, \tag{9.143}$$

die neben der trivialen Lösung $p_2/p_1 = 1$, die sich ohne Stoß einstellen würde, die Lösung

$$\frac{p_2}{p_1} = 1 + 2\frac{\gamma}{\gamma+1}(M_1^2 - 1) \tag{9.144}$$

zuläßt und einen expliziten Zusammenhang zwischen dem Druckverhältnis über den Stoß und der Mach-Zahl vor dem Stoß M_1 liefert. Für $M_1 = 1$ gehen beide Lösungen ineinander über, der Stoß entartet in eine Schallwelle. Gleichung (9.144) zeigt, daß für einen Verdichtungsstoß ($p_2/p_1 > 1$) die Mach-Zahl $M_1 > 1$ sein muß und daß für einen sehr starken Stoß ($M_1 \to \infty$) das Druckverhältnis unendlich wird. Ersetzt man in (9.144) p_2/p_1 mit Hilfe der Hugoniot-Beziehung (9.137), so entsteht die Gleichung für den Dichtesprung

$$\frac{\varrho_2}{\varrho_1} = \frac{(\gamma+1)M_1^2}{2 + (\gamma-1)M_1^2} \, , \tag{9.145}$$

die für $M_1 \to \infty$ wieder auf das Ergebnis (9.138) führt. Wegen (9.140) ist mit (9.144) und (9.145) jetzt auch der Temperatursprung bekannt:

$$\frac{T_2}{T_1} = \frac{p_2}{p_1}\frac{\varrho_1}{\varrho_2} = \frac{[2\gamma M_1^2 - (\gamma-1)][2 + (\gamma-1)M_1^2]}{(\gamma+1)^2 M_1^2} \, . \tag{9.146}$$

Zur Berechnung der Mach-Zahl hinter dem Stoß setzen wir unter Benutzung der Kontinuitätsgleichung (9.129) und $a^2 = \gamma p/\varrho$

$$M_2^2 = \left(\frac{u_2}{a_2}\right)^2 = u_1^2 \left(\frac{\varrho_1}{\varrho_2}\right)^2 \frac{\varrho_2}{\gamma p_2} = M_1^2 \frac{p_1 \varrho_1}{p_2 \varrho_2} \, , \tag{9.147}$$

woraus mit (9.144) und (9.145) schließlich

$$M_2^2 = \frac{\gamma + 1 + (\gamma-1)(M_1^2 - 1)}{\gamma + 1 + 2\gamma(M_1^2 - 1)} \tag{9.148}$$

entsteht. Man entnimmt dieser Gleichung, daß beim senkrechten Verdichtungsstoß wegen $M_1 > 1$ die Mach-Zahl hinter dem Stoß immer kleiner als 1 ist. Im Grenzfall des sehr starken Stoßes ($M_1 \to \infty$) erreicht M_2 den Grenzwert

$$M_2|_{(M_1 \to \infty)} = \sqrt{\frac{1}{2}\frac{\gamma-1}{\gamma}} \, . \tag{9.149}$$

Die Stoßbeziehungen sind für $\gamma = 1{,}4$ im Anhang C tabelliert und in Abb. 9.24 graphisch dargestellt.

Als Folge der irreversiblen Vorgänge (Reibung, Wärmeleitung) nimmt die Entropie durch den Stoß zu. Aus (2.143) folgt nach Anwendung des Reynoldsschen Transporttheorems (1.96) für den unendlichen dünnen Stoß

$$\iint\limits_{(S)} \varrho\, s(\vec{u} \cdot \vec{n})\, \mathrm{d}S > 0 \tag{9.150}$$

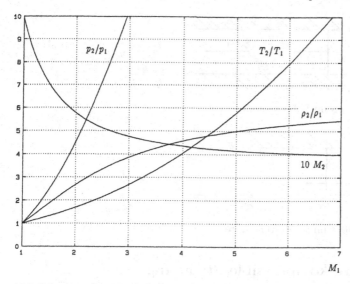

Abbildung 9.24. Mach-Zahl und Zustandsgrößen nach dem Stoß als Funktion der Mach-Zahl vor dem Stoß

oder mit der Kontinuitätsgleichung (9.129) auch

$$s_2 - s_1 > 0 \ . \tag{9.151}$$

Man bestätigt dies explizit für kalorisch ideales Gas, wenn man in der aus (9.118) entstehenden Gleichung

$$s_2 - s_1 = c_v \ln \left[\frac{p_2}{p_1} \left(\frac{\varrho_2}{\varrho_1} \right)^{-\gamma} \right] \tag{9.152}$$

das Dichteverhältnis mittels der Hugoniot-Beziehung (9.137) eliminiert:

$$s_2 - s_1 = c_v \ln \left[\frac{p_2}{p_1} \left(\frac{(\gamma - 1)p_2/p_1 + \gamma + 1}{(\gamma + 1)p_2/p_1 + \gamma - 1} \right)^{\gamma} \right] \ . \tag{9.153}$$

Für $p_2/p_1 \to \infty$ wird die Entropiedifferenz logarithmisch unendlich. Für schwache Stöße setzt man $p_2/p_1 = 1 + \alpha$ und bestätigt folgenden Zusammenhang durch Entwickeln der rechten Seite für kleine α:

$$\frac{s_2 - s_1}{c_v} = \frac{\gamma^2 - 1}{12\gamma^2} \left(\frac{p_2 - p_1}{p_1} \right)^3 \ , \tag{9.154}$$

der unmittelbar zeigt, daß für kalorisch ideale Gase $p_2 - p_1$ immer größer als null sein muß, also nur Verdichtungsstöße auftreten können, da sonst die Entropie durch den Stoß abnehmen müßte.

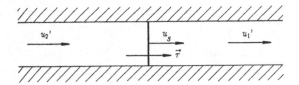

Abbildung 9.25. Stoß im Laborsystem

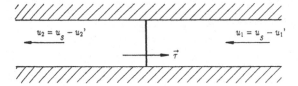

Abbildung 9.26. Stoß im stoßfesten System

9.3 Instationäre kompressible Strömung

Wie bei stationärer kompressibler Strömung treten auch bei instationärer Strömung Stöße als Trennungsflächen im Strömungsgebiet auf, an denen die Stoßbeziehungen zu erfüllen sind: Die Stoßbeziehungen spielen also die Rolle von Randbedingungen. Wir besprechen daher zunächst die Stoßbeziehungen für einen sich bewegenden Verdichtungsstoß.

Wie wir bereits vermerkt haben, entfallen auch beim instationären Stoß, d. h. bei einem mit veränderlicher Geschwindigkeit bewegten Stoß, die Volumenintegrale in den Bilanzsätzen, wenn man die Stoßfläche als unendlich dünn ansieht. Daher gelten die Bilanzgleichungen (9.129) bis (9.131) und alle daraus abgeleiteten Beziehungen auch weiterhin. Aufmerksamkeit verlangt lediglich die richtige Wahl der Geschwindigkeiten vor und hinter dem Stoß.

Wir betrachten dazu einen Stoß, der sich in einem Rohr (nicht notwendigerweise mit konstantem Querschnitt) mit der Geschwindigkeit $u_s(t)$ bewegt (Abb. 9.25). Die Strömung vor dem Stoß habe die Geschwindigkeit u_1' und die thermodynamischen Größen p_1, ϱ_1 und h_1. Wir kennzeichnen die Gasgeschwindigkeit in diesem System mit einem Strich und bezeichnen dieses Bezugssystem, in dem die Rohrwand ruht und der Stoß sich bewegt, als *Laborsystem*, weil dieses System experimentellen Betrachtungen zugrunde liegt.

Von diesem Bezugssystem unterscheiden wir das *stoßfeste System*, in dem der Stoß ruht, die stationären Stoßbeziehungen (9.144), (9.145), (9.146) und (9.148) also ihre Gültigkeit behalten. Wir gelangen zu diesem stoßfesten System, wenn wir in jedem Augenblick allen Geschwindigkeiten die Stoßgeschwindigkeit so überlagern, daß der Stoß selbst in Ruhe ist (Abb. 9.26). Somit entstehen die Transformationsgleichungen

$$u_1 = u_s - u_1' \, , \tag{9.155}$$

und

$$u_2 = u_s - u_2' \, , \tag{9.156}$$

wobei wir nun die Geschwindigkeiten, wie durch die Pfeile in Abb. 9.26 gekennzeichnet, positiv entgegengesetzt zu $\vec{r}$ zählen wollen. Damit lassen sich die Ergebnisse des stationären Stoßes auf das Laborsystem übertragen. Oft ist die Geschwindigkeit vor dem Stoß im Laborsystem null, also

$$u_1' = 0 \; ; \qquad u_1 = u_s \, , \tag{9.157}$$

und es genügt dann, M_1 in den Stoßbeziehungen durch die Stoß-Mach-Zahl

$$M_s = \frac{u_s}{a_1} \tag{9.158}$$

zu ersetzen, um die Stoßbeziehungen des bewegten Stoßes für kalorisch ideales Gas zu erhalten. Für die Geschwindigkeit u_2 im stoßfesten System erhält man dann aus (9.156) und der Kontinuitätsgleichung in diesem Bezugssystem

$$\varrho_1 u_s = \varrho_2 u_2 \tag{9.159}$$

die Beziehung

$$u_2' = u_s \left(1 - \frac{\varrho_1}{\varrho_2} \right) \, . \tag{9.160}$$

In dieser Gleichung kann man noch ϱ_1/ϱ_2 mittels der Stoßbeziehung (9.145) ersetzen, so daß die Formel

$$u_2' = \frac{2}{\gamma + 1} a_1 \left(M_s - \frac{1}{M_s} \right) \tag{9.161}$$

entsteht. Für sehr große Stoß-Mach-Zahlen erhält man

$$u_2'|_{(M_s \to \infty)} = \frac{2}{\gamma + 1} u_s \, , \tag{9.162}$$

und man erkennt, daß sich hinter einem bewegten Stoß Gasströmungen mit großen Geschwindigkeiten erzeugen lassen. Allerdings zeigt die weitere Betrachtung, daß das Gas zwar Überschallgeschwindigkeit erreicht, die Mach-Zahl M_2' aber beschränkt bleibt, was auf die starke Erwärmung des Gases zurückzuführen ist. Bildet man nämlich mit (9.156) die Mach-Zahl

$$M_2' = \frac{u_2'}{a_2} = M_s \frac{a_1}{a_2} - M_2 \, , \tag{9.163}$$

ersetzt a_1/a_2 wegen $a^2 = \gamma R T$ durch $\sqrt{T_1/T_2}$ und letzteres durch die Stoßbeziehung (9.146), so erhält man für $M_s \to \infty$ den endlichen Grenzwert

$$M_2'|_{(M_s \to \infty)} = \sqrt{\frac{2}{\gamma(\gamma - 1)}} \approx 1,89 \quad \text{(für } \gamma = 1,4) \ . \tag{9.164}$$

Bei hohen Mach-Zahlen zeigt Luft aber Realgaseffekte, als deren Folge höhere Werte für M_2' erreicht werden.

Zur Berechnung der instationären Bewegung im Rahmen der Stromfadentheorie gehen wir von der differentiellen Form der Bilanzgleichungen aus. Wir erhalten die differentielle Form der Kontinuitätsgleichung der Stromfadentheorie aus der integralen Form (9.8), wenn wir dort nur über die differentielle Länge dx integrieren und die Größen an der Stelle (2) durch die Taylorentwicklung um die Stelle (1) ersetzen. Es entsteht die Gleichung

$$A \frac{\partial \varrho}{\partial t} \, dx + \varrho \, \frac{\partial A}{\partial t} \, dx - \varrho \, u \, A + \left(\varrho + \frac{\partial \varrho}{\partial x} \, dx \right) \left(u + \frac{\partial u}{\partial x} \, dx \right) \left(A + \frac{\partial A}{\partial x} \, dx \right)$$
$$= 0 \ , \tag{9.165}$$

für die wir kürzer

$$\frac{\partial(\varrho \, A)}{\partial t} + \frac{\partial(\varrho \, u \, A)}{\partial x} = 0 \tag{9.166}$$

schreiben, wobei die quadratischen Glieder in dx für den Grenzübergang $dx \to 0$ weggefallen sind. Bei der differentiellen Form der Bewegungsgleichung gehen wir gleich von (4.56) aus und vernachlässigen die Volumenkräfte:

$$\frac{\partial u}{\partial t} + u \, \frac{\partial u}{\partial x} = -\frac{1}{\varrho} \, \frac{\partial p}{\partial x} \ . \tag{9.167}$$

In (9.167) lassen sich auch Reibungseinflüsse phänomenologisch berücksichtigen, indem man zusätzlich etwa den Druckgradienten gemäß (9.26) berücksichtigt. Wie bereits bemerkt, sind aber die Widerstandskoeffizienten für instationäre Strömung meistens unbekannt. Im folgenden beschränken wir uns also auf die verlustfreie, adiabate Strömung, die dann isentrop ist. Aus der allgemeinen Zustandsgleichung $\varrho = \varrho(p, s)$ folgt mit $Ds/Dt = 0$

$$\frac{D\varrho}{Dt} = \left[\frac{\partial \varrho}{\partial p} \right]_s \frac{Dp}{Dt} = a^{-2} \frac{Dp}{Dt} \ . \tag{9.168}$$

Außerdem beschränken wir uns auf Strömungen durch gerade Rohre konstanten Querschnitts. Dann nimmt die Kontinuitätsgleichung (9.166) die bekannte Form (2.3a) an, welche hier lautet:

$$\frac{D\varrho}{Dt} + \varrho \, \frac{\partial u}{\partial x} = 0 \ . \tag{9.169}$$

Setzen wir noch (9.168) ein, erhalten wir nach Multiplikation mit a/ϱ

$$\frac{1}{\varrho a}\frac{\partial p}{\partial t} + \frac{u}{\varrho a}\frac{\partial p}{\partial x} + a\frac{\partial u}{\partial x} = 0 \;. \tag{9.170}$$

Aus der Addition dieser Gleichung mit der Bewegungsgleichung (9.167) erhalten wir die interessante Beziehung

$$\frac{\partial u}{\partial t} + (u+a)\frac{\partial u}{\partial x} + \frac{1}{\varrho a}\left(\frac{\partial p}{\partial t} + (u+a)\frac{\partial p}{\partial x}\right) = 0 \;. \tag{9.171}$$

Diese Gleichung läßt im Zusammenhang mit der allgemeinen Zeitableitung (1.19) (dort angewendet auf die Temperatur) folgende Interpretation zu: Auf der Bahn eines Beobachters, die durch die Differentialgleichung $dx/dt = u+a$ beschrieben wird, ist die Änderung du/dt gleich der Änderung dp/dt multipliziert mit $-(\varrho a)^{-1}$. An die Stelle der partiellen Differentialgleichung (9.171) treten also zwei gewöhnliche, gekoppelte Differentialgleichungen:

$$du + \frac{1}{\varrho a}\,dp = 0 \quad \text{längs} \quad dx = (u+a)\,dt \;. \tag{9.172}$$

Subtrahiert man (9.170) von (9.167), so entsteht die Gleichung

$$\frac{\partial u}{\partial t} + (u-a)\frac{\partial u}{\partial x} - \frac{1}{\varrho a}\left(\frac{\partial p}{\partial t} + (u-a)\frac{\partial p}{\partial x}\right) = 0 \;, \tag{9.173}$$

aus der die beiden gewöhnlichen Differentialgleichungen

$$du - \frac{1}{\varrho a}\,dp = 0 \quad \text{längs} \quad dx = (u-a)\,dt \tag{9.174}$$

folgen. $Ds/Dt = 0$ (vgl. (4.48)) bedeutet bekanntlich, daß die Änderung der Entropie eines materiellen Teilchens verschwindet, oder anders ausgedrückt, die Änderung der Entropie längs einer Teilchenbahn ist null:

$$ds = 0 \quad \text{längs} \quad dx = u\,dt \;. \tag{9.175}$$

Die beschriebene Umformung und Interpretation hat es ermöglicht, die drei nichtlinearen partiellen Differentialgleichungen (9.167), (9.169) und (4.48) auf ein System von sechs gewöhnlichen Differentialgleichungen zurückzuführen. Wir bemerken aus mathematischer Sicht, daß diese Äquivalenz den wesentlichen Inhalt der *Charakteristikentheorie* darstellt, die eine Lösungstheorie für hyperbolische Differentialgleichungssysteme ist. Das Gleichungssystem (9.167), (9.169) und (4.48) ist von diesem hyperbolischen Typus. Diese Lösungsmethode läßt sich auch auf stationäre Überschallprobleme übertragen, denn auch die Differentialgleichungen zur Beschreibung der Überschallströmung sind hyperbolisch. Die Lösungskurven der Differentialgleichungen

$$\frac{dx}{dt} = u \pm a \quad \text{und} \quad \frac{dx}{dt} = u \tag{9.176}$$

in der x-t-Ebene nennt man *Charakteristiken*. Daher ist auch die Teilchenbahn eine Charakteristik. Die Differentialgleichungen, die längs dieser Charakteristiken gelten, sind die *Verträglichkeitsbedingungen*.

Als Anwendungsbeispiel betrachten wir die homentrope Strömung, für die

$$\frac{\partial s}{\partial x} = 0 \qquad (9.177)$$

und wegen $\mathrm{D}s/\mathrm{D}t = 0$ auch

$$\frac{\partial s}{\partial t} = 0 \qquad (9.178)$$

gilt. Die Entropie ist also in der ganzen x-t-Ebene konstant, insbesondere auch auf den charakteristischen Linien. Die Gleichungen (9.175), die ja die Verteilung der Entropie regeln, entfallen nun. Aus (9.88)

$$p = C\,\varrho^\gamma\,,$$

wobei C wegen der Konstanz der Entropie eine absolute Konstante ist, folgt

$$\frac{\mathrm{d}p}{\mathrm{d}\varrho} = a^2 = C\,\gamma\,\varrho^{\gamma-1}\,. \qquad (9.179)$$

Damit lassen sich die Verträglichkeitsbedingungen (9.172) und (9.174)

$$\mathrm{d}u \pm \frac{1}{\varrho\,a}\,\mathrm{d}p = \mathrm{d}u \pm \frac{a}{\varrho}\,\mathrm{d}\varrho = \mathrm{d}u \pm \sqrt{\gamma C}\,\varrho^{(\gamma-1)/2}\,\frac{\mathrm{d}\varrho}{\varrho} = 0 \qquad (9.180)$$

unmittelbar integrieren:

$$u + \sqrt{\gamma C}\,\frac{2}{\gamma-1}\,\varrho^{(\gamma-1)/2} = u + \frac{2}{\gamma-1}\,a = 2r\,, \qquad (9.181)$$

$$u - \sqrt{\gamma C}\,\frac{2}{\gamma-1}\,\varrho^{(\gamma-1)/2} = u - \frac{2}{\gamma-1}\,a = -2s\,, \qquad (9.182)$$

Die Integrationskonstante $2r$ ist auf der Charakteristik, die durch $\mathrm{d}x/\mathrm{d}t = u + a$ beschrieben wird, konstant; $-2s$ ist konstant längs der Charakteristik $\mathrm{d}x/\mathrm{d}t = u - a$. Man nennt diese Integrationskonstanten *Riemannsche Invarianten*. Die hergeleiteten Gleichungen verwenden wir nun zur Berechnung der Strömung in einem Rohr, das unendlich lang ist. Da das Rohr keine Ränder besitzt, handelt es sich um ein reines Anfangswertproblem. Der Anfangszustand im Rohr zur Zeit $t = 0$ sei durch $u(x,0)$ und $a(x,0)$ gegeben (Abb. 9.27). Gesucht ist der Strömungszustand zu einem späteren Zeitpunkt t_0 an der Stelle x_0, in der x-t-Ebene als Punkt $P_0 = P(x_0, t_0)$ gekennzeichnet (Abb. 9.28). Längs der Charakteristiken sind die Größen $2r$ und $-2s$ konstant und durch die Anfangsbedingungen gegeben. Es muß also gelten:

$$2r = u(x_A, 0) + \frac{2}{\gamma-1}\,a(x_A, 0) = u(x_0, t_0) + \frac{2}{\gamma-1}\,a(x_0, t_0)\,, \qquad (9.183)$$

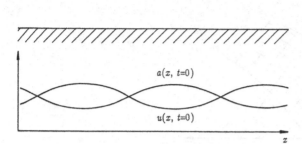

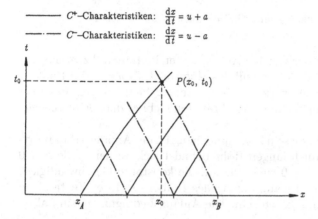

Abbildung 9.27. Anfangsverteilungen

——— C^+–Charakteristiken: $\frac{dx}{dt} = u + a$

——·—— C^-–Charakteristiken: $\frac{dx}{dt} = u - a$

Abbildung 9.28. Charakteristiken in der x-t-Ebene

$$-2s = u(x_B, 0) - \frac{2}{\gamma - 1} a(x_B, 0) = u(x_0, t_0) - \frac{2}{\gamma - 1} a(x_0, t_0) \, . \quad (9.184)$$

Damit kennen wir aber u und a im Punkt P_0:

$$u(x_0, t_0) = r - s \, , \quad (9.185)$$

$$a(x_0, t_0) = \frac{\gamma - 1}{2} (r + s) \, . \quad (9.186)$$

Die Charakteristiken, die durch den Punkt P_0 laufen, und damit x_A und x_B sind aber bisher noch unbekannt. Wir bestimmen sie uns näherungsweise: Wir legen auf der x-Achse eine Reihe von Punkten fest. An diesen Punkten kennen wir die Richtungen der Charakteristiken. Wir approximieren die Charakteristiken durch ihre Tangenten. In den Schnittpunkten der Tangenten können wir die Werte von u und a nach obigem Schema berechnen. Damit kennen wir aber wieder die Richtungen der Charakteristiken in diesen Punkten und approximieren wieder. Dieses Verfahren muß solange fortgesetzt werden, bis der gesuchte Punkt P_0 erreicht ist. Der Strömungszu-

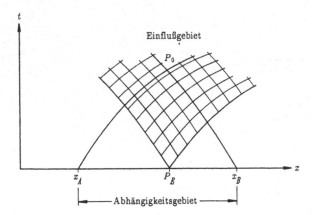

Abbildung 9.29. Abhängigkeits- und Einflußgebiet in der x-t-Ebene

stand am Punkt P_0 hängt nur von den Anfangsdaten im Intervall zwischen x_A und x_B ab. Man nennt dieses Intervall das *Abhängigkeitsgebiet* des Punktes P_0 (Abb. 9.29). Andererseits wirken sich die Anfangsbedingungen an einem Punkt P_E ebenfalls nur in einem eingeschränkten Gebiet, dem *Einflußgebiet* des Punktes P_E, aus.

Ein weiteres Beispiel in diesem Zusammenhang ist ein Anfangs-Randwertproblem: In einem unendlich langen Rohr befindet sich an der Stelle $x = 0$ ein Kolben, der zur Zeit $t = 0$ ruckartig auf die konstante Geschwindigkeit $-|u_K|$ gebracht wird. Vor Ingangsetzung des Kolbens soll der Zustand im Rohr durch $u = 0$, $a = a_4$ gegeben sein. Die Anfangsbedingungen sind also

$$u(x > 0, t = 0) = 0 \; ; \quad a(x > 0, t = 0) = a_4 \qquad (9.187)$$

bzw.

$$-|u_K| \leq u(x = 0, t = 0) \leq 0 \; . \qquad (9.188)$$

Die Anfangsbedingung (9.188) entsteht dadurch, daß das Gas bei der ruckartigen Ingangsetzung an der Stelle $x = 0$ zur Zeit $t = 0$ (also in unendlich kurzer Zeit) den gesamten Geschwindigkeitsbereich von der ungestörten Geschwindigkeit $u = 0$ bis zur Geschwindigkeit, die durch die kinematische Randbedingung

$$u(x = x_K, t) = -|u_K| \qquad (9.189)$$

am Kolben (Kolbenbahn $x_K = -|u_K| t$) vorgeschrieben wird, durchlaufen muß. Der Punkt $P_s = P(0,0)$ ist also ein singulärer Punkt in der x-t-Ebene. Zur Lösung des Problems stehen die charakteristischen Gleichungen

$$\frac{\mathrm{d}x}{\mathrm{d}t} = u \pm a \qquad (9.190)$$

sowie die Gleichungen (9.185) und (9.186) zur Verfügung, die allgemein

$$u = r - s \tag{9.191}$$

und

$$a = \frac{\gamma - 1}{2} \left(r + s \right) \tag{9.192}$$

lauten, wobei die Riemannschen Invarianten r und s durch (9.181) und (9.182) vorliegen. Wie vorher bestimmen wir deren Werte aus den Anfangsbedingungen. Zunächst folgt aus (9.187)

$$2r = \frac{2}{\gamma - 1} a_4 \quad \text{und} \quad - 2s = - \frac{2}{\gamma - 1} a_4 \,, \tag{9.193}$$

dann ist wegen (9.191) $u = 0$ und wegen (9.192) $a = a_4$ in einem Lösungsbereich außerhalb des Einflußgebietes des singulären Punktes P_s, wo ja die Anfangsbedingung (9.188) gilt. Aus

$$\frac{\mathrm{d}x}{\mathrm{d}t} = +a_4 \quad \text{folgt} \quad x = +a_4 t + \text{const} \tag{9.194}$$

und aus

$$\frac{\mathrm{d}x}{\mathrm{d}t} = -a_4 \quad \text{folgt} \quad x = -a_4 t + \text{const} \,. \tag{9.195}$$

Die Charakteristiken mit dem positiven Vorzeichen an a sind hier nach rechts geneigt, man nennt sie deshalb kurz auch *rechtsläufige Charakteristiken*, obwohl sie im allgemeinen natürlich auch nach links geneigt sein können und wir sie deshalb eindeutiger als C^+-*Charakteristiken* bezeichnen wollen. Die Charakteristiken mit dem negativen Vorzeichen an a heißen *linksläufige* oder C^--*Charakteristiken*. Die Integrationskonstanten werden durch den Abszissenwert $x(t = 0)$ der Charakteristiken festgelegt.

Das Einflußgebiet des singulären Punktes P_s wird nach rechts durch diejenige C^+-Charakteristik durch P_s begrenzt, für die gerade noch $u = 0$ gilt. Zwischen dieser Charakteristik $x = a_4 t$ und der x-Achse ist die Strömungsgeschwindigkeit $u = 0$ und die Schallgeschwindigkeit $a = a_4$. Physikalisch läßt sich diese Charakteristik als eine Welle interpretieren, die dem ruhenden Gas im Rohr den ersten Effekt der Kolbenbewegung meldet. In kompressiblen Medien kann sich eine solche Meldung nur mit endlicher Geschwindigkeit, nämlich mit der Schallgeschwindigkeit, fortpflanzen. Durch den singulären Punkt P_s geht aber ein ganzes Büschel von rechtsläufigen Charakteristiken, deren Steigungen $\mathrm{d}x/\mathrm{d}t = u + a$ alle Werte zwischen a_4 und $-|u_K| + a_3$ annehmen. Diese Charakteristiken sind in Abb. 9.30 schon als gerade Linien eingezeichnet, weil anschließend gezeigt wird, daß sowohl u als auch a auf diesen C^+-Charakteristiken konstant sind.

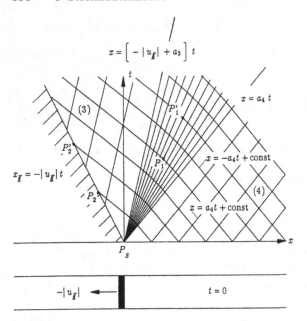

Abbildung 9.30. x-t-Diagramm des Kolbenproblems

Wir berechnen u am Punkt P_1 der Abb. 9.30 und erhalten aus (9.191) mit (9.181) und (9.182)

$$u = \frac{1}{2}\left(u + \frac{2}{\gamma-1}\,a\right)$$
$$- \frac{1}{2}\left(\frac{2}{\gamma-1}\,a_4\right), \tag{9.196}$$

wobei $-2s$ durch die Anfangsbedingung (9.187) festgelegt ist, und $2r$ aus der Anfangsbedingung (9.188) folgt. Berechnet man nun die Geschwindigkeit u am Punkt P_1' auf derselben C^+-Charakteristik, so wird man auf genau dieselbe Gleichung geführt, weil der Wert der Riemannschen Invarianten $2r$ auf derselben Charakteristik derselbe ist und der Wert von $-2s$ auf allen C^--Charakteristiken ebenfalls derselbe ist, da sie aus einem Gebiet homogener Strömungsverhältnisse kommen. Für die Schallgeschwindigkeit a am Punkt P_1 folgt aus (9.192)

$$a = \frac{\gamma-1}{2}\left[\frac{1}{2}\left(u + \frac{2}{\gamma-1}\,a\right) + \frac{1}{2}\left(\frac{2}{\gamma-1}\,a_4\right)\right], \tag{9.197}$$

und man zeigt genau wie vorher, daß a am Punkt P_1' denselben Wert wie am Punkt P_1 annimmt. Folglich sind u und a auf rechtsläufigen Charakteristiken konstant, und die Gleichung der Charakteristiken durch den Ursprung P_s lautet

$$x = (u + a)\,t\,, \qquad -|u_K| \le u \le 0\,. \tag{9.198}$$

Wir setzen diese Gleichung in (9.196) ein, lösen nach u auf und gewinnen so die explizite Darstellung von u als Funktion von x und t:

$$u = \frac{2}{\gamma + 1}\left(\frac{x}{t} - a_4\right)\,. \tag{9.199}$$

Mit dem so erhaltenen u gehen wir in (9.198) und erhalten

$$a = \frac{\gamma - 1}{\gamma + 1}\frac{x}{t} + \frac{2}{\gamma + 1}\,a_4\,. \tag{9.200}$$

Genau die gleichen Ergebnisse hätte man auch unter Benutzung von (9.197) erhalten. Die letzte zum „Charakteristikenfächer" gehörige Charakteristik erhält man aus (9.198), wenn man dort $u = -|u_K|$ setzt. Die auf dieser Charakteristik angetroffene Schallgeschwindigkeit nennen wir a_3 und berechnen sie aus (9.200) durch Einsetzen von $x = (-|u_K| + a_3)t$:

$$a_3 = -\frac{\gamma - 1}{2}\,|u_K| + a_4\,. \tag{9.201}$$

Zur Berechnung der Schallgeschwindigkeit am Kolben (Punkt P_2) können wir Gleichung (9.197) verwenden, wenn wir dort $u = -|u_K|$ und $a = a_K$ setzen:

$$a_K = -\frac{\gamma - 1}{2}\,|u_K| + a_4\,, \tag{9.202}$$

und der Vergleich mit (9.201) zeigt

$$a_K = a_3\,. \tag{9.203}$$

Da dasselbe Ergebnis für jeden Punkt P_2 auf der Kolbenbahn erhalten wird, schließen wir, daß im Gebiet zwischen der Kolbenbahn $x_K = -|u_K|t$ und der letzten C^+-Charakteristik $x = (-|u_K| + a_3)t$ die Schallgeschwindigkeit $a = a_3$ und die Geschwindigkeit $u = -|u_K|$ herrschen.

Wir unterscheiden also drei Lösungsgebiete: Das Gebiet (4) zwischen der positiven x-Achse und der Anfangscharakteristik $x = a_4t$ des Fächers. Dort ist die Strömungsgeschwindigkeit $u = 0$ und die Schallgeschwindigkeit a_4. Alle Charakteristiken in diesem Gebiet sind parallele Linien. Daran schließt sich das Lösungsgebiet zwischen der Anfangscharakteristik $x = a_4t$ und der Endcharakteristik $x = (-|u_K| + a_3)t$ an, in dem u und a durch (9.199) und (9.200) gegeben sind. Dieses Gebiet stellt die sogenannte *Verdünnungs-* oder *Expansionswelle* dar, die sich in positiver x-Richtung bewegend verbreitert. Die C^+-Charakteristiken sind dort gerade, fächerförmig ausgebreitete Linien. Die C^--Charakteristiken sind in diesem Gebiet keine geraden Linien mehr. In naheliegender Weise nennt man dieses Gebiet *Expansionsfächer*. Daran anschließend folgt das Gebiet (3) zwischen Endcharakteristik und Kolbenbahn, in dem alle Charakteristiken wieder gerade Linien sind.

Die Strömung ist homentrop, d. h. (9.88) oder

$$\frac{p}{p_4} = \left(\frac{\varrho}{\varrho_4}\right)^{\gamma} \tag{9.204}$$

ist überall gültig. Daher gilt auch

$$\frac{p_3}{p_4} = \left(\frac{T_3}{T_4}\right)^{\gamma/(\gamma-1)} = \left(\frac{a_3}{a_4}\right)^{2\gamma/(\gamma-1)} = \left(1 - \frac{\gamma-1}{2}\frac{|u_K|}{a_4}\right)^{2\gamma/(\gamma-1)}. \tag{9.205}$$

Am Kolbenboden wird Vakuum erzeugt, wenn

$$|u_K| = \frac{2}{\gamma-1}a_4 \tag{9.206}$$

ist. Da u_K gleich der Gasgeschwindigkeit am Kolbenboden ist, stellt (9.206) die maximal erreichbare Geschwindigkeit bei instationärer Expansion eines kalorisch idealen Gases dar. Sie ist erheblich größer als die maximale Geschwindigkeit in stationärer Strömung (vgl. (9.96)). Das Ergebnis (9.206) steht natürlich nicht im Widerspruch zur Energiegleichung! Wird der Kolben noch schneller bewegt, so bildet sich zwischen Kolben und Gas ein wachsendes Gebiet, in dem Vakuum herrscht.

Ebenso wie in (9.205) erhält man für den Druckverlauf im Expansionsfächer

$$\frac{p}{p_4} = \left(1 + \frac{\gamma-1}{2}\frac{u}{a_4}\right)^{2\gamma/(\gamma-1)} \tag{9.207}$$

oder explizit in x und t

$$\frac{p}{p_4} = \left(\frac{\gamma-1}{\gamma+1}\frac{x}{a_4 t} + \frac{2}{\gamma+1}\right)^{2\gamma/(\gamma-1)}. \tag{9.208}$$

Der Dichteverlauf im Expansionsfächer berechnet sich nach

$$\frac{\varrho}{\varrho_4} = \left(\frac{p}{p_4}\right)^{1/\gamma}. \tag{9.209}$$

In Abb. 9.31 sind die Verläufe für u und p bei festem t eingezeichnet. Aus der Abbildung ist ersichtlich, daß die Strömungsgrößen Unstetigkeiten in den Ableitungen haben können. Dies ist ein Merkmal der Lösung hyperbolischer Gleichungen. (Unstetigkeiten in den Ableitungen pflanzen sich ebenfalls auf charakteristischen Linien fort.) Wir geben der Vollständigkeit halber noch die Teilchenbahn im Expansionsfächer

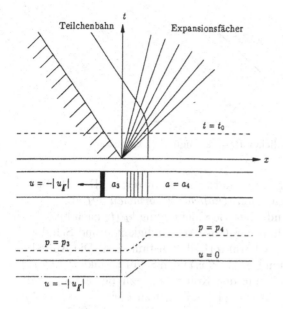

Abbildung 9.31. Geschwindigkeits- und Druckverlauf innerhalb eines Expansionsfächers

$$x = -\frac{2}{\gamma - 1} a_4 t + \frac{\gamma + 1}{\gamma - 1} a_4 t_0 \left(\frac{t}{t_0}\right)^{2/(\gamma+1)} \tag{9.210}$$

an, die als Lösung der linearen Differentialgleichung

$$\frac{\mathrm{d}x}{\mathrm{d}t} = u = \frac{2}{\gamma + 1}\left(\frac{x}{t} - a_4\right) \tag{9.211}$$

nach bekannten Methoden mit der Anfangsbedingung $x(t_0) = a_4 t_0$ gewonnen wird. Die Gleichung der C^--Charakteristik ergibt sich als Lösung der Differentialgleichung

$$\frac{\mathrm{d}x}{\mathrm{d}t} = u - a = \frac{3 - \gamma}{\gamma + 1}\frac{x}{t} - \frac{4}{\gamma + 1} a_4 \tag{9.212}$$

zu

$$x = -\frac{2}{\gamma - 1} a_4 t + \frac{\gamma + 1}{\gamma - 1} a_4 t_0 \left(\frac{t}{t_0}\right)^{(3-\gamma)/(\gamma+1)}. \tag{9.213}$$

Die besprochene Lösung des Anfangs-Randwertproblems ist eine der ganz wenigen exakten und geschlossenen Lösungen des nichtlinearen Systems (9.167), (9.169) und (4.48). Im Grunde genommen ist dies auf die Tatsache zurückzuführen, daß in das Problem keine ausgezeichneten Längen eingehen. Da ebenfalls keine ausgezeichneten Zeiten auftreten, können die unabhängig

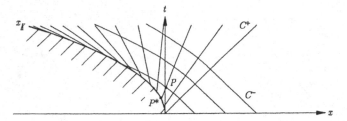

Abbildung 9.32. Kolben mit endlicher Beschleunigung (Expansion)

Veränderlichen auch nur in der Kombination x/t auftreten. Das Problem hängt also nur von einer unabhängigen *Ähnlichkeitsvariablen* x/t ab.

Wird der Kolben mit einer endlichen Beschleunigung $b_K(t)$ nach links bewegt (Abb. 9.32), so gilt weiterhin, daß Gasgeschwindigkeit u und Schallgeschwindigkeit a entlang jeder C^+-Charakteristik konstant sind. Die Aufgabe lautet dann, für einen betrachteten Punkt $P(x,t)$ den Schnittpunkt $P^*(x^*,t^*)$ der rechtsläufigen Charakteristik mit der Kolbenbahn zu berechnen. Mit $t^* = t^*(x,t)$ ergibt sich die gesuchte Geschwindigkeit zu $u(x,t) = -|u_K(t^*)|$ und die Schallgeschwindigkeit zu $a(x,t) = a_K(|u_K(t^*)|)$ gemäß (9.202). Ist die Kolbenbeschleunigung b_K konstant, so läßt sich eine explizite Lösung angeben:

$$u(x,t) = -\left[\frac{a_4}{\gamma} + \frac{\gamma+1}{2\gamma}\, b_K t - \sqrt{\left(\frac{a_4}{\gamma} + \frac{\gamma+1}{2\gamma}\, b_K t\right)^2 - \frac{2b_K}{\gamma}\,(a_4 t - x)}\right],$$
$$(9.214)$$

$$a(x,t) = a_4 + \frac{\gamma-1}{2}\, u(x,t)\,, \qquad\qquad (9.215)$$

die für $x \leq a_4 t$ gültig ist. Rechts von der ersten C^+-Charakteristik, also für $x > a_4 t$, ist wieder $u = 0$ und $a = a_4$.

Bewegt man den Kolben mit endlicher Beschleunigung in die positive x-Richtung, so entstehen Kompressionswellen, die genau denselben Gleichungen genügen wie die Expansionswellen. Allerdings können sich jetzt die Charakteristiken derselben Familie (C^+) schneiden. Im Schnittpunkt der Charakteristiken ist aber die Lösung nicht mehr eindeutig, da ja längs der sich schneidenden Charakteristiken verschiedene Werte der Riemannschen Invarianten r gelten. Da z. B. die Geschwindigkeit $u = r - s$ ist, ergeben sich an ein und demselben Punkt verschiedene Geschwindigkeiten, was natürlich physikalisch unmöglich ist. Die zusammenlaufenden Charakteristiken bilden eine Enveloppe, und innerhalb des von der Enveloppe eingeschlossenen Gebietes ist die Lösung nicht mehr eindeutig. Man beobachtet, daß in solchen Fällen ein Verdichtungsstoß auftritt (Abb. 9.33).

Der Stoß beginnt an der von der Enveloppe gebildeten Spitze P, d. h. an der Stelle, an der die Lösung aufhört, eindeutig zu sein. Das Erschei-

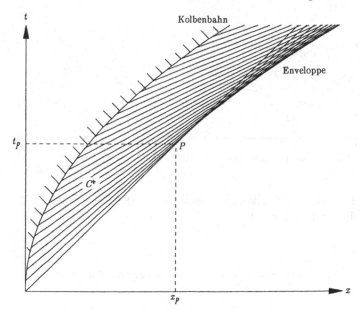

Abbildung 9.33. Kolben mit endlicher Beschleunigung (Kompression)

nen des Stoßes ist physikalisch zu erwarten, denn das Zusammendrängen der Charakteristiken (bevor sie sich kreuzen) bedeutet doch nur, daß sich die Strömungsgrößen in diesem Gebiet stark ändern, und auch, daß die Änderungen der Geschwindigkeit und der Temperatur in x-Richtung so groß werden, daß Reibung und Wärmeleitung nicht mehr zu vernachlässigen sind. Die Gleichung der Enveloppe läßt sich unter bestimmten Voraussetzungen (d. h. für bestimmte Kolbenbahnen) geschlossen angeben. Man kann aber den Anfangspunkt der Enveloppe (und damit die Stelle x_P im Rohr, an der der Verdichtungsstoß zum Zeitpunkt t_P entsteht) allgemein bestimmen, wenn die Beschleunigung des Kolbens zu keiner Zeit größer ist als die Anfangsbeschleunigung. Es genügt dann, einen konstant beschleunigten Kolben zu betrachten. Unter dieser Voraussetzung erhält man das Geschwindigkeitsfeld sofort aus (9.214), wenn man dort b_K durch $-b_K$ ersetzt,

$$u(x,t) = \sqrt{\left(\frac{a_4}{\gamma} - \frac{\gamma+1}{2\gamma} b_K t\right)^2 + \frac{2b_K}{\gamma}(a_4 t - x)} - \left(\frac{a_4}{\gamma} - \frac{\gamma+1}{2\gamma} b_K t\right)$$

$$(9.216)$$

und bestimmt damit $\partial u/\partial x$ zu

$$\frac{\partial u}{\partial x} = -\left[\left(\frac{a_4}{\gamma} - \frac{\gamma+1}{2\gamma} b_K t\right)^2 + \frac{2b_K}{\gamma}(a_4 t - x)\right]^{-1/2} \frac{b_K}{\gamma} .$$

$$(9.217)$$

Da am Anfangspunkt der Enveloppe $\partial u/\partial x$ gegen unendlich strebt, folgt

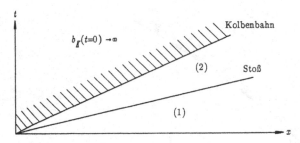

Abbildung 9.34. Ruckartiges Ingangsetzen des Kolbens

dieser Punkt aus Nullsetzen des Klammerausdrucks in (9.217). Wegen $x \leq a_4 t$ verschwindet die Klammer nur für

$$x_P = a_4 t_P \,, \tag{9.218}$$

d. h. der gesuchte Punkt liegt auf der Anfangscharakteristik. Außerdem muß gelten:

$$\frac{a_4}{\gamma} = \frac{\gamma+1}{2\gamma} \, b_K t_P \,, \tag{9.219}$$

woraus wir die t-Koordinate zu

$$t_P = \frac{2}{\gamma+1} \frac{a_4}{b_K} \tag{9.220}$$

bestimmen. Für $b_K(0) \to \infty$ liegt der Anfangspunkt im Ursprung. Bei ruckartigem Ingangsetzen des Kolbens auf konstante Endgeschwindigkeit liegt daher der Entstehungspunkt des Stoßes im Ursprung der x-t-Ebene (Abb. 9.34). Es bildet sich sofort ein Stoß aus, der mit einer konstanten Geschwindigkeit vor dem Kolben herläuft.

Bei der Anwendung der Gleichungen (9.172) und (9.174) auf tropfbare Flüssigkeiten ist oft die Geschwindigkeit u sehr viel kleiner als die Schallgeschwindigkeit a. Dann weichen in der Strömung die Dichte und die Schallgeschwindigkeit nur sehr wenig von den ungestörten Werten a_4 und ϱ_4 ab, so daß man statt (9.172) und (9.174) schreiben kann:

$$\mathrm{d}u + \frac{1}{\varrho_4 a_4} \, \mathrm{d}p = 0 \quad \text{für} \quad C^+ : \ x = +a_4 t + \text{const} \tag{9.221}$$

und

$$\mathrm{d}u - \frac{1}{\varrho_4 a_4} \, \mathrm{d}p = 0 \quad \text{für} \quad C^- : \ x = -a_4 t + \text{const} \,. \tag{9.222}$$

Die Charakteristiken sind nunmehr gerade Linien im x-t-Diagramm. Diese Gleichungen sind der Ausgangspunkt für numerische Berechnungen von

Druckwellen in hydraulischen Leitungen (Wasserkraftwerksanlagen, Einspritzsysteme, Speisewasserleitungen usw.), wie sie entstehen können, wenn Ventile rasch geöffnet bzw. geschlossen werden. Trotz kleiner Änderungen in der Geschwindigkeit können dabei wegen der relativ hohen Werte der Schallgeschwindigkeiten in tropfbaren Flüssigkeiten so hohe Drücke entstehen, daß die Festigkeit der Rohre gefährdet wird. Bei raschem Schließen kann der Druck stromabwärts unter den Dampfdruck absinken, so daß die Flüssigkeit kavitiert. Beim Wiederauffüllen des Hohlraums kommt es dann wieder zu sehr hohen Drücken. Bei einer durch Schließen eines Regelorgans verursachten Geschwindigkeitsänderung von beispielsweise $\Delta u = 2\mathrm{m/s}$ pflanzt sich mit der Schallgeschwindigkeit $a_4 = 1400\mathrm{m/s}$ (Wasser) eine Druckwelle mit

$$\Delta p = 2\mathrm{m/s} \cdot 1400\mathrm{m/s} \cdot 1000\mathrm{kg/m}^3 = 28\mathrm{bar}$$

stromaufwärts fort. Die effektive Schallgeschwindigkeit ist aber oft kleiner, einmal weil die elastische Nachgiebigkeit der Rohrwand die Ausbreitungsgeschwindigkeit erniedrigt, und zum anderen weil sich oft kleine Luftblasen in der Flüssigkeit befinden, die ebenfalls die Schallgeschwindigkeit erniedrigen.

10

Potentialströmungen

Wie die Diskussion der Abschnitte 4.1 und 4.3 bereits gezeigt hat, stellen feste Wände und Unstetigkeiten in der Tangentialgeschwindigkeit Flächen dar, von denen aus die Winkelgeschwindigkeit $\vec{\omega} = \mathrm{rot}\,\vec{u}/2$ ins Strömungsfeld diffundiert. Da die Querabmessungen der entstehenden Gebiete (Grenzschichten) im Grenzfall $Re \to \infty$ gegen null gehen, kann die Strömung im Rahmen der Potentialtheorie behandelt werden. Wegen der kinematischen Einschränkung der Rotationsfreiheit ist dann aber meist nur noch die kinematische Randbedingung, nicht aber die Haftbedingung erfüllbar. Potentialströmungen können daher, obwohl sie im inkompressiblen Falle exakte Lösungen der Navier-Stokesschen Gleichungen sind, in der Regel nur das Strömungsfeld einer reibungsfreien Flüssigkeit beschreiben (mit Ausnahmen, z. B. des Potentialwirbels für den rotierenden Zylinder). Die Ergebnisse einer Rechnung für reibungsfreie Flüssigkeit können aber auf reale Strömungen übertragen werden, wenn die Strömung nicht ablöst. Bei Ablösung sind die Grenzen des Ablösungsgebietes im allgemeinen nicht bekannt. In den Fällen mit bekannter oder vernünftig abschätzbarer Form dieser Grenzen kann eine Theorie auf Basis reibungsfreier Strömung ebenfalls zum Ziel führen.

Neben der Vernachlässigung der Reibung sind die großen Vereinfachungen der Theorie der Potentialströmungen auf die Einführung eines Geschwindigkeitspotentials und die Verwendung der Bernoullischen Gleichung (mit einer überall im Strömungsfeld gleichen Bernoullischen Konstanten) zurückzuführen. Die Potentialströmung wird folglich durch die Kontinuitätsgleichung (2.3) und die Bernoullische Gleichung (4.73) beschrieben. Wir führen das Geschwindigkeitspotential gemäß (1.50)

$$u_i = \frac{\partial \Phi}{\partial x_i}$$

in die Kontinuitätsgleichung ein und benutzen die schon in der Bernoullischen Gleichung steckende Annahme der Barotropie explizit

$$dP = \frac{1}{\varrho}dp \ , \tag{10.1}$$

© Springer-Verlag GmbH Deutschland, ein Teil von Springer Nature 2019
J. Spurk und N. Aksel, *Strömungslehre*,
https://doi.org/10.1007/978-3-662-58764-5_10

oder wegen der für homentrope Strömungen gültigen Beziehung (9.179)

$$\mathrm{d}p = a^2 \mathrm{d}\varrho \tag{10.2}$$

auch

$$\mathrm{d}P = \frac{a^2}{\varrho}\mathrm{d}\varrho , \tag{10.3}$$

mit der wir $\partial\varrho/\partial t$ und $\partial\varrho/\partial x_i$ in der Kontinuitätsgleichung durch $\varrho\, a^{-2}\partial P/\partial t$ und $\varrho\, a^{-2}\partial P/\partial x_i$ ausdrücken. Wir gewinnen so (2.3a) in der Form

$$a^{-2}\frac{\partial P}{\partial t} + a^{-2}\frac{\partial \Phi}{\partial x_i}\frac{\partial P}{\partial x_i} + \frac{\partial^2 \Phi}{\partial x_i \partial x_i} = 0 , \tag{10.4}$$

die zusammen mit der Bernoullischen Gleichung (4.73)

$$\frac{\partial \Phi}{\partial t} + \frac{1}{2}\frac{\partial \Phi}{\partial x_i}\frac{\partial \Phi}{\partial x_i} + P + \psi = C(t)$$

zwei gekoppelte Gleichungen für die zwei Unbekannten P und Φ ergeben. In den Anwendungen der Potentialtheorie auf kompressible Strömungen kann man ψ in der Regel vernachlässigen. Es ist aber selten nötig, diese allgemeinen Gleichungen zu lösen, die wegen der Nichtlinearität fast immer numerische Lösungsverfahren notwendig machen.

10.1 Eindimensionale Schallausbreitung

Wir betrachten zunächst den Fall, daß $u_i = \partial\Phi/\partial x_i$ und $\partial P/\partial x_i$ so klein sind, daß alle nichtlinearen Glieder vernachlässigt werden können und ϱ und a näherungsweise durch die ungestörten Größen ϱ_0 und a_0 ersetzt werden können. Im Ordnungsschema des Abschnitts 4.4 tritt hier neben die Vereinfachungen des Typs a) im Materialgesetz (Reibungsfreiheit) und des Typs c) in der Kinematik (Potentialströmung) noch eine Vereinfachung des Typs b) in der Dynamik (Vernachlässigung der konvektiven Glieder). Trotz dieser Vereinfachungen handelt es sich, wie aus der Ableitung der Gleichungen ersichtlich ist, weiter um kompressible Strömungen ($\mathrm{D}\varrho/\mathrm{D}t \neq 0!$). Unter diesen Annahmen lautet die Kontinuitätsgleichung

$$\frac{\partial P}{\partial t} + a_0^2\frac{\partial^2 \Phi}{\partial x_i \partial x_i} = 0 , \tag{10.5}$$

während die Bernoullische Gleichung die Form

$$\frac{\partial \Phi}{\partial t} + P = 0 \tag{10.6}$$

annimmt, wobei die Konstante ins Potential gezogen wurde. (10.6) entspricht der linearisierten Form der Eulerschen Gleichung $\varrho \partial u_i / \partial t = -\partial p / \partial x_i$. Differenziert man (10.6) nach t und subtrahiert (10.5), ergibt sich

$$\frac{\partial^2 \Phi}{\partial t^2} - a_0^2 \frac{\partial^2 \Phi}{\partial x_i \partial x_i} = 0 \ . \tag{10.7}$$

Dies ist die *Wellengleichung*; sie stellt den wichtigsten Spezialfall einer hyperbolischen partiellen Differentialgleichung dar. In (10.7) beschreibt sie das Geschwindigkeitspotential Φ des Schalles, in der Elektrodynamik die Ausbreitung elektromagnetischer Wellen und in der Schwingungslehre die Transversalschwingungen von Saiten und Membranen oder die Longitudinalschwingungen in elastischen Körpern.

Für die eindimensionale Schallausbreitung, beispielsweise in Rohren, erhalten wir (10.7) in der Form

$$\frac{\partial^2 \Phi}{\partial t^2} = a_0^2 \frac{\partial^2 \Phi}{\partial x^2} \ , \tag{10.8}$$

deren allgemeine Lösung als *d'Alembertsche Lösung* bekannt ist:

$$\Phi = h(x - a_0 t) + g(x + a_0 t) \ . \tag{10.9}$$

Durch Einsetzen verifiziert man diese Lösung unmittelbar. Die unbekannten Funktionen h und g werden durch die Anfangs- und Randbedingungen eines speziellen Problems festgelegt. Aus (10.9) gewinnen wir die Geschwindigkeit u zu

$$u = \frac{\partial \Phi}{\partial x} = h'(x - a_0 t) + g'(x + a_0 t) \ , \tag{10.10}$$

wobei die Striche die Ableitungen der Funktionen nach dem jeweiligen Argument kennzeichnen. Aus (10.6) erhalten wir dann die Druckfunktion zu

$$P = -\frac{\partial \Phi}{\partial t} = a_0 h'(x - a_0 t) - a_0 g'(x + a_0 t) \ . \tag{10.11}$$

Für $x = a_0 t + \text{const}$, also längs der in Kapitel 9 eingeführten C^+- Charakteristiken, liefert (10.10)

$$u = g'(x + a_0 t) + \text{const} \tag{10.12}$$

und (10.11)

$$P = -a_0 g'(x + a_0 t) + \text{const} \ . \tag{10.13}$$

Im Rahmen der getroffenen Vereinbarungen ersetzen wir in (10.1) ϱ durch ϱ_0 und erhalten aus dem Vergleich von (10.12) und (10.13)

$$\mathrm{d}p + \varrho_0 a_0 \mathrm{d}u = 0 \quad \text{längs} \quad x = a_0 t + \text{const} \ . \tag{10.14}$$

Auf dieselbe Weise entsteht

$$\mathrm{d}p - \varrho_0 a_0 \mathrm{d}u = 0 \quad \text{längs} \quad x = -a_0 t + \text{const} . \tag{10.15}$$

Dies sind wieder die bereits bekannten Gleichungen (9.221) und (9.222). In Kapitel 9 behandelten wir die nichtlineare Wellenausbreitung, aber die Annahmen, die auf die Gleichungen (9.221) und (9.222) führten, haben das allgemeine Problem der nichtlinearen Wellen auf das Problem der *Akustik* reduziert. Wir erkennen, daß die d'Alembertsche Lösung eine spezielle Anwendung der in Kapitel 9 beschriebenen Theorie der Charakteristiken ist.

Wir betrachten zunächst die Anwendung der d'Alembertschen Lösung auf das Anfangswertproblem, bei dem die Verteilungen von u und $P = (p-p_0)/\varrho_0$ zur Zeit $t = 0$ gegeben sind:

$$u(x,0) = u_A(x) , \qquad P(x,0) = P_A(x) . \tag{10.16}$$

Aus (10.10) folgt damit

$$u_A(x) = h'(x) + g'(x) \tag{10.17}$$

und aus (10.11)

$$P_A(x) = a_0 h'(x) - a_0 g'(x) . \tag{10.18}$$

Hiermit drücken wir die unbekannten Funktionen $h'(x)$ und $g'(x)$ durch die Anfangsverteilungen aus:

$$h'(x) = \frac{1}{2}[u_A(x) + a_0^{-1}P_A(x)] , \tag{10.19}$$

$$g'(x) = \frac{1}{2}[u_A(x) - a_0^{-1}P_A(x)] . \tag{10.20}$$

Die nunmehr bekannten Funktionen setzen wir z. B. in die Formel für die Geschwindigkeit (10.10) ein:

$$u(x,t) = \frac{1}{2}[u_A(x - a_0 t) + u_A(x + a_0 t)] + \frac{1}{2}a_0^{-1}[P_A(x - a_0 t) - P_A(x + a_0 t)] . \tag{10.21}$$

Der Einfachheit halber sei für das folgende Beispiel $P_A(x) \equiv 0$. An u stellen wir die Anfangsbedingung

$$u(x,0) = u_A(x) = \begin{cases} 0 & \text{für } x > b \\ 1 & \text{für } |x| \le b \\ 0 & \text{für } x < -b \end{cases} , \tag{10.22}$$

und erkennen, daß sich die anfängliche Rechteckverteilung (10.22) in zwei Rechteckwellen der halben Anfangsamplitude auflöst, von denen sich die eine nach rechts und die andere nach links bewegt. Aus

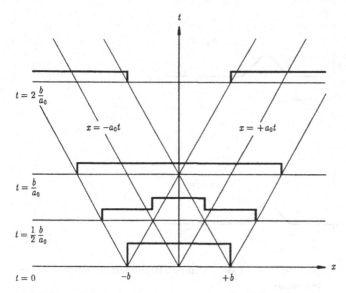

Abbildung 10.1. Ausbreitung einer rechteckigen Störung

$$u(x,t) = \frac{1}{2}u_A(x - a_0t) + \frac{1}{2}u_A(x + a_0t) \tag{10.23}$$

wird für $t = 0$ gerade die Anfangsverteilung

$$u_A(x) = \frac{1}{2}u_A(x) + \frac{1}{2}u_A(x) \tag{10.24}$$

erzeugt. Für $t = t_1$ erhält man für die erste Welle $1/2\,u_A(x - a_0t_1)$, also dieselbe Rechteckfunktion, lediglich um die Strecke a_0t_1 nach rechts versetzt. Für die zweite Welle ergibt sich $1/2\,u_A(x + a_0t_1)$, d. h. wieder dasselbe Rechteck, nun aber um die Strecke $-a_0t_1$ (also nach links) versetzt, wie dies in Abb. 10.1 deutlich wird. Längs der Charakteristiken $x = a_0t +$ const bzw. $x = -a_0t +$ const bleibt der Wert der Amplituden jeweils erhalten.

Wir betrachten nun das Anfangs-Randwertproblem, bei dem an der Stelle $x = 0$ eine feste Wand ist, die kinematische Randbedingung also dort das Verschwinden der Geschwindigkeit u verlangt. Die Anfangsbedingung u_A sei die in Abb. 10.2a dargestellte Funktion, während wir wieder $P_A \equiv 0$ setzen. Wir suchen eine Lösung im einseitig unendlich langen Rohr ($x \geq 0$) mit der Anfangsbedingung

$$u(x,0) = u_A(x) , \qquad x \geq 0 \tag{10.25}$$

und der Randbedingung

$$u(0,t) = 0 , \qquad t \geq 0 . \tag{10.26}$$

a)

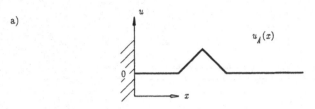

b)

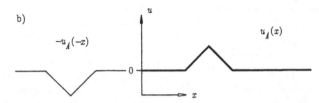

Abbildung 10.2. Anfangsverteilung a) des Anfangs-Randwertproblems, b) des äquivalenten Anfangswertproblems

Dieses Anfangs-Randwertproblem ist äquivalent zu dem reinen Anfangswertproblem des beidseitig unendlich langen Rohres mit der in Abb. 10.2b gezeigten Anfangsverteilung

$$u(x,0) = \begin{cases} +u_A(+x) & \text{für} x \geq 0 \\ -u_A(-x) & \text{für} x < 0 \end{cases}. \qquad (10.27)$$

Mit (10.21) lautet die Lösung für u

$$u(x,t) = \frac{1}{2}[u_A(x - a_0 t) + u_A(x + a_0 t)] . \qquad (10.28)$$

Für $x \geq a_0 t$ ist das Argument $x - a_0 t \geq 0$, und mit (10.27) schreiben wir

$$u(x,t) = \frac{1}{2}[u_A(x - a_0 t) + u_A(x + a_0 t)] , \qquad x \geq a_0 t . \qquad (10.29)$$

Für $x < a_0 t$ ist das Argument $x - a_0 t < 0$, und wir erhalten dann aus (10.28) und (10.27)

$$u(x,t) = \frac{1}{2}[-u_A(-x + a_0 t) + u_A(x + a_0 t)] , \qquad x < a_0 t . \qquad (10.30)$$

Wegen der in (10.27) angegebenen Eigenschaften der Funktion u_A erfüllt $u(x,t)$ die Anfangsbedingung (10.25) und die Randbedingung (10.26), so daß (10.29) zusammen mit (10.30) die Lösung des Anfangs-Randwertproblems darstellt. Es ist aber anschaulicher, sich die graphische Lösung des äquivalenten Anfangswertproblems vor Augen zu führen. Die in Abb. 10.2b gezeigte

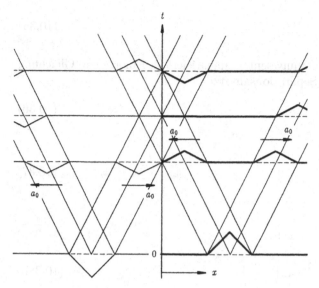

Abbildung 10.3. Ausbreitung einer Welle im einseitig unendlichen Rohr

Anfangsverteilung wird wieder in zwei Wellen aufgelöst, von denen sich die eine nach rechts, die andere nach links jeweils mit der Geschwindigkeit a_0 bewegt. An der Stelle $x = 0$ heben sich die überlagerten Wellen gerade auf, so daß die Randbedingung $u(0, t) = 0$ immer erfüllt ist. Die graphische Lösung ist in Abb. 10.3 dargestellt. Physikalische Bedeutung hat nur die Lösung für $x \geq 0$.

Neben der d'Alembertschen Lösung bietet sich für die lineare Wellengleichung (10.8) auch die Methode der Separation an. Wir gehen dazu gleich von der Differentialgleichung für die Geschwindigkeit u aus, die ebenfalls der Wellengleichung

$$\frac{\partial^2 u}{\partial t^2} = a_0^2 \frac{\partial^2 u}{\partial x^2} \tag{10.31}$$

genügt. Jetzt behandeln wir das Problem, bei dem an den Stellen $x = 0$ und $x = l$ eine feste Wand ist, die Randbedingungen also

$$u(0, t) = u(l, t) = 0 \tag{10.32}$$

lauten. Die Anfangsbedingungen sind

$$u(x, 0) = u_A(x) \ . \tag{10.33}$$

und wieder

$$P(x, 0) = P_A(x) = 0 \ . \tag{10.34}$$

Aus (10.34) gewinnen wir eine zweite Anfangsbedingung für u:

$$\left.\frac{\partial u}{\partial t}\right|_{t=0} = 0 \ , \tag{10.35}$$

als Folge der zu (10.6) äquivalenten linearisierten Eulerschen Gleichung $\varrho \partial u/\partial t = -\partial p/\partial x$. Der Separationsansatz

$$u(x,t) = T(t)X(x) \tag{10.36}$$

führt auf

$$\frac{T''}{T} = a_o^2 \frac{X''}{X} = \text{const} = -\omega^2 \ , \tag{10.37}$$

mit den Lösungen

$$T = C_1 \cos(\omega t) + C_2 \sin(\omega t) \ , \tag{10.38a}$$

$$X = C_3 \cos\left(\frac{\omega x}{a_0}\right) + C_4 \sin\left(\frac{\omega x}{a_0}\right) \ . \tag{10.38b}$$

Die Anfangsbedingung (10.35) erfordert $C_2 = 0$; C_3 verschwindet wegen der Randbedingung $u(0,t) = 0$, so daß wir für die Geschwindigkeit

$$u(x,t) = A \cos(\omega t) \sin\left(\frac{\omega x}{a_0}\right) \ , \tag{10.39}$$

$(A = C_1 C_4)$ erhalten. Für

$$\omega_k = k\, a_0 \frac{\pi}{l} \ , \qquad k = 1, 2, 3, \ldots \tag{10.40}$$

genügt (10.39) aber auch der Randbedingung $u(l,t) = 0$. Die ω_k sind die Eigenfrequenzen der Flüssigkeitssäule im Rohr der Länge l. (Hierzu sei folgendes bemerkt: Wenn eine dieser Eigenfrequenzen ω_k in der Nähe der Eigenfrequenz eines mechanischen Bauelements (etwa eines Abschlußventils) liegt, welches mit der Flüssigkeit in Verbindung steht, so kann es zu selbsterregten Schwingungen kommen.)

Mit (10.40) erhalten wir die Lösungen

$$u_k = A_k \cos\left(\frac{k\pi a_0 t}{l}\right) \sin\left(\frac{k\pi x}{l}\right) \ , \tag{10.41}$$

deren Summe wegen der Linearität von (10.31) wieder eine Lösung ist. Die allgemeine Lösung lautet also

$$u = \sum_{k=1}^{\infty} A_k \cos\left(\frac{k\pi a_0 t}{l}\right) \sin\left(\frac{k\pi x}{l}\right) \ . \tag{10.42}$$

Die Anfangsbedingung (10.33) führt auf die Gleichung

$$u(x,0) = u_A(x) = \sum_{k=1}^{\infty} A_k \sin\left(\frac{k\,\pi\,x}{l}\right) \, , \qquad 0 \le x \le l \, , \tag{10.43}$$

die eine Vorschrift ist, die Anfangsverteilung $u_A(x)$ in eine Sinusreihe zu entwickeln, deren Koeffizienten aus

$$A_k = \frac{2}{l} \int_0^l u_A(x) \sin\left(\frac{k\,\pi\,x}{l}\right) \, \mathrm{d}x \tag{10.44}$$

zu bestimmen sind. Damit ist das Geschwindigkeitsfeld bekannt. Das Druckfeld berechnen wir aus (10.5)

$$\frac{\partial P}{\partial t} = -a_0^2 \frac{\partial^2 \Phi}{\partial x^2} = -a_0^2 \frac{\partial u}{\partial x} = -a_0^2 \sum_{k=1}^{\infty} \frac{k\,\pi}{l} A_k \cos\left(\frac{k\,\pi\,a_0 t}{l}\right) \cos\left(\frac{k\,\pi\,x}{l}\right)$$

$$\tag{10.45}$$

zu

$$P = -a_0 \sum_{k=1}^{\infty} A_k \sin\left(\frac{k\,\pi\,a_0 t}{l}\right) \cos\left(\frac{k\,\pi\,x}{l}\right) \, , \tag{10.46}$$

wobei sich die auftretende Integrationskonstante wegen der Anfangsbedingung (10.34) zu null ergibt.

10.2 Stationäre kompressible Potentialströmung

Als weiterer Fall kompressibler Potentialströmungen, der aus Vereinfachungen der allgemeinen Gleichungen (10.4) und (4.73) hervorgeht, besprechen wir die stationäre Strömung. Aus der Kontinuitätsgleichung (10.4) entsteht dann

$$a^{-2} \frac{\partial \Phi}{\partial x_i} \frac{\partial P}{\partial x_i} + \frac{\partial^2 \Phi}{\partial x_i \partial x_i} = 0 \tag{10.47}$$

und aus der Bernoulli-Gleichung (4.73) bei Vernachlässigung von Volumenkräften

$$\frac{1}{2} \frac{\partial \Phi}{\partial x_j} \frac{\partial \Phi}{\partial x_j} + P = C \, . \tag{10.48}$$

Mit Hilfe von (10.48) eliminieren wir P aus (10.47) und bringen die resultierende Gleichung in die Form

$$a^{-2} \frac{\partial \Phi}{\partial x_i} \frac{\partial}{\partial x_i} \left(\frac{1}{2} \frac{\partial \Phi}{\partial x_j} \frac{\partial \Phi}{\partial x_j}\right) = \frac{\partial^2 \Phi}{\partial x_i \partial x_i} \, , \tag{10.49}$$

aus der nach Anwendung der Produktregel eine nichtlineare partielle Differentialgleichung für das Geschwindigkeitspotential Φ folgt:

$$a^{-2} \frac{\partial \Phi}{\partial x_i} \frac{\partial \Phi}{\partial x_j} \frac{\partial^2 \Phi}{\partial x_i \partial x_j} = \frac{\partial^2 \Phi}{\partial x_i \partial x_i} \; . \tag{10.50}$$

Diese Gleichung gilt uneingeschränkt für stationäre subsonische ($M < 1$), transsonische ($M \approx 1$) und supersonische Strömungen ($M > 1$). Die stationäre, homenergetische Hyperschallströmung ($M \gg 1$) ist nach dem Croccoschen Satz (4.157) im allgemeinen keine Potentialströmung, so daß (10.50) dort nicht zur Anwendung kommt.

Die Gleichung (10.50) ist der Ausgangspunkt der klassischen *Aerodynamik*. Die analytischen Verfahren zur Lösung von (10.50) nutzen Vereinfachungen aus, die sich aus dem Mach-Zahl-Bereich und/oder aus „Linearisierungen" ergeben. Ein Beispiel hierfür ist das Umströmungsproblem bei schlanken Körpern. In der Praxis setzen sich aber immer mehr allgemeine numerische Verfahren durch. Mit dem berechneten Potential Φ ist dann auch das Geschwindigkeitsfeld bekannt: $\vec{u} = \nabla \Phi$. Aus der Bernoullischen Gleichung (10.48) folgt dann die Druckfunktion P, hieraus der Druck und schließlich die Dichte. Für kalorisch perfektes Gas kann aus (9.90) der Druck

$$\frac{p}{p_0} = \left(\frac{\gamma - 1}{\gamma} \frac{\varrho_0}{p_0} P \right)^{\gamma/(\gamma-1)} \tag{10.51}$$

und mit (9.88) die Dichte

$$\frac{\varrho}{\varrho_0} = \left(\frac{\gamma - 1}{\gamma} \frac{\varrho_0}{p_0} P \right)^{1/(\gamma-1)} \tag{10.52}$$

berechnet werden.

10.3 Inkompressible Potentialströmung

Die Vereinfachungen, die sich aus der Annahme der Inkompressibilität ergeben, sind schon mehrfach dargelegt worden: Man kann die Volumenbeständigkeit als besondere Form der Materialgleichung ($\mathrm{D}\varrho/\mathrm{D}t = 0$) oder als kinematische Einschränkung ($\operatorname{div}\vec{u} = 0$) sehen. Neben diese kinematische Einschränkung der Divergenzfreiheit tritt bei inkompressiblen Potentialströmungen zusätzlich die Rotationsfreiheit ($\operatorname{rot}\vec{u} = 0$). Aus (2.5)

$$\frac{\partial u_i}{\partial x_i} = 0$$

folgt dann mit (1.50)

$$u_i = \frac{\partial \Phi}{\partial x_i}$$

die bereits bekannte lineare Potentialgleichung (*Laplacesche Gleichung*)

$$\frac{\partial^2 \Phi}{\partial x_i \partial x_i} = 0 \; . \tag{10.53}$$

Die Laplacesche Gleichung ist die wichtigste Form einer partiellen Differentialgleichung vom *elliptischen Typ*, die hier als Differentialgleichung für das Geschwindigkeitspotential einer volumenbeständigen Flüssigkeitsbewegung in Erscheinung tritt. (Wie bereits erwähnt, ist die Laplacesche Gleichung zusammen mit der Poissonschen Gleichung Gegenstand der *Potentialtheorie*. Sie tritt in vielen Zweigen der Physik auf und beschreibt beispielsweise das Gravitationspotential, aus dem wir die Massenkraft der Schwere $\vec{k} = -\nabla \psi$ berechnen können. In der Elektrostatik bestimmt sie das Potential des elektrischen, in der Magnetostatik des magnetischen Vektorfeldes. Auch die Temperaturverteilung in einem Festkörper bei stationärer Wärmeleitung gehorcht dieser Differentialgleichung.)

Entsprechend ihrer Herleitung gilt (10.53) sowohl für stationäre als auch für instationäre Strömungen. Die Instationarität der inkompressiblen Potentialströmung findet in der Bernoullischen Gleichung (4.61) bzw. (4.73) Ausdruck, in der jetzt $P = p/\varrho$ gilt. Wir gewinnen die Laplacesche Gleichung (10.53) auch aus der Potentialgleichung (10.50) oder direkt aus (10.4), wenn wir dort den Grenzübergang $a^2 \to \infty$ ausführen. Dieser Grenzübergang entspricht in der Tat $D\varrho/Dt = 0$, denn aus $dp/d\varrho = a^2$ folgt

$$\frac{D\varrho}{Dt} = a^{-2} \frac{Dp}{Dt} \to 0 \; . \tag{10.54}$$

Die Behandlung der inkompressiblen Strömung erschöpft sich allerdings nicht in der Lösung der Laplaceschen Gleichung für vorgegebene Randbedingungen und anschließende Berechnung der Druckverteilung aus der Bernoullischen Gleichung. Wie wir gesehen haben, ist mit dem Auftrieb um einen Körper eine Zirkulation verbunden. Die zeitliche und räumliche Änderung der Zirkulation unterliegt den Thomsonschen und Helmholtzschen Wirbelsätzen, die zusätzlich bei der Lösung des Umströmungsproblems eines Körpers herangezogen werden müssen. Diese Änderungen der Zirkulation geben Anlaß zu Unstetigkeitsflächen und Wirbelfäden, wie sie in den Abbildungen 4.6, 4.18, 4.20 und 4.21 dargestellt sind, auf denen die Rotation nicht verschwindet. Zu dem Geschwindigkeitsfeld $\nabla \Phi$ tritt in der vorausgesetzten inkompressiblen Strömung noch der divergenzfreie Anteil $\vec{u}_R$ aus (4.111) bzw. (4.123), dessen Berechnung die Kenntnis der Rotationsverteilung erfordert. Aus diesen Gründen gestaltet sich die Berechnung eines Umströmungsproblems weitaus schwieriger als nur die klassische Lösung der Laplaceschen Gleichung.

Beim auftriebsfreien Umströmungsproblem treten keine Unstetigkeitsflächen oder Wirbelfäden auf. Dann hängt das Strömungsfeld nur von den augenblicklichen Randbedingungen, d. h. von der augenblicklichen Lage und Geschwindigkeit des umströmten Körpers, ab. Physikalisch ist dies durch die unendlich große Schallgeschwindigkeit zu erklären, welche die zeitlich veränderlichen Randbedingungen sofort ins gesamte Strömungsfeld meldet. Beim Auftriebsproblem entwickelt sich hinter dem Körper die besprochene Unstetigkeitsfläche, deren Lage und Ausdehnung und somit der Auftrieb von der Geschichte der Körperbewegung abhängt. In stationärer Strömung ist dieses Problem zwar einfacher, aber selbst dann ist es nötig, Annahmen über die Lage der Unstetigkeitsflächen zu treffen. Wir wollen uns hier nur mit der auftriebslosen Strömung und der auftriebsbehafteten, stationären Strömung für den Fall beschäftigen, wo keine Unstetigkeiten in der Geschwindigkeit auftreten.

Beim Umströmungsproblem reicht der Strömungsraum bis ins Unendliche. Neben den bereits besprochenen Randbedingungen am Körper müssen dann Bedingungen im Unendlichen angegeben werden, von denen wir zum Teil bereits in Abschnitt 4.2 Gebrauch gemacht haben. Wir übernehmen diese Bedingungen, die auf der Existenz der in den Greenschen Formeln (z. B. (4.114)) auftretenden Integrale beruhen, aus der Potentialtheorie.

Wenn $U_{\infty i}$ die Geschwindigkeit im Unendlichen ist, so gilt
a) für den dreidimensionalen starren Körper:

$$u_i \sim U_{\infty i} + O(r^{-3}) \quad \text{für} \quad r \to \infty \,, \tag{10.55}$$

bzw.

$$\Phi \sim U_{\infty i} x_i + O(r^{-2}) \quad \text{für} \quad r \to \infty \,, \tag{10.56}$$

d. h. die vom Körper verursachte Geschwindigkeitsstörung muß wie r^{-3} abklingen;
b) für den ebenen Starrkörper ohne Zirkulation:

$$u_i \sim U_{\infty i} + O(r^{-2}) \quad \text{für} \quad r \to \infty \,; \tag{10.57}$$

c) für den ebenen Starrkörper mit Zirkulation

$$u_i \sim U_{\infty i} + O(r^{-1}) \quad \text{für} \quad r \to \infty \,. \tag{10.58}$$

Erfährt der Körper Volumenänderungen, so gilt im dreidimensionalen Fall

$$u_i \sim U_{\infty i} + O(r^{-2}) \quad \text{für} \quad r \to \infty$$

und für den ebenen Fall

$$u_i \sim U_{\infty i} + O(r^{-1}) \quad \text{für} \quad r \to \infty \,.$$

Das „direkte Problem" der Potentialtheorie stellt sich mathematisch wie folgt dar: Die Oberfläche des umströmten Körpers (Abb. 10.4) ist im allgemeinsten Fall durch $F(\vec{x}, t) = 0$ gegeben. Dann ist die Laplacesche Gleichung unter der Randbedingung (4.170) und der Bedingung im Unendlichen (10.56) zu lösen.

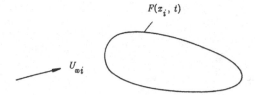

Abbildung 10.4. Umströmungsproblem

Mit dem dann bekannten Φ folgt das Geschwindigkeitsfeld aus $u_i = \partial\Phi/\partial x_i$ und der Druck aus der Bernoulli-Gleichung

$$\frac{\partial\Phi}{\partial t} + \frac{1}{2}\frac{\partial\Phi}{\partial x_i}\frac{\partial\Phi}{\partial x_i} + \frac{p}{\varrho} = C \;, \tag{10.59}$$

wobei wir angenommen haben, daß der Druck im Unendlichen konstant ist und nur Druckunterschiede aus der Bewegung von Interesse sind, so daß die Massenkraft nicht explizit in (10.59) erscheint. Das direkte Problem läßt sich praktisch nur für wenige, geometrisch sehr einfache Körper, wie Rechteck, Kugel, Zylinder und Ellipsoid geschlossen lösen. Für die in der Praxis angetroffenen Körperformen ist man auf numerische Methoden angewiesen.

Wir wollen uns daher im folgenden mit dem „indirekten Problem" beschäftigen, bei dem man bekannte Lösungen der Laplaceschen Gleichung dahingehend untersucht, ob sie Strömungen von praktischem Interesse darstellen. Hierbei sind insbesondere Lösungen aus der Elektrostatik häufig auf Strömungsprobleme übertragbar.

10.3.1 Einfache Beispiele für Potentialströmungen

Es liegt auf der Hand, beim indirekten Problem zunächst einmal Lösungsansätze in Form von Polynomen zu untersuchen. Auf diesem Weg wird man auf drei Lösungen von besonderer Bedeutung geführt: Translationsströmung, ebene und rotationssymmetrische Staupunktströmung.

Das Potential der *Translationsströmung* ist durch

$$\Phi = U_{\infty i} x_i = U_\infty x + V_\infty y + W_\infty z \tag{10.60}$$

gegeben; wir haben es bereits in (10.56) verwendet. (10.60) erfüllt offensichtlich die Laplacesche Gleichung. Das Potential der Translationsströmung ist Bestandteil jedes Umströmungsproblems. Die besondere Form, für die der Geschwindigkeitsvektor

$$\vec{u} = \nabla\Phi = U_\infty\vec{e}_x + V_\infty\vec{e}_y + W_\infty\vec{e}_z$$

parallel zur x-Achse ist, also

$$\Phi = U_\infty x \;, \tag{10.61}$$

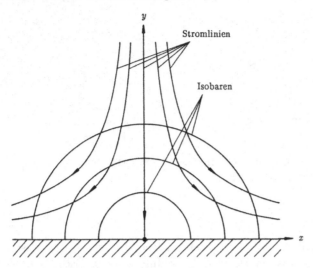

Abbildung 10.5. Ebene Staupunktströmung

nennt man *Parallelströmung*.

Das Polynom

$$\Phi = \frac{1}{2}(a\,x^2 + b\,y^2 + c\,z^2) \tag{10.62}$$

erfüllt die Laplace-Gleichung

$$\frac{\partial^2 \Phi}{\partial x^2} + \frac{\partial^2 \Phi}{\partial y^2} + \frac{\partial^2 \Phi}{\partial z^2} = 0\ , \tag{10.63}$$

vorausgesetzt die Koeffizienten genügen der Bedingung

$$a + b + c = 0\ . \tag{10.64}$$

Die Wahl $c = 0$, also $a = -b$, führt auf die stationäre *ebene Staupunktströmung*:

$$\Phi = \frac{a}{2}(x^2 - y^2)\ , \tag{10.65}$$

mit den Geschwindigkeitskomponenten

$$\begin{aligned} u &= a\,x\ , \\ v &= -a\,y\ , \\ w &= 0\ . \end{aligned} \tag{10.66}$$

Sie stellt die reibungsfreie Strömung gegen eine ebene Wand dar (Abb. 10.5). Aus (1.11) erhält man die Gleichung der Stromlinien zu

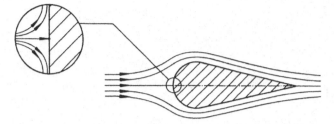

Abbildung 10.6. Strömung um ein ebenes Profil in der Nähe des vorderen Staupunktes

$$\frac{\mathrm{d}y}{\mathrm{d}x} = -\frac{y}{x} \, , \tag{10.67}$$

deren Integration auf gleichseitige Hyperbeln

$$x\,y = x_0 y_0 \tag{10.68}$$

führt, wobei x_0, y_0 der Ort ist, durch den die betreffende Stromlinie läuft. Die Druckverteilung folgt mit (10.65) aus der Bernoullischen Gleichung (10.59) zu

$$\frac{a^2}{2}(x^2 + y^2) + \frac{p}{\varrho} = \frac{p_g}{\varrho} \, , \tag{10.69}$$

wobei wir die Bernoullische Konstante C durch den Druck im *Staupunkt* festgelegt haben. Der Staupunkt ist der Punkt am Körper, an dem die Geschwindigkeit verschwindet ($\vec{u} = 0$), dort herrscht der Druck p_g, der nach der Bernoullischen Gleichung der größte am Körper auftretende Druck ist. Die Linien gleichen Druckes (Isobaren) sind Kreiszylinder. Der Druck nimmt an der Wand in Strömungsrichtung ab, so daß auch in reibungsbehafteter Strömung keine Grenzschichtablösung auftritt. Im Gegensatz zu einer Strömung, bei der Druck im Strömungsrichtung ansteigt, kommen Flüssigkeitsteilchen in der Grenzschicht hier nicht zum Stillstand. Wie wir im Abschnitt 12.1 zeigen werden, hat die Grenzschicht im vorliegenden Fall konstante Dicke, die mit $\nu \to 0$ gegen null geht.

Die ebene Staupunktströmung trifft man immer in der Nähe des Staupunktes (genauer der Staulinie) eines ebenen umströmten Körpers (Abb. 10.6) an, sie wird also nur lokal realisiert, was man auch daran erkennt, daß für $y \to \infty$ die Anströmgeschwindigkeit gegen unendlich strebt.

Im Rahmen der reibungsfreien Theorie kann jede der Stromlinien auch als Wand angesehen werden, insbesondere auch die Stromlinie $x = 0$, also die y-Achse. Man erkennt aber hier, daß sich diese Potentialströmung bei einer wirklichen, d. h. reibungsbehafteten Flüssigkeit nicht einstellen würde. Längs der y-Achse steigt nämlich der Druck in Strömungsrichtung. In der an der y-Achse ausgebildeten Grenzschicht haben die Flüssigkeitsteilchen kinetische Energie verloren. Ihre verbleibende kinetische Energie reicht dann nicht mehr

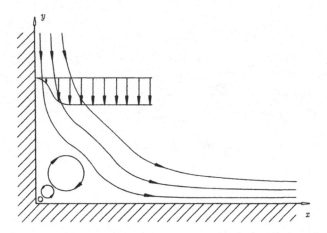

Abbildung 10.7. Strömung in einer rechtwinkligen Ecke

aus, um in das Gebiet steigenden Druckes vorzudringen. Es kommt zum Stillstand der Bewegung und damit zur Grenzschichtablösung, wie in Abb. 10.7 skizziert. Auf die Grenzschichtablösung und die anschließende Wirbelbildung bei schleichender Strömung werden wir in Kapitel 12 und Kapitel 13 näher eingehen.

Die Wahl $b = a$, also $c = -2a$ in (10.62) führt auf das Potential der *rotationssymmetrischen Staupunktströmung* (Abb. 10.8)

$$\Phi = \frac{a}{2}(x^2 + y^2 - 2z^2) \, , \tag{10.70}$$

deren Geschwindigkeitskomponenten

$$u = a\,x \, , \qquad v = a\,y \, , \qquad w = -2a\,z \tag{10.71}$$

sind. Die Gleichungen für die Stromlinien lassen sich auf die Form

$$\frac{\mathrm{d}x}{\mathrm{d}y} = \frac{u}{v} = \frac{x}{y} \, , \qquad \frac{\mathrm{d}x}{\mathrm{d}z} = \frac{u}{w} = -\frac{x}{2z} \, , \qquad \frac{\mathrm{d}y}{\mathrm{d}z} = \frac{v}{w} = -\frac{y}{2z} \tag{10.72}$$

bringen. Die Integralkurven der ersten Gleichung in (10.72) stellen die Projektion der Stromlinien auf die x-y-Ebene dar. Es sind die Geraden

$$x = C_1 y \tag{10.73}$$

durch den Ursprung. Die Integralkurven der beiden anderen Differentialgleichungen sind die Projektionen in die x-z-Ebene

$$x^2 z = C_2 \tag{10.74}$$

und in die y-z-Ebene

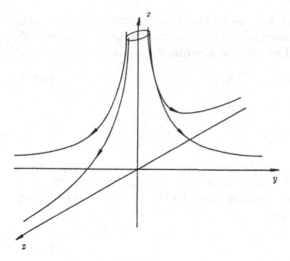

Abbildung 10.8. Rotationssymmetrische Staupunktströmung

$$y^2 z = C_3 \ , \tag{10.75}$$

also kubische Hyperbeln. Aus der Bernoullischen Gleichung ergibt sich das Druckfeld zu

$$\frac{a^2}{2}(x^2 + y^2 + 4z^2) + \frac{p}{\varrho} = \frac{p_g}{\varrho} \ , \tag{10.76}$$

wobei p_g wieder der Druck im Staupunkt ist.

Zu den instationären Staupunktströmungen wird man geführt, wenn der Koeffizient a von der Zeit abhängt: $a = a(t)$. Die entstehenden Geschwindigkeitsfelder (10.66) und (10.71) sind offensichtlich richtungsstationär, also von der Form (1.13). Die Stromlinien sind auch für die instationäre Staupunktströmungen raumfest, was man unmittelbar daran erkennt, daß a in die Gleichungen für die Stromlinien nicht eingeht. Für die Ermittlung des Druckfeldes ist nun aber die Bernoullische Gleichung für instationäre Strömungen heranzuziehen, die auf

$$\frac{1}{2}\frac{da}{dt}(x^2 + y^2 - 2z^2) + \frac{a^2}{2}(x^2 + y^2 + 4z^2) + \frac{p}{\varrho} = \frac{p_g}{\varrho} \tag{10.77}$$

führt.

Eine besondere Stellung in der Potentialtheorie nehmen die *singulären* oder *Fundamentallösungen* ein. Mit Hilfe dieser Fundamentallösungen lassen sich z. B. durch Integrationsprozesse auch Lösungen des direkten Problems aufbauen. Wir betrachten als typisches Beispiel das Potential der *Punktquelle*

$$\Phi = \frac{A}{r} \ , \tag{10.78}$$

das uns in Gleichung (4.115) als Greensche Funktion begegnet ist. Wie dort, ist r der Abstand vom Ort $\vec{x}'$ der Quelle zum Ort $\vec{x}$, an dem das Potential Φ durch (10.78) gegeben ist. In kartesischen Koordinaten ist also

$$r = \sqrt{(x - x')^2 + (y - y')^2 + (z - z')^2} \tag{10.79}$$

und für die Quelle im Ursprung $\vec{x}' = 0$ dann

$$r = \sqrt{x^2 + y^2 + z^2} = \sqrt{x_j x_j} \ . \tag{10.80}$$

Die Gleichung (4.111) zeigt die Bedeutung dieser singulären Lösung in der Potentialtheorie; hier soll aber die anschauliche Interpretation im Vordergrund stehen. Wir zeigen aber zunächst, daß (10.78) die Laplace-Gleichung erfüllt. In Indexschreibweise folgt

$$\frac{\partial \Phi}{\partial x_i} = -\frac{A}{r^2} \frac{\partial r}{\partial x_i} = -\frac{A}{r^3} x_i \tag{10.81}$$

und weiter

$$\frac{\partial^2 \Phi}{\partial x_i \partial x_i} = -\frac{A}{r^3} \frac{\partial x_i}{\partial x_i} + 3 \frac{A}{r^4} \frac{x_i x_i}{r} = \frac{A}{r^3}(-3 + 3) = 0 \ . \tag{10.82}$$

Die Laplace-Gleichung ist also für $r \neq 0$ überall erfüllt. Zur Klärung des Verhaltens am singulären Punkt berechnen wir den Volumenstrom (der Einfachheit halber) durch die Kugeloberfläche mit dem Radius r, den man die *Ergiebigkeit E* der Quelle nennt:

$$E = \iint\limits_{(S_K)} \vec{u} \cdot \vec{n} \, \mathrm{d}S = \iint\limits_{(S_K)} \frac{\partial \Phi}{\partial x_i} n_i \, \mathrm{d}S = \iint\limits_{(S_K)} \frac{\partial \Phi}{\partial r} \, \mathrm{d}S \ . \tag{10.83}$$

Mit dem Oberflächenelement $\mathrm{d}\Omega$ der Einheitskugel erhält man

$$E = \iint\limits_{(S_K)} -A \, \mathrm{d}\Omega = -4\pi A \ . \tag{10.84}$$

Die Ergiebigkeit ist vom Radius der Kugel unabhängig, und wir schreiben für das Potential der Quelle

$$\Phi = -\frac{E}{4\pi} \frac{1}{r} \ . \tag{10.85}$$

Unter einer Quelle im engeren Sinne verstehen wir die Fundamentallösung (10.85) mit positiver Ergiebigkeit $E > 0$, unter einer *Senke* die mit $E < 0$. Die Senkenströmung läßt sich physikalisch realisieren, indem man den Volumenstrom E fast punktförmig, also beispielsweise mit einem dünnen Röhrchen, absaugt (Abb. 10.9). Die Quellströmung hingegen wird auf diese Weise nicht realisiert.

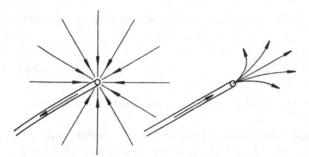

Abbildung 10.9. Zur Realisierbarkeit von Punktsenke und Punktquelle

Der Volumenstrom E entsteht durch die Verletzung der Kontinuitätsgleichung in der Singularität bei $r = 0$, wo $\text{div}\,\vec{u} = \Delta\Phi$ gegen unendlich strebt. Dieser Sachverhalt kann mit Hilfe der *Diracschen Deltafunktion* $\delta(\vec{x} - \vec{x}')$ beschrieben werden. Die Deltafunktion ist eine verallgemeinerte Funktion mit den Eigenschaften

$$\delta(\vec{x} - \vec{x}') = 0 \quad \text{für} \quad \vec{x} \neq \vec{x}' \tag{10.86}$$

und

$$\iiint\limits_{(V')} f(\vec{x}')\delta(\vec{x} - \vec{x}')\,\mathrm{d}V' = f(\vec{x}) \ , \tag{10.87}$$

wenn $\vec{x}$ im Integrationsbereich (V') liegt, ansonsten verschwindet das Integral. Damit schreiben wir

$$\text{div}\,\vec{u} = \frac{\partial^2 \Phi}{\partial x_i \partial x_i} = E\,\delta(\vec{x} - \vec{x}') \ , \tag{10.88}$$

und man erkennt, daß die Kontinuitätsgleichung mit Ausnahme des singulären Punktes $\vec{x} = \vec{x}'$ überall erfüllt ist. Mit $f(\vec{x}') = E$ lautet (10.87)

$$\iiint\limits_{(V')} E\,\delta(\vec{x} - \vec{x}')\,\mathrm{d}V' = E \ . \tag{10.89}$$

Betrachten wir nun (10.88) als Poissonsche Gleichung (4.102), so folgt aus deren Lösung (4.103) das Potential der Quelle zu

$$\Phi = -\frac{E}{4\pi} \iiint\limits_{(\infty)} \frac{\delta(\vec{x}'' - \vec{x}')}{|\vec{x} - \vec{x}''|}\,\mathrm{d}V'' = -\frac{E}{4\pi}\frac{1}{|\vec{x} - \vec{x}'|} \ , \tag{10.90}$$

woraus wir mit $\vec{x}' = 0$ wieder (10.85) erhalten. Die Verletzung der Kontinuitätsgleichung am singulären Punkt ist nicht störend, wenn dieser Punkt außerhalb des interessierenden Gebietes bleibt.

Die Druckverteilung berechnen wir wie vorher aus der Bernoullischen Gleichung (10.59) zu

$$\frac{1}{2} u_i u_i + \frac{p}{\varrho} = \frac{1}{2} A^2 r^{-4} + \frac{p}{\varrho} = C \tag{10.91}$$

und erkennen, daß die Isobaren Flächen mir $r = $ const sind, und der Druck wie r^{-4} abfällt.

Oft gewinnt man technisch interessante Strömungsfelder, wenn man das Potential der Singularitäten mit dem Potential der Translationsströmung überlagert. Die Summe der Potentiale erfüllt wegen der Linearität der Laplaceschen Gleichung diese ebenfalls. Aus der Überlagerung der Parallelströmung mit dem Potential der Punktquelle im Ursprung entsteht beispielsweise das Potential

$$\Phi = U_\infty x - \frac{E}{4\pi} \frac{1}{\sqrt{x^2 + y^2 + z^2}} \ , \tag{10.92}$$

bzw. in Kugelkoordinaten r, ϑ, φ (Anhang B)

$$\Phi = U_\infty r \cos\vartheta - \frac{E}{4\pi} \frac{1}{r} \ . \tag{10.93}$$

Wir klären zunächst, ob diese Strömung einen Staupunkt hat, fragen also nach der Stelle, an der $u_i = 0$ gilt. Unter Ausnutzung von (10.81) folgt für die Geschwindigkeit in Indexnotation

$$u_i = U_{\infty 1} \delta_{1i} + \frac{E}{4\pi} \frac{1}{r^3} x_i \ , \tag{10.94}$$

da $U_{\infty i}$ nur eine Komponente in x_1-Richtung besitzt. Aus der Forderung $u_2 = u_3 = 0$ schließen wir, daß der Staupunkt auf der x_1-Achse liegen muß. Dort ist $x_2 = x_3 = 0$, und $r = |x_1|$, also

$$u_1 = U_\infty + \frac{E}{4\pi} \frac{x_1}{|x_1|^3} \ . \tag{10.95}$$

Die Gleichung $u_1 = 0$ hat eine reelle Lösung nur auf der negativen x-Achse ($x_1 = x = -|x|$), daher liegt der Staupunkt bei

$$x = -\sqrt{\frac{E}{4\pi U_\infty}} \ . \tag{10.96}$$

An dieser Stelle ist die Geschwindigkeit durch die Quelle gerade betragsmäßig gleich der Anströmgeschwindigkeit im Unendlichen. Die Stromlinie durch den Staupunkt trennt die Flüssigkeit der Außenströmung von der Quellflüssigkeit (Abb. 10.10). Diese Stromlinie kann als Wandung eines einseitig unendlich ausgedehnten, rotationssymmetrischen Körpers angesehen werden, daher stellt die Außenströmung die Umströmung eines solchen Körpers dar.

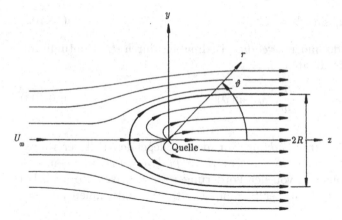

Abbildung 10.10. Umströmung eines einseitig unendlich langen, rotationssymmetrischen Körpers aus der Überlagerung des Quellpotentials mit dem Potential der Parallelströmung

Für $r \to \infty$ erhalten wir für die Geschwindigkeit der Außen- wie der Quellströmung wieder U_∞. Die Flüssigkeit, die aus der Quelle austritt, fließt durch den Querschnitt πR^2 ab, d. h. es gilt

$$E = U_\infty \pi R^2 \; , \tag{10.97}$$

woraus wir den Radius des Körpers zu

$$R = \sqrt{\frac{E}{\pi U_\infty}} \tag{10.98}$$

berechnen.

Da es sich um eine bezüglich der x-Achse rotationssymmetrische Strömung handelt, benutzen wir Kugelkoordinaten, von denen nur (r, ϑ) auftreten. Die Gleichung der Stromlinie ergibt sich mit dem Vektorelement $\mathrm{d}\vec{x}$ und $\vec{u}$ in Kugelkoordinaten (Anhang B) zu

$$\frac{\mathrm{d}r}{\mathrm{d}\vartheta} = r \, \frac{u_r}{u_\vartheta} \; . \tag{10.99}$$

Wir bringen diese Gleichung in die Form

$$r \, u_r \mathrm{d}\vartheta - u_\vartheta \mathrm{d}r = 0 \; . \tag{10.100}$$

Wenn die linke Seite von (10.100) ein totales Differential der Funktion $\Psi(r, \vartheta)$ ist, so ist

$$\Psi(r, \vartheta) = \mathrm{const} \tag{10.101}$$

die Lösung von (10.99). Der *integrierende Faktor*, der (10.100) zu einer *exakten Differentialgleichung* macht, ist $r \sin \vartheta$; es entsteht das totale Differential

$$r^2 u_r \sin\vartheta \mathrm{d}\vartheta - r\,u_\vartheta \sin\vartheta \mathrm{d}r = \mathrm{d}\Psi \;, \qquad (10.102)$$

wofür die hinreichende und notwendige Bedingung durch die Kontinuitätsgleichung in Kugelkoordinaten

$$\nabla \cdot \vec{u} = \frac{\partial}{\partial r}(r^2 u_r \sin\vartheta) + \frac{\partial}{\partial \vartheta}(r\,u_\vartheta \sin\vartheta) = 0 \qquad (10.103)$$

geliefert wird.

Wir nennen Ψ die *Stromfunktion*, im hier vorliegenden Fall der rotationssymmetrischen Strömung *Stokessche Stromfunktion*, und betonen, daß dieses Ergebnis unabhängig von der Forderung $\mathrm{rot}\,\vec{u} = 0$ ist, also auch bei rotations- und reibungsbehafteter Strömung gilt. Wir entnehmen (10.102) nun die Gleichungen

$$-r\,u_\vartheta \sin\vartheta = \frac{\partial \Psi}{\partial r} \qquad (10.104)$$

und

$$r^2 u_r \sin\vartheta = \frac{\partial \Psi}{\partial \vartheta} \;, \qquad (10.105)$$

aus denen wir erkennen, daß in rotationssymmetrischer Strömung die Geschwindigkeitskomponenten aus der Stromfunktion Ψ berechnet werden können. Aus der Bedingung $\mathrm{rot}\,\vec{u} = 0$ erhält man mit (10.104) und (10.105) für rotationssymmetrische Strömungen die Differentialgleichung

$$\frac{\partial}{\partial \vartheta}\left(\frac{1}{r^2 \sin\vartheta}\frac{\partial \Psi}{\partial \vartheta}\right) + \frac{\partial}{\partial r}\left(\frac{1}{\sin\vartheta}\frac{\partial \Psi}{\partial r}\right) = 0 \;, \qquad (10.106)$$

aus der sich Ψ direkt berechnen läßt. Man beachte, daß im Gegensatz zur ebenen Strömung Ψ hier also nicht die Laplacesche Gleichung erfüllt. (Eine Stromfunktion läßt sich bei rotationssymmetrischer Strömung auf dieselbe Weise in Zylinderkoordinaten einführen. Dasselbe gilt auch für ebene Strömungen.)

Wir berechnen nun aus (10.104) und (10.105) die Stromfunktion der Punktquelle und der Parallelströmung: Mit $u_r = \partial\Phi/\partial r$ folgt

$$u_r = U_\infty \cos\vartheta + \frac{E}{4\pi}\frac{1}{r^2} = \frac{1}{r^2 \sin\vartheta}\frac{\partial \Psi}{\partial \vartheta} \qquad (10.107)$$

und daher für die Stromfunktion

$$\Psi = U_\infty \frac{r^2}{2}\sin^2\vartheta - \frac{E}{4\pi}\cos\vartheta + f(r) \;. \qquad (10.108)$$

Durch Einsetzen dieses Ergebnisses in (10.104) erhält man mit

$$u_\vartheta = \frac{1}{r}\frac{\partial \Phi}{\partial \vartheta} = -U_\infty \sin\vartheta$$

die Bedingung $df/dr = 0$, d. h. $f(r) = \text{const}$. Die Stromfunktion lautet somit bis auf eine Konstante

$$\Psi = U_\infty \frac{r^2}{2} \sin^2 \vartheta - \frac{E}{4\pi} \cos \vartheta \; , \tag{10.109}$$

aus der wir noch die Stromfunktion einer Quelle im Ursprung

$$\Psi = -\frac{E}{4\pi} \frac{x}{r} \; , \tag{10.110}$$

bzw. einer Quelle am Ort (x', y', z')

$$\Psi = -\frac{E}{4\pi} \frac{x - x'}{\sqrt{(x - x')^2 + (y - y')^2 + (z - z')^2}} \tag{10.111}$$

ablesen. Aus (10.101) gewinnen wir damit die Gleichung der Stromlinien:

$$\Psi = \text{const} = U_\infty \frac{r^2}{2} \sin^2 \vartheta - \frac{E}{4\pi} \cos \vartheta \; . \tag{10.112}$$

Am Staupunkt ist gemäß (10.96) $\vartheta = \pi$ und deshalb

$$\text{const} = \frac{E}{4\pi} \; , \tag{10.113}$$

woraus sich die Gleichung der Staustromlinie mit (10.98) schließlich zu

$$r = \frac{R}{\sin \vartheta} \sqrt{\frac{1 + \cos \vartheta}{2}} \tag{10.114}$$

ergibt. Aus der Bernoullischen Gleichung

$$\frac{\varrho}{2} U_\infty^2 + p_\infty = p + \frac{\varrho}{2} u_i u_i \tag{10.115}$$

berechnen wir den Druck am Staupunkt zu

$$p_g = \frac{\varrho}{2} U_\infty^2 + p_\infty \; . \tag{10.116}$$

Man bezeichnet den Druck p_g als *Gesamtdruck* am Staupunkt und $\varrho U_\infty^2 / 2$ als den *dynamischen Druck*. Bringt man eine Druckbohrung am Staupunkt des in Abb. 10.10 betrachteten Körpers an, so würde man dort den Gesamtdruck nach (10.116) messen. An einer Druckbohrung am (fast) zylindrischen Teil des Körpers in einigem Abstand hinter der „Profilnase" würde man den dort herrschenden *statischen Druck* messen. Für den an jedem Punkt des Strömungsfeldes definierbaren dynamischen Druck $\varrho u_i u_i / 2$ findet man aus (10.94) und (10.98) das asymptotische Verhalten

$$\frac{\varrho}{2} u_i u_i \sim \frac{\varrho}{2} U_\infty^2 \left(1 + \frac{1}{2} (R/r)^2 + O(R/r)^4 \right) \; , \tag{10.117}$$

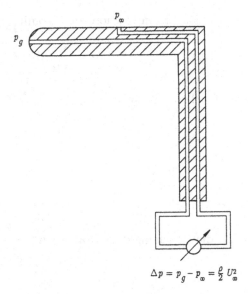

$$\Delta p = p_g - p_\infty = \frac{\rho}{2} U_\infty^2$$

Abbildung 10.11. Prandtlsches Rohr

das in Verbindung mit der Bernoullischen Gleichung zeigt, daß an einem Punkt der Körperoberfläche, dessen Abstand zur Profilnase groß im Vergleich zu R ist, der statische Druck p praktisch gleich dem statischen Druck p_∞ im Unendlichen ist. Diese Tatsache nutzt das *Prandtlsche Rohr* aus, mit dem man den dynamischen Druck und damit die Geschwindigkeit messen kann (Abb. 10.11). Dabei ist es nicht nötig, daß die Form (10.114) realisiert wird, es genügt vielmehr eine gut abgerundete Nase des Prandtlschen Rohres.

Auf die besprochene Weise lassen sich durch Anordnung von Quellen und Senken auf der x-Achse auch Strömungen um spindelförmige Körper, wie in Abb. 10.12 skizziert, erzeugen. Die Körperkonturen lassen sich mit derselben Methode berechnen, die auch auf (10.114) führte. Für geschlossene Körper muß die Summe der Ergiebigkeiten von Quellen und Senken verschwinden (*Schließbedingung*):

$$\sum E_i = 0 . \tag{10.118}$$

In naheliegender Weise verallgemeinern wir das besprochene Verfahren für kontinuierlich verteilte Quellen und betrachten als einfachsten Fall eine Quellenverteilung auf einer Strecke l längs der x-Achse. Es sei $q(x')$ die Quellintensität (Ergiebigkeit pro Längeneinheit), die positiv (Quelle) oder negativ (Senke) sein kann. Die Schließbedingung lautet dann

$$\int_0^l q(x')\mathrm{d}x' = 0 . \tag{10.119}$$

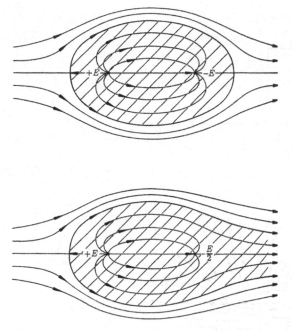

Abbildung 10.12. Durch Quellen und Senken erzeugte Körper

Das Potential einer Quelle am Ort x' mit der infinitesimalen Ergiebigkeit $dE = q(x')dx'$ ist

$$d\Phi = -\frac{q(x')dx'}{4\pi\sqrt{(x-x')^2 + y^2 + z^2}} \; . \tag{10.120}$$

Integration über die Quellverteilung und Überlagerung des Potentials der Parallelströmung liefert das Gesamtpotential zu

$$\Phi = U_\infty x - \frac{1}{4\pi} \int\limits_0^l \frac{q(x')\,dx'}{\sqrt{(x-x')^2 + y^2 + z^2}} \; . \tag{10.121}$$

Da die Strömung rotationssymmetrisch ist, genügt es völlig, sie in der x-y-Ebene zu betrachten, also $z = 0$ zu setzen. Durch geeignete Verteilung von $q(x')$ können spindelförmige Körper verschiedenster Gestalt erzeugt werden. Zur Berechnung der Kontur benötigt man die Stromfunktion einer Quellverteilung, die sich ganz analog zu (10.121) aus der Integration der Stromfunktion (10.111) für eine infinitesimale Quelle am Ort x' und der Überlagerung einer Parallelströmung ergibt:

$$\Psi = U_\infty \frac{y^2}{2} - \frac{1}{4\pi} \int\limits_0^l \frac{q(x')(x-x')\,dx'}{\sqrt{(x-x')^2 + y^2}} \; . \tag{10.122}$$

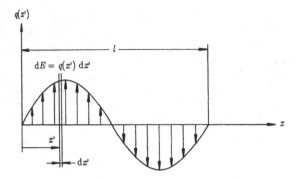

Abbildung 10.13. Quellverteilung

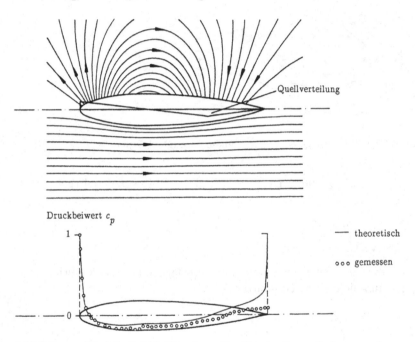

Abbildung 10.14. Spindelförmiges Profil mit theoretischem und gemessenem Druckbeiwert (nach Prandtl)

Abb. 10.14 zeigt einen Körper, der auf die angesprochene Weise erzeugt wurde, und einen Vergleich des gemessenen mit dem theoretischen *Druckbeiwert*. Dieser Vergleich ist auch historisch interessant, weil er zu den ersten systematischen Arbeiten auf dem Gebiet der Aerodynamik gehört. Der theoretische Druckbeiwert folgt aus der Bernoullischen Gleichung zu

$$c_p = \frac{p - p_\infty}{\varrho/2\, U_\infty^2} = 1 - \frac{u^2 + v^2}{U_\infty^2}\,, \tag{10.123}$$

wobei sich die kartesischen Geschwindigkeitskomponenten u und v aus dem Gradienten des Potentials (10.121) ergeben.

Auch das direkte Problem läßt sich mit Hilfe der Singularitätenverteilung berechnen. Hierbei wird für eine gegebene Körperkontur die Quellverteilung bestimmt; dies führt auf eine *Integralgleichung*. Auf eine Integralgleichung wird man geführt, wenn in (10.121) die Funktion $\Phi(\vec{x})$ vorgegeben und die Quellintensität $q(x')$ gesucht wird.

Nicht alle rotationssymmetrischen Körperformen kann man übrigens durch Quellverteilung auf der x-Achse darstellen. Es läßt sich beispielsweise kein Körper erzeugen, der stumpfer ist als der Körper, der sich aus der Überlagerung von Translationsströmung und Punktquelle ergibt. Vergrößern der Intensität E ergibt einen dickeren, aber keinen stumpferen Körper. Für beliebig geformte Körper muß man von der Linienverteilung übergehen zur Oberflächenverteilung von Quellen.

Neben dem besprochenen indirekten Problem und dem direkten Problem, das wir im Zusammenhang mit schlanken Körpern im Abschnitt 10.4.9 noch näher besprechen werden, gibt es noch ein drittes Problem von erheblicher technischer Bedeutung. Es handelt sich bei diesem darum, die Körperform festzustellen, die auf der Körperoberfläche einen konstanten Druck erzeugt (mit Ausnahme der Umgebung der Staupunkte, wo das offensichtlich nicht möglich ist). Diese Fragestellung tritt zum einen auf, wenn die *Übergeschwindigkeiten* an einem Körper möglichst klein sein sollen, zum anderen bei Kavitationsblasen hinter stumpfen Körpern, etwa hinter kreisrunden, senkrecht zur Achse angeströmten Scheiben. Die Strömung löst dann an der Umlaufkante ab, anderenfalls die Kante ja umströmt würde, was im Rahmen der Potentialtheorie unendlich große Geschwindigkeiten zur Folge hätte. Wenn die Strömungsgeschwindigkeit an der Ablösestelle so groß ist, daß der Dampfdruck der Flüssigkeit unterschritten wird, bildet sich eine an der Umlaufkante angeheftete Kavitationsblase aus, in deren Inneren der Dampfdruck herrscht und der Dampf daher praktisch in Ruhe ist. Man spricht dann auch von *Superkavitation*. Die Trennfläche zwischen Flüssigkeit und Dampf ist eine freie Oberfläche, und bei Vernachlässigung der Kapillarspannungen, was angesichts der kleinen Krümmungen zulässig ist, verschwindet der Druckunterschied zwischen dem Druck in der Blase und auf der Blase. Für die äußere Strömung wirkt die Blase wie ein Körper, und die Ermittlung der Blasenkontur läuft darauf hinaus, einen Körper zu finden, auf dessen Oberfläche gleicher Druck und als Folge der Bernoullischen Gleichung auch gleiche Geschwindigkeit herrscht. Solche mit dem erzeugenden Körper verbundenen Blasen treten auch an zu stark angestellten Profilen auf, z.B. in Strömungsmaschinen, und sind oft unerwünscht. Allerdings strebt man unter Umständen eine superkavitierende Strömung auch an, wenn es z.B. darum geht, einen Körper möglichst widerstandsarm durch Wasser zu bewegen: ein derartiger Körper ist am Bug mit einem „Kavitator" ausgestattet, der die Blase erzeugt, der restliche Körper wird ganz von der Kavitationsblase umhüllt, und er erzeugt deshalb keinen zusätzlichen Widerstand, ganz unabhängig von seiner äußeren

Gestalt. Es ist offensichtlich, daß der Berechnung der Form der Kavitationsblase, d.h. der freien Oberfläche, in diesem Zusammenhang eine besondere
Bedeutung zukommt.

In ebener Strömung lassen sich Probleme mit freien Rändern mit den
Methoden der Funktionentheorie noch relativ leicht behandeln (siehe hierzu
Abschnitt 10.4.7), aber im allgemeinen sind Probleme mit freien Oberflächen sehr schwierig, wie auch die hier betrachteten rotationssymmetrischen
Strömungen, weil die freien Oberflächen unbekannt sind, auf denen weiterhin
die kinematische (4.169) und dynamische Randbedingung (4.173) zu erfüllen
sind. Die Berechnung der Blasenkontur bei vorgegebener Kavitatorform ist
daher ein sehr aufwendiges numerisches Unterfangen, auf das wir hier nicht
eingehen können, aber der oben angesprochene Körper, der auf der Oberfläche einen fast konstanten Druck erzeugt, ist schon eine sehr gute Darstellung
der tatsächlichen Blase. In der Tat, die ersten Berechnungen von Superka-
vitationsströmungen beruhen auf diesem Modell, auf das auch eine bequeme
und immer noch verwendete Formel für die Blasenkontur aufbaut.

Wir verwenden hier eine Berechnungsmethode, die schon 1910 für die
Berechnung der Druckverteilung an Luftschiffen entwickelt wurde und für
die ein Beispiel in Abb. 10.14 gegeben ist.

Zur Erläuterung des Rechnungsganges gehen wir von (10.122) aus und
führen dimensionslose Koordinaten ein, indem wir diese auf die halbe Belegungslänge $l/2$ beziehen, halten aber die gleiche Bezeichnung für die dimensionslosen Koordinaten bei. Für die Quellintensität schreiben wir $U_\infty(l/2)q(x')$,
wobei $q(x')$ jetzt eine dimensionslose Quellverteilung ist. Wenn gleichzeitig
auch noch die Stromfunktion auf $U_\infty l^2/4$ bezogen wird, erscheint (10.122) in
der Form

$$\psi = \frac{y^2}{2} - \frac{1}{4\pi} \int_0^2 \frac{q(x')(x - x')\mathrm{d}x'}{\sqrt{(x - x')^2 + y^2}} \,. \tag{10.124}$$

Es hat sich gezeigt, daß schon mit drei Grundbelegungen eine (fast) konstante
Druckverteilung auf der Körperkontur erreicht werden kann. Es sind dies
eine lineare Quellverteilung $q_1 = -2(x' - 1)$, eine kubische Verteilung $q_2 = -4(x' - 1)^3$, eine Quelle der Ergiebigkeit $E = 1$ bei $x = 0$ und eine Quelle der
Ergiebigkeit $E = -1$ (Senke!) bei $x = 2$. Für jede dieser Grundverteilungen
gilt die Normierung

$$\int_0^1 q(x')\mathrm{d}x' = 1 \,, \tag{10.125}$$

und jede Verteilung erfüllt die Schließbedingung (10.119). Wir erwarten daher einen geschlossenen Körper.

Für die gesamte Verteilung machen wir den Ansatz $q(x') = A(q_1 + bq_2 + cq_3)$ und erhalten für die gesamte Stromfunktion

$$\psi = \frac{y^2}{2} - \frac{A}{4\pi} \left(\int\limits_0^2 \frac{q_1(x')(x-x')\mathrm{d}x'}{\sqrt{(x-x')^2+y^2}} + b \int\limits_0^2 \frac{q_2(x')(x-x')\mathrm{d}x'}{\sqrt{(x-x')^2+y^2}} \right.$$

$$\left. + c \left(\frac{x}{\sqrt{x^2+y^2}} - \frac{(x-2)}{\sqrt{(x-2)^2+y^2}} \right) \right), \tag{10.126}$$

wobei die Stromfunktion des Quell-Senkenpaares direkt (10.111) entnommen wurde. Aber auch die anderen Integrale lassen sich geschlossen lösen, was früher fast eine Notwendigkeit war, um die gestellte Aufgabe zu bewältigen. Wir nehmen davon Abstand, weil bei der allgemeinen Zugänglichkeit zu Computeralgebrasystemen eine numerische Lösung angebracht ist. (Natürlich ist man dann auch nicht auf die angegebenen Grundlösungen angewiesen!). Wir bezeichnen die verbleibenden Integrale kurz mit ψ_1 und ψ_2. Die Körperkontur entspricht der Stromlinie $\Psi = 0$, was eine implizite Gleichung für die Körperkontur $y = y_k(x)$ liefert. Zunächst seien geschätzte Werte der Konstanten b und c gegeben. Wir bestimmen dann die Konstante A durch die Wahl des größten Halbmessers R (bezogen auf die halbe Belegungslänge), den der Körper haben soll. Dieser tritt aus Symmetriegründen an der Stelle $x = 1$ auf und aus (10.126) folgt

$$A = 2\pi R^2 / \left(\psi_1(1,R) + b\psi_2(1,R) + \frac{2c}{\sqrt{R^2+1}} \right). \tag{10.127}$$

Für eine vorgegebene Werteliste x berechnet man numerisch die Wurzeln der Gleichung $\Psi = 0$ für die y-Koordinaten der Körperkontur $y_k(x)$. Dann erhält man aus (10.123) durch Einsetzen der Körperkontur $c_p(x, y_k(x)) = c_p(x)$. Bei der Aufgabe, diejenigen Werte von b und c zu finden, die einen möglichst konstanten Verlauf von $c_p(x)$ ergeben, ist man auf Probieren angewiesen. Wenn man aber nach jedem Probelauf die Funktion $c_p(x)$ graphisch darstellt, läßt sich die Wahl der Konstanten rasch einengen. Für einen gewählten größten Halbmesser $R = 0.16$, das entspricht ungefähr einem Körper mit dem Dicken/Längenverhältnis von 0.16, wurden so die Werte $b = 0.145$; $c = 0.214$ gefunden. Die sich ergebende Körperkontur $y_k(x)$ ist in Abb. 10.15 und der negative Druckbeiwert $-c_p(x)$ in Abb. 10.16 dargestellt. Der negative

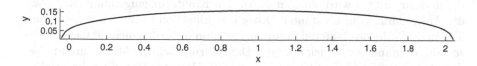

Abbildung 10.15. *Gleichdruckkörper*

Druckbeiwert ist der besseren Auflösung wegen nur im Bereich $0 < x < 2$ aufgetragen. Wir weisen noch darauf hin, daß die Geschwindigkeiten u, v, die für die Berechnung des Druckbeiwertes gebraucht werden, bei der hier vorliegenden rotationssymmetrischen Strömung auch aus der Stromfunktion selbst berechnet werden können, ohne ein Geschwindigkeitspotential einführen zu müssen, wie wir das schon in Kugelkoordinaten durch die Gleichungen (10.104) und (10.105) getan haben. Die Kontinuitätsgleichung $\nabla \cdot \vec{u} = 0$ in Zylinderkoordinaten entnimmt man dem Anhang B2. Sie lautet, vorübergehend zu dimensionsbehafteten Größen übergehend und unter Beachtung von $\partial/\partial\varphi = 0$,

$$\frac{\partial(u_r r)}{\partial r} + \frac{\partial(u_z r)}{\partial z} = 0 . \tag{10.128}$$

Dies ist die notwendige und hinreichende Bedingung dafür, daß das Differential

$$d\Psi = u_z r dr - u_r r dz \tag{10.129}$$

ein totales Differential ist. Daraus folgt unmittelbar

$$u_z = \frac{1}{r}\frac{\partial\Psi}{\partial r}, \quad u_r = -\frac{1}{r}\frac{\partial\Psi}{\partial z} . \tag{10.130}$$

Da die kartesischen Koordinaten x, y in der Ebene $z = 0$ den Zylinderkoordinaten z, r entsprechen und die kartesischen Geschwindigkeitskomponenten u, v dort den Komponenten u_z, u_r in Zylinderkoordinaten, drücken wir (10.130) auch in der Gestalt

$$u = \frac{1}{y}\frac{\partial\Psi}{\partial y}, \quad v = -\frac{1}{y}\frac{\partial\Psi}{\partial x} \tag{10.131}$$

aus. Wir kehren zu den dimensionslosen Größen der Gleichungen (10.124) bis (10.127) zurück und finden

$$\frac{u}{U_\infty} = \frac{1}{y}\frac{\partial\Psi}{\partial y}, \quad \frac{v}{U_\infty} = -\frac{1}{y}\frac{\partial\Psi}{\partial x} , \tag{10.132}$$

womit sich dann der Druckbeiwert ebenfalls ermitteln läßt.

Der Teil der Körperkontur, an dem konstanter Druck herrscht, kann als Blasenkontur betrachtet werden. Der Teil des Körpers in der Nähe des vorderen Staupunktes wird ohnehin durch den Kavitator eingenommen, so daß die Abweichung vom konstanten Druck hier hingenommen werden kann. Der Teil in der Nähe des hinteren Staupunktes kann natürlich nicht Teil einer Blase sein, da dann der Druck dort der Dampfdruck sein müßte, während aber direkt am Staupunkt der Staudruck herrscht. Man versucht, die Schwierigkeiten mit Schließmodellen zu umgehen. Diese Modelle sind nicht widerspruchsfrei, und es ist zu bezweifeln, ob sich das hintere Ende der Kavitationsblase überhaupt im Rahmen der Potentialtheorie beschreiben läßt. Experimentell beobachtet man, daß die Strömung am hinteren Ende der Blase instationär ist.

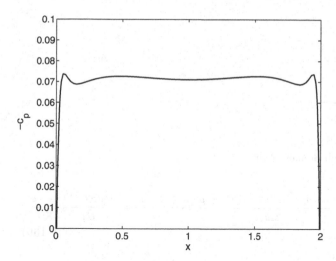

Abbildung 10.16. Druckbeiwert des *Gleichdruckkörpers*

Im Zusammenhang mit Kavitationserscheinungen benutzt man nicht den mit dem Dampfdruck gebildeten Druckbeiwert, sondern das Negative des Druckbeiwertes, den man die *Kavitationszahl* σ nennt:

$$\sigma = \frac{p_\infty - p_D}{\varrho/2\, U_\infty^2} \tag{10.133}$$

Diese Kennzahl ist die wichtigste Kennzahl bei Kavitationsvorgängen.

Es ist bemerkenswert, daß es bei superkavitierenden Strömungen für diese Kennzahl nur auf die Druckdifferenz zwischen dem Druck im Unendlichen und dem Druck in der Blase ankommt. Der Blaseninnendruck läßt sich innerhalb gewisser Grenzen aber erhöhen, indem man Gas in die Blase eintreten läßt, etwa aus Öffnungen im Laufkörper. Damit läßt sich die Kavitationszahl kontrollieren, was den Anwendungsbereich superkavitierender Laufkörper ganz entscheidend erweitert. Wir erwähnen noch, daß sich für schlanke Körper, das bedeutet kleine Kavitationszahlen ($\sigma \ll 1$), eine Näherungslösung für das vorliegende Problem finden läßt.

Wir betrachten nun das Potential einer Quelle (Ergiebigkeit $+E$) und einer Senke (Ergiebigkeit $-E$) auf der x-Achse im Abstand Δx (Abb. 10.17):

$$\Phi = \frac{E}{4\pi}\Delta x \frac{((x-\Delta x)^2 + y^2 + z^2)^{-1/2} - (x^2+y^2+z^2)^{-1/2}}{\Delta x} . \tag{10.134}$$

Nun lassen wir den Abstand Δx gegen null gehen und erhöhen gleichzeitig die Ergiebigkeit so, daß gilt

$$\lim_{\Delta x \to 0\,,\, E \to \infty} E\,\Delta x = M . \tag{10.135}$$

Wegen

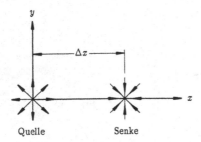

Abbildung 10.17. Quell-Senken-Paar

$$\lim_{\Delta x \to 0} \frac{((x - \Delta x)^2 + y^2 + z^2)^{-1/2} - (x^2 + y^2 + z^2)^{-1/2}}{\Delta x} = \frac{\partial(-r^{-1})}{\partial x} = \frac{x}{r^3}$$

(10.136)

entsteht das Potential

$$\Phi = \frac{M}{4\pi} \frac{x}{r^3}$$

(10.137)

eines *Dipols* im Ursprung, das in Kugelkoordinaten

$$\Phi = \frac{M}{4\pi} \frac{\cos\vartheta}{r^2}$$

(10.138)

lautet. Die Richtung von der Senke zur Quelle ist die Richtung des Dipols, M nennt man den Betrag des Dipolmoments.

Das Dipolmoment ist deshalb ein Vektor; für die hier gewählte Orientierung ist

$$\vec{M} = -M\vec{e}_x ,$$

(10.139)

und allgemein erhält man so für das Potential eines Dipols im Koordinatenursprung (Abb. 10.18)

$$\Phi = -\frac{\vec{M} \cdot \vec{x}}{4\pi |\vec{x}|^3} .$$

(10.140)

Für die Geschwindigkeit in radialer Richtung ergibt sich

$$u_r = \frac{\partial\Phi}{\partial r} = -\frac{M}{2\pi} \frac{\cos\vartheta}{r^3} ,$$

(10.141)

für $r = r_0$ also

$$u_r(r = r_0) = -\cos\vartheta * \text{const} .$$

(10.142)

Betrachten wir eine Kugel, die sich mit der Geschwindigkeit

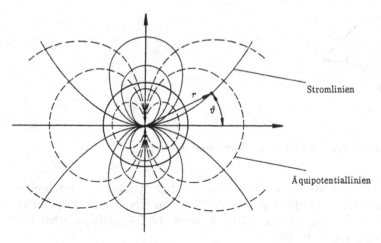

Abbildung 10.18. Stromlinien und Äquipotentiallinien des räumlichen Dipols

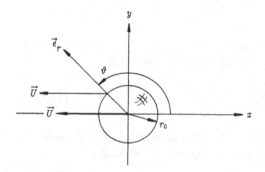

Abbildung 10.19. Zur Normalkomponente der Geschwindigkeit an der Oberfläche

$$\vec{U} = -U\vec{e}_x \tag{10.143}$$

bewegt (Abb. 10.19), so bewegt sich natürlich jeder Punkt der Oberfläche mit der Geschwindigkeit $-U$ in x-Richtung. Die Komponente der Geschwindigkeit normal zur Kugeloberfläche ist

$$\vec{U} \cdot \vec{n} = -U\vec{e}_x \cdot \vec{e}_r = -U\cos\vartheta \ . \tag{10.144}$$

Die Normalkomponente der Geschwindigkeit des Dipols ist daher für

$$\vec{U} = \frac{\vec{M}}{2\pi \, r_0^3} \tag{10.145}$$

auf der Kugeloberfläche $r = r_0$ gleich der Normalkomponente der Kugelgeschwindigkeit. Damit ist aber der Wert der Geschwindigkeit wegen der Eindeutigkeit der Laplaceschen Gleichung überall eindeutig festgelegt. Das

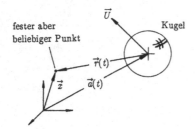

Abbildung 10.20. Zum Potential der Kugelumströmung

Dipolfeld ist daher identisch mit dem Geschwindigkeitsfeld, das durch eine Kugel hervorgerufen wird, die sich augenblicklich im Ursprung befindet und sich mit der Geschwindigkeit nach (10.145) bewegt. Die Strömung hat für diesen Augenblick das Potential

$$\Phi = -\frac{r_0^3}{2} \frac{\vec{U} \cdot \vec{x}}{|\vec{x}|^3} \;.$$ (10.146)

Zu einem anderen Augenblick, für den sich die Kugel an der Stelle mit dem Ortsvektor $\vec{a}$ befindet (Abb. 10.20), erhält man das Potential

$$\Phi = -\frac{r_0^3}{2} \frac{\vec{U} \cdot (\vec{x} - \vec{a})}{|\vec{x} - \vec{a}|^3} = -\frac{r_0^3}{2} \frac{\vec{U} \cdot \vec{r}}{r^3} \;.$$ (10.147)

Überlagert man dem Potential (10.146) das Potential der Parallelströmung, deren Geschwindigkeit gerade der negativen Kugelgeschwindigkeit

$$-\vec{U} = U_\infty \vec{e}_x$$

entspricht, so erhält man das Potential der stationären Strömung um eine Kugel im Ursprung. In kartesischen Koordinaten lautet es

$$\Phi = U_\infty x + \frac{r_0^3}{2} U_\infty \frac{x}{r^3}$$ (10.148)

und in Kugelkoordinaten

$$\Phi = U_\infty \left(r + \frac{r_0^3}{2r^2} \right) \cos \vartheta \;.$$ (10.149)

Wir berechnen jetzt die Geschwindigkeit auf der Kugeloberfläche $r = r_0$: Für die Radialkomponente ergibt sich

$$u_r = \left.\frac{\partial \Phi}{\partial r}\right|_{r=r_0} = U_\infty \left(1 - \frac{r_0^3}{r^3}\right)_{r=r_0} \cos \vartheta = 0 \;,$$ (10.150)

wie es aufgrund der kinematischen Randbedingung für die ruhende Kugel sein muß. Die Geschwindigkeitskomponente in ϑ-Richtung ist

$$u_\vartheta = \frac{1}{r} \left.\frac{\partial \Phi}{\partial \vartheta}\right|_{r=r_0} = -U_\infty \left(1 + \frac{r_0^3}{2r^3}\right)_{r=r_0} \sin\vartheta = -\frac{3}{2}U_\infty \sin\vartheta \ . \quad (10.151)$$

Diese Geschwindigkeitskomponente ist dem Betrag nach maximal bei $\vartheta = \pi/2$ und $\vartheta = 3\pi/2$. Der Druckbeiwert ergibt sich aus der Bernoullischen Gleichung zu

$$c_p = \frac{p - p_\infty}{\varrho/2\,U_\infty^2} = 1 - \frac{9}{4}\sin^2\vartheta \ . \quad (10.152)$$

Es ist aus Symmetriegründen offensichtlich, daß die Kraft auf die Kugel keine Komponente senkrecht zur Anströmung hat. Da die Druckverteilung eine gerade Funktion von ϑ, also symmetrisch zur Linie $\vartheta = \pi/2$, $\vartheta = 3\pi/2$ ist, verschwindet auch die Kraft in x-Richtung (was man durch formale Berechnung leicht bestätigt). Das Ergebnis gilt aber allgemeiner:

„Ein auftriebsloser Körper erfährt in stationärer, inkompressibler, reibungsfreier Potentialströmung keinen Widerstand!"

Diese Aussage steht im Widerspruch zum Experiment und wird als *d'Alembertsches Paradoxon* bezeichnet.

In der Potentialströmung steigt vom vorderen Staupunkt ($\vartheta = \pi$) aus die kinetische Energie der Flüssigkeitsteilchen am Körper und wird für $\vartheta = \pi/2$ maximal. Diese kinetische Energie reicht gerade aus, die Flüssigkeitsteilchen gegen den ansteigenden Druck zum hinteren Staupunkt ($\vartheta = 0$) zu tragen. Auf der hinteren Hälfte der Kugel ergibt sich eine Kraft nach vorn, die gerade die Kraft auf der vorderen Halbkugel aufhebt. In reibungsbehafteter Strömung haben die Teilchen kinetische Energie in der Grenzschicht verloren. Ihr „Schwung" reicht nicht mehr aus, sie gegen den beginnenden Druckanstieg zum hinteren Staupunkt zu führen. Die Flüssigkeitsteilchen kommen zum Stillstand, und die Strömung löst vom Körper ab. Damit unterbleibt weiterer Druckanstieg, mit dem Ergebnis, daß die Kraft auf der hinteren Kugelhälfte kleiner ist als auf der vorderen. Es entsteht also ein Widerstand auch dann, wenn man vom Reibungswiderstand durch die Schubspannung an der Wand absieht. Den besprochenen Beitrag zum Widerstand nennt man auch *Druckwiderstand* oder *Formwiderstand*. (Dieser Widerstand läßt sich dadurch reduzieren, daß man die hintere Halbkugel durch einen stromlinienförmig ausgeführten Körper ersetzt, um Ablösung zu vermeiden. So entstehen wieder die schon besprochenen spindelförmigen Körper.)

Betrachtet man die Umströmung bei kleinen Reynolds-Zahlen, wo die Trägheitskräfte (und damit die kinetische Energie) gegenüber den Reibungskräften zurücktreten, so werden die Flüssigkeitsteilchen in der Nähe der Wand durch die dann starken Reibungskräfte von der umgebenden Flüssigkeit mitgezogen und zum hinteren Staupunkt geführt. Es kommt dann nicht zu Ablöseerscheinungen, sondern zu einem Stromlinienbild, daß man bei oberflächlicher Betrachtung für eine Potentialströmung halten könnte.

Bei wachsender Reynolds-Zahl bildet sich eine Ablösung mit einem stationären Wirbelring hinter der Kugel aus. Die Stromlinien schließen sich noch

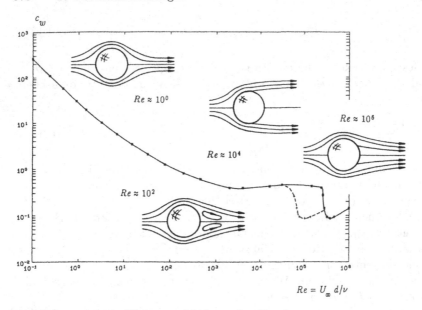

$$Re = U_\infty \, d/\nu$$

Abbildung 10.21. Widerstandsbeiwert der Kugel

hinter der Kugel und dem Wirbel. Bei weiter wachsender Reynolds-Zahl wird der Wirbel immer größer, bis er schließlich instabil wird und sich ein instationärer *Nachlauf* ausbildet. Vom Körper lösen sich dann periodisch Wirbel ab, die im Nachlauf weggetragen werden. Die Verhältnisse am quer angeströmten Zylinder sind ganz ähnlich, oft aber leichter zu beobachten. Hinter dem Zylinder ordnen sich die Wirbel in eine *Wirbelstraße*, da dies wieder eine stabile Konfiguration ist.

Bei noch höheren Reynoldsschen Zahlen wird die Strömung im Nachlauf turbulent. Es sind aber auch dann noch große, geordnete wirbelartige Strukturen erkennbar. Es ist offensichtlich, daß sich als Folge dieser unterschiedlichen Strömungsformen auch der Widerstand stark ändert. Aber wie kompliziert die Strömung auch sein mag, in inkompressibler Strömung ist der Widerstandsbeiwert c_w nur eine Funktion der Reynoldsschen Zahl. In Abb. 10.21 ist die Funktion $c_w = c_w(Re)$ für die Kugel zusammen mit Skizzen der Strömungskonfiguration bei der entsprechenden Reynolds-Zahl $Re = U\,d/\nu$ aufgetragen.

Der scharfe Abfall des Widerstandsbeiwertes bei $Re \approx 3 \cdot 10^5$ ist auf den Umschlag der vorher laminaren Grenzschicht an der Kugel zur turbulenten zurückzuführen. In der turbulenten Grenzschicht sind die Schubspannungen größer, und es gelingt der äußeren Strömung, die wandnahe Flüssigkeit näher zur Achse zu ziehen. Daher löst die Strömung später ab, und der Nachlauf wird schmaler. Die nicht abgelöste Strömung beaufschlagt einen größeren Teil der Kugelrückseite, so daß eine größere Kraft nach vorn entsteht, der Widerstand also geringer wird. Durch Rauhigkeiten an der Oberfläche kann man den Umschlagspunkt zu kleineren Reynolds-Zahlen verschieben (wie aus der Besprechung des Umschlagverhaltens bei der Rohrströmung bekannt) und damit den geringeren Widerstand schon bei kleineren Reynolds-Zahlen erhalten (gestrichelte Linie in Abb. 10.21). Ein Beispiel hierfür sind Golfbälle, deren Oberfläche durch näpfchenartige Vertiefungen (engl. dimples) künstlich „angerauht" wird.

10.3.2 Virtuelle Massen

Die vorangegangene Diskussion hat gezeigt, daß die stationäre Potentialströmung um eine Kugel oder allgemein um stumpfe Körper wegen der auftretenden Grenzschichtablösung nicht realisiert wird. Beschleunigt man aber einen Körper plötzlich etwa aus der Ruhe heraus, so wird die Strömung über einen gewissen Zeitraum $\tau \sim O(d/u)$ durch die Potentialtheorie sehr gut beschrieben. Bei starker Beschleunigung sind die Trägheitskräfte viel größer als die Reibungskräfte, und die Strömung verhält sich fast reibungsfrei. Auf der anderen Seite muß der beschleunigte Körper die Flüssigkeit in Bewegung setzen und daher eine Arbeit leisten, die sich in der kinetischen Energie der Flüssigkeit wiederfinden muß. Das heißt aber, daß auch der auftriebslose Körper in Potentialströmung einen Widerstand erfährt, wenn er beschleunigt wird. Dieser Widerstand äußert sich in vielen technischen Anwendungen, beispielsweise bei Schwingungen von Bauteilen, die in Flüssigkeit hoher Dichte eingetaucht sind, wobei wir als typisches Beispiel Schwingungen von Schaufeln in hydraulischen Maschinen erwähnen. Der Widerstand wirkt wie eine scheinbare Erhöhung der schwingenden Masse (*zusätzliche* oder *virtuelle Masse*). Diese virtuellen Massen lassen sich im Rahmen der Potentialtheorie abschätzen. Wir demonstrieren dies am Beispiel einer Kugel, die sich mit zeitlich veränderlicher Geschwindigkeit durch ruhende Flüssigkeit bewegt. Wir wählen ein raumfestes Koordinatensystem, in dem das Potential aus (10.147) folgt:

$$\Phi = -\frac{1}{2} r_0^3 U_i(t) \, \frac{r_i}{r^3} \, , \tag{10.153}$$

mit $\vec{r} = \vec{x} - \vec{a}$ und $r = |\vec{r}| = \sqrt{r_j r_j}$. Man beachte, daß $\vec{a}$ und damit auch $\vec{r}$ von t abhängen und das Potential daher zeitlich veränderlich ist, selbst wenn sich die Kugel mit konstanter Geschwindigkeit bewegt.

Wir berechnen die Kraft auf die Kugel durch Integration der Druckverteilung. Der Druck im Unendlichen sei p_∞, Φ ist gemäß (10.153) dort null, so daß die Bernoullische Gleichung

$$\frac{\partial \Phi}{\partial t} + \frac{1}{2} \, u_j u_j + \frac{p}{\varrho} = \frac{p_\infty}{\varrho} \, , \tag{10.154}$$

lautet. Wie bereits bekannt, heben sich die Terme $\frac{1}{2} u_j u_j$, die auch im stationären Fall auftreten, in der Integration zur Bestimmung der Kraft auf; wir lassen sie daher gleich weg. Mit (10.153) erhält man für $\partial \Phi / \partial t$

$$\frac{\partial \Phi}{\partial t} = -\frac{1}{2} \left(\frac{r_0}{r}\right)^3 \left[r_j \frac{\mathrm{d}U_j}{\mathrm{d}t} - U_j U_j + \frac{3}{r^2} U_i U_j r_i r_j\right] . \tag{10.155}$$

Nach dem *d'Alembertsches Paradoxon* kann nur der Term mit $\mathrm{d}U_j/\mathrm{d}t$ einen Beitrag liefern, wovon man sich aber auch durch explizites Ausrechnen überzeugen kann. Der nur von diesem Term herrührende Druck an der Oberfläche $r = r_0$ ist wegen $r_j/r_0 = n_j$

$$\frac{p - p_\infty}{\varrho} = \frac{1}{2} r_0 n_j \frac{\mathrm{d}U_j}{\mathrm{d}t} . \tag{10.156}$$

Da sich die Strömungsverhältnisse bei inkompressibler, zirkulationsfreier Strömung unmittelbar auf die momentanen Randbedingungen einstellen, genügt es, die Kraft in dem Augenblick zu berechnen, in dem der Kugelmittelpunkt den Koordinatenursprung passiert. Für die sich mit U in positive x-Richtung bewegende Kugel berechnen wir die nicht verschwindende x-Komponente der Kraft zu

$$F_x = - \iint\limits_{(S)} p \cos \vartheta \, \mathrm{d}S ,$$

mit $\mathrm{d}S = r_0^2 \sin \vartheta \, \mathrm{d}\vartheta \, \mathrm{d}\varphi$:

$$F_x = -\frac{\varrho}{2} \frac{\mathrm{d}U}{\mathrm{d}t} r_0^3 \int\limits_0^{2\pi} \int\limits_0^{\pi} \cos^2 \vartheta \sin \vartheta \, \mathrm{d}\vartheta \, \mathrm{d}\varphi = -\frac{2}{3} \pi \, r_0^3 \varrho \frac{\mathrm{d}U}{\mathrm{d}t} . \tag{10.157}$$

Die Kugel erfährt also eine Kraft, die der Beschleunigung entgegengesetzt ist. Diese Aussage gilt unabhängig vom gewählten Koordinatensystem. Wirkt auf die Kugel der Masse M eine äußere Kraft X_x, so folgt unter Berücksichtigung der Widerstandskraft F_x nach dem Zweiten Newtonschen Gesetz

$$M \frac{\mathrm{d}U}{\mathrm{d}t} = X_x + F_x , \tag{10.158}$$

oder

$$X_x = \left(M + \frac{2}{3} \pi \, r_0^3 \varrho\right) \frac{\mathrm{d}U}{\mathrm{d}t} . \tag{10.159}$$

Will man also die Beschleunigung einer Kugel in Flüssigkeit infolge einer äußeren Kraft berechnen, so muß man zur tatsächlichen Masse der Kugel M noch die scheinbare oder virtuelle Masse

$$M' = \frac{2}{3} \pi \, r_0^3 \varrho \tag{10.160}$$

addieren. Diese Masse ergibt sich aus der Tatsache, daß neben der Kugel selbst auch die Flüssigkeit beschleunigt werden muß.

Die virtuelle Masse der Kugel ist gerade die Hälfte der von der Kugel verdrängten Flüssigkeitsmasse. Die Arbeit pro Zeiteinheit, die zusätzlich infolge der virtuellen Masse beim Beschleunigen geleistet wird, muß dann gleich der Änderung der kinetischen Energie der Flüssigkeit sein. Die kinetische Energie im Volumen V einer Flüssigkeit ist durch

$$K = \iiint\limits_{(V)} \frac{\varrho}{2} u_i u_i \, dV = \frac{\varrho}{2} \iiint\limits_{(V)} \frac{\partial \Phi}{\partial x_i} \frac{\partial \Phi}{\partial x_i} \, dV \tag{10.161}$$

gegeben.

Mit

$$\frac{\partial}{\partial x_i} \left(\Phi \frac{\partial \Phi}{\partial x_i} \right) = \frac{\partial \Phi}{\partial x_i} \frac{\partial \Phi}{\partial x_i} + \Phi \frac{\partial^2 \Phi}{\partial x_i \partial x_i} \tag{10.162}$$

und

$$\frac{\partial^2 \Phi}{\partial x_i \partial x_i} = 0$$

folgt

$$K = \frac{\varrho}{2} \iiint\limits_{(V)} \frac{\partial}{\partial x_i} \left(\Phi \frac{\partial \Phi}{\partial x_i} \right) dV \tag{10.163}$$

und weiter nach dem Gaußschen Satz

$$K = \frac{\varrho}{2} \iint\limits_{(S)} \Phi \frac{\partial \Phi}{\partial x_i} n_i \, dS = \frac{\varrho}{2} \iint\limits_{(S)} \Phi \frac{\partial \Phi}{\partial n} \, dS \ . \tag{10.164}$$

Die gesamte kinetische Energie der Flüssigkeit befindet sich zwischen der Kugeloberfläche S_K und einer Oberfläche S_∞, welche die gesamte Flüssigkeit umschließt, also überall im Unendlichen ($r \to \infty$) verläuft (Abb. 10.22):

$$K = -\frac{\varrho}{2} \iint\limits_{(S_K)} \Phi \frac{\partial \Phi}{\partial r} \, dS + \frac{\varrho}{2} \iint\limits_{(S_\infty)} \Phi \frac{\partial \Phi}{\partial r} \, dS \ . \tag{10.165}$$

Für eine Kugel, die sich augenblicklich am Koordinatenursprung befindet, ist das Potential in Kugelkoordinaten

$$\Phi = -\frac{r_0^3}{2r^2} U \cos \vartheta \ . \tag{10.166}$$

Hieraus berechnet man

$$\frac{\partial \Phi}{\partial r} = U \frac{r_0^3}{r^3} \cos \vartheta \ , \tag{10.167}$$

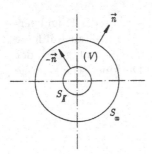

Abbildung 10.22. Zum Integrationsbereich

und damit entsteht aus (10.165)

$$K = -\frac{1}{4}\, r_0^6 U^2 \varrho \left(-\iint\limits_{(S_K)} r^{-5} \cos^2 \vartheta \, \mathrm{d}S + \iint\limits_{(S_\infty)} r^{-5} \cos^2 \vartheta \, \mathrm{d}S \right) \ . \qquad (10.168)$$

Das zweite Integral verschwindet für den Grenzübergang $r \to \infty$, und daher erhalten wir für die kinetische Energie in der Flüssigkeit

$$K = \frac{2}{3}\, \pi\, r_0^3 \varrho\, \frac{U^2}{2} \ . \qquad (10.169)$$

Für die Änderung der kinetischen Energie gewinnen wir den Ausdruck

$$\frac{\mathrm{d}K}{\mathrm{d}t} = \frac{2}{3}\, \pi\, r_0^3 \varrho\, U\, \frac{\mathrm{d}U}{\mathrm{d}t} \ , \qquad (10.170)$$

der gleich der Arbeit pro Zeiteinheit der virtuellen Masse ist:

$$M'\frac{\mathrm{d}U}{\mathrm{d}t}U = \frac{2}{3}\, \pi\, r_0^3 \varrho\, \frac{\mathrm{d}U}{\mathrm{d}t}U \ . \qquad (10.171)$$

Als Beispiel betrachten wir eine unter dem Einfluß der Schwerkraft fallende Kugel der Masse M in einer unendlich ausgedehnten Flüssigkeit. An der Kugel greift die Schwerkraft $M\,g$ an. Außerdem erfährt die Kugel einen hydrostatischen Auftrieb, der gleich dem Gewicht der verdrängten Flüssigkeit (mit (10.160) also $2M'g$) ist. Der Beschleunigung entgegen wirkt außerdem der Widerstand, der von der virtuellen Masse herrührt. Folglich lautet die Bewegungsgleichung

$$(M + M')\frac{\mathrm{d}U}{\mathrm{d}t} = M\,g - 2M'g \ , \qquad (10.172)$$

bzw.

$$\frac{\mathrm{d}U}{\mathrm{d}t} = \frac{M - 2M'}{M + M'}\, g \ . \qquad (10.173)$$

Mit $M = \varrho_K V$ und $M' = \frac{1}{2}\varrho V$ schreiben wir für die Beschleunigung auch

$$\frac{dU}{dt} = g\frac{\varrho_K - \varrho}{\varrho_K + \varrho/2} = g\frac{\varrho_K/\varrho - 1}{\varrho_K/\varrho + 1/2} \ . \tag{10.174}$$

Ist die Dichte der Kugel sehr viel größer als die der Flüssigkeit, so ist die Beschleunigung praktisch gleich der Erdbeschleunigung (wie z. B. bei einem schweren Körper, der in der Atmosphäre fällt). Ist hingegen die Flüssigkeitsdichte viel größer als die Dichte der Kugel, so steigt die Kugel mit einer Beschleunigung von $2g$ nach oben (wie z. B. eine Gasblase in einer Flüssigkeit).

Wir wollen jetzt noch den Berechnungsgang für die virtuelle Masse eines allgemeinen Körpers skizzieren, der eine reine Translationsbewegung ausführt: Das Geschwindigkeitsfeld erhalten wir aus der Lösung der Laplaceschen Gleichung unter den Randbedingungen

$$\Phi = \mathrm{const} \quad \text{für} \quad r \to \infty \tag{10.175}$$

und

$$u_i n_i = \frac{\partial \Phi}{\partial x_i} n_i = \frac{\partial \Phi}{\partial n} = U_i n_i \quad \text{für} \quad F(x_i, t) = 0 \tag{10.176}$$

Da sowohl Differentialgleichung als auch Randbedingungen linear sind und die Geschwindigkeit des Körpers U_i ebenfalls nur linear auftritt, kann U_i auch nur linear in die Lösung eingehen, die daher die Form

$$\Phi = U_i \varphi_i \tag{10.177}$$

haben muß. Aus (10.176) folgt

$$\frac{\partial \varphi_i}{\partial n} = n_i \quad \text{für} \quad F(x_i, t) = 0 \ , \tag{10.178}$$

wobei die Vektorfunktion φ_i nur von der Gestalt des Körpers abhängt. Setzt man Φ nach (10.177) und die rechte Seite von (10.176) in den Ausdruck (10.164) für die kinetische Energie ein, so entsteht die Formel

$$K = -\frac{1}{2} U_i U_j \iint\limits_{(S_K)} \varrho\, \varphi_i n_j \, \mathrm{d}S \ , \tag{10.179}$$

wobei das negative Vorzeichen daher rührt, daß jetzt n_j bezüglich der Körperoberfläche S_K genommen wird. Das Integral ist ein symmetrischer Tensor zweiter Stufe, dessen sechs unabhängige Komponenten gebraucht werden, um die kinetische Energie der Strömung, die durch die Bewegung des Körpers erzeugt wird, im allgemeinen Fall zu berechnen. (Würde der Körper neben der Translation auch eine Drehbewegung ausführen, so würden sogar drei solcher Tensoren benötigt.) Die Tensorkomponenten haben die Dimension einer Masse, und man bezeichnet den Tensor als *Tensor der virtuellen Massen*:

$$m_{ij} = - \iint\limits_{(S_K)} \varrho \, \varphi_i n_j \, \mathrm{d}S \; . \tag{10.180}$$

Hiermit kann man für die kinetische Energie der Flüssigkeit auch schreiben

$$K = \frac{1}{2} \, U_i U_j \, m_{ij} \; . \tag{10.181}$$

Wenn die Vektorfunktion φ_i, d. h. das Potential bekannt ist, läßt sich m_{ij} berechnen. Für den Fall der Kugel, die sich im Koordinatenursprung befindet, ist

$$\varphi_i = - \frac{r_0^3}{2r^3} \, x_i \; , \tag{10.182}$$

und der Tensor der virtuellen Massen wird wegen $n_j = x_j / r_0$ aus

$$m_{ij} = \frac{\varrho}{2r_0} \iint\limits_{(S_K)} x_i x_j \, \mathrm{d}S \tag{10.183}$$

berechnet. Man zeigt leicht, daß der Tensor m_{ij} in diesem Fall kugelsymmetrisch ist:

$$m_{11} = m_{22} = m_{33} = M' \; . \tag{10.184}$$

Wirkt auf den Körper der Masse M in einer Flüssigkeit die äußere Kraft X_i, so lautet die Bewegungsgleichung mit dem Tensor der virtuellen Massen

$$M \frac{\mathrm{d}U_i}{\mathrm{d}t} + m_{ij} \frac{\mathrm{d}U_j}{\mathrm{d}t} = X_i \tag{10.185}$$

oder

$$(M \delta_{ij} + m_{ij}) \frac{\mathrm{d}U_j}{\mathrm{d}t} = X_i \; . \tag{10.186}$$

Man sieht dieser Bewegungsgleichung an, daß im allgemeinen die Richtung der Beschleunigung nicht mit der Richtung der Kraft übereinstimmt, wovon man sich überzeugen kann, wenn man versucht, einen eingetauchten, unsymmetrischen Körper in eine bestimmte Richtung zu stoßen.

10.4 Ebene Potentialströmung

Für ebene Strömungen läßt sich bekanntlich ein kartesisches Koordinatensystem immer derart angeben, daß die Strömung in allen Ebenen $z = $ const dieselbe ist und die Geschwindigkeitskomponente in die z-Richtung verschwindet. Es ist oft zweckmäßig, in einer solchen Ebene außer den kartesischen Koordinaten x, y auch Polarkoordinaten r, φ zu verwenden, die aus den Zylinderkoordinaten (Anhang B) entstehen, wenn wir dort $z = $ const setzen.

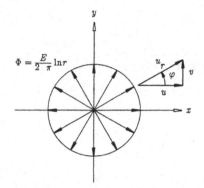

Abbildung 10.23. Ebene Quelle im Ursprung

10.4.1 Beispiele für inkompressible, ebene Potentialströmungen

Als Fundamentallösung steht uns auch hier das Potential einer Quelle (*Linienquelle*, Abb. 10.23) zur Verfügung, das uns als Greensche Funktion in (4.122) begegnet ist:

$$\Phi = \frac{E}{2\pi} \ln r \; , \tag{10.187}$$

mit $r^2 = (x - x')^2 + (y - y')^2$ oder $r^2 = x^2 + y^2$ für eine Quelle am Ursprung. Die Geschwindigkeitskomponenten in Polarkoordinaten ergeben sich dann zu

$$u_r = \frac{\partial \Phi}{\partial r} = \frac{E}{2\pi} \frac{1}{r} \; , \tag{10.188}$$

$$u_\varphi = \frac{1}{r} \frac{\partial \Phi}{\partial \varphi} = 0 \; . \tag{10.189}$$

In kartesischen Koordinaten lauten die Komponenten

$$u = \frac{\partial \Phi}{\partial x} = \frac{E}{2\pi} \frac{x}{x^2 + y^2} \; , \tag{10.190}$$

$$v = \frac{\partial \Phi}{\partial y} = \frac{E}{2\pi} \frac{y}{x^2 + y^2} \; . \tag{10.191}$$

Durch Überlagerung einer Quelle mit der Parallelströmung entsteht auf die bekannte Weise ein einseitig unendlicher Körper (Abb. 10.24):

$$\Phi = U_\infty x + \frac{E}{2\pi} \ln \sqrt{x^2 + y^2} = U_\infty r \cos \varphi + \frac{E}{2\pi} \ln r \; . \tag{10.192}$$

Wie im rotationssymmetrischen Fall lassen sich auch hier durch Überlagerung von Parallelströmung und linienförmig verteilten Quellen und Senken zylindrische Körper unterschiedlicher Form erzeugen. Durch Differentiation des

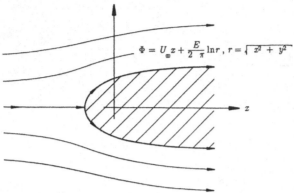

Abbildung 10.24. Ebener einseitig unendlicher Körper

Quellpotentials erhält man die Fundamentallösung des Dipols in der Ebene. Das Potential des in negative x-Richtung orientierten Dipols im Ursprung lautet

$$\Phi = \frac{M}{2\pi} \frac{x}{x^2 + y^2} = \frac{M}{2\pi} \frac{\cos\varphi}{r} \ . \tag{10.193}$$

Das Geschwindigkeitspotential (10.193) beschreibt auch die Strömung, die entsteht, wenn sich ein in z-Richtung unendlich ausgedehnter Kreiszylinder mit der Geschwindigkeit

$$U_\infty = \frac{M}{2\pi} \frac{1}{r_0^2}$$

nach links bewegt. Die Überlagerung eines Dipols mit einer Parallelströmung ergibt die Umströmung des ruhenden Kreiszylinders. Das zugehörige Potential ist

$$\Phi = U_\infty x + \frac{M}{2\pi} \frac{x}{x^2 + y^2} = U_\infty \left(r + \frac{r_0^2}{r} \right) \cos\varphi \ , \tag{10.194}$$

wenn die Strömungsrichtung mit der positiven x-Richtung übereinstimmt.

Eine andere wichtige singuläre Lösung der Laplace-Gleichung ist der bereits bekannte *Potentialwirbel* oder geradlinige Wirbelfaden. Das Potential des Wirbelfadens, der mit der z-Achse zusammenfällt, ist durch

$$\Phi = \frac{\Gamma}{2\pi} \varphi = \frac{\Gamma}{2\pi} \arctan\frac{y}{x} \tag{10.195}$$

gegeben. Für die Geschwindigkeitskomponenten in r- und φ-Richtung findet man

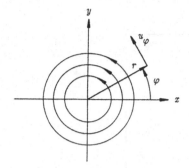

Abbildung 10.25. Potentialwirbel

$$u_r = \frac{\partial \Phi}{\partial r} = 0 \; , \tag{10.196}$$

$$u_\varphi = \frac{1}{r} \frac{\partial \Phi}{\partial \varphi} = \frac{\Gamma}{2\pi} \frac{1}{r} \; . \tag{10.197}$$

Der Koordinatenursprung ist ein singulärer Punkt, dort wird die Geschwindigkeit unendlich. Die Stromlinien sind Kreise. Mit Ausnahme des singulären Punktes ist die Strömung wirbelfrei. In Abschnitt 6.1 haben wir das Geschwindigkeitsfeld (10.197) auch als exakte Lösung der Navier-Stokesschen Gleichungen kennengelernt und dort gezeigt, daß diese Potentialströmung als Grenzfall der reibungsbehafteten Strömung zwischen zwei Kreiszylindern entsteht, wenn der innere (Radius R_I) rotiert und der Radius des ruhenden äußeren Zylinders unendlich groß wird. Der rotierende Zylinder übt ein Reibungsmoment (pro Längeneinheit) auf die Flüssigkeit aus, das wegen

$$\tau_w = -\tau_{\varphi r}|_{R_I} = -\eta \left(\frac{\partial u_\varphi}{\partial r} - \frac{u_\varphi}{r} \right) \bigg|_{R_I} = \frac{\eta \, \Gamma}{\pi} \frac{1}{R_I^2} \tag{10.198}$$

(siehe Anhang B) zu

$$M = \tau_w 2\pi \, R_I^2 = 2\Gamma \eta \tag{10.199}$$

berechnet wird. Das Moment ist also unabhängig vom Radius, folglich überträgt auch jeder Flüssigkeitszylinder mit dem Radius $r \geq R_I$ dasselbe Moment. Der Flüssigkeitsring zwischen R_I und r wird im Einklang mit der Tatsache, daß die Divergenz der Reibungsspannungen in inkompressibler Potentialströmung verschwindet, nicht beschleunigt. Die Leistung des Reibungsmomentes am Zylinder $r = R_I$ ist aber

$$P_I = M \left(\frac{u_\varphi}{r} \right) \bigg|_{R_I} = 2\Gamma \frac{\eta \, \Gamma}{2\pi} \frac{1}{R_I^2} \tag{10.200}$$

und an der Stelle r

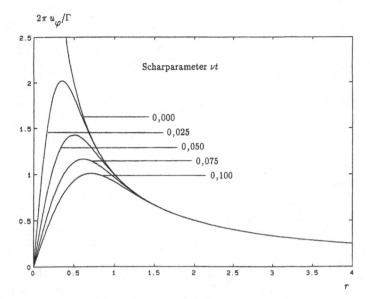

Abbildung 10.26. Geschwindigkeitsverteilung des zerfallenden Wirbels

$$P = \frac{\eta\,\Gamma^2}{\pi r^2}\;. \tag{10.201}$$

Die Differenz

$$\Delta P = \frac{\eta\,\Gamma^2}{\pi}\left(\frac{1}{R_I^2} - \frac{1}{r^2}\right) \tag{10.202}$$

wird in Wärme dissipiert. Das Ergebnis zeigt auch, daß ein isolierter Potentialwirbel ohne Zufuhr von Energie die Geschwindigkeitsverteilung (10.197) nicht aufrechterhalten kann. Wir vermerken zusätzlich, daß die kinetische Energie dieser Verteilung unendlich groß ist, es also physikalisch keinen Wirbel geben kann, dessen Verteilung wie $1/r$ geht und bis ins Unendliche reicht. Gibt man die Geschwindigkeitsverteilung (10.197) zur Zeit $t = 0$ vor, so lautet die Verteilung der Geschwindigkeit zu einem späteren Zeitpunkt

$$u_\varphi = \frac{\Gamma}{2\pi}\,\frac{1}{r}\left[1 - \exp\left(-\frac{r^2}{4\nu\,t}\right)\right]\;. \tag{10.203}$$

Man gewinnt diese Lösung aus der φ-Komponente der Navier-Stokesschen Gleichungen, wenn man bedenkt, daß im Problem keine ausgezeichnete Länge auftritt, daher r mit $(\nu\,t)^{-1/2}$ dimensionslos zu machen ist, und die Lösung ein Zusammenhang zwischen den dimensionslosen Gruppen

$$\Pi_1 = \frac{u_\varphi r}{\Gamma}\;, \quad \Pi_2 = \frac{r}{\sqrt{\nu\,t}}$$

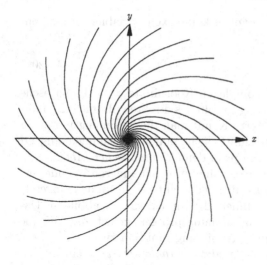

Abbildung 10.27. Überlagerung von Senke und Potentialwirbel (Logarithmische Spirale)

sein muß (Abb. 10.26). Diese Strömung ist nicht mehr rotationsfrei!

Die Überlagerung eines Potentialwirbels mit einer Senke (oder Quelle) ergibt eine Strömung, deren Stromlinien logarithmische Spiralen sind (*Wirbelquelle, Wirbelsenke*, Abb. 10.27). Die Lösung der Differentialgleichung für die Stromlinien in Polarkoordinaten

$$\frac{1}{r}\frac{\mathrm{d}r}{\mathrm{d}\varphi} = \frac{u_r}{u_\varphi} = +\frac{E}{\Gamma} \tag{10.204}$$

lautet

$$r = K \exp\left(\frac{E\,\varphi}{\Gamma}\right) . \tag{10.205}$$

Diese Strömung ist als „Badewannenabfluß" bekannt und hat eine technisch wichtige Anwendung in der Potentialströmung durch Radialgitter (siehe Abb. 2.9). Im schaufelfreien Ringraum, hinreichend weit vor und hinter dem Gitter, sind die Stromlinien logarithmische Spiralen, allerdings mit verschiedenen Werten von Γ vor und hinter dem Gitter. (Ist die Zirkulation vor dem Gitter Γ_e, dann ist sie hinter dem Gitter

$$\Gamma_a = \Gamma_e + n\,\Gamma_s \;,$$

wenn Γ_s die Zirkulation der Einzelschaufel und n die Anzahl der Schaufeln im Gitter ist.)

10.4.2 Komplexes Potential für ebene Strömungen

Die ebenen Strömungen unterscheiden sich von anderen zweidimensionalen Strömungen (zwei unabhängig Veränderliche) durch die Möglichkeit, die unabhängigen Veränderlichen x und y zu einer komplexen Variablen zusammen-zufassen:

$$z = x + \mathrm{i}\,y\,, \qquad \mathrm{i} = \sqrt{-1}\,. \tag{10.206}$$

Da jede analytische Funktion der komplexen Koordinate z die Laplacesche Gleichung erfüllt, wird die Berechnung sowohl des direkten als auch des indirekten Problems wesentlich erleichtert. Kennt man die Strömung um einen zylindrischen Körper, dessen Querschnittsfläche einfach zusammenhängend ist (z. B. Kreiszylinder), so kann man nach dem *Riemannschen Abbildungs-satz* durch *konforme Abbildung* die Strömung um jeden anderen Zylinder erhalten. Nach diesem Satz läßt sich nämlich jeder einfach zusammenhängende Bereich der komplexen Ebene in das Innere des Einheitskreises abbilden. Damit ist zwar im Prinzip das ebene Umströmungsproblem gelöst, die Aufgabe besteht aber nun darin, eine geeignete Abbildungsfunktion zu finden.

Die komplexe Funktion $F(z)$ heißt *analytisch (holomorph)* in einem offenen Gebiet G, wenn sie dort in jedem Punkt z komplex differenzierbar ist, d. h. der Grenzwert

$$\lim_{\Delta z \to 0} \frac{F(z + \Delta z) - F(z)}{\Delta z} = \frac{\mathrm{d}F}{\mathrm{d}z} \tag{10.207}$$

existiert und vom Weg von z nach $z + \Delta z$ unabhängig ist. Ein *singulärer Punkt* liegt vor, wenn diese Forderungen nicht erfüllt sind.

Längs eines Weges parallel zur x-Achse gilt

$$\frac{\mathrm{d}F}{\mathrm{d}z} = \frac{\partial F}{\partial x} \tag{10.208}$$

und längs eines Weges parallel zur y-Achse

$$\frac{\mathrm{d}F}{\mathrm{d}z} = \frac{\partial F}{\partial(\mathrm{i}\,y)}\,. \tag{10.209}$$

Da jede komplexe Funktion $F(z)$ auf die Form

$$F(z) = \Phi(x, y) + \mathrm{i}\Psi(x, y) \tag{10.210}$$

gebracht werden kann, entsteht

$$\frac{\partial F}{\partial x} = \frac{\partial \Phi}{\partial x} + \mathrm{i}\frac{\partial \Psi}{\partial x} = \frac{1}{\mathrm{i}}\frac{\partial \Phi}{\partial y} + \frac{\partial \Psi}{\partial y} = \frac{1}{\mathrm{i}}\frac{\partial F}{\partial y}\,. \tag{10.211}$$

Offensichtlich ist es für die Differenzierbarkeit notwendig, daß

$$\frac{\partial \Phi}{\partial x} = \frac{\partial \Psi}{\partial y} \quad \text{und} \quad \frac{\partial \Phi}{\partial y} = -\frac{\partial \Psi}{\partial x} \tag{10.212}$$

gelten. Die *Cauchy-Riemannschen Differentialgleichungen* (10.212) sind dann auch hinreichend für die Differenzierbarkeit von $F(z)$. Man zeigt auch leicht, daß sowohl der Realteil $\Re(F) = \Phi(x, y)$ als auch der Imaginärteil $\Im(F) = \Psi(x, y)$ die Laplace-Gleichung erfüllen. Differenziert man nämlich die erste der Differentialgleichungen von (10.212) nach x, die zweite nach y und addiert die Ergebnisse, so zeigt sich, daß Φ die Laplace-Gleichung erfüllt. Differenziert man die erste nach y, die zweite nach x und subtrahiert die Ergebnisse, zeigt sich dasselbe für Ψ. Beide Funktionen können daher als Geschwindigkeitspotential einer ebenen Strömung gelten. Wir wählen Φ als Geschwindigkeitspotential und fragen nach der physikalischen Bedeutung von Ψ. Mit

$$\vec{u} = \nabla\Phi = \frac{\partial\Phi}{\partial x}\vec{e}_x + \frac{\partial\Phi}{\partial y}\vec{e}_y = u\vec{e}_x + v\vec{e}_y \tag{10.213}$$

gilt wegen (10.212) auch

$$\nabla\Psi = \frac{\partial\Psi}{\partial x}\vec{e}_x + \frac{\partial\Psi}{\partial y}\vec{e}_y = -v\vec{e}_x + u\vec{e}_y \ . \tag{10.214}$$

Aus $\nabla\Phi \cdot \nabla\Psi = 0$ schließen wir, daß $\nabla\Psi$ senkrecht auf dem Geschwindigkeitsvektor $\vec{u}$ steht, $\Psi = $ const also Stromlinien sind. Damit ist aber Ψ als Stromfunktion identifiziert. (Wie schon im Zusammenhang mit (10.104) und (10.105) besprochen, ist aber die Einführung einer Stromfunktion nicht an Potentialströmungen gebunden!) Da eine additive Konstante einer Stromfunktion offensichtlich keine Rolle spielt, kann man es immer so einrichten, daß

$$\Psi = 0 \tag{10.215}$$

die Gleichung der Körperkontur ist. Mit bekanntem Ψ gewinnt man den Geschwindigkeitsvektor direkt aus der Formel

$$\vec{u} = \nabla\Psi \times \vec{e}_z \quad \text{bzw.} \quad u_i = \epsilon_{ij3}\frac{\partial\Psi}{\partial x_j} \ , \tag{10.216}$$

also

$$u = \frac{\partial\Psi}{\partial y} \ , \quad v = -\frac{\partial\Psi}{\partial x} \ , \tag{10.217}$$

so daß die Kontinuitätsgleichung

$$\frac{\partial u}{\partial x} + \frac{\partial v}{\partial y} = 0$$

identisch erfüllt ist. Wir berechnen nun den Volumenfluß (pro Tiefeneinheit) zwischen den Punkten A und B (Abb. 10.28):

$$\dot{V} = \int_B^A u_i n_i \mathrm{d}s \tag{10.218}$$

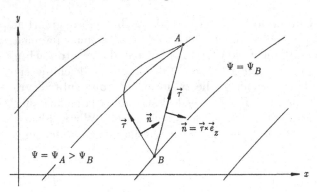

Abbildung 10.28. Zur Deutung der Stromfunktion in ebener Strömung

und schreiben zur Auswertung des Integrals für $n_i = \epsilon_{ik3}\tau_k$, wobei $\tau_k = \mathrm{d}x_k/\mathrm{d}s$ der Einheitsvektor längs des Integrationsweges $\mathrm{d}s$ in Richtung wachsendem Ψ ist (Abb. 10.28). Mit (10.216) erhalten wir dann

$$\dot{V} = \int\limits_B^A \left(\epsilon_{ij3}\frac{\partial\Psi}{\partial x_j}\epsilon_{ik3}\frac{\mathrm{d}x_k}{\mathrm{d}s} \right) \mathrm{d}s \qquad (10.219)$$

oder mit $\epsilon_{ij3}\epsilon_{ik3} = \delta_{jk}$ auch

$$\dot{V} = \int\limits_B^A \frac{\partial\Psi}{\partial x_j}\mathrm{d}x_j = \int\limits_B^A \mathrm{d}\Psi = \Psi_A - \Psi_B \; . \qquad (10.220)$$

Dieses Ergebnis bestätigt, daß der Volumenstrom vom Weg zwischen A und B unabhängig und gleich der Differenz der Werte der Stromfunktion an diesen Punkten ist. Die Geschwindigkeitskomponenten lassen sich auf kürzerem Wege mittels

$$\frac{\mathrm{d}F}{\mathrm{d}z} = \frac{\partial F}{\partial x} = \frac{\partial\Phi}{\partial x} + \mathrm{i}\frac{\partial\Psi}{\partial x} = u - \mathrm{i}v \qquad (10.221)$$

berechnen, wobei das Vorzeichen an v zu beachten ist: $\mathrm{d}F/\mathrm{d}z$ ergibt die *konjugiert komplexe Geschwindigkeit*

$$\frac{\mathrm{d}F}{\mathrm{d}z} = \overline{w} = u - \mathrm{i}v \; ,$$

also die Spiegelung der *komplexen Geschwindigkeit* $w = u + \mathrm{i}v$ an der reellen Achse.

Im folgenden seien einige Beispiele komplexer Potentiale aufgeführt.

a) Translationsströmung:

$$F(z) = (U_\infty - iV_\infty)\, z \ , \tag{10.222}$$

oder

$$F = (U_\infty x + V_\infty y) + i\,(U_\infty y - V_\infty x) \ , \tag{10.223}$$

wegen (10.210) also

$$\Phi = U_\infty x + V_\infty y \ , \tag{10.224}$$

$$\Psi = U_\infty y - V_\infty x \ . \tag{10.225}$$

Die Stromlinien folgen aus $\Psi = \text{const}$ zu $y = x\, V_\infty / U_\infty + C$ und die konjugiert komplexe Geschwindigkeit aus

$$\frac{dF}{dz} = U_\infty - iV_\infty \ . \tag{10.226}$$

b) Quellströmung:

$$F(z) = \frac{E}{2\pi} \ln z \tag{10.227}$$

oder wegen $z = re^{i\varphi}$ auch

$$F = \frac{E}{2\pi}(\ln r + i\varphi) \ . \tag{10.228}$$

Mit (10.210) ergeben sich Geschwindigkeitspotential und Stromfunktion zu

$$\Phi = \frac{E}{2\pi} \ln r \ , \tag{10.229}$$

$$\Psi = \frac{E}{2\pi} \varphi \ . \tag{10.230}$$

Die Stromlinien $\Psi = \text{const}$ sind Strahlen durch den Ursprung.

c) Potentialwirbel:

$$F(z) = -i\frac{\Gamma}{2\pi} \ln z \ , \tag{10.231}$$

wobei das negative Vorzeichen nötig wird, weil wir Γ im Gegenuhrzeigersinn positiv zählen. In Polardarstellung erhalten wir

$$F = -i\frac{\Gamma}{2\pi}(\ln r + i\varphi) \ , \tag{10.232}$$

also

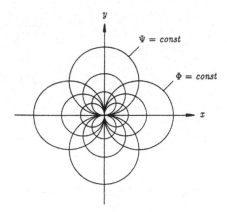

Abbildung 10.29. Stromlinien und Äquipotentiallinien des ebenen Dipols

$$\Phi = +\frac{\Gamma}{2\pi}\varphi \ , \tag{10.233}$$

$$\Psi = -\frac{\Gamma}{2\pi}\ln r \ . \tag{10.234}$$

Die Stromlinien $\Psi = $ const sind Kreise ($r = $ const).

d) Dipol:

$$F(z) = \frac{M}{2\pi}\frac{1}{z} \ , \tag{10.235}$$

bzw. nach konjugiert komplexer Erweiterung

$$F = \frac{M}{2\pi}\frac{1}{r}(\cos\varphi - \mathrm{i}\sin\varphi) = \frac{M}{2\pi}\frac{1}{r^2}(x - \mathrm{i}y) \ , \tag{10.236}$$

woraus man unmittelbar abliest:

$$\Phi = +\frac{M}{2\pi}\frac{\cos\varphi}{r} = \frac{M}{2\pi}\frac{1}{r^2}x \ , \tag{10.237}$$

$$\Psi = -\frac{M}{2\pi}\frac{\sin\varphi}{r} = -\frac{M}{2\pi}\frac{1}{r^2}y \ . \tag{10.238}$$

Für $\Psi = $ const erhält man mit $\sin\varphi = y/r$

$$r^2 = x^2 + y^2 = -\frac{M}{C}y \ , \tag{10.239}$$

d. h. die Stromlinien sind Kreise, die die x-Achse im Ursprung tangieren (Abb. 10.29).

e) Eckenströmung:

$$F(z) = \frac{a}{n}z^n \ , \tag{10.240}$$

mit $z = re^{i\varphi}$ folgt

$$F = \frac{a}{n} r^n (\cos n\varphi + i \sin n\varphi) \qquad (10.241)$$

und daher

$$\Phi = \frac{a}{n} r^n \cos n\varphi \, , \qquad (10.242)$$

$$\Psi = \frac{a}{n} r^n \sin n\varphi \, . \qquad (10.243)$$

Für den Betrag der Geschwindigkeit erhalten wir

$$|\vec{u}| = \left| \frac{\mathrm{d}F}{\mathrm{d}z} \right| = |a \, z^{n-1}| = |a| \, r^{n-1} \, . \qquad (10.244)$$

Die Stromlinien ergeben sich allgemein aus $\Psi = \text{const.}$ Speziell für $\Psi = 0$, also $\sin n\varphi = 0$ oder $\varphi = k\pi/n$ $(k = 0, 1, 2, \ldots)$ sind dies Geraden durch den Ursprung, die Wände im Strömungsfeld darstellen können. Abb. 10.30 zeigt die Stromlinienbilder für verschiedene Werte des Exponenten n.

f) Umströmung eines Zylinders (Abb. 10.31):

$$F(z) = U_\infty \left(z + \frac{r_0^2}{z} \right) \qquad (10.245)$$

oder wieder mit $z = re^{i\varphi}$

$$F = U_\infty \left(r + \frac{r_0^2}{r} \right) \cos\varphi + iU_\infty \left(r - \frac{r_0^2}{r} \right) \sin\varphi \qquad (10.246)$$

und damit

$$\Phi = U_\infty \left(r + \frac{r_0^2}{r} \right) \cos\varphi \, , \qquad (10.247)$$

$$\Psi = U_\infty \left(r - \frac{r_0^2}{r} \right) \sin\varphi \, . \qquad (10.248)$$

$\Psi = 0$ erhält man für $r = r_0$ und $\varphi = 0, \pi, \ldots$ Aus der konjugiert komplexen Geschwindigkeit

$$\frac{\mathrm{d}F}{\mathrm{d}z} = U_\infty \left(1 - \frac{r_0^2}{z^2} \right) \qquad (10.249)$$

schließt man durch $\mathrm{d}F/\mathrm{d}z = 0$ auf die Lage der Staupunkte bei $z = \pm r_0$ und auf die Geschwindigkeitskomponenten

$$u - iv = U_\infty \left(1 - e^{-i2\varphi} \frac{r_0^2}{r^2} \right) \qquad (10.250)$$

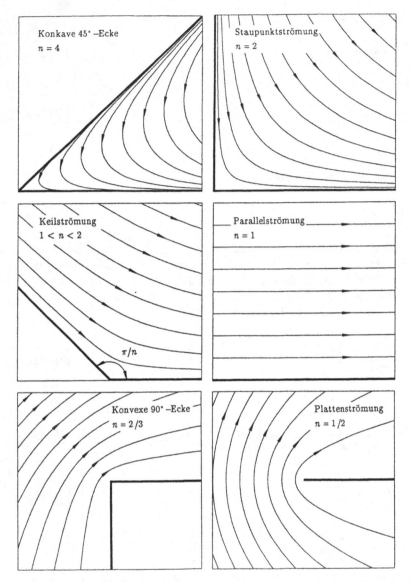

Abbildung 10.30. Eckenströmung für verschiedene Werte des Exponenten n

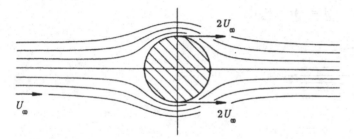

$2U_\infty$

U_∞

$2U_\infty$

Abbildung 10.31. Umströmung eines Kreiszylinders ohne Zirkulation

bzw.

$$u = U_\infty \left(1 - \frac{r_0^2}{r^2} \cos 2\varphi \right) , \tag{10.251}$$

$$v = -U_\infty \frac{r_0^2}{r^2} \sin 2\varphi . \tag{10.252}$$

Die maximale Geschwindigkeit wird für $r = r_0$ (Körperkontur) und $\varphi = \pi/2, 3\pi/2, \ldots$ erreicht:

$$U_{max} = 2U_\infty . \tag{10.253}$$

g) Umströmung eines Kreiszylinders plus Potentialwirbel:
Diese Überlagerung ist möglich, da ein Potentialwirbel auf der Zylinderachse die kinematische Randbedingung am Kreiszylinder erfüllt. Das komplexe Potential dieser Strömung ist

$$F(z) = U_\infty \left(z + \frac{r_0^2}{z} \right) - \mathrm{i} \frac{\Gamma}{2\pi} \ln(z/r_0) , \tag{10.254}$$

woraus wir das Potential und die Stromfunktion zu

$$\Phi = U_\infty \left(r + \frac{r_0^2}{r} \right) \cos\varphi + \frac{\Gamma}{2\pi} \varphi , \tag{10.255}$$

$$\Psi = U_\infty \left(r - \frac{r_0^2}{r} \right) \sin\varphi - \frac{\Gamma}{2\pi} \ln(r/r_0) \tag{10.256}$$

ablesen. Da $F(z)$ für alle Werte von Γ die Strömung um einen Kreiszylinder darstellt, ist diese nicht eindeutig. Wir verschaffen uns einen Überblick über die verschiedenen Strömungen, indem wir die Staupunkte auf der Körperkontur berechnen. Aus

$$u_\varphi = \left. \frac{1}{r} \frac{\partial\Phi}{\partial\varphi} \right|_{r=r_0} = -2U_\infty \sin\varphi + \frac{\Gamma}{2\pi} \frac{1}{r_0} \tag{10.257}$$

folgt die Bedingung

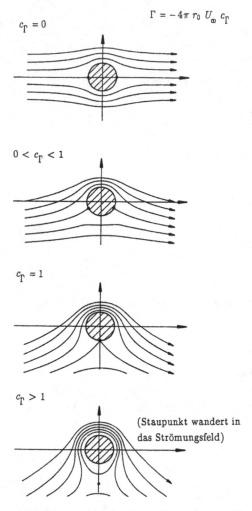

$$c_\Gamma = 0 \qquad\qquad \Gamma = -4\pi\, r_0\, U_\infty\, c_\Gamma$$

$$0 < c_\Gamma < 1$$

$$c_\Gamma = 1$$

$$c_\Gamma > 1$$

(Staupunkt wandert in das Strömungsfeld)

Abbildung 10.32. Umströmung eines Kreiszylinders mit Zirkulation im Uhrzeigersinn $\Gamma = -4\pi\, r_0 U_\infty c_\Gamma$

$$\sin\varphi = \frac{\Gamma}{4\pi}\,\frac{1}{U_\infty r_0} \qquad\qquad (10.258)$$

für die Lage der Staupunkte. Die Abb. 10.32 zeigt die Strömungsformen für verschiedene Werte der Zirkulation Γ.

Die Kraft (pro Tiefeneinheit) in x-Richtung auf den Zylinder verschwindet aus Symmetriegründen, die in y-Richtung beträgt

$$F_y = -\varrho U_\infty \Gamma\,, \qquad (\Gamma < 0)\,. \qquad\qquad (10.259)$$

Das Strömungsfeld der Abb. 10.32d läßt sich experimentell realisieren, wenn man einen rotierenden Zylinder mit einer Geschwindigkeit U_∞ quer anbläst,

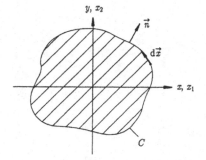

Abbildung 10.33. Zum Blasius-Theorem

die hinreichend klein im Vergleich zur Umfangsgeschwindigkeit $\Omega\, r_0$ ist, was der Bedingung $|\Gamma| > 4\pi\, r_0 U_\infty$ entspricht. Bekanntlich erzeugt ein rotierender Zylinder ohne Anströmung in reibungsbehafteter Flüssigkeit einen Potentialwirbel, und es ist einsichtig, daß eine geringe Queranströmung keine Ablösung am Zylinder verursachen wird. Wie Experimente zeigen, wird der potentialtheoretische Auftrieb bereits bei $\Omega\, r_0 / U_\infty > 4$ erreicht. Man nennt die Erscheinung, daß ein querangeströmter, rotierender Zylinder einen Auftrieb erfährt, den *Magnuseffekt*. Er ist allgemein bei rotierenden Körpern zu beobachten, so z.B. bei angeschnittenen Tennisbällen. Er spielt aber auch in der Ballistik (rotierende Geschosse) eine große Rolle. Es ist sogar versucht worden, rotierende Zylinder statt Segel auf Schiffen zu verwenden (*Flettner-Rotor*).

10.4.3 Blasius-Theorem

Wir beschränken uns auf stationäre Strömungen und betrachten einen einfach zusammenhängenden Bereich, der Querschnitt eines umströmten Zylinders sein möge, und berechnen aus

$$F_i = -\oint\limits_{(C)} p\, n_i \mathrm{d}s \tag{10.260}$$

die Kraftkomponenten pro Tiefeneinheit mit $n_i = \epsilon_{ik3}\mathrm{d}x_k/\mathrm{d}s$ (vgl. (10.219)) zu

$$F_1 = F_x = -\oint\limits_{(C)} p\, \mathrm{d}y \tag{10.261}$$

und

$$F_2 = F_y = +\oint\limits_{(C)} p\, \mathrm{d}x \tag{10.262}$$

In komplexer Schreibweise

$$z = x + iy , \qquad \overline{z} = x - iy$$

fassen wir die Kraftkomponenten zu

$$F_x - iF_y = \oint\limits_{(C)} (-ip) d\overline{z} \qquad (10.263)$$

zusammen.

Das Moment am Zylinder hat nur eine Komponente in z-Richtung:

$$\vec{M} \cdot \vec{e}_z = M = -\oint\limits_{(C)} \epsilon_{ij3} x_i n_j p\, ds = -\oint\limits_{(C)} \epsilon_{ij3} x_i \epsilon_{jk3} p\, dx_k = \oint\limits_{(C)} x_i \delta_{ik} p\, dx_k$$

$$(10.264)$$

oder

$$M = \oint\limits_{(C)} (x\, p\, dx + y\, p\, dy) . \qquad (10.265)$$

Das Kurvenintegral fassen wir komplex zusammen:

$$M = \oint\limits_{(C)} p\, \Re(z\, d\overline{z}) . \qquad (10.266)$$

Für stationäre Strömung folgt nunmehr aus der Bernoullischen Gleichung

$$p + \frac{\varrho}{2}(u^2 + v^2) = p_0 \qquad (10.267)$$

und dem Quadrat des Betrages der konjugiert komplexen Geschwindigkeit

$$\left| \frac{dF}{dz} \right|^2 = \frac{dF}{dz} \frac{d\overline{F}}{d\overline{z}} = u^2 + v^2 \qquad (10.268)$$

für den Druck

$$p = p_0 - \frac{\varrho}{2} \frac{dF}{dz} \frac{d\overline{F}}{d\overline{z}} . \qquad (10.269)$$

Damit schreiben wir für die Kraft

$$F_x - iF_y = i\frac{\varrho}{2} \oint\limits_{(C)} \frac{dF}{dz} d\overline{F} , \qquad (10.270)$$

denn das Rundintegral über den konstanten Druck p_0 verschwindet. Da die Körperkontur eine Kurve $\Psi = $ const ist, gilt

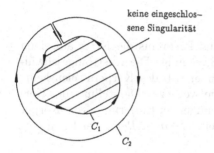

Abbildung 10.34. Zur Anwendung des Cauchyschen Integralsatzes

$$\mathrm{d}\overline{F} = \mathrm{d}\Phi = \mathrm{d}F \ , \tag{10.271}$$

und aus (10.270) entsteht das *Erste Blasius-Theorem*:

$$F_x - \mathrm{i}F_y = \mathrm{i}\frac{\varrho}{2} \oint\limits_{(C)} \left(\frac{\mathrm{d}F}{\mathrm{d}z}\right)^2 \mathrm{d}z \ . \tag{10.272}$$

Auf analoge Weise erhalten wir aus (10.266) das *Zweite Blasius-Theorem*:

$$M = -\frac{\varrho}{2} \, \Re \left(\oint\limits_{(C)} \left(\frac{\mathrm{d}F}{\mathrm{d}z}\right)^2 z\,\mathrm{d}z \right) \ . \tag{10.273}$$

Der Herleitung entsprechend sind die Integrationen längs der Körperkontur auszuführen. Als Folge des *Cauchyschen Integralsatzes*

$$\oint\limits_{(C)} f(z)\,\mathrm{d}z = 0 \left\{ \begin{array}{l} \text{falls f(z) auf C und im von C umschlossenen Bereich} \\ \text{holomorph ist} \end{array} \right. \tag{10.274}$$

kann die Integration auch auf einer beliebigen, den Körper umschließenden und geschlossenen Kurve erfolgen, solange zwischen der Körperkontur und der Integrationskurve keine Singularitäten eingeschlossen werden. Aus (10.274) folgt nämlich mit dem Umlaufsinn der Abb. 10.34

$$\oint\limits_{(C_1)} f(z)\,\mathrm{d}z + \oint\limits_{(C_2)} f(z)\,\mathrm{d}z = 0 \tag{10.275}$$

oder, wenn C_1 und C_2 gleichsinnig umfahren werden,

$$\oint\limits_{(C_1)} f(z)\,\mathrm{d}z = \oint\limits_{(C_2)} f(z)\,\mathrm{d}z \ . \tag{10.276}$$

10.4.4 Kutta-Joukowsky-Theorem

Wir berechnen mit Hilfe des Ersten Blasius-Theorems die Kraft auf einen Zylinder beliebiger Kontur in stationärer Strömung. Die Anströmgeschwindigkeit im Unendlichen sei $U_\infty + iV_\infty$. Außerhalb des Körpers seien keine Singularitäten, innerhalb jedoch notwendigerweise zur Darstellung des Körpers und zur Erzeugung des Auftriebs. In genügender Entfernung vom Körper kann man das Geschwindigkeitsfeld durch eine *Laurent-Reihe* der Form

$$\frac{dF}{dz} = u - iv = A_0 + A_1 z^{-1} + A_2 z^{-2} + A_3 z^{-3} + \cdots = \sum_{n=0}^{\infty} A_n z^{-n} \quad (10.277)$$

darstellen, woraus sich das komplexe Potential zu

$$F(z) = A_0 z + A_1 \ln z - \sum_{n=2}^{\infty} \frac{1}{n-1} A_n z^{-(n-1)} + \text{const} \quad (10.278)$$

ergibt. Aus der Bedingung im Unendlichen

$$\left. \frac{dF}{dz} \right|_{\infty} = U_\infty - iV_\infty \quad (10.279)$$

folgt

$$A_0 = U_\infty - iV_\infty \ . \quad (10.280)$$

Zur Berechnung des Koeffizienten A_1 bilden wir das Umlaufintegral über $(u - iv)$ längs der Körperkontur:

$$\oint_{(C)} (u - iv) dz = \oint_{(C)} (u - iv)(dx + idy) \quad (10.281)$$

oder

$$\oint_{(C)} (u - iv) dz = \oint_{(C)} \vec{u} \cdot d\vec{x} + i \oint_{(C)} d\Psi \ , \quad (10.282)$$

wobei das zweite Integral verschwindet, da $d\Psi$ längs der Körperkontur null ist. Mit der Definition der Zirkulation (1.105) schreiben wir deshalb

$$\oint_{(C)} (u - iv) dz = \Gamma \ . \quad (10.283)$$

Da die Laurent-Reihe (10.277) nur eine wesentliche Singularität ($z = 0$) hat, gilt nach dem *Residuensatz*

$$\oint\limits_{(C)} (u - \mathrm{i}v)\,\mathrm{d}z = 2\pi\mathrm{i}A_1 = \Gamma \; . \tag{10.284}$$

Hieraus gewinnen wir die konjugiert komplexe Geschwindigkeit in der Form

$$u - \mathrm{i}v = U_\infty - \mathrm{i}V_\infty - \mathrm{i}\frac{\Gamma}{2\pi}\,z^{-1} + \sum_{n=2}^{\infty} A_n z^{-n} \; . \tag{10.285}$$

Aus (10.272) berechnen wir jetzt die Kraft auf den Zylinder. Wegen

$$\left(\frac{\mathrm{d}F}{\mathrm{d}z}\right)^2 = (U_\infty - \mathrm{i}V_\infty)^2 - \mathrm{i}\frac{\Gamma}{\pi\,z}(U_\infty - \mathrm{i}V_\infty) - \frac{\Gamma^2}{4\pi^2 z^2} + \frac{2A_2}{z^2}(U_\infty - \mathrm{i}V_\infty) + \cdots \tag{10.286}$$

erhalten wir durch Anwendung des Residuensatzes

$$\oint\limits_{(C)} \left(\frac{\mathrm{d}F}{\mathrm{d}z}\right)^2 \mathrm{d}z = -(2\pi\,\mathrm{i})\mathrm{i}\,\Gamma\frac{U_\infty - \mathrm{i}V_\infty}{\pi} \tag{10.287}$$

und damit aus (10.272) den *Satz von Kutta und Joukowsky*

$$F_x - \mathrm{i}F_y = \mathrm{i}\varrho\,\Gamma(U_\infty - \mathrm{i}V_\infty) \; . \tag{10.288}$$

Aus dieser Gleichung schließen wir zum einen, daß der Auftrieb senkrecht auf der Anströmung steht, d. h. der Körper keinen Widerstand erfährt, und zum anderen, daß für gegebene Zirkulation Γ der Auftrieb unabhängig von der Körperkontur ist.

Für das Moment erhält man auf ähnliche Weise

$$M = -2\pi\,\varrho\,U_\infty\Re\left[\mathrm{i}A_2\left(1 - \mathrm{i}\frac{V_\infty}{U_\infty}\right)\right] \; ; \tag{10.289}$$

daher hängt das Moment vom komplexen Koeffizienten A_2 und somit von der Körperkontur ab.

10.4.5 Konforme Abbildung

Mit Hilfe der konformen Abbildung ist es bekanntlich möglich, die Umströmung von Kreiszylindern auf Strömungen um Zylinder mit beliebigen Konturen zu transformieren. Solange in der realen Strömung keine Ablösung der Grenzschicht auftritt, gibt dann die Potentialtheorie die wirklichen Strömungsverhältnisse sehr gut wieder. Von daher hat auch die Potentialströmung um den Kreiszylinder eine technische Bedeutung.

Die komplexe analytische Abbildungsfunktion

$$\zeta = f(z) \tag{10.290}$$

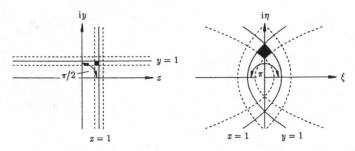

Abbildung 10.35. Zur konformen Abbildung

bildet an allen Punkten z, an denen $f'(z)$ einen endlichen, von null verschiedenen Wert hat, die z-Ebene „im Kleinen ähnlich" auf die ζ-Ebene ab. Infinitesimale Konfigurationen bleiben *konform*, d. h. stimmen überein. Im einzelnen hat die Transformation folgende leicht zu beweisende Eigenschaften:

a) Die Winkel zwischen beliebigen Kurvenelementen sowie ihr Drehsinn bleiben

erhalten.

b) Das Verhältnis zweier kleiner Längen bleibt erhalten, also

$$\frac{|\Delta z|}{|\Delta z'|} = \frac{|\Delta \zeta|}{|\Delta \zeta'|} .$$

c) Ein kleines Element Δz transformiert sich in das Element $\Delta \zeta$ gemäß

$$\Delta \zeta = \Delta z \, \frac{\mathrm{d}\zeta}{\mathrm{d}z} .$$

Als Beispiel betrachten wir die Abbildungsfunktion

$$\zeta = z^2 = (x + \mathrm{i}y)^2 \tag{10.291}$$

(Abb. 10.35). Es folgt

$$\zeta = \xi + \mathrm{i}\eta = (x^2 - y^2) + 2\mathrm{i}\,x\,y , \tag{10.292}$$

also

$$\xi = x^2 - y^2 , \qquad \eta = 2x\,y . \tag{10.293}$$

Linien $x = C$ der z-Ebene werden auf nach links geöffnete Parabeln abgebildet, wie man erkennt, wenn man y aus den beiden letzten Gleichungen eliminiert:

$$\xi = C^2 - \frac{\eta^2}{4C^2} . \tag{10.294}$$

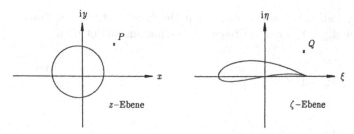

Abbildung 10.36. Konforme Abbildung eines Kreiszylinders auf ein Profil

Für $C = 0$ (y-Achse) fällt die entartete Parabel mit der negativen ξ-Achse zusammen. Linien $y = C$ ergeben nach rechts geöffnete Parabeln:

$$\xi = \frac{\eta^2}{4C^2} - C^2 , \tag{10.295}$$

wobei für $C = 0$ (x-Achse) die Parabel entartet und auf die positive ξ-Achse fällt. Der Ursprung ist ein singulärer Punkt dieser Abbildung. Dort hat $f' = \mathrm{d}\zeta/\mathrm{d}z$ eine einfache Nullstelle, an diesem Punkt ist die Abbildung nicht mehr konform. Bei einer einfachen Nullstelle wird der Winkel zwischen zwei Linienelementen der z-Ebene, z. B. zwischen der x- und y-Achse ($\pi/2$), in der ζ-Ebene verdoppelt (π). Allgemein gilt:

Bei einer n-fachen Nullstelle von $f'(z)$ vergrößert sich der Winkel um das $(n+1)$-   fache (Verzweigungspunkt der Ordnung n).

Wir betrachten jetzt die Abbildung eines Kreiszylinders von der z-Ebene in die ζ-Ebene. Durch die Abbildungsfunktion wird das Gebiet außerhalb des Zylinders in der z-Ebene in das Gebiet außerhalb eines anderen Zylinders in der ζ-Ebene abgebildet (Abb. 10.36).

P und Q seien einander entsprechende Punkte in der z- und ζ-Ebene. Das Potential im Punkt P ist

$$F(z) = \Phi + \mathrm{i}\Psi . \tag{10.296}$$

Das gleiche Potential hat der Punkt Q, wir erhalten es durch Einsetzen der Abbildungsfunktion

$$F(z) = F[z(\zeta)] = F(\zeta) . \tag{10.297}$$

Die konjugiert komplexe Geschwindigkeit $\overline{w}_\zeta$ in der ζ-Ebene berechnet sich dann nach

$$\overline{w}_\zeta(\zeta) = \frac{\mathrm{d}F}{\mathrm{d}\zeta} . \tag{10.298}$$

Zweckmäßiger ist jedoch oft folgendes Verfahren: Man betrachtet z als Parameter und berechnet den Wert des Potentials am Punkt z. Mit Hilfe der Abbildungsfunktion $\zeta = f(z)$ bestimmt man den Wert von ζ, der z entspricht.

An diesem Punkt ζ hat das Potential dann den gleichen Wert wie am Punkt z. Um die Geschwindigkeit in der ζ-Ebene zu bestimmen, bildet man

$$\frac{dF}{d\zeta} = \frac{dF}{dz}\frac{dz}{d\zeta} = \frac{dF}{dz}\left(\frac{d\zeta}{dz}\right)^{-1}. \tag{10.299}$$

oder

$$\overline{w}_\zeta(\zeta) = \overline{w}_z(z)\left(\frac{d\zeta}{dz}\right)^{-1}. \tag{10.300}$$

Zur Berechnung der Geschwindigkeit an einem Punkt in der ζ-Ebene dividiert man also die Geschwindigkeit im entsprechenden Punkt der z-Ebene durch $d\zeta/dz$. Die Ableitung $dF/d\zeta$ existiert demnach an allen Punkten mit $d\zeta/dz \neq 0$. An den singulären Punkten mit $d\zeta/dz = 0$ wird die konjugiert komplexe Geschwindigkeit in der ζ-Ebene $\overline{w}_\zeta(\zeta) = dF/d\zeta$ unendlich, sofern sie in der z-Ebene dort nicht gleich null ist.

10.4.6 Schwarz-Christoffel-Transformation

Die im Zusammenhang mit der Abbildungsfunktion $\zeta = z^2$ besprochenen Eigenschaften von konformen Abbildungen in singulären Punkten der Abbildungsfunktion kann man auch benutzen, um die x-Achse auf einen Polygonzug abzubilden. Wir betrachten dazu die Abbildung, die durch

$$\frac{d\zeta}{dz} = f'(z) = K(z-x_1)^{\alpha_1/\pi-1}(z-x_2)^{\alpha_2/\pi-1}\cdots(z-x_n)^{\alpha_n/\pi-1} \tag{10.301}$$

gegeben ist und als *Schwarz-Christoffel-Transformation* bekannt ist.

Bezeichnet man den Polwinkel φ einer komplexen Zahl $z = r\exp(i\varphi)$ mit $\arg(z)$, so liest man dem Logarithmus von (10.301) wegen

$$\ln z = \ln r + i\arg(z) \tag{10.302}$$

ab:

$$\arg(d\zeta) = \arg(dz) + \arg(K) + \left(\frac{\alpha_1}{\pi} - 1\right)\arg(z - x_1) +$$
$$+ \left(\frac{\alpha_2}{\pi} - 1\right)\arg(z - x_2) + \cdots + \left(\frac{\alpha_n}{\pi} - 1\right)\arg(z - x_n). \tag{10.303}$$

Geht man von einem Punkt der x-Achse links von x_1 (Abb. 10.37) in Richtung wachsender x, so ist der Polwinkel $\arg(dz) = 0$. Für $x < x_1$ sind alle $(z - x_i)$ in (10.303) kleiner null und reell, d. h. $\arg(z - x_i) = \pi$. Somit ist $\arg(d\zeta)$ konstant, bis die erste Singularität x_1 erreicht wird. Beim Überschreiten von x_1 wechselt der Term $(z - x_1)$ das Vorzeichen, $\arg(z - x_1)$ springt daher vom Wert π auf 0. Da alle anderen Summanden in (10.303) unverändert bleiben, springt $\arg(d\zeta)$ um den Wert $(\alpha_1/\pi - 1)(-\pi) = \pi - \alpha_1$ und bleibt dann

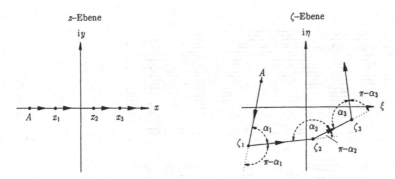

Abbildung 10.37. Zur Schwarz-Christoffel-Transformation

bis zum Erreichen von x_2 wiederum konstant. An der Stelle $\zeta_1 = f(x_1)$ der transformierten Ebene hat also der Linienzug, der $A - x_1 - x$ $(x < x_2)$ entspricht, einen Knick. Bei $z = x_2$ springt $\arg(z - x_2)$ um $-\pi$, $\arg(\mathrm{d}\zeta)$ also um $\pi - \alpha_2$ usw. Zwischen den singulären Punkten x_i sind die Abbildungen der x-Achse jeweils Geraden ($\arg(\mathrm{d}\zeta) = \mathrm{const}$), der Winkel zwischen zwei Geradenstücken ist jeweils α_i. Die obere Halbebene der z-Ebene wird in das Innere des Polygonzuges in der ζ-Ebene abgebildet, wobei die Konstante K in (10.301) eine konstante Streckung und Drehung des Polygonzuges erlaubt.

Als Beispiel behandeln wir die Transformation

$$\frac{\mathrm{d}\zeta}{\mathrm{d}z} = K(z+1)^{(1/2-1)}(z-1)^{(3/2-1)} = K\sqrt{\frac{z-1}{z+1}} \ . \tag{10.304}$$

Singuläre Punkte sind $x_1 = -1$, $x_2 = 1$, und die zugehörigen Winkel lauten $\alpha_1 = \pi/2$, $\alpha_2 = 3\pi/2$. Für Linienelemente auf der x-Achse links von x_1 ergibt sich gemäß (10.303) in der ζ-Ebene ein Polwinkel von

$$\arg(\mathrm{d}\zeta) = \arg(\mathrm{d}z) + \arg(K) + \left(-\frac{1}{2}\right)\pi + \frac{1}{2}\pi = \arg(K) \ . \tag{10.305}$$

Wählt man K reell, so beginnt die Abbildung der x-Achse mit einer Parallelen zur ξ-Achse. Für $x_1 < x < x_2$ ist der Polwinkel $\arg(\mathrm{d}\zeta) = \pi - \alpha_1 = \pi/2$, d. h. das zweite Geradenstück ist eine Parallele zur $i\eta$-Achse. Für $x > x_2$ ist $\arg(\mathrm{d}\zeta) = \pi/2 + (\pi - \alpha_2) = 0$, d. h. die Abbildung ist wieder parallel zur ξ-Achse. Für dieses Beispiel läßt sich die Abbildungsfunktion geschlossen angeben: Aus der Integration von (10.304) folgt

$$\zeta = f(z) = K\int \sqrt{\frac{z-1}{z+1}}\,\mathrm{d}z = K\left(\sqrt{z^2-1} - \ln(z+\sqrt{z^2-1})\right) + C \ , \tag{10.306}$$

wobei C als Integrationskonstante auftritt. Der Bildpunkt des singulären Punktes $x_1 = -1$ ist $\zeta_1 = -K\ln(-1) + C = -iK\pi + C$, der des Punktes

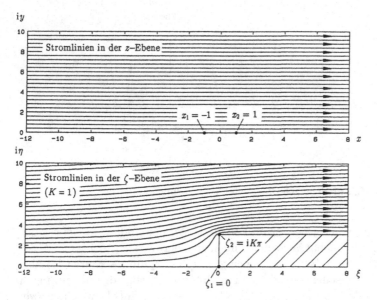

Abbildung 10.38. Stufe in der Parallelströmung

$x_2 = 1$ ist $\zeta_2 = C$. Für $C = iK\pi$ ist $\zeta_1 = 0$, $\zeta_2 = iK\pi$, und es entsteht die in Abb. 10.38 dargestellte Konfiguration. Jedes Strömungsfeld der z-Ebene, für das die x-Achse Stromlinie ist, ergibt in der ζ-Ebene ein Strömungsfeld um eine Stufe der Höhe $K\,\pi$. Speziell für die Parallelströmung $F(z) = U_\infty z$ ist $F(\zeta) = U_\infty z(\zeta)$ das komplexe Potential der dargestellten Stufenumströmung.

10.4.7 Freistrahlen

Bei der Besprechung der plötzlichen Querschnittsverengung (Abb. 9.8) haben wir schon darauf hingewiesen, daß die Flüssigkeit an der scharfen Kante ablöst und zunächst nicht der Rohrwand folgt, sondern einen freien Strahl bildet, der sich einschnürt. Der Strahlrand ist instabil, und wenn die umgebende Flüssigkeit die Dichte des austretenden Strahles hat (wie dies bei Querschnittsverengung der Fall ist), führt diese Instabilität dazu, daß der Strahl sich mit der umgebenden Flüssigkeit rasch vermischt, was in Abb. 9.8 angedeutet ist.

Wenn der Strahl aber in eine Flüssigkeit wesentlich kleinerer Dichte austritt, so findet u. U. selbst auf Strecken, die groß im Vergleich zur linearen Abmessung der Austrittsöffnung sind, keine Vermischung und Strahlauflösung statt. Bei kleinem Strahldurchmesser und hoher Strahlgeschwindigkeit kann es zwar zum Strahlzerfall unmittelbar hinter dem Austritt kommen, wir wollen aber diesen Vorgang des „Zerwellens" und „Zersprühens", bei dem übrigens die Kapillarspannungen und die Viskosität eine Rolle spielen, außer acht lassen.

Von technischem Interesse ist bei *Freistrahlen* die Kontur des Strahles, aus der man beispielsweise auf die schon erwähnte Kontraktionsziffer schließen kann. Die Berechnung der Strahlströmung ist aber im allgemeinen ein schwieriges Problem, da am Strahlrand, der noch unbekannt ist, die dynamische Randbedingung (4.171) zu erfüllen ist. Nur in ebener Potentialströmung lassen sich mit Hilfe der konformen Abbildung Probleme mit freien Strahlgrenzen recht einfach lösen.

Als erstes Beispiel berechnen wir die Strahlkontraktionsziffer eines ebenen Freistrahls und betrachten dazu den Ausfluß aus einem großen Behälter (Abb. 10.39). Vom Querschnitt $B - B'$ an kontrahiert der austretende Freistrahl auf den Querschnitt $C - C'$. Dort ist der Druck im Strahlinnern gleich dem Außendruck, da die Krümmung der Stromlinien verschwindet. Auf dem Strahlrand ist der Druck konstant, und aus der Bernoullischen Gleichung folgt dann auch die Konstanz der Geschwindigkeit:

$$U_\infty = \sqrt{\frac{2}{\varrho}(p_I - p_0)}\,, \tag{10.307}$$

woraus sich der Volumenstrom (pro Tiefeneinheit) zu

$$\dot{V} = \alpha\, h\, U_\infty \tag{10.308}$$

ergibt. Aus der Krümmung der Strahloberfläche schließen wir, daß der Druck zum Strahlinneren hin zunimmt, die Geschwindigkeit also von ihrem Wert U_∞ am Strahlrand zur Strahlmitte hin abnimmt.

Zur Ermittlung der Kontur des Freistrahles benutzen wir die Abbildungsfunktion, die sich aus der Definition der konjugiert komplexen Geschwindigkeit

$$\zeta = f(z) = \frac{\mathrm{d}F}{\mathrm{d}z} = \overline{w} = u - iv \tag{10.309}$$

ergibt. Diese Funktion bildet also die z-Ebene auf die Geschwindigkeitsebene, auch *Hodographenebene* genannt, ab.

Wir untersuchen zunächst den Verlauf der Stromlinie, die vom Punkt A ($x = 0$, $y \to \infty$) über den Punkt B (Kante der Behälteröffnung) zu Punkt C läuft (Abb. 10.39). Aus der Gleichheit der Potentiale an sich entsprechenden Punkten der z- und ζ-Ebene folgt unmittelbar, daß Stromlinien unter konformer Abbildung Stromlinien bleiben ($\Psi = \Psi(z) = \Psi[z(\zeta)] = \text{const}$). Die betrachtete Linie ist daher auch Stromlinie in der Hodographenebene. Auf dem Linienstück $A - B$ ist $u \equiv 0$, und $-v$ wächst von null auf den Wert U_∞; seine Abbildung fällt daher auf die η-Achse im Bereich von $\eta = 0$ bis $\eta = -v = U_\infty$. Auf der Freistrahlkontur von B ($\overline{w} = iU_\infty$) nach C ($\overline{w} = U_\infty$) ist $|\overline{w}|$ gemäß (10.307) konstant gleich U_∞, die Abbildung dieses Stromlinienstücks ist somit der in Abb. 10.40 eingezeichnete Viertelkreis. Die Abbildung der unteren Stromlinie $A' - B' - C'$, auf der die Geschwindigkeiten überall konjugiert komplex zu den besprochenen sind, entspricht der Spiegelung der

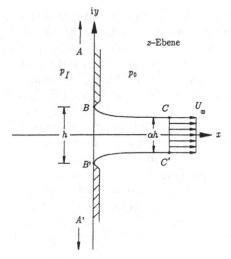

Abbildung 10.39. Ebener Freistrahl

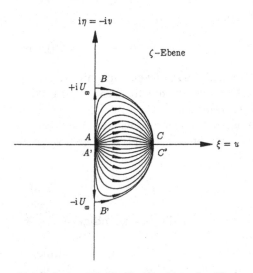

Abbildung 10.40. Freistrahl in der Hodographenebene

Abbildung von $A - B - C$ an der ξ-Achse. Obere und untere Strahlkontur bilden demnach den Halbkreis

$$\zeta = \overline{w} = U_\infty \mathrm{e}^{\mathrm{i}\vartheta} \tag{10.310}$$

mit $-\pi/2 \le \vartheta \le \pi/2$. Die Stromlinien im Inneren von Behälter und Strahl fallen ins Innere dieses Halbkreises in der rechten Halbebene.

Das Strömungsfeld in der Hodographenebene läßt sich aus der Überlagerung einer Quelle im Ursprung und zweier Senken in $\zeta = \pm U_\infty$ erzeugen, es nimmt dann aber natürlich die ξ-η-Ebene auch außerhalb des interessieren-den Bereichs ein. Da nur die Hälfte der Ergiebigkeit der Quelle ($E > 0$) und der rechten Senke ($E < 0$) in den Halbkreis ein- bzw. aus ihm abfließt, sind die Ergiebigkeiten jeweils $|E| = 2\dot{V} = 2\alpha\, h\, U_\infty$ zu wählen, und das komplexe Potential lautet gemäß (10.227)

$$F(\zeta) = \frac{\alpha}{\pi} U_\infty h[\ln\zeta - \ln(\zeta - U_\infty) - \ln(\zeta + U_\infty)] \ . \tag{10.311}$$

Man kann sich leicht davon überzeugen, daß die Strahlkontur (10.310) tat-sächlich Stromlinie ist.

Es gilt nun, die Abbildungsfunktion $z = z(\zeta)$ zu ermitteln, um daraus den Verlauf der Strahlkontur in der z-Ebene zu gewinnen. Aus (10.309) folgt

$$z = \int \frac{\mathrm{d}F}{\zeta} = \int \frac{\mathrm{d}F}{\mathrm{d}\zeta}\frac{\mathrm{d}\zeta}{\zeta} \tag{10.312}$$

und mit (10.311) hieraus

$$z = \frac{\alpha}{\pi} U_\infty h \int \left(\frac{1}{\zeta^2} + \frac{1}{\zeta(U_\infty - \zeta)} - \frac{1}{\zeta(U_\infty + \zeta)} \right) \mathrm{d}\zeta \ . \tag{10.313}$$

Das Integral läßt sich nach einer Partialbruchzerlegung des Integranden ele-mentar auswerten und führt auf den Zusammenhang

$$z = \frac{\alpha}{\pi} h \left[-\frac{U_\infty}{\zeta} + \ln\left(1 + \frac{\zeta}{U_\infty}\right) - \ln\left(1 - \frac{\zeta}{U_\infty}\right) \right] + \mathrm{const} \ , \tag{10.314}$$

der die gesuchte Abbildung der Geschwindigkeitsebene auf die z-Ebene ver-mittelt. Die Umkehrfunktion $\zeta = \overline{w} = u - \mathrm{i}v = f(z)$ beschreibt das Geschwin-digkeitsfeld in Strahl und Behälter. Wir setzen nun die Gleichung der oberen Strahlkontur (10.310) mit $0 \leq \vartheta \leq \pi/2$ ein und erhalten unter Verwendung der Identität

$$\ln(1 + \mathrm{e}^{\mathrm{i}\vartheta}) - \ln(1 - \mathrm{e}^{\mathrm{i}\vartheta}) = \ln\left(\frac{1 + \mathrm{e}^{\mathrm{i}\vartheta}}{1 - \mathrm{e}^{\mathrm{i}\vartheta}}\right) = \mathrm{i}\frac{\pi}{2} + \ln\left(\frac{\sin\vartheta}{1 - \cos\vartheta}\right) \tag{10.315}$$

den Verlauf dieser Kontur in der z-Ebene zu

$$z(\vartheta) = \frac{\alpha}{\pi} h \left[-\mathrm{e}^{-\mathrm{i}\vartheta} + \ln\left(\frac{\sin\vartheta}{1 - \cos\vartheta}\right) \right] + K \ , \qquad 0 \leq \vartheta \leq \frac{\pi}{2} \ . \tag{10.316}$$

Die Integrationskonstante K bestimmen wir aus der Bedingung am Punkt B

$$z(\vartheta = \pi/2) = \mathrm{i}\frac{h}{2} \tag{10.317}$$

zu

$$K = \mathrm{i}\frac{h}{2}\left(1 - \frac{2\alpha}{\pi}\right) \ . \tag{10.318}$$

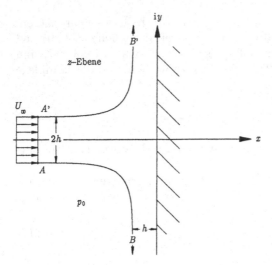

Abbildung 10.41. Freistrahl trifft senkrecht auf eine Wand

Der Grenzübergang $\vartheta \to 0$ in (10.316) liefert eine Bestimmungsgleichung für die Kontraktionsziffer α. Für $\vartheta \to 0$ strebt der Realteil von z gegen unendlich, d. h. der Punkt C in der z-Ebene liegt im Unendlichen. Der Imaginärteil $\Im[z(\vartheta)]$ muß gemäß Abb. 10.39 der Bedingung

$$\lim_{\vartheta \to 0} \Im[z(\vartheta)] = \mathrm{i}\,\alpha\,\frac{h}{2} \tag{10.319}$$

genügen, so daß aus (10.316) $\mathrm{i}\,\alpha\,h/2 = K$ und daraus mit (10.318) die Kontraktionsziffer

$$\alpha = \frac{\pi}{\pi + 2} \approx 0,61 \tag{10.320}$$

folgt.

Mit der besprochenen Methode läßt sich auch die Kontur des ebenen, senkrecht auf eine Wand auftreffenden Freistrahls berechnen, wobei sich hier sogar für die Strahlkontur eine explizite Gleichung angeben läßt. Dem Strömungsbild der z-Ebene (Abb. 10.41) entspricht in der Hodographenebene die Abb. 10.42. Analog zum vorhergehenden Beispiel läßt sich das Feld aus der Überlagerung zweier Quellen an den Stellen $\zeta = \pm U_\infty$ und zweier Senken an den Stellen $\zeta = \pm \mathrm{i}U_\infty$ darstellen. Die Ergiebigkeit ist jeweils

$$|E| = 2\dot{V} = 4U_\infty h \ . \tag{10.321}$$

Das komplexe Potential in der ζ-Ebene lautet also gemäß (10.227)

$$F(\zeta) = \frac{2}{\pi}U_\infty\,h\left[\ln(\zeta - U_\infty) + \ln(\zeta + U_\infty) - \ln(\zeta - \mathrm{i}U_\infty) - \ln(\zeta + \mathrm{i}U_\infty)\right] \ .$$

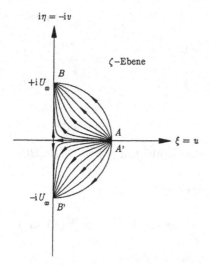

Abbildung 10.42. Wandstrahl in der Hodographenebene

$$(10.322)$$

Auf bekannte Weise erhält man aus (10.312)

$$z = \frac{2h}{\pi}\left[\ln\left(\frac{1 - \zeta/U_\infty}{1 + \zeta/U_\infty}\right) - i\ln\left(\frac{1 - i\zeta/U_\infty}{1 + i\zeta/U_\infty}\right)\right] , \qquad (10.323)$$

wobei sich die auftretende Integrationskonstante aus der Bedingung am Staupunkt

$$z(\zeta = 0) = 0 \qquad (10.324)$$

zu null ergibt. Auf der unteren Strahlkontur gilt wieder

$$\zeta = U_\infty e^{i\vartheta} , \qquad 0 \le \vartheta \le \frac{\pi}{2} \qquad (10.325)$$

so daß sich unter Verwendung der Identitäten

$$\ln\left(\frac{1 - e^{i\vartheta}}{1 + e^{i\vartheta}}\right) = -i\frac{\pi}{2} + \ln\left(\frac{1 - \cos\vartheta}{\sin\vartheta}\right) = -i\frac{\pi}{2} + \ln\left(\tan\frac{\vartheta}{2}\right) , \quad (10.326)$$

$$\ln\left(\frac{1 - i e^{i\vartheta}}{1 + i e^{i\vartheta}}\right) = \ln\left(\frac{1 - e^{i(\vartheta + \pi/2)}}{1 + e^{i(\vartheta + \pi/2)}}\right) = -i\frac{\pi}{2} + \ln\left[\tan\left(\frac{\vartheta}{2} + \frac{\pi}{4}\right)\right] \quad (10.327)$$

die Gleichung der Strahlkontur in der Form

$$z(\vartheta) = x + iy = -h\left\{1 - \frac{2}{\pi}\ln\left[\tan\frac{\vartheta}{2}\right]\right\} - ih\left\{1 + \frac{2}{\pi}\ln\left[\tan\left(\frac{\vartheta}{2} + \frac{\pi}{4}\right)\right]\right\}$$

$$(10.328)$$

darstellt. Aus dem Realteil folgt der Zusammenhang

$$\tan\frac{\vartheta}{2} = \exp\left[\frac{\pi}{2}\left(1 + \frac{x}{h}\right)\right] , \qquad (10.329)$$

mit dem sich aus dem Imaginärteil wegen

$$\ln\left[\tan\left(\frac{\vartheta}{2} + \frac{\pi}{4}\right)\right] = \ln\left(\frac{1 + \tan(\vartheta/2)}{1 - \tan(\vartheta/2)}\right) = 2\,\text{artanh}\left(\tan\frac{\vartheta}{2}\right) \qquad (10.330)$$

die explizite Gleichung der unteren Strahlkontur zu

$$-\frac{y}{h} = 1 + \frac{4}{\pi}\,\text{artanh}\left\{\exp\left[\frac{\pi}{2}\left(1 + \frac{x}{h}\right)\right]\right\} , \qquad x < -h \qquad (10.331)$$

gewinnen läßt. Die obere Kontur ist symmetrisch zu dieser.

10.4.8 Strömung um Profile

Der Hauptnutzen der konformen Abbildung liegt in der Möglichkeit, die noch unbekannte Strömung um ein Tragflügelprofil auf die bekannte Strömung um einen Kreiszylinder abzubilden. Auf diese Weise gelingt die direkte Lösung des Umströmungsproblems um einen Zylinder beliebiger Kontur. Zwar haben die numerischen Methoden zur Lösung des direkten Problems die Methode der konformen Abbildung überholt, trotzdem hat sie ihre grundsätzliche Bedeutung behalten. Wir wollen sie am Beispiel der *Joukowskyschen Abbildungsfunktion* besprechen:

$$\zeta = f(z) = z + \frac{a^2}{z} . \qquad (10.332)$$

$f(z)$ bildet einen Kreis mit Radius a in der z-Ebene auf einen „Schlitz" in der ζ-Ebene ab. Mit der komplexen Koordinate des Kreises

$$z = a\,e^{i\varphi} \qquad (10.333)$$

erhalten wir

$$\zeta = 2a\cos\varphi \qquad (10.334)$$

rein reell, d. h. der Kreis wird auf ein Stück der ξ-Achse abgebildet, welches von $-2a$ bis $2a$ reicht (Abb. 10.43). Mit dem komplexen Potential (10.245) der Zylinderumströmung ($r_0 = a$)

$$F(z) = U_\infty\left(z + \frac{a^2}{z}\right) \qquad (10.335)$$

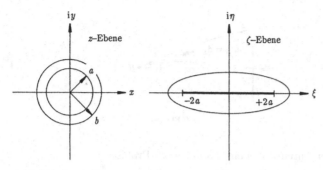

Abbildung 10.43. Abbildung des Kreises auf Schlitz und Ellipse

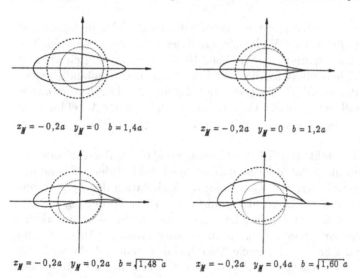

$x_M = -0,2a \quad y_M = 0 \quad b = 1,4a$ $x_M = -0,2a \quad y_M = 0 \quad b = 1,2a$

$x_M = -0,2a \quad y_M = 0,2a \quad b = \sqrt{1,48}\,a$ $x_M = -0,2a \quad y_M = 0,4a \quad b = \sqrt{1,60}\,a$

Abbildung 10.44. Zur Joukowskyschen Abbildung

ergibt sich mit der Joukowskyschen Abbildungsfunktion unmittelbar das Potential in der ζ-Ebene zu

$$F(\zeta) = U_\infty \zeta \, , \tag{10.336}$$

was ja zu erwarten war. Bildet man jedoch einen Kreis mit dem Radius b ab, der größer oder kleiner ist als die gewählte Abbildungskonstante a, so erhält man eine Ellipse (Abb. 10.43). Bildet man einen Kreis ab, dessen Mittelpunktskoordinaten (x_M, y_M) nicht null sind, so ergeben sich typische Tragflügelprofile (Abb. 10.44).

Die Joukowskysche Abbildung hat an den Stellen $z = \pm a$ jeweils einen singulären Punkt, wie aus

$$\frac{\mathrm{d}\zeta}{\mathrm{d}z} = 1 - \frac{a^2}{z^2} \tag{10.337}$$

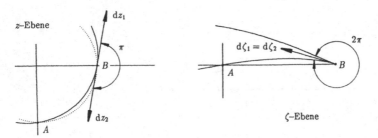

Abbildung 10.45. Hinterkantenwinkel eines Joukowsky-Profils

ersichtlich ist.

Der Punkt $z = -a$ wird meist ins Innere des Profils abgebildet und ist dann nicht von Interesse. Der Winkel zwischen den zwei von $z = a$ ausgehenden Linienelementen dz_1 und dz_2 der Abb. 10.45 ist π. Da es sich um eine einfache Nullstelle handelt, wird der Winkel zwischen den entsprechenden Linienelementen $d\zeta_1$ und $d\zeta_2$ verdoppelt, beträgt also 2π. Der *Hinterkantenwinkel* ist daher null, eine typische Eigenschaft der Joukowsky-Abbildung, die schon an der Abbildung des Kreises mit Radius a auf einen Schlitz erkennbar ist.

Am singulären Punkt B wird die Geschwindigkeit in der ζ-Ebene unendlich, wenn man nicht dafür sorgt, daß sie am Punkt B der z-Ebene null wird. Dies wird gerade erreicht, wenn man die Zirkulation der Zylinderumströmung so wählt, daß bei B ein Staupunkt liegt. Diese Forderung legt den Wert der Zirkulation fest und verhindert eine Umströmung der Hinterkante in der ζ-Ebene, die wir schon bei der Zirkulationsentstehung (Abb. 4.6) ausgeschlossen hatten. Für nicht zu große Anstellwinkel stellt sich die wirkliche Zirkulation nach dieser *Kuttaschen Abflußbedingung* ein, und wir können den Wert der Zirkulation um den Zylinder berechnen. Die Zirkulation um den Tragflügel ist dann genauso groß, denn es gilt

$$\Gamma = \oint_{C_\zeta} \overline{w}_\zeta(\zeta)\,d\zeta = \oint_{C_\zeta} \overline{w}_z(z)\frac{dz}{d\zeta}d\zeta = \oint_{C_z} \overline{w}_z(z)dz \,. \tag{10.338}$$

Für ein Koordinatensystem $z' = x' + iy'$, dessen Ursprung im Kreismittelpunkt liegt, und dessen x'-Achse in Richtung des Vektors der Anströmgeschwindigkeit zeigt, lautet das komplexe Potential gemäß (10.254)

$$F(z') = U_\infty \left(z' + \frac{r_0^2}{z'} \right) - i\frac{\Gamma}{2\pi} \ln\frac{z'}{r_0} \,. \tag{10.339}$$

Um das Potential eines Zylinders am Ort z_0 unter einer Anströmung mit dem Winkel α zur x-Achse zu erhalten, müssen wir die der Abb. 10.46 zu entnehmende Koordinatentransformation

$$z = z_0 + |z'|\,e^{i(\varphi' + \alpha)} = z_0 + z'e^{i\alpha} \,, \tag{10.340}$$

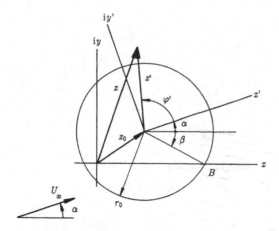

Abbildung 10.46. Zur Transformation

die nach z' aufgelöst

$$z' = (z - z_0)\mathrm{e}^{-\mathrm{i}\alpha} \tag{10.341}$$

lautet, in (10.339) einsetzen und erhalten

$$F(z) = U_\infty(z - z_0)\mathrm{e}^{-\mathrm{i}\alpha} + U_\infty \frac{r_0^2}{z - z_0}\mathrm{e}^{\mathrm{i}\alpha} - \mathrm{i}\frac{\Gamma}{2\pi}\ln\left(\frac{z - z_0}{r_0}\mathrm{e}^{-\mathrm{i}\alpha}\right) . \tag{10.342}$$

Die konjugiert komplexe Geschwindigkeit ergibt sich zu

$$\overline{w} = u - \mathrm{i}v = U_\infty \mathrm{e}^{-\mathrm{i}\alpha} - U_\infty \mathrm{e}^{\mathrm{i}\alpha}\frac{r_0^2}{(z - z_0)^2} - \mathrm{i}\frac{\Gamma}{2\pi}\frac{1}{z - z_0} . \tag{10.343}$$

Am Punkt B, d. h. für $z - z_0 = r_0\mathrm{e}^{-\mathrm{i}\beta}$, muß nach der Kuttaschen Abfluß-bedingung $u - \mathrm{i}v = 0$ gelten, so daß (10.343) zur Bestimmungsgleichung für die Zirkulation Γ wird, die wir zu

$$\Gamma = -4\pi r_0 U_\infty \sin(\alpha + \beta) \tag{10.344}$$

ermitteln. Der Wert von Γ hängt von den Profilparametern r_0 und β, vom Anstellwinkel α und von der Anströmungsgeschwindigkeit U_∞ ab. Die Abbildungsfunktion selbst muß dazu nicht bekannt sein, denn wie schon gezeigt, ist die Zirkulation in der ζ-Ebene genauso groß wie in der z-Ebene.

Die Kraft pro Tiefeneinheit auf das Profil berechnet sich nach Kutta-Joukowsky aus (10.288), wobei zu beachten ist, daß die konjugiert komplexe Anströmgeschwindigkeit $U_\infty - \mathrm{i}V_\infty$ jetzt durch $U_\infty \exp(-\mathrm{i}\alpha)$ zu ersetzen ist. Wir erhalten

$$F_x - \mathrm{i}F_y = -\mathrm{i}\,4\pi r_0 \varrho U_\infty^2 \mathrm{e}^{-\mathrm{i}\alpha}\sin(\alpha + \beta) . \tag{10.345}$$

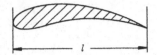

Abbildung 10.47. Profillänge

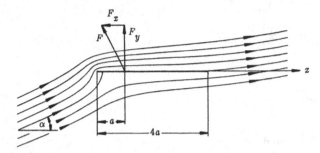

Abbildung 10.48. Umströmung einer unendlich dünnen Platte

Für den Betrag der Kraft ergibt sich

$$|F| = \sqrt{F_x^2 + F_y^2} = \sqrt{(F_x - iF_y)(F_x + iF_y)} \, , \tag{10.346}$$

also

$$|F| = 4\pi\, r_0 \varrho\, U_\infty^2 \sin(\alpha + \beta) \, . \tag{10.347}$$

Als *Auftriebsbeiwert* bezeichnet man die dimensionslose Größe

$$c_a = \frac{|F|}{(\varrho/2)U_\infty^2 l} = 8\pi \frac{r_0}{l} \sin(\alpha + \beta) \, , \tag{10.348}$$

wobei l die Profillänge (Abb. 10.47) ist, die sich aus der Abbildungsfunktion berechnen läßt. Für $\beta = 0$ und $r_0 = a$ liegt der Kreis in der z-Ebene wieder im Mittelpunkt, und die Joukowsky-Abbildung führt diesen Kreis in eine Platte der Länge $l = 4a$ über (Abb. 10.48). Es ergibt sich dann ein Auftriebsbeiwert von

$$c_a = 2\pi \sin\alpha \, . \tag{10.349}$$

Durch die Umströmung der Vorderkante entsteht eine Saugkraft in negative x-Richtung, die zusammen mit der senkrecht auf der Platte stehenden Druckkraft eine Auftriebskraft ergibt, die (in Übereinstimmung mit dem Satz von Kutta-Joukowsky) senkrecht auf der Anströmrichtung steht, so daß die Widerstandskraft verschwindet (*d'Alembertsches Paradoxon*).

Den Winkel $\alpha = -\beta$ nennt man *Nullauftriebsrichtung* ($c_a = 0$) des Profils. In Abb. 10.49 ist ein typischer Vergleich zwischen den Ergebnissen der Theorie und Messungen gezeigt. Ebenfalls aufgetragen ist der Widerstandsbeiwert

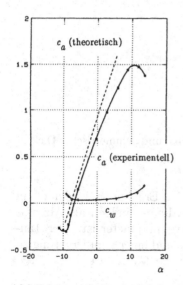

Abbildung 10.49. Auftriebs- und Widerstandsbeiwert

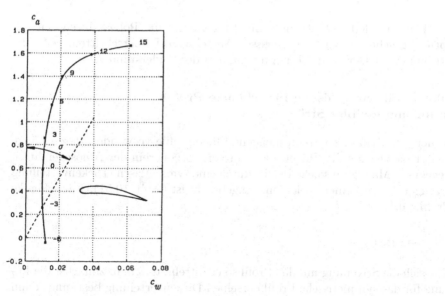

Abbildung 10.50. Polardarstellung von Auftrieb und Widerstand

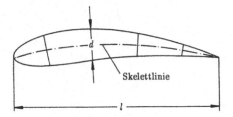

Abbildung 10.51. Profilkonstruktion aus Skelettlinie und symmetrischer Dicken-verteilung

c_w. Die in Abb. 10.49 enthaltenen experimentellen Ergebnisse werden oft in Form einer *Polaren* (Abb. 10.50) mit c_a als Ordinate und c_w als Abszisse dargestellt, wobei der Anstellwinkel α der Kurvenparameter ist. Der Tangens des Winkels σ zwischen der Ordinatenachse und einer vom Ursprung zu einem Punkt der Polaren gezogenen Geraden ist die *Gleitzahl* ϵ

$$\tan \sigma = \epsilon = \frac{c_w}{c_a} \ . \tag{10.350}$$

Die kleinste Gleitzahl ist durch die Tangente an die Polare durch den Ursprung gegeben. Wird ein gewisser Anstellwinkel überschritten, reißt die Strömung ab: Der Auftrieb nimmt ab, und der Widerstand steigt.

10.4.9 Näherungslösung für schlanke Profile in inkompressibler Strömung

In der Aerodynamik werden meistens Flügelprofile verwendet, deren Länge viel grösser ist als die Flügeldicke, um von vornherein der Ablösegefahr zu begegnen. Man kann solche Profile durch eine symmetrische Dickenverteilung erzeugen, die auf einer Skelettlinie angebracht ist (Abb. 10.51). Für schlanke Profile, d. h.

$$\frac{d}{l} = \epsilon \ll 1 \ ,$$

läßt sich die Strömung um das Profil so ermitteln, daß man zunächst die Lösung für das symmetrische Profil derselben Dickenverteilung bestimmt, dann die für die unendlich dünne Skelettlinie berechnet, schließlich beide Lösungen überlagert und so die Strömung um das tatsächliche Profil erhält. Dabei macht man einen Fehler, der aber nur von der Größenordnung $O(\epsilon^2)$, bei sehr schlanken Profilen also vernachlässigbar ist. Diese Methode führt auf eine explizite Lösung des direkten Problems, sie ist aber inzwischen ebenfalls von numerischen Methoden überholt worden. Wir besprechen sie aber trotzdem, da sie als Einführung in die *Störungsrechnung* gelten kann und einige numerische Verfahren nur Verallgemeinerungen dieser Methode sind.

Wir betrachten zunächst das symmetrische Profil, dessen Kontur durch

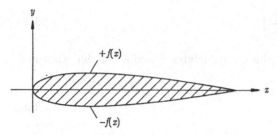

Abbildung 10.52. Symmetrisches Profil

$$y = \pm f(x) \tag{10.351}$$

gegeben sei. Wir denken uns das Profil durch eine Quellverteilung auf der
x-Achse erzeugt, so daß wir für das Potential

$$\Phi = U_\infty x + \frac{1}{2\pi} \int\limits_0^l q(x') \ln \sqrt{(x - x')^2 + y^2} \, \mathrm{d}x' \tag{10.352}$$

schreiben können. Die durch die Quellverteilung erzeugten Geschwindigkeitskomponenten bezeichnen wir mit u und v. Da der Körper sehr schlank
ist, sind die *Störgeschwindigkeiten* u und v klein im Vergleich zu U_∞, es gilt
der Größenordnungsvergleich

$$\frac{u}{U_\infty} \sim \frac{v}{U_\infty} \sim \epsilon \ . \tag{10.353}$$

Mit $F(x,y) = -y \pm f(x) = 0$ lautet die kinematische Randbedingung (4.170)

$$\pm(U_\infty + u)\frac{\mathrm{d}f}{\mathrm{d}x} - v = 0 \quad \text{(a.d.W.)} \tag{10.354}$$

oder

$$v = \pm(U_\infty + u)\frac{\mathrm{d}f}{\mathrm{d}x} \quad \text{an} \quad y = \pm f(x) \ . \tag{10.355}$$

Nun gilt aber $f = O(d)$ und daher $\mathrm{d}f/\mathrm{d}x = O(\epsilon)$, wir schreiben also wegen
(10.353) auch

$$\frac{v}{U_\infty} = \pm\frac{\mathrm{d}f}{\mathrm{d}x} + O(\epsilon^2) \quad \text{an} \quad y = \pm f(x) \ . \tag{10.356}$$

Im weiteren Verlauf vernachlässigen wir Glieder der Größenordnung $O(\epsilon^2)$.
Die Randbedingung (10.356) an der Körperkontur $y = \pm f(x)$ zu erfüllen,
bereitet noch Schwierigkeiten, da dann $f(x)$ im Argument der unbekannten
Funktion $v(x,y)$ auftaucht. Wir entwickeln daher $v(x,y)$ in eine Taylorreihe
um $y = 0$

$$\frac{v(x,y)}{U_\infty} = \frac{v(x,0)}{U_\infty} + \frac{y}{U_\infty}\left(\frac{\partial v}{\partial y}\right)_{y=0} + \cdots \tag{10.357}$$

und schätzen dann die Größenordnung des letzten Gliedes aus der Kontinuitätsgleichung ab:

$$\frac{\partial u}{\partial x} = -\frac{\partial v}{\partial y} \sim \frac{u}{l} \,, \tag{10.358}$$

$$\frac{y}{U_\infty}\frac{\partial v}{\partial y} \sim \frac{d}{U_\infty}\frac{u}{l} = \frac{u}{U_\infty}\frac{d}{l} \sim \epsilon^2 \,. \tag{10.359}$$

Da wir Glieder der Größenordnung $O(\epsilon^2)$ vernachlässigen, folgt

$$\frac{v(x,y)}{U_\infty} = \frac{v(x,0)}{U_\infty} = \pm\frac{\mathrm{d}f}{\mathrm{d}x} \quad \text{an} \quad y = 0 \,; \tag{10.360}$$

wir können also die Randbedingung statt auf der Körperkontur $y = \pm f(x)$ auch auf der x-Achse erfüllen. Bezeichnen wir mit 0^+ die Ober-, mit 0^- die Unterseite des Profils, so schreiben wir daher statt (10.356)

$$\frac{v(x,0^+)}{U_\infty} = \frac{\mathrm{d}f}{\mathrm{d}x} \,, \qquad \frac{v(x,0^-)}{U_\infty} = -\frac{\mathrm{d}f}{\mathrm{d}x} \,. \tag{10.361}$$

Die Geschwindigkeit $v(x,y)$ berechnen wir aus dem Potential (10.352)

$$v(x,y) = \frac{\partial \Phi}{\partial y} = \frac{1}{2\pi}\int_0^l \frac{q(x')y}{(x-x')^2 + y^2}\,\mathrm{d}x' \,. \tag{10.362}$$

Denkt man sich (10.362) in (10.361) eingesetzt, so ist dies eine Integralgleichung für die unbekannte Quellverteilung $q(x)$. Diese läßt sich aber leicht lösen: Die Geschwindigkeit $v(x,0)$ erhalten wir durch den Grenzübergang $y \to 0$. Das Integral hat eine singuläre Stelle für $x = x'$, und nur dort ist der Integrand für $y \to 0$ von null verschieden. Durch die Transformation

$$\eta = \frac{x - x'}{y} \,; \qquad x' = x - \eta\, y \,; \qquad \frac{\mathrm{d}x'}{y} = -\mathrm{d}\eta \tag{10.363}$$

erhalten wir ein reguläres Integral

$$v(x,y) = -\frac{1}{2\pi}\int_{x/y}^{-(l-x)/y} \frac{q(x - \eta\, y)}{1 + \eta^2}\,\mathrm{d}\eta \,, \tag{10.364}$$

also für $0 < x < l$

$$v(x,0^+) = \lim_{y\to 0^+}[v(x,y)] = \frac{q(x)}{2\pi}\int_{-\infty}^{+\infty}\frac{\mathrm{d}\eta}{1 + \eta^2} = \frac{q(x)}{2} \,. \tag{10.365}$$

Aus der Randbedingung folgt damit für die gesuchte Quellverteilung

$$q(x) = 2\,\frac{\mathrm{d}f}{\mathrm{d}x}\,U_\infty \ . \tag{10.366}$$

Für $v(x,0^-)$ erhält man entsprechend

$$v(x,0^-) = -\frac{q(x)}{2} \tag{10.367}$$

oder wieder

$$q(x) = 2\,\frac{\mathrm{d}f}{\mathrm{d}x}\,U_\infty \ . \tag{10.368}$$

Man zeigt leicht, daß die Schließbedingung (10.119) erfüllt ist. Damit ist das Problem gelöst. Mit bekannter Quellverteilung $q(x)$ ist nun das Potential bekannt, Geschwindigkeits- und Druckfeld folgen auf die bereits besprochene Weise. Wir stellen fest, daß im allgemeinen die Lösung nicht im ganzen Strömungsfeld gleichmäßig gültig ist. Für Profile mit stumpfer Nase ist nämlich $\mathrm{d}f/\mathrm{d}x$ an der Stelle $x=0$ unendlich. Aus Gleichung (10.361) folgt dann $v/U_\infty \to \infty$, wodurch die Annahmen der Störungsrechnung lokal verletzt sind. Die Lösung gilt dort nicht mehr, es liegt ein *singuläres Störungsproblem* vor.

Zur Berechnung der Strömung um die Skelettlinie belegen wir diese mit einer kontinuierlichen Wirbelverteilung, ersetzen also die Skelettlinie durch eine gebundene Wirbelschicht. Sie stellt eine Unstetigkeitsfläche in der Tangentialgeschwindigkeit dar. Da die Schicht ortsfest ist, führt der Sprung in der Tangentialgeschwindigkeit zu einem Druckunterschied zwischen Ober- und Unterseite, der eine Kraft auf die Skelettlinie verursacht. (Eine freie Wirbelschicht, wie sie in einer Strömung bei instationärer Bewegung eines Flügelprofils entsteht, verformt sich gerade so, daß die dynamische Randbedingung der Druckgleichheit (4.173) erfüllt ist.) Die Skelettlinie sei durch

$$y = f(x) \tag{10.369}$$

gegeben. Mit $f_{max}/l = \epsilon$ gilt die Größenordnungsgleichung

$$\frac{\mathrm{d}f}{\mathrm{d}x} = O(\epsilon) \tag{10.370}$$

und auch (10.353). Der Anströmwinkel α sei ebenfalls von der Größenordnung $O(\epsilon)$. Im Rahmen der Näherung können wir die Wirbelverteilung statt auf der Skelettlinie auch auf die x-Achse legen. Für eine Wirbelintensität $\gamma(x)$ entgegen dem mathematisch positiven Sinn ist die infinitesimale Wirbelstärke

$$\mathrm{d}\Gamma = -\gamma(x)\mathrm{d}x \ , \tag{10.371}$$

so daß wir mit (10.195) in Analogie zur Quellverteilung das Potential

$$\Phi = U_\infty x + V_\infty y - \frac{1}{2\pi} \int\limits_0^l \gamma(x') \arctan \frac{y}{x - x'}\, dx' \, , \tag{10.372}$$

mit der noch unbekannten Wirbelintensität $\gamma(x')$ erhalten. Aus (10.372) gewinnen wir auf bekannte Weise die Geschwindigkeitskomponenten, wobei die Differentiationen nach x und y ins Integral gezogen werden können. Für die Störgeschwindigkeiten entstehen dann die Ausdrücke

$$u(x, y) = +\frac{1}{2\pi} \int\limits_0^l \gamma(x') \frac{y}{(x - x')^2 + y^2}\, dx' \tag{10.373}$$

und

$$v(x, y) = -\frac{1}{2\pi} \int\limits_0^l \gamma(x') \frac{x - x'}{(x - x')^2 + y^2}\, dx' \, . \tag{10.374}$$

Wegen der formalen Gleichheit des Ausdruckes für u mit dem für v bei der Quellverteilung (10.362) können wir direkt auf die Geschwindigkeit auf der x-Achse schließen:

$$u(x, 0^\pm) = \pm\frac{1}{2} \gamma(x) \, , \tag{10.375}$$

die bis auf Glieder der Größenordnung $O(\epsilon^2)$ auch gleich der Geschwindigkeit auf der Skelettlinie ist. Der Geschwindigkeitssprung durch die Wirbelschicht beträgt also

$$\Delta u = u^+ - u^- = \gamma(x) \, . \tag{10.376}$$

Daraus ließe sich mit der Bernoullischen Gleichung direkt der Drucksprung berechnen und damit die Kraft (pro Tiefeneinheit) aus einer Integration. Wir ziehen es aber vor, den Auftrieb aus dem Kutta-Joukowskyschen Satz (10.288) zu bestimmen:

$$F_a = -\varrho\, \Gamma\, U_\infty \sqrt{1 + \left(\frac{V_\infty}{U_\infty}\right)^2} \, , \tag{10.377}$$

mit Γ (positiv im Gegenuhrzeigersinn) aus (10.371)

$$\Gamma = \int\limits_0^l -\gamma(x')\, dx' \, . \tag{10.378}$$

Da $V_\infty/U_\infty \approx \alpha \sim \epsilon$ ist, gilt

$$F_a = \varrho\, U_\infty \int\limits_0^l \gamma(x')\mathrm{d}x' + O(\epsilon^2) \; . \tag{10.379}$$

Die implizite Form der Skelettlinie ist $F(x,y) = -y + f(x) = 0$, womit wir die kinematische Randbedingung nach (4.170) zu

$$(U_\infty + u)\frac{\mathrm{d}f}{\mathrm{d}x} - (V_\infty + v) = 0 \quad \text{für} \quad y = f(x) \tag{10.380}$$

oder

$$\alpha + \frac{v}{U_\infty} = \frac{\mathrm{d}f}{\mathrm{d}x}\left(1 + \frac{u}{U_\infty}\right) \quad \text{für} \quad y = f(x) \tag{10.381}$$

erhalten. Bei Vernachlässigung von Gliedern der Größenordnung $O(\epsilon^2)$ kann man die Randbedingungen statt an $y = f(x)$ wieder auf der x-Achse erfüllen, und es entsteht mit (10.374) die Gleichung

$$U_\infty \frac{\mathrm{d}f}{\mathrm{d}x} - \alpha\, U_\infty = -\frac{1}{2\pi} \int\limits_0^l \frac{\gamma(x')}{x - x'}\mathrm{d}\,x' \; , \tag{10.382}$$

die eine singuläre Integralgleichung erster Art für die unbekannte Verteilung $\gamma(x)$ ist. Die Integralgleichung hat keine eindeutige Lösung. Wir wollen hier nicht auf die mathematischen Aspekte eingehen, bemerken aber, daß die Strömung um einen Kreiszylinder mit Zirkulation (vgl. (10.254)) nicht eindeutig ist. Da diese Lösung auf die Umströmung von Flügelprofilen abgebildet werden kann, sind auch diese nicht eindeutig: Es ist notwendig, den Wert der Zirkulation zusätzlich vorzuschreiben, indem wir auch hier die Kuttasche Abflußbedingung erfüllen. In stationärer Strömung ist dies gleichbedeutend mit der Forderung gleicher Geschwindigkeiten an Ober- und Unterseite an der Stelle $x = l$:

$$\Delta u(x = l) = \gamma(l) = 0 \; . \tag{10.383}$$

Im allgemeinen wird dann die Vorderkante der Skelettlinie umströmt. Dies führt dort zu unendlich großen Geschwindigkeiten und zu einem unendlich großen $\gamma(0)$. Nur wenn die lokale Anströmung zum Profil (nicht die Anströmung im Unendlichen) dort tangential zur Skelettlinie ist, tritt diese Umströmung nicht mehr auf, man spricht dann von *stoßfreier Anströmung*. Für die Strömung um eine unendlich spitze Ecke kennen wir das Potential aus (10.242) mit $n = 1/2$:

$$\Phi = 2a\sqrt{r}\cos\frac{\varphi}{2} \; . \tag{10.384}$$

Hieraus ergibt sich die Geschwindigkeit auf der Oberseite ($\varphi = 0$) der umströmten Kante zu

$$u^+ = \frac{\mathrm{d}\Phi}{\mathrm{d}r}\bigg|_{\varphi=0} = \frac{a}{\sqrt{r}} = \frac{a}{\sqrt{x}}\, , \qquad (10.385)$$

und auf der Unterseite ($\varphi = 2\pi$) zu

$$u^- = -\frac{a}{\sqrt{x}}\, . \qquad (10.386)$$

Daher ist der Sprung in der Tangentialgeschwindigkeit dort

$$\lim_{x\to 0} \Delta u(x) = \lim_{x\to 0} 2\frac{a}{\sqrt{x}}\, . \qquad (10.387)$$

Die Funktion

$$\gamma_0(x) = 2\tilde{a}\sqrt{\frac{l - x}{x}} \qquad (10.388)$$

erfüllt wegen (10.376) die geforderten Randbedingungen an der Vorder- und Hinterkante, ist aber nicht die gesuchte Funktion im Bereich $0 < x < l$. Wir ziehen die Verteilung $\gamma_0(x)$ von der gesuchten Verteilung $\gamma(x)$ ab. Die Restverteilung kann in eine Fourier-Reihe in der Koordinate φ, die durch

$$x = \frac{l}{2}\left(1 + \cos\varphi\right) \qquad (10.389)$$

gegeben ist, entwickelt werden. Wegen $x = 0$ für $\varphi = \pi$ und $x = l$ für $\varphi = 0$ müssen die Kosinusglieder in der Reihenentwicklung verschwinden, da diese für $x = 0$ und $x = l$ nicht null werden.

Wir setzen die Konstante $\tilde{a} = U_\infty A_0$ und machen für $(\gamma - \gamma_0)$ den Ansatz

$$\gamma(\varphi) - 2U_\infty A_0 \tan\frac{\varphi}{2} = 2U_\infty \sum_{n=1}^{\infty} A_n \sin n\varphi\, . \qquad (10.390)$$

Diesen setzen wir in die Integralgleichung (10.382) ein, verwenden für x' die Transformation (10.389) und gewinnen die Integralgleichung in der Form

$$\alpha - \frac{\mathrm{d}f}{\mathrm{d}x} = \frac{1}{\pi} A_0 \int\limits_0^\pi \frac{1 - \cos\varphi'}{\cos\varphi - \cos\varphi'}\mathrm{d}\varphi' + \frac{1}{\pi}\sum_{n=1}^{\infty} A_n \int\limits_0^\pi \frac{\sin n\varphi' \sin\varphi'}{\cos\varphi - \cos\varphi'}\mathrm{d}\varphi'\, . \qquad (10.391)$$

Die Integrale lassen sich mit

$$\sin n\varphi' \sin\varphi' = \frac{1}{2}\left[\cos(n-1)\varphi' - \cos(n+1)\varphi'\right]$$

nach der Formel

$$\frac{1}{\pi} \int\limits_{0}^{\pi} \frac{\cos n\varphi'}{\cos \varphi - \cos \varphi'} \mathrm{d}\varphi' = -\frac{\sin n\varphi}{\sin \varphi} \tag{10.392}$$

auswerten, und man erhält so eine Vorschrift, die linke Seite in eine Kosinus-Reihe zu entwickeln:

$$\alpha - \frac{\mathrm{d}f}{\mathrm{d}x} = A_0 + \sum_{n=1}^{\infty} A_n \cos n\varphi \ . \tag{10.393}$$

Die Koeffizienten erhält man auf bekanntem Wege:

$$A_0 = \alpha - \frac{1}{\pi} \int\limits_{0}^{\pi} \frac{\mathrm{d}f}{\mathrm{d}x}(\varphi) \mathrm{d}\varphi \ , \tag{10.394}$$

$$A_n = -\frac{2}{\pi} \int\limits_{0}^{\pi} \frac{\mathrm{d}f}{\mathrm{d}x}(\varphi) \cos n\varphi \, \mathrm{d}\varphi \ . \tag{10.395}$$

Aus (10.379) berechnet man den Auftriebsbeiwert c_a zu

$$c_a = \pi \left(2A_0 + A_1\right) \ . \tag{10.396}$$

Mit (10.266) läßt sich auch das Moment um die Vorderkante ermitteln. Es wird positiv gezählt, wenn es den Anstellwinkel zu vergrößern sucht. Ohne die Rechnung im einzelnen auszuführen, geben wir den Momentenbeiwert an:

$$c_m = \frac{M}{\varrho/2 \, U_\infty^2 l^2} = -\frac{\pi}{4}(2A_0 + 2A_1 + A_2) \ . \tag{10.397}$$

Bei stoßfreiem Eintritt ist $A_0 = 0$, da dann $\gamma(\pi)$ endlich bleibt, daher gilt für diesen Fall

$$c_a = \pi A_1 \ . \tag{10.398}$$

Als Beispiel berechnen wir die Beiwerte für die ebene Platte, für die $\mathrm{d}f/\mathrm{d}x = 0$ ist und daher $A_0 = \alpha$, $A_n = 0$ gilt. Es folgt sofort

$$c_a = 2\pi \, \alpha \tag{10.399}$$

(in Übereinstimmung mit (10.349) für kleine α) und

$$c_m = -\frac{\pi}{2} \, \alpha = -\frac{1}{4} \, c_a \ , \tag{10.400}$$

woraus wir schließen, daß der Angriffspunkt der Auftriebskraft bei $x = l/4$ liegt (vgl. Abb. 10.48).

10.4.10 Schlanke Profile in kompressibler Strömung

Wie schon in Abschnitt 10.4.9 betrachten wir schlanke Profile ($d/l = \epsilon \ll$ 1). Die Störgeschwindigkeiten u und v sind dann von der Größenordnung $O(\epsilon U_\infty)$, und für das Potential machen wir den Ansatz

$$\Phi = U_\infty x + \varphi \, , \tag{10.401}$$

wobei φ das Störpotential ist und $u = \partial\varphi/\partial x$ und $v = \partial\varphi/\partial y$ die Störgeschwindigkeiten sind. Wir gehen von der Potentialgleichung (10.50) aus, in der wir aber noch a^2 durch die Energiegleichung ersetzen:

$$a^2 = a_\infty^2 + \frac{\gamma - 1}{2} \left(U_\infty^2 - \frac{\partial \Phi}{\partial x_i} \frac{\partial \Phi}{\partial x_i} \right) \, . \tag{10.402}$$

Setzt man den Ansatz (10.401) in die resultierende Gleichung ein und vernachlässigt alle Glieder der Größenordnung $O(\epsilon^2)$, so erhält man nach kurzer Zwischenrechnung eine Differentialgleichung für das Störpotential:

$$(1 - M_\infty^2)\frac{\partial^2 \varphi}{\partial x^2} + \frac{\partial^2 \varphi}{\partial y^2} = (\gamma + 1) M_\infty^2 \frac{u}{U_\infty} \frac{\partial^2 \varphi}{\partial x^2} + (\gamma - 1) M_\infty^2 \frac{u}{U_\infty} \frac{\partial^2 \varphi}{\partial y^2}$$
$$+ 2M_\infty^2 \frac{v}{U_\infty} \frac{\partial^2 \varphi}{\partial x \partial y} \, , \tag{10.403}$$

in der $M_\infty = U_\infty/a_\infty$ ist. Für viele praktische Fragestellungen wird man diese Gleichung oder die Ausgangsgleichung (10.50) numerisch lösen. Wir wollen aber hier die Vereinfachungen besprechen, die sich im Grenzfall $\epsilon \rightarrow$ 0 ergeben, da in diesem Fall die Lösung mit bereits bekannten Verfahren gewonnen werden kann. Im Grenzfall $\epsilon \rightarrow 0$ verschwindet die rechte Seite, wo jeder Term einen Faktor der Größenordnung $O(\epsilon)$ enthält. Es entsteht die Gleichung

$$(1 - M_\infty^2)\frac{\partial^2 \varphi}{\partial x^2} + \frac{\partial^2 \varphi}{\partial y^2} = 0 \, , \tag{10.404}$$

die sowohl im Unter- als auch im Überschallbereich gültig ist. Das Vorzeichen von $(1 - M_\infty^2)$ regelt den Typ dieser partiellen Differentialgleichung. Für $M_\infty < 1$ ist die Gleichung elliptisch, für $M_\infty > 1$ ist sie hyperbolisch. Für $M_\infty \approx 1$ wird das Vorzeichen von $\partial^2\varphi/\partial x^2$ vom ersten Glied der rechten Seite von (10.403) mitbestimmt, das dann nicht mehr vernachlässigt werden kann. Es entsteht die transsonische Störungsgleichung

$$(1 - M_\infty^2)\frac{\partial^2 \varphi}{\partial x^2} + \frac{\partial^2 \varphi}{\partial y^2} = (\gamma + 1) \frac{M_\infty^2}{U_\infty} \frac{\partial \varphi}{\partial x} \frac{\partial^2 \varphi}{\partial x^2} \, . \tag{10.405}$$

Die Gleichung ist nichtlinear, und abgesehen von speziellen Lösungen ist man auf numerische Methoden zur Integration angewiesen.

Wir betrachten zunächst die Unterschallströmung um ein schlankes Profil, das durch $y = f(x)$ gegeben ist, wobei man zulassen könnte, daß $f(x)$ auf der Oberseite des Profils eine andere Funktion als auf der Unterseite ist. Dann ist (10.404) unter der Randbedingung (10.356), also

$$\frac{1}{U_\infty} \frac{\partial \varphi}{\partial y} = \frac{\mathrm{d}f}{\mathrm{d}x} \quad \text{für} \quad y = 0 \; , \tag{10.406}$$

zu lösen. Es ist offensichtlich, daß man (10.404) durch geeignete Koordinatentransformation auf die Form der Laplaceschen Gleichung bringen kann. Man könnte z. B. x transformieren (d. h. die Profillänge ändern) und y unverändert lassen, oder x beibehalten und y transformieren (d. h. die Profildicke ändern). Wir wählen

$$\overline{y} = y\sqrt{1 - M_\infty^2} \; ; \qquad \overline{x} = x \tag{10.407}$$

und erhalten für

$$\overline{\varphi} = \varphi\,(1 - M_\infty^2) \tag{10.408}$$

aus (10.404) die Laplacesche Gleichung

$$\frac{\partial^2 \overline{\varphi}}{\partial \overline{x}^2} + \frac{\partial^2 \overline{\varphi}}{\partial \overline{y}^2} = 0 \; . \tag{10.409}$$

Die Gleichung der Oberfläche in den transformierten Koordinaten lautet

$$\overline{y} = \sqrt{1 - M_\infty^2}\, f(\overline{x}) = \overline{f}(\overline{x}) \tag{10.410}$$

und somit die Randbedingung

$$\frac{1}{U_\infty} \frac{\partial \overline{\varphi}}{\partial \overline{y}} = \frac{\mathrm{d}\overline{f}}{\mathrm{d}\overline{x}} \; . \tag{10.411}$$

Mit (10.409) und (10.411) ist die Lösung der kompressiblen Strömung um ein Profil $y = f(x)$ in der x-y-Ebene mit der Anströmgeschwindigkeit U_∞ bei der Mach-Zahl M_∞ zurückgeführt auf die inkompressible Umströmung eines (dünneren) Profils $\overline{y} = \overline{f}(\overline{x})$ in der $\overline{x}$-$\overline{y}$-Ebene mit der Anströmgeschwindigkeit U_∞. In entsprechenden Punkten sind die Störgeschwindigkeiten u und v aus den Störgeschwindigkeiten $\overline{u}$ und $\overline{v}$ der inkompressiblen Strömung aus

$$u = \frac{\partial \varphi}{\partial x} = \frac{1}{1 - M_\infty^2} \frac{\partial \overline{\varphi}}{\partial \overline{x}} = \frac{\overline{u}}{1 - M_\infty^2} \; , \tag{10.412}$$

$$v = \frac{\partial \varphi}{\partial y} = \frac{1}{\sqrt{1 - M_\infty^2}} \frac{\partial \overline{\varphi}}{\partial \overline{y}} = \frac{\overline{v}}{\sqrt{1 - M_\infty^2}} \tag{10.413}$$

zu berechnen. Im Rahmen dieser Näherung kann man die Änderung der Dichte im Feld vernachlässigen, und die Bernoullische Gleichung gilt in der für inkompressible Strömungen gültigen Form. Der Druckbeiwert (10.123) lautet dann bei Vernachlässigung quadratischer Glieder in den Störgeschwindigkeiten

$$c_p = -\frac{2u}{U_\infty} \, , \qquad\qquad (10.414)$$

wobei mit (10.412) die Umrechnung

$$c_p = -\frac{1}{1 - M_\infty^2} \frac{2\overline{u}}{U_\infty} = \frac{1}{1 - M_\infty^2} \, \overline{c}_p \qquad\qquad (10.415)$$

folgt, die als *Göthertsche Regel* bezeichnet wird. In der Praxis will man jedoch oft die Änderung des Druckbeiwertes als Funktion der Mach-Zahl für ein gegebenes Profil wissen, die durch die *Prandtl-Glauertsche Regel* näherungsweise beschrieben wird:

$$c_p(M_\infty) = c_p(0) \, \frac{1}{\sqrt{1 - M_\infty^2}} \; . \qquad\qquad (10.416)$$

Hier ist $c_p(M_\infty)$ der Druckbeiwert bei Mach-Zahl M_∞ an einem Profil, das in inkompressibler Strömung den Beiwert $c_p(0)$ hat.

Für Überschallströmung $(M_\infty^2 - 1) > 0$ entspricht (10.404) der Wellengleichung

$$\frac{\partial^2 \varphi}{\partial y^2} = (M_\infty^2 - 1) \frac{\partial^2 \varphi}{\partial x^2} \; . \qquad\qquad (10.417)$$

Die Lösung kann daher in Analogie zur eindimensionalen Schallausbreitung des Abschnittes 10.1 erfolgen. Es gibt aber insofern einen Unterschied, als daß die Störung sich bei der Schallausbreitung auch stromaufwärts bemerkbar macht, während dies im Überschallbereich nicht möglich ist. Der Grund hierfür ist, daß sich eine Störung nur mit Schallgeschwindigkeit ausbreiten kann. Wir machen uns diesen Sachverhalt im Kapitel 11 klar und kommen dort in Abschnitt 11.4 auch auf die Gleichung (10.417) zurück.

11

Überschallströmungen

In einer Überschallströmung macht sich die von einem Körper verursachte
Störung nur in einem begrenzten Einflußgebiet bemerkbar. Dies steht in völliger Analogie zur instationären kompressiblen Strömung, die ebenfalls durch
hyperbolische Differentialgleichungen beschrieben wird; dort ist der beschriebene Sachverhalt aber unabhängig davon, ob die Mach-Zahl größer oder kleiner als eins ist. Wir betrachten eine stationäre Strömung mit einer ortsfesten
Schallquelle, die zu einer bestimmten Zeit ein Signal aussendet. Dieses Signal
teilt sich der Strömung als eine kleine Druckstörung mit. In einem mit der
Strömungsgeschwindigkeit u bewegten Bezugssystem breitet sich die Störung
mit der Schallgeschwindigkeit a kugelförmig aus. Im ortsfesten Bezugssystem
hat die Schallwelle für $u < a$ (Unterschall) nach der Zeit t die in Abb. 11.1
skizzierte Lage. Für $t \rightarrow \infty$ wird die Schallwelle den gesamten Raum erreichen. Ist $u > a$ (Überschall), so ergibt sich die in Abb. 11.2 skizzierte Lage
der Schallwelle im ortsfesten Bezugssystem zu verschiedenen Zeitpunkten.
Man entnimmt dieser Abbildung, daß die Schallwelle für $t \rightarrow \infty$ nicht den
gesamten Raum erreicht. Die Enveloppe nennt man den *Machschen Kegel*,
dessen halber Öffnungswinkel sich aus

$$\sin \mu = \frac{a}{u} = \frac{1}{M} \tag{11.1}$$

berechnet, und den man den *Machschen Winkel* nennt. Als Störquelle kann
man sich beispielsweise einen sehr schlanken Körper verstellen; bei einem

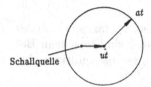

Abbildung 11.1. Ausbreitung einer Störung in Unterschallströmung

© Springer-Verlag GmbH Deutschland, ein Teil von Springer Nature 2019
J. Spurk und N. Aksel, *Strömungslehre*,
https://doi.org/10.1007/978-3-662-58764-5_11

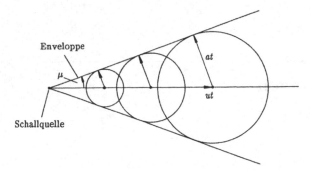

Abbildung 11.2. Ausbreitung einer Störung in Überschallströmung

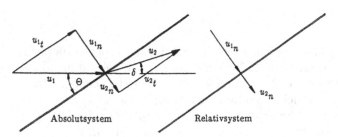

Abbildung 11.3. Schräger Verdichtungsstoß

dicken Körper ist die Störung nicht mehr klein, und der Machsche Kegel wird zu einer Stoßfront. Die Störung, die durch den Körper verursacht wird, bleibt jedoch auch dann auf das Gebiet hinter der Stoßfläche beschränkt.

11.1 Schräger Verdichtungsstoß

Als ersten Schritt in der Behandlung von Überschallströmungen wollen wir aus den Beziehungen des eindimensionalen, senkrechten Verdichtungsstoßes diejenigen für einen schrägen Verdichtungsstoß in ebener Strömung herleiten. Hierzu zerlegen wir die Geschwindigkeit $\vec{u}_1$ vor dem Stoß in ihre Komponenten u_{1n} senkrecht und u_{1t} tangential zur Stoßfront (Abb. 11.3):

$$u_{1n} = u_1 \sin \Theta \tag{11.2}$$

$$u_{1t} = u_1 \cos \Theta \ . \tag{11.3}$$

Für einen Beobachter, der sich mit der Geschwindigkeit u_{1t} längs des Stoßes bewegt, ist die Anströmung senkrecht zum Stoß. Daher sind in seinem Bezugssystem die Beziehungen des senkrechten Verdichtungsstoßes gültig, wobei die Mach-Zahl vor dem Stoß dann

$$M_{1n} = \frac{u_{1n}}{a_1} = M_1 \sin \Theta \tag{11.4}$$

ist. Die Stoßbeziehungen (9.144), (9.145) und (9.146) sind somit auf den schrägen Verdichtungsstoß übertragbar, wenn dort M_1 durch M_{1n} gemäß (11.4) ersetzt wird:

$$\frac{p_2}{p_1} = 1 + 2\frac{\gamma}{\gamma+1}(M_1^2 \sin^2\Theta - 1)\,, \tag{11.5}$$

$$\frac{\varrho_2}{\varrho_1} = \frac{(\gamma+1)M_1^2 \sin^2\Theta}{2 + (\gamma-1)M_1^2 \sin^2\Theta}\,, \tag{11.6}$$

$$\frac{T_2}{T_1} = \frac{[2\gamma M_1^2 \sin^2\Theta - (\gamma-1)][2 + (\gamma-1)M_1^2 \sin^2\Theta]}{(\gamma+1)^2 M_1^2 \sin^2\Theta}\,. \tag{11.7}$$

Hinter dem schrägen Verdichtungsstoß wird die Mach-Zahl mit u_2 gebildet, also $M_2 = u_2/a_2$. Da $u_{2n} = u_2\sin(\Theta - \delta)$ ist, folgt

$$M_{2n} = \frac{u_{2n}}{a_2} = M_2 \sin(\Theta - \delta)\,. \tag{11.8}$$

Obwohl M_{2n} kleiner als eins ist, kann M_2 demnach durchaus größer als eins sein. Ersetzt man nun wieder in der für den senkrechten Verdichtungsstoß gültigen Beziehung (9.148) M_1 und M_2 durch M_{1n} und M_{2n} gemäß (11.4) und (11.8), so gewinnt man die Gleichung

$$M_2^2 \sin^2(\Theta - \delta) = \frac{\gamma + 1 + (\gamma-1)[M_1^2 \sin^2\Theta - 1]}{\gamma + 1 + 2\gamma[M_1^2 \sin^2\Theta - 1]}\,. \tag{11.9}$$

Zwischen dem Stoßwinkel Θ und dem Umlenkwinkel δ läßt sich durch Umformungen unter Benutzung der Kontinuitätsgleichung folgender Zusammenhang herstellen (Abb. 11.4):

$$\tan\delta = \frac{2\cot\Theta\,[M_1^2 \sin^2\Theta - 1]}{2 + M_1^2[\gamma + 1 - 2\sin^2\Theta]}\,. \tag{11.10}$$

Die untere der beiden in Abb. 11.4 eingezeichneten Trennlinien teilt die Bereiche, in denen die Mach-Zahl M_2 größer bzw. kleiner als eins ist, die obere Linie verbindet die Punkte maximaler Umlenkung. (Ein Diagramm des Zusammenhangs zwischen Stoßwinkel Θ und Umlenkwinkel δ mit dem Scharparameter M_1 findet sich auch im Anhang C.)

Man bezeichnet einen Stoß dann als *starken Stoß*, wenn der Stoßwinkel Θ bei gegebener Mach-Zahl M_1 größer ist als der zur maximalen Umlenkung δ_{max} gehörige Winkel Θ_{max}, andernfalls spricht man von einem *schwachen Stoß*. Beim schwachen Stoß kann die Strömungsgeschwindigkeit hinter dem Stoß sowohl im Überschall- als auch im Unterschallbereich liegen. Hinter einem starken Stoß herrscht immer Unterschallgeschwindigkeit. Ist der Umlenkwinkel δ kleiner als δ_{max}, so sieht man, daß zwei Lösungen für den Stoßwinkel Θ möglich sind. Welche der Lösungen sich einstellt, hängt von den Randbedingungen weit hinter dem Stoß ab. Mit der Kenntnis des schrägen

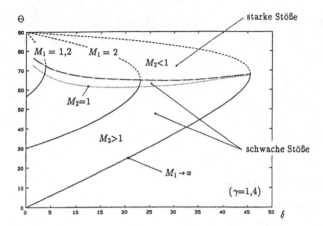

Abbildung 11.4. Zusammenhang zwischen Stoßwinkel und Umlenkwinkel

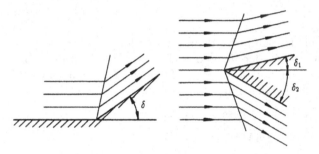

Abbildung 11.5. Überschallströmung um Ecke und Keil

Verdichtungsstoßes erhält man sofort die Überschallströmung in einer Ecke und um einen Keil, solange $\delta < \delta_{max}$ ist (Abb. 11.5). Es zeigt sich, daß sich bei den Strömungen um „spitze Keile" ($\delta < \delta_{max}$) immer der schwache Stoß einstellt, was wir zukünftig als Lösung ansehen wollen. Der Stoßwinkel Θ ist einerseits durch den Wert $\pi/2$ (senkrechter Stoß) und andererseits durch die Bedingung $M_1 \sin \Theta \geq 1$ (stoßnormale Geschwindigkeit im Überschall) begrenzt.

Mit (11.1) gilt dann

$$\sin \Theta \geq \frac{1}{M_1} = \sin \mu_1 \ . \tag{11.11}$$

Θ muß also größer gleich μ sein und bewegt sich daher im Bereich

$$\mu \leq \Theta \leq \frac{\pi}{2} \ . \tag{11.12}$$

Für $\Theta = \mu$ ist der Stoß zu einer Machschen Welle entartet.

Aus $M_2 = M_2(\Theta, \delta, M_1)$ und $\delta = \delta(M_1, \Theta)$ läßt sich durch Elimination des Stoßwinkels Θ die Abhängigkeit $M_2(\delta, M_1)$ ermitteln. Dieser Zusammenhang ist ebenfalls im Anhang C in Form eines Diagrammes angegeben.

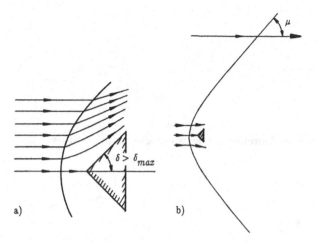

Abbildung 11.6. Abgelöster Verdichtungsstoß

11.2 Abgelöster Verdichtungsstoß

Wir betrachten jetzt Umlenkwinkel $\delta > \delta_{max}$, also ebene Strömungen um „stumpfe Keile". Wenn für gegebene Mach-Zahl M_1 der erforderliche Umlenkwinkel δ größer als δ_{max} ist, so ist nur noch ein *abgelöster Stoß* möglich. In der Stoßkonfiguration ist dann sowohl der starke als auch der schwache Stoß verwirklicht (Abb. 11.6a). In der Nähe der Staustromlinie ist der Stoßwinkel nahezu 90° (starker Stoß, Abströmung Unterschall), während für weitere Entfernungen vom Körper der Stoß in eine Machsche Welle entartet ist ($\Theta = \mu$, Abb. 11.6b). Die resultierende Strömung hinter dem Stoß ist sehr schwer zu berechnen, da Unterschall-, Überschall- und schallnahe Strömung zusammen auftreten (*transsonische Strömung*). Hinter einem gekrümmten Stoß ist die Strömung außerdem nicht mehr homentrop und daher nach dem Croccoschen Wirbelsatz (4.157) auch nicht mehr wirbelfrei.

Die bisher abgeleiteten Stoßbeziehungen gelten lokal auch für gekrümmte Stöße, was man daran erkennt, daß in den Stoßbeziehungen keine Ableitungen auftreten; Θ ist dann die lokale Neigung der Stoßfront.

11.3 Reflexion schräger Stöße

Trifft ein Stoß auf eine Wand, so wird er reflektiert. Die Stärke des reflektierten Stoßes stellt sich gerade so ein, daß die Strömungsgeschwindigkeit nach dem Stoß wieder parallel zur Wand gerichtet ist. Der reflektierte Stoß kann sowohl ein schwacher als auch ein starker Stoß sein. Falls der einfallende ein schwacher Stoß ist, beobachtet man im allgemeinen auch einen reflektierten schwachen Stoß. Man kann diese Strömung auch als Durchkreuzung zweier gleich starker, schräger Stöße deuten, wobei die Symmetrielinie durch

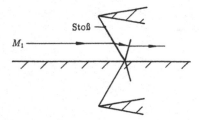

Abbildung 11.7. Reflexion bzw. Durchkreuzung zweier gleichstarker Stöße

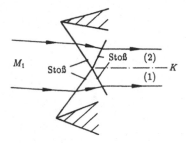

Abbildung 11.8. Durchkreuzung zweier verschieden starker Stöße

eine ebene Wand ersetzt wird (Abb. 11.7). Stromabwärts von den reflektierten Stößen ist der Gaszustand überall derselbe, und die Strömungsrichtung stimmt mit der Anströmrichtung überein.

Durchkreuzen sich zwei verschieden starke Stöße, dann müssen die reflektierten Stöße so bestimmt werden, daß hinter beiden derselbe Druck und dieselbe Strömungsrichtung herrschen. Alle anderen strömungsmechanischen und thermodynamischen Größen, insbesondere die Strömungsgeschwindigkeit, können aber in den Gebieten konstanten Gaszustandes 1 und 2 voneinander verschieden sein. Sie werden durch die in Abb. 11.8 strichpunktierte *Kontaktunstetigkeit K*, die Stromlinie ist, voneinander getrennt. Die Kontaktunstetigkeit hat die Eigenschaft einer Wirbelschicht, d. h. daß sich die Tangentialgeschwindigkeit an dieser Fläche unstetig ändert. Aus dem Croccoschen Wirbelsatz muß man schließen, daß die Entropie in den Gebieten 1 und 2 verschieden ist. Zum gleichen Ergebnis kommt man aber auch anschaulich, wenn man bedenkt, daß Gasteilchen auf beiden Seiten der Kontaktunstetigkeit, aus einem Gebiet konstanter Entropie kommend, verschieden starke Stöße durchlaufen haben, wobei die Entropieänderung für jedes Teilchen unterschiedlich ist. Ähnliches beobachtet man bei der Strömung längs einer zweifach geknickten Wand (Abb. 11.9). Im Punkt P vereinigen sich zwei Stöße zu einem einzigen. Aus den obigen Erörterungen geht hervor, daß auch hier vom Punkt P eine Kontaktunstetigkeit (strichpunktiert) ausgehen muß. Von P muß aber auch noch eine (in der Skizze gestrichelt dargestellte) Welle ausgehen, die ein schwacher Verdichtungsstoß oder eine Expansionswelle (siehe Abschnitt 11.5) sein kann, und zwar aus folgendem Grund: Wegen der

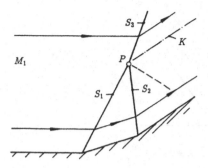

Abbildung 11.9. Vereinigung zweier Stöße

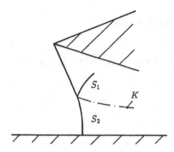

Abbildung 11.10. Mach-Reflexion

Wandneigung sind die Stoßstärken von S_1 und S_2 vorgeschrieben, ebenso die Stärke von S_3. Da aber wegen der dynamischen Randbedingung an der Kontaktunstetigkeit K Druckgleichheit herrschen muß, kann dies im allgemeinen nur durch eine weitere Welle erreicht werden.

Falls man den Keilwinkel der Abb. 11.7 vergrößert, wird die Mach-Zahl hinter dem Stoß immer kleiner. Bei genügend großem Keilwinkel wird die zur Mach-Zahl hinter dem Stoß gehörige Maximalablenkung kleiner als zur Erfüllung der Randbedingung (Strömungsrichtung wandparallel) hinter dem reflektierten Stoß nötig wäre. Es tritt dann eine sogenannte *Mach-Reflexion* auf (Abb. 11.10). Die Theorie der Mach-Reflexion ist deshalb schwierig, da die Stöße S_1, S_2 und die Kontaktunstetigkeit gekrümmt sind und der Strömungszustand stromabwärts von S_1 und S_2 nicht mehr konstant ist. Außerdem muß die Strömung hinter dem zum Teil senkrechten Stoß S_2 im Unterschallgebiet liegen, die Stoßkonfiguration hängt daher auch von den Bedingungen weit hinter dem Stoß ab.

11.4 Überschall-Potentialströmung um schlanke Profile

Wir kehren zur Umströmung schlanker Profile zurück. Der Stoß entartet im Rahmen der Theorie kleiner Störungen zu einer Machschen Welle.

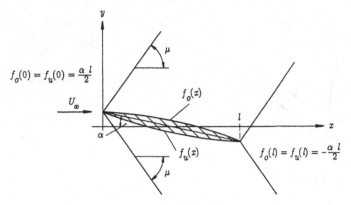

Abbildung 11.11. Überschallströmung um ein schlankes Profil

Wir erhalten die Strömung aus der Wellengleichung (10.417), deren allgemeine Lösung

$$\varphi = h(x - \beta y) + g(x + \beta y) \tag{11.13}$$

mit

$$\beta = \sqrt{M_\infty^2 - 1} \tag{11.14}$$

lautet. Da sich bei Anströmung von links im Überschall Störungen nur nach rechts ausbreiten können, muß oberhalb des Profils $g \equiv 0$ und unterhalb $h \equiv 0$ sein. Wir behandeln zunächst nur die Strömung oberhalb der Profiloberseite der Abb. 11.11

$$f(x) = f_o(x) \ .$$

Oberhalb des Profils lautet demnach das Störpotential

$$\varphi = h(x - \beta y) \tag{11.15}$$

und die Komponente der Störgeschwindigkeit in y-Richtung

$$v = \frac{\partial \varphi}{\partial y} = -\beta h'(x, y) \ , \tag{11.16}$$

die wir in die Randbedingungen (10.406) einsetzen:

$$v(x, 0) = U_\infty \frac{\mathrm{d}f_o}{\mathrm{d}x} = -\beta h'(x, 0) \ . \tag{11.17}$$

Daraus folgt sofort

$$h(x) = -U_\infty \frac{f_o(x)}{\beta} \tag{11.18}$$

und daher für das Potential an der Stelle $y = 0$

$$\varphi(x) = -U_\infty \frac{f_o(x)}{\beta} \tag{11.19}$$

oder allgemein in der oberen Halbebene

$$\varphi(x, y) = -U_\infty \frac{f_o(x - \beta y)}{\beta} \; . \tag{11.20}$$

Auf dieselbe Weise ergibt sich die Lösung in der unteren Halbebene zu

$$\varphi(x, y) = U_\infty \frac{f_u(x + \beta y)}{\beta} \; , \tag{11.21}$$

womit die Lösung überall bekannt ist.

Die grundlegende Annahme der linearen Überschallströmung um schlanke Profile ($M_\infty \epsilon \ll 1$) erlaubt es, (10.414) auch hier zu benutzen, und wir erhalten den Druckbeiwert auf der Oberseite des Profils (im Rahmen der Näherung $y = 0^+$) zu

$$c_{p_o} = -\frac{2}{U_\infty} \frac{\partial \varphi}{\partial x} = \frac{2}{\beta} \frac{\mathrm{d} f_o}{\mathrm{d} x} \tag{11.22}$$

und auf der Unterseite ($y = 0^-$) zu

$$c_{p_u} = -\frac{2}{\beta} \frac{\mathrm{d} f_u}{\mathrm{d} x} \; . \tag{11.23}$$

Mit (10.262) können wir für die Kraft in y-Richtung pro Tiefeneinheit auch schreiben:

$$F_y = \oint (p - p_\infty) \mathrm{d} x \; , \tag{11.24}$$

da p_∞ keinen Beitrag liefert, und aus der Definition des Auftriebsbeiwertes folgt dann

$$c_a = \frac{2 F_y}{\varrho_\infty U_\infty^2 l} = \frac{1}{l} \oint c_p \mathrm{d} x = \frac{1}{l} \int_0^l (c_{p_u} - c_{p_o}) \mathrm{d} x \; . \tag{11.25}$$

Setzt man die Ausdrücke für c_{p_o} und c_{p_u} ein, so ergibt die Integration

$$c_a = \frac{2}{l\beta} [-f_u(l) + f_u(0) - f_o(l) + f_o(0)] \; . \tag{11.26}$$

Da $f_o(l) = f_u(l) = -\alpha l/2$ und $f_o(0) = f_u(0) = \alpha l/2$ gilt, ergibt sich ein Auftriebsbeiwert, der von der Profilform unabhängig ist:

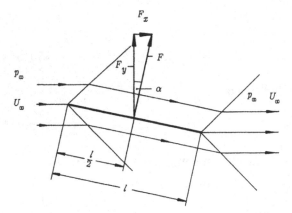

Abbildung 11.12. Überschallströmung um eine unendlich dünne Platte

$$c_a = \frac{4\alpha}{\sqrt{M_\infty^2 - 1}} \ . \tag{11.27}$$

Die analoge Rechnung ergibt für die Kraft F_x bzw. den Widerstandsbeiwert c_w

$$c_w = \frac{2}{\beta l} \int\limits_0^l \left[\left(\frac{\mathrm{d}f_u}{\mathrm{d}x} \right)^2 + \left(\frac{\mathrm{d}f_o}{\mathrm{d}x} \right)^2 \right] \mathrm{d}x \ , \tag{11.28}$$

der also von der Profilform abhängt.

Für die ebene Platte erhält man

$$c_a = \frac{4\alpha}{\sqrt{M_\infty^2 - 1}} \ , \qquad c_w = \alpha\, c_a \ , \tag{11.29}$$

was auch anhand Abb. 11.12 einsichtig wird.

11.5 Prandtl-Meyer-Strömung

Wir haben gesehen, daß Überschallströmungen an konkaven Ecken durch schräge Verdichtungsstöße umgelenkt werden, und fragen jetzt, wie die Verhältnisse an einer konvexen Ecke sind. Wir betrachten dazu die Überschallströmung der Abb. 11.13. Alle Strömungsgrößen in der Anströmung seien räumlich homogen. Dann läßt sich aus den Daten der Anströmung keine charakteristische Länge bilden. Auch mit den unabhängig und abhängig Veränderlichen läßt sich keine neue dimensionslose unabhängig Veränderliche neben dem Winkel φ kombinieren. Da auch die Strömungsberandung keine typische Länge hat, bedeutet dies, daß auch die Lösung nicht von einer

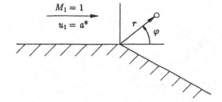

Abbildung 11.13. Geometrie der Prandtl-Meyer-Strömung

Länge, sprich r, abhängen kann. Für die Kontinuitätsgleichung in Polarkoordinaten ergibt sich dann aus Anhang B

$$\frac{u_\varphi}{r}\frac{d\varrho}{d\varphi} + \frac{\varrho}{r}\frac{du_\varphi}{d\varphi} + \varrho\frac{u_r}{r} = 0 \ . \tag{11.30}$$

Die Eulerschen Gleichungen vereinfachen sich in Polarkoordinaten zu

$$\frac{u_\varphi}{r}\frac{du_r}{d\varphi} - \frac{u_\varphi^2}{r} = 0 \quad \text{oder} \quad \frac{du_r}{d\varphi} = u_\varphi \tag{11.31}$$

und

$$\frac{u_\varphi}{r}\frac{du_\varphi}{d\varphi} + \frac{u_r u_\varphi}{r} + \frac{1}{\varrho r}\frac{dp}{d\varphi} = 0 \ . \tag{11.32}$$

Schließlich ergibt sich aus der Entropiegleichung

$$\frac{u_\varphi}{r}\frac{ds}{d\varphi} = 0 \ . \tag{11.33}$$

Da $u_\varphi \neq 0$ ist, folgt hieraus $ds/d\varphi = 0$. Die Strömung ist also homentrop. Nach dem Croccoschen Wirbelsatz ist sie dann auch wirbelfrei, und man könnte ein Geschwindigkeitspotential einführen, worauf wir aber verzichten. Da die Strömung homentrop ist, gilt $dp/d\varrho = a^2$. Damit bringen wir die Kontinuitätsgleichung in die Form

$$\frac{1}{r}\frac{u_\varphi^2}{a^2}\frac{dp}{d\varphi} + \frac{\varrho}{r}\left(u_\varphi\frac{du_\varphi}{d\varphi} + u_r u_\varphi\right) = 0 \ . \tag{11.34}$$

Aus (11.32) entsteht

$$\frac{\varrho}{r}\left(u_\varphi\frac{du_\varphi}{d\varphi} + u_r u_\varphi\right) + \frac{1}{r}\frac{dp}{d\varphi} = 0 \ . \tag{11.35}$$

Die Differenz der beiden letzten Gleichungen ergibt

$$\frac{1}{r}\left(\frac{u_\varphi^2}{a^2} - 1\right)\frac{dp}{d\varphi} = 0 \ . \tag{11.36}$$

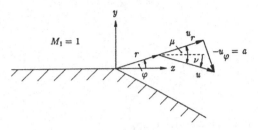

Abbildung 11.14. Zum Zusammenhang zwischen Machschem Winkel und Umlenkwinkel

Offensichtlich kann $\mathrm{d}p/\mathrm{d}\varphi$ nicht im ganzen Feld verschwinden, da dann keine Umlenkung stattfände. Im Gebiet, in dem $\mathrm{d}p/\mathrm{d}\varphi \neq 0$ ist, folgt $u_\varphi^2 = a^2$, und da φ entgegen dem Uhrzeigersinn positiv gezählt wird

$$u_\varphi = -a \ . \tag{11.37}$$

Der Abb. 11.14 entnimmt man zusammen mit (11.1) und $u = |\vec{u}|$

$$\frac{-u_\varphi}{u} = \frac{a}{u} = \frac{1}{M} = \sin\mu \ , \tag{11.38}$$

d. h. $\vec{u}$ schließt mit der r-Richtung gerade den Machschen Winkel μ ein. Die Geraden $\varphi = $ const sind daher Machsche Linien oder Charakteristiken. Eine solche Strömung, bei der Strömungsgeschwindigkeit und thermodynamischer Zustand längs Machscher Linien konstant sind, heißt *Einfache Welle*. Der Geschwindigkeitsvektor $\vec{u}(\varphi)$ ist auf einer solchen Charakteristik gerade um den Winkel

$$\nu = \mu - \varphi \tag{11.39}$$

von der Richtung der Anströmung ($M_1 = 1$) abgelenkt.

Wir beschränken uns im weiteren auf kalorisch ideales Gas und bilden mit $a^2 = \gamma\, p/\varrho$ und (11.37) den Ausdruck

$$\mathrm{d}(a^2) = (\gamma - 1)\frac{\mathrm{d}p}{\varrho} = 2u_\varphi \mathrm{d}u_\varphi \tag{11.40}$$

und setzen ihn in (11.32) ein:

$$\frac{\gamma + 1}{\gamma - 1}\frac{\mathrm{d}u_\varphi}{\mathrm{d}\varphi} = -u_r \ . \tag{11.41}$$

Wir ersetzen wegen (11.31) noch u_φ durch $\mathrm{d}u_r/\mathrm{d}\varphi$:

$$\frac{\mathrm{d}^2 u_r}{\mathrm{d}\varphi^2} + \frac{\gamma - 1}{\gamma + 1}\, u_r = 0 \ . \tag{11.42}$$

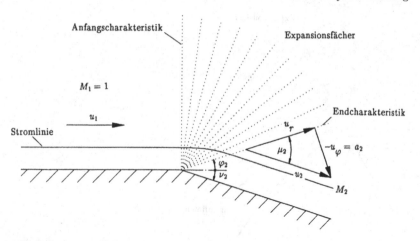

Abbildung 11.15. Expansionsfächer der Prandtl-Meyer-Strömung

Diese Gleichung ist die aus der Mechanik bekannte Gleichung des einfachen Schwingers, deren allgemeinen Lösung

$$u_r = C \sin\left(\sqrt{\frac{\gamma - 1}{\gamma + 1}} \varphi + \varphi_0 \right) , \tag{11.43}$$

lautet; wir unterwerfen sie den Randbedingungen

$$u_r(\varphi = \pi/2) = 0 \tag{11.44}$$

und

$$u_\varphi(\varphi = \pi/2) = \left. \frac{\mathrm{d} u_r}{\mathrm{d}\varphi} \right|_{\frac{\pi}{2}} = -a^* . \tag{11.45}$$

Mit

$$a^* = \sqrt{\frac{2}{\gamma + 1}} \, a_t$$

erhalten wir die Lösung

$$u_r = \sqrt{\frac{2}{\gamma - 1}} \, a_t \sin\left(\sqrt{\frac{\gamma - 1}{\gamma + 1}} (\pi/2 - \varphi) \right) \tag{11.46}$$

für u_r und wegen (11.31) für u_φ:

$$u_\varphi = -\sqrt{\frac{2}{\gamma + 1}} \, a_t \cos\left(\sqrt{\frac{\gamma - 1}{\gamma + 1}} (\pi/2 - \varphi) \right) . \tag{11.47}$$

Damit ist das Geschwindigkeitsfeld bekannt. Der Gültigkeitsbereich von (11.46) und (11.47) ist jedoch in φ beschränkt: Ab einer Endcharakteristik,

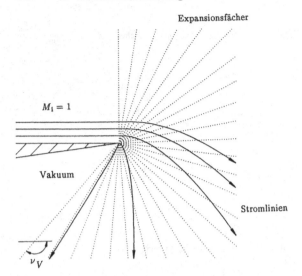

Abbildung 11.16. Expansion ins Vakuum

deren Neigungswinkel über $\varphi_2 = \mu_2 - \nu_2$ vom Umlenkwinkel ν_2 abhängt, ist die Strömung wieder homogen (Abb. 11.15), und (11.36) ist jetzt wegen $\mathrm{d}p/\mathrm{d}\varphi = 0$ erfüllt.

Die Charakteristiken zwischen der Anfangs- und der Endcharakteristik bilden einen Expansionsfächer, ähnlich dem, den wir schon für den Fall des ruckartig beschleunigten Kolbens in Abschnitt 9.3 kennengelernt haben.

Da die Strömung homentrop ist, gilt überall

$$\frac{p}{p_t} = \left(\frac{a}{a_t}\right)^{2\gamma/(\gamma-1)} = \left[\sqrt{\frac{2}{\gamma+1}}\cos\left(\sqrt{\frac{\gamma-1}{\gamma+1}}(\pi/2 - \varphi)\right)\right]^{2\gamma/(\gamma-1)}, \tag{11.48}$$

und wir erkennen, daß bei einer Umlenkung von

$$\varphi_V = -\frac{\pi}{2}\left(\sqrt{\frac{\gamma+1}{\gamma-1}} - 1\right) \tag{11.49}$$

($\approx -130°$ für $\gamma = 1,4$) Vakuum erreicht wird (Abb. 11.16). Die Mach-Zahl wird für $\varphi = \varphi_V$ unendlich, d.h. $\mu = 0$, und wegen (11.39) ist der zugehörige Umlenkwinkel $\nu_2 = \nu_V = -\varphi_V$. Eine weitere Vergrößerung des Umlenkwinkels ändert die Strömung dann nicht mehr. Zwischen der Wand und der Linie $\varphi = \varphi_V$ bildet sich ein Vakuumgebiet.

Zur Berechnung der Strömung bei vorgegebener Umlenkung ν wird zunächst der Zusammenhang zwischen ν und der Mach-Zahl ermittelt. Mit

$$M^2 = \frac{u_r^2 + u_\varphi^2}{a^2} \tag{11.50}$$

ist die Funktion $M(\varphi)$ gegeben. Zusammen mit $\sin\mu = \sin(\nu + \varphi) = M^{-1}$ entsteht nach einigen Umformungen der als *Prandtl-Meyer-Funktion* bekannte Zusammenhang

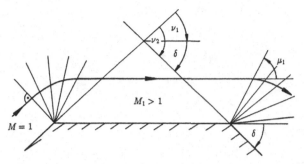

Abbildung 11.17. Prandtl-Meyer-Strömung bei beliebiger Anström-Mach-Zahl

$$\nu = \sqrt{\frac{\gamma + 1}{\gamma - 1}} \arctan \sqrt{\frac{\gamma - 1}{\gamma + 1}(M^2 - 1)} - \arctan \sqrt{M^2 - 1} \ , \tag{11.51}$$

der im Anhang C tabelliert ist.

Wir haben die Prandtl-Meyer-Funktion für die Anström-Mach-Zahl $M_1 = 1$ hergeleitet, zu der der Wert $\nu_1 = 0$ gehört. Will man zu einer beliebigen Anström-Mach-Zahl $M_1 > 1$ die Abström-Mach-Zahl M_2 ($M_2 \geq M_1$) wissen, so bestimmt man sich aus der Tabelle in Anhang C zunächst den zu M_1 gehörigen Winkel ν_1 (Abb. 11.17). Wird dann die Strömung um δ umgelenkt, so gilt

$$\nu_2 = \nu_1 + \delta \ , \tag{11.52}$$

woraus man mit Hilfe der Tabelle die Mach-Zahl nach der Umlenkung ermittelt.

Es sei als Beispiel $M_1 = 2$: Den dazugehörigen Wert von ν_1 liest man zu $26,38°$ ab. Wird die Strömung durch die Ecke um $\delta = 10°$ umgelenkt, so ist $\nu_2 = 36,38°$ und der dazugehörige Wert $M_2 \approx 2,38$ ist die Abström-Mach-Zahl.

Dieselben Formeln gelten natürlich auch, wenn die Umlenkung kontinuierlich erfolgt und auch bei Kompressionswellen (Abb. 11.18). Wenn im Fall der konkaven Wand die Machschen Linien eine Enveloppe bilden, so entsteht in einiger Entfernung von der Wand ein Verdichtungsstoß (Abb. 11.19). Dies ist analog zur instationären Strömung, wo ein Kolben mit endlicher Beschleunigung Kompressionswellen erzeugt (siehe Abb. 9.33).

Ist $y_w''(0) \geq y_w''(x)$ für alle $x > 0$ (Abb. 11.19), so liegt der Entstehungspunkt der Enveloppe auf der ersten Charakteristik, die von dem Punkt ausgeht, an dem die Wandkrümmung beginnt (Koordinatenursprung in Abb. 11.19), und seine Koordinaten lassen sich analog zur Vorgehensweise, die zu (9.218) und (9.220) führte, explizit berechnen:

$$y_P = \frac{\sin^2(2\mu_1)}{2(\gamma + 1)y_w''(0)} \ , \tag{11.53}$$

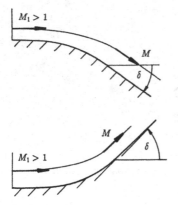

Abbildung 11.18. Stetige Umlenkung

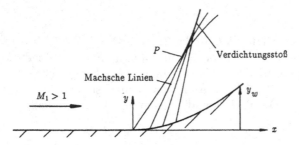

Abbildung 11.19. Entstehung eines Verdichtungsstoßes

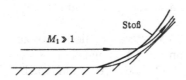

Abbildung 11.20. Für große Anström-Mach-Zahlen legt sich der Stoß an die Wand an

$$x_P = y_P \cot \mu_1 \ . \tag{11.54}$$

Man entnimmt dem Ergebnis, daß für $\mu_1 = \pi/2$, d. h. $M_1 = 1$ die Koordinaten y_P und x_P gegen null streben. Für diesen Fall entsteht im Ursprung ein senkrechter, zur Machschen Welle degenerierter Verdichtungsstoß. Für $M_1 \to \infty$ wandert der Verdichtungsstoß ebenfalls in den Ursprung, allerdings geht μ_1 gegen null, d. h. der Verdichtungsstoß legt sich an die Wand an (Abb. 11.20). Zwischen Stoß und Wand strömt das stark verdichtete Gas in einer sehr dünnen Schicht längs der Körperoberfläche ab. Falls $y_w''(0)$ gegen unendlich geht (geknickte Wand), erhält man einen Verdichtungsstoß, der vom Knick ausgeht, also den aus Abb. 11.5 bekannten Fall.

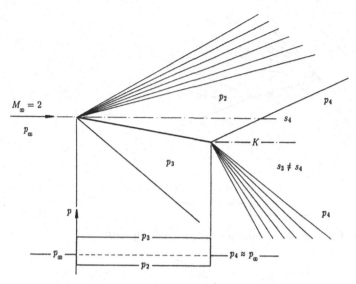

Abbildung 11.21. Exakte Lösung für die Überschallströmung um eine Platte

11.6 Stoß-Expansions-Theorie

Mit Hilfe der Beziehungen für den schrägen Verdichtungsstoß und der Prandtl-Meyer-Funktion lassen sich nun die Überschallströmungen um Tragflügelprofile für die meisten technischen Anwendungen genügend genau auf einfache Weise berechnen.

Die Strömung um eine ebene, angestellte Platte (Abb. 11.21) wird auf der Oberseite zunächst an der Vorderkante durch eine zentrierte Prandtl-Meyersche Expansionswelle und dann an der Hinterkante durch einen schrägen Verdichtungsstoß umgelenkt. Umgekehrt erfolgt an der Plattenunterseite zunächst eine Umlenkung durch einen schrägen Stoß und dann durch eine Expansionswelle. Von der Plattenhinterkante geht eine Kontaktunstetigkeit ab, die bei kleinen Anstellwinkeln etwa parallel zur Anströmrichtung verläuft. Das hintere Wellensystem geht aber in die Bestimmung der Kraft auf die Platte nicht ein. Da die an den Stößen reflektierten Expansionswellen das Profil nicht wieder erreichen, lassen sich entlang der Kontur Strömungsgrößen, etwa Mach-Zahl und Druck, im Rahmen der reibungsfreien Theorie aus den Stoßbeziehungen und der Prandtl-Meyer-Funktion exakt berechnen.

Ganz analog gelangt man auch zur Lösung für die Überschallströmung um ein Doppelkeilprofil (Abb. 11.22). Je nach Geometrie und Anströmung können hier jedoch die reflektierten Wellen das Profil wieder erreichen. Bei der Bestimmung der Strömungsgrößen entlang der Profilkontur im Rahmen der Stoß-Expansions-Theorie werden diese Reflexionen aber vernachlässigt. Treffen die reflektierten Wellen das Profil nicht, so ist diese Lösung wieder exakt.

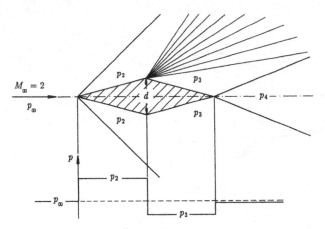

Abbildung 11.22. Überschallströmung um ein Doppelkeilprofil

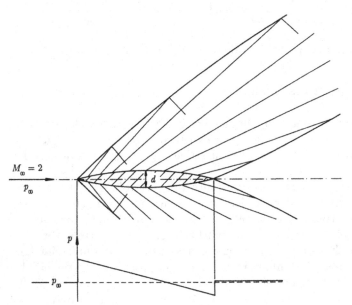

Abbildung 11.23. Überschallströmung um ein Profil

Wie wir bereits aus der Theorie kleiner Störungen wissen, hat ein Tragflügel in Überschallströmung trotz der Annahme der Reibungsfreiheit einen Widerstand. Für das symmetrische Doppelkeilprofil der Abb. 11.22 beträgt dieser pro Tiefeneinheit

$$F_w = (p_2 - p_3)d \ . \tag{11.55}$$

Bei einem stetig gekrümmten Tragflügelprofil (Abb. 11.23) treffen die reflektierten Machschen Wellen auf jeden Fall das Profil. Das Strömungsfeld zwischen vorderem und hinterem Stoß ist daher keine einfache Kombination von Parallel- und Prandtl-Meyer-Strömung. Auf der Profiloberseite treten zu den rechtsläufigen Wellen ($y = x \tan \mu + \mathrm{const}$) der Prandtl-Meyer-Strömung auch linksläufige hinzu. Die genaue Berechnung des Strömungsfeldes kann mittels des Charakteristikenverfahrens erfolgen; ausreichend genaue Daten auf der Profilkontur gewinnt man jedoch auch durch folgende vereinfachte Betrachtung: Um den Zustand an der Profilspitze direkt hinter dem Stoß zu erhalten, betrachtet man die Spitze lokal als Keil. Mit den nun bekannten Anfangsdaten berechnet man die Strömung entlang des gekrümmten Profils als einfache Prandtl-Meyer-Expansion. Die Hinterkante wird dann wieder als Keil approximiert.

Grenzschichttheorie

Wir haben bereits festgestellt, daß die unter der Annahme der Reibungsfreiheit gewonnene Lösung eines Umströmungsproblems als Näherungslösung einer reibungsbehafteten Strömung für große Reynolds-Zahlen gelten kann. Diese Lösung ist aber nicht im gesamten Feld gleichmäßig gültig, denn sie versagt völlig an festen Wänden, an denen reale Flüssigkeit haftet, während die Theorie der reibungsfreien Strömung im allgemeinen eine von null verschiedene Tangentialgeschwindigkeit vorhersagt.

Wie wir bereits in Abschnitt 4.1 diskutiert haben, ist die Dicke der Grenzschicht, in der Reibungseinflüsse nicht vernachlässigt werden können, im laminaren Fall, auf den wir uns zunächst beschränken, proportional zu $Re^{-1/2}$. Für den Grenzübergang $Re \to \infty$ geht die Grenzschichtdicke also gegen null, so daß der effektiv von der Strömung „gesehene" Körper dem tatsächlichen entspricht. Die reibungsfreie Lösung stellt demnach für große Reynolds-Zahlen eine Näherungslösung der Navier-Stokesschen Gleichungen dar, deren Fehler von der Größenordnung $O(Re^{-1/2})$ ist. Das Versagen der Lösung direkt an der Wand bleibt jedoch bei noch so großer Reynolds-Zahl erhalten.

Die vollständige Näherungslösung der Navier-Stokesschen Gleichungen muß daher aus zwei in verschiedenen Bereichen gültigen Teillösungen aufgebaut werden. Zum einen ist dies die Lösung der reibungsfreien Strömung, die sogenannte *äußere Lösung*, und zum anderen die *innere Lösung* in der Nähe von Wänden. Die innere Lösung beschreibt die Grenzschichtströmung, die so beschaffen sein muß, daß die Strömungsgeschwindigkeit vom Wert null an der Wand asymptotisch in die Geschwindigkeit übergeht, welche die äußere (reibungsfreie) Lösung direkt an der Wand voraussagt.

Wegen dieser nicht gleichmäßigen Gültigkeit stellt sich die Näherungslösung der Navier-Stokesschen Gleichungen als ein Musterbeispiel eines *singulären Störungsproblems* dar, wie sie in den Anwendungen im übrigen häufig auftreten. Ein bereits besprochenes Beispiel hierfür ist die Näherungslösung für die Potentialströmung um schlanke Profile (Abschnitt 10.4), die nur in

© Springer-Verlag GmbH Deutschland, ein Teil von Springer Nature 2019
J. Spurk und N. Aksel, *Strömungslehre*,
https://doi.org/10.1007/978-3-662-58764-5_12

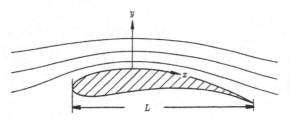

Abbildung 12.1. Grenzschichtkoordinaten

der Nähe der stumpfen Profilnase versagt, außerhalb dieses Bereiches jedoch in der Lage ist, die Strömung hinreichend genau zu beschreiben.

Die äußere, reibungsfreie Lösung in der Störungsrechnung für große Reynolds-Zahlen gibt wichtige Informationen, z. B. über Druck- und Geschwindigkeitsverteilung, ist aber nicht in der Lage, den Widerstand vorauszusagen, und macht auch keine Aussagen darüber, ob und gegebenenfalls wo die Grenzschicht ablöst. Die Beantwortung dieser Fragen ist von offensichtlicher Bedeutung, verlangt aber die Lösung des inneren Problems, was Gegenstand der *Grenzschichttheorie* ist.

Die Differentialgleichungen, denen die innere Lösung zu genügen hat, lassen sich im Rahmen der singulären Störungstheorie auf systematischem Wege aus den Navier-Stokesschen Gleichungen ermitteln. Wir ziehen hier aber einen anschaulicheren Weg vor. Wir nehmen im folgenden an, daß die äußere Lösung bekannt ist, also Druck- und Geschwindigkeitsverteilung aus dieser Lösung vorliegen. Wir beschränken uns zunächst auf inkompressible und ebene Strömungen und führen ein sogenanntes Grenzschichtkoordinatensystem ein, in dem x entlang der Körperoberfläche und y senkrecht dazu gezählt wird (Abb. 12.1). Wenn die Grenzschichtdicke sehr klein ist verglichen mit dem Krümmungsradius R der Wandkontur ($\delta/R \ll 1$), gelten die Navier-Stokesschen Gleichungen in derselben Form wie in kartesischen Koordinaten. Bei der Berechnung der inneren Lösung, d. h. der Grenzschichtströmung, spielt dann die Krümmung der Wand keine Rolle. Die Grenzschicht entwickelt sich wie längs einer ebenen Wand. Die Wandkrümmung äußert sich nur indirekt über die durch die äußere Strömung vorgegebene Druckverteilung.

Da bei großen Reynolds-Zahlen die Grenzschicht sehr dünn ist, gelten die Ungleichungen

$$\frac{\partial u}{\partial x} \ll \frac{\partial u}{\partial y} \quad \text{und} \quad \frac{\partial^2 u}{\partial x^2} \ll \frac{\partial^2 u}{\partial y^2} \; . \tag{12.1}$$

Die letzte Bedingung hat zur Folge, daß sich die x-Komponente der Navier-Stokesschen Gleichungen auf

$$\frac{\partial u}{\partial t} + u \frac{\partial u}{\partial x} + v \frac{\partial u}{\partial y} = -\frac{1}{\varrho} \frac{\partial p}{\partial x} + \nu \frac{\partial^2 u}{\partial y^2} \tag{12.2}$$

reduziert. Um die Größenordnung des Gliedes $u\,\partial u/\partial x$ im Vergleich zu $v\,\partial u/\partial y$ festzustellen, gehen wir von der Kontinuitätsgleichung für ebene und inkompressible Strömung

$$\frac{\partial u}{\partial x} + \frac{\partial v}{\partial y} = 0 \tag{12.3}$$

aus und schließen zusammen mit (12.1), daß $\partial v/\partial y \ll \partial u/\partial y$ ist, folglich also $v \ll u$ gilt. Daher sind das zweite und dritte Glied auf der linken Seite in (12.2) von derselben Größenordnung.

Während in der äußeren Strömung die Zähigkeitskräfte völlig vernachlässigt werden, müssen sie dagegen in der Grenzschicht eine Rolle spielen. Die Größenordnung der Grenzschichtdicke läßt sich dadurch ermitteln, daß wir nach der Dicke der Schicht fragen, in der die Zähigkeitskräfte von derselben Größenordnung wie die Trägheitskräfte sind, also beispielsweise

$$\frac{u}{\nu}\,\frac{\partial u/\partial x}{\partial^2 u/\partial y^2} \sim 1 \tag{12.4}$$

gilt. In x-Richtung ist L (vgl. Abb. 12.1) der typische Längenmaßstab, und wenn U_∞ die Anströmgeschwindigkeit ist, gilt die Größenordnungsgleichung

$$u\frac{\partial u}{\partial x} \sim \frac{U_\infty^2}{L}\ . \tag{12.5}$$

Der typische Längenmaßstab in die y-Richtung ist die mittlere Grenzschichtdicke δ_0, daher ist

$$\nu\,\frac{\partial^2 u}{\partial y^2} \sim \nu\frac{U_\infty}{\delta_0^2}\ . \tag{12.6}$$

Zusammen mit (12.5) gilt dann die Abschätzung

$$\frac{U_\infty^2/L}{\nu\,U_\infty/\delta_0^2} \sim 1\ , \tag{12.7}$$

aus der wir wieder sinngemäß das Ergebnis (4.38) gewinnen:

$$\frac{\delta_0}{L} \sim Re^{-\frac{1}{2}}\ . \tag{12.8}$$

Mit diesem Ergebnis werden nun die einzelnen Glieder in den Bewegungsgleichungen abgeschätzt, um die Gleichungen selbst systematisch zu vereinfachen. Aus der Kontinuitätsgleichung folgt

$$v \sim \frac{\delta_0}{L}U_\infty \quad \text{und daher} \quad v \sim U_\infty Re^{-\frac{1}{2}}\ . \tag{12.9}$$

Zur weiteren Diskussion führen wir dimensionslose Größen ein, die so gewählt sind, daß sie alle von gleicher Größenordnung sind:

$$u^+ = \frac{u}{U_\infty}\, , \qquad v^+ = \frac{v}{U_\infty}\frac{L}{\delta_0} = \frac{v}{U_\infty}Re^{\frac{1}{2}}\, , \qquad p^+ = \frac{p}{U_\infty^2 \varrho} \qquad (12.10)$$

und

$$x^+ = \frac{x}{L}\, , \qquad y^+ = \frac{y}{\delta_0} = \frac{y}{L}Re^{\frac{1}{2}}\, , \qquad t^+ = t\frac{U_\infty}{L}\, . \qquad (12.11)$$

In diesen Veränderlichen nehmen die Navier-Stokesschen Gleichungen die Form

$$\frac{\partial u^+}{\partial t^+} + u^+\frac{\partial u^+}{\partial x^+} + v^+\frac{\partial u^+}{\partial y^+} = -\frac{\partial p^+}{\partial x^+} + \frac{1}{Re}\frac{\partial^2 u^+}{\partial x^{+2}} + \frac{\partial^2 u^+}{\partial y^{+2}}\, , \qquad (12.12)$$

$$\frac{1}{Re}\left(\frac{\partial v^+}{\partial t^+} + u^+\frac{\partial v^+}{\partial x^+} + v^+\frac{\partial v^+}{\partial y^+}\right) = -\frac{\partial p^+}{\partial y^+} + \frac{1}{Re^2}\frac{\partial^2 v^+}{\partial x^{+2}} + \frac{1}{Re}\frac{\partial^2 v^+}{\partial y^{+2}}$$

$$(12.13)$$

an, in der alle Differentialausdrücke dieselbe Größenordnung haben, die Größenordnung der einzelnen Terme also durch die Vorfaktoren geregelt wird.

Da wir eine Näherungslösung für große Reynoldssche Zahlen suchen, machen wir den Grenzübergang $Re \to \infty$ und erhalten die *Grenzschichtgleichungen* in dimensionsloser Form:

$$\frac{\partial u^+}{\partial t^+} + u^+\frac{\partial u^+}{\partial x^+} + v^+\frac{\partial u^+}{\partial y^+} = -\frac{\partial p^+}{\partial x^+} + \frac{\partial^2 u^+}{\partial y^{+2}}\, , \qquad (12.14)$$

$$0 = -\frac{\partial p^+}{\partial y^+}\, . \qquad (12.15)$$

Hinzu tritt die vom Grenzübergang nicht beeinflußte Kontinuitätsgleichung

$$\frac{\partial u^+}{\partial x^+} + \frac{\partial v^+}{\partial y^+} = 0\, . \qquad (12.16)$$

Die dynamische Randbedingung an der Wand lautet

$$y^+ = 0\,: \qquad u^+ = v^+ = 0\, , \qquad (12.17)$$

und, da am Außenrand der Grenzschicht die Geschwindigkeit u in die Geschwindigkeit $U(x,t) = U(x, y = 0, t)$ der Außenströmung übergehen soll,

$$y^+ \to \infty\,: \qquad u^+ \to \frac{U}{U_\infty}\, . \qquad (12.18)$$

Auf die Anfangsbedingungen gehen wir später ein, stellen hier aber zunächst fest, daß die Gleichungen (12.14) und (12.15) wesentlich einfacher als die Navier-Stokesschen Gleichungen sind. In den dimensionslosen Grenzschichtgleichungen und in den Randbedingungen tritt die Zähigkeit nicht auf, die

Lösung ist daher für jede Reynolds-Zahl gültig, solange diese nur groß genug ist (immer laminare Strömung vorausgesetzt), daß die Vereinfachungen zulässig sind. In dimensionsbehafteten Größen ändert sich natürlich die Lösung mit der Reynoldsschen Zahl. Aus (12.10) und (12.11) lesen wir ab, daß sich u und x nicht ändern, wenn sich u^+ bzw. x^+ nicht ändern, und daß v und y bei festem v^+ bzw. y^+ proportional $Re^{-1/2}$ sind. In der „physikalischen" Ebene ändern sich daher bei Änderung der Reynolds-Zahl die Größen wie folgt: Abstände und Geschwindigkeiten in y-Richtung ändern sich proportional $Re^{-1/2}$, während sie in x-Richtung konstant bleiben.

Wir schreiben nun die Grenzschichtgleichungen wieder in dimensionsbehafteten Größen und beschränken uns auf stationäre Strömung. In dieser Form wurden sie 1904 von Prandtl zum ersten Mal angegeben:

$$u\,\frac{\partial u}{\partial x} + v\,\frac{\partial u}{\partial y} = -\frac{1}{\varrho}\,\frac{\partial p}{\partial x} + \nu\,\frac{\partial^2 u}{\partial y^2}\ , \tag{12.19}$$

$$0 = \frac{\partial p}{\partial y}\ , \tag{12.20}$$

$$\frac{\partial u}{\partial x} + \frac{\partial v}{\partial y} = 0\ . \tag{12.21}$$

Aus der zweiten Gleichung dieses Systems partieller Differentialgleichungen vom *parabolischen Typ* entnehmen wir $p = p(x)$. In den verbleibenden Gleichungen stehen noch u und v als abhängig Veränderliche, während p nicht mehr als Unbekannte zu zählen ist. Wegen (12.20) hat der Druck in der Grenzschicht $p(x)$ denselben Wert wie außerhalb, wo er aus der äußeren Lösung bekannt ist. Der Druckgradient in (12.19) ist also eine bekannte Funktion, und man kann ihn mittels der Eulerschen Gleichung durch

$$-\frac{1}{\varrho}\,\frac{\partial p}{\partial x} = U\,\frac{\partial U}{\partial x} \tag{12.22}$$

ersetzen. Man beachte, daß für $y \to \infty$ nur eine Bedingung an die Komponente u gestellt wird. Neben den Randbedingungen (12.17) und (12.18) muß wegen des parabolischen Charakters des Gleichungssystems eine Anfangsverteilung vorgegeben sein:

$$x = x_0\ :\qquad u = u_0(y)\ . \tag{12.23}$$

Das Gleichungssystem ist nichtlinear und muß im allgemeinen numerisch gelöst werden. Die Lösungsverfahren lassen sich in Feld- und in Integralmethoden einteilen. Numerische Feldmethoden entstehen durch Ersetzen der Ableitungen in den Differentialgleichungen (12.19) und (12.21) durch Differenzenquotienten, d. h. durch Diskretisierung des Problems; auf die Integralmethoden werden wir im Abschnitt 12.4 näher eingehen.

12.1 Lösungen der Grenzschichtgleichungen

Für bestimmte Druck- bzw. Geschwindigkeitsverteilungen lassen sich die partiellen Differentialgleichungen (12.19) bis (12.21) auf gewöhnliche zurückführen. Die wichtigsten Fälle sind die *Potenzverteilungen*

$$U(x) = C\,x^m \; . \tag{12.24}$$

Diese entsprechen den Eckenströmungen (10.240) mit $C = |a|$ und $m = n-1$. Von besonderem Interesse sind die Staupunktströmung ($m = 1$ oder $n = 2$) und die Parallelströmung ($m = 0$, $n = 1$). In diesem Zusammenhang sind aber auch Strömungen im Exponentenbereich $1 < n < 2$ interessant, der Strömungen um Keile beschreibt. Wir betrachten zunächst den besonders einfachen Fall $m = 0$, der auch an einer halbunendlichen Platte auftritt.

12.1.1 Ebene Platte

Die Außenströmung sei die ungestörte Parallelströmung $U = U_\infty$ (Abb. 12.2), und deswegen gilt $\partial p/\partial x = 0$. Aus (12.19) und (12.21) folgt damit

$$u\,\frac{\partial u}{\partial x} + v\,\frac{\partial u}{\partial y} = \nu\,\frac{\partial^2 u}{\partial y^2} \tag{12.25}$$

und

$$\frac{\partial u}{\partial x} + \frac{\partial v}{\partial y} = 0 \; , \tag{12.26}$$

die unter den Randbedingungen

$$y = 0 \; , \qquad x > 0 \; : \qquad u = v = 0 \; , \tag{12.27}$$

$$y \to \infty \; : \qquad u = U_\infty \tag{12.28}$$

und der Anfangsbedingung

$$x = 0 \; : \qquad u = U_\infty \tag{12.29}$$

zu lösen sind. Durch Einführen der Stromfunktion erfüllen wir die Kontinuitätsgleichung identisch und erhalten aus (12.25) die Differentialgleichung

$$\frac{\partial \Psi}{\partial y}\,\frac{\partial^2 \Psi}{\partial x \partial y} - \frac{\partial \Psi}{\partial x}\,\frac{\partial^2 \Psi}{\partial y^2} = \nu\,\frac{\partial^3 \Psi}{\partial y^3} \; . \tag{12.30}$$

Die Übertragung der Randbedingungen auf Ψ ergibt

$$\Psi(x, y = 0) = \left.\frac{\partial \Psi}{\partial y}\right|_{(x, y=0)} = 0 \tag{12.31}$$

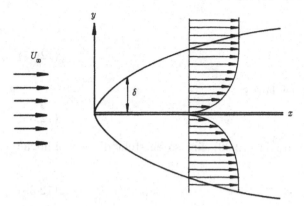

Abbildung 12.2. Grenzschicht an der ebenen Platte

und

$$\frac{\partial \Psi}{\partial y}\bigg|_{(x,y\to\infty)} = U_\infty \ , \tag{12.32}$$

während die Anfangsbedingung die Form

$$\frac{\partial \Psi}{\partial y}\bigg|_{(x=0,y)} = U_\infty \tag{12.33}$$

annimmt. Die Stromfunktion der ungestörten Anströmung ist

$$\Psi = U_\infty y \ ,$$

und wir erwarten, daß in der Grenzschicht $\Psi = O(U_\infty \delta_0)$ ist, wegen (12.8) also

$$\Psi \sim \frac{U_\infty L}{\sqrt{Re}} \tag{12.34}$$

gilt. Dieses Ergebnis verwenden wir, um die Stromfunktion dimensionslos zu machen. Es muß dann gelten:

$$\frac{\Psi}{\sqrt{L\nu U_\infty}} = f(x^+, y^+) = f\left(\frac{x}{L}, y\sqrt{\frac{U_\infty}{L\nu}}\right) \ . \tag{12.35}$$

Da in das betrachtete Problem der unendlich langen Platte aber keine geometrische Länge eingeht, spielt L hier die Rolle einer „künstlichen" Länge. Die Forderung, daß diese künstliche Länge aus dem Problem verschwinden muß, führt uns auf die Ähnlichkeitsvariablen

$$\eta = y \frac{\sqrt{U_\infty/(L\nu)}}{\sqrt{x/L}} = y\sqrt{\frac{U_\infty}{\nu x}} \tag{12.36}$$

und

$$\Psi \frac{\sqrt{L/x}}{\sqrt{LU_\infty\nu}} = \frac{\Psi}{\sqrt{\nu U_\infty x}} \ . \tag{12.37}$$

Die Lösung muß daher von der Form

$$\Psi = \sqrt{\nu U_\infty x} f(\eta) \tag{12.38}$$

sein. Setzt man diesen Ansatz in (12.30) ein, so entsteht die gewöhnliche Differentialgleichung

$$2f''' + ff'' = 0 \ , \tag{12.39}$$

die als *Blasius-Gleichung* bekannt ist. Die Randbedingungen für f folgen aus (12.31) bzw. (12.32) zu

$$f(0) = f'(0) = 0 \tag{12.40}$$

und

$$f'(\infty) = 1 \ . \tag{12.41}$$

Wegen

$$\eta(y \to \infty, x) = \eta(y, x = 0) = \infty \tag{12.42}$$

führt die Anfangsbedingung (12.33) ebenfalls auf (12.41). Die Lösung der Blasius-Gleichung unter den genannten Randbedingungen ist ein Randwertproblem, da an beiden Rändern $\eta = 0$ und $\eta = \infty$ Bedingungen vorgeschrieben sind. Numerisch ist das Problem aber auch als Anfangswertproblem zu lösen: Man schreibt dann neben den Anfangswerten (12.40) einen weiteren Anfangswert für f'' vor, etwa $f''(0) = \alpha$, und probiert in der einfachsten Form dieses sogenannten *Schießverfahrens* solange verschiedene Werte von α aus, bis die Randbedingung für $\eta = \infty$ erfüllt ist. Man findet so

$$f''(0) = 0,33206 \ . \tag{12.43}$$

Abb. 12.3 zeigt neben dem Geschwindigkeitsverlauf $f' = u/U_\infty$ auch die Funktionen von $f(\eta)$ und $f''(\eta)$. Mit (12.43) läßt sich die Schubspannung an der Wand

$$\tau_w = \eta \left. \frac{\partial u}{\partial y} \right|_{y=0} = \eta \sqrt{\frac{U_\infty^3}{\nu x}} f''(0) \tag{12.44}$$

berechnen, wobei η in Gleichung (12.44) die Scherzähigkeit und nicht die Ähnlichkeitsvariable nach (12.36) ist.

Theoretisch reicht die Grenzschicht bis ins Unendliche, weil der Übergang von Grenzschicht zu Außenströmung asymptotisch erfolgt. Daher ist

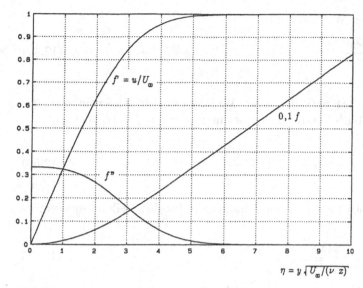

Abbildung 12.3. Lösung der Blasius-Gleichung

die geometrische Grenzschichtdicke beliebig definierbar. Oft nimmt man als Grenzschichtdicke den Wandabstand, bei dem $u/U_\infty = 0,99$ ist. Wie die numerische Rechnung zeigt, wird dieser Wert hier bei $\eta \approx 5$ erreicht. Die so definierte Grenzschichtdicke ist also

$$\delta = 5\sqrt{\frac{\nu x}{U_\infty}} \ . \tag{12.45}$$

Anstatt mit der geometrischen Grenzschichtdicke δ arbeitet man besser mit der eindeutig definierten *Verdrängungsdicke* δ_1

$$\delta_1 = \int\limits_0^\infty \left(1 - \frac{u}{U}\right) \mathrm{d}y \ , \tag{12.46}$$

die ein Maß für die Verdrängungswirkung der Grenzschicht ist. Aus dem Geschwindigkeitsprofil u/U_∞ erhält man wegen $U \equiv U_\infty$

$$\delta_1 = 1,7208\sqrt{\frac{\nu x}{U_\infty}} \ . \tag{12.47}$$

Die äußere, reibungsfreie Strömung „sieht" nicht die unendliche dünne Platte, sondern einen Halbkörper mit der Kontur (12.47). Ein Maß für den Impulsverlust in der Grenzschicht ist die *Impulsverlustdicke* δ_2:

$$\delta_2 = \int\limits_0^\infty \left(1 - \frac{u}{U}\right) \frac{u}{U} \mathrm{d}y \ , \tag{12.48}$$

für die wir hier den Wert

$$\delta_2 = 0,664\sqrt{\frac{\nu\,x}{U_\infty}} \tag{12.49}$$

erhalten.

Die Platte erfährt natürlich einen Widerstand (pro Tiefeneinheit), der sich für die einseitig benetzte Platte bis zur Länge $x = L$ gerechnet zu

$$F_w = \int\limits_0^L \tau_w \mathrm{d}x = 0,664\varrho\, U_\infty^2 L \left(\frac{U_\infty L}{\nu}\right)^{-1/2} \tag{12.50}$$

ergibt. Aus (12.50) liest man auch die Formel für den Reibungsbeiwert c_f ab:

$$c_f = \frac{F_w}{\varrho/2 U_\infty^2 L} = \frac{1,33}{\sqrt{Re}}\ , \tag{12.51}$$

die als *Blasiussches Widerstandsgesetz* bezeichnet wird.

12.1.2 Keilströmungen

Wir betrachten symmetrische Keile nach Abb. 12.4 und beschaffen uns zunächst die äußere reibungsfreie Potentialströmung, deren Geschwindigkeitsverteilung an der Keilwand ja die asymptotische Randbedingung für die Grenzschichtrechnung liefert. Die Außenströmung ist bereits durch die Eckenströmung der Abb. 10.30 im schon erwähnten Exponentenbereich $1 \le n \le 2$ gegeben, wobei durch die Gleichheitszeichen auch die Platten- und die Staupunktströmung in die Klasse der Eckenströmungen eingeschlossen werden. Da in Abb. 12.4 im Gegensatz zu den Eckenströmungen der Abb. 10.30 die negative statt der positiven x-Achse Stromlinie ist, wird zunächst das Koordinatensystem der Abb. 10.30 in positive Richtung um $\pi - \pi/n$ gedreht, d. h. die komplexe Koordinate z durch $z\exp\{-\mathrm{i}\pi[(n-1)/n]\}$ ersetzt. Damit lautet die (10.243) entsprechende Stromfunktion nunmehr

$$\Psi = \frac{a}{n} r^n \sin[n\varphi - \pi(n-1)]\ , \tag{12.52}$$

und $\Psi = 0$ wird für den Eckenwinkel

$$\beta = \pi\frac{n-1}{n} = \pi\frac{m}{m+1}$$

sowie für die negative x-Achse erhalten. Durch Spiegelung der Eckenströmung bezüglich der x-Achse wird diese zur Keilströmung, deren Geschwindigkeitsverteilung durch (10.244) gegeben ist. In den Grenzschichtkoordinaten, in denen wir ja x längs der Körperoberfläche und y senkrecht dazu zählen, erhalten wir also genau die Potenzverteilung (12.24).

Wie die Eulersche Gleichung

$$-\frac{1}{\varrho}\frac{\partial p}{\partial x} = m\, C^2 x^{2m-1} \qquad (12.53)$$

zeigt, verschwindet der Druckgradient hier im allgemeinen nicht; trotzdem tritt auch in der Keilströmung offensichtlich keine ausgezeichnete Länge auf, und es ist daher nicht verwunderlich, daß die Verwendung der Variablen (12.36) und (12.37) auch hier zu Ähnlichkeitslösungen führt. Der Ansatz

$$\Psi = \sqrt{\nu\, U(x)\, x}\, f(\eta) \qquad (12.54)$$

mit

$$\eta = y\sqrt{\frac{U(x)}{\nu\, x}} \qquad (12.55)$$

überführt das System (12.19) bis (12.21) mit (12.53) in die gewöhnliche DGl.

$$f''' + \frac{m+1}{2}ff'' + m(1 - f'^2) = 0 \;. \qquad (12.56)$$

Die Lösungen dieser sogenannten *Falkner-Skan-Gleichung*, die den Randbedingungen (12.40) und (12.41) genügen müssen, sind in Abb. 12.5 für verschiedene Keilwinkel aufgetragen, die dem Exponentenbereich von $m = 0$ (d. h. $\beta = 0°$) bis $m = 1$ (d. h. $\beta = 90°$) entsprechen. Die Grenzschichtdicke $f' = 0,99$ beispielsweise der ebenen Staupunktströmung entnimmt man der Abbildung zu

$$\delta = 2,4\sqrt{\frac{\nu\, x}{U(x)}} = 2,4\sqrt{\frac{\nu}{a}} \;, \qquad (12.57)$$

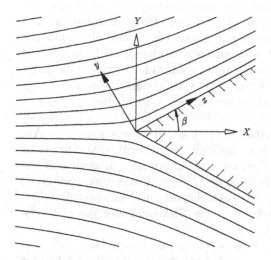

Abbildung 12.4. Zur Keilströmung

$f' = u/U(x)$

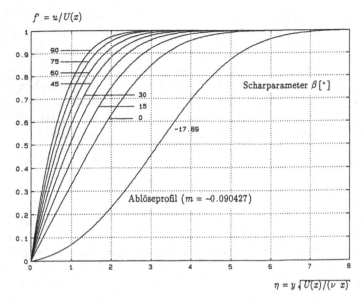

$$\eta = y \sqrt{U(x)/(\nu\, x)}$$

Abbildung 12.5. Geschwindigkeitsverteilung in der Grenzschicht der Keilströmung

wobei wir bei der Staupunktströmung der Konvention folgen, für C aus (12.24) a zu setzen.

Die DGl. (12.56) mit den Randbedingungen (12.40) und (12.41) läßt auch Lösungen für negative Werte von m zu, die dann Strömungen um konvexe Ecken ergeben. Wie im Zusammenhang mit Abb. 10.30 besprochen und auch aus (12.24) unmittelbar einsichtig, wird die Geschwindigkeit an der Stelle $x = 0$ unendlich, und die Lösungen könnten höchstens in einer gewissen Entfernung stromab von dieser Stelle physikalische Bedeutung haben. Die physikalische Bedeutung der Lösungen mit negativem m wird aber auch dadurch in Frage gestellt, daß die Lösungen nicht eindeutig sind: In der Tat gibt es eine unendliche Zahl von Lösungen der DGl. (12.56), welche die angesprochenen Randbedingungen befriedigen und verschiedene Werte von $f''(0)$, also verschiedene Werte der Schubspannung an der Wand haben.

Eine „plausible" Lösung mit $m = -0,09043$ ist in Abb. 12.5 mit aufgenommen, weil dieses Profil ein *Ablöseprofil* darstellt, wie wir noch im Abschnitt 12.1.4 näher erläutern werden. Der kleine negative Wert von m macht dabei deutlich, daß die laminare Grenzschicht schon bei sehr geringem positiven Druckgradienten ablöst. Turbulente Grenzschichten vertragen einen wesentlich größeren Druckanstieg; eine Tatsache, die bei Profilumströmungen sehr wichtig ist und auf die wir schon bei der Diskussion des Widerstandsbeiwertes der Kugel hingewiesen haben.

Die Bedeutung der Lösungen der *Falkner-Skan-Gleichung* liegt auch darin begründet, daß sie die notwendigen Anfangsverteilungen (vgl. (12.23)) für die numerische Berechnung der Grenzschicht um allgemeine Körper liefern, die sich in der Nähe des vorderen Staupunktes durch Keile approximieren lassen. Dem Fall $\beta = 90°$; d. h. der stationären Staupunkt-Grenzschicht kommt dabei die größte praktische Bedeutung zu; sie ist schon deswegen interessant, weil sie zugleich eine exakte Lösung der Navier-Stokesschen Gleichungen darstellt.

12.1.3 Instationäre Staupunktströmung

Im übrigen läßt sich selbst für die instationäre Staupunkt-Grenzschicht eine Ähnlichkeitslösung finden. Die reibungsfreie Potentialströmung für diesen Fall haben wir im Abschnitt 10.3 besprochen. Mit $U = a(t)x$ erhält man den Druckgradienten längs der Oberfläche ($v = 0$) aus der Eulerschen Gleichung zu

$$-\frac{1}{\varrho}\frac{\partial p}{\partial x} = \frac{\partial U}{\partial t} + U\frac{\partial U}{\partial x} = a^2 x\left(\frac{\dot{a}}{a^2} + 1\right) , \tag{12.58}$$

wobei wir $da/dt = \dot{a}$ gesetzt haben. Der Ansatz (12.54), (12.55) nimmt hier die Form

$$\Psi = \sqrt{\nu\,a(t)}\,x f(\eta) \tag{12.59}$$

mit

$$\eta = y\sqrt{\frac{a(t)}{\nu}} \tag{12.60}$$

an und überführt die Grenzschichtgleichungen (12.2), (12.20) und (12.21) unter Benutzung von (12.58) in die Gleichung

$$\frac{\dot{a}}{a^2}\left(f' + \frac{\eta}{2}f''\right) + f'^2 - ff'' = \left(\frac{\dot{a}}{a^2} + 1\right) + f''' , \tag{12.61}$$

die zur gewöhnlichen DGl. wird, wenn $\dot{a}/a^2$ eine Konstante ist:

$$\frac{1}{a^2}\frac{da(t)}{dt} = \text{const} ,$$

wobei speziell const $= 0$ die stationäre Staupunkt-Grenzschicht ergibt. Wählt man const $= 1/2$, so liefert die Integration von $\dot{a}/a^2 = 1/2$ die Beziehung $a(t) = -2/t$, wenn man die Integrationskonstante gleich null setzt. Daher ist die Geschwindigkeit der reibungsfreien Potentialströmung am Rand der Grenzschicht

$$U = -\frac{2x}{t} , \tag{12.62}$$

die für $t < 0$ positiv ist und für $t \to 0$ gegen unendlich strebt. Man kann sich diese Geschwindigkeit in reibungsfreier Flüssigkeit erzeugt denken, wenn sich

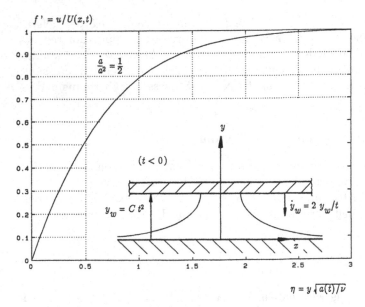

$\eta = y\,\sqrt{a(t)/\nu}$

Abbildung 12.6. Geschwindigkeitsverteilung in der Grenzschicht der instationären Staupunktströmung

eine obere Wand (siehe Abb. 12.6) einer unteren Wand mit der Geschwindigkeit

$$\dot{y}_w = \frac{2y_w}{t}$$

nähert, also die Bewegung

$$y_w = C\,t^2$$

ausführt. Der Geschwindigkeitsverlauf in der Grenzschicht ist für diesen Fall ebenfalls in Abb. 12.6 eingetragen.

Wir vermerken hier noch, daß sich die besprochenen Ähnlichkeitslösungen auch auf kompressible Strömungen ausdehnen lassen.

12.1.4 Allgemeines Umströmungsproblem

Beim allgemeinen Umströmungsproblem ist $\partial p/\partial x \neq 0$: Bekanntlich ist der Druck am Staupunkt am größten, fällt dann ab, erreicht in der Nähe der dicksten Stelle des Körpers den niedrigsten Wert ($\partial p/\partial x = 0$) und steigt danach wieder an (Abb. 12.7). Wie schon an anderer Stelle erläutert, hat die Flüssigkeit in der Grenzschicht Energie verloren, die ihr fehlt, um in das Gebiet höheren Druckes vorzudringen. Sie wird zwar von der umgebenden Flüssigkeit über Schubspannungskräfte mitgezogen, wenn aber der Druckanstieg zu groß ist, kommt sie zum Stillstand. An dieser Stelle verschwindet der

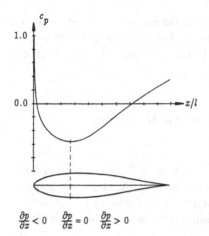

$$\frac{\partial p}{\partial x} < 0 \qquad \frac{\partial p}{\partial x} = 0 \qquad \frac{\partial p}{\partial x} > 0$$

Abbildung 12.7. Druckverteilung an einem Profil

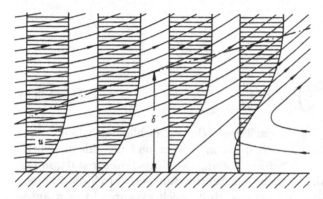

Abbildung 12.8. Skizze des Ablösegebietes

Geschwindigkeitsgradient an der Wand ($\partial u/\partial y = 0$, für $y = 0$): Dieser Punkt gilt in ebener Strömung als *Ablösepunkt*; die Krümmung des Geschwindigkeitsprofils muß dort positiv sein. Aus (12.19) erhält man an der Wand

$$\frac{1}{\varrho}\frac{\partial p}{\partial x} = \nu\frac{\partial^2 u}{\partial y^2} \quad \text{für} \quad y = 0\,, \tag{12.63}$$

und man schließt, daß Ablösung nur bei positivem Druckgradienten möglich ist, d. h. der Ablösepunkt (Abb. 12.8) liegt im Gebiet des Druckanstieges, was wir schon vorher heuristisch begründet haben.

Für das allgemeine Umströmungsproblem kommen wie bereits erwähnt nur noch numerische Methoden in Frage. Bei vorgegebener Druckverteilung kann die Grenzschichtrechnung aber im allgemeinen nicht über den Ablösepunkt hinausgeführt werden. Der Grund hierfür ist im parabolischen Typus der Grenzschichtgleichung zu suchen. Mit Konvergenz numerischer Algorithmen ist nur zu rechnen, wenn das Geschwindigkeitsprofil positiv bleibt. Es besteht aber ein Bedürfnis, Rechenverfahren zu entwickeln, mit denen über die Ablösestelle hinweg gerechnet werden kann. Dies gelingt bei dem sogenannten „inversen Problem", wo statt der Druckverteilung die Schubspannungsverteilung vorgeschrieben wird.

12.2 Temperaturgrenzschicht bei erzwungener Konvektion

Für die Berechnung der Temperaturverteilung innerhalb der Grenzschicht gehen wir von der Energiegleichung (4.4) aus, in der wir zunächst wieder die innerhalb der Grenzschichttheorie möglichen Vereinfachungen einführen. Wegen (12.1) ergibt sich für die Dissipationsfunktion die auch für Schichtenströmungen gültige Beziehung

$$\Phi = \eta \left(\frac{\partial u}{\partial y} \right)^2 , \tag{12.64}$$

und (4.4) nimmt für kalorisch ideales Gas die Form

$$\varrho \, c_p \frac{\mathrm{D}T}{\mathrm{D}t} - \frac{\mathrm{D}p}{\mathrm{D}t} = \eta \left(\frac{\partial u}{\partial y} \right)^2 + \lambda \frac{\partial^2 T}{\partial y^2} \tag{12.65}$$

an, in der wir wieder $\partial^2/\partial x^2$ gegenüber $\partial^2/\partial y^2$ vernachlässigt haben.

Die Wärmeübertragung zwischen einem Körper und der ihn umgebenden Flüssigkeit findet in einer Schicht entlang der Körperkontur statt, in der neben der Konvektion, d. h. neben dem Wärmetransport durch die Flüssigkeitsbewegung, auch Wärmeleitung eine Rolle spielt. Während in der äußeren Strömung Wärmeleitung in der Regel vernachlässigbar ist, ist sie in dieser Schicht, die in Analogie zur Geschwindigkeitsgrenzschicht *Temperaturgrenzschicht* genannt wird, von der gleichen Größenordnung wie der Konvektionsterm in (12.65), d. h.

$$\varrho \, c_p u \frac{\partial T}{\partial x} \sim \lambda \frac{\partial^2 T}{\partial y^2} . \tag{12.66}$$

Ersetzt man die Terme durch typische Größen

$$\varrho \, c_p U_\infty \frac{\Delta T}{L} \sim \lambda \frac{\Delta T}{\delta_{0t}^2} , \tag{12.67}$$

so gewinnt man für die Dicke der Temperaturgrenzschicht die folgende Abschätzung:

$$\left(\frac{\delta_{0t}}{L} \right)^2 \sim \frac{\lambda}{c_p \eta} \frac{1}{Re} . \tag{12.68}$$

Die dimensionslose Kombination der Stoffwerte λ, c_p, η in der ersten Klammer der rechten Seite ist der Kehrwert der *Prandtl-Zahl*

$$Pr = \frac{c_p \eta}{\lambda} \,, \tag{12.69}$$

die wir in (4.178) kennengelernt haben und die, wie aus (12.8) und (12.68) ersichtlich, das Verhältnis der Dicken von Geschwindigkeitsgrenzschicht und Temperaturgrenzschicht regelt:

$$\frac{\delta_0}{\delta_{0t}} \sim \sqrt{Pr} \,. \tag{12.70}$$

Für einatomige Gase liefert die kinetische Gastheorie als Zusammenhang zwischen λ und η

$$\lambda = \frac{5}{2} c_v \eta \,, \tag{12.71}$$

so daß die Prandtl-Zahl für $\gamma = c_p/c_v = 5/3$ den Wert $Pr = 2/3$ annimmt. Für zweiatomige Gase läßt sich die Prandtl-Zahl nach einer gut bestätigten *Formel von Eucken* berechnen:

$$Pr = \frac{c_p}{c_p + 1{,}25R} \,. \tag{12.72}$$

Für ideales Gas erhält man so $Pr = 0{,}74$. Für mehratomige Gase liefert diese Formel keine guten Ergebnisse, und es empfiehlt sich, die Prandtl-Zahl aus gemessenen Werten von η, λ und c_p zu berechnen.

Für Gase ist die Prandtl-Zahl von der Größenordnung 1 und deshalb die Temperaturgrenzschicht etwa so dick wie die Strömungsgrenzschicht. Bei vielen tropfbaren Flüssigkeiten ist die Prandtl-Zahl wesentlich größer als 1 (Wasser: $Pr \approx 7$ bei $20\,°C$), die Temperaturgrenzschicht also in der Regel kleiner als die Strömungsgrenzschicht. Bei flüssigen Metallen dagegen ist Pr sehr viel kleiner als 1 (Quecksilber: $Pr \approx 0{,}026$ bei $20\,°C$), so daß die Temperaturgrenzschicht entsprechend groß ist.

Benutzt man statt der Wärmeleitfähigkeit λ die *Temperaturleitzahl*

$$a = \frac{\lambda}{c_p \varrho} \,,$$

so schreibt sich die Prandtl-Zahl in der leicht zu merkenden Form

$$Pr = \frac{\nu}{a} \,.$$

Im Rahmen der Grenzschichttheorie läßt sich die Energiegleichung weiter vereinfachen. Für die Dissipationsfunktion Φ gemäß (12.64) und die Arbeit (pro Volumen) der Druckkräfte Dp/Dt gelten die Größenordnungsgleichungen

$$\Phi \sim \eta \left(\frac{U_\infty}{\delta_0}\right)^2 \sim \varrho_\infty \frac{U_\infty^3}{L} \tag{12.73}$$

und

$$\frac{\mathrm{D}p}{\mathrm{D}t} \sim U_\infty \frac{\partial p}{\partial x} \sim \varrho_\infty \frac{U_\infty^3}{L} \ . \tag{12.74}$$

Die Abschätzung zeigt, daß beide Glieder von derselben Größenordnung sind. Das Verhältnis dieser Glieder zum konvektiven Wärmetransport

$$\varrho\, c_p u \frac{\partial T}{\partial x} \sim \varrho_\infty c_p U_\infty \frac{T_w - T_\infty}{L} \tag{12.75}$$

ist als *Eckertsche Zahl Ec* bekannt:

$$Ec = \frac{U_\infty^2}{c_p(T_w - T_\infty)} \ . \tag{12.76}$$

Die Eckert-Zahl ist das Verhältnis der (doppelten) kinetischen Energie der ungestörten Strömung und der Enthalpiedifferenz zwischen Wand und Flüssigkeit. Die mögliche Eigenerwärmung der Flüssigkeit ergibt sich aus der Energiegleichung (4.150) für kalorisch ideales Gas zu

$$c_p(T_t - T_\infty) = \frac{U_\infty^2}{2} \tag{12.77}$$

oder mit $a_\infty^2 = \gamma R T_\infty$ auch zu

$$\frac{T_t - T_\infty}{T_\infty} = \frac{\gamma - 1}{2} M_\infty^2 \ . \tag{12.78}$$

Wie wir schon früher festgestellt haben, ist die Eigenerwärmung für inkompressible Flüssigkeiten ($M_\infty \to 0$) vernachlässigbar. Bei Wärmeübergangsproblemen mit kleinen Mach-Zahlen ist die Eckert-Zahl in der Regel sehr klein, und die Dissipation Φ sowie die Arbeit pro Volumen $\mathrm{D}p/\mathrm{D}t$ sind vernachlässigbar, so daß wir die Energiegleichung (12.65) in der Form

$$\varrho\, c_p \left(u \frac{\partial T}{\partial x} + v \frac{\partial T}{\partial y} \right) = \lambda \frac{\partial^2 T}{\partial y^2} \tag{12.79}$$

erhalten. Zur Lösung von (12.79) benötigt man offensichtlich das Geschwindigkeitsfeld in der Grenzschicht. Die Annahme der Inkompressibilität hat zur Folge, daß die Bewegungsgleichungen von der Energiegleichung entkoppelt sind. Daher kann man zunächst die Gleichungen für die Strömungsgrenzschicht und dann mit der resultierenden Geschwindigkeitsverteilung die Energiegleichung lösen.

Bei starker Fremderwärmung muß aber die Dichteänderung infolge der Temperaturänderung berücksichtigt werden. Die Strömung ist dann auch bei verschwindenden Mach-Zahlen als eine kompressible Strömung zu behandeln, und die oben angesprochene Entkopplung ist im allgemeinen nicht gegeben. Meistens ist unter diesen Umständen auch die Temperaturabhängigkeit der

Stoffwerte zu berücksichtigen. Im weiteren wollen wir aber davon ausgehen, daß die Temperaturunterschiede in der Grenzschicht so klein sind, daß die angesprochenen Effekte vernachlässigt werden können.

Wir betrachten das Wärmeübergangsproblem an einer ebenen Platte und stellen das Gleichungssystem und die Randbedingungen zusammen:

$$u\frac{\partial u}{\partial x} + v\frac{\partial u}{\partial y} = \nu\frac{\partial^2 u}{\partial y^2} \; , \tag{12.80}$$

$$\frac{\partial u}{\partial x} + \frac{\partial v}{\partial y} = 0 \; , \tag{12.81}$$

$$u\frac{\partial T}{\partial x} + v\frac{\partial T}{\partial y} = \frac{\nu}{Pr}\frac{\partial^2 T}{\partial y^2} \; ; \tag{12.82}$$

$$y = 0, \; x > 0 : \qquad u = v = 0, \; T = T_w \; , \tag{12.83}$$

$$y \to \infty : u = U_\infty, \; T = T_\infty \; . \tag{12.84}$$

Die Geschwindigkeitskomponenten u und v folgen aus (12.38) zu

$$u = U_\infty f' \; , \tag{12.85}$$

$$v = -\frac{1}{2}\sqrt{\frac{\nu U_\infty}{x}}(f - \eta f') \; . \tag{12.86}$$

Aus (12.80) bis (12.82) schließen wir, daß auch die dimensionslose Temperatur nur eine Funktion der Ähnlichkeitsvariablen (12.36) sein kann. Daher gilt

$$\frac{T_w - T}{T_w - T_\infty} = \Theta(\eta) \; , \tag{12.87}$$

und aus (12.82) entsteht die Gleichung

$$\Theta'' + \frac{1}{2}Pr\,f\,\Theta' = 0 \tag{12.88}$$

mit den Randbedingungen

$$\eta = 0 : \qquad \Theta = 0 \; , \tag{12.89a}$$

$$\eta \to \infty : \qquad \Theta = 1 \; . \tag{12.89b}$$

Setzt man zur Lösung von (12.88) zunächst $\Theta' = F$, so ist

$$F = C_1 \exp\left(-\frac{1}{2}Pr\int\limits_0^\eta f\,d\eta\right) \tag{12.90}$$

und weiter wegen (12.89a)

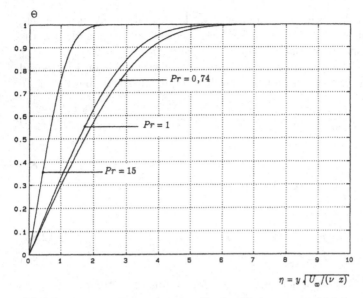

Abbildung 12.9. Temperaturprofile der Plattengrenzschicht

$$\Theta = \int\limits_0^\eta F\mathrm{d}\eta = C_1 \int\limits_0^\eta \exp\left(-\frac{1}{2}Pr\int\limits_0^\eta f\mathrm{d}\eta\right)\mathrm{d}\eta \ . \tag{12.91}$$

Unter Berücksichtigung der Randbedingung (12.89b) wird hieraus schließlich

$$\Theta = \left[\int\limits_0^\eta \exp\left(-\frac{1}{2}Pr\int\limits_0^\eta f\mathrm{d}\eta\right)\mathrm{d}\eta\right]\left[\int\limits_0^\infty \exp\left(-\frac{1}{2}Pr\int\limits_0^\eta f\mathrm{d}\eta\right)\mathrm{d}\eta\right]^{-1} \ . \tag{12.92}$$

Wegen (12.39) ist aber auch $f = -2f'''/f''$, so daß man schreiben kann:

$$-\frac{1}{2}Pr\int\limits_0^\eta f\mathrm{d}\eta = Pr\int\limits_0^\eta \frac{f'''}{f''}\mathrm{d}\eta = Pr\ln\left(\frac{f''(\eta)}{f''(0)}\right) \ , \tag{12.93}$$

und aus (12.92) wird

$$\Theta = \left[\int\limits_0^\eta f''^{Pr}\mathrm{d}\eta\right]\left[\int\limits_0^\infty f''^{Pr}\mathrm{d}\eta\right]^{-1} \ . \tag{12.94}$$

Da $f''(\eta)$ aus der Lösung der Blasius-Gleichung bekannt ist, ist jetzt auch Θ bekannt. Die Lösung in der obenstehenden Form wurde zuerst von Pohlhausen angegeben. $\Theta = \Theta(\eta, Pr)$ ist für verschiedene Werte von Pr in Abb. 12.9 aufgetragen.

Wir berechnen nun die einzige von null verschiedene Komponente des Wärmestromvektors q_y an der Wand:

$$q_y(x) = q(x) = -\lambda \left. \frac{\partial T}{\partial y} \right|_w \tag{12.95}$$

oder

$$q(x) = \lambda(T_w - T_\infty) \left. \frac{\mathrm{d}\Theta}{\mathrm{d}\eta} \right|_w \sqrt{\frac{U_\infty}{\nu x}} \ . \tag{12.96}$$

Aus (12.94) folgt

$$\left. \frac{\mathrm{d}\Theta}{\mathrm{d}\eta} \right|_{\eta=0} = [f''(0)]^{Pr} \left(\int\limits_0^\infty f''^{Pr} \mathrm{d}\eta \right)^{-1} = g(Pr) \ , \tag{12.97}$$

so daß der Wärmestrom zu

$$q(x) = \lambda(T_w - T_\infty)g(Pr)\sqrt{\frac{U_\infty}{\nu x}} \tag{12.98}$$

erhalten wird. Für die gesamte Wärme pro Zeit- und Tiefeneinheit, die von der Platte der Länge L übertragen wird, erhält man mit

$$\dot{Q} = - \iint\limits_{(S)} q_i n_i \, \mathrm{d}S = \int\limits_0^L q(x)\mathrm{d}x \tag{12.99}$$

(eine Plattenseite benetzt!) schließlich

$$\dot{Q} = 2\lambda(T_w - T_\infty)g(Pr)\sqrt{\frac{U_\infty L}{\nu}} \tag{12.100}$$

oder

$$\dot{Q} = 2\lambda(T_w - T_\infty)g(Pr)\sqrt{Re} \ . \tag{12.101}$$

Die Funktion $g(Pr)$ wird durch

$$g(Pr) = 0,332 Pr^{1/3} \tag{12.102}$$

gut angenähert. Damit erhalten wir

$$\dot{Q} = 0,664\lambda \, Pr^{1/3} Re^{1/2}(T_w - T_\infty) \ , \tag{12.103}$$

bzw. mit der Definitionsgleichung der *Nusselt-Zahl*

$$\dot{Q} = Nu\,\lambda\,A\frac{T_w - T_\infty}{L}\ ,\qquad A\,\hat{=}\,L \qquad (12.104)$$

dann die Nusseltbeziehung

$$Nu = 0,664 Pr^{1/3} Re^{1/2}\ . \qquad (12.105)$$

Dies ist eine spezielle Form des für *erzwungene Konvektion* allgemein gültigen Gesetzes

$$Nu = Nu(Pr, Re)\ . \qquad (12.106)$$

12.3 Temperaturgrenzschicht bei natürlicher Konvektion

Im Kapitel Hydrostatik (Abschnitt 5.1) hatten wir festgestellt, daß statisches Gleichgewicht nur möglich ist, wenn der Gradient der Dichte parallel zum Vektor der Massenkraft ist. Wählt man das Koordinatensystem wieder so, daß die z-Richtung entgegengesetzt parallel zur Schwerkraftrichtung zeigt, dann kann im Gleichgewicht die Dichte nur eine Funktion von z sein. In der Nähe einer beheizten Wand, wo die Dichte durch Erwärmung beeinflußt wird, ist diese Gleichgewichtsbedingung i. allg. verletzt, und die Flüssigkeit setzt sich zwangsläufig in Bewegung, so daß in Wandnähe eine Strömung entsteht. Unter bestimmten, später genauer definierten Umständen hat diese Strömung Grenzschichtcharakter.

Zur Herleitung der Bewegungsgleichungen gehen wir von den Navier-Stokesschen Gleichungen (4.9a) aus und spalten Druck und Dichte in statische und dynamische Anteile auf:

$$p = p_{st} + p_{dyn}\ ,\qquad \varrho = \varrho_{st} + \varrho_{dyn}\ .$$

Es folgt

$$(\varrho_{st} + \varrho_{dyn})\frac{Du_i}{Dt} = \varrho_{st}k_i - \frac{\partial p_{st}}{\partial x_i} + \varrho_{dyn}k_i - \frac{\partial p_{dyn}}{\partial x_i} + \eta\frac{\partial^2 u_i}{\partial x_j \partial x_j}\ , \qquad (12.107)$$

oder, da die hydrostatische Grundgleichung in der Form

$$\frac{\partial p_{st}}{\partial x_i} = \varrho_{st}k_i$$

gilt, auch

$$(\varrho_{st} + \varrho_{dyn})\frac{Du_i}{Dt} = \varrho_{dyn}k_i - \frac{\partial p_{dyn}}{\partial x_i} + \eta\frac{\partial^2 u_i}{\partial x_j \partial x_j}\ . \qquad (12.108)$$

Wir nehmen an, daß die Änderung der Dichte ϱ_{dyn} sehr klein ist ($\varrho_{dyn} \ll \varrho_{st}$), so daß mit der Massenkraft der Schwere $k_i = g_i$ zunächst

$$\frac{Du_i}{Dt} = \frac{\varrho_{dyn}}{\varrho_{st}} g_i - \frac{1}{\varrho_{st}} \frac{\partial p_{dyn}}{\partial x_i} + \nu \frac{\partial^2 u_i}{\partial x_j \partial x_j} \qquad (12.109)$$

folgt. In der Literatur hat sich für diese Vorgehensweise der Name *Boussinesq Approximation* eingebürgert. Wir setzen nun für die Dichteänderung

$$\varrho_{dyn} = -\varrho_{st} \beta (T - T_\infty) \,, \qquad (12.110)$$

wobei der thermische Ausdehnungskoeffizient durch

$$\beta = \left[-\frac{1}{\varrho} \left(\frac{\partial \varrho}{\partial T} \right)_p \right]_\infty \qquad (12.111)$$

gegeben ist; für ideales Gas also

$$\beta = \frac{1}{T_\infty} \,. \qquad (12.112)$$

Zur Abkürzung bezeichnen wir p_{dyn} wieder mit p und ϱ_{st} mit ϱ. In der Grenzschicht sind die konvektiven Glieder wieder von derselben Größenordnung wie die Zähigkeitsglieder, so daß die Abschätzung

$$\frac{U^2/L}{\nu U/\delta_0^2} \sim 1 \qquad (12.113)$$

gilt. Die typische Geschwindigkeit U ist in diesem Falle, wo ja keine Anströmgeschwindigkeit U_∞ existiert, nur indirekt durch die Daten des Problems gegeben. Die treibende Kraft der Strömung ist der Term $\varrho_{dyn} g = \varrho_{st} \beta \, \Delta T \, g$, wobei $\Delta T = |T_w - T_\infty|$ ist. Mit der charakteristischen Länge L läßt sich hieraus die typische Geschwindigkeit

$$U = \sqrt{\beta \, \Delta T \, g \, L} \qquad (12.114)$$

bilden. Dann erhält man aus (12.113)

$$\frac{\delta_0}{L} \sim \left(\frac{\nu^2}{g \, \beta \, \Delta T \, L^3} \right)^{1/4} . \qquad (12.115)$$

Für

$$Gr = \frac{g \, \beta \, \Delta T \, L^3}{\nu^2} \gg 1 \qquad (12.116)$$

ist $\delta_0/L \ll 1$, d. h. die Strömung hat Grenzschichtcharakter, wenn die dimensionslose Kennzahl Gr (*Grashofsche Zahl*) groß ist. Unter dieser Voraussetzung gelten die Grenzschichtvereinfachungen. (Im angelsächsischen Schrifttum wird statt der Grashof-Zahl die *Rayleigh-Zahl* $Ra = Gr \, Pr$ benutzt).

Als Beispiel betrachten wir die Strömung an einer senkrecht stehenden, unendlich langen, geheizten Platte. Der Koordinatenursprung liege an der unteren Kante, x werde entlang der Platte und y normal zu ihr gezählt. Dann hat der Vektor der Massenkraft der Schwere die Komponenten $g_x = -g$ und $g_y = 0$. Führt man die dimensionslose Temperatur

$$\Theta = \frac{T - T_\infty}{T_w - T_\infty} \tag{12.117}$$

ein, so lautet das nunmehr gekoppelte Gleichungssystem für ideales Gas:

$$\frac{\partial u}{\partial x} + \frac{\partial v}{\partial y} = 0 \ , \tag{12.118}$$

$$u\frac{\partial u}{\partial x} + v\frac{\partial u}{\partial y} = \nu \frac{\partial^2 u}{\partial y^2} + g\,\Theta\frac{T_w - T_\infty}{T_\infty} \ , \tag{12.119}$$

$$u\frac{\partial \Theta}{\partial x} + v\frac{\partial \Theta}{\partial y} = \frac{\lambda}{\varrho\,c_p}\frac{\partial^2 \Theta}{\partial y^2} \ . \tag{12.120}$$

Dieses ist unter den Randbedingungen

$$y = 0 \ : \qquad u = v = 0 \ ; \ \Theta = 1 \ , \tag{12.121}$$

$$y \to \infty \ : \qquad u = 0 \ ; \ \Theta = 0 \tag{12.122}$$

zu lösen. Führt man analog zu (12.38) eine dimensionslose Stromfunktion ein, so erhält man mit

$$U = \sqrt{\frac{g\,\Delta T\,L}{4T_\infty}} \quad \text{und} \quad \Delta T = |T_w - T_\infty| \ : \tag{12.123}$$

$$\Psi = 4\left(\frac{\nu^2\Delta T\,g\,L^3}{4T_\infty}\right)^{1/4} f\left[\frac{x}{L}, y\left(\frac{\Delta T\,g}{4T_\infty\nu^2L}\right)^{1/4}\right] \ . \tag{12.124}$$

Da L in der Lösung nicht auftreten kann, muß Ψ folgende Form haben:

$$\Psi = 4\left(\frac{\nu^2\Delta T\,g\,x^3}{4T_\infty}\right)^{1/4} \zeta(\eta) \ , \tag{12.125}$$

wobei

$$\eta = y\left(\frac{\Delta T\,g}{4T_\infty\nu^2x}\right)^{1/4} \tag{12.126}$$

die dimensionslose Ähnlichkeitsvariable des Problems ist. Setzt man zur Abkürzung

$$C = \left(\frac{\Delta T\,g}{4T_\infty\nu^2}\right)^{1/4} \ , \tag{12.127}$$

so erhält man als Ansatz für die Stromfunktion:

$$\Psi = 4C \nu \, x^{3/4} \zeta(\eta) \; . \tag{12.128}$$

Auch die dimensionslose Temperatur kann nur eine Funktion der dimensionslosen Variablen η sein; daher gilt:

$$\Theta(x, y) = \Theta(\eta) \; . \tag{12.129}$$

Mit diesen Ansätzen erhält man aus den Gleichungen (12.119) und (12.120) die gekoppelten gewöhnlichen Differentialgleichungen

$$\zeta''' + 3\zeta\zeta'' - 2\zeta'^2 + \Theta = 0 \; , \tag{12.130}$$

$$\Theta'' + 3Pr \, \zeta \, \Theta' = 0 \tag{12.131}$$

mit den Randbedingungen

$$\eta = 0 : \qquad \zeta = \zeta' = 0; \; \Theta = 1 \; , \tag{12.132}$$

$$\eta \to \infty : \qquad \zeta' = 0; \; \Theta = 0 \; . \tag{12.133}$$

Dieses Gleichungssystem muß numerisch gelöst werden, wobei sich unter anderem die Nusselt-Zahl

$$Nu = 0{,}48 Gr^{1/4} \quad \text{für} \quad Pr = 0{,}733 \tag{12.134}$$

ergibt. In guter Näherung gilt folgende Formel, welche die Abhängigkeit von der Prandtl-Zahl explizit angibt:

$$Nu = \left(\frac{Gr \, Pr}{2{,}43478 + 4{,}884 Pr^{1/2} + 4{,}95283 Pr} \right)^{1/4} \; . \tag{12.135}$$

Dies ist eine spezielle Form des für *natürliche Konvektion* allgemein gültigen Gesetzes $Nu = Nu(Pr, Gr)$. Für eine *gemischte Konvektion* gilt dann der allgemeine Zusammenhang $Nu = Nu(Pr, Re, Gr)$.

12.4 Integralmethoden der Grenzschichttheorie

Zur näherungsweisen Berechnung von Grenzschichten verwendet man oft Verfahren, bei denen die Bewegungsgleichungen nicht überall im Feld, sondern nur im integralen Mittel über der Grenzschichtdicke erfüllt werden. Ausgangspunkt dieser *Integralmethoden* ist meistens die Impulsgleichung, die sich aus der Anwendung der Kontinuitätsgleichung (2.7) und des Impulssatzes (2.43) in integraler Form auf einen Grenzschichtabschnitt der Breite dx (Abb. 12.10) ableiten läßt.

Der infinitesimale Massenstrom $d\dot{m}$ pro Tiefeneinheit, der zwischen (1) und (2) in das Kontrollvolumen einfließt, ist

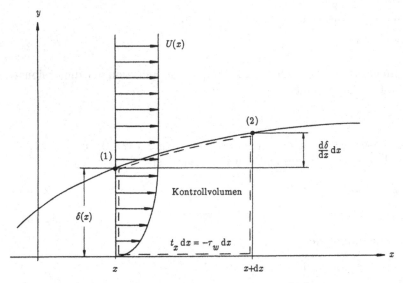

Abbildung 12.10. Kontrollvolumen in der Grenzschicht

$$\mathrm{d}\dot{m} = \dot{m}(x + \mathrm{d}x) - \dot{m}(x) = \mathrm{d}x\,\frac{\mathrm{d}\dot{m}}{\mathrm{d}x} = \mathrm{d}x\,\frac{\mathrm{d}}{\mathrm{d}x}\int\limits_{0}^{\delta(x)} \varrho\,u\,\mathrm{d}y\;. \tag{12.136}$$

Mit diesem Massenstrom ist der Impulsfluß

$$U\,\mathrm{d}\dot{m} = U\,\mathrm{d}x\,\frac{\mathrm{d}}{\mathrm{d}x}\int\limits_{0}^{\delta(x)} \varrho\,u\,\mathrm{d}y \tag{12.137}$$

in x-Richtung verbunden, so daß die Komponente des Impulssatzes in diese Richtung lautet:

$$-U\,\frac{\mathrm{d}}{\mathrm{d}x}\int\limits_{0}^{\delta(x)} \varrho\,u\,\mathrm{d}y + \frac{\mathrm{d}}{\mathrm{d}x}\int\limits_{0}^{\delta(x)} \varrho\,u^2\,\mathrm{d}y = -\frac{\mathrm{d}p}{\mathrm{d}x}\delta(x) - \tau_w\;. \tag{12.138}$$

Wir beschränken uns wieder auf inkompressible Strömungen, für die die in (12.138) auftretenden Integrale durch die Verdrängungsdicke (12.46) und die Impulsverlustdicke (12.48) ausgedrückt werden können:

$$\int\limits_{0}^{\delta(x)} u\,\mathrm{d}y = U(\delta - \delta_1)\;, \tag{12.139}$$

$$\int\limits_0^{\delta(x)} u^2 \, \mathrm{d}y = U^2(\delta - \delta_1 - \delta_2) \, . \tag{12.140}$$

Mit $\mathrm{d}p/\mathrm{d}x = -\varrho\, U\mathrm{d}U/\mathrm{d}x$ läßt sich die Impulsgleichung in die Form

$$\frac{\mathrm{d}\delta_2}{\mathrm{d}x} + \frac{1}{U}\frac{\mathrm{d}U}{\mathrm{d}x}(2\delta_2 + \delta_1) = \frac{\tau_w}{\varrho\, U^2} \tag{12.141}$$

bringen, die man auch direkt aus der Integration der Bewegungsgleichung (12.19) über y (von 0 bis ∞) unter Benutzung der Kontinuitätsgleichung gewinnt. Sie gilt für stationäre, inkompressible, laminare und turbulente Grenzschichten, läßt sich aber auch auf instationäre und kompressible Strömungen erweitern.

Gleichung (12.141) ist eine gewöhnliche DGl. für die Unbekannten δ_1, δ_2 und τ_w. Die zur vollständigen mathematischen Beschreibung des Problems fehlenden Gleichungen gewinnt man im laminaren Fall durch einen Ansatz für das Geschwindigkeitsprofil. Im turbulenten Fall sind darüber hinausgehende empirische Beziehungen notwendig; wir verweisen diesbezüglich auf Abschnitt 12.5.

Die Erweiterung auf die Grenzschicht an einem Rotationskörper, dessen Kontur durch $R_0(x)$ gegeben sei, läßt sich für den Fall $\delta \ll R_0$ recht einfach erledigen: der infinitesimale Massenstrom, der in die Grenzschicht einfließt, beträgt in diesem Fall

$$\mathrm{d}\dot{m} = \mathrm{d}x\frac{\mathrm{d}}{\mathrm{d}x}\left(2\pi R_0(x) \int\limits_0^{\delta(x)} \varrho u \, \mathrm{d}y\right) , \tag{12.142}$$

wobei y senkrecht zur Kontur und x entlang dieser gemessen wird. Damit ergibt sich die Komponente des Impulssatzes in x-Richtung in der Form

$$-U\frac{\mathrm{d}}{\mathrm{d}x}\left(2\pi R_0 \int\limits_0^{\delta(x)} \varrho u \, \mathrm{d}y\right) + \frac{\mathrm{d}}{\mathrm{d}x}\left(2\pi R_0 \int\limits_0^{\delta(x)} \varrho u^2 \, \mathrm{d}y\right) = -2\pi R_0\delta\frac{\mathrm{d}p}{\mathrm{d}x}$$
$$- 2\pi R_0\tau_w \tag{12.143}$$

in völliger Analogie zur Gleichung (12.138). Partielle Ableitung auf der linken Seite und Division durch $2\pi R_0$ führt mit (12.139) und (12.140) zunächst auf den Ausdruck

$$-\frac{\varrho U^2}{R_0}\frac{\mathrm{d}R_0}{\mathrm{d}x}\delta_2 - \frac{\mathrm{d}}{\mathrm{d}x}(\varrho U^2\delta_2) + \varrho U\frac{\mathrm{d}U}{\mathrm{d}x}(\delta - \delta_1) = \delta\varrho U\frac{\mathrm{d}U}{\mathrm{d}x} - \tau_w \tag{12.144}$$

und dann unmittelbar auf die endgültige Form des Impulssatzes

$$\frac{\mathrm{d}\delta_2}{\mathrm{d}x} + \frac{1}{U}\frac{\mathrm{d}U}{\mathrm{d}x}(2\delta_2 + \delta_1) + \frac{1}{R_0}\frac{\mathrm{d}R_0}{\mathrm{d}x}\delta_2 = \frac{\tau_w}{\varrho U^2}\,. \tag{12.145}$$

Von dem Impulssatz der ebenen Grenzschicht (12.141) unterscheidet sich diese Gleichung durch das letzte Glied auf der linken Seite. Dieser Term beschreibt den Einfluß der Querkrümmung des Rotationskörpers auf die Grenzschicht. Wenn der Radius des Rotationskörpers konstant ist, wie das beim Zylinder der Fall ist, so ist unter der getroffenen Annahme $\delta \ll R_0$ die Grenzschicht dieselbe wie an einer ebenen Platte.

Als einfaches Anwendungsbeispiel berechnen wir das bereits in Abschnitt 12.1.1 exakt gelöste Problem der Grenzschicht an einer ebenen Platte. Für die Geschwindigkeitsverteilung innerhalb der Grenzschicht machen wir den Ansatz

$$u\left(\frac{y}{\delta(x)}\right) = U\sin\left(\frac{\pi}{2}\frac{y}{\delta(x)}\right)\,, \tag{12.146}$$

aus dem sich für die Verhältnisse der Grenzschichtdicken die Zahlenwerte

$$\frac{\delta_1}{\delta} = \int_0^1 \left(1 - \frac{u}{U}\right)\mathrm{d}(y/\delta) = \frac{\pi - 2}{\pi} \tag{12.147}$$

und

$$\frac{\delta_2}{\delta} = \int_0^1 \frac{u}{U}\left(1 - \frac{u}{U}\right)\mathrm{d}(y/\delta) = \frac{4 - \pi}{2\pi} \tag{12.148}$$

ergeben. Für die Wandschubspannung erhält man mit (12.146)

$$\tau_w = \eta\left.\frac{\partial u}{\partial y}\right|_{y=0} = \eta\frac{\pi}{2}\frac{U}{\delta} = \eta\frac{4 - \pi}{4}\frac{U}{\delta_2}\,, \tag{12.149}$$

wobei von (12.148) Gebrauch gemacht wurde, um die Grenzschichtdicke δ zu eliminieren. Einsetzen von τ_w gemäß (12.149) in die Impulsgleichung (12.141) liefert wegen $U \equiv U_\infty$ die gewöhnliche DGl.

$$\frac{\mathrm{d}\delta_2}{\mathrm{d}x} = \frac{\nu}{U_\infty}\frac{4 - \pi}{4}\frac{1}{\delta_2}\,, \tag{12.150}$$

in der nur noch δ_2 als Unbekannte auftritt und deren allgemeine Lösung

$$\frac{\delta_2^2}{2} = \frac{4 - \pi}{4}\frac{\nu\,x}{U_\infty} + C \tag{12.151}$$

lautet. Die Integrationskonstante C ergibt sich aus der Impulsverlustdicke am Ort $x = 0$, die für die ebene Platte null ist, so daß die Lösung

$$\delta_2 = 0,655\sqrt{\frac{\nu\,x}{U_\infty}} \qquad\qquad (12.152)$$

lautet. Für die Verdrängungsdicke erhält man mit (12.147) und (12.148)

$$\delta_1 = \frac{\delta_1/\delta}{\delta_2/\delta}\,\delta_2 = \frac{2\pi-4}{4-\pi}\,\delta_2 = 1,743\sqrt{\frac{\nu\,x}{U_\infty}}\;. \qquad\qquad (12.153)$$

Der Vergleich mit den exakten Werten in (12.49) und (12.47) zeigt eine recht gute Übereinstimmung; der relative Fehler beträgt etwa $1,3\%$ für δ_1 und δ_2.

Unter Verwendung der gleichen Ansatzfunktion (12.146) berechnen wir auch die Grenzschicht der ebenen Staupunktströmung (10.65) entlang der x-Achse, wo gemäß (10.66) $U = a\,x$ ist. Während (12.147) bis (12.149) weiterhin gültig sind, erhalten wir nun aus (12.141) die in δ_2^2 lineare Differentialgleichung

$$\frac{x}{2}\frac{\mathrm{d}\delta_2^2}{\mathrm{d}x} + \frac{4}{4-\pi}\delta_2^2 = \frac{4-\pi}{4}\frac{\nu}{a}\;, \qquad\qquad (12.154)$$

deren homogene Lösung

$$\delta_{2H} = C\,x^{-\frac{4}{4-\pi}} \qquad\qquad (12.155)$$

lautet. Da die Grenzschichtdicke für $x \to 0$ endlich bleiben muß, schließen wir, daß die homogene Lösung verschwindet ($C = 0$). Die Lösung von (12.154) entspricht also allein der Partikulärlösung

$$\delta_2 = \frac{4-\pi}{4}\sqrt{\frac{\nu}{a}} = 0,215\sqrt{\frac{\nu}{a}}\;, \qquad\qquad (12.156)$$

d. h. die Impulsverlustdicke und damit auch die Grenzschichtdicke der ebenen Staupunktströmung sind konstant. Mit (12.48) und f' aus Abb. 12.5 ($\beta = 90°$) erhält man die exakte Lösung für die Impulsverlustdicke

$$\delta_2 = 0,292\sqrt{\frac{\nu}{a}}\;, \qquad\qquad (12.157)$$

und der Vergleich zeigt, daß der einfache Ansatz (12.146) zwar die Konstanz der Grenzschichtdicke richtig voraussagt, aber keine guten quantitativen Ergebnisse liefert.

Für Strömungen mit Druckgradient, wie im vorliegenden Fall, haben sich Polynome etwa vierter Ordnung in y/δ als zweckmäßig erwiesen, welche die hier verletzte Bedingung (12.63) befriedigen. Wenn die Strömung nicht ablöst, liefern diese Verfahren recht gute Ergebnisse, der Ablösepunkt wird jedoch meistens nicht genau genug vorhergesagt.

12.5 Turbulente Grenzschichten

Bei Beschränkung auf stationäre, ebene und inkompressible Strömungen lassen sich die Beziehungen für turbulente Grenzschichten aus den laminaren Grenzschichtgleichungen gewinnen, wenn wir dort die Größen durch die entsprechenden mittleren Größen ersetzen und zur rechten Seite der Gleichung (12.19) den einzig wichtigen Term aus der Divergenz der Reynoldsschen Spannungen, nämlich $-\varrho\,\partial(\overline{u'v'})/\partial y$ hinzuaddieren. Führt man noch die in (7.56) definierte Austauschgröße A bzw. die Wirbelviskosität $A/\varrho = \epsilon_t$ ein, so lauten die Grenzschichtgleichungen

$$\overline{u}\frac{\partial \overline{u}}{\partial x} + \overline{v}\frac{\partial \overline{u}}{\partial y} = -\frac{1}{\varrho}\frac{\partial \overline{p}}{\partial x} + \frac{\partial}{\partial y}\left[(\nu + \epsilon_t)\frac{\partial \overline{u}}{\partial y}\right]\ , \tag{12.158}$$

$$\frac{\partial \overline{u}}{\partial x} + \frac{\partial \overline{v}}{\partial y} = 0\ . \tag{12.159}$$

In (12.158) haben wir das Glied $\partial(\overline{u'^2} - \overline{v'^2})/\partial x$ vernachlässigt, so daß der Druckgradient in der Grenzschicht derselbe ist wie außerhalb.

Formal sind die Gleichungen dieselben wie die Grenzschichtgleichungen für laminare Strömung und unterliegen denselben Randbedingungen. Bei Vorgabe eines Turbulenzmodells können die numerischen Verfahren der Feldmethoden auch hier angewendet werden. Bei Verwendung der Wirbelviskosität nach (7.59) ist beispielsweise die Verteilung des Mischungsweges anzugeben. Im Gültigkeitsbereich des Wandgesetzes (also etwa für den Bereich $y \leq 0,22\ \delta$) benutzt man oft die Formel (7.60), setzt aber ab $y/\delta \approx 0,22$ das Verhältnis l/δ konstant, etwa gleich $0,22\ \kappa = 0,09$. Im Bereich der viskosen Übergangsschicht gilt (7.60) nicht mehr und muß für sehr kleine Werte modifiziert werden, beispielsweise durch Multiplikation mit dem Faktor $[1 - \exp(-y_*/A)]$, wobei $A \approx 26$ ist.

Daneben gibt es aber weitere Modifikationen der Formel für den Mischungsweg. Diesen halbempirischen Methoden nullten Grades haftet der Nachteil an, daß die scheinbare Zähigkeit auch bei von null verschiedenem Mischungsweg dort verschwindet, wo $\partial \overline{u}/\partial y$ null ist, also etwa an Stellen, wo $\overline{u}$ ein Maximum hat. Der Ansatz verliert seinen Sinn bei solchen turbulenten Feldern, in denen die mittlere Geschwindigkeit überhaupt konstant ist.

Diese Nachteile versucht man mit Methoden höheren Grades zu überwinden. Setzt man die typische Schwankungsgeschwindigkeit u' nicht proportional $l\,d\overline{u}/dy$, sondern proportional zur Wurzel aus der kinetischen Energie (pro Masse) der Schwankungsbewegung

$$k = \frac{1}{2}(\overline{u'^2} + \overline{v'^2} + \overline{w'^2})\ , \tag{12.160}$$

so entsteht folgender Ausdruck für die Wirbelviskosität:

$$\epsilon_t = C\,k^{1/2}L\ , \tag{12.161}$$

wobei L nun ein integrales Längenmaß ist, das im wesentlichen den Mischungsweg darstellt, während C eine dimensionslose Konstante ist. Für die Turbulenzenergie schafft man nun eine Differentialgleichung, indem man auf halbempirische Weise die Einflüsse erfaßt, die zur materiellen Änderung der Turbulenzenergie beitragen. Über die Lösung dieser Gleichung hängt dann die Wirbelviskosität an einem Ort von der Geschichte der Turbulenzenergie eines Teilchens ab, welches den Ort passiert, und die direkte Kopplung von ϵ_t zum lokalen Feld der mittleren Geschwindigkeit wird vermieden. Für die Länge L muß aber immer noch eine Verteilung angegeben werden. Da in diesem Turbulenzmodell eine Differentialgleichung auftritt, nennt man es heute Ein-Gleichungsmodell.

Wird auch für die Länge L eine Differentialgleichung benutzt, so gelangt man zu den Modellen, die mit zwei DGln. arbeiten, welche man dann Zwei-Gleichungsmodelle nennt. Modelle, die das Konzept der Wirbelviskosität beinhalten, können nicht verwendet werden, wenn $\overline{u'v'}$ an einer anderen Stelle verschwindet als $\partial\overline{u}/\partial y$. Diese Schwierigkeit kann umgangen werden, wenn statt der Boussinesqschen Formel Differentialgleichungen für die Reynoldsschen Spannungen selbst eingeführt werden, etwa zusätzlich zu den bereits erwähnten Gleichungen.

Mit höher werdendem Grad des Turbulenzmodells steigt auch die Zahl der Annahmen, die zur Schließung des Gleichungssystems nötig sind. Außerdem erfordert die Lösung der Differentialgleichungen auch Randbedingungen für die entsprechenden Größen, die u.U. nicht genau genug bekannt sind. Wir wollen aber hier nicht weiter auf die Verwendung von Turbulenzmodellen höheren Grades in der Feldtheorie eingehen.

Neben den Feldmethoden spielen die in Abschnitt 12.4 besprochenen Integralmethoden bei der Beschreibung turbulenter Grenzschichten eine erhebliche Rolle. In laminarer Strömung lassen sich die Geschwindigkeitsprofile bekanntlich durch Polynome in y/δ darstellen, was aber im turbulenten Fall nicht sinnvoll ist, da sich die völligeren Profile schlecht durch Polynome approximieren lassen. Hier sind dagegen Potenzgesetze der Form

$$\frac{\overline{u}}{U} = \left(\frac{y}{\delta}\right)^{1/n} \tag{12.162}$$

zweckmäßig, wobei $n \approx 7$ ist, aber mit der Reynolds-Zahl schwach ansteigt. Damit berechnet man die Verdrängungsdicke und die Impulsverlustdicke zu

$$\delta_1 = \frac{\delta}{n+1}\,, \tag{12.163}$$

$$\delta_2 = \frac{n\,\delta}{(n+1)(n+2)}\,; \tag{12.164}$$

für $n = 7$ also

$$\delta_1 = \frac{1}{8}\,\delta \quad \text{und} \quad \delta_2 = \frac{7}{72}\,\delta\,. \tag{12.165}$$

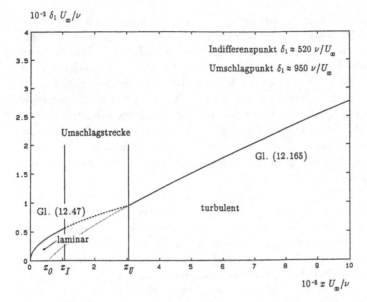

Abbildung 12.11. Zur Definition des fiktiven Anfangspunktes

Aus (12.141) entsteht dann die Differentialgleichung für die Grenzschichtdicke an der ebenen Platte

$$\frac{\tau_w}{\varrho U_\infty^2} = \frac{7}{72}\frac{\mathrm{d}\delta}{\mathrm{d}x} \,, \tag{12.166}$$

die sich jedoch nicht lösen läßt, da die Wandschubspannung nicht bekannt ist. Es ist nötig, auf empirische Daten zurückzugreifen. Im Reynolds-Zahl-Bereich, in dem das 1/7-*Potenzgesetz* gültig ist, gilt auch der empirische Zusammenhang (*Blasius-Gesetz*):

$$\frac{\tau_w}{\varrho U_\infty^2} = 0,0225 \left(\frac{\nu}{U_\infty\delta}\right)^{1/4} \,, \tag{12.167}$$

mit dem sich dann die Grenzschichtdicken zu

$$\frac{\delta}{x - x_0} = 0,37 Re_x^{-1/5} \,, \tag{12.168}$$

$$\frac{\delta_1}{x - x_0} = 0,046 Re_x^{-1/5} \,, \tag{12.169}$$

$$\frac{\delta_2}{x - x_0} = 0,036 Re_x^{-1/5} \tag{12.170}$$

ergeben, wobei Re_x die mit der Lauflänge $x - x_0$ gebildete Reynolds-Zahl

$$Re_x = U_\infty \frac{x - x_0}{\nu} \tag{12.171}$$

und x_0 der fiktive Abstand von der Vorderkante ist, an der die Dicke der turbulenten Grenzschicht null wäre; diese Stelle fällt nicht etwa mit dem Plattenbeginn zusammen! Von der Plattenvorderkante bildet sich ja zunächst eine laminare Grenzschicht aus. Bei einer bestimmten Verdrängungsdicke δ_1, genauer einer bestimmten, mit der Verdrängungsdicke gebildeten Reynoldsschen Zahl, wird die Grenzschicht zum ersten Mal instabil (Indifferenzpunkt $x = x_I$, $U_\infty \delta_1/\nu \approx 520$). Aus dieser Instabilität entwickelt sich über einer „Umschlagstrecke" zwischen Indifferenz- und Umschlagpunkt ($x = x_U$), deren Länge von Störeinflüssen abhängt, die vollturbulente Grenzschicht aus. Wenn man mit der bei x_U angetroffenen Grenzschichtdicke die turbulente Grenzschicht nach vorne extrapoliert, erhält man den fiktiven Anfangspunkt x_0 der turbulenten Grenzschicht (siehe Abb. 12.11).

Für sehr große Plattenlängen L läßt sich x_0 im Vergleich zu L vernachlässigen. In diesem Fall ergibt sich der Widerstand pro Tiefeneinheit der einseitig benetzten Platte unter Verwendung von (12.141) zu

$$F_w = \int\limits_0^L \tau_w \mathrm{d}x = \varrho\, U_\infty^2 \delta_2(L)\ . \tag{12.172}$$

Für den *Reibungsbeiwert* c_f folgt hiermit die Formel

$$c_f = \frac{F_w}{L\,\varrho/2\,U_\infty^2} = 0,072 Re_L^{-1/5}\ , \tag{12.173}$$

wobei Re_L die mit der Plattenlänge L gebildete Reynoldssche Zahl ($Re = U_\infty L/\nu$) ist. Der lokale Reibungsbeiwert c_f' ist definiert als

$$c_f' = \frac{\tau_w}{\varrho/2\,U_\infty^2}\ , \tag{12.174}$$

woraus sich mit (12.141) unmittelbar der Ausdruck

$$c_f' = 2\frac{\mathrm{d}\delta_2}{\mathrm{d}x} = 0,0576 Re_x^{-1/5} \tag{12.175}$$

ergibt. Die angegebenen Formeln sind auf den Gültigkeitsbereich des BlasiusGesetzes beschränkt, der in Re_L ausgedrückt etwa im Intervall

$$5 * 10^5 < Re_L < 10^7 \tag{12.176}$$

liegt.

Für größere Genauigkeitsansprüche benutzt man das universelle Wandgesetz (7.46), das allerdings nur in Wandnähe gültig ist. Für die gesamte Grenzschicht ist das Wandgesetz durch eine Verteilung zu ergänzen, die so beschaffen ist, daß sie für $y \to 0$ verschwindet und zusammen mit dem Wandgesetz für $y \to \infty$ in die äußere Strömung übergeht. Wir schreiben daher für die gesamte Verteilung

$$\frac{\overline{u}}{u_*} = f(y\, u_*/\nu) + \frac{\Pi(x)}{\kappa} W(y/\delta) \ , \tag{12.177}$$

wobei $W(y/\delta)$ die Abweichung des Geschwindigkeitsprofils vom Wandgesetz beschreibt. Diese sogenannte *Nachlauffunktion* $W(y/\delta)$ ist aus empirischen Daten bekannt und läßt sich durch die Funktion

$$W(y/\delta) = 2\sin^2\left(\frac{\pi}{2}\frac{y}{\delta}\right) \tag{12.178}$$

gut beschreiben. Zuweilen werden aber auch andere algebraisch einfache Formeln verwendet. Die Nachlauffunktion genügt der Normierung

$$\int\limits_0^1 W(y/\delta)\mathrm{d}(y/\delta) = 1 \tag{12.179}$$

und den Randbedingungen

$$W(0) = 0 \ , \qquad W(1) = 2 \ . \tag{12.180}$$

Die Veränderung der Verteilung $\overline{u}/u_*$ mit x wird daher dem Profilparameter $\Pi(x)$ übertragen, der vom Druckgradienten abhängt. Wenn wir für das Wandgesetz nur das Logarithmische Wandgesetz (7.70) verwenden, so entsteht aus (12.177) für $y = \delta$

$$\frac{U}{u_*} = \frac{1}{\kappa}\ln(\delta u_*/\nu) + B + 2\frac{\Pi}{\kappa} \tag{12.181}$$

oder

$$\frac{U - \overline{u}}{u_*} = -\frac{1}{\kappa}\ln(y/\delta) + \frac{\Pi}{\kappa}[2 - W(y/\delta)] \ . \tag{12.182}$$

Die letzte Gleichung wird als *Außengesetz* bezeichnet. Für konstantes Π entspricht es dem Mittengesetz (7.79) der Rohrströmung. Gleichung (12.181) stellt schon unmittelbar einen Zusammenhang zwischen Schubspannung an der Wand und dem Profilparameter Π dar. Benutzt man noch die Definition des lokalen Reibungsbeiwertes, so schreiben wir diese Gleichung mit $\tau_w = \varrho u_*^2$ in der Form

$$\sqrt{\frac{2}{c_f'}} = \frac{U}{u_*} = \frac{1}{\kappa}\ln\left(\frac{\delta U}{\nu}\sqrt{\frac{c_f'}{2}}\right) + B + 2\frac{\Pi}{\kappa} \ . \tag{12.183}$$

Vernachlässigt man bei der Integration den Einfluß der viskosen Unterschicht, so folgt mit der Definition der Verdrängungsdicke δ_1 aus (12.177) der Zusammenhang

$$\frac{\delta_1}{\delta} = (1 + \Pi)\frac{u_*}{U\kappa} = \sqrt{\frac{c_f'}{2}}\frac{1 + \Pi}{\kappa} \tag{12.184}$$

und entsprechend für die Impulsverlustdicke

$$\frac{\delta_2}{\delta} = \sqrt{\frac{c'_f}{2}\frac{1+\Pi}{\kappa} - \frac{2+3,18\Pi+1,5\Pi^2}{\kappa^2}\frac{c'_f}{2}} \ . \tag{12.185}$$

In den letzten Gleichungen treten die Unbekannten c'_f, δ, δ_1, δ_2 und Π auf. Zusammen mit dem Impulssatz (12.141) stehen also vier Gleichungen für die fünf Unbekannten zur Verfügung. Hinzu tritt noch eine weitere empirische Beziehung:

$$\Pi \approx 0,8(\beta+0,5)^{3/4} \ , \tag{12.186}$$

in der β der *Gleichgewichtsparameter*

$$\beta = \frac{\delta_1}{\tau_w}\frac{\partial p}{\partial x} = -\frac{\delta_1}{\delta_2}\frac{2}{c'_f}\frac{\delta_2}{U}\frac{dU}{dx} \tag{12.187}$$

ist. Damit liegen jetzt fünf Gleichungen für die fünf unbekannten Funktionen vor, und bei gegebener Geschwindigkeitsverteilung $U(x)$ läßt sich die turbulente Grenzschicht auf numerischem Wege berechnen, wozu die Anfangswerte der zu berechnenden Größen vorgegeben werden müssen.

Die Integralmethoden, von denen die obigen Ausführungen ein einfaches Beispiel darstellen, sind den Feldmethoden für turbulente Grenzschichten oft gleichwertig (im Gegensatz zum laminaren Fall), was wohl an der Vielzahl der empirischen Daten liegt, die in die Berechnung einfließen. In der Anwendung auf die turbulente Grenzschicht der ebenen Platte ($U \equiv U_\infty$) setzt man $\Pi \approx 0,55$ (anstatt $\Pi = 0,476$ aus (12.186)) und schreibt die Impulsgleichung (12.141) mit $Re_{\delta_2} = U_\infty\delta_2/\nu$ und $Re_x = U_\infty x/\nu$ um:

$$\frac{d\delta_2}{dx} = \frac{dRe_{\delta_2}}{dRe_x} = \frac{c'_f}{2} \ . \tag{12.188}$$

Nun stellt man c'_f als Funktion der Reynolds-Zahl Re_{δ_2} dar, indem man δ in (12.183) mit Hilfe der Beziehung (12.185) durch δ_2 ersetzt. Das Ergebnis der numerischen Integration von (12.188) kann man durch die Formel

$$Re_{\delta_2} = 0,0142 Re_x^{6/7} \tag{12.189}$$

beschreiben. Setzt man dieses Ergebnis in (12.188) ein, so wird der lokale Reibungsbeiwert zu

$$c'_f = 0,024 Re_x^{-1/7} \tag{12.190}$$

erhalten; eine Formel, die im Bereich

$$10^5 < Re_x < 10^9$$

gültig ist.

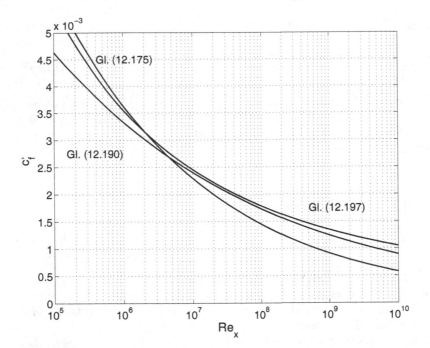

Abbildung 12.12. Widerstandsformeln

Wie ersichtlich, ist die Berechnung des Reibungsbeiwerts und der Grenz-schichtdicken selbst im Fall der ebenen Platte recht undurchsichtig. Wir wollen daher für diesen Fall noch einfachere Formeln herleiten, die sich aus Dimensionsbetrachtungen ergeben. Wir nehmen an, daß in der ganzen Grenzschicht das Logarithmische Wandgesetz Gültigkeit besitzt. Dann ist in (12.177) $\Pi = 0$ zu setzen, und wir erhalten statt (12.181)

$$\frac{U_\infty}{u_*} = \frac{1}{\kappa} \ln(\delta\, u_*/\nu) + B\;. \tag{12.191}$$

Aus dieser Gleichung läßt sich noch nicht die Grenzschichtdicke δ als Funktion von x darstellen, da die Schubspannung τ_w und damit u_* von x abhängen, so daß δ einen Zusammenhang der Form

$$\delta = \delta(x, u_*, U_\infty) \tag{12.192}$$

erfüllen muß. Aus Dimensionsgründen gilt deshalb die Beziehung

$$\frac{\delta}{x} = f(u_*/U_\infty)\;. \tag{12.193}$$

Die Neigung der Grenzschicht ist von der Größenordnung v'/U_∞, und da v' von der Größenordnung u_* ist, folgt

$$\frac{d\delta}{dx} \sim \frac{u_*}{U_\infty} \; . \tag{12.194}$$

Wenn u_* nur schwach von x abhängt, gilt auch

$$\delta \sim x \, u_*/U_\infty \tag{12.195}$$

im Einklang mit (12.193), wobei angenommen wurde, daß die turbulente Grenzschicht an der Stelle $x = 0$ beginnt. Daher wächst die Grenzschicht porportional zu x, während die genauere Formel (12.189) ein nur unwesentlich schwächeres Wachstum proportional zu $x^{6/7}$ angibt. Wir setzen das Ergebnis (12.195) in (12.191) ein und erhalten

$$\frac{U_\infty}{u_*} = \frac{1}{\kappa} \ln[(U_\infty x/\nu)(u_*/U_\infty)^2] + B \; , \tag{12.196}$$

woraus sich mit der universellen Konstanten $B \approx 5$ das Widerstandsgesetz

$$c_f'^{-1/2} = 1,77 \ln(Re_x c_f') + 2,3 \tag{12.197}$$

ergibt. Die drei berechneten Widerstandsformeln (12.175), (12.190) und (12.197) werden in Abb. 12.12 verglichen.

13

Schleichende Strömungen

Wir betrachten in diesem Kapitel stationäre Strömungen mit kleiner Reynoldszahl, und beschränken uns auf inkompressible Strömungen, also auch auf Gasströmungen bei kleinen Machzahlen. Die Bewegungsgleichungen sind mit (4.35) bereits bekannt, die wir hier in symbolischer Schreibweise angeben:

$$\nabla p = \eta \Delta \vec{u}. \tag{13.1}$$

Zu den Bewegungsgleichungen im engeren Sinne tritt noch die Kontinuitätsgleichung (2.5)

$$\nabla \cdot \vec{u} = 0. \tag{13.2}$$

Wenn wir die Rotation der Gleichung (13.1) bilden, also die Gleichung der Operation $\nabla \times$ unterwerfen, wird der Druck aus der Gleichung eliminiert und mit der Vektoridentität (4.10) , in der $\vec{u}$ durch $2\vec{\omega}$ ersetzt ist, gewinnen wir die Zusammenhänge

$$\Delta(\nabla \times \vec{u}) = 2\Delta\vec{\omega} = -2\nabla \times (\nabla \times \vec{\omega}) = 0, \tag{13.3}$$

wobei auch (4.14) verwendet wurde. Bildet man die Divergenz der Gleichung (13.1), so ergibt sich mit der Kontinuitätsgleichung eine Laplace-Gleichung für den Druck:

$$\Delta p = 0. \tag{13.4}$$

13.1 Ebene und rotationssymmetrische Strömungen

Im folgenden werden wir uns mit ebenen und rotationssymmetrischen Strömungen befassen, bei denen sich bekanntlich eine Stromfunktion einführen läßt, so daß Gleichung (13.2) entfällt, weil die Kontinuitätsgleichung mit Einführung der Stromfunktion identisch erfüllt ist.

© Springer-Verlag GmbH Deutschland, ein Teil von Springer Nature 2019
J. Spurk und N. Aksel, *Strömungslehre*,
https://doi.org/10.1007/978-3-662-58764-5_13

Im ebenen Fall entnehmen wir die Geschwindigkeitskomponenten (10.217) und finden die einzig nicht verschwindende Vektorkomponente von rot $\vec{u}$ aus Anhang B1 zu

$$2\vec{\omega} = \text{rot}\,\vec{u} = \left(\frac{\partial v}{\partial x} - \frac{\partial u}{\partial y}\right)\vec{e}_z = -\left(\frac{\partial^2 \Psi}{\partial x^2} + \frac{\partial^2 \Psi}{\partial y^2}\right)\vec{e}_z = -\Delta\Psi\,\vec{e}_z. \quad (13.5)$$

Mit diesem Zusammenhang lesen wir aus (13.3) die Gleichung ab, der die Stromfunktion genügen muß:

$$\Delta(\Delta\Psi) = 0 \tag{13.6}$$

oder auch

$$\nabla^4\Psi = 0. \tag{13.7}$$

Man nennt diese Gleichung auch *Bipotentialgleichung*, was ihre Schreibweise in (13.6) einsichtig macht.

Um die entsprechende Differentialgleichung für die Stromfunktion der rotationssymmetrischen Strömung zu erhalten, gehen wir von (13.3) in der Form

$$\nabla \times (\nabla \times \vec{\omega}) = 0 \tag{13.8}$$

aus, die es gestattet die Gleichung durch wiederholte Anwendung des Operators $\nabla\times$ aus Anhang B.3 zu berechnen. Unser Ziel wird es sein, die schleichende Strömung um eine Kugel im Abschnitt 13.1.3 zu berechnen. Da die Randbedingung verschwindender Geschwindigkeit an der Kugel zu erfüllen ist, stellen wir die Gleichung in Kugelkoordinaten bereit, weil die Oberfläche der Kugel dann Koordinatenfläche ist. Zunächst folgt aus B.3

$$2\vec{\omega} = \text{rot}\,\vec{u} = \frac{1}{r}\left\{\frac{\partial(ru_\vartheta)}{\partial r} - \frac{\partial u_r}{\partial \vartheta}\right\}\vec{e}_\varphi \tag{13.9}$$

und mit (10.104 und 10.105) auch

$$\vec{\omega} = -\frac{1}{2r\sin\vartheta}\left\{\frac{\partial^2}{\partial r^2} + \frac{\sin\vartheta}{r^2}\frac{\partial}{\partial\vartheta}\left(\frac{1}{\sin\vartheta}\frac{\partial}{\partial\vartheta}\right)\right\}\Psi\,\vec{e}_\varphi = -\frac{1}{2r\sin\vartheta}E^2\Psi\,\vec{e}_\varphi \tag{13.10}$$

wobei der Ausdruck hinter dem letzten Gleichheitszeichen den Operator E^2 definiert, dessen Bezeichnung in Anlehnung an ∇^2 gewählt ist. Wir bilden jetzt $\nabla\times\vec{\omega}$ in dem wir im Ausdruck für rot $\vec{u}$ in B.3, $\vec{u}$ und seine Komponenten durch $\vec{\omega}$ und seine entsprechenden Komponenten ersetzen. Beachtet man, daß nur $\omega_\varphi \neq 0$ ist und ebenso, daß $\partial/\partial\varphi$ angewendet auf irgend eine Komponente Null ergibt, so gewinnt man die Gleichung

$$\nabla \times \vec{\omega} = -\frac{1}{2r^2\sin\vartheta}\frac{\partial}{\partial\vartheta}(E^2\Psi)\vec{e}_r + \frac{1}{2r\sin\vartheta}\frac{\partial}{\partial r}(E^2\Psi)\,\vec{e}_\vartheta \quad . \tag{13.11}$$

Man verfährt jetzt mit $\nabla \times \vec{\omega}$ so wie oben mit $\vec{\omega}$ geschehen und erhält

$$\nabla \times (\nabla \times \vec{\omega}) = \frac{1}{2\, r \sin \vartheta} \left\{ \frac{\partial^2}{\partial r^2}(E^2 \Psi) + \frac{\sin \vartheta}{r^2} \frac{\partial}{\partial \vartheta} \left(\frac{1}{\sin \vartheta} \frac{\partial}{\partial \vartheta}(E^2 \Psi) \right) \right\} \vec{e}_\varphi = 0,$$
(13.12)

damit die Gleichung für die Stromfunktion:

$$E^2(E^2 \Psi) = 0.$$
(13.13)

In Kugelkoordinaten erhalten wir somit keine Bipotentialgleichung, da der Normaleneinheitsvektor in (13.9) nicht konstant ist.

Der Vollständigkeit halber vermerken wir auch den Operator E^2 bei rotationssymmetrischer Strömung in Zylinderkoordinaten des Anhangs B.2:

$$E^2 = \frac{\partial^2}{\partial z^2} + \frac{\partial^2}{\partial r^2} - \frac{1}{r} \frac{\partial}{\partial r}$$
(13.14)

oder bei rotationssymmetrischer Strömung in kartesischen Koordinaten in der Ebene $z = 0$, wie im Abschnitt 10.3.1

$$E^2 = \frac{\partial^2}{\partial x^2} + \frac{\partial^2}{\partial y^2} - \frac{1}{y} \frac{\partial}{\partial y}.$$
(13.15)

13.1.1 Beispiele ebener Strömungen

Wir schließen an die Potentialströmungen in und um Ecken des Kapitels 10 an. Wie dort betrachten wir also Strömungen, deren Begrenzungen durch Linien $\varphi = const$ gegeben sind und daher die Benutzung von Polarkoordinaten r, φ nahe legt. Die Beschreibung der Strömung erfolgt aus den erläuterten Gründen mit der Stromfunktion $\Psi(r, \varphi)$. Aus Dimensionsgründen muß auch im einfachsten Fall eine dimensionsbehaftete Konstante auftreten. Wir machen daher den Ansatz

$$\Psi = A\, r^n f(\varphi),$$
(13.16)

mit dem sich die Bipotentialgleichung separieren läßt. Die Konstante A hat die Dimension $[Länge^{2-n}/Zeit]$. Ebenso wie bei den Eckenströmungen in Kapitel 10 handelt es sich auch hier nur um lokal gültige Strömungen. Die auftretende Konstante hängt von der „treibenden Kraft" außerhalb des Gültigkeitsbereich der lokalen Lösung ab und kann i. allg. nur mit Kenntnis der Strömung im Ganzen bestimmt werden.

Wir werden uns zunächst auf Fälle beschränken, bei denen der Exponent n ganzzahlig ist. Dies ist z.B. der Fall, wenn die treibende Kraft eine bekannte Geschwindigkeit ist. Wenn eine oder beide der Strömungsbegrenzungen mit demselben Betrag der Geschwindigkeit bewegt werden, ist auch die Deutung der Konstanten A offensichtlich. Wir stellen uns eine ebene, unter dem

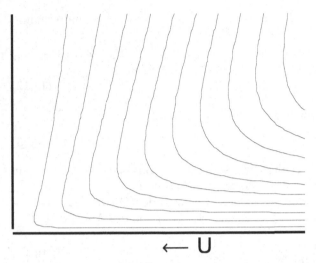

Abbildung 13.1. Stromlinienbild in der Nähe des Schnittpunktes Schaber-Wand, $\varphi_0 = \pi/2$

Winkel φ_0 geneigte Fläche vor, die mit der Geschwindigkeit U dicht über einer ebenen Wand (x-Achse) geführt, Flüssigkeit von dieser abschabt. Im Bezugssystem, das mit dem Schaber fest verbunden ist, ist die Strömung stationär, die untere Wand wird mit der Geschwindigkeit $-U$ unter dem Schaber durchgeführt (Abb. 13.1). Die zweifache Anwendung des Laplace-Operators in Polarkoordinaten aus Anhang B.2 führt mit dem Ansatz

$$\Psi = -U \, r \, f(\varphi) \tag{13.17}$$

auf die gewöhnliche DGl.

$$\frac{U}{r^3}\left(f + 2\,f'' + f''''\right) = 0 \tag{13.18}$$

deren allgemeine Lösung für $r \neq 0$

$$f = (C_1 + \varphi\,C_2)\cos(\varphi) + (C_3 + \varphi\,C_4)\sin(\varphi) \tag{13.19}$$

ist.

Gleichung (13.2) in Polarkoordinaten (Anhang B.2)

$$\frac{\partial(u_r\,r)}{\partial r} + \frac{\partial u_\varphi}{\partial \varphi} = 0 \tag{13.20}$$

liefert die notwendige und hinreichende Bedingung für das totale Differential

$$d\Psi = -u_\varphi dr + u_r r d\varphi \quad , \tag{13.21}$$

dem wir die Geschwindigkeitskomponenten

$$u_r = \frac{1}{r}\frac{\partial \Psi}{\partial \varphi} = -U\,f'(\varphi) \quad , \quad u_\varphi = -\frac{\partial \Psi}{\partial r} = U\,f(\varphi) \tag{13.22}$$

entnehmen. Die Haftbedingung an der Wand und am Schaber führen zu den Randbedingungen

$$f(0) = 0\,, \ f'(0) = 1 \ \text{sowie} \ f(\varphi_0) = 0; \ f'(\varphi_0) = 0. \tag{13.23}$$

Unter diesen Randbedingungen entsteht aus (13.19) die partikuläre Lösung

$$f(\varphi) = \frac{2\,\varphi\,\sin\varphi_0\,\sin(\varphi_0 - \varphi) + 2\,\varphi_0(\varphi - \varphi_0)\,\sin\varphi}{2\,\varphi_0^2 - 1 + \cos(2\varphi_0)}. \tag{13.24}$$

Für $\varphi_0 = \pi/2$ erhält man so die Stromfunktion

$$\Psi = U\,r\,\frac{4\varphi\,\cos\varphi - \pi^2\,\sin\varphi + 2\,\pi\,\varphi\,\sin\varphi}{\pi^2 - 4} \quad , \tag{13.25}$$

deren Stromlinienbild bereits in Abb. 13.1 dargestellt wurde.

Die Schubspannung an der Wand $\tau_{r\varphi}(0) = \eta 2\,e_{r\varphi}(0)$ wird mit Anhang B.2 zu

$$\tau_{r\varphi}(0) = \eta\,\frac{1}{r}\,\frac{\partial u_r(0)}{\partial \varphi} = \eta\,\frac{1}{r^2}\,\frac{\partial^2 \Psi(0)}{\partial \varphi^2} = \eta\,\frac{U}{r}\,\frac{4\,\pi}{\pi^2 - 4} \tag{13.26}$$

erhalten, was zeigt, daß das Integral der Schubspannung über r d.h. die Kraft, die nötig ist, den Schaber mit der Geschwindigkeit U zu verschieben, logarithmisch unendlich wird. Dieses Ergebnis ist zwar auf den unendlich kleinen Spalt zwischen Schaber und Wand zurückzuführen, der in Wirklichkeit natürlich endlich sein muß. Es macht aber deutlich, daß die Kraft mit kleiner werdendem Spalt erheblich ansteigt.

Eng mit obiger Strömung verwandt ist die Strömung, die entsteht, wenn die ebene Berandung einer schweren Flüssigkeit mit freier Oberfläche in sich selbst mit der Geschwindigkeit U verschoben wird (Abb. 13.2). Die Berandung möge unter dem Winkel $-\varphi_0$ geneigt sein. Dann bleibt weiterhin die allgemeine Lösung (13.19) für $f(\varphi)$ anwendbar. Die Stetigkeit des Spannungsvektors an der freien Oberfläche verlangt, daß die Schubspannung dort verschwindet, also $f''(0) = 0$ ist. Die freie Oberfläche ist Stromlinie, daher $f(0) = 0$ und an der Berandung haftet die Flüssigkeit d.h. $f(-\varphi_0) = 0, f'(-\varphi_0) = 1$. Unter diesen Randbedingungen nimmt die partikuläre Lösung die Gestalt

$$f(\varphi) = \frac{2(\varphi_0\,\cos\varphi_0\,\sin\varphi - \varphi\,\cos\varphi\,\sin\varphi_0)}{2\,\varphi_0 - \sin(2\,\varphi_0)} \tag{13.27}$$

an. Für $\varphi_0 = \pi/4$ wird damit die Stromfunktion

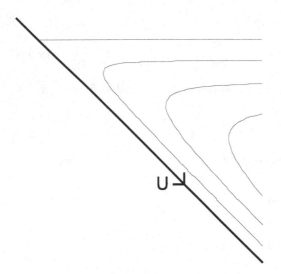

Abbildung 13.2. Stromlinienbild in der Nähe des Schnittpunktes Wand-freie Oberfläche, $\varphi_0 = \pi/4$

$$\Psi = \frac{U\,r(\pi\,\sin\varphi - 4\varphi\cos\varphi)}{2^{1/2}(\pi - 2)}; \qquad (13.28)$$

das zugehörige Stromlinienbild ist in Abb. 13.2 dargestellt.

Als weiteres Beispiel für die Strömung bei ganzahligem Exponenten n betrachten wir den Fall $n = 3$, der auf die *Stokessche Staupunktströmung* führt, also

$$\Psi = A\,r^3 f(\varphi). \qquad (13.29)$$

Im Gegensatz zu den vorherigen Strömungen, kann die dimensionsbehaftete Konstante hier nur mit Kenntnis der gesamten Strömung gefunden werden, weil die „treibende Kraft" der Strömung in großer Entfernung (im Unendlichen) wirkt. Eine größere Allgemeinheit der angestrebten Lösung wird erreicht, wenn wir die schiefe Staupunktströmung mit einschließen, bei der die Staustromlinie unter dem Winkel φ_0 geneigt ist. Die Randbedingungen sind dann wie folgt: Haftbedingung an der Wand (x-Achse) erfordert $f(0) = f(\pi) = f'(0) = f'(\pi) = 0$, und an der Staustromlinie $f(\varphi_0) = 0$. Die Randbedingung an der Wand $\varphi = \pi$ ist offensichtlich redundant, so daß nur drei homogene Randbedingungen auftreten. Mit den bereits oben angewandten Methoden finden wir schließlich die Lösung für die Stromfunktion

$$\Psi = -A\,r^3 \sin(\varphi - \varphi_0)\sin^2\varphi/\sin\varphi_0, \qquad (13.30)$$

wobei die noch unbestimmt gebliebene dimensionslose Konstante in A absorbiert wurde. Das zugehörige Stromlinienbild ist für positive Werte der

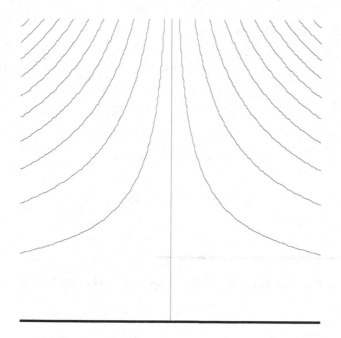

Abbildung 13.3. Stromlinienbild in der Nähe des Staupunktes bei schleichender Strömung, $\varphi_0 = \pi/2$

Konstanten A und für die Werte $\varphi_0 = \pi/2$ und $\varphi_0 = \pi/4$ in Abb. 13.3 und Abb. 13.4 aufgetragen.

Zum Vergleich der *Stokesschen Staupunktströmung* mit der Staupunktströmung der inkompressiblen Potentialströmung (Abschnitt 10.3.1) und der bekannten exakten Lösung der Staupunktströmung (Abschnitt 12.1.2) führen wir zunächst mit $x = r \cos\varphi$, $y = r \sin\varphi$ kartesische Koordinaten ein, beschränken uns dabei auf den Fall $\varphi_0 = \pi/2$ und erhalten aus (13.30)

$$\Psi = A\,x\,y^2 \tag{13.31}$$

mit den kartesischen Geschwindigkeitskomponenten

$$u = \frac{\partial \Psi}{\partial y} = 2\,A\,x\,y \quad \text{und} \quad v = -\frac{\partial \Psi}{\partial x} = -A\,y^2. \tag{13.32}$$

Die Stromfunktion für die Staupunktströmung der Potentialtheorie in kartesischen Koordinaten aus (10.243) lautet

$$\Psi = axy.$$

Offensichtlich ist die höhere Potenz bezüglich der y-Koordinate in (13.31) nötig, um die Haftbedingung zu erfüllen. Bei bekanntem Geschwindigkeitsfeld folgt das Druckfeld aus der Lösung der Gleichung (13.1):

Abbildung 13.4. Stromlinienbild in der Nähe des Staupunktes bei schleichender Strömung, $\varphi_0 = \pi/4$

$$\frac{\partial p}{\partial x} = \eta\,\Delta u = 0 \quad \text{und} \quad \frac{\partial p}{\partial y} = \eta\,\Delta v = -2\eta A, \tag{13.33}$$

also

$$p = -2\eta\,A\,y + p_W, \tag{13.34}$$

wobei die Integrationskonstante als der Druck an der Wand identifiziert wurde.

Im Abschnitt 12.1.2 wurde darauf hingewiesen, daß die Staupunktgrenzschicht eine exakte Lösung der *Navier-Stokesschen-Gleichungen* darstellt, was immer der Fall ist, wenn die Grenzschichtlösung für $x \to 0$ regulär bleibt. Daher müssen sich obige Ergebnisse ergeben, wenn man in der *Falkner-Skan-Gleichung* (12.56) im Fall $m = 1$ alle nichtlinearen Glieder vernachlässigt und außerdem die Komponente des Druckgradienten $\partial p/\partial x$ in (12.53) Null setzt. Der Druckgradient ist ja in der Grenzschicht durch die Außenströmung vorgegeben, wo er den Trägheitskräften die Waage hält. Aus (12.56) gewinnen wir dann die Gleichung

$$f'''(\eta) = 0, \tag{13.35}$$

in der η jetzt die Ähnlichkeitsveränderliche gemäß (12.55) ist. Die Integration von (13.35) mit den Randbedingungen (12.40) führt auf die Beziehung

$$f = c\eta^2 = c\,\frac{a}{\nu}\,y^2, \tag{13.36}$$

in der $c = f''(0)/2$ eine dimensionslose Konstante ist, die nur aus der Lösung der *Falkner-Skan-Gleichung* bekannt ist. Mit (12.54) wird die Stromfunktion dann zu

$$\Psi = c\,a\sqrt{\frac{a}{\nu}}\,x\,y^2 \tag{13.37}$$

erhalten. Die Kombination der Konstanten in (13.37) entspricht, dimensionsanalytisch äquivalent, der Konstanten A in (13.31). Die Komponente des Druckgradienten $\partial p/\partial y$ verschwindet nicht in den *Navier-Stokesschen* Gleichungen, kann aber mit Kenntnis der Lösung (12.56) im nachhinein aus der y-Komponente der *Navier-Stokesschen* Gleichungen berechnet werden. Vernachlässigt man hierin alle nichtlinearen Glieder, so ist wieder Gleichung (13.1) für die Druckberechnung zuständig, was natürlich auf das Ergebnis (13.34) führt.

Die dimensionsbehaftete Konstante a der lokalen Potentialströmung läßt sich mit Kenntnis der Potentialströmung um den Körper bestimmen. Für die Umströmung eines Kreizylinders z.B. ist die Geschwindigkeit am Zylinder aus (10.257) mit $\Gamma = 0$

$$u_\varphi = -2\,U_\infty \sin\varphi = -2U_\infty \sin\left(\pi - \frac{x}{r_0}\right) \tag{13.38}$$

wenn x die Bogenlänge der Zylinderkontur ist, gemessen vom vorderen Staupunkt in die negative Umfangsrichtung. Die Geschwindigkeit $-u_\varphi$ entspricht dann der Geschwindigkeit u in die positive x–Richtung in Körperkoordinaten:

$$u = 2\,U_\infty \sin\frac{x}{r_0} = 2\,U_\infty\,\frac{x}{r_0} + O\left((x/r_0)^2\right). \tag{13.39}$$

Für kleine x/r_0 identifiziert der Vergleich mit der x-Komponente der ebenen Staupunktströmung (10.66) die Konstante a:

$$a = 2\,U_\infty/r_0. \tag{13.40}$$

Der theoretische Wert der Geschwindigkeit wird allerdings nicht im Experiment erreicht. Die Strömung löst bei höheren Reynoldsschen Zahlen ab und durchläuft abhängig von der *Reynoldsschen Zahl* eine Reihe verschiedener Erscheinungsformen, wie sie in Abschnitt 10.3 beschrieben wurden. Besonders die Ablösung, die wesentlich für den Formwiderstand verantwortlich ist, beeinflußt die gesamte Zylinderströmung, so daß es auch in der Nähe des vorderen Staupunktes zu *Reynolds-Zahl* abhängigen Abweichungen kommt, die nach Messungen etwa 10% bei einer Reynoldsschen Zahl von etwa 20 000 betragen. Bei der Umströmung eines stromlinienförmigen Körpers läßt sich u.U. die Ablösung vermeiden und eine bessere Übereinstimmung zwischen den theoretischen Vorhersagen der Potentialtheorie und der Wirklichkeit erzielen. Wir weisen aber darauf hin, daß es auch dann zu einem, wenn auch geringen Formwiderstand kommt, der auf die Verdrängungsdicke der Grenzschicht zurückzuführen ist. Die Strömung „sieht" ja einen um die Verdrängungsdicke vergrößerten Körper, der Anlaß zu einer anderen Druckverteilung gibt als die, welche man potentialtheoretisch für den tatsächlichen Körper ermitteln würde. Die geänderte Druckverteilung führt am Körper zu einer anderen Kraft, die nicht mehr das *d'Alembertsches Paradoxon* erfüllt und daher zu einem Formwiderstand. Er ist beträchtlich kleiner als der Reibungswiderstand, von ihm aber nur schlecht zu trennen, weil beide Widerstände (in laminarer Strömung) proportional $Re^{-1/2}$ sind, siehe (12.47) bzw. (12.51).

Wir betrachten jetzt die Strömungen in der Nähe des Schnittpunktes zweier fester Wände, also Strömungen um Keile oder Strömungen in Ecken. Dann gilt die Haftbedingung an beiden Wänden und es sind vier homogene Randbedingungen zu erfüllen. Dann sind i.allg. die Exponenten n in (13.16) keine ganzen Zahlen mehr. Die Bipotentialgleichung liefert mit dem Ansatz (13.16):

$$\Psi = A\,r^{n-4}\left(n^2(n-2)^2 f(\varphi) + 2(n(n-2)+2)f''(\varphi) + f''''(\varphi)\right). \quad (13.41)$$

Die allgemeine Lösung für die Funktion $f(\varphi)$ lautet

$$f(\varphi) = B_1 e^{i(n-2)\varphi} + B_2 e^{-i(n-2)\varphi} + C_3 \cos n\varphi + C_4 \sin n\varphi \quad (13.42)$$

oder

$$f(\varphi) = C_1 \cos(n-2)\varphi + C_2 \sin(n-2)\varphi + C_3 \cos n\varphi + C_4 \sin n\varphi \quad (13.43)$$

mit komplexen Konstanten. Unterwirft man diese Gleichung den vier homogenen Randbedingungen, so entsteht ein System von vier homogenen Gleichungen für die unbekannten Koeffizienten C_i. Wenn die Determinante D der Koeffizientenmatrix ungleich Null ist, folgt eindeutig die triviale Lösung $C_i = 0$. Für nichttriviale Lösungen muß die Determinante der Koeffizientenmatrix verschwinden. Wegen dieser zusätzlichen Bedingung sind von den vier Gleichungen nur noch drei wirklich verschieden, so daß sich nur Verhältnisse der Koeffizienten bestimmen lassen. Die Gleichung $D = 0$ stellt eine transzendente Gleichung für den Exponenten n dar, die mehrere Lösungen zuläßt. Aus physikalischen Gründen sind wir nur an Lösungen interessiert, für welche die Geschwindigkeit im Schnittpunkt verschwindet, also $n > 1$ bzw. $\Re(n) > 1$, falls n komplex ist. Man kann erwarten, daß die Lösung mit dem kleinsten Realteil in der Ecke dominiert. Bei ihrer Suche ist man auf iterative Nullstellenbestimmung angewiesen, etwa Newtonverfahren. Dazu muß ein möglichst genauer Startwert, gegebenfalls eine komplexe Zahl vorgegeben werden. Wenn man gleichzeitig Stromlinienbilder einer gefundenen Lösung auftragen läßt, ist der richtige Exponent mit einigen Versuchen zu finden.

Es ist lehrreich und wegen der Linearität der Bipotentialgleichung auch ohne Einschränkung der Allgemeinheit zulässig, die geraden und ungeraden Anteile der Lösung (13.41) getrennt zu betrachten. Die allgemeine Lösung läßt sich dann durch Überlagerung aufbauen. Der gerade Anteil der Lösung

$$f(\varphi) = C_1 \cos(n-2)\varphi + C_3 \cos n\varphi \quad (13.44)$$

führt zu einen antisymmetrischen Geschwindigkeitsfeld. Die Haftbedingung an den Wänden

$\varphi = \pm\varphi_0$ ergibt $f(\pm\varphi_0) = 0$, $f'(\pm\varphi_0) = 0$, also

$$C_1 \cos(n-2)\varphi_0 + C_3 \cos n\varphi_0 = 0 \tag{13.45}$$

$$C_1(n-2)\sin(n-2)\varphi_0 + C_3 n \sin n\varphi_0 = 0,$$

wo n die Gleichung

$$D = -(\sin 2\varphi_0 + (n-1)\sin 2(n-1)\varphi_0) = 0 \tag{13.46}$$

erfüllt. Aus (13.45) folgt

$$C_3 = -C_1 \cos(n-2)\varphi_0 / \cos n\varphi_0 \tag{13.47}$$

und daher

$$\Psi = Ar^n(\cos(n-2)\varphi - \cos(n-2)\varphi_0/(\cos n\varphi_0)\cos n\varphi), \tag{13.48}$$

wobei die Konstante C_1 in die Konstante A einbezogen wurde.

Aus (13.46) ist ersichtlich, daß für $\varphi_0 = \pi$ unendlich viele Lösungen erhalten werden. Die kleinste nichttriviale Lösung ist $n = 1,5$. Das Stromlinienbild für diese Daten (Abb. 13.5) zeigt die Strömung um die Vorderkante einer unendlich dünnen Platte. Sie entspricht der schleichenden Strömung, wie sie um die Vorderkante eines unendlich dünnen Profils aufträte.

Auf dieselbe Weise verfährt man mit dem ungeraden Teil der allgemeinen Lösung (13.43). Für $\varphi_0 = \pi$ wird der Exponent auch hier $n = 1,5$. Das Stromlinienbild zeigt die symmetrische Strömung in Abb. 13.6. Die Geschwindigkeit an der Stelle $r = 0$ ist hier, wie bei allen diesen Strömungen, null und die Schubspannung bleibt endlich, dies im Gegensatz zur Grenzschichtströmung an der ebenen Platte, wo die Schubspannung an der Vorderkante unendlich wird. Es handelt sich bei der Grenzschichtströmung aber um eine Entwicklung für große x (große *Reynolds-Zahlen*) und hier um eine Entwicklung für kleine x (kleine *Reynolds-Zahlen*).

Im Winkelbereich $\pi/2 < \varphi_0 < \pi$ werden Strömungen um Keile erhalten. Die symmetrischen Strömungen sind die Keilströmungen bei schleichender Strömung. Sie entsprechen den Keilströmungen bei großen *Reynolds-Zahlen* des Abschnittes 12.1.2. Die antisymmetrischen Strömungen sind schleichende Umströmungen spitzer Vorderkanten.

Es ist zunächst überraschend, daß für „spitze" Ecken $\varphi_0 < \approx 73°$ keine reelle Lösungen mehr existieren. Das Stromlinienbild für diesen Grenzfall ist in Abb. 13.7 dargestellt. Neben der trivialen Lösung $n = 1$ gibt es hier nur eine Lösung für den Exponenten, der zu $n \approx 2,76$ erhalten wird. Man kann sich die Strömung in die spitzen Ecken erzeugt denken durch einen rotierenden Zylinder, der sich weit weg von dem Schnittpunkt der beiden Wände befindet und die Flüssigkeit in die Ecke treibt. Die Strömungsgeschwindigkeit wird mit Annäherung an den Schnittpunkt immer kleiner, ist aber nur

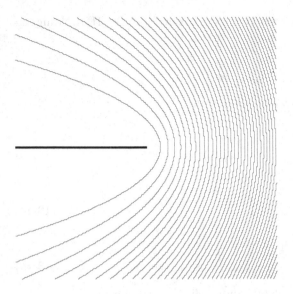

Abbildung 13.5. Stromlinienbild um die Vorderkante einer Platte bei schleichender Strömung, $\varphi_0 = \pi$

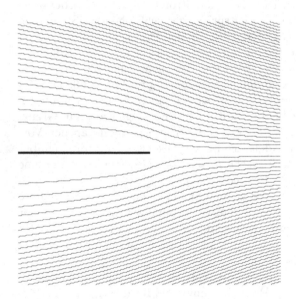

Abbildung 13.6. Stromlinienbild an einer Platte bei schleichender Strömung, $\varphi_0 = \pi$

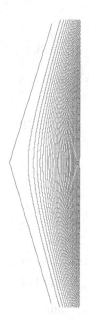

Abbildung 13.7. Stromlinienbild in eine spitze Ecke bei schleichender Strömung, $\varphi_0 = 73\,°$

an den Wänden null. Offensichtlich wird es mit abnehmenden Öffnungswinkel schwieriger, die Flüssigkeit in die Ecke zu drücken. Nun kann aber die Geschwindigkeit auf dem Weg zum Ursprung hin nicht einfach null werden. Dann müßten die Stromlinien in der Flüssigkeit enden, was kinematisch nicht möglich ist und was man sich einsichtig macht, wenn man jede Stromlinie als infinitesimale Stromröhre betrachtet. Der Volumenstrom durch die Röhren kann ja nicht einfach in der Flüssigkeit verschwinden: Stromlinien müssen an den Wänden bzw. an den Rändern des Strömungsgebietes enden oder in sich geschlossene Kurven bilden. Die geschlossenen Stromlinien stellen Bereiche kreisender Flüssigkeit dar, die ähnlich wie ein rotierender Zylinder die darunter liegende Flüssigkeit wiederum versucht, in die Ecke zu treiben. Aus der oben erläuterten Vorstellung heraus, muß dann aber wieder ein Bereich kreisender Flüssigkeit entstehen. Es bildet sich so eine unendliche Folge von Zellen kreisender Flüssigkeit, deren Drehsinn aus Gründen der Stetigkeit des Geschwindigkeitsfeldes alternieren muß. Die Zellen werden durch Nullstromlinien voneinander getrennt, die an den Wänden enden und die Stromfunktion aufeinander folgender Zellen müssen wechselndes Vorzeichen haben. Diese Folge von alternierenden Wirbeln wurde in der Skizze Abb. 10.7 für die Strömung in einer rechtwinkeligen Ecke schon angedeutet.

Für einen aus der Lösung von (13.46) gefundenen komplexen Exponenten $n = n' + i\,n''$ erhält man die Nullstellen der Stromfunktion auf der Symmetrielinie mit (13.48) aus der Beziehung

$$\Psi = A\,r^{n'+i\,n''}\,(a'(n,\varphi_0) + i\,a''(n,\varphi_0)) = 0. \tag{13.49}$$

Die Bedeutung der komplexen Zahl $a' + i\,a''$ folgt aus dem Vergleich von (13.48 und 13.49). Mit der Beziehung

$$r^{n'}r^{i\,n''} = r^{n'}e^{\ln r(i\,n'')} = r^{n'}\,(\cos(n''\ln r) + i\,\sin(n''\ln r)) \tag{13.50}$$

gewinnen wir aus (13.49) den Zusammenhang

$$\Psi = A(a' + i\,a'')r^{n'}\,(\cos(n''\ln r) + i\sin(n''\ln r)) = 0, \tag{13.51}$$

dessen Realteil wir physikalische Bedeutung beimessen, so daß aus (13.51) die Forderung

$$\Re[\Psi] = A\,r^{n'}(\,a'\cos(n''\ln r) - a''\sin(n''\ln r)) = C\,r^{n'}\cos(n''\ln r + \delta) = 0, \tag{13.52}$$

entsteht, in der δ ein Phasenwinkel ist. Wenn r (in willkürlichen Einheiten) von $r = 1$ bis $r = 0$ läuft, ändert sich das Argument des Cosinus von δ bis $-\infty$. Der Cosinus d.h. die Stromfunktion hat also Nullstellen für

$$n''\ln r + \delta = -\left(\frac{1}{2} + k\right)\pi; \quad k = 0, 1, 2, \dots. \tag{13.53}$$

Bezeichnet man mit r_k den Abstand der k'ten Nullstelle vom Ursprung auf der Symmetrielinie, so entnimmt man (13.53)

$$\ln r_k - \ln r_{k+1} = \frac{\pi}{n''} \tag{13.54}$$

und damit das Abstandsverhältnis zweier benachbarter Nullstellen

$$\frac{r_k}{r_{k+1}} = e^{\pi/n''}. \tag{13.55}$$

Die Differenz $r_k - r_{k+1}$ kann als Maß für die Zellengröße genommen werden. Die Stromfunktion hat Extrema an den Stellen

$$n''\ln r + \delta = -\pi\,l; \quad l = 0, 1, 2, \dots.. \tag{13.56}$$

und das Verhältnis ihrer benachbarten r-Koordinaten ist

$$\frac{r_l}{r_{l+1}} = e^{\pi/n''}. \tag{13.57}$$

Der Betrag der Extrema der Stromfunktion kann als „Stärke" der Strömung in der Zelle dienen. Das Verhältnis zweier benachbarter Stärken ist daher

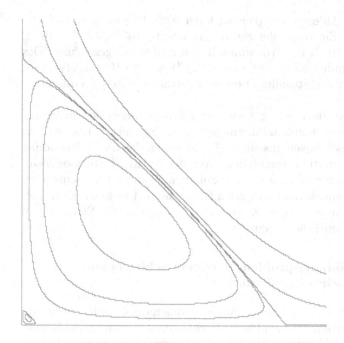

Abbildung 13.8. Stromlinienbild in einer rechtwinkeligen Ecke bei schleichender Strömung

$$\left|\frac{\Re[\Psi_l]}{\Re[\Psi_{l+1}]}\right| = \frac{r_l^{n'}}{r_{l+1}^{n'}} = e^{\pi\,n'/n''}. \tag{13.58}$$

Wie aus (13.46) ersichtlich, hängt der Exponent n vom Öffnungswinkel $2\varphi_0$ ab. Der Imaginärteil n'' ist Null für den Grenzwinkel $\varphi_0 \approx 73\,°$. Man kann das so interpretieren, als sei der Abstand , etwa zwischen den Nulldurchgängen, unendlich geworden. Für kleinere Öffnungswinkel wird der Imaginärteil größer und die Abstände zwischen zwei Nulldurchgängen sowie die Differenzen benachbarter Stärken werden kleiner. Wenn der Öffnungswinkel so gegen null strebt, daß ein ebener Kanal entsteht (indem man einen Punkt, nicht den Schnittpunkt, an jeder Wand festhält und dann mit dem Öffnungswinkel gegen Null geht) , so streben die Zellgrößen und die Stärken gegen konstante Werte.

Wir betrachten nun die bereits in Abb. 10.7 skizzierte Strömung, um Klarheit zu schaffen über Zellgrößen und Abstände zwischen den Zellen. Für die rechtwinklige Ecke d.h. $\varphi_0 = \pi/4$ wird der Exponent der Lösung von (13.46) zu $n = 3,7396 + i\,1,1191$ gefunden. Das zugehörige Stromlinienbild, schon in der Orientierung der Abb. 10.7, ist in Abb. 13.8 dargestellt.

Im Bild sind zwei vollständige Zellen erkennbar und der Rand einer dritten Zelle. Das Abstandsverhältnis der Nulldurchgänge (oder das Verhältnis der Abstände zwischen zwei Extrema) wird zu $\exp(\pi/n'') = 16,56$ erhalten, was man im Rahmen der Ablesegenauigkeit auch der Abb. 13.8 entnehmen kann. Die Stromlinien sind für Werte der Stromfunktion $(0, 10^{-10}, 10^{-9}, -10^{-6}, 8 \cdot 10^{-6}, -3.6 \cdot 10^{-5}, 10^{-5}, 10^{-4}$ (in willkürlichen Einheiten) gezeichnet. Das Verhältnis der Strömungsstärken ist $\exp(\pi\, n'/n'') \approx 3.6 \cdot 10^5$, in etwa das, was man den Werten der Stromfunktion im Zentrum der Zellen entnehmen kann.

Wir verzichten auf die Wiedergabe weiterer Stromlinienbilder für kleinere Öffnungswinkel, die sich anhand der mitgeteilten Ergebnisse ohne weiteres finden lassen, und beschränken uns auf die Feststellung, daß die Zellenbildung offensichtlich der kinematisch verträgliche Weg der Natur ist, die Geschwindigkeit in spitzen Ecken möglichst rasch abzubauen. Wenn auch quantitative Aussagen wegen der unbekannt bleibenden Konstanten A nicht möglich sind, so kann man doch für praktische Zwecke annehmen, daß die Strömung in solchen Ecken im wesentlichen stagniert.

13.1.2 Das Umströmungsproblem in ebener schleichender Strömung (Stokessches Paradoxon)

In den Anwendungen spielen die Umströmungsprobleme eine bedeutende Rolle. Bei den ebenen Strömungen sind hier Strömungen um zylindrische Körper bei sehr kleinen Reynoldszahlen gemeint. Wir beschränken uns auf die Umströmung eines Kreiszylinders, bei dem die grundsätzlichen Probleme der Umströmung bei schleichender Strömung sichtbar werden. Zunächst bemerken wir, daß die Stromfunktion der Zylinderströmung bei ebener Potentialströmung (10.248) zwei Anteile enthält: zum einen die Strömung im Unendlichen d.h. $U_\infty r \sin\varphi$ und zum anderen die Dipolströmung $-U_\infty r_0^2/r \sin\varphi$, die für die Verdrängungswirkung verantwortlich ist. Diese Anteile erwartet man auch bei der schleichenden Strömung. Wir führen dimensionslose Koordinaten mit $\bar{r} = r/r_0$ ein, schreiben daher den Ansatz in größerer Allgemeinheit

$$\Psi = U_\infty r_0 f(\bar{r}) \sin\varphi \tag{13.59}$$

und lassen im folgenden den Querstrich über r weg. Einsetzen in die Bipotentialgleichung liefert für die Funktion $f(r)$ die allgemeine Lösung

$$f(r) = C_4 r^3 + C_3\, r \ln r + C_2 r + C_1 \frac{1}{r} \quad . \tag{13.60}$$

Haftbedingung an der Zylinderoberfläche verlangt (13.22) entsprechend $f(1) = f'(1) = 0$, und die Bedingung im Unendlichen lautet $\Psi \propto U_\infty r_0 \sin\varphi$ für $r \to \infty$. Die letzte Bedingung kann nur erfüllt werden, wenn gilt $C_4 = 0$. Unterwirft man dann die allgemeine Lösung der Haftbedingung, so gewinnt man die Lösung in der Form:

$$\Psi = U_\infty r_0 \sin\varphi\, C_3 \left(r \ln r - \frac{1}{2} r + \frac{1}{2}\frac{1}{r} \right). \tag{13.61}$$

Für die Wahl der Konstanten $C_3 = -2$ entspricht der zweite Term der Anströmung und der dritte dem Dipol, ist als also für die Verdrängungswirkung
maßgebend. Den ersten Term nennt man dem angelsächsischen Sprachgebrauch folgend „*Stokeslet*", hier speziell *zweidimensionales Stokeslet*. Dieser
Term ist für die Rotation des Feldes verantwortlich. Allerdings ist mit dieser Wahl der Konstanten die Bedingung im Unendlichen nicht erfüllt: Die
Stromfunktion divergiert dort logarithmisch. In der Tat, es ist keine Wahl
der Konstanten möglich, die die Bedingung im Unendlichen erfüllt: Es existiert keine Lösung für die Zylinderumströmung bei schleichender Strömung.
Diese Tatsache ist als das *Stokessche Paradoxon* bekannt. Die Divergenz der
Lösung wird verursacht, weil die Störung, die durch das *Stokeslet* verursacht
wird, im Unendlichen nicht abklingt. Für die Umströmung der Kugel existiert eine Lösung, die wir umgehend besprechen werden, und die ermöglicht
wird, weil Störungen im Dreidimensionalen schneller abklingen.

13.1.3 Schleichende Strömung um eine Kugel

Die Randbedingungen an der Kugel legen die Benutzung von Kugelkordi-
naten (Anhang B.3) in diesem Problem nahe, weil der Rand dann $r = r_0$
Koordinatenfläche ist. Wie vorher führen wir dimensionslose Koordinaten
mit $\bar{r} = r/r_0$ ein, lassen aber im weiteren Verlauf den Querstrich weg. Die
Stromfunktion der Anströmung in Kugelkoordinaten entnehmen wir (10.109)
und machen daher den Ansatz

$$\Psi = U_\infty \frac{r_0^2}{2} \sin^2 \vartheta \, f(r), \tag{13.62}$$

der eingesetzt in (13.13) zur Gleichung

$$r^4 f''''(r) - 4\,r^2 f''(r) + 8\,r\,f'(r) - 8\,f(r) = 0 \tag{13.63}$$

für $f(r)$ führt. Die Gleichung wird durch $f(r) = r^m$ gelöst. Nach Ermittlung
der Exponenten m gewinnt man die allgemeine Lösung in der Form:

$$f(r) = \frac{C_1}{r} + C_2 r + C_3 r^2 + C_4 r^4. \tag{13.64}$$

Die Stromfunktion der Anströmung im Unendlichen erfordert $C_4 = 0$ und
außerdem $C_3 = 1$. Die Haftbedingung an der Kugeloberfläche, d.h. $f(1) = 0$
und $f'(1) = 0$, legen die übrigen Konstanten zu $C_1 = 1/2$ und $C_2 = -3/2$
fest. Die Lösung lautet daher

$$\Psi = U_\infty \frac{r_0^2}{2} \sin^2 \vartheta \left(\frac{1}{2}\frac{1}{r} - \frac{3}{2}\,r + r^2 \right). \tag{13.65}$$

Das Stromlinienbild der Strömung ist in Abb. 13.9 dargestellt. Es mag
interessant sein, dieses Stromlinienbild mit dem Stromlinienbild der Potentialströmung um eine Kugel zu vergleichen. Man kann die Stromfunktion aus

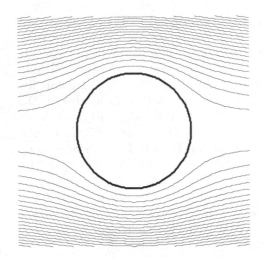

Abbildung 13.9. Stromlinienbild der Kugelumströmung bei schleichender Strömung

der allgemeinen Lösung (13.64) erhalten, wenn man das *Stokeslet* aus der allgemeinen Lösung eliminiert, d.h. $C_2 = 0$ setzt und dann die Koeffizienten der Dipolsingularität $1/r$ und der Anströmung r^2 aus der Bedingung $\vec{u} \cdot \vec{n} = 0$ zu $C_1 = -1$ und $C_3 = 1$ ermittelt. Alternativ kann man aus dem Potential der Kugelströmung (10.149) die Geschwindigkeitskomponente u_r berechnen und mit (10.105) eine Differentialgleichung für Ψ schaffen, die zusammen mit (10.104) auf die Stromfunktion

$$\Psi = U_\infty \frac{r_0^2}{2} \sin^2 \vartheta \left(r^2 - \frac{1}{r} \right) \tag{13.66}$$

führt, deren Stromlinienbild in Abb. 13.10 dargestellt ist. Wie schon an anderer Stelle (Abschnitt 10.3.1) bemerkt wurde, sind die Stromlinien beider Strömungen symmetrisch aber im Detail doch deutlich verschieden.

Aus der Aufzählung der Beispiele schleichender Strömungen in Abschnitt 4.1 wurde schon ersichtlich, daß dem Widerstand der Kugel in schleichender Strömung eine besondere Bedeutung zukommt. (Bekanntlich ist es mit Hilfe dieser Widerstandsformel gelungen, die Elementarladung mit großer Genauigkeit zu bestimmen.) Für die Ermittlung der Kraft gehen wir vom Spannungsvektor (2.29a) aus und erhalten für inkompressible Newtonsche Flüssigkeiten den Spannungsvektor in der Form

$$t_i = (-p\delta_{ij} + 2\,\eta\,e_{ij})\,n_j = \left(-p\,\delta_{ij} + \eta \left(\frac{\partial\,u_i}{\partial\,x_j} + \frac{\partial\,u_j}{\partial\,x_i} \right) \right) n_j\,. \tag{13.67}$$

Man kann jetzt mit Anhang B.3 die Komponenten des Deformationsgeschwindigkeitstensors und die Komponenten des Normalenvektors der Fläche

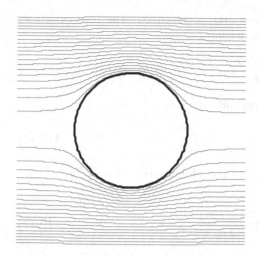

Abbildung 13.10. Stromlinienbild der Kugelumströmung bei Potentialströmung

direkt einsetzen und den Spannungsvektor über die Kugeloberfläche integrieren. Wir bevorzugen hier eine Vorgehensweise, die es gestattet, bereits bekannte Ergebnisse dieses Abschnittes zu benutzen: Man denkt sich zunächst am fraglichen Oberflächenelement ein rechtwinkliges Koordinatensystem (nicht notwendigerweise ein kartesisches, aber ein rechtwinkliges, damit (13.67) anwendbar bleibt) angeheftet, dessen eine Koordinatenfläche mit dem Oberflächenelement zusammen fällt. Dann hat der Normalenvektor nur eine Komponente z.B. $n_3 = 1$ und aus $(\partial u_j/\partial x_i)n_j$ in (13.67) wird $\partial u_3/\partial x_i$. Wegen der Haftbedingung ist u_j an der gesamten Wand null und damit auch die Änderungen der Geschwindigkeitskomponenten bezüglich x_1 und x_2. Als möglicher nicht verschwindender Term verbleibt daher nur $\partial u_3/\partial x_3$, der aber als Folge der Kontinuitätsgleichung $\partial u_j/\partial x_j = 0$ null sein muß.

Wir können daher statt (13.67) mit (1.46) auch schreiben

$$t_i = \left(-p\,\delta_{ij} + \eta \left(\frac{\partial u_i}{\partial x_j} - \frac{\partial u_j}{\partial x_i} \right) \right) n_j = -p\,n_i - \eta\, 2\omega_k \varepsilon_{ijk} n_j \qquad (13.68)$$

oder in symbolischer Schreibweise

$$\vec{t} = -p\,\vec{n} + \eta\, 2\,\vec{\omega} \times \vec{n}. \qquad (13.69)$$

Wir berechnen zunächst $2\,\vec{\omega}$ und erhalten mit der Lösung (13.65) aus (13.10) dafür den Ausdruck

$$2\,\vec{\omega} = -\frac{3\,U_\infty}{2}\,\frac{\sin\vartheta}{r_0\, r^2}\,\vec{e}_\varphi \quad, \qquad (13.70)$$

indem r weiterhin dimensionslos ist. Für die Berechnung des Druckes steht (13.1) zur Verfügung. Wir ersetzen die rechte Seite dieser Gleichung durch

(4.11), was es erlaubt, (13.11) unmittelbar anzuwenden. Die Integration irgend einer der beiden Komponentengleichungen in

$$\nabla p = \frac{3\,\eta\,U_\infty \cos\vartheta}{r_0\,r^3}\,\vec{e}_r + \frac{3\,\eta\,U_\infty \sin\vartheta}{2r_0\,r^3}\,\vec{e}_\vartheta \tag{13.71}$$

liefert wegen $p(r \to \infty) = p_0$ das Ergebnis:

$$p = -\frac{3\,\eta\,U_\infty \cos\vartheta}{2\,r_0\,r^2} + p_0\,. \tag{13.72}$$

Der Spannungsvektor an der an der Kugeloberfläche ($\vec{n} = \vec{e}_r$, $r = 1$) ist daher

$$\vec{t} = \left(\eta\frac{3\,U_\infty \cos\vartheta}{2\,r_0} - p_0\right)\vec{e}_r - \eta\frac{3\,U_\infty \sin\vartheta}{2\,r_0}\vec{e}_\varphi \times \vec{e}_r. \tag{13.73}$$

Wegen $\vec{e}_\varphi \times \vec{e}_r \cdot \vec{e}_x = \vec{e}_\vartheta \cdot \vec{e}_x = -\sin\vartheta$ und $\vec{e}_r \cdot \vec{e}_x = \cos\vartheta$ ist die Komponente des Spannungsvektors in Richtung der Anströmgeschwindigkeit $\vec{U}_\infty = U_\infty \vec{e}_x$

$$\vec{t} \cdot \vec{e}_x = \eta\left(\frac{3\,U_\infty \cos^2\vartheta}{2\,r_0} + \frac{3\,U_\infty \sin^2\vartheta}{2\,r_0}\right) - p_0 \cos\vartheta \quad . \tag{13.74}$$

Der viskose Anteil von (13.74) ist offensichtlich auf der Kugeloberfläche konstant. Der Druck p_0 macht keinen Beitrag zur Kraft auf die Kugel (wovon man sich auch durch direktes Ausrechnen überzeugen kann) und für die Kraft in Richtung der Anströmung entsteht der Ausdruck

$$F = \eta\frac{3\,U_\infty}{2\,r_0} \cdot 4\,\pi\,r_0^2 = 6\,\pi\,\eta\,r_0 U_\infty. \tag{13.75}$$

Aus der Ableitung ist unmittelbar einsichtig, daß die Kraft in der Potentialströmung ($\vec{\omega} = 0$) in Übereinstimmung mit dem *d'Alembertsches Paradoxon* verschwindet. Die Kraft in (13.75) erscheint proportional zur ersten Potenz der Geschwindigkeit und proportional der linearen Abmessung des Körpers. Diese Eigenschaft bleibt auch erhalten, wenn der Körper eine allgemeinere Gestalt hat. Allerdings ist die Kraft i. allg. nicht mehr in Richtung der Geschwindigkeit, und (13.75) nimmt die Form

$$\vec{F} = \mathbf{A} \cdot \vec{U}_\infty \eta\,d \tag{13.76}$$

an, in der $\mathbf{A}$ ein nur von der Körpergestalt abhängiger Tensorfaktor ist, dessen Ermittlung bei komplizierter Körpergestalt wohl nur numerisch erfolgen kann.

Wenn die Kugel selbst ein flüssiger Körper ist, so kommen andere Randbedingungen ins Spiel. Ist η' die Viskosität der Kugeltropfenflüssigkeit, so ergibt sich

$$F = 6\,\pi\,\eta\,r_0 U_\infty \frac{2\,\eta + \eta'}{3\eta + \eta'}, \tag{13.77}$$

was hier ohne Herleitung mitgeteilt sei. Für Tropfen hoher Viskosität $\eta' \gg \eta$ (Wassertropfen in Luft) gilt also weiterhin (13.75).

Es ist erstaunlich, daß das Stromlinienbild um die Kugel symmetrisch bezüglich der Ebene $\vartheta = \pi/2$ ist, obwohl eine Kraft an der Kugel angreift. Aus einer Impulsbetrachtung müßte man mit einem Impulsdefizit, d. h. einem Nachlauf hinter der Kugel rechnen. Daß dies hier nicht sichtbar wird, liegt daran, daß die Lösung für große r nicht gültig ist. Die Strömung gemäß (13.65) ist durch die stationäre Diffusion des Wirbelvektors geprägt, wie das ja durch (13.3) direkt zum Ausdruck kommt. Der Wirbelvektor diffundiert ungehindert in den unendlichen Raum und es ist einleuchtend, daß mit größer werdender Entfernung von der Quelle der Rotation (der Kugel) die Konvektion an Bedeutung gewinnt und damit die Trägheitskräfte. Das ist der Fall, wenn das typische konvektive Glied $\vec{u} \cdot \nabla \vec{\omega}$ in der Wirbeltransportgleichung (4.15) vergleichbar wird mit dem Diffusionsglied $\nu \Delta \vec{\omega}$. Ersteres ist von der Größenordnung $O(U_\infty \omega / r)$ und letzteres von der Ordnung $O(\nu \omega / r^2)$. Das Verhältnis also

$$\frac{U_\infty r}{\nu} = \frac{U_\infty r_0}{\nu} \frac{r}{r_0} = Re \, \frac{r}{r_0} \quad . \tag{13.78}$$

Die konvektiven Glieder werden demnach beliebig groß in großer Entfernung von der Kugel, gleichgültig wie klein die Reynoldszahl ist. Die Lösung ist daher in großer Entfernung von der Kugel nicht mehr gültig, stellt aber eine Näherungslösung für kleine Reynoldszahlen in der Nähe der Kugel dar. Diese Situation ist uns im Zusammenhang mit der Potentialströmung vertraut: Die Potentialströmung ist eine konsistente Näherung für große Reynoldszahlen, versagt aber an der Wand, wo sie durch die Grenzschichtlösung ergänzt werden muß. In der Tat, das Umströmungsproblem bei schleichender Strömung stellt ebenfalls ein *singuläres Störungsproblem* dar und kann mit den Methoden der singulären Störungsrechnung systematisch behandelt werden. Die äußere Lösung wurde aber auf heuristischem Wege von *Oseen* 1910 gefunden, bevor diese Methoden bekannt wurden und ist bereits eine gleichmäßig gültige Lösung für kleine Reynoldszahlen. In der Oseenschen Näherung werden die konvektiven Glieder durch $U_\infty \vec{e}_x \cdot \nabla \vec{u}$ ersetzt, wodurch die Gleichung linear wird. Die Lösung der resultierenden Gleichungen ist so komplex, daß wir nicht darauf eingehen, weisen aber darauf hin, daß dieser Kunstgriff auch bei der Zylinderumströmung auf eine für kleine Reynoldszahlen gleichmäßig gültige Lösung führt.

Im Versagen der Stokesschen Lösung in größerer Entfernung von der Kugel sehen wir auch den Grund, warum der Gültigkeitsbereich dieser Lösung auf relativ kleine Reynoldszahlen beschränkt bleibt. Für den Widerstandsbeiwert (3.11) erhält man mit $W = F$ und $L = r_0 \sqrt{\pi}$ den Ausdruck

$$c_w = \frac{W}{\frac{\varrho}{2} U_\infty^2 \pi \, r_0^2} = \frac{24}{Re} \quad , \tag{13.79}$$

wobei der Konvention folgend die Reynoldszahl mit dem Durchmesser gebildet wurde. Bereits in der Skizze der Abb. 10.21 ist erkenntlich, daß die Meßwerte von der Geraden (in doppellogarithmischer Darstellung) der Gleichung (13.79) bei $Re > 1$ abweichen. Tatsächlich ist dies schon der Fall bei $Re \approx 0,6$.

A

Einführung in die kartesische Tensorrechnung

Für das Verständnis dieses Lehrbuches wird eine gewisse Kenntnis der Tensorrechnung vorausgesetzt. Wir beschränken uns dabei auf *kartesische Tensoren*, denn alle Gleichungen der Strömungsmechanik lassen sich grundsätzlich in kartesischen Koordinatensystemen entwickeln. Die wichtigsten Elemente der kartesischen Tensorrechnung sind in diesem Kapitel zusammengestellt; ansonsten wird auf das weiterführende Schrifttum verwiesen.

A.1 Summationskonvention

Beim Rechnen mit Größen in Indexnotation machen wir von der *Einsteinschen Summationskonvention* Gebrauch, welche besagt, daß über alle in einem Ausdruck doppelt vorkommenden Indizes automatisch zu summieren ist. Im $\mathcal{R}^3$ laufen die Summationsindizes dabei von 1 bis 3:

$$P = F_i u_i = \sum_{i=1}^{3} F_i u_i \ ,$$

$$t_i = \tau_{ji} n_j = \sum_{j=1}^{3} \tau_{ji} n_j \ ,$$

$$\vec{x} = x_i \vec{e}_i = \sum_{i=1}^{3} x_i \vec{e}_i \ .$$

Die doppelt auftretenden Indizes heißen *stumme Indizes*. Da sie nach Ausführung der Summation ohnehin verschwunden sind, können sie beliebig umbenannt werden:

$$F_i u_i = F_k u_k = F_j u_j \ ,$$
$$x_i \vec{e}_i = x_l \vec{e}_l = x_m \vec{e}_m \ .$$

Neben den stummen Indizes können in Gleichungen Indizes auch einzeln auftreten. Diese *freien Indizes* müssen in allen Ausdrücken einer Gleichung

© Springer-Verlag GmbH Deutschland, ein Teil von Springer Nature 2019
J. Spurk und N. Aksel, *Strömungslehre*,
https://doi.org/10.1007/978-3-662-58764-5

identisch sein:

$$t_i = \tau_{ji} n_j \ ,$$

$$\vec{e}_i = a_{ij} \vec{g}_j \ ,$$

$$a_{ij} = b_{ik} c_{kj} + d_{ijl} n_l \ .$$

Ansonsten können sie aber beliebig benannt werden:

$$t_m = \tau_{jm} n_j \ ,$$

$$t_k = \tau_{mk} n_m \ .$$

Um eindeutig zu sein, verlangt die Summationskonvention, daß in einem Ausdruck ein Index nie mehr als zweimal auftritt. Unzulässig sind daher Ausdrücke wie

$$t_i = a_{ij} b_{ij} n_j \quad \text{(falsch!)} \ ,$$

zulässig ist dagegen der folgende

$$t_i = -p\, \delta_{ij} n_j + 2\eta\, e_{ij} n_j \ .$$

A.2 Kartesische Tensoren

Ein Tensor besteht generell aus *Tensorkomponenten* und *Basisvektoren*. Die Anzahl der linear unabhängigen Basisvektoren gibt die *Dimension des Tensorraumes* an. Im dreidimensionalen Raum $\mathcal{R}^3$, von dem wir im weiteren immer ausgehen werden, gibt es bekanntlich drei voneinander unabhängige Vektoren, die (zunächst ganz willkürlich gewählt) in Verbindung mit drei Linearfaktoren in der Lage sind, einen Punkt im Raum eindeutig festzulegen. Ein solcher Satz von drei Vektoren, die ein (nicht notwendigerweise rechtwinkliges) *Koordinatensystem* aufspannen, kann als Basisvektorsatz benutzt werden. Sind diese Basisvektoren Funktionen des Ortes, so wird das von ihnen aufgespannte Koordinatensystem als *krummliniges Koordinatensystem* bezeichnet. (Man denke beispielsweise an Polarkoordinaten, wo die Richtung der Basisvektoren eine Funktion des Polwinkels ist.)

Wir wählen als Basisvektoren die ortsfesten, orthogonalen und auf die Länge Eins normierten *Einheitsvektoren*, die wir mit $\vec{e}_i$ ($i = 1, 2, 3$) bezeichnen. Das von ihnen aufgespannte Koordinatensystem ist das *kartesische Koordinatensystem* mit den Koordinatenachsen x_i ($i = 1, 2, 3$).

Wir unterscheiden Tensoren verschiedener Stufen. Tensoren nullter Stufe sind *Skalare*. Da ein Skalar vollkommen unabhängig von der Wahl eines Koordinatensystems ist, sind zu seiner Beschreibung auch keine Basisvektoren notwendig.

Tensoren erster Stufe sind *Vektoren*. Das Beispiel des Ortsvektors

$$\vec{x} = \sum_{i=1}^{3} x_i \vec{e}_i = x_i \vec{e}_i \tag{A.1}$$

zeigt, daß jede Komponente eines Tensors erster Stufe in Verbindung mit einem Basisvektor auftritt.

Tensoren zweiter Stufe (*Dyaden*) kann man sich dadurch gebildet denken, daß man zwei Vektoren $\vec{a}$ und $\vec{b}$ derart multipliziert, so daß jeder Anteil $a_i\vec{e}_i$ des Vektors $\vec{a}$ mit jedem Anteil $b_j\vec{e}_j$ des Vektors $\vec{b}$ multipliziert wird:

$$\boldsymbol{T} = \vec{a}\vec{b} = \sum_{i=1}^{3}\sum_{j=1}^{3} a_i b_j \vec{e}_i \vec{e}_j = a_i b_j \vec{e}_i \vec{e}_j \ . \tag{A.2}$$

Dieses Produkt nennt man *dyadisches Produkt*, das nicht mit dem Innenprodukt $\vec{a} \cdot \vec{b}$ (dessen Ergebnis ein Skalar ist) oder dem Außenprodukt $\vec{a} \times \vec{b}$ (dessen Ergebnis ein Vektor ist) verwechselt werden darf. Da das dyadische Produkt nicht kommutativ ist, dürfen in (A.2) die Basisvektoren $\vec{e}_i\vec{e}_j$ nicht vertauscht werden, da $a_i b_j \vec{e}_j \vec{e}_i$ dem Tensor $\vec{b}\vec{a}$ entspräche. Bezeichnen wir in (A.2) die Komponenten des Tensors $\boldsymbol{T}$ mit t_{ij}, so erhalten wir

$$\boldsymbol{T} = t_{ij}\vec{e}_i\vec{e}_j \ . \tag{A.3}$$

Zu jeder Komponente eines Tensors zweiter Stufe gehören also zwei Basisvektoren $\vec{e}_i$ und $\vec{e}_j$. Im $\mathcal{R}^3$ bilden demnach neun solcher Basisvektorenpaare die sogenannte *Basis* des Tensors.

Ganz analog kann man Tensoren beliebiger Stufe konstruieren: Das dyadische Produkt eines Tensors n-ter und eines m-ter Stufe ergibt einen Tensor $(m+n)$-ter Stufe. Die Basis eines Tensors n-ter Stufe im $\mathcal{R}^3$ besteht aus 3^n Produkten von jeweils n Basisvektoren.

Da für kartesische Tensoren die Basisvektoren (Einheitsvektoren $\vec{e}_i$) konstant sind, genügt es völlig, von einem Tensor lediglich dessen Komponenten anzugeben, wenn vorher über die Lage des kartesischen Koordinatensystems Klarheit geschaffen wurde. Für einen Vektor $\vec{x}$ genügt daher die Angabe der Komponenten

$$x_i \quad (i = 1, 2, 3) \ ,$$

und ein Tensor $\boldsymbol{T}$ wird durch seine Komponenten

$$t_{ij} \quad (i, j = 1, 2, 3)$$

vollständig beschrieben. Wenn wir also im folgenden vom Tensor t_{ij} sprechen, so meinen wir damit stillschweigend den Tensor gemäß (A.3).

Die Schreibweise, in der mathematische Beziehungen zwischen Tensoren allein durch die Komponenten ausgedrückt werden, ist die *kartesische Indexnotation*. Wegen der Voraussetzung der ortsfesten und orthonormalen Basisvektoren $\vec{e}_i$ ist sie in der benutzten Form nur für kartesische Koordinatensysteme gültig. Eine Erweiterung auf allgemein krummlinige Koordinaten ist ohne weiteres möglich, wir verweisen dazu aber auf das weiterführende Schrifttum.

Die Komponenten von Tensoren bis zur zweiten Stufe lassen sich in Form von *Matrizen* schreiben, also beispielsweise

$$\mathbf{T} \hat{=} \begin{bmatrix} t_{11} & t_{12} & t_{13} \\ t_{21} & t_{22} & t_{23} \\ t_{31} & t_{32} & t_{33} \end{bmatrix} . \tag{A.4}$$

Wir vermerken aber schon an dieser Stelle, daß nicht jede Matrix ein Tensor ist!

Zur Herleitung einiger Rechenregeln wollen wir (abweichend von der reinen Indexnotation) die Basisvektoren in den Rechnungen mitführen, d. h. eine *gemischte Schreibweise* verwenden.

Zunächst behandeln wir das *Innenprodukt (Skalarprodukt)*:

$$\vec{a} \cdot \vec{b} = (a_i \vec{e}_i) \cdot (b_j \vec{e}_j) = a_i b_j (\vec{e}_i \cdot \vec{e}_j) . \tag{A.5}$$

Wegen der Orthogonalität der Einheitsvektoren ist das Produkt $\vec{e}_i \cdot \vec{e}_j$ nur dann ungleich null, wenn $i = j$ ist. Durch Ausschreiben von (A.5) kann man sich leicht davon überzeugen, daß es deshalb genügt die Summation

$$\vec{a} \cdot \vec{b} = a_i b_i = a_j b_j \tag{A.6}$$

auszuführen. Offenbar hat das Produkt $\vec{e}_i \cdot \vec{e}_j$ die Eigenschaft, bezüglich der Summation den Index an einer der beiden Vektorkomponenten auszutauschen. Wir können alle möglichen Produkte $\vec{e}_i \cdot \vec{e}_j$ zu einem Tensor zweiter Stufe zusammenfassen:

$$\delta_{ij} = \vec{e}_i \cdot \vec{e}_j = \begin{cases} 1 & \text{für } i = j \\ 0 & \text{für } i \neq j \end{cases} \tag{A.7}$$

Dieser Tensor wird *Kronecker-Delta* oder wegen seiner oben angeführten Eigenschaften auch *Austauschsymbol* genannt. Die Multiplikation eines Tensors mit dem Kronecker-Delta bewirkt an diesem Tensor den Austausch eines Index:

$$a_{ij} \delta_{jk} = a_{ik} , \tag{A.8}$$

$$a_i b_j \delta_{ij} = a_i b_i = a_j b_j . \tag{A.9}$$

Die Anwendung des Kronecker-Deltas in (A.5) liefert dann auch die Schreibweise des Innenprodukts in kartesischer Indexnotation

$$\vec{a} \cdot \vec{b} = a_i b_j \delta_{ij} = a_i b_i . \tag{A.10}$$

Wir wenden uns nun dem *Außenprodukt (Vektorprodukt)* zweier Vektoren zu:

$$\vec{c} = \vec{a} \times \vec{b} = (a_i \vec{e}_i) \times (b_j \vec{e}_j) = a_i b_j (\vec{e}_i \times \vec{e}_j) . \tag{A.11}$$

Bekanntlich ist das Außenprodukt zwischen den orthogonalen Einheitsvektoren null, wenn $i = j$ ist, also das Außenprodukt paralleler Vektoren gebildet wird. Für $i \neq j$ erhalten wir aus dem Außenprodukt der beiden Einheitsvektoren den dritten Einheitsvektor, allerdings unter Umständen mit negativem Vorzeichen. Wie sich leicht nachvollziehen läßt, gilt der Zusammenhang

$$\vec{e}_i \times \vec{e}_j = \epsilon_{ijk}\vec{e}_k \ , \tag{A.12}$$

wenn man ϵ_{ijk} als Tensor dritter Stufe wie folgt definiert:

$$\epsilon_{ijk} = \begin{cases} +1 & \text{,wenn } ijk \text{ eine gerade Permutation bilden} \\ & \text{(d.h. 123, 231, 312)} \\ -1 & \text{,wenn } ijk \text{ eine ungerade Permutation bilden} \\ & \text{(d.h. 321, 213, 132)} \\ 0 & \text{,wenn mindestens zwei Indizes gleich sind} \end{cases} \tag{A.13}$$

Man nennt ϵ_{ijk} den *Epsilon-Tensor* oder *Permutationssymbol*. Einsetzen von (A.12) in (A.11) liefert

$$\vec{c} = a_i b_j \epsilon_{ijk}\vec{e}_k \ . \tag{A.14}$$

Die Komponenten von $\vec{c}$ lesen wir aus dieser Gleichung zu

$$c_k = \epsilon_{ijk} a_i b_j \tag{A.15}$$

ab, wobei wir die Beliebigkeit der Reihenfolge der Faktoren (es handelt sich ja um Komponenten, also einfache Zahlenwerte) ausgenutzt haben.

Wir untersuchen nun das Verhalten eines Tensors, wenn wir von einem kartesischen Koordinatensystem mit den Basisvektoren $\vec{e}_i$ auf ein anderes mit den Basisvektoren $\vec{e}_i{}'$ übergehen. Das „gestrichene" Koordinatensystem kann dabei durch Drehung und Verschiebung aus dem „ungestrichenen" Koordinatensystem hervorgehen. Handelt es sich um einen Tensor nullter Stufe, also um einen Skalar, so liegt unmittelbar auf der Hand, daß der Wert dieses Skalars (z.B. die Dichte eines Flüssigkeitsteilchens) nicht vom Koordinatensystem abhängen kann. Das gleiche gilt für Tensoren aller Stufen. Ein Tensor kann nur dann eine physikalische Bedeutung haben, wenn er unabhängig von der Wahl des Koordinatensystems ist. Am Beispiel des Ortsvektors eines Punktes wird dies unmittelbar deutlich. Wenn $\vec{x}$ und $\vec{x}'$ den gleichen Raumpunkt im „ungestrichenen" und im „gestrichenen" Koordinatensystem beschreiben, dann gilt natürlich

$$\vec{x}' = \vec{x} \ , \tag{A.16}$$

bzw.

$$x_i'\vec{e}_i{}' = x_i\vec{e}_i \ . \tag{A.17}$$

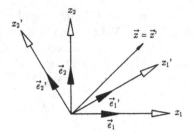

Abbildung A.1. Drehung des Koordinatensystems

Zur Zerlegung des Vektors $\vec{x}$ in seine Komponenten bezüglich des gestrichenen Koordinatensystems multiplizieren wir skalar mit $\vec{e}_j{}'$ und erhalten

$$x_i' \vec{e}_i{}' \cdot \vec{e}_j{}' = x_i \vec{e}_i \cdot \vec{e}_j{}' \ . \tag{A.18}$$

Das Skalarprodukt der Einheitsvektoren im gleichen (hier: gestrichenen) Koordinatensystem $\vec{e}_i{}' \cdot \vec{e}_j{}'$ ergibt nach (A.7) gerade δ_{ij}. Das Skalarprodukt der Einheitsvektoren des ungestrichenen und des gestrichenen Koordinatensystems bilden die Matrix

$$a_{ij} = \vec{e}_i \cdot \vec{e}_j{}' \tag{A.19a}$$

oder auch

$$a_{ij} = \cos(\angle\, x_i, x_j') \ . \tag{A.19b}$$

Die Matrix a_{ij} nennen wir die *Drehmatrix*. Sie ist keiner Basis zugeordnet, folglich auch kein Tensor. Einsetzen von (A.19a) in (A.18) liefert das gesuchte Transformationsgesetz für die Komponenten eines Vektors:

$$x_j' = a_{ij} x_i \ . \tag{A.20}$$

Durch skalare Multiplikation von (A.17) mit $\vec{e}_j$ zerlegen wir den Vektor $\vec{x}$ in seine Komponenten bezüglich des ungestrichenen Systems, und wir erhalten so das Rücktransformationsgesetz

$$x_j = a_{ji} x_i' \ . \tag{A.21}$$

Hin- und Rücktransformation sehen zwar formal gleich aus, man beachte aber, daß in (A.20) über den ersten, in (A.21) aber über den zweiten Index summiert wird!

Aus der Kenntnis der Transformationsgesetze für die Komponenten läßt sich leicht das der Basisvektoren ableiten. Dazu benennen wir in (A.17) die stummen Indizes auf der rechten Seite in j um, so daß wir (A.21) einsetzen können. Wir erhalten die Gleichung

$$x_i' \vec{e}_i{}' = x_i' a_{ji} \vec{e}_j \ , \tag{A.22}$$

aus der wir wegen der Beliebigkeit von x_i' (unabhängige Veränderliche) direkt das gesuchte Transformationsgesetz zu $\vec{e}_i{}' = a_{ji}\vec{e}_j$ ablesen. Um es mit dem der Komponenten (A.20) vergleichen zu können, benennen wir darin den Index i in j um (und umgekehrt), schreiben also

$$\vec{e}_j{}' = a_{ij}\vec{e}_i \tag{A.23}$$

und erkennen, daß für kartesische Koordinatensysteme die Komponenten und die Basisvektoren eines Tensors denselben Transformationsgesetzen unterliegen. Das Rücktransformationsgesetz für die Basisvektoren entnehmen wir daher direkt (A.21) zu

$$\vec{e}_j = a_{ji}\vec{e}_i{}' \;, \tag{A.24}$$

hätten es aber auch formal analog zu (A.23) durch Einsetzen von (A.20) in (A.17) erhalten.

Bevor wir die Transformationsgesetze für Tensoren höherer Stufe behandeln, wollen wir noch auf eine bekannte Eigenschaft der Drehmatrix aufmerksam machen. Dazu tauschen wir im Transformationsgesetz (A.20) die Indizes aus (z. B.: $x_i' = a_{ki}x_k$), setzen es in das Rücktransformationsgesetz (A.21) ein und erhalten so

$$x_j = a_{ji}a_{ki}x_k \;. \tag{A.25}$$

Da die Vektorkomponenten unabhängige Veränderliche sind, können wir aus (A.25) die Identität

$$a_{ji}a_{ki} = \delta_{jk} \tag{A.26a}$$

ablesen, die in Matrizenschreibweise

$$\mathbf{A}\mathbf{A}^{\mathrm{T}} = \mathbf{I} \tag{A.26b}$$

lautet. Da $\mathbf{A}\mathbf{A}^{-1} = \mathbf{I}$ die Bestimmungsgleichung der Inversen von $\mathbf{A}$ ist, schließen wir aus (A.26b), daß die Transponierte einer Drehmatrix gleich ihrer Inversen ist (orthogonale Matrix).

Das Transformationsgesetz der Komponenten eines Tensors beliebiger Stufe ergibt sich direkt aus den Transformationsbeziehungen für die Einheitsvektoren (A.23) und (A.24). Der Übersichtlichkeit halber beschränken wir uns hier auf einen Tensor zweiter Stufe, dessen Basis wir mittels der Transformation (A.24) durch die Basis im gestrichenen Koordinatensystem ausdrücken:

$$\mathbf{T} = t_{ij}\vec{e}_i\vec{e}_j = t_{ij}a_{ik}a_{jl}\vec{e}_k{}'\vec{e}_l{}' \;. \tag{A.27}$$

Wegen $\mathbf{T} = \mathbf{T}' = t'_{kl}\vec{e}_k{}'\vec{e}_l{}'$ können wir die Komponenten im transformierten System direkt aus (A.27) zu

$$t'_{kl} = a_{ik} a_{jl} t_{ij} \tag{A.28}$$

ablesen. Ersetzt man dagegen in $\mathbf{T}'$ die Basisvektoren mittels (A.23), so erhält man ganz analog das Rücktransformationsgesetz:

$$t_{kl} = a_{ki} a_{lj} t'_{ij} \ . \tag{A.29}$$

Entsprechend verfährt man bei Tensoren ganz beliebiger Stufe.

Das Transformationsverhalten von Tensorkomponenten ist charakteristisch für sie und wird daher auch als Definition eines Tensors verwendet. Verzichtet man (wie in der rein kartesischen Indexnotation) auf das Mitführen der Basisvektoren, so ist das Transformationsverhalten das einzige Kriterium, nach dem man entscheiden kann, ob ein vorliegender Ausdruck ein Tensor ist.

Anhand eines Beispiels wird dies deutlich: Wir untersuchen, ob der *Gradient* einer skalaren Funktion ein Tensor erster Stufe ist. Die Gleichung $\vec{u} = \nabla \Phi$ lautet in Indexnotation

$$u_i = \frac{\partial \Phi}{\partial x_i} \ , \tag{A.30}$$

bzw. im gedrehten Koordinatensystem

$$u'_j = \frac{\partial \Phi}{\partial x'_j} \ . \tag{A.31}$$

Wenn $\vec{u}$ ein Tensor erster Stufe ist, muß sich (A.30) durch die Transformationsbeziehung (A.20) in (A.31) überführen lassen:

$$u'_j = a_{ij} u_i = a_{ij} \frac{\partial \Phi}{\partial x_i} \ , \tag{A.32}$$

bzw. nach Anwendung der Kettenregel:

$$u'_j = a_{ij} \frac{\partial \Phi}{\partial x'_k} \frac{\partial x'_k}{\partial x_i} \ . \tag{A.33}$$

Wegen des Transformationsgesetzes $x'_k = a_{jk} x_j$ gilt

$$\frac{\partial x'_k}{\partial x_i} = a_{jk} \frac{\partial x_j}{\partial x_i} \ , \tag{A.34}$$

und da x_j und x_i für $i \neq j$ unabhängige Veränderliche sind, schreiben wir

$$\frac{\partial x_j}{\partial x_i} = \delta_{ij} \ , \tag{A.35}$$

so daß wir für (A.34)

$$\frac{\partial x'_k}{\partial x_i} = a_{ik} \qquad\qquad (A.36)$$

setzen können. Man beachte, daß (A.35) als Ergebnis das Kronecker-Delta (also einen Tensor zweiter Stufe) hat und nicht mit (A.36) verwechselt werden darf, dessen Ergebnis die Drehmatrix (also kein Tensor) ist. Setzt man (A.36) in (A.33) ein, so erhält man

$$u'_j = a_{ij} a_{ik} \frac{\partial \Phi}{\partial x'_k} \;, \qquad\qquad (A.37)$$

was wegen (A.26a) identisch mit

$$u'_j = \delta_{jk} \frac{\partial \Phi}{\partial x'_k} = \frac{\partial \Phi}{\partial x'_j} \qquad\qquad (A.38)$$

ist. Diese Ergebnis entspricht (A.31), der Gradient einer skalaren Funktion ist also ein Tensor erster Stufe.

Der Gradient eines Tensors n-ter Stufe entsteht durch Bildung des dyadischen Produktes mit dem Nabla-Operator und ist demnach ein Tensor $(n+1)$-ter Stufe. Ein in der Strömungsmechanik wichtiges Beispiel hierzu ist der Geschwindigkeitsgradient:

$$\nabla \vec{u} = \left(\vec{e}_i \frac{\partial}{\partial x_i} \right) (u_j \vec{e}_j) = \frac{\partial u_j}{\partial x_i} \vec{e}_i \vec{e}_j \;. \qquad\qquad (A.39)$$

Er ist ein Tensor zweiter Stufe mit den Komponenten

$$\nabla \vec{u} \,\hat{=}\, t_{ij} = \frac{\partial u_j}{\partial x_i} \;. \qquad\qquad (A.40)$$

Folglich ist die Koordinate, nach der differenziert wird, durch den ersten Index von t_{ij} (Zeilenindex in Matrixdarstellung) und die Komponenten von $\vec{u}$ durch den zweiten Index (Spaltenindex) festgelegt. In der Indexnotation schreibt man jedoch den Geschwindigkeitsgradienten üblicherweise $\partial u_i/\partial x_j$, also in Matrizenschreibweise als die Transponierte von (A.40). Die Matrixdarstellung wird zwar in der Indexnotation grundsätzlich nicht benötigt, bei der Übersetzung von Matrizengleichungen in Indexnotation (oder umgekehrt) ist aber die durch (A.39) festgelegt Reihenfolge der Indizes zu beachten.

Die *Divergenz* des Geschwindigkeitsvektors (oder eines anderen Tensors erster Stufe) lautet in Indexschreibweise $\partial u_i/\partial x_i$ und entspricht formal dem Skalarprodukt des Nabla-Operators mit dem Vektor $\vec{u}$. Die Divergenz lautet in symbolischer Schreibweise deshalb $\nabla \cdot \vec{u}$ oder auch div$\vec{u}$. Das Ergebnis ist ein Skalar. Allgemein gilt, daß die Divergenz eines Tensors n-ter Stufe ein Tensor $(n-1)$-ter Stufe ist. Die Divergenz eines Skalares ist daher nicht definiert. Eine in der Strömungsmechanik wichtige Größe ist die Divergenz des Spannungstensors $\partial \tau_{ji}/\partial x_j$, die ein Vektor ist.

Jeder Tensor zweiter Stufe kann in einen symmetrischen und einen anti-symmetrischen Anteil aufgespalten werden. Aus der Identität

$$t_{ij} = \frac{1}{2}(t_{ij} + t_{ji}) + \frac{1}{2}(t_{ij} - t_{ji}) \tag{A.41}$$

erhalten wird den symmetrischen Tensor

$$c_{ij} = \frac{1}{2}(t_{ij} + t_{ji}) \tag{A.42}$$

und den antisymmetrischen Tensor

$$b_{ij} = \frac{1}{2}(t_{ij} - t_{ji}) \ . \tag{A.43}$$

Wie leicht einzusehen ist, gilt für den symmetrischen Anteil $c_{ij} = c_{ji}$ und für den antisymmetrischen Anteil $b_{ij} = -b_{ji}$. Für den antisymmetrischen Tensor folgt daraus sofort, daß seine Diagonalelemente (für die $i = j$ ist) null sein müssen. Während ein symmetrischer Tensor sechs unabhängige Komponenten hat, ist ein antisymmetrischer Tensor bereits durch drei Komponenten vollständig beschrieben:

$$[b_{ij}] = \begin{bmatrix} 0 & b_{12} & b_{13} \\ -b_{12} & 0 & b_{23} \\ -b_{13} & -b_{23} & 0 \end{bmatrix} \ . \tag{A.44}$$

In diesem Zusammenhang wollen wir auf eine wichtige Eigenschaft des ϵ-Tensors hinweisen. Dazu multiplizieren wir die Zerlegung eines Tensors zweiter Stufe mit dem ϵ-Tensor:

$$p_k = \epsilon_{ijk} t_{ij} = \epsilon_{ijk} c_{ij} + \epsilon_{ijk} b_{ij} \ , \tag{A.45}$$

wobei c_{ij} und b_{ij} wieder der symmetrische bzw. der antisymmetrische Anteil von t_{ij} sind. Wir formen diese Gleichung wie folgt um:

$$p_k = \frac{1}{2}(\epsilon_{ijk} c_{ij} + \epsilon_{ijk} c_{ji}) + \frac{1}{2}(\epsilon_{ijk} b_{ij} - \epsilon_{ijk} b_{ji}) \ , \tag{A.46}$$

was wegen der Eigenschaften von c_{ij} und b_{ij} zulässig ist. Nun vertauschen wir jeweils beim zweiten Ausdruck in Klammern die stummen Indizes:

$$p_k = \frac{1}{2}(\epsilon_{ijk} c_{ij} + \epsilon_{jik} c_{ij}) + \frac{1}{2}(\epsilon_{ijk} b_{ij} - \epsilon_{jik} b_{ij}) \ . \tag{A.47}$$

Aus der Definition des ϵ-Tensors (A.13) folgt $\epsilon_{ijk} = -\epsilon_{jik}$, so daß die erste Klammer verschwindet. Wir erhalten die Gleichung

$$p_k = \epsilon_{ijk} b_{ij} \ , \tag{A.48a}$$

die in Matrixform ausgeschrieben

Tabelle A.1.

Bezeichnung der Rechenoperation	Symbolische Schreibweise	Kartesische Indexnotation
Skalarprodukt	$c = \vec{a} \cdot \vec{b}$	$c = \delta_{ij} a_i b_j = a_i b_i$
	$\vec{c} = \vec{a} \cdot \mathbf{T}$	$c_k = \delta_{ij} a_i t_{jk} = a_i t_{ik}$
Vektorprodukt	$\vec{c} = \vec{a} \times \vec{b}$	$c_i = \epsilon_{ijk} a_j b_k$
Dyadisches Produkt	$\mathbf{T} = \vec{a}\vec{b}$	$t_{ij} = a_i b_j$
Gradient eines Skalarfeldes	$\vec{c} = \mathrm{grad}\, a = \nabla a$	$c_i = \dfrac{\partial a}{\partial x_i}$
Gradient eines Vektorfeldes	$\mathbf{T} = \mathrm{grad}\, \vec{a} = \nabla \vec{a}$	$t_{ij} = \dfrac{\partial a_j}{\partial x_i}$
Divergenz eines Vektorfeldes	$c = \mathrm{div}\, \vec{a} = \nabla \cdot \vec{a}$	$c = \dfrac{\partial a_i}{\partial x_i}$
Divergenz eines Tensorfeldes	$\vec{c} = \mathrm{div}\, \mathbf{T} = \nabla \cdot \mathbf{T}$	$c_i = \dfrac{\partial t_{ji}}{\partial x_j}$
Rotation eines Vektorfeldes	$\vec{c} = \mathrm{rot}\, \vec{a} = \nabla \times \vec{a}$	$c_i = \epsilon_{ijk} \dfrac{\partial a_k}{\partial x_j}$
Laplace-Operator an einem Skalar	$c = \triangle \varphi = \nabla \cdot \nabla \varphi$	$c = \dfrac{\partial^2 \varphi}{\partial x_i \partial x_i}$

$$\begin{bmatrix} p_1 \\ p_2 \\ p_3 \end{bmatrix} = \begin{bmatrix} b_{23} - b_{32} \\ b_{31} - b_{13} \\ b_{12} - b_{21} \end{bmatrix} = 2 \begin{bmatrix} b_{23} \\ -b_{13} \\ b_{12} \end{bmatrix} \tag{A.48b}$$

lautet. Die Anwendung des ϵ-Tensors auf einen beliebigen Tensor zweiter Stufe gemäß (A.45) liefert also die drei unabhängigen Komponenten des antisymmetrischen Tensoranteils (vgl. (A.48b) mit (A.44)). Daraus schließen wir, daß man bei Anwendung des ϵ-Tensors auf einen symmetrischen Tensor den Nullvektor erhält:

$$\epsilon_{ijk} c_{ij} = 0 , \quad \text{falls} \quad c_{ij} = c_{ji} . \tag{A.49}$$

Im folgenden seien ohne Beweis vier ϵ-Tensor-Identitäten angeführt:

$$\epsilon_{ikm} \epsilon_{jln} = \det \begin{bmatrix} \delta_{ij} & \delta_{il} & \delta_{in} \\ \delta_{kj} & \delta_{kl} & \delta_{kn} \\ \delta_{mj} & \delta_{ml} & \delta_{mn} \end{bmatrix} . \tag{A.50}$$

Verjüngen durch Multiplikation mit δ_{mn} (Setzen von $m = n$) liefert

$$\epsilon_{ikn} \epsilon_{jln} = \det \begin{bmatrix} \delta_{ij} & \delta_{il} \\ \delta_{kj} & \delta_{kl} \end{bmatrix} . \tag{A.51}$$

Nochmaliges Verjüngen durch Multiplikation mit δ_{kl} ergibt

$$\epsilon_{ikn}\epsilon_{jkn} = 2\delta_{ij} \; , \tag{A.52}$$

und schließlich für $i = j$

$$\epsilon_{ikn}\epsilon_{ikn} = 2\delta_{ii} = 6 \; . \tag{A.53}$$

Die Tabelle A.1. gibt noch einmal einen zusammenfassenden Vergleich der wichtigsten Rechenregeln in Vektor- und Indexnotation.

B

Krummlinige Koordinaten

In den Anwendungen ist es oft zweckmäßig, krummlinige Koordinaten zu verwenden. Zur Ableitung der Komponentengleichungen für krummlinige Koordinatensysteme kann man vom allgemeinen Tensorkalkül ausgehen, das in beliebigen Koordinatensystemen gültig ist. Beschränkt man sich jedoch auf krummlinige aber rechtwinklige Koordinaten, gelangt man relativ mühelos von den entsprechenden Gleichungen in symbolischer Schreibweise zu den gesuchten Komponentengleichungen. Da in fast allen Anwendungen nur rechtwinklige Koordinatensysteme in Frage kommen, wollen wir uns auf diese beschränken.

Wir betrachten krummlinig rechtwinklige Koordinaten q_1, q_2, q_3, die sich aus kartesischen Koordinaten x_1, x_2, und x_3 berechnen lassen:

$$q_1 = q_1(x_1, x_2, x_3) ,$$
$$q_2 = q_2(x_1, x_2, x_3) ,$$
$$q_3 = q_3(x_1, x_2, x_3)$$

oder kurz:

$$q_i = q_i(x_j) . \tag{B.1}$$

Wir nehmen an, daß (B.1) eindeutig umkehrbar ist:

$$x_i = x_i(q_j) \tag{B.2a}$$

bzw.

$$\vec{x} = \vec{x}(q_j) . \tag{B.2b}$$

Wenn q_2 und q_3 konstant gehalten werden, so beschreibt der Vektor $\vec{x} = \vec{x}(q_1)$ eine Kurve im Raum, die die Koordinatenkurve q_1 ist. $\partial\vec{x}/\partial q_1$ ist der Tangentenvektor an diese Kurve. Der entsprechende Einheitsvektor in Richtung zunehmender Werte q_1 lautet:

© Springer-Verlag GmbH Deutschland, ein Teil von Springer Nature 2019
J. Spurk und N. Aksel, *Strömungslehre*,
https://doi.org/10.1007/978-3-662-58764-5

$$\vec{e}_1 = \frac{\partial \vec{x}/\partial q_1}{|\partial \vec{x}/\partial q_1|} \; . \tag{B.3}$$

Setzt man $|\partial \vec{x}/\partial q_1| = b_1$, so ist

$$\frac{\partial \vec{x}}{\partial q_1} = \vec{e}_1 \, b_1 \tag{B.4}$$

und genauso

$$\frac{\partial \vec{x}}{\partial q_2} = \vec{e}_2 \, b_2 \; , \tag{B.5}$$

$$\frac{\partial \vec{x}}{\partial q_3} = \vec{e}_3 \, b_3 \; , \tag{B.6}$$

mit $b_2 = |\partial \vec{x}/\partial q_2|$ und $b_3 = |\partial \vec{x}/\partial q_3|$.

Wegen $\vec{x} = \vec{x}(q_j)$ ist

$$\mathrm{d}\vec{x} = \frac{\partial \vec{x}}{\partial q_1} \, \mathrm{d}q_1 + \frac{\partial \vec{x}}{\partial q_2} \, \mathrm{d}q_2 + \frac{\partial \vec{x}}{\partial q_3} \, \mathrm{d}q_3 = b_1 \, \mathrm{d}q_1 \, \vec{e}_1 + b_2 \, \mathrm{d}q_2 \, \vec{e}_2 + b_3 \, \mathrm{d}q_3 \, \vec{e}_3 \; , \tag{B.7}$$

und es gilt, da die Basisvektoren zueinander rechtwinklig sind, für das Quadrat des Linienelementes:

$$\mathrm{d}\vec{x} \cdot \mathrm{d}\vec{x} = b_1^2 \, \mathrm{d}q_1^2 + b_2^2 \, \mathrm{d}q_2^2 + b_3^2 \, \mathrm{d}q_3^2 \; . \tag{B.8}$$

Für das Volumenelement $\mathrm{d}V$ gilt (Abb. B.1):

$$\mathrm{d}V = b_1 \, \mathrm{d}q_1 \, \vec{e}_1 \cdot (\, b_2 \, \mathrm{d}q_2 \, \vec{e}_2 \times b_3 \, \mathrm{d}q_3 \, \vec{e}_3 \,) = b_1 \, b_2 \, b_3 \, \mathrm{d}q_1 \, \mathrm{d}q_2 \, \mathrm{d}q_3 \; . \tag{B.9}$$

Das q_1-Flächenelement des Volumenelementes $\mathrm{d}V$ (d. h. das Flächenelement normal zur q_1-Koordinate) ist dann:

$$\mathrm{d}S_1 = |b_2 \, \mathrm{d}q_2 \, \vec{e}_2 \times b_3 \, \mathrm{d}q_3 \, \vec{e}_3| = b_2 \, b_3 \, \mathrm{d}q_2 \, \mathrm{d}q_3 \; . \tag{B.10}$$

Auf ähnliche Weise erhält man für die übrigen Flächenelemente:

$$\mathrm{d}S_2 = b_3 \, b_1 \, \mathrm{d}q_3 \, \mathrm{d}q_1 \; , \tag{B.11}$$

$$\mathrm{d}S_3 = b_1 \, b_2 \, \mathrm{d}q_1 \, \mathrm{d}q_2 \; . \tag{B.12}$$

Kontinuitätsgleichung, Cauchysche Bewegungsgleichung und Entropiegleichung lauten in symbolischer Schreibweise

$$\frac{\partial \varrho}{\partial t} + \vec{u} \cdot \nabla \varrho + \varrho \, \nabla \cdot \vec{u} = 0 \; ,$$

$$\varrho \, \frac{\mathrm{D}\vec{u}}{\mathrm{D}t} = \varrho \, \vec{k} + \nabla \cdot \mathbf{T} \; ,$$

$$\varrho \, T \left[\frac{\partial s}{\partial t} + \vec{u} \cdot \nabla s \right] = \Phi + \nabla \cdot (\lambda \, \nabla T) \; .$$

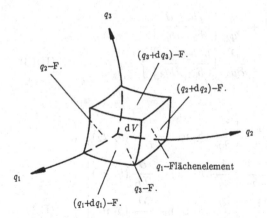

Abbildung B.1. Volumenelement im krummlinig-rechtwinkligen Koordinatensystem

In der Cauchy-Gleichung schreiben wir die materielle Ableitung in der Form (1.78), wie sie für den Übergang zu krummlinigen Koordinaten zweckmäßig ist:

$$\varrho \left[\frac{\partial \vec{u}}{\partial t} - \vec{u} \times (\nabla \times \vec{u}) + \nabla \left(\vec{u}^2 / 2 \right) \right] = \varrho \vec{k} + \nabla \cdot \mathbf{T} \; . \tag{B.13}$$

Um nun die Komponentenform der Gleichungen zu erhalten, müssen die Nabla-Operationen ∇, $\nabla\cdot$ und $\nabla\times$ (Gradient, Divergenz und Rotation) in krummlinigen Koordinaten angegeben werden. Die Komponenten des Vektors $\nabla \Phi$ sind:

$$q_1 : \qquad (\nabla \Phi)_1 = \frac{1}{b_1} \frac{\partial \Phi}{\partial q_1} \; ,$$

$$q_2 : \qquad (\nabla \Phi)_2 = \frac{1}{b_2} \frac{\partial \Phi}{\partial q_2} \; ,$$

$$q_3 : \qquad (\nabla \Phi)_3 = \frac{1}{b_3} \frac{\partial \Phi}{\partial q_3} \; . \tag{B.14}$$

Wenn u_1, u_2 und u_3 die Komponenten des Vektors $\vec{u}$ in Richtung wachsender q_1, q_2 und q_3 sind, so gilt:

$$\nabla \cdot \vec{u} = \frac{1}{b_1 \, b_2 \, b_3} \left[\frac{\partial}{\partial q_1} \left(b_2 \, b_3 \, u_1 \right) + \frac{\partial}{\partial q_2} \left(b_3 \, b_1 \, u_2 \right) + \frac{\partial}{\partial q_3} \left(b_1 \, b_2 \, u_3 \right) \right] \; . \tag{B.15}$$

Da die Basisvektoren aufeinander senkrecht stehen, läßt sich der Laplace-Operator $\Delta = \nabla \cdot \nabla = \nabla^2$ einfach berechnen, indem man in (B.15) die Komponenten von $\vec{u}$ mit den Komponenten von ∇ identifiziert:

$$\Delta = \frac{1}{b_1 \, b_2 \, b_3} \left\{ \frac{\partial}{\partial q_1} \left[\frac{b_2 \, b_3}{b_1} \frac{\partial}{\partial q_1} \right] + \frac{\partial}{\partial q_2} \left[\frac{b_3 \, b_1}{b_2} \frac{\partial}{\partial q_2} \right] + \right.$$
$$\left. + \frac{\partial}{\partial q_3} \left[\frac{b_1 \, b_2}{b_3} \frac{\partial}{\partial q_3} \right] \right\} . \qquad \text{(B.16)}$$

$\nabla \times \vec{u}$ hat die Komponenten

$$q_1 : \qquad (\nabla \times \vec{u})_1 = \frac{1}{b_2 \, b_3} \left[\frac{\partial}{\partial q_2} (b_3 \, u_3) - \frac{\partial}{\partial q_3} (b_2 \, u_2) \right] ,$$

$$q_2 : \qquad (\nabla \times \vec{u})_2 = \frac{1}{b_3 \, b_1} \left[\frac{\partial}{\partial q_3} (b_1 \, u_1) - \frac{\partial}{\partial q_1} (b_3 \, u_3) \right] ,$$

$$q_3 : \qquad (\nabla \times \vec{u})_3 = \frac{1}{b_1 \, b_2} \left[\frac{\partial}{\partial q_1} (b_2 \, u_2) - \frac{\partial}{\partial q_2} (b_1 \, u_1) \right] . \qquad \text{(B.17)}$$

Die Komponenten der Divergenz des Spannungstensors sind:

$$q_1 : \qquad (\nabla \cdot \mathbf{T})_1 = \frac{1}{b_1 \, b_2 \, b_3}$$
$$\left[\frac{\partial}{\partial q_1} (b_2 \, b_3 \, \tau_{11}) + \frac{\partial}{\partial q_2} (b_3 \, b_1 \, \tau_{21}) + \frac{\partial}{\partial q_3} (b_1 \, b_2 \, \tau_{31}) \right] +$$
$$+ \frac{\tau_{21}}{b_1 \, b_2} \frac{\partial b_1}{\partial q_2} + \frac{\tau_{31}}{b_1 \, b_3} \frac{\partial b_1}{\partial q_3} - \frac{\tau_{22}}{b_1 \, b_2} \frac{\partial b_2}{\partial q_1} - \frac{\tau_{33}}{b_1 \, b_3} \frac{\partial b_3}{\partial q_1} ,$$

$$q_2 : \qquad (\nabla \cdot \mathbf{T})_2 = \frac{1}{b_1 \, b_2 \, b_3}$$
$$\left[\frac{\partial}{\partial q_1} (b_2 \, b_3 \, \tau_{12}) + \frac{\partial}{\partial q_2} (b_3 \, b_1 \, \tau_{22}) + \frac{\partial}{\partial q_3} (b_1 \, b_2 \, \tau_{32}) \right] +$$
$$+ \frac{\tau_{32}}{b_2 \, b_3} \frac{\partial b_2}{\partial q_3} + \frac{\tau_{12}}{b_2 \, b_1} \frac{\partial b_2}{\partial q_1} - \frac{\tau_{33}}{b_2 \, b_3} \frac{\partial b_3}{\partial q_2} - \frac{\tau_{11}}{b_2 \, b_1} \frac{\partial b_1}{\partial q_2} ,$$

$$q_3 : \qquad (\nabla \cdot \mathbf{T})_3 = \frac{1}{b_1 \, b_2 \, b_3}$$
$$\left[\frac{\partial}{\partial q_1} (b_2 \, b_3 \, \tau_{13}) + \frac{\partial}{\partial q_2} (b_3 \, b_1 \, \tau_{23}) + \frac{\partial}{\partial q_3} (b_1 \, b_2 \, \tau_{33}) \right] +$$
$$+ \frac{\tau_{13}}{b_3 \, b_1} \frac{\partial b_3}{\partial q_1} + \frac{\tau_{23}}{b_3 \, b_2} \frac{\partial b_3}{\partial q_2} - \frac{\tau_{11}}{b_3 \, b_1} \frac{\partial b_1}{\partial q_3} - \frac{\tau_{22}}{b_3 \, b_2} \frac{\partial b_2}{\partial q_3} .$$
$$\text{(B.18)}$$

Hierin ist beispielsweise die Spannungskomponente τ_{13} die Komponente in Richtung wachsendem q_3, die an der Fläche mit der Normalen in Richtung wachsendem q_1 angreift.

Für die Komponenten des Spannungstensors gilt das Cauchy-Poisson-Gesetz in symbolischer Form:

$$\mathbf{T} = (-p + \lambda^* \nabla \cdot \vec{u})\,\mathbf{I} + 2\,\eta\,\mathbf{E} \,.$$

Die Komponenten des Deformationsgeschwindigkeitstensors sind gegeben durch:

$$e_{11} = \frac{1}{b_1}\frac{\partial u_1}{\partial q_1} + \frac{u_2}{b_1\,b_2}\frac{\partial b_1}{\partial q_2} + \frac{u_3}{b_3\,b_1}\frac{\partial b_1}{\partial q_3} \,,$$

$$e_{22} = \frac{1}{b_2}\frac{\partial u_2}{\partial q_2} + \frac{u_3}{b_2\,b_3}\frac{\partial b_2}{\partial q_3} + \frac{u_1}{b_1\,b_2}\frac{\partial b_2}{\partial q_1} \,,$$

$$e_{33} = \frac{1}{b_3}\frac{\partial u_3}{\partial q_3} + \frac{u_1}{b_3\,b_1}\frac{\partial b_3}{\partial q_1} + \frac{u_2}{b_2\,b_3}\frac{\partial b_3}{\partial q_2} \,,$$

$$2\,e_{32} = \frac{b_3}{b_2}\frac{\partial (u_3/b_3)}{\partial q_2} + \frac{b_2}{b_3}\frac{\partial (u_2/b_2)}{\partial q_3} = 2\,e_{23} \,,$$

$$2\,e_{13} = \frac{b_1}{b_3}\frac{\partial (u_1/b_1)}{\partial q_3} + \frac{b_3}{b_1}\frac{\partial (u_3/b_3)}{\partial q_1} = 2\,e_{31} \,,$$

$$2\,e_{21} = \frac{b_2}{b_1}\frac{\partial (u_2/b_2)}{\partial q_1} + \frac{b_1}{b_2}\frac{\partial (u_1/b_1)}{\partial q_2} = 2\,e_{12} \,. \tag{B.19}$$

Als Anwendungsbeispiel betrachten wir Kugelkoordinaten r, ϑ, φ mit den Geschwindigkeitskomponenten u_r, u_ϑ, u_φ. Der Zusammenhang zwischen kartesischen und Kugelkoordinaten ist gegeben durch die Transformation (vgl. Abb. B.4)

$$x = r\cos\vartheta \,,$$
$$y = r\sin\vartheta\cos\varphi \,,$$
$$z = r\sin\vartheta\sin\varphi \,. \tag{B.20}$$

Die x-Achse ist die Polachse und ϑ der Polwinkel. Mit

$$q_1 = r \,, \quad q_2 = \vartheta \,, \quad q_3 = \varphi \tag{B.21}$$

folgt

$$b_1 = \left\{\cos^2\vartheta + \sin^2\vartheta\,(\sin^2\varphi + \cos^2\varphi)\right\}^{1/2} = 1 \,,$$
$$b_2 = \left\{r^2\sin^2\vartheta + r^2\cos^2\vartheta\,(\cos^2\varphi + \sin^2\varphi)\right\}^{1/2} = r \,,$$
$$b_3 = \left\{r^2\sin^2\vartheta\,(\sin^2\varphi + \cos^2\varphi)\right\}^{1/2} = r\sin\vartheta \,. \tag{B.22}$$

Das Linienelement lautet

$$\mathrm{d}\vec{x} = \mathrm{d}r\,\vec{e}_r + r\,\mathrm{d}\vartheta\,\vec{e}_\vartheta + r\sin\vartheta\,\mathrm{d}\varphi\,\vec{e}_\varphi \,, \tag{B.23}$$

und das Volumenelement ist

$$\mathrm{d}V = r^2\sin\vartheta\,\mathrm{d}r\,\mathrm{d}\vartheta\,\mathrm{d}\varphi \,. \tag{B.24}$$

Für die Flächenelemente erhalten wir

$$dS_r = r^2 \sin\vartheta \, d\vartheta \, d\varphi \,,$$
$$dS_\vartheta = r \sin\vartheta \, dr \, d\varphi \,,$$
$$dS_\varphi = r \, dr \, d\vartheta \,. \tag{B.25}$$

Die Komponenten von $\operatorname{grad}\Phi = \nabla\Phi$ sind

$$r: \qquad (\nabla\Phi)_r = \frac{\partial\Phi}{\partial r}\,,$$

$$\vartheta: \qquad (\nabla\Phi)_\vartheta = \frac{1}{r}\frac{\partial\Phi}{\partial\vartheta}\,,$$

$$\varphi: \qquad (\nabla\Phi)_\varphi = \frac{1}{r\sin\vartheta}\frac{\partial\Phi}{\partial\varphi}\,. \tag{B.26}$$

Für $\operatorname{div}\vec{u} = \nabla\cdot\vec{u}$ folgt

$$\nabla\cdot\vec{u} = (r^2\sin\vartheta)^{-1}$$
$$\left[\frac{\partial}{\partial r}\left(r^2\sin\vartheta\, u_r\right) + \frac{\partial}{\partial\vartheta}\left(r\sin\vartheta\, u_\vartheta\right) + \frac{\partial}{\partial\varphi}\left(r\, u_\varphi\right)\right]\,. \tag{B.27}$$

Die Komponenten von $\operatorname{rot}\vec{u} = \nabla\times\vec{u}$ sind

$$r: \qquad (\nabla\times\vec{u})_r = (r^2\sin\vartheta)^{-1}\left[\frac{\partial}{\partial\vartheta}\left(r\sin\vartheta\, u_\varphi\right) - \frac{\partial}{\partial\varphi}\left(r\, u_\vartheta\right)\right]\,,$$

$$\vartheta: \qquad (\nabla\times\vec{u})_\vartheta = (r\sin\vartheta)^{-1}\left[\frac{\partial}{\partial\varphi}\left(u_r\right) - \frac{\partial}{\partial r}\left(r\sin\vartheta\, u_\varphi\right)\right]\,,$$

$$\varphi: \qquad (\nabla\times\vec{u})_\varphi = r^{-1}\left[\frac{\partial}{\partial r}\left(r\, u_\vartheta\right) - \frac{\partial}{\partial\vartheta}\left(u_r\right)\right]\,. \tag{B.28}$$

Wir wollen jetzt die r-Komponente der Navier-Stokesschen Gleichungen berechnen. Hierzu benötigen wir noch die r-Komponente von $\vec{u}\times(\nabla\times\vec{u})$ und von $\nabla\cdot\mathbf{T}$:

$$\{\vec{u}\times(\nabla\times\vec{u})\}_r = \frac{1}{r}u_\vartheta\left[\frac{\partial}{\partial r}\left(r\, u_\vartheta\right) - \frac{\partial}{\partial\vartheta}\left(u_r\right)\right] -$$
$$- \frac{1}{r\sin\vartheta}u_\varphi\left[\frac{\partial}{\partial\varphi}\left(u_r\right) - \frac{\partial}{\partial r}\left(r\sin\vartheta\, u_\varphi\right)\right]\,, \tag{B.29}$$

$$(\nabla\cdot\mathbf{T})_r = \frac{1}{r^2\sin\vartheta}$$
$$\left[\frac{\partial}{\partial r}\left(r^2\sin\vartheta\,\tau_{rr}\right) + \frac{\partial}{\partial\vartheta}\left(r\sin\vartheta\,\tau_{\vartheta r}\right) + \frac{\partial}{\partial\varphi}\left(r\,\tau_{\varphi r}\right)\right] -$$
$$- \frac{1}{r}\left(\tau_{\vartheta\vartheta} + \tau_{\varphi\varphi}\right)\,, \tag{B.30}$$

wobei für inkompressible Strömung gemäß (3.1b) gilt:

$$\tau_{rr} = -p + 2\,\eta\,e_{rr}\ ,$$

$$\tau_{\vartheta\vartheta} = -p + 2\,\eta\,e_{\vartheta\vartheta}\ ,$$

$$\tau_{\varphi\varphi} = -p + 2\,\eta\,e_{\varphi\varphi}\ ,$$

$$\tau_{\vartheta r} = 2\,\eta\,e_{\vartheta r}\ ,$$

$$\tau_{\varphi r} = 2\,\eta\,e_{\varphi r}\ ,$$

$$\tau_{\varphi\vartheta} = 2\,\eta\,e_{\varphi\vartheta}\ . \tag{B.31}$$

Die Komponenten des Deformationsgeschwindigkeitstensors sind

$$e_{rr} = \partial u_r / \partial r\ ,$$

$$e_{\vartheta\vartheta} = \frac{1}{r}\,\{\partial u_\vartheta / \partial \vartheta + u_r\}\ ,$$

$$e_{\varphi\varphi} = \frac{1}{r\,\sin\vartheta}\,(\partial u_\varphi / \partial\varphi) + \frac{1}{r}\,(u_r + u_\vartheta \cot\vartheta)\ ,$$

$$2\,e_{\varphi\vartheta} = 2\,e_{\vartheta\varphi} = \sin\vartheta\,\frac{\partial}{\partial\vartheta}\left[\frac{1}{r\,\sin\vartheta}\,u_\varphi\right] + \frac{1}{\sin\vartheta}\,\frac{\partial}{\partial\varphi}\left[\frac{1}{r}\,u_\vartheta\right]\ ,$$

$$2\,e_{r\varphi} = 2\,e_{\varphi r} = \frac{1}{r\,\sin\vartheta}\,\partial u_r / \partial\varphi + r\,\sin\vartheta\,\frac{\partial}{\partial r}\left[\frac{1}{r\,\sin\vartheta}\,u_\varphi\right]\ ,$$

$$2\,e_{\vartheta r} = 2\,e_{r\vartheta} = r\,\frac{\partial}{\partial r}\left[\frac{1}{r}\,u_\vartheta\right] + \frac{1}{r}\,\partial u_r / \partial\vartheta\ . \tag{B.32}$$

Durch Einsetzen dieser Gleichungen in die Cauchysche Gleichung erhalten wir die r-Komponente der Navier-Stokesschen Gleichungen für inkompressible Strömung

$$\varrho\left\{\frac{\partial u_r}{\partial t} - \frac{u_\vartheta}{r}\left[\frac{\partial(r\,u_\vartheta)}{\partial \hat{r}} - \frac{\partial u_r}{\partial\vartheta}\right] + \frac{u_\varphi}{r\,\sin\vartheta}\left[\frac{\partial u_r}{\partial\varphi} - \frac{\partial(r\,\sin\vartheta\,u_\varphi)}{\partial r}\right] + \right.$$

$$\left. + \frac{1}{2}\,\frac{\partial(u_r^2 + u_\vartheta^2 + u_\varphi^2)}{\partial r}\right\} =$$

$$= \varrho\,k_r + \frac{1}{r^2\,\sin\vartheta}\left\{\frac{\partial}{\partial r}\left[r^2\,\sin\vartheta\left\{-p + \eta\,\frac{\partial u_r}{\partial r} + \eta\,\frac{\partial u_r}{\partial r}\right\}\right] + \right.$$

$$+ \frac{\partial}{\partial\vartheta}\left[r^2\,\sin\vartheta\,\eta\,\frac{\partial(u_\vartheta/r)}{\partial r} + \sin\vartheta\,\eta\,\frac{\partial u_r}{\partial\vartheta}\right] + \frac{\partial}{\partial\varphi}\left[\frac{\eta}{\sin\vartheta}\,\frac{\partial u_r}{\partial\varphi} + \right.$$

$$\left. + r^2\,\sin\vartheta\,\eta\,\frac{\partial}{\partial r}\left(\frac{1}{r\,\sin\vartheta}\,u_\varphi\right)\right]\right\} + \frac{p}{r} - \frac{2\,\eta}{r^2}\left[\frac{\partial u_\vartheta}{\partial\vartheta} + u_r\right] + $$

$$+ \frac{p}{r} - \frac{2\,\eta}{r^2\,\sin\vartheta}\,\frac{\partial u_\varphi}{\partial\varphi} - \frac{2\,\eta}{r^2}\,(u_r + u_\vartheta \cot\vartheta)\ . \tag{B.33}$$

Alle Glieder, die p enthalten, ergeben zusammen $-\partial p / \partial r$. Der Laplace-Operator lautet in Kugelkoordinaten

$$\Delta = \frac{1}{r^2} \frac{\partial}{\partial r} \left[r^2 \frac{\partial}{\partial r} \right] + \frac{1}{r^2 \sin \vartheta} \left[\frac{\partial}{\partial \vartheta} \left(\sin \vartheta \frac{\partial}{\partial \vartheta} \right) + \frac{1}{\sin \vartheta} \frac{\partial^2}{\partial \varphi^2} \right] . \qquad (B.34)$$

Man sieht, daß man für die doppelt unterstrichenen Summanden unter Einbeziehung der zugehörigen Faktoren und Differentialoperatoren $\eta \, \Delta u_r$ schreiben kann. Für die einfach unterstrichenen Summanden kann man schreiben

$$\eta \frac{\partial}{\partial r} \left\{ \frac{1}{r^2 \sin \vartheta} \left[\frac{\partial}{\partial r} \left(r^2 \sin \vartheta \, u_r \right) + \frac{\partial}{\partial \vartheta} \left(r \sin \vartheta \, u_\vartheta \right) + \frac{\partial}{\partial \varphi} \left(r \, u_\varphi \right) \right] \right\} ,$$

wovon man sich durch Ausdifferenzieren überzeugt. Der Ausdruck in geschweiften Klammern ist wegen (B.27) gleich $\nabla \cdot \vec{u}$, dieser ist aber in inkompressibler Strömung wegen $\mathrm{D}\varrho/\mathrm{D}t = \partial \varrho/\partial t + \vec{u} \cdot \nabla \varrho = 0$ identisch null.

Führt man auf der linken Seite von (B.33) alle Differentiationen aus, so erhält man

$$\varrho \left\{ \frac{\partial u_r}{\partial t} + u_r \frac{\partial u_r}{\partial r} + \frac{1}{r} u_\vartheta \frac{\partial u_r}{\partial \vartheta} + \frac{1}{r \sin \vartheta} u_\varphi \frac{\partial u_r}{\partial \varphi} - \frac{u_\vartheta^2 + u_\varphi^2}{r} \right\} =$$

$$= \varrho \, k_r - \frac{\partial p}{\partial r} + \eta \left\{ \Delta u_r - \frac{2}{r^2} \left[u_r + \frac{\partial u_\vartheta}{\partial \vartheta} + u_\vartheta \cot \vartheta + \frac{1}{\sin \vartheta} \frac{\partial u_\varphi}{\partial \varphi} \right] \right\}$$

$$(B.35)$$

als r-Komponente der Navier-Stokesschen Gleichungen. Ganz analog erhält man die übrigen Komponenten. Im folgenden sind die Ergebnisse für kartesische, Zylinder- und Kugelkoordinaten zusammengestellt.

B.1 Kartesische Koordinaten

a) Einheitsvektoren:

$$\vec{e}_x, \, \vec{e}_y, \, \vec{e}_z$$

b) Ortsvektor $\vec{x}$:

$$\vec{x} = x \, \vec{e}_x + y \, \vec{e}_y + z \, \vec{e}_z$$

c) Geschwindigkeitsvektor $\vec{u}$:

$$\vec{u} = u \, \vec{e}_x + v \, \vec{e}_y + w \, \vec{e}_z$$

d) Linienelement:

$$\mathrm{d}\vec{x} = \mathrm{d}x \, \vec{e}_x + \mathrm{d}y \, \vec{e}_y + \mathrm{d}z \, \vec{e}_z$$

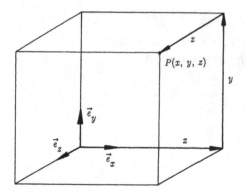

Abbildung B.2. Kartesische Koordinaten

e) Flächenelemente:

$$dS_x = dy\,dz$$
$$dS_y = dx\,dz$$
$$dS_z = dx\,dy$$

f) Volumenelement:

$$dV = dx\,dy\,dz$$

g) Gradient des Skalars Φ:

$$\operatorname{grad}\Phi = \nabla\Phi = \frac{\partial\Phi}{\partial x}\,\vec{e}_x + \frac{\partial\Phi}{\partial y}\,\vec{e}_y + \frac{\partial\Phi}{\partial z}\,\vec{e}_z$$

h) Laplace-Operator für den Skalar Φ:

$$\Delta\Phi = \nabla\cdot\nabla\Phi = \frac{\partial^2\Phi}{\partial x^2} + \frac{\partial^2\Phi}{\partial y^2} + \frac{\partial^2\Phi}{\partial z^2}$$

i) Divergenz des Vektors $\vec{u}$:

$$\operatorname{div}\vec{u} = \nabla\cdot\vec{u} = \frac{\partial u}{\partial x} + \frac{\partial v}{\partial y} + \frac{\partial w}{\partial z}$$

j) Rotation des Vektors $\vec{u}$:

$$\operatorname{rot}\vec{u} = \nabla\times\vec{u} = \left[\frac{\partial w}{\partial y} - \frac{\partial v}{\partial z}\right]\vec{e}_x + \left[\frac{\partial u}{\partial z} - \frac{\partial w}{\partial x}\right]\vec{e}_y + \left[\frac{\partial v}{\partial x} - \frac{\partial u}{\partial y}\right]\vec{e}_z$$

k) Laplace-Operator für den Vektor $\vec{u}$:

$$\Delta\vec{u} = \nabla\cdot\nabla\vec{u} = \Delta u\,\vec{e}_x + \Delta v\,\vec{e}_y + \Delta w\,\vec{e}_z$$

l) Divergenz des Spannungstensors $\mathbf{T}$:

$$\text{div}\,\mathbf{T} = \nabla \cdot \mathbf{T} \quad = (\partial\tau_{xx}/\partial x + \partial\tau_{yx}/\partial y + \partial\tau_{zx}/\partial z)\,\vec{e}_x +$$
$$+ (\partial\tau_{xy}/\partial x + \partial\tau_{yy}/\partial y + \partial\tau_{zy}/\partial z)\,\vec{e}_y +$$
$$+ (\partial\tau_{xz}/\partial x + \partial\tau_{yz}/\partial y + \partial\tau_{zz}/\partial z)\,\vec{e}_z$$

m) Deformationsgeschwindigkeitstensor $\mathbf{E}$:

$$e_{xx} = \partial u/\partial x$$
$$e_{yy} = \partial v/\partial y$$
$$e_{zz} = \partial w/\partial z$$
$$2\,e_{xy} = 2\,e_{yx} = \partial u/\partial y + \partial v/\partial x$$
$$2\,e_{xz} = 2\,e_{zx} = \partial u/\partial z + \partial w/\partial x$$
$$2\,e_{yz} = 2\,e_{zy} = \partial v/\partial z + \partial w/\partial y$$

n) Kontinuitätsgleichung:

$$\frac{\partial\varrho}{\partial t} + \frac{\partial}{\partial x}\,(\varrho\,u) + \frac{\partial}{\partial y}\,(\varrho\,v) + \frac{\partial}{\partial z}\,(\varrho\,w) = 0$$

o) Navier-Stokessche Gleichungen (mit ϱ, $\eta = \text{const}$):

$$x: \quad \varrho\,(\partial u/\partial t + u\,\partial u/\partial x + v\,\partial u/\partial y + w\,\partial u/\partial z) = \varrho\,k_x - \partial p/\partial x + \eta\,\Delta u$$
$$y: \quad \varrho\,(\partial v/\partial t + u\,\partial v/\partial x + v\,\partial v/\partial y + w\,\partial v/\partial z) = \varrho\,k_y - \partial p/\partial y + \eta\,\Delta v$$
$$z: \quad \varrho\,(\partial w/\partial t + u\,\partial w/\partial x + v\,\partial w/\partial y + w\,\partial w/\partial z) = \varrho\,k_z - \partial p/\partial z + \eta\,\Delta w$$

B.2 Zylinderkoordinaten

a) Einheitsvektoren:

$$\vec{e}_r = + \cos\varphi\,\vec{e}_x + \sin\varphi\,\vec{e}_y$$
$$\vec{e}_\varphi = - \sin\varphi\,\vec{e}_x + \cos\varphi\,\vec{e}_y$$
$$\vec{e}_z = \vec{e}_z$$

b) Ortsvektor $\vec{x}$:

$$\vec{x} = r\,\vec{e}_r + z\,\vec{e}_z$$

c) Geschwindigkeitsvektor $\vec{u}$:

$$\vec{u} = u_r\,\vec{e}_r + u_\varphi\,\vec{e}_\varphi + u_z\,\vec{e}_z$$

d) Linienelement:

$$\mathrm{d}\vec{x} = \mathrm{d}r\,\vec{e}_r + r\,\mathrm{d}\varphi\,\vec{e}_\varphi + \mathrm{d}z\,\vec{e}_z$$

e) Flächenelemente:

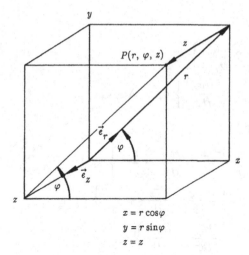

$$x = r\cos\varphi$$
$$y = r\sin\varphi$$
$$z = z$$

Abbildung B.3. Zylinderkoordinaten

$$\mathrm{d}S_r = r\,\mathrm{d}\varphi\,\mathrm{d}z$$
$$\mathrm{d}S_\varphi = \mathrm{d}r\,\mathrm{d}z$$
$$\mathrm{d}S_z = r\,\mathrm{d}r\,\mathrm{d}\varphi$$

f) Volumenelement:

$$\mathrm{d}V = r\,\mathrm{d}r\,\mathrm{d}\varphi\,\mathrm{d}z$$

g) Gradient des Skalars Φ:

$$\operatorname{grad}\Phi = \nabla\Phi = \frac{\partial\Phi}{\partial r}\,\vec{e}_r + \frac{1}{r}\frac{\partial\Phi}{\partial\varphi}\,\vec{e}_\varphi + \frac{\partial\Phi}{\partial z}\,\vec{e}_z$$

h) Laplace-Operator für den Skalar Φ:

$$\Delta\Phi = \nabla\cdot\nabla\Phi = \frac{\partial^2\Phi}{\partial r^2} + \frac{1}{r}\frac{\partial\Phi}{\partial r} + \frac{1}{r^2}\frac{\partial^2\Phi}{\partial\varphi^2} + \frac{\partial^2\Phi}{\partial z^2}$$

i) Divergenz des Vektors $\vec{u}$:

$$\operatorname{div}\vec{u} = \nabla\cdot\vec{u} = \frac{1}{r}\left\{\frac{\partial(u_r\,r)}{\partial r} + \frac{\partial u_\varphi}{\partial\varphi} + \frac{\partial(u_z\,r)}{\partial z}\right\}$$

j) Rotation des Vektors $\vec{u}$:

$$\operatorname{rot}\vec{u} = \nabla\times\vec{u} =$$
$$\left\{\frac{1}{r}\frac{\partial u_z}{\partial\varphi} - \frac{\partial u_\varphi}{\partial z}\right\}\vec{e}_r + \left\{\frac{\partial u_r}{\partial z} - \frac{\partial u_z}{\partial r}\right\}\vec{e}_\varphi + \frac{1}{r}\left\{\frac{\partial(u_\varphi\,r)}{\partial r} - \frac{\partial u_r}{\partial\varphi}\right\}\vec{e}_z$$

k) Laplace-Operator für den Vektor $\vec{u}$:

$$\Delta \vec{u} = \nabla \cdot \nabla \vec{u} = \left\{ \Delta u_r - \frac{1}{r^2} \left[u_r + 2 \frac{\partial u_\varphi}{\partial \varphi} \right] \right\} \vec{e}_r$$

$$+ \left\{ \Delta u_\varphi - \frac{1}{r^2} \left[u_\varphi - 2 \frac{\partial u_r}{\partial \varphi} \right] \right\} \vec{e}_\varphi + \Delta u_z \, \vec{e}_z$$

l) Divergenz des Spannungstensors $\mathbf{T}$:

$$\operatorname{div} \mathbf{T} = \nabla \cdot \mathbf{T} = \left\{ \frac{1}{r} \frac{\partial(\tau_{rr} \, r)}{\partial r} + \frac{1}{r} \frac{\partial \tau_{\varphi r}}{\partial \varphi} + \frac{\partial \tau_{zr}}{\partial z} - \frac{\tau_{\varphi\varphi}}{r} \right\} \vec{e}_r +$$

$$+ \left\{ \frac{1}{r} \frac{\partial(\tau_{r\varphi} \, r)}{\partial r} + \frac{1}{r} \frac{\partial \tau_{\varphi\varphi}}{\partial \varphi} + \frac{\partial \tau_{z\varphi}}{\partial z} + \frac{\tau_{r\varphi}}{r} \right\} \vec{e}_\varphi +$$

$$+ \left\{ \frac{1}{r} \frac{\partial(\tau_{rz} \, r)}{\partial r} + \frac{1}{r} \frac{\partial \tau_{\varphi z}}{\partial \varphi} + \frac{\partial \tau_{zz}}{\partial z} \right\} \vec{e}_z$$

m) Deformationsgeschwindigkeitstensor $\mathbf{E}$:

$$e_{rr} = \frac{\partial u_r}{\partial r}$$

$$e_{\varphi\varphi} = \frac{1}{r} \frac{\partial u_\varphi}{\partial \varphi} + \frac{1}{r} u_r$$

$$e_{zz} = \frac{\partial u_z}{\partial z}$$

$$2 \, e_{r\varphi} = 2 \, e_{\varphi r} = r \frac{\partial(r^{-1} \, u_\varphi)}{\partial r} + \frac{1}{r} \frac{\partial u_r}{\partial \varphi}$$

$$2 \, e_{rz} = 2 \, e_{zr} = \frac{\partial u_r}{\partial z} + \frac{\partial u_z}{\partial r}$$

$$2 \, e_{\varphi z} = 2 \, e_{z\varphi} = \frac{1}{r} \frac{\partial u_z}{\partial \varphi} + \frac{\partial u_\varphi}{\partial z}$$

n) Kontinuitätsgleichung:

$$\frac{\partial \varrho}{\partial t} + \frac{1}{r} \frac{\partial}{\partial r} \left(\varrho \, u_r \, r \right) + \frac{1}{r} \frac{\partial}{\partial \varphi} \left(\varrho \, u_\varphi \right) + \frac{\partial}{\partial z} \left(\varrho \, u_z \right) = 0$$

o) Navier-Stokessche Gleichungen (mit $\varrho,\ \eta = \text{const}$):

$$r : \varrho \left\{ \frac{\partial u_r}{\partial t} + u_r \frac{\partial u_r}{\partial r} + u_z \frac{\partial u_r}{\partial z} + \frac{1}{r} \left[u_\varphi \frac{\partial u_r}{\partial \varphi} - u_\varphi^2 \right] \right\} =$$

$$= \varrho\, k_r - \frac{\partial p}{\partial r} + \eta \left\{ \Delta u_r - \frac{1}{r^2} \left[u_r + 2 \frac{\partial u_\varphi}{\partial \varphi} \right] \right\}$$

$$\varphi : \varrho \left\{ \frac{\partial u_\varphi}{\partial t} + u_r \frac{\partial u_\varphi}{\partial r} + u_z \frac{\partial u_\varphi}{\partial z} + \frac{1}{r} \left[u_\varphi \frac{\partial u_\varphi}{\partial \varphi} + u_r\, u_\varphi \right] \right\} =$$

$$= \varrho\, k_\varphi - \frac{1}{r} \frac{\partial p}{\partial \varphi} + \eta \left\{ \Delta u_\varphi - \frac{1}{r^2} \left[u_\varphi - 2 \frac{\partial u_r}{\partial \varphi} \right] \right\}$$

$$z : \varrho \left\{ \frac{\partial u_z}{\partial t} + u_r \frac{\partial u_z}{\partial r} + u_z \frac{\partial u_z}{\partial z} + \frac{1}{r} u_\varphi \frac{\partial u_z}{\partial \varphi} \right\} =$$

$$= \varrho\, k_z - \frac{\partial p}{\partial z} + \eta\, \Delta u_z \tag{B.36}$$

B.3 Kugelkoordinaten

a) Einheitsvektoren:

$$\vec{e}_r = \cos\vartheta\, \vec{e}_x + \sin\vartheta\, \cos\varphi\, \vec{e}_y + \sin\vartheta\, \sin\varphi\, \vec{e}_z$$
$$\vec{e}_\vartheta = -\sin\vartheta\, \vec{e}_x + \cos\vartheta\, \cos\varphi\, \vec{e}_y + \cos\vartheta\, \sin\varphi\, \vec{e}_z$$
$$\vec{e}_\varphi = -\sin\varphi\, \vec{e}_y + \cos\varphi\, \vec{e}_z$$

b) Ortsvektor $\vec{x}$:

$$\vec{x} = r\, \vec{e}_r$$

c) Geschwindigkeitsvektor $\vec{u}$:

$$\vec{u} = u_r\, \vec{e}_r + u_\vartheta\, \vec{e}_\vartheta + u_\varphi\, \vec{e}_\varphi$$

d) Linienelement:

$$\mathrm{d}\vec{x} = \mathrm{d}r\, \vec{e}_r + r\, \mathrm{d}\vartheta\, \vec{e}_\vartheta + r\, \sin\vartheta\, \mathrm{d}\varphi\, \vec{e}_\varphi$$

e) Flächenelemente:

$$\mathrm{d}S_r = r^2\, \sin\vartheta\, \mathrm{d}\vartheta\, \mathrm{d}\varphi$$
$$\mathrm{d}S_\vartheta = r\, \sin\vartheta\, \mathrm{d}r\, \mathrm{d}\varphi$$
$$\mathrm{d}S_\varphi = r\, \mathrm{d}r\, \mathrm{d}\vartheta$$

f) Volumenelement:

$$\mathrm{d}V = r^2\, \sin\vartheta\, \mathrm{d}r\, \mathrm{d}\vartheta\, \mathrm{d}\varphi$$

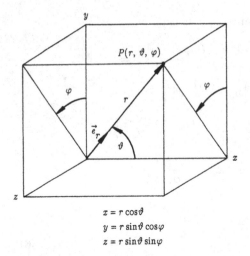

$$x = r \cos\vartheta$$
$$y = r \sin\vartheta \cos\varphi$$
$$z = r \sin\vartheta \sin\varphi$$

Abbildung B.4. Kugelkoordinaten

g) Gradient des Skalars Φ:

$$\operatorname{grad}\Phi = \nabla\Phi = \frac{\partial\Phi}{\partial r}\,\vec{e}_r + \frac{1}{r}\frac{\partial\Phi}{\partial\vartheta}\,\vec{e}_\vartheta + \frac{1}{r\sin\vartheta}\frac{\partial\Phi}{\partial\varphi}\,\vec{e}_\varphi$$

h) Laplace-Operator für den Skalar Φ:

$$\Delta\Phi = \nabla\cdot\nabla\Phi =$$
$$\frac{1}{r^2}\frac{\partial}{\partial r}\left[r^2\frac{\partial\Phi}{\partial r}\right] + \frac{1}{r^2\sin\vartheta}\frac{\partial}{\partial\vartheta}\left[\sin\vartheta\frac{\partial\Phi}{\partial\vartheta}\right] + \frac{1}{r^2\sin^2\vartheta}\frac{\partial^2\Phi}{\partial\varphi^2}$$

i) Divergenz des Vektors $\vec{u}$:

$$\operatorname{div}\vec{u} = \nabla\cdot\vec{u} = \frac{1}{r^2\sin\vartheta}\left\{\frac{\partial(r^2\sin\vartheta\,u_r)}{\partial r} + \frac{\partial(r\sin\vartheta u_\vartheta)}{\partial\vartheta} + \frac{\partial(r\,u_\varphi)}{\partial\varphi}\right\}$$

j) Rotation des Vektors $\vec{u}$:

$$\operatorname{rot}\vec{u} = \frac{1}{r^2\sin\vartheta}\left\{\frac{\partial(r\sin\vartheta\,u_\varphi)}{\partial\vartheta} - \frac{\partial(r\,u_\vartheta)}{\partial\varphi}\right\}\vec{e}_r +$$

$$+ \frac{1}{r\sin\vartheta}\left\{\frac{\partial u_r}{\partial\varphi} - \frac{\partial(r\sin\vartheta\,u_\varphi)}{\partial r}\right\}\vec{e}_\vartheta +$$

$$+ \frac{1}{r}\left\{\frac{\partial(r\,u_\vartheta)}{\partial r} - \frac{\partial u_r}{\partial\vartheta}\right\}\vec{e}_\varphi$$

k) Laplace-Operator für den Vektor $\vec{u}$:

$$\Delta\vec{u} = \left\{\Delta u_r - \frac{2}{r^2}\left[u_r + \frac{\partial u_\vartheta}{\partial\vartheta} + u_\vartheta\cot\vartheta + \frac{1}{\sin\vartheta}\frac{\partial u_\varphi}{\partial\varphi}\right]\right\}\vec{e}_r +$$

$$+ \left\{\Delta u_\vartheta + \frac{2}{r^2}\frac{\partial u_r}{\partial\vartheta} - \frac{1}{r^2\sin^2\vartheta}\left[u_\vartheta + 2\cos\vartheta\frac{\partial u_\varphi}{\partial\varphi}\right]\right\}\vec{e}_\vartheta +$$

$$+ \left\{\Delta u_\varphi - \frac{1}{r^2\sin^2\vartheta}\left[u_\varphi - 2\sin\vartheta\frac{\partial u_r}{\partial\varphi} - 2\cos\vartheta\frac{\partial u_\vartheta}{\partial\varphi}\right]\right\}\vec{e}_\varphi$$

l) Divergenz des Spannungstensors $\mathbf{T}$:

$$\nabla\cdot\mathbf{T} = \left\{\frac{1}{r^2\sin\vartheta}\left[\frac{\partial(r^2\sin\vartheta\,\tau_{rr})}{\partial r} + \frac{\partial(r\sin\vartheta\,\tau_{\vartheta r})}{\partial\vartheta} + \frac{\partial(r\,\tau_{\varphi r})}{\partial\varphi}\right]\right.$$

$$\left. - \frac{\tau_{\vartheta\vartheta} + \tau_{\varphi\varphi}}{r}\right\}\vec{e}_r +$$

$$+ \left\{\frac{1}{r^2\sin\vartheta}\left[\frac{\partial(r^2\sin\vartheta\,\tau_{r\vartheta})}{\partial r} + \frac{\partial(r\sin\vartheta\,\tau_{\vartheta\vartheta})}{\partial\vartheta} + \frac{\partial(r\,\tau_{\varphi\vartheta})}{\partial\varphi}\right]\right.$$

$$\left. + \frac{\tau_{r\vartheta} - \tau_{\varphi\varphi}\cot\vartheta}{r}\right\}\vec{e}_\vartheta +$$

$$+ \left\{\frac{1}{r^2\sin\vartheta}\left[\frac{\partial(r^2\sin\vartheta\,\tau_{r\varphi})}{\partial r} + \frac{\partial(r\sin\vartheta\,\tau_{\vartheta\varphi})}{\partial\vartheta} + \frac{\partial(r\,\tau_{\varphi\varphi})}{\partial\varphi}\right]\right.$$

$$\left. + \frac{\tau_{r\varphi} + \tau_{\vartheta\varphi}\cot\vartheta}{r}\right\}\vec{e}_\varphi$$

m) Deformationsgeschwindigkeitstensor $\mathbf{E}$:

$$e_{rr} = \frac{\partial u_r}{\partial r}$$

$$e_{\vartheta\vartheta} = \frac{1}{r}\frac{\partial u_\vartheta}{\partial\vartheta} + \frac{1}{r}u_r$$

$$e_{\varphi\varphi} = \frac{1}{r\sin\vartheta}\frac{\partial u_\varphi}{\partial\varphi} + \frac{1}{r}(u_r + u_\vartheta\cot\vartheta)$$

$$2\,e_{\varphi\vartheta} = 2\,e_{\vartheta\varphi} = \sin\vartheta\frac{\partial}{\partial\vartheta}\left[\frac{1}{r\sin\vartheta}u_\varphi\right] + \frac{1}{\sin\vartheta}\frac{\partial}{\partial\varphi}\left[\frac{1}{r}u_\vartheta\right]$$

$$2\,e_{r\varphi} = 2\,e_{\varphi r} = \frac{1}{r\sin\vartheta}\frac{\partial u_r}{\partial\varphi} + r\sin\vartheta\frac{\partial}{\partial r}\left[\frac{1}{r\sin\vartheta}u_\varphi\right]$$

$$2\,e_{\vartheta r} = 2\,e_{r\vartheta} = r\frac{\partial}{\partial r}\left[\frac{1}{r}u_\vartheta\right] + \frac{1}{r}\frac{\partial u_r}{\partial\vartheta}$$

n) Kontinuitätsgleichung:

$$\frac{\partial\varrho}{\partial t} + \frac{1}{r^2\sin\vartheta}\left[\frac{\partial}{\partial r}(r^2\sin\vartheta\,\varrho\,u_r) + \frac{\partial}{\partial\vartheta}(r\sin\vartheta\,\varrho\,u_\vartheta) + \frac{\partial}{\partial\varphi}(r\,\varrho\,u_\varphi)\right] = 0$$

o) Navier-Stokessche Gleichungen (mit ϱ, $\eta = $ const):

$$r: \quad \varrho \left\{ \frac{\partial u_r}{\partial t} + u_r \frac{\partial u_r}{\partial r} + \frac{1}{r} u_\vartheta \frac{\partial u_r}{\partial \vartheta} + \frac{1}{r \sin \vartheta} u_\varphi \frac{\partial u_r}{\partial \varphi} - \frac{u_\vartheta^2 + u_\varphi^2}{r} \right\} =$$

$$= \varrho \, k_r - \frac{\partial p}{\partial r} + \eta \left\{ \Delta u_r - \frac{2}{r^2} \left[u_r + \frac{\partial u_\vartheta}{\partial \vartheta} + u_\vartheta \cot \vartheta + \frac{1}{\sin \vartheta} \frac{\partial u_\varphi}{\partial \varphi} \right] \right\}$$

$$\vartheta: \quad \varrho \left\{ \frac{\partial u_\vartheta}{\partial t} + u_r \frac{\partial u_\vartheta}{\partial r} + \frac{1}{r} u_\vartheta \frac{\partial u_\vartheta}{\partial \vartheta} + \frac{1}{r \sin \vartheta} u_\varphi \frac{\partial u_\vartheta}{\partial \varphi} \right.$$

$$\left. + \frac{u_r u_\vartheta - u_\varphi^2 \cot \vartheta}{r} \right\} = \varrho \, k_\vartheta - \frac{1}{r} \frac{\partial p}{\partial \vartheta} + \eta \left\{ \Delta u_\vartheta + \frac{2}{r^2} \frac{\partial u_r}{\partial \vartheta} \right.$$

$$\left. - \frac{1}{r^2 \sin^2 \vartheta} \left[u_\vartheta + 2 \cos \vartheta \frac{\partial u_\varphi}{\partial \varphi} \right] \right\}$$

$$\varphi: \quad \varrho \left\{ \frac{\partial u_\varphi}{\partial t} + u_r \frac{\partial u_\varphi}{\partial r} + \frac{1}{r} u_\vartheta \frac{\partial u_\varphi}{\partial \vartheta} + \frac{1}{r \sin \vartheta} u_\varphi \frac{\partial u_\varphi}{\partial \varphi} \right.$$

$$\left. + \frac{u_\varphi u_r + u_\vartheta u_\varphi \cot \vartheta}{r} \right\} = \varrho \, k_\varphi - \frac{1}{r \sin \vartheta} \frac{\partial p}{\partial \varphi} +$$

$$+ \eta \left\{ \Delta u_\varphi - \frac{1}{r^2 \sin^2 \vartheta} \left[u_\varphi - 2 \cos \vartheta \frac{\partial u_\vartheta}{\partial \varphi} - 2 \sin \vartheta \frac{\partial u_r}{\partial \varphi} \right] \right\}$$

C

Tabellen und Diagramme für kompressible Strömung

Tabelle C.1

Abhängigkeit von Druck, Dichte, Temperatur und Flächenverhältnis für kalorisch ideales Gas ($\gamma = 1,4$) von der Machzahl.

Unterschall

M	p/p_t	ϱ/ϱ_t	T/T_t	a/a_t	A^*/A
0,000	1,000000	1,000000	1,000000	1,000000	0,000000
0,010	0,999930	0,999950	0,999980	0,999990	0,017279
0,020	0,999720	0,999800	0,999920	0,999960	0,034552
0,030	0,999370	0,999550	0,999820	0,999910	0,051812
0,040	0,998881	0,999200	0,999680	0,999840	0,069054
0,050	0,998252	0,998751	0,999500	0,999750	0,086271
0,060	0,997484	0,998202	0,999281	0,999640	0,103456
0,070	0,996577	0,997554	0,999021	0,999510	0,120605
0,080	0,995533	0,996807	0,998722	0,999361	0,137711
0,090	0,994351	0,995961	0,998383	0,999191	0,154767
0,100	0,993032	0,995018	0,998004	0,999002	0,171767
0,110	0,991576	0,993976	0,997586	0,998792	0,188707
0,120	0,989985	0,992836	0,997128	0,998563	0,205579
0,130	0,988259	0,991600	0,996631	0,998314	0,222378
0,140	0,986400	0,990267	0,996095	0,998046	0,239097
0,150	0,984408	0,988838	0,995520	0,997758	0,255732
0,160	0,982284	0,987314	0,994906	0,997450	0,272276
0,170	0,980030	0,985695	0,994253	0,997122	0,288725
0,180	0,977647	0,983982	0,993562	0,996776	0,305071
0,190	0,975135	0,982176	0,992832	0,996409	0,321310
0,200	0,972497	0,980277	0,992064	0,996024	0,337437

© Springer-Verlag GmbH Deutschland, ein Teil von Springer Nature 2019
J. Spurk und N. Aksel, *Strömungslehre*,
https://doi.org/10.1007/978-3-662-58764-5

M	p/p_t	ϱ/ϱ_t	T/T_t	a/a_t	A^*/A
0,210	0,969733	0,978286	0,991257	0,995619	0,353445
0,220	0,966845	0,976204	0,990413	0,995195	0,369330
0,230	0,963835	0,974032	0,989531	0,994752	0,385088
0,240	0,960703	0,971771	0,988611	0,994289	0,400711
0,250	0,957453	0,969421	0,987654	0,993808	0,416197
0,260	0,954085	0,966984	0,986660	0,993308	0,431539
0,270	0,950600	0,964460	0,985629	0,992789	0,446734
0,280	0,947002	0,961851	0,984562	0,992251	0,461776
0,290	0,943291	0,959157	0,983458	0,991695	0,476661
0,300	0,939470	0,956380	0,982318	0,991120	0,491385
0,310	0,935540	0,953521	0,981142	0,990526	0,505943
0,320	0,931503	0,950580	0,979931	0,989915	0,520332
0,330	0,927362	0,947559	0,978684	0,989285	0,534546
0,340	0,923117	0,944460	0,977402	0,988637	0,548584
0,350	0,918773	0,941283	0,976086	0,987971	0,562440
0,360	0,914330	0,938029	0,974735	0,987287	0,576110
0,370	0,909790	0,934700	0,973350	0,986585	0,589593
0,380	0,905156	0,931297	0,971931	0,985865	0,602883
0,390	0,900430	0,927821	0,970478	0,985128	0,615979
0,400	0,895614	0,924274	0,968992	0,984374	0,628876
0,410	0,890711	0,920657	0,967474	0,983602	0,641571
0,420	0,885722	0,916971	0,965922	0,982813	0,654063
0,430	0,880651	0,913217	0,964339	0,982008	0,666348
0,440	0,875498	0,909398	0,962723	0,981185	0,678424
0,450	0,870267	0,905513	0,961076	0,980345	0,690287
0,460	0,864960	0,901566	0,959398	0,979489	0,701937
0,470	0,859580	0,897556	0,957689	0,978616	0,713371
0,480	0,854128	0,893486	0,955950	0,977727	0,724587
0,490	0,848607	0,889357	0,954180	0,976821	0,735582
0,500	0,843019	0,885170	0,952381	0,975900	0,746356
0,510	0,837367	0,880927	0,950552	0,974963	0,756906
0,520	0,831654	0,876629	0,948695	0,974010	0,767231
0,530	0,825881	0,872279	0,946808	0,973041	0,777331
0,540	0,820050	0,867876	0,944894	0,972056	0,787202
0,550	0,814165	0,863422	0,942951	0,971057	0,796846
0,560	0,808228	0,858920	0,940982	0,970042	0,806260
0,570	0,802241	0,854371	0,938985	0,969012	0,815444
0,580	0,796206	0,849775	0,936961	0,967968	0,824398
0,590	0,790127	0,845135	0,934911	0,966908	0,833119
0,600	0,784004	0,840452	0,932836	0,965834	0,841609
0,610	0,777841	0,835728	0,930735	0,964746	0,849868
0,620	0,771639	0,830963	0,928609	0,963643	0,857894
0,630	0,765402	0,826160	0,926458	0,962527	0,865688

M	p/p_t	ϱ/ϱ_t	T/T_t	a/a_t	A^*/A
0,640	0,759131	0,821320	0,924283	0,961396	0,873249
0,650	0,752829	0,816443	0,922084	0,960252	0,880579
0,660	0,746498	0,811533	0,919862	0,959094	0,887678
0,670	0,740140	0,806590	0,917616	0,957923	0,894545
0,680	0,733758	0,801616	0,915349	0,956739	0,901182
0,690	0,727353	0,796612	0,913059	0,955541	0,907588
0,700	0,720928	0,791579	0,910747	0,954331	0,913765
0,710	0,714485	0,786519	0,908414	0,953107	0,919715
0,720	0,708026	0,781434	0,906060	0,951872	0,925437
0,730	0,701552	0,776324	0,903685	0,950624	0,930932
0,740	0,695068	0,771191	0,901291	0,949363	0,936203
0,750	0,688573	0,766037	0,898876	0,948091	0,941250
0,760	0,682071	0,760863	0,896443	0,946807	0,946074
0,770	0,675562	0,755670	0,893991	0,945511	0,950678
0,780	0,669050	0,750460	0,891520	0,944203	0,955062
0,790	0,662536	0,745234	0,889031	0,942885	0,959228
0,800	0,656022	0,739992	0,886525	0,941554	0,963178
0,810	0,649509	0,734738	0,884001	0,940214	0,966913
0,820	0,643000	0,729471	0,881461	0,938862	0,970436
0,830	0,636496	0,724193	0,878905	0,937499	0,973749
0,840	0,630000	0,718905	0,876332	0,936126	0,976853
0,850	0,623512	0,713609	0,873744	0,934743	0,979750
0,860	0,617034	0,708306	0,871141	0,933349	0,982443
0,870	0,610569	0,702997	0,868523	0,931946	0,984934
0,880	0,604117	0,697683	0,865891	0,930533	0,987225
0,890	0,597680	0,692365	0,863245	0,929110	0,989317
0,900	0,591260	0,687044	0,860585	0,927677	0,991215
0,910	0,584858	0,681722	0,857913	0,926236	0,992920
0,920	0,578476	0,676400	0,855227	0,924785	0,994434
0,930	0,572114	0,671079	0,852529	0,923325	0,995761
0,940	0,565775	0,665759	0,849820	0,921857	0,996901
0,950	0,559460	0,660443	0,847099	0,920380	0,997859
0,960	0,553169	0,655130	0,844366	0,918894	0,998637
0,970	0,546905	0,649822	0,841623	0,917400	0,999238
0,980	0,540668	0,644520	0,838870	0,915898	0,999663
0,990	0,534460	0,639225	0,836106	0,914389	0,999916
1,000	0,528282	0,633938	0,833333	0,912871	1,000000

Überschall

M	p/p_t	ϱ/ϱ_t	T/T_t	a/a_t	A^*/A
1,000	0,528282	0,633938	0,833333	0,912871	1,000000
1,010	0,522134	0,628660	0,830551	0,911346	0,999917
1,020	0,516018	0,623391	0,827760	0,909813	0,999671
1,030	0,509935	0,618133	0,824960	0,908273	0,999263
1,040	0,503886	0,612887	0,822152	0,906726	0,998697
1,050	0,497872	0,607653	0,819336	0,905172	0,997975
1,060	0,491894	0,602432	0,816513	0,903611	0,997101
1,070	0,485952	0,597225	0,813683	0,902044	0,996077
1,080	0,480047	0,592033	0,810846	0,900470	0,994907
1,090	0,474181	0,586856	0,808002	0,898890	0,993593
1,100	0,468354	0,581696	0,805153	0,897303	0,992137
1,110	0,462567	0,576553	0,802298	0,895711	0,990543
1,120	0,456820	0,571427	0,799437	0,894113	0,988815
1,130	0,451114	0,566320	0,796572	0,892509	0,986953
1,140	0,445451	0,561232	0,793701	0,890899	0,984963
1,150	0,439829	0,556164	0,790826	0,889284	0,982845
1,160	0,434251	0,551116	0,787948	0,887664	0,980604
1,170	0,428716	0,546090	0,785065	0,886039	0,978242
1,180	0,423225	0,541085	0,782179	0,884409	0,975762
1,190	0,417778	0,536102	0,779290	0,882774	0,973167
1,200	0,412377	0,531142	0,776398	0,881134	0,970459
1,210	0,407021	0,526205	0,773503	0,879490	0,967643
1,220	0,401711	0,521292	0,770606	0,877842	0,964719
1,230	0,396446	0,516403	0,767707	0,876189	0,961691
1,240	0,391229	0,511539	0,764807	0,874532	0,958562
1,250	0,386058	0,506701	0,761905	0,872872	0,955335
1,260	0,380934	0,501888	0,759002	0,871207	0,952012
1,270	0,375858	0,497102	0,756098	0,869539	0,948597
1,280	0,370828	0,492342	0,753194	0,867867	0,945091
1,290	0,365847	0,487609	0,750289	0,866192	0,941497
1,300	0,360914	0,482903	0,747384	0,864514	0,937819
1,310	0,356029	0,478225	0,744480	0,862832	0,934057
1,320	0,351192	0,473575	0,741576	0,861148	0,930217
1,330	0,346403	0,468954	0,738672	0,859461	0,926299
1,340	0,341663	0,464361	0,735770	0,857771	0,922306
1,350	0,336971	0,459797	0,732869	0,856078	0,918242
1,360	0,332328	0,455263	0,729970	0,854383	0,914107
1,370	0,327733	0,450758	0,727072	0,852685	0,909905
1,380	0,323187	0,446283	0,724176	0,850985	0,905639
1,390	0,318690	0,441838	0,721282	0,849283	0,901310

M	p/p_t	ϱ/ϱ_t	T/T_t	a/a_t	A^*/A
1,400	0,314241	0,437423	0,718391	0,847579	0,896921
1,410	0,309840	0,433039	0,715502	0,845874	0,892474
1,420	0,305489	0,428686	0,712616	0,844166	0,887972
1,430	0,301185	0,424363	0,709733	0,842457	0,883416
1,440	0,296929	0,420072	0,706854	0,840746	0,878810
1,450	0,292722	0,415812	0,703978	0,839034	0,874154
1,460	0,288563	0,411583	0,701105	0,837320	0,869452
1,470	0,284452	0,407386	0,698236	0,835605	0,864706
1,480	0,280388	0,403220	0,695372	0,833889	0,859917
1,490	0,276372	0,399086	0,692511	0,832173	0,855087
1,500	0,272403	0,394984	0,689655	0,830455	0,850219
1,510	0,268481	0,390914	0,686804	0,828736	0,845315
1,520	0,264607	0,386876	0,683957	0,827017	0,840377
1,530	0,260779	0,382870	0,681115	0,825297	0,835405
1,540	0,256997	0,378896	0,678279	0,823577	0,830404
1,550	0,253262	0,374955	0,675448	0,821856	0,825373
1,560	0,249573	0,371045	0,672622	0,820135	0,820315
1,570	0,245930	0,367168	0,669801	0,818414	0,815233
1,580	0,242332	0,363323	0,666987	0,816693	0,810126
1,590	0,238779	0,359511	0,664178	0,814971	0,804998
1,600	0,235271	0,355730	0,661376	0,813250	0,799850
1,610	0,231808	0,351982	0,658579	0,811529	0,794683
1,620	0,228389	0,348266	0,655789	0,809808	0,789499
1,630	0,225014	0,344582	0,653006	0,808088	0,784301
1,640	0,221683	0,340930	0,650229	0,806368	0,779088
1,650	0,218395	0,337311	0,647459	0,804648	0,773863
1,660	0,215150	0,333723	0,644695	0,802929	0,768627
1,670	0,211948	0,330168	0,641939	0,801211	0,763382
1,680	0,208788	0,326644	0,639190	0,799494	0,758129
1,690	0,205670	0,323152	0,636448	0,797777	0,752869
1,700	0,202594	0,319693	0,633714	0,796061	0,747604
1,710	0,199558	0,316264	0,630987	0,794347	0,742335
1,720	0,196564	0,312868	0,628267	0,792633	0,737064
1,730	0,193611	0,309502	0,625555	0,790920	0,731790
1,740	0,190698	0,306169	0,622851	0,789209	0,726517
1,750	0,187824	0,302866	0,620155	0,787499	0,721245
1,760	0,184990	0,299595	0,617467	0,785791	0,715974
1,770	0,182195	0,296354	0,614787	0,784083	0,710707
1,780	0,179438	0,293145	0,612115	0,782378	0,705444
1,790	0,176720	0,289966	0,609451	0,780674	0,700187
1,800	0,174040	0,286818	0,606796	0,778971	0,694936
1,810	0,171398	0,283701	0,604149	0,777270	0,689692
1,820	0,168792	0,280614	0,601511	0,775571	0,684457

M	p/p_t	ϱ/ϱ_t	T/T_t	a/a_t	A^*/A
1,830	0,166224	0,277557	0,598881	0,773874	0,679230
1,840	0,163691	0,274530	0,596260	0,772179	0,674014
1,850	0,161195	0,271533	0,593648	0,770486	0,668810
1,860	0,158734	0,268566	0,591044	0,768794	0,663617
1,870	0,156309	0,265628	0,588450	0,767105	0,658436
1,880	0,153918	0,262720	0,585864	0,765418	0,653270
1,890	0,151562	0,259841	0,583288	0,763733	0,648118
1,900	0,149240	0,256991	0,580720	0,762050	0,642981
1,910	0,146951	0,254169	0,578162	0,760369	0,637859
1,920	0,144696	0,251377	0,575612	0,758691	0,632755
1,930	0,142473	0,248613	0,573072	0,757016	0,627668
1,940	0,140283	0,245877	0,570542	0,755342	0,622598
1,950	0,138126	0,243170	0,568020	0,753671	0,617547
1,960	0,135999	0,240490	0,565509	0,752003	0,612516
1,970	0,133905	0,237839	0,563006	0,750337	0,607504
1,980	0,131841	0,235215	0,560513	0,748674	0,602512
1,990	0,129808	0,232618	0,558030	0,747014	0,597542
2,000	0,127805	0,230048	0,555556	0,745356	0,592593
2,010	0,125831	0,227505	0,553091	0,743701	0,587665
2,020	0,123888	0,224990	0,550637	0,742049	0,582761
2,030	0,121973	0,222500	0,548192	0,740400	0,577879
2,040	0,120087	0,220037	0,545756	0,738753	0,573020
2,050	0,118229	0,217601	0,543331	0,737110	0,568186
2,060	0,116399	0,215190	0,540915	0,735469	0,563375
2,070	0,114597	0,212805	0,538509	0,733832	0,558589
2,080	0,112823	0,210446	0,536113	0,732197	0,553828
2,090	0,111075	0,208112	0,533726	0,730566	0,549093
2,100	0,109353	0,205803	0,531350	0,728937	0,544383
2,110	0,107658	0,203519	0,528983	0,727312	0,539699
2,120	0,105988	0,201259	0,526626	0,725690	0,535041
2,130	0,104345	0,199025	0,524279	0,724071	0,530410
2,140	0,102726	0,196814	0,521942	0,722456	0,525806
2,150	0,101132	0,194628	0,519616	0,720844	0,521229
2,160	0,099562	0,192466	0,517299	0,719235	0,516679
2,170	0,098017	0,190327	0,514991	0,717629	0,512157
2,180	0,096495	0,188212	0,512694	0,716027	0,507663
2,190	0,094997	0,186120	0,510407	0,714428	0,503197
2,200	0,093522	0,184051	0,508130	0,712832	0,498759
2,210	0,092069	0,182004	0,505863	0,711240	0,494350
2,220	0,090640	0,179981	0,503606	0,709652	0,489969
2,230	0,089232	0,177980	0,501359	0,708067	0,485617
2,240	0,087846	0,176001	0,499122	0,706485	0,481294
2,250	0,086482	0,174044	0,496894	0,704907	0,477000

M	p/p_t	ϱ/ϱ_t	T/T_t	a/a_t	A^*/A
2,260	0,085139	0,172110	0,494677	0,703333	0,472735
2,270	0,083817	0,170196	0,492470	0,701762	0,468500
2,280	0,082515	0,168304	0,490273	0,700195	0,464293
2,290	0,081234	0,166433	0,488086	0,698631	0,460117
2,300	0,079973	0,164584	0,485909	0,697071	0,455969
2,310	0,078731	0,162755	0,483741	0,695515	0,451851
2,320	0,077509	0,160946	0,481584	0,693963	0,447763
2,330	0,076306	0,159158	0,479437	0,692414	0,443705
2,340	0,075122	0,157390	0,477300	0,690869	0,439676
2,350	0,073957	0,155642	0,475172	0,689327	0,435677
2,360	0,072810	0,153914	0,473055	0,687790	0,431708
2,370	0,071681	0,152206	0,470947	0,686256	0,427769
2,380	0,070570	0,150516	0,468850	0,684726	0,423859
2,390	0,069476	0,148846	0,466762	0,683200	0,419979
2,400	0,068399	0,147195	0,464684	0,681677	0,416129
2,410	0,067340	0,145563	0,462616	0,680159	0,412309
2,420	0,066297	0,143950	0,460558	0,678644	0,408518
2,430	0,065271	0,142354	0,458510	0,677133	0,404758
2,440	0,064261	0,140777	0,456471	0,675626	0,401026
2,450	0,063267	0,139218	0,454442	0,674123	0,397325
2,460	0,062288	0,137677	0,452423	0,672624	0,393653
2,470	0,061326	0,136154	0,450414	0,671129	0,390010
2,480	0,060378	0,134648	0,448414	0,669638	0,386397
2,490	0,059445	0,133159	0,446425	0,668150	0,382814
2,500	0,058528	0,131687	0,444444	0,666667	0,379259
2,510	0,057624	0,130232	0,442474	0,665187	0,375734
2,520	0,056736	0,128794	0,440513	0,663712	0,372238
2,530	0,055861	0,127373	0,438562	0,662240	0,368771
2,540	0,055000	0,125968	0,436620	0,660772	0,365333
2,550	0,054153	0,124579	0,434688	0,659309	0,361924
2,560	0,053319	0,123206	0,432766	0,657849	0,358543
2,570	0,052499	0,121849	0,430853	0,656394	0,355192
2,580	0,051692	0,120507	0,428949	0,654942	0,351868
2,590	0,050897	0,119182	0,427055	0,653494	0,348573
2,600	0,050115	0,117871	0,425170	0,652051	0,345307
2,610	0,049346	0,116575	0,423295	0,650611	0,342068
2,620	0,048589	0,115295	0,421429	0,649176	0,338858
2,630	0,047844	0,114029	0,419572	0,647744	0,335675
2,640	0,047110	0,112778	0,417725	0,646316	0,332521
2,650	0,046389	0,111542	0,415887	0,644893	0,329394
2,660	0,045679	0,110320	0,414058	0,643474	0,326294
2,670	0,044980	0,109112	0,412239	0,642058	0,323222
2,680	0,044292	0,107918	0,410428	0,640647	0,320177

M	p/p_t	ϱ/ϱ_t	T/T_t	a/a_t	A^*/A
2,690	0,043616	0,106738	0,408627	0,639239	0,317159
2,700	0,042950	0,105571	0,406835	0,637836	0,314168
2,710	0,042295	0,104418	0,405052	0,636437	0,311204
2,720	0,041650	0,103279	0,403278	0,635042	0,308266
2,730	0,041016	0,102152	0,401513	0,633650	0,305355
2,740	0,040391	0,101039	0,399757	0,632263	0,302470
2,750	0,039777	0,099939	0,398010	0,630880	0,299611
2,760	0,039172	0,098851	0,396272	0,629501	0,296779
2,770	0,038577	0,097777	0,394543	0,628126	0,293972
2,780	0,037992	0,096714	0,392822	0,626755	0,291190
2,790	0,037415	0,095664	0,391111	0,625389	0,288435
2,800	0,036848	0,094626	0,389408	0,624026	0,285704
2,810	0,036290	0,093601	0,387714	0,622667	0,282999
2,820	0,035741	0,092587	0,386029	0,621312	0,280319
2,830	0,035201	0,091585	0,384352	0,619962	0,277663
2,840	0,034669	0,090594	0,382684	0,618615	0,275033
2,850	0,034146	0,089616	0,381025	0,617272	0,272426
2,860	0,033631	0,088648	0,379374	0,615934	0,269844
2,870	0,033124	0,087692	0,377732	0,614599	0,267286
2,880	0,032625	0,086747	0,376098	0,613268	0,264753
2,890	0,032134	0,085813	0,374473	0,611942	0,262242
2,900	0,031652	0,084889	0,372856	0,610619	0,259756
2,910	0,031176	0,083977	0,371248	0,609301	0,257293
2,920	0,030708	0,083075	0,369648	0,607986	0,254853
2,930	0,030248	0,082183	0,368056	0,606676	0,252436
2,940	0,029795	0,081302	0,366472	0,605370	0,250043
2,950	0,029349	0,080431	0,364897	0,604067	0,247672
2,960	0,028910	0,079571	0,363330	0,602768	0,245323
2,970	0,028479	0,078720	0,361771	0,601474	0,242997
2,980	0,028054	0,077879	0,360220	0,600183	0,240693
2,990	0,027635	0,077048	0,358678	0,598897	0,238412
3,000	0,027224	0,076226	0,357143	0,597614	0,236152

Tabelle C.2

Druck, Dichte, Temperatur, Ruhedruck und Machzahl M_2 hinter einem senkrechten Verdichtungsstoß in Abhängigkeit von der Machzahl M_1 vor dem Stoß für kalorisch ideales Gas ($\gamma = 1,4$).

M_1	p_2/p_1	ϱ_2/ϱ_1	T_2/T_1	p_{t2}/p_{t1}	M_2
1,000	1,000000	1,000000	1,000000	1,000000	1,000000

M_1	p_2/p_1	ϱ_2/ϱ_1	T_2/T_1	p_{t2}/p_{t1}	M_2
1,010	1,023450	1,016694	1,006645	0,999999	0,990132
1,020	1,047133	1,033442	1,013249	0,999990	0,980520
1,030	1,071050	1,050240	1,019814	0,999967	0,971154
1,040	1,095200	1,067088	1,026345	0,999923	0,962026
1,050	1,119583	1,083982	1,032843	0,999853	0,953125
1,060	1,144200	1,100921	1,039312	0,999751	0,944445
1,070	1,169050	1,117903	1,045753	0,999611	0,935977
1,080	1,194133	1,134925	1,052169	0,999431	0,927713
1,090	1,219450	1,151985	1,058564	0,999204	0,919647
1,100	1,245000	1,169082	1,064938	0,998928	0,911770
1,110	1,270783	1,186213	1,071294	0,998599	0,904078
1,120	1,296800	1,203377	1,077634	0,998213	0,896563
1,130	1,323050	1,220571	1,083960	0,997768	0,889219
1,140	1,349533	1,237793	1,090274	0,997261	0,882042
1,150	1,376250	1,255042	1,096577	0,996690	0,875024
1,160	1,403200	1,272315	1,102872	0,996052	0,868162
1,170	1,430383	1,289610	1,109159	0,995345	0,861451
1,180	1,457800	1,306927	1,115441	0,994569	0,854884
1,190	1,485450	1,324262	1,121719	0,993720	0,848459
1,200	1,513333	1,341615	1,127994	0,992798	0,842170
1,210	1,541450	1,358983	1,134267	0,991802	0,836014
1,220	1,569800	1,376364	1,140541	0,990731	0,829987
1,230	1,598383	1,393757	1,146816	0,989583	0,824083
1,240	1,627200	1,411160	1,153094	0,988359	0,818301
1,250	1,656250	1,428571	1,159375	0,987057	0,812636
1,260	1,685533	1,445989	1,165661	0,985677	0,807085
1,270	1,715050	1,463413	1,171952	0,984219	0,801645
1,280	1,744800	1,480839	1,178251	0,982682	0,796312
1,290	1,774783	1,498267	1,184557	0,981067	0,791084
1,300	1,805000	1,515695	1,190873	0,979374	0,785957
1,310	1,835450	1,533122	1,197198	0,977602	0,780929
1,320	1,866133	1,550546	1,203533	0,975752	0,775997
1,330	1,897050	1,567965	1,209880	0,973824	0,771159
1,340	1,928200	1,585379	1,216239	0,971819	0,766412
1,350	1,959583	1,602785	1,222611	0,969737	0,761753
1,360	1,991200	1,620182	1,228997	0,967579	0,757181
1,370	2,023050	1,637569	1,235398	0,965344	0,752692
1,380	2,055133	1,654945	1,241814	0,963035	0,748286
1,390	2,087450	1,672307	1,248245	0,960652	0,743959
1,400	2,120000	1,689655	1,254694	0,958194	0,739709
1,410	2,152783	1,706988	1,261159	0,955665	0,735536
1,420	2,185800	1,724303	1,267642	0,953063	0,731436
1,430	2,219050	1,741600	1,274144	0,950390	0,727408

M_1	p_2/p_1	ϱ_2/ϱ_1	T_2/T_1	p_{t2}/p_{t1}	M_2
1,440	2,252533	1,758878	1,280665	0,947648	0,723451
1,450	2,286250	1,776135	1,287205	0,944837	0,719562
1,460	2,320200	1,793370	1,293765	0,941958	0,715740
1,470	2,354383	1,810583	1,300346	0,939012	0,711983
1,480	2,388800	1,827770	1,306947	0,936001	0,708290
1,490	2,423450	1,844933	1,313571	0,932925	0,704659
1,500	2,458333	1,862069	1,320216	0,929786	0,701089
1,510	2,493450	1,879178	1,326884	0,926586	0,697578
1,520	2,528800	1,896258	1,333574	0,923324	0,694125
1,530	2,564383	1,913308	1,340288	0,920003	0,690729
1,540	2,600200	1,930327	1,347025	0,916624	0,687388
1,550	2,636250	1,947315	1,353787	0,913188	0,684101
1,560	2,672533	1,964270	1,360573	0,909697	0,680867
1,570	2,709050	1,981192	1,367384	0,906151	0,677685
1,580	2,745800	1,998079	1,374220	0,902552	0,674553
1,590	2,782783	2,014931	1,381081	0,898901	0,671471
1,600	2,820000	2,031746	1,387969	0,895200	0,668437
1,610	2,857450	2,048524	1,394882	0,891450	0,665451
1,620	2,895133	2,065264	1,401822	0,887653	0,662511
1,630	2,933050	2,081965	1,408789	0,883809	0,659616
1,640	2,971200	2,098627	1,415783	0,879920	0,656765
1,650	3,009583	2,115248	1,422804	0,875988	0,653958
1,660	3,048200	2,131827	1,429853	0,872014	0,651194
1,670	3,087050	2,148365	1,436930	0,867999	0,648471
1,680	3,126133	2,164860	1,444035	0,863944	0,645789
1,690	3,165450	2,181311	1,451168	0,859851	0,643147
1,700	3,205000	2,197719	1,458330	0,855721	0,640544
1,710	3,244783	2,214081	1,465521	0,851556	0,637979
1,720	3,284800	2,230398	1,472741	0,847356	0,635452
1,730	3,325050	2,246669	1,479991	0,843124	0,632962
1,740	3,365533	2,262893	1,487270	0,838860	0,630508
1,750	3,406250	2,279070	1,494579	0,834565	0,628089
1,760	3,447200	2,295199	1,501918	0,830242	0,625705
1,770	3,488383	2,311279	1,509287	0,825891	0,623354
1,780	3,529800	2,327310	1,516686	0,821513	0,621037
1,790	3,571450	2,343292	1,524117	0,817111	0,618753
1,800	3,613333	2,359223	1,531577	0,812684	0,616501
1,810	3,655450	2,375104	1,539069	0,808234	0,614281
1,820	3,697800	2,390934	1,546592	0,803763	0,612091
1,830	3,740383	2,406712	1,554146	0,799271	0,609931
1,840	3,783200	2,422439	1,561732	0,794761	0,607802
1,850	3,826250	2,438112	1,569349	0,790232	0,605701
1,860	3,869533	2,453733	1,576998	0,785686	0,603629

M_1	p_2/p_1	ϱ_2/ϱ_1	T_2/T_1	p_{t2}/p_{t1}	M_2
1,870	3,913050	2,469301	1,584679	0,781125	0,601585
1,880	3,956800	2,484815	1,592392	0,776548	0,599568
1,890	4,000783	2,500274	1,600138	0,771959	0,597579
1,900	4,045000	2,515680	1,607915	0,767357	0,595616
1,910	4,089450	2,531030	1,615725	0,762743	0,593680
1,920	4,134133	2,546325	1,623568	0,758119	0,591769
1,930	4,179049	2,561565	1,631444	0,753486	0,589883
1,940	4,224200	2,576749	1,639352	0,748844	0,588022
1,950	4,269583	2,591877	1,647294	0,744195	0,586185
1,960	4,315200	2,606949	1,655268	0,739540	0,584372
1,970	4,361050	2,621964	1,663276	0,734879	0,582582
1,980	4,407133	2,636922	1,671317	0,730214	0,580816
1,990	4,453450	2,651823	1,679392	0,725545	0,579072
2,000	4,500000	2,666667	1,687500	0,720874	0,577350
2,010	4,546783	2,681453	1,695642	0,716201	0,575650
2,020	4,593800	2,696181	1,703817	0,711527	0,573972
2,030	4,641049	2,710851	1,712027	0,706853	0,572315
2,040	4,688533	2,725463	1,720270	0,702180	0,570679
2,050	4,736249	2,740016	1,728548	0,697508	0,569063
2,060	4,784200	2,754511	1,736860	0,692839	0,567467
2,070	4,832383	2,768948	1,745206	0,688174	0,565890
2,080	4,880799	2,783325	1,753586	0,683512	0,564334
2,090	4,929450	2,797643	1,762001	0,678855	0,562796
2,100	4,978333	2,811902	1,770450	0,674203	0,561277
2,110	5,027450	2,826102	1,778934	0,669558	0,559776
2,120	5,076799	2,840243	1,787453	0,664919	0,558294
2,130	5,126383	2,854324	1,796006	0,660288	0,556830
2,140	5,176199	2,868345	1,804594	0,655666	0,555383
2,150	5,226249	2,882307	1,813217	0,651052	0,553953
2,160	5,276533	2,896209	1,821875	0,646447	0,552541
2,170	5,327050	2,910052	1,830569	0,641853	0,551145
2,180	5,377800	2,923834	1,839297	0,637269	0,549766
2,190	5,428783	2,937557	1,848060	0,632697	0,548403
2,200	5,480000	2,951220	1,856859	0,628136	0,547056
2,210	5,531450	2,964823	1,865693	0,623588	0,545725
2,220	5,583133	2,978365	1,874563	0,619053	0,544409
2,230	5,635050	2,991848	1,883468	0,614531	0,543108
2,240	5,687200	3,005271	1,892408	0,610023	0,541822
2,250	5,739583	3,018634	1,901384	0,605530	0,540552
2,260	5,792200	3,031937	1,910396	0,601051	0,539295
2,270	5,845049	3,045179	1,919443	0,596588	0,538053
2,280	5,898133	3,058362	1,928527	0,592140	0,536825
2,290	5,951449	3,071485	1,937645	0,587709	0,535612

M_1	p_2/p_1	ϱ_2/ϱ_1	T_2/T_1	p_{t2}/p_{t1}	M_2
2,300	6,005000	3,084548	1,946800	0,583294	0,534411
2,310	6,058783	3,097551	1,955991	0,578897	0,533224
2,320	6,112799	3,110495	1,965218	0,574517	0,532051
2,330	6,167049	3,123379	1,974480	0,570154	0,530890
2,340	6,221533	3,136202	1,983779	0,565810	0,529743
2,350	6,276249	3,148967	1,993114	0,561484	0,528608
2,360	6,331199	3,161671	2,002485	0,557177	0,527486
2,370	6,386383	3,174316	2,011892	0,552889	0,526376
2,380	6,441799	3,186902	2,021336	0,548621	0,525278
2,390	6,497449	3,199429	2,030815	0,544372	0,524192
2,400	6,553332	3,211896	2,040332	0,540144	0,523118
2,410	6,609450	3,224304	2,049884	0,535936	0,522055
2,420	6,665800	3,236653	2,059473	0,531748	0,521004
2,430	6,722383	3,248944	2,069098	0,527581	0,519964
2,440	6,779200	3,261175	2,078760	0,523435	0,518936
2,450	6,836250	3,273347	2,088459	0,519311	0,517918
2,460	6,893533	3,285461	2,098193	0,515208	0,516911
2,470	6,951050	3,297517	2,107965	0,511126	0,515915
2,480	7,008800	3,309514	2,117773	0,507067	0,514929
2,490	7,066783	3,321453	2,127618	0,503030	0,513954
2,500	7,125000	3,333333	2,137500	0,499015	0,512989
2,510	7,183449	3,345156	2,147418	0,495022	0,512034
2,520	7,242133	3,356922	2,157373	0,491052	0,511089
2,530	7,301049	3,368629	2,167365	0,487105	0,510154
2,540	7,360199	3,380279	2,177394	0,483181	0,509228
2,550	7,419583	3,391871	2,187460	0,479280	0,508312
2,560	7,479199	3,403407	2,197562	0,475402	0,507406
2,570	7,539049	3,414885	2,207702	0,471547	0,506509
2,580	7,599133	3,426307	2,217879	0,467715	0,505620
2,590	7,659449	3,437671	2,228092	0,463907	0,504741
2,600	7,719999	3,448980	2,238343	0,460123	0,503871
2,610	7,780783	3,460232	2,248631	0,456362	0,503010
2,620	7,841799	3,471427	2,258955	0,452625	0,502157
2,630	7,903049	3,482567	2,269317	0,448912	0,501313
2,640	7,964532	3,493651	2,279716	0,445223	0,500477
2,650	8,026249	3,504679	2,290153	0,441557	0,499649
2,660	8,088199	3,515651	2,300626	0,437916	0,498830
2,670	8,150383	3,526569	2,311137	0,434298	0,498019
2,680	8,212800	3,537431	2,321685	0,430705	0,497216
2,690	8,275450	3,548239	2,332270	0,427135	0,496421
2,700	8,338333	3,558991	2,342892	0,423590	0,495634
2,710	8,401449	3,569690	2,353552	0,420069	0,494854
2,720	8,464800	3,580333	2,364249	0,416572	0,494082

M_1	p_2/p_1	ϱ_2/ϱ_1	T_2/T_1	p_{t2}/p_{t1}	M_2
2,730	8,528383	3,590923	2,374984	0,413099	0,493317
2,740	8,592199	3,601459	2,385756	0,409650	0,492560
2,750	8,656249	3,611941	2,396565	0,406226	0,491810
2,760	8,720532	3,622369	2,407412	0,402825	0,491068
2,770	8,785049	3,632744	2,418296	0,399449	0,490332
2,780	8,849799	3,643066	2,429217	0,396096	0,489604
2,790	8,914783	3,653335	2,440176	0,392768	0,488882
2,800	8,980000	3,663552	2,451173	0,389464	0,488167
2,810	9,045449	3,673716	2,462207	0,386184	0,487459
2,820	9,111133	3,683827	2,473279	0,382927	0,486758
2,830	9,177049	3,693887	2,484388	0,379695	0,486064
2,840	9,243199	3,703894	2,495535	0,376486	0,485375
2,850	9,309583	3,713850	2,506720	0,373302	0,484694
2,860	9,376199	3,723755	2,517942	0,370140	0,484019
2,870	9,443048	3,733608	2,529202	0,367003	0,483350
2,880	9,510132	3,743411	2,540499	0,363890	0,482687
2,890	9,577449	3,753163	2,551834	0,360800	0,482030
2,900	9,644999	3,762864	2,563207	0,357733	0,481380
2,910	9,712782	3,772514	2,574618	0,354690	0,480735
2,920	9,780800	3,782115	2,586066	0,351670	0,480096
2,930	9,849050	3,791666	2,597552	0,348674	0,479463
2,940	9,917533	3,801167	2,609076	0,345701	0,478836
2,950	9,986250	3,810619	2,620637	0,342750	0,478215
2,960	10,055200	3,820021	2,632236	0,339823	0,477599
2,970	10,124383	3,829375	2,643874	0,336919	0,476989
2,980	10,193799	3,838679	2,655549	0,334038	0,476384
2,990	10,263450	3,847935	2,667261	0,331180	0,475785
3,000	10,333333	3,857143	2,679012	0,328344	0,475191

Tabelle C.3

Prandtl-Meyer-Funktion und Machscher Winkel in Abhängigkeit von der Machzahl für kalorisch ideales Gas (Angaben für ν und μ in Grad).

M	ν	μ	M	ν	μ
1,000	0,0000	90,0000	2,000	26,3798	30,0000
1,010	0,0447	81,9307	2,010	26,6550	29,8356
1,020	0,1257	78,6351	2,020	26,9295	29,6730
1,030	0,2294	76,1376	2,030	27,2033	29,5123
1,040	0,3510	74,0576	2,040	27,4762	29,3535
1,050	0,4874	72,2472	2,050	27,7484	29,1964

M	ν	μ	M	ν	μ
1,060	0,6367	70,6300	2,060	28,0197	29,0411
1,070	0,7973	69,1603	2,070	28,2903	28,8875
1,080	0,9680	67,8084	2,080	28,5600	28,7357
1,090	1,1479	66,5534	2,090	28,8290	28,5855
1,100	1,3362	65,3800	2,100	29,0971	28,4369
1,110	1,5321	64,2767	2,110	29,3644	28,2899
1,120	1,7350	63,2345	2,120	29,6309	28,1446
1,130	1,9445	62,2461	2,130	29,8965	28,0008
1,140	2,1600	61,3056	2,140	30,1613	27,8585
1,150	2,3810	60,4082	2,150	30,4253	27,7177
1,160	2,6073	59,5497	2,160	30,6884	27,5785
1,170	2,8385	58,7267	2,170	30,9507	27,4406
1,180	3,0743	57,9362	2,180	31,2121	27,3043
1,190	3,3142	57,1756	2,190	31,4727	27,1693
1,200	3,5582	56,4427	2,200	31,7325	27,0357
1,210	3,8060	55,7354	2,210	31,9914	26,9035
1,220	4,0572	55,0520	2,220	32,2494	26,7726
1,230	4,3117	54,3909	2,230	32,5066	26,6430
1,240	4,5694	53,7507	2,240	32,7629	26,5148
1,250	4,8299	53,1301	2,250	33,0184	26,3878
1,260	5,0931	52,5280	2,260	33,2730	26,2621
1,270	5,3590	51,9433	2,270	33,5268	26,1376
1,280	5,6272	51,3752	2,280	33,7796	26,0144
1,290	5,8977	50,8226	2,290	34,0316	25,8923
1,300	6,1703	50,2849	2,300	34,2828	25,7715
1,310	6,4449	49,7612	2,310	34,5331	25,6518
1,320	6,7213	49,2509	2,320	34,7825	25,5332
1,330	6,9995	48,7535	2,330	35,0310	25,4158
1,340	7,2794	48,2682	2,340	35,2787	25,2995
1,350	7,5607	47,7945	2,350	35,5255	25,1843
1,360	7,8435	47,3321	2,360	35,7715	25,0702
1,370	8,1276	46,8803	2,370	36,0165	24,9572
1,380	8,4130	46,4387	2,380	36,2607	24,8452
1,390	8,6995	46,0070	2,390	36,5041	24,7342
1,400	8,9870	45,5847	2,400	36,7465	24,6243
1,410	9,2756	45,1715	2,410	36,9881	24,5154
1,420	9,5650	44,7670	2,420	37,2289	24,4075
1,430	9,8553	44,3709	2,430	37,4687	24,3005
1,440	10,1464	43,9830	2,440	37,7077	24,1945
1,450	10,4381	43,6028	2,450	37,9458	24,0895
1,460	10,7305	43,2302	2,460	38,1831	23,9854
1,470	11,0235	42,8649	2,470	38,4195	23,8822
1,480	11,3169	42,5066	2,480	38,6551	23,7800

M	ν	μ	M	ν	μ
1,490	11,6109	42,1552	2,490	38,8897	23,6786
1,500	11,9052	41,8103	2,500	39,1236	23,5782
1,510	12,1999	41,4718	2,510	39,3565	23,4786
1,520	12,4949	41,1395	2,520	39,5886	23,3799
1,530	12,7901	40,8132	2,530	39,8199	23,2820
1,540	13,0856	40,4927	2,540	40,0503	23,1850
1,550	13,3812	40,1778	2,550	40,2798	23,0888
1,560	13,6770	39,8683	2,560	40,5085	22,9934
1,570	13,9728	39,5642	2,570	40,7363	22,8988
1,580	14,2686	39,2652	2,580	40,9633	22,8051
1,590	14,5645	38,9713	2,590	41,1894	22,7121
1,600	14,8604	38,6822	2,600	41,4147	22,6199
1,610	15,1561	38,3978	2,610	41,6392	22,5284
1,620	15,4518	38,1181	2,620	41,8628	22,4377
1,630	15,7473	37,8428	2,630	42,0855	22,3478
1,640	16,0427	37,5719	2,640	42,3074	22,2586
1,650	16,3379	37,3052	2,650	42,5285	22,1702
1,660	16,6328	37,0427	2,660	42,7488	22,0824
1,670	16,9276	36,7842	2,670	42,9682	21,9954
1,680	17,2220	36,5296	2,680	43,1868	21,9090
1,690	17,5161	36,2789	2,690	43,4045	21,8234
1,700	17,8099	36,0319	2,700	43,6215	21,7385
1,710	18,1034	35,7885	2,710	43,8376	21,6542
1,720	18,3964	35,5487	2,720	44,0529	21,5706
1,730	18,6891	35,3124	2,730	44,2673	21,4876
1,740	18,9814	35,0795	2,740	44,4810	21,4053
1,750	19,2732	34,8499	2,750	44,6938	21,3237
1,760	19,5646	34,6235	2,760	44,9059	21,2427
1,770	19,8554	34,4003	2,770	45,1171	21,1623
1,780	20,1458	34,1802	2,780	45,3275	21,0825
1,790	20,4357	33,9631	2,790	45,5371	21,0034
1,800	20,7251	33,7490	2,800	45,7459	20,9248
1,810	21,0139	33,5377	2,810	45,9539	20,8469
1,820	21,3021	33,3293	2,820	46,1611	20,7695
1,830	21,5898	33,1237	2,830	46,3675	20,6928
1,840	21,8768	32,9207	2,840	46,5731	20,6166
1,850	22,1633	32,7204	2,850	46,7779	20,5410
1,860	22,4492	32,5227	2,860	46,9820	20,4659
1,870	22,7344	32,3276	2,870	47,1852	20,3914
1,880	23,0190	32,1349	2,880	47,3877	20,3175
1,890	23,3029	31,9447	2,890	47,5894	20,2441
1,900	23,5861	31,7569	2,900	47,7903	20,1713
1,910	23,8687	31,5714	2,910	47,9905	20,0990

M	ν	μ	M	ν	μ
1,920	24,1506	31,3882	2,920	48,1898	20,0272
1,930	24,4318	31,2072	2,930	48,3884	19,9559
1,940	24,7123	31,0285	2,940	48,5863	19,8852
1,950	24,9920	30,8519	2,950	48,7833	19,8149
1,960	25,2711	30,6774	2,960	48,9796	19,7452
1,970	25,5494	30,5050	2,970	49,1752	19,6760
1,980	25,8269	30,3347	2,980	49,3700	19,6072
1,990	26,1037	30,1664	2,990	49,5640	19,5390
2,000	26,3798	30,0000	3,000	49,7574	19,4712

Diagramm C.1

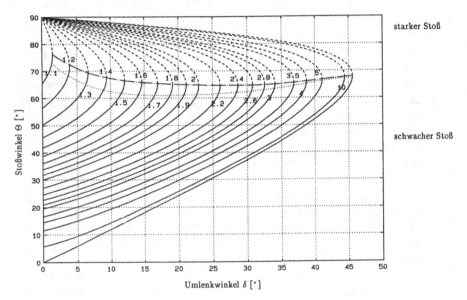

Abbildung C.1. Zusammenhang zwischen Stoßwinkel Θ und Umlenkwinkel δ bei einem schrägen Verdichtungsstoß für kalorisch ideales Gas ($\gamma = 1,4$).

Diagramm C.2

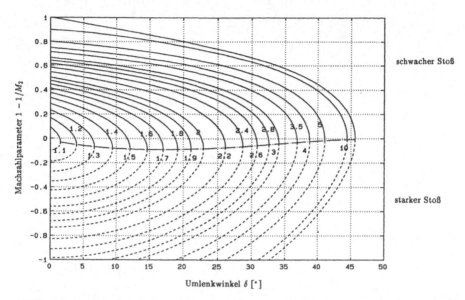

Abbildung C.2. Zusammenhang zwischen Abströmmachzahl M_2 hinter einem schrägen Verdichtungsstoß und dem Umlenkwinkel δ für kalorisch ideales Gas ($\gamma = 1,4$).

Stoffwerte von Luft und Wasser

Tabelle D.1. Dynamische Viskosität η [in 10^{-6} kg/(m s)] von trockener Luft

p (bar)	t (°C)								
	-50	0	25	50	100	200	300	400	500
1	14,55	17,10	18,20	19,25	21,60	25,70	29,20	32,55	35,50
5	14,63	17,16	18,26	19,30	21,64	25,73	29,23	32,57	35,52
10	14,74	17,24	18,33	19,37	21,70	25,78	29,27	32,61	35,54
50	16,01	18,08	19,11	20,07	22,26	26,20	29,60	32,86	35,76
100	18,49	19,47	20,29	21,12	23,09	26,77	30,05	33,19	36,04
200	25,19	23,19	23,40	23,76	24,98	28,03	31,10	34,10	36,69
300	32,68	27,77	27,25	27,28	27,51	29,67	32,23	34,93	37,39
400	39,78	32,59	31,41	30,98	30,27	31,39	33,44	35,85	38,15
500	46,91	37,29	35,51	34,06	32,28	33,15	34,64	36,86	38,96

Tabelle D.2. Kinematische Viskosität ν [in 10^{-8} m²/s] von trockener Luft

p (bar)	t (°C)								
	-50	0	25	50	100	200	300	400	500
1	931,1	1341,	1558,	1786,	2315,	3494,	4809,	6295,	7886,
5	186,1	268,5	312,2	358,1	464,2	700,5	964,1	1262,	1580,
10	93,03	134,5	156,5	179,6	232,8	351,4	483,6	632,8	792,1
50	19,11	27,74	32,39	37,19	48,13	72,43	99,35	129,5	161,8
100	10,53	14,82	17,23	19,72	25,34	37,75	51,48	66,77	83,15
200	7,402	9,140	10,33	11,57	14,33	20,68	27,83	35,74	44,00
300	7,274	7,916	8,615	9,455	11,15	15,34	20,11	25,42	31,03
400	7,633	7,687	8,112	8,693	9,825	12,84	16,38	20,38	24,64
500	8,188	7,762	8,005	8,273	8,962	11,44	14,21	17,45	20,87

© Springer-Verlag GmbH Deutschland, ein Teil von Springer Nature 2019
J. Spurk und N. Aksel, *Strömungslehre*,
https://doi.org/10.1007/978-3-662-58764-5

Tabelle D.3. Wärmeleitfähigkeit λ [in 10^{-3} W/(m K)] von trockener Luft

p (bar)	t (°C)								
	-50	0	25	50	100	200	300	400	500
1	20,65	24,54	26,39	28,22	31,81	38,91	45,91	52,57	58,48
5	20,86	24,68	26,53	28,32	31,89	38,91	45,92	52,56	58,42
10	21,13	24,88	26,71	28,47	32,00	38,94	45,96	52,57	58,36
50	24,11	27,15	28,78	30,26	33,53	40,34	46,86	53,41	58,98
100	28,81	30,28	31,53	32,75	35,60	42,00	48,30	54,56	60,07
200	41,96	38,00	37,90	38,21	39,91	45,18	50,69	56,62	61,96
300	54,84	46,84	45,38	44,56	44,81	48,54	53,06	58,70	63,74
400	65,15	55,30	52,83	51,29	49,97	52,59	55,91	60,95	65,56
500	73,91	62,92	59,80	57,40	54,70	55,66	58,60	62,86	67,24

Tabelle D.4. Dynamische Viskosität η [in 10^{-6} kg/(m s)] von Wasser

p (bar)	t (°C)								
	0	20	50	100	150	200	300	400	500
1	1750,	1000,	544,0	12,11	14,15	16,18	20,25	24,30	28,40
10	1750,	1000,	544,0	279,0	181,0	15,85	20,22	24,40	28,50
50	1750,	1000,	545,0	280,0	182,0	135,0	20,06	25,00	28,90
100	1750,	1000,	545,0	281,0	183,0	136,0	90,50	25,80	29,50
150	1740,	1000,	546,0	282,0	184,0	137,0	91,70	26,90	30,30
200	1740,	999,0	546,0	283,0	185,0	138,0	93,00	28,60	31,10
300	1740,	998,0	547,0	285,0	188,0	141,0	95,50	45,70	32,70
400	1730,	997,0	548,0	287,0	190,0	143,0	98,10	62,80	36,90
500	1720,	996,0	549,0	289,0	192,0	145,0	101,0	69,30	42,20

Tabelle D.5. Kinematische Viskosität ν [in 10^{-6} m^2/s] von Wasser

p (bar)	t (°C)								
	0	20	50	100	150	200	300	400	500
1	1,750	1,000	0,551	20,50	27,40	35,20	53,40	75,40	101,0
10	1,750	1,000	0,550	0,291	0,197	3,260	5,220	7,480	10,10
50	1,750	1,000	0,550	0,292	0,198	0,156	0,909	1,450	2,020
100	1,740	0,998	0,549	0,292	0,198	0,156	0,126	0,681	0,967
150	1,730	0,995	0,549	0,292	0,199	0,157	0,126	0,421	0,630
200	1,720	0,992	0,548	0,293	0,199	0,157	0,127	0,285	0,459
300	1,720	0,987	0,547	0,293	0,202	0,159	0,127	0,128	0,284
400	1,700	0,981	0,545	0,294	0,203	0,160	0,128	0,120	0,207
500	1,680	0,977	0,544	0,295	0,204	0,162	0,130	0,120	0,164

Tabelle D.6. Wärmeleitfähigkeit λ [in 10^{-3} W/(m K)] von Wasser

p (bar)	t (°C)								
	0	20	50	100	150	200	300	400	500
1	569,0	604,0	643,0	24,80	28,60	33,10	43,30	54,50	66,60
10	570,0	604,0	644,0	681,0	687,0	35,00	44,20	55,20	67,20
50	573,0	608,0	647,0	684,0	690,0	668,0	52,10	59,30	70,50
100	577,0	612,0	651,0	688,0	693,0	672,0	545,0	67,40	75,70
150	581,0	616,0	655,0	691,0	696,0	676,0	559,0	81,80	82,50
200	585,0	620,0	659,0	695,0	700,0	681,0	571,0	106,0	91,50
300	592,0	627,0	666,0	701,0	706,0	689,0	592,0	263,0	117,0
400	599,0	634,0	672,0	707,0	713,0	697,0	609,0	388,0	153,0
500	606,0	640,0	678,0	713,0	720,0	704,0	622,0	437,0	202,0

Literatur

1. Aris, R.: *Vectors, Tensors and the Basic Equations of Fluid Mechanics.* Englewood Cliffs, New Jersey: Prentice-Hall, Inc., 1962
2. Batchelor, G. K.: *An Introduction to Fluid Dynamics.* Cambridge: Cambridge University Press, 1967
3. Becker, E.: *Gasdynamik.* Stuttgart: Teubner, 1966
4. Becker, E.: *Technische Strömungslehre.* Stuttgart: Teubner, 1982
5. Becker, E.; Bürger, W.: *Kontinuumsmechanik.* Stuttgart: Teubner, 1975
6. Betz, A.: *Einführung in die Theorie der Strömungsmaschinen.* Karlsruhe: G. Braun, 1959
7. Betz, A.: *Konforme Abbildung.* Berlin etc.: Springer, 1964 2. Auflage
8. Bird, R. B.: *Transport Phenomena.* New York etc.: John Wiley & Sons, 1960
9. Bird, R. B.; Armstrong, R. C.; Hassager, O.: *Dynamics of Polymeric Liquids.* New York etc.: John Wiley & Sons, 1977
10. Bridgman, P.: *Dimensional Analysis.* Yale: Yale-University Press, 1920
11. Böhme, G.: *Strömungsmechanik nicht-newtonscher Fluide.* Stuttgart: Teubner, 1981
12. Bear, J.: *Dynamics of Fluids in Porous Media.* New York: Dover Publications, 1988
13. Cameron, A.: *Principles of Lubrication.* London: Longmans Green & Co., 1966
14. Chapman, S.; Cowling, T. G.: *The Mathematical Theory of Non-Uniform Gases.* Cambridge: Cambridge University Press, 1970
15. Courant, R.; Friedrichs, K. O.: *Supersonic Flow and Shock Waves.* New York: Intersience Publishers, 1948
16. de Groot, S. R.: *Thermodynamik irreversibler Prozesse.* Mannheim: BI-Hochschultaschenbücher, 1960
17. Emmons, H. W.: *Fundamentals of Gas Dynamics.* Princeton: Princeton University Press, 1958
18. Flügge, S. (Hrsg.): *Handbuch der Physik* Bd. III/3 1965, Bd. VIII/1 1959, Bd. VIII/2 1963, Bd. IX 1960. Berlin etc.: Springer, 1960
19. Focken, C. M.: *Dimensional Methods and their Applications.* London: Edward Arnold & Co., 1953
20. Goldstein, S. (Hrsg.): *Modern Developments in Fluid Dynamics.* New York: Dover Publications, 1965 2 Bde.
21. Jeffreys, H.: *Cartesian Tensors.* Cambridge: Cambridge University Press, 1969

© Springer-Verlag GmbH Deutschland, ein Teil von Springer Nature 2019
J. Spurk und N. Aksel, *Strömungslehre,*
https://doi.org/10.1007/978-3-662-58764-5

22. Joos; Richter: *Höhere Mathematik für den Praktiker.* Frankfurt/M: Harri Deutsch, 1978 12. Auflage
23. Karamcheti, K.: *Principles of Ideal-Fluid Aerodynamics.* New York: John Wiley & Sons, 1966
24. Klingbeil, E.: *Tensorrechnung für Ingenieure.* Mannheim: Bibliographisches Institut, 1966
25. Lamb, H.: *Hydrodynamics.* Cambridge: Cambridge University Press, 1932
26. Landau, L. D.; Lifschitz, E. M.: *Lehrbuch der theoretischen Physik Bd. VI: Hydrodynamik.* Berlin: Akademie-Verlag, 1974 3. Auflage
27. Landolt-Börnstein: *Zahlenwerte und Funktionen aus Physik, Chemie ...* Berlin etc.: Springer, 1956
28. Langhaar, H. L.: *Dimensional Analysis and Theory of Models.* New York etc.: John Wiley & Sons, 1951
29. Liepmann, H. W.; Roshko, A.: *Elements of Gasdynamics.* New York etc.: John Wiley & Sons, 1957
30. Loitsiansky, L. G.: *Laminare Grenzschichten.* Berlin: Akademie-Verlag, 1967
31. Milne-Thomson, L. M.: *Theoretical Hydrodynamics.* London: Mac Millan & Co., 1949
32. Monin, A. S.; Yaglom, A. M.: *Statistical Fluid Mechanics 2 Bde., Mechanics of Turbulence.* Cambridge: The MIT Press, 1975
33. Pinkus, O.; Sternlicht, B.: *Theory of Hydrodynamic Lubrication.* New York etc.: McGraw-Hill, 1961
34. Prager, W.: *Einführung in die Kontinuumsmechanik.* Basel: Birkhäuser, 1961
35. Prandtl, L.: *Gesammelte Abhandlungen.* Berlin etc.: Springer, 1961 3 Teile
36. Prandtl, L.; Oswatitsch, K.; Wieghardt, K.: *Führer durch die Strömungslehre.* Braunschweig: Vieweg, 1984 8. Auflage
37. Rotta, J. C.: *Turbulente Strömungen.* Stuttgart: Teubner, 1972
38. Schlichting, H.: *Grenzschicht-Theorie.* Karlsruhe: Braun, 1982 8. Auflage
39. Schlichting, H.; Truckenbrodt, E.: *Aerodynamik des Flugzeuges.* Berlin etc.: Springer, 1967
40. Sedov, L. I.: *Similarity and Dimensional Methods in Mechanics.* New York: Academic Press, 1959
41. Shapiro, A. H.: *The Dynamics and Thermodynamics of Compressible Fluid Flow.* New York: The Ronald Press Company, 1953 2 Bde.
42. Sommerfeld, A.: *Vorlesungen über Theoretische Physik Bd.2: Mechanik der deformierbaren Medien.* Leipzig: Geest u. Portig, 1964
43. Spurk, J. H.: *Dimensionsanalyse in der Strömungslehre.* Berlin etc.: Springer, 1992
44. Tietjens, O.: *Strömungslehre.* Berlin etc.: Springer, 1960 2 Bde.
45. van Dyke, M.: *Perturbation Methods in Fluid Mechanics.* Stanford: The Parabolic Press, 1975
46. White, F. M.: *Viscous Fluid Flow.* New York etc.: McGraw-Hill, 1974
47. Wieghardt, K.: *Theoretische Strömungslehre.* Stuttgart: Teubner, 1965
48. Wylie, C. R.; Barett, L. C.: *Advanced Engineering Mathematics.* New York etc.: McGraw-Hill, 1985 5. Auflage
49. Yih, C.: *Fluid Mechanics.* New York etc.: McGraw-Hill, 1969

Index

Printed in the United States
By Bookmasters